"十三五"国家重点出版物出版规划项目

面向可持续发展的土建类工程教育丛书

21世纪高等教育建筑环境与能源应用工程系列教材

通风与空气调节

主编　李　锐

参编　王立鑫　杨　晖　侯书新　樊洪明

主审　李著萱

机械工业出版社

本书系统介绍了通风与空气调节的基本理论和技术，内容包括：工业与民用建筑中的通风方式、局部通风系统和排风罩、自然通风与全面通风的设计和计算、悬浮颗粒物与有害气体的净化处理原理、除尘和吸收吸附装置、通风空调系统管道设计计算、湿空气的状态参数和焓湿图、空调负荷计算和风量的确定、空气热湿处理原理及设备、空调系统、空调区的气流组织、空调水系统、空调系统的运行调节、通风与空气调节系统试验与测定等。本书结合专业教育和学习目标，注重知识的系统性，注重基本概念和基本原理的讲解，注重设计方法和系统分析的介绍，注重体现标准规范的要求。

本书可作为高等学校建筑环境与能源应用工程专业和相关专业的教学用书，也可供相关专业技术人员参考。

本书配有 ppt 电子课件，免费提供给选用本书作为教材的授课教师，需要者请登录机械工业出版社教育服务网（www.cmpedu.com）注册后下载。

图书在版编目（CIP）数据

通风与空气调节/李锐主编. —北京：机械工业出版社，2021.10（2025.1 重印）
"十三五" 国家重点出版物出版规划项目　面向可持续发展的土建类工程教育丛书　21 世纪高等教育建筑环境与能源应用工程系列教材
ISBN 978-7-111-69315-4

Ⅰ.①通…　Ⅱ.①李…　Ⅲ.①通风设备–建筑安装–高等学校–教材②空气调节设备–建筑安装–高等学校–教材　Ⅳ.①TU83

中国版本图书馆 CIP 数据核字（2021）第 212247 号

机械工业出版社（北京市百万庄大街 22 号　邮政编码 100037）
策划编辑：刘　涛　　　责任编辑：刘　涛　舒　宜　高凤春
责任校对：王明欣　张　薇　责任印制：单爱军
北京虎彩文化传播有限公司印刷
2025 年 1 月第 1 版第 3 次印刷
184mm×260mm・26.5 印张・1 插页・713 千字
标准书号：ISBN 978-7-111-69315-4
定价：79.80 元

电话服务　　　　　　　　网络服务

客服电话：010-88361066　　机 工 官 网：www.cmpbook.com
　　　　　010-88379833　　机 工 官 博：weibo.com/cmp1952
　　　　　010-68326294　　金 书 网：www.golden-book.com
封底无防伪标均为盗版　　机工教育服务网：www.cmpedu.com

前 言

随着科技的发展和人们生活水平的不断提高，各种大型的民用建筑和公共设施，如商场、影剧院、宾馆、饭店、办公楼、学校等，大量使用通风与空气调节系统。在农业、食品、制药等行业也到处可以看到通风与空气调节的应用。可以说，在工业生产和人们的生活中通风与空气调节是必不可少的。通风与空气调节在提高人民生活环境质量和社会经济发展中发挥着重要作用。

"通风与空气调节"是建筑环境与能源应用工程专业的核心课程。根据国家城乡建设和能源应用工程领域对人才的需求，根据教育和专业建设的发展，需要对专业课程进行改革与建设，优化教学内容。编者参考了各种通风教材、空气调节教材和暖通空调教材等，根据高等学校建筑环境与能源应用工程专业指导委员会对专业课提出的基本要求，结合专业教育和学习目标，编写了本书。本书被列入"十三五"国家重点出版物出版规划项目，力求具备以下特点：

1. 适应专业技术教育和教学。本书是在长期教学实践积累的基础上编写的，书中依托专业建设，突出通风与空气调节技术的理论性和应用性。编写人员长期从事建筑环境与能源应用工程专业的教学和教育研究，具有丰富的教学经验，熟悉专业教育规律，理解行业发展对建筑环境与能源应用工程专业人才的要求。

2. 体现理论知识和技术应用的联系性。本书既有对通风与空气调节理论的介绍，也有对实际应用的分析，从工业与民用建筑中的通风、悬浮颗粒物与有害气体的净化、通风空调系统管道设计计算、湿空气的状态参数和焓湿图、空调负荷计算和风量的确定、空气处理及设备、空调系统、空调区的气流组织、空调水系统、空调系统的运行调节、通风与空气调节系统试验与测定等方面予以系统论述。

3. 体现通风技术与空气调节技术知识的有机融合。本书将通风工程和空气调节两部分内容进行了有机的融合，以技术理论为主线，结合工程应用，使通风与空气调节技术的理论与工程设计、运行调节相互融合，构成完整的知识体系。为了加深理解，在各章之后配有思考题与习题。

4. 体现知识培养、能力培养和素质培养相结合。本书结合专业教育和学习目标，注重知识的系统性，重点突出，注重基本概念和基本原理，注重方法和系统分析，注重体现标准规范的要求。

全书共12章，编写人员有北京建筑大学李锐、王立鑫、杨晖、侯书新，北京工业大学樊洪明。第1章由王立鑫编写；第2章由杨晖编写；第3~8章、第10章、第11章由李锐编写；第9章由樊洪明编写；第12章由侯书新编写。全书由李锐统稿。

本书由中国中元国际工程有限公司李著萱教授级高级工程师主审。在此特别感谢李著萱教授级高级工程师对本书编写提出的宝贵意见，她长期从事专业工程技术工作，对高校学生通风与空气调节专业课程学习、课程内容体系及本书编写提出了建议，使编者受益匪浅。

　　本书在编写过程中，参考了许多教材、标准规范、设计手册和专著等文献资料，并得到了机械工业出版社的大力支持和帮助，编者在此一并表示诚挚的感谢！

　　由于水平有限，书中难免存在错误，尚有不妥和不足之处，恳请广大读者批评指正。

编　者

2021 年

目　录

前言
第1章　绪论 ………………………… 1
　1.1　建筑人工环境 ………………… 1
　1.2　室内空气品质与通风 ………… 3
　1.3　通风与空气调节的任务 ……… 4
　思考题与习题 ……………………… 5
　参考文献 …………………………… 6
第2章　工业与民用建筑中的通风 …… 7
　2.1　建筑中的污染物 ……………… 7
　　2.1.1　悬浮颗粒物 ……………… 8
　　2.1.2　化学污染物 ……………… 9
　　2.1.3　各种气味和水蒸气 ……… 12
　　2.1.4　工业建筑中的主要污染物 … 13
　2.2　通风系统的分类和组成 ……… 14
　　2.2.1　通风系统的分类 ………… 14
　　2.2.2　通风系统的组成 ………… 15
　2.3　通风方式 ……………………… 18
　　2.3.1　自然通风方式 …………… 18
　　2.3.2　机械通风方式 …………… 19
　　2.3.3　事故通风 ………………… 20
　2.4　全面通风设计与计算 ………… 21
　　2.4.1　房间通风量的确定 ……… 21
　　2.4.2　通风房间空气质量平衡和热
　　　　　平衡 ……………………… 24
　　2.4.3　通风房间气流组织 ……… 27
　2.5　局部排风系统与排风罩设计计算 … 29
　　2.5.1　局部排风系统的组成 …… 29
　　2.5.2　局部排风罩的类型 ……… 30
　　2.5.3　局部排风罩的设计计算 … 31
　2.6　自然通风设计与计算 ………… 38
　　2.6.1　自然通风的作用原理 …… 38
　　2.6.2　自然通风的计算 ………… 42
　　2.6.3　避风天窗和风帽 ………… 44
　　2.6.4　自然通风的组织 ………… 45

　　2.6.5　自然通风设计的基本原则 … 46
　思考题与习题 ……………………… 49
　参考文献 …………………………… 50
第3章　悬浮颗粒物与有害气体的
　　　　净化 ………………………… 51
　3.1　空气净化处理原理 …………… 51
　　3.1.1　除尘式净化处理原理 …… 51
　　3.1.2　除气式净化处理原理 …… 53
　3.2　吸收过程的理论基础 ………… 54
　　3.2.1　浓度的表示方法 ………… 54
　　3.2.2　吸收的气液平衡关系 …… 55
　　3.2.3　吸收过程的机理 ………… 57
　3.3　除尘设备 ……………………… 60
　　3.3.1　袋式除尘器 ……………… 60
　　3.3.2　重力沉降室 ……………… 63
　　3.3.3　惯性除尘器 ……………… 65
　　3.3.4　旋风除尘器 ……………… 66
　　3.3.5　湿式除尘器 ……………… 70
　　3.3.6　电除尘器 ………………… 73
　3.4　吸收设备 ……………………… 79
　　3.4.1　喷淋塔 …………………… 79
　　3.4.2　填料塔 …………………… 79
　　3.4.3　湍球塔 …………………… 80
　　3.4.4　板式塔 …………………… 81
　　3.4.5　喷射吸收器 ……………… 82
　　3.4.6　文丘里吸收器 …………… 82
　3.5　吸收装置设计 ………………… 82
　　3.5.1　吸收过程的操作线方程式和
　　　　　液气比 …………………… 82
　　3.5.2　吸收系数和填料塔阻力 … 84
　　3.5.3　吸收剂的选择 …………… 85
　3.6　吸附原理及装置 ……………… 86
　　3.6.1　吸附原理 ………………… 86
　　3.6.2　吸附装置 ………………… 86

3.7 有害气体的高空排放 ……………… 88
思考题与习题 ……………………… 89
参考文献 …………………………… 90

第4章 通风空调系统管道设计计算 …… 91
4.1 管道内气体流动阻力和压力分布 … 91
　　4.1.1 摩擦阻力计算 ……………… 91
　　4.1.2 局部阻力计算 ……………… 93
　　4.1.3 风管内的压力分布 ………… 95
4.2 通风管道的设计 ………………… 98
　　4.2.1 通风管道设计的内容及原则 … 98
　　4.2.2 风道设计计算方法和步骤 …… 98
4.3 均匀送风管道设计计算 ………… 104
　　4.3.1 均匀送风管道的设计原理 …… 105
　　4.3.2 均匀送风管道的计算步骤 …… 106
4.4 风管的布置和敷设 ……………… 110
　　4.4.1 风管系统的类型 …………… 110
　　4.4.2 风管断面形状和风管材料 …… 111
　　4.4.3 风管的布置敷设和保温 …… 112
4.5 气力输送系统的管道计算 ……… 114
　　4.5.1 气力输送系统的形式 ……… 114
　　4.5.2 气力输送系统管道阻力计算 … 115
思考题与习题 ……………………… 118
参考文献 …………………………… 119

第5章 湿空气的状态参数和焓湿图 … 120
5.1 湿空气的组成和状态参数 ……… 120
　　5.1.1 湿空气的组成 ……………… 120
　　5.1.2 湿空气的状态参数 ………… 121
　　5.1.3 空调基数和空调精度 ……… 127
5.2 湿空气的焓湿图 ………………… 128
　　5.2.1 焓湿图的坐标 ……………… 128
　　5.2.2 焓湿图的绘制 ……………… 129
5.3 焓湿图的应用 …………………… 131
　　5.3.1 确定湿空气状态参数 ……… 131
　　5.3.2 表示湿空气的状态变化过程 … 132
　　5.3.3 确定两种不同状态空气混合状态
　　　　　参数 ……………………… 134
思考题与习题 ……………………… 136
参考文献 …………………………… 136

第6章 空调负荷计算和风量的确定 … 137
6.1 得热量与冷负荷 ………………… 137
6.2 室内设计计算参数 ……………… 139
　　6.2.1 舒适性空调室内空气计算参数 … 139
　　6.2.2 工艺性空调室内空气计算参数 … 140

6.2.3 室内人员所需最小新风量 ……… 143
6.3 室外空气计算参数 ……………… 144
　　6.3.1 冬季室外空气计算参数 …… 145
　　6.3.2 夏季室外空气计算参数 …… 145
6.4 空调负荷计算 …………………… 146
　　6.4.1 空调负荷计算方法 ………… 147
　　6.4.2 空调冷负荷计算 …………… 148
　　6.4.3 空调湿负荷计算 …………… 160
　　6.4.4 空调热负荷计算 …………… 161
　　6.4.5 空调负荷的估算 …………… 164
　　6.4.6 空调负荷确定的其他问题 …… 165
6.5 空调系统风量的确定 …………… 165
　　6.5.1 空调房间送风量的确定 …… 166
　　6.5.2 新风量的确定和风量平衡 …… 170
　　6.5.3 全年新风量可变空调系统的风量
　　　　　平衡关系 ………………… 175
思考题与习题 ……………………… 175
参考文献 …………………………… 176

第7章 空气处理及设备 ……………… 177
7.1 空气热湿处理原理 ……………… 177
　　7.1.1 空气与水直接接触时的热湿交换
　　　　　原理 ……………………… 177
　　7.1.2 间接接触式（表面式）热湿处理
　　　　　原理 ……………………… 180
　　7.1.3 空气热湿处理的各种途径和设备
　　　　　类型 ……………………… 181
7.2 空气热湿处理设备 ……………… 182
　　7.2.1 喷水室 ……………………… 182
　　7.2.2 空气加热器 ………………… 189
　　7.2.3 空气冷却器 ………………… 192
　　7.2.4 空气加湿器 ………………… 197
　　7.2.5 空气除湿设备 ……………… 200
7.3 其他空气处理设备 ……………… 202
　　7.3.1 空气蒸发冷却器 …………… 202
　　7.3.2 热回收装置 ………………… 208
　　7.3.3 空气净化设备 ……………… 211
　　7.3.4 消声器 ……………………… 216
　　7.3.5 减振装置 …………………… 221
7.4 组合式空调机组 ………………… 223
思考题与习题 ……………………… 225
参考文献 …………………………… 226

第8章 空调系统 ……………………… 227
8.1 空调系统的基本组成和分类 …… 227

8.1.1　空调系统的基本组成 ………… 227
8.1.2　空调系统的分类 ………… 228
8.2　全空气系统 ………… 231
8.2.1　一次回风系统 ………… 231
8.2.2　二次回风系统 ………… 239
8.2.3　直流式系统 ………… 246
8.2.4　全空气空调的系统划分和分区
　　　 处理 ………… 248
8.2.5　单风机系统和双风机系统的
　　　 选择 ………… 251
8.2.6　挡水板过水问题和风机风管
　　　 温升 ………… 253
8.3　风机盘管加新风空调系统 ………… 255
8.3.1　工作原理和风机盘管的类型 … 255
8.3.2　风机盘管加新风空调系统的新风
　　　 供给方式 ………… 259
8.3.3　风机盘管加新风空调系统的空气
　　　 处理过程 ………… 260
8.3.4　新风系统、排风系统和凝结水管
　　　 设计 ………… 264
8.4　分散式系统 ………… 264
8.4.1　分散式系统的类型和应用 …… 264
8.4.2　常见的局部空调机组 ………… 267
8.4.3　单元式空调机 ………… 269
8.5　变风量系统 ………… 270
8.5.1　变风量系统的组成和特点 …… 270
8.5.2　变风量末端装置 ………… 272
8.5.3　变风量系统的主要形式 ……… 275
思考题与习题 ………… 281
参考文献 ………… 282

第9章　空调区的气流组织 ………… 283
9.1　送风口和回风口 ………… 283
9.1.1　送风口 ………… 283
9.1.2　回风口 ………… 284
9.2　空调区的气流分布形式 ………… 285
9.2.1　按照送风口和回风口的位置 … 285
9.2.2　按照送风口的类型 ………… 287
9.3　送风口和回风口的气流流动特性 … 292
9.3.1　送风口空气流动规律 ………… 292
9.3.2　回风口空气流动规律 ………… 295
9.4　空调区气流组织设计 ………… 296
9.4.1　侧向送风气流组织设计 ……… 296
9.4.2　散流器送风气流组织设计 …… 300

9.4.3　条缝送风气流组织设计 ……… 303
9.4.4　喷口送风气流组织设计 ……… 304
9.4.5　下送风气流组织设计 ………… 306
9.4.6　置换通风气流组织设计与室内
　　　 空气品质设计 ………… 307
9.5　空调区气流性能评价 ………… 311
9.5.1　舒适性评价 ………… 311
9.5.2　能量利用与通风效果评价 …… 312
思考题与习题 ………… 313
参考文献 ………… 314

第10章　空调水系统 ………… 315
10.1　空调水系统形式和附属设备 …… 315
10.1.1　空调水系统形式 ………… 315
10.1.2　空调水系统附属设备 ……… 322
10.1.3　空调设备周围水管的布置 … 325
10.2　空调水系统的分区及定压 ……… 326
10.2.1　空调水系统的分区 ………… 326
10.2.2　空调水系统的定压 ………… 328
10.3　空调水系统设计的几个问题 …… 330
10.3.1　冷热水循环泵的配置 ……… 330
10.3.2　冷水机组与水泵之间的连接 … 330
10.3.3　空调水系统的补水 ………… 331
10.4　空调冷却水系统和冷凝水系统 … 332
10.4.1　空调冷却水系统形式 ……… 332
10.4.2　冷却塔 ………… 333
10.4.3　空调冷凝水系统 ………… 334
思考题与习题 ………… 335
参考文献 ………… 336

第11章　空调系统的运行调节 ………… 337
11.1　室外空气状态变化时的运行调节 … 337
11.1.1　一次回风喷水室空调系统的全年
　　　　运行调节 ………… 337
11.1.2　一次回风空气冷却器空调系统的
　　　　全年运行调节 ………… 341
11.2　室内负荷变化时的运行调节 …… 344
11.2.1　室内热湿负荷变化时的运行
　　　　调节 ………… 344
11.2.2　定机器露点和变机器露点的控制
　　　　方法 ………… 345
11.2.3　室内热湿负荷变化时的运行调节
　　　　方法 ………… 345
11.3　风机盘管空调系统的运行调节 … 347
11.3.1　风机盘管机组的运行调节 … 347

11.3.2 风机盘管加新风空调系统的全年
运行调节 ……………… 348
11.4 变风量空调系统的运行调节 … 351
11.4.1 室内负荷变化时的运行调节 …… 351
11.4.2 变风量空调系统的全年运行
调节 ……………… 353
思考题与习题 ……………… 354
参考文献 ……………… 354

第 12 章 通风与空气调节系统试验与
测定 ……………… 356
12.1 粉尘性质和空气含尘浓度测定
试验 ……………… 356
12.1.1 粉尘真密度测定试验 ……… 356
12.1.2 空气含尘浓度测定试验 …… 358
12.2 通风系统的测定 ……………… 360
12.2.1 风管内风速和风量的测定 …… 360
12.2.2 局部排风罩性能的测定 …… 365
12.2.3 旋风除尘器性能的测定 …… 369
12.3 空调系统的测定 ……………… 371
12.3.1 空调系统送风量测量与调整 … 371
12.3.2 空调房间室内空气参数测定 …… 373
思考题与习题 ……………… 378
参考文献 ……………… 378

附录 ……………… 379
附录 1 居住区大气中有害物质的最高容许
浓度 ……………… 379
附录 2 车间空气中有害物质的最高容许
浓度 ……………… 379
附录 3 镀槽边缘控制点的吸入速度 v_x … 382
附录 4 通风管道单位长度摩擦阻力
线算图 ……………… 383
附录 5 部分常见管件的局部阻力系数 …… 384
附录 6 湿空气焓湿图 ………… 见书后插页
附录 7 设计用室外计算参数 ……………… 399

附录 8 外墙的构造类型 ……………… 405
附录 9 屋顶的构造类型 ……………… 406
附录 10 北京地区气象条件为依据的外墙
逐时冷负荷计算温度 t_{wl} …… 407
附录 11 北京地区气象条件为依据的屋顶
逐时冷负荷计算温度 t_{wl} …… 407
附录 12 Ⅰ～Ⅳ型构造的地点修正值 t_d … 408
附录 13 单层玻璃窗的传热系数 K_w … 408
附录 14 双层玻璃窗的传热系数 K_w … 409
附录 15 玻璃窗的传热系数修正值 C_w …… 410
附录 16 玻璃窗逐时冷负荷计算温度 t_{wl} … 410
附录 17 不同结构玻璃窗的传热系数 K_w … 410
附录 18 玻璃窗的地点修正值 t_d …… 411
附录 19 夏季各纬度带的日射得热因数
最大值 $D_{j,max}$ ……………… 411
附录 20 玻璃窗的遮阳系数 C_s ……………… 412
附录 21 窗内遮阳设施的遮阳系数 C_i …… 412
附录 22 窗的有效面积系数 C_a ……………… 412
附录 23 北区（北纬 27°30′以北）无内
遮阳窗玻璃冷负荷系数 ……… 413
附录 24 北区有内遮阳窗玻璃冷负荷系数 … 413
附录 25 南区（北纬 27°30′以南）无
内遮阳窗玻璃冷负荷系数 ……… 414
附录 26 南区有内遮阳窗玻璃冷负荷
系数 ……………… 414
附录 27 有罩设备和用具显热散热冷负荷
系数 ……………… 415
附录 28 无罩设备和用具显热散热冷负荷
系数 ……………… 415
附录 29 照明散热冷负荷系数 ……… 416
附录 30 人体显热散热冷负荷系数 ……… 416

第 1 章
绪　　论

1.1　建筑人工环境

　　人类在从低纬度地区向高纬度地区逐渐迁徙的过程中，利用建筑来克服寒冷气候带来的伤害，是人类适应与抗衡自然环境的最初体现。人类最早的居住方式是树居和岩洞居。因为在低纬度地区，如热带雨林、热带草原等湿热地区，为避免野兽等外界的侵害，人类主要栖息在树上。随着人类向较高纬度地区迁移，为适应该地区温差较大的特点，岩洞居成为当时人类的主要居住方式。随着人类的进化，逐渐掌握了制作和使用工具的技能后，树居和岩洞居发展成为巢居和穴居，这就是人类建筑的雏形。建筑的主要功能是创造一个微环境来满足居住者的安全与健康以及生产生活过程的需要，因此"建筑"和"环境"这两个概念密不可分。

　　环境包括自然环境和人造环境，而建筑人工环境是人造环境的一种，是人类利用、优化自然的过程中通过技术手段营造出来的满足一定要求的空气环境，其中包括空间内的温度、湿度、风速、压力以及气体成分和污染物浓度等。建筑人工环境通常包括居住建筑、公共建筑、工业建筑及农业建筑环境。典型居住建筑包括高层住宅、多层住宅、别墅、庄园、公寓、宿舍等；公共建筑包括行政办公建筑、文教建筑、医疗建筑、商业建筑、体育建筑、旅馆建筑、交通建筑等；工业建筑主要是指为工业生产服务的各类建筑，如生产车间、辅助车间、动力用房、仓储建筑等。农业建筑主要是指用于农业、牧业生产和加工的建筑，如温室、畜禽饲养场、粮食与饲料加工站、农机修理站等。

　　人们对人工环境的认识和研究是从对单一的环境控制参数开始的。

　　在温度控制方面，主要分为供暖和制冷两部分。供暖方面，自人类懂得钻木取火后，对于火的利用方式逐渐丰富，其中火炕就是我国北方人民抵御寒冷气候条件的取暖措施。从发掘的古墓中发现，早在新石器时代仰韶时期我国就开始使用火炕。而夏、商、周时期使用火炕则在古籍中也有记载，这些时期的火炕还处于雏形阶段。在吉林榆树市老河深遗址，发现了"原始火炕"，土灶及火炕内都有明显的火烧痕迹，考古界根据出土文物认定，该火炕年代为青铜器晚期。从发现的西汉时期火炕遗址能清晰可见，用来取暖的火炕上铺着石板，而且已经发展成两火道的炕，"炕"在西汉时已经在一定人群中被使用。到了宋代，人们对"炕"进行了改进，出现了"环屋炕"，即室内不仅一个方向有炕。在后来，出现了民居中所筑南、西、北三面相连的"转圈炕""拐弯炕"。元代以后，有关"炕"的使用记载更多，不再赘述。人类以火的形式利用能源，利用原始的炉灶获得热能来供暖，火坑、火墙和火炉等局部供暖装置至今还能见到。

　　国际上，古罗马时代出现了将热空气从床下送入房间的装置。18 世纪的英国，由于工业革命的兴起，城市人口急剧膨胀，建筑集中度增加，使用供暖设备的人逐渐增多，房间供暖逐渐进入人们的生活。蒸汽机的发明促进了锅炉制造业的发展。19 世纪初期，在欧洲开始出现以蒸汽或热水作为热媒的集中式供暖系统。20世纪初期，一些工业发达的国家开始利用发电厂内汽轮机的排汽供给生产和生活用热。

从供暖方式看，经历了从远古的篝火取暖到火炉取暖，再到现在的锅炉供暖、空调热泵供暖等，人类营造居住、工作舒适环境的供暖方式一直在不断改进和发展。从供暖装置看，经历了从烧柴的壁炉到烧煤的铸铁采暖炉，再到蒸汽、热水集中区域供暖系统的变迁。

在制冷方面，人类很早就利用天然冰冷藏食品和防暑降温。最早的制冷方法是利用冰、雪和深井水天然冷源进行的，制冷和造冰窖的方法在古籍中有详细的记述。我国、埃及和希腊等国家的历史上都记载了古代人利用自然界的冰存储食物和降低空气温度的方法，例如建造地下雪窖储藏压实的雪，把水放在浅的多孔陶器内，夜间放于地下洞穴中，利用水蒸发吸收热量，降低周围空气的温度。

1755年，库伦（Cullen）发明了第一台采用减压水蒸发的制冷机，开创了制冷的新纪元。1834年帕金斯（Perkins）造出了第一台以乙醚为工质的蒸气压缩式制冷机。1844年高里（Gorrie）发明了空气循环式制冷机。1859年，卡列（Carre）发明了氨水吸收式制冷系统。1875年林德（Linde）建造了第一台氨制冷机。1850—1875年是充满创造性的时期，产生了四种制冷机，这四种制冷机在近一个世纪统治着制冷工业。这四种制冷方式分别是蒸发式制冷机、空气膨胀式制冷机、吸收式制冷机和水减压蒸发式制冷机。20世纪，全封闭制冷压缩机研制成功，制冷剂应用于蒸气压缩式制冷循环，以及混合制冷剂的应用使制冷技术有了更大的发展。

除湿在我国有悠久的历史，早在两千多年前，中国人就已经开始采用木炭来除湿；此外，为了防潮、防腐，也采用生石灰进行除湿。1906年，对空气进行喷水处理的设备被发明。之后，随着纺织工业的发展，喷水室喷雾加湿开创了空气调节湿度控制的先河。之后，冷水喷淋、冷凝除湿在工业生产中得到广泛应用。1955年洛夫（Lof）用三甘醇溶液作为除湿剂进行太阳能液体除湿试验。近50年来，吸附剂实现了再生可重复利用，吸附除湿受到越来越多的重视。近20年来，膜法除湿越来越引起人们的关注，固体转轮除湿、溶液除湿也有了很大发展。加湿方面，目前有干蒸汽加湿、电极式加湿以及超声波加湿等技术方法。

在空调发展史上，有影响的人物是开利（Carrier）和克勒谋（Cramer）。1902年，开利博士为美国纽约布鲁克林的一家印刷厂设计了世界公认的第一套空调系统，空调行业将这项发明视为空调业诞生的标志。1906年，开利博士获得了"空气处理装置"的专利权，这是世界上第一台喷水室，它可以加湿或干燥空气。1911年，开利博士得出了空气干球、湿球和露点温度间的关系，以及空气显热、潜热和比熵值间关系的计算公式，绘制了湿空气熵湿图。湿空气熵湿图成为空调计算的基础，它是空气调节史上的一个重要里程碑。1922年，开利博士发明了世界上第一台离心式冷水机组。1937年，开利博士又发明了空气-水系统的诱导器装置，是目前常见的风机盘管的前身。开利博士以其在空调科技方面的卓越成就，被誉为"空调之父"。与开利博士同时期另一位对空调发展史产生一定影响的人物是工程师克勒谋。1904年，身为纺织工程师的克勒谋负责设计和安装了美国南部约1/3纺织厂的空调系统。系统开始采用集中处理空气的喷水室，装置了洁净空气的过滤设备，共包括60项专利，都达到了能够调节空气的温度、湿度和使空气具有一定的流动速度及洁净程度的要求。克勒谋于1906年5月在一次美国棉业协会的会议上正式提出了"空气调节"术语，从而为空气调节命名。

对空气压力的控制研究和应用开始于20世纪，且是在航空航天领域。1961年4月，世界上第一艘载人飞船成功发射并绕地球飞行108min，标志着大气压力控制系统的成功应用。在此之后，大气压力控制技术在军事、交通和工业领域得到快速发展。

在空气成分控制方面，最典型的应用是使用气调库保持水果、蔬菜新鲜而不腐烂；其原理通过使用特殊性能的渗透膜，可以保持气调库中 O_2 浓度低于外界环境，而 CO_2 浓度高于外界环境。早在 20 世纪 40 年代，美国便开始兴建气调冷藏库。之后，各国争相效仿，使得气调技术得到快速发展。此外，空气液化技术的发展以及制氧机的出现，使得人为改变局部空气成分成为可能。

在污染物浓度控制方面的相关内容参阅 1.2 节。

1.2　室内空气品质与通风

室内环境是与外界大环境相对分隔而成的小环境，由于人的一生大约有 80% 以上的时间在室内生活和工作，因此室内环境对人们的生活和工作质量以及人体健康的影响远超过室外环境。室内空气品质下降不仅对人体健康和生产效率带来很多不利的影响，而且给社会造成沉重的经济损失。这引起专家们的广泛关注，提出了病态建筑综合征（SBS）、建筑相关的疾病（BRI）和多种化学污染物过敏症（MCS）等新概念。目前，室内空气品质问题已经成为世界范围内的环境污染问题，也是有关国民健康的首要环境问题之一。室内空气品质的研究已引起全世界的关注，很多领域的专家学者都积极投身到室内空气品质的研究中，室内空气品质也越来越被公众关心。

美国环保局历时 5 年的专题调查结果显示，许多民用和商用建筑内的空气污染程度是室外空气污染的数倍至数十倍，有的甚至超过 100 倍。据统计，全球近一半的人处于室内空气污染中，35.7% 的呼吸道疾病，22% 的慢性肺病和 15% 的气管炎、支气管炎和肺癌由室内空气污染引起。世界卫生组织（WHO）宣布：全世界每年有 10 万人因室内空气污染而死于哮喘病，而其中 35% 为儿童。国际室内空气领域著名专家丹麦技术大学的 Fanger 教授曾指出，与室外空气相比室内空气品质对人健康的影响更重要。国际权威期刊 Indoor Air 前主编 Jan Sundell 认为，越来越多的科学证据表明，"现代疾病" 与现代才出现的新型化学物质有关，人类和自然还没有足够的时间适应它们；"现代疾病" 的致病机理还不清楚，相关研究非常缺乏，大多数必需的科学研究还没有进行，甚至还没有开始。

室内空气品质定义的发展经历了三个阶段。第一阶段，认为室内空气品质的好坏完全取决于一系列污染物浓度的高低。此定义是客观的，但是也有局限性。第一个局限性是没有和人的感知相结合，不能反映人对室内空气品质的主观感受；第二个局限性是某些污染物浓度很低，现有仪器受到检出限和灵敏度的限制，无法检出或准确测量这些低浓度污染物。第二阶段，完全强调人的主观感受。1989 年 Fanger 教授在国际室内空气品质讨论会上提出，空气品质的高低反映了人们对空气的满意程度；如果人们对空气满意，就是高品质，反之就是低品质。此定义只强调人对空气品质的主观感受，但是有些有害气体成分无色无味，如 CO、氡气等，人无法感知到这些气体的存在，因此难以在短期内给出评价，但是又不能牺牲人的健康，对于这类气体污染物，主观感受面临困难。第三阶段，为了缓解客观定义和主观定义的矛盾，美国供热、制冷与空调工程师学会（American Society of Heating, Refrigerating and Air-conditioning Engineers, ASHRAE）颁布的标准《满足可接受室内空气品质的通风》（ASHRAE62—1989）中给出的定义如下：空气中没有已知的污染物达到公认的权威机构所确定的有害浓度指标；并且处于这种空气中的绝大多数人（≥80%）对此没有表示不满意。这个定义将室内空气品质的客观指标和主观感受结合起来，是人们对室内空气品质认识上的飞跃。1996 年修订版 ASHRAE62—1989R 给出了可接受的室内空气品质（Acceptable Indoor Air Quality）和可接受的感知室内空气品质（Acceptable Perceived Indoor Air Quality）的定义。前者是：空调空间中绝大多数人没有对室内空气表示不满意，并且空气中没有已知的污染物达到了可能对人体产生严重健康威胁的浓度。后者是：空调空间中绝大多数人没有因为气味或刺激性而表示不满（是达到可接受的室内空气品质的必要而非充分条件）。

人类自懂得如何用火取暖、烹饪食物以来，固体燃料燃烧产生的气态和颗粒态污染物就污染着空气环境，包括室内环境。早在1300年，英格兰宣布禁止在开会期间燃烧生煤；1661年，John Evelyn出版了《伦敦空气污染的坏处及建议管制方法》一书；1866年，第一篇讨论空气污染对健康影响的论文发表。

但是，直到20世纪60年代，室内空气污染对于人类健康的影响才引起关注。20世纪60~70年代，受关注的空气污染物是NO_2，室内NO_2是由气体燃烧设备产生的。在这个时期，主要针对室内NO_2浓度以及一些负面影响进行了研究。此外，20世纪60年代后期开始对吸烟造成的健康影响开展了一些研究，之后，相关研究一直持续到20世纪90年代。20世纪70年代，由于美国东南部和加拿大很多家庭使用了尿素甲醛泡沫塑料，导致室内空气中甲醛浓度很高，进而影响了身体健康（如患哮喘等疾病），从而引发了甲醛对人体健康影响的研究。20世纪90年代时，由于发达国家室内甲醛浓度持续下降，在这些国家人们不再特别关注甲醛污染问题；而在2004年，联合国将甲醛确认为致癌物，全世界重新开始关注室内空气中的甲醛污染及健康效应问题。由于室内大量使用了合成材料，如装饰装修材料导致室内挥发性有机物（VOCs）浓度较高，因此室内VOCs在20世纪80年代开始受到广泛关注。20世纪50年代以来，室内环境中出现了大量合成材料及化学消费品，如复合木材、合成地毯、泡沫塑料、清洁剂等；此外，电器和电子产品进入千家万户。这些材料和消费品中含有为了改善材料性能而添加的助剂，如邻苯二甲酸酯类增塑剂、多溴联苯醚类阻燃剂等，而这些助剂会慢慢释放出来进入室内环境介质中，进而造成室内空气污染。目前，针对这些助剂的相关研究成为室内环境领域的研究热点问题。

为降低室内空气污染，越来越多的学者开展了室内空气污染控制的相关研究。室内空气污染控制大致可分为三种方法。第一种方法是源头控制。建立标识体系对室内材料和物品进行分级，便于消费者选择绿色环保材料和物品。1978年联合国建立了蓝天使（Blue Angel）标识体系，并于1984年转让给德国联邦政府。此后，丹麦、芬兰、美国、日本等国家先后建立了自己的标识制度。截至2017年，全世界已有40多个国家和地区建立了标识制度，我国的标识制度建设也在积极推动中。降低室内材料和物品中污染物的散发速率，如在生产环节在材料和物品中加入吸附剂或者表面设置阻隔层等，进而可降低室内空气中污染物的浓度。此外，改变人们的生活方式和行为方式，如不在室内吸烟、改变烹饪方式等均可从源头上降低室内空气污染程度。第二种方法是加强通风。由于室内存在较多污染源，因此室外空气污染较低时将室外较干净的新风引入室内可有效降低室内污染物浓度；如果室外存在严重的空气污染，可先对室外新风进行净化处理然后引入室内。第三种方法是空气净化。目前空气净化的技术手段很多，有物理方法、化学方法和生物方法。物理方法中包括过滤、物理吸附、紫外线杀菌；化学方法包括化学吸附、臭氧净化、光催化、热催化以及低温等离子体净化；生物净化方法主要是植物净化。这些方法中有比较成熟的方法，也包含正在发展的新的净化方法。

1.3　通风与空气调节的任务

随着科技发展和人们生活水平的不断提高，各种大型的民用建筑和公共设施，如商场、影剧院、宾馆、饭店、办公楼、学校等，都大量使用了通风与空气调节系统。另外，在农业、食品、制药等行业也都可以看到通风与空气调节的应用。可以说在工业生产和人们的生活中，通风与空气调节是必不可少的，通风与空气调节在提高人民生活环境质量和社会经济发展中发挥着重要作用。

在民用建筑中，为了满足人们对空气品质和舒适度的要求，在工业建筑中为了保证产品质量和生产车间内人员的身体健康，都需要一定质量标准的空气环境。通风与空气调节的任务就是采取人工的方法创造和保持要求的空气环境来满足生活和生产的需要。

通风的主要任务是控制生产过程中产生的粉尘、有害气体、高温、高湿，创造良好的生产环境和保护大气环境。通风系统将室外的新鲜空气经过一定的处理（如过滤、加热）后送到室内，把室内产生的有毒有害气体经过处理达到排放标准后排入大气，从而保证室内空气环境的卫生标准和大气环境的质量。通风包括工业通风和民用通风两部分，工业通风主要是通过对工业生产过程中产生的有害物（如粉尘、有害气体和蒸气、余热、余湿）进行控制，消除其危害，为人们生产和生活提供安全、卫生、舒适的空气环境。民用通风主要是排出人们生活过程中产生的污染物，为人们生活创造卫生、舒适的空气环境。

空气调节的任务是采用技术手段创造并保持满足一定要求的空气环境。所谓的技术手段主要是采用换气的方法保证环境的空气新鲜程度；采用热湿交换的方法保证环境的温湿度；采用净化的方法保证空气的洁净度。通过空气调节系统不仅可以控制室内要求的温度、湿度，还可以根据需要对空气的压力、成分、气味及噪声等空间环境的品质进行全面调节和控制。根据空气调节系统应用对象的不同，空调包括工业空调（工艺空调）和民用空调（舒适性空调）两部分。工业空调是以满足工业生产过程需要的空气环境为主要目的，以满足人的舒适性需要为次要目的，为生产创造特定的空气环境的换气技术。民用空调以满足人的舒适性和对环境品质要求为主要目的。

随着我国工业生产的快速发展，工业有害物的散发量日益增加，环境污染问题越来越严重。工业生产过程中产生的有害物如果不进行处理，对人体健康造成极大危害，也严重影响产品质量。现代制造业的技术发展和应用，需求对产品的精度要求不断提高，生产工艺对车间内部空气温度、湿度、风速、洁净度等参数的要求越来越高。采用工艺性空调可以控制工业生产环境，满足人体和生产工艺环境的要求。通风与空气调节技术在农业领域、交通运输领域、航天军事领域等也有着广泛应用。

民用建筑是通风与空气调节的重要应用领域。民用建筑包括公共建筑和居住建筑。其中，公共建筑包含办公建筑（如写字楼、政府部门办公楼等）、商业建筑（如商场、金融建筑等）、旅游建筑（如酒店、娱乐场所等）、科教文卫建筑（包括文化、教育、科研、医疗、卫生、体育建筑等）、通信建筑（如邮电、通信、广播用房）以及交通运输类建筑（如机场航站楼、高铁站、火车站、汽车站等）。采用通风与空调技术能够营造适宜的环境，为人类工作、生活提供健康、舒适的场所。

思考题与习题

1. 人类对建筑人工环境营造，经历了哪些历程和发展？
2. 室内空气污染控制的方法有哪几种？通风与空气调节所起的作用是什么？
3. 通风与空气调节的任务是什么？
4. 通风可以分为哪两大类？
5. 空气调节可以分为哪两大类？

参 考 文 献

[1]　石文星，田长青，王宝龙. 空气调节用制冷技术 [M]. 5 版. 北京：中国建筑工业出版社，2016.

[2]　THEVENOT R，邱忠岳. 世界制冷史 [J]. 冷藏技术，1995（2）：48-54.

[3]　李先庭，石文星. 人工环境学 [M]. 2 版. 北京：中国建筑工业出版社，2017.

[4]　朱颖心. 建筑环境学 [M]. 4 版. 北京：中国建筑工业出版社，2016.

[5]　刘兆荣，陈忠明，赵广英，等. 环境化学教程 [M]. 北京：化学工业出版社，2003.

第 2 章
工业与民用建筑中的通风

由于各种建筑物的用途不同，人们在建筑物中所从事的活动不同，以及生产工艺过程的不同，室内会产生各种对人体有害的物质。为了保证人体的健康，人们生活、工作需要良好的空气环境，建筑通风就是把室内被污染的空气直接或经过净化后排至室外，把新鲜的空气补充进来，从而保持室内的空气环境符合卫生标准和满足生产工艺的需要。

通风能够起到改善居住建筑和生产车间的空气条件，保护人体健康、提高劳动生产率的重要作用；另外，在工业中，通风又是保证生产正常进行、提高产品质量不可缺少的一个组成部分。工业通风的主要任务是控制生产过程中产生的粉尘、有害气体、高温和高湿，创造良好的生产环境和保护大气环境。

在工业建筑内，随着生产工艺过程的进行，会产生大量的工业有害物；这些有害物主要是工业生产中散发的粉尘、有害蒸汽和气体、余热和余湿。粉尘是指能在空气中浮游一定时间的固体微粒。在生产工艺过程中，由于固体物料的机械粉碎和研磨，粉状物料的混合、筛分、运输及包装，物质的燃烧，物质加热时产生的蒸气在空气中的氧化和凝结等原因，导致粉尘的产生。在化工、造纸、纺织物漂白、金属冶炼、电镀、酸洗、喷漆等过程中，均会产生大量的有害气体和蒸气。其主要的成分是一氧化碳、二氧化碳、氮氧化物、氯化氢和氟化氢气体，以及汞、苯、铅等蒸气。室内空气的流动造成了有害气体和蒸气在车间内的扩散。生产过程中，各种加热设备、热材料和热成品等散发大量的热量，浸洗、蒸煮设备散发大量水蒸气，是车间内余热和余湿的主要来源。余热和余湿直接影响室内空气的温度和相对湿度。

在大多数情况下，仅仅靠通风方法去防治工业有害物，既不经济，也达不到预期的效果，必须采取综合措施。首先应该改革工艺设备和工艺操作方法，从根本上防止和减少有害物的产生，应该尽量使生产过程自动化、机械化和密闭化，避免有害物与人体直接接触；力求不产生或减少产生有害物质。在此基础上再采用合理的通风措施，建立严格的检查和管理制度，这样才能有效地防治有害物。

2.1　建筑中的污染物

现代社会中，人大约有90%的时间是在室内（如家里、办公室、厂房、交通工具和娱乐场所等）度过的，因此对建筑物内环境的要求越来越高。与此同时，与室内空气品质有关的建筑相关疾病（Building Relative Illness，BRI）和病态建筑综合征（Sick Building Syndrome，SBS）似乎变得更加普遍和严重，国内外学者的大量研究工作证明 BRI 和 SBS 都与建筑物内空气的污染物种类、分布以及通风情况有关。室内空气污染源包括建筑材料、家具、人体、生产过程甚至通风空调设备等，室内的主要污染物包括粒径大小不同的各种悬浮颗粒物、多种化学污染物、各种气味和水蒸气等。

2.1.1 悬浮颗粒物

悬浮颗粒物是以准稳态形式悬浮在空气中的液体或固体颗粒，大气尘的样品中通常包含以下物质：碳烟、硅土、黏土、棉和植物纤维、金属屑、生物体如花粉霉菌孢子、病菌和细菌等。大部分室内悬浮颗粒物来自室外，它们在风压、热压和通风系统的作用下，通过建筑围护结构上的缝隙和开口进入室内。在机械通风系统中，可以采用空气过滤降低室内空气中的颗粒物浓度。大多数空气过滤系统对大颗粒悬浮物的过滤效率较高，对于粒径在 $1\mu m$ 以下细颗粒的过滤效率则很低。由燃料燃烧产物和氢子体组成的悬浮颗粒物通常粒径小于 $0.01\mu m$；由炊事和香烟烟雾产生的悬浮颗粒物通常粒径达到 $0.1\mu m$；空气传播的灰尘、微生物和过敏原粒径一般介于 $0.1\sim 10\mu m$，有些空气传播的灰尘、花粉和过敏原则为粒径 $100\mu m$ 或更大的颗粒物。图 2-1 给出了室内空气中一些颗粒物的粒径范围。

空气动力学粒径小于 $100\mu m$ 的颗粒物称为总悬浮物颗粒物（Total Suspended Particulate, TSP）；PM10 一般指细颗粒物，即环境空气中空气动力学粒径小于或等于 $10\mu m$ 的颗粒物。PM2.5 一般指细颗粒物，即环境空气中空气动力学粒径小于或等于 $2.5\mu m$ 的颗粒物。PM0.1 一般指超细颗粒物，即环境空气中空气动力学粒径小于或等于 $0.1\mu m$ 的颗粒物。

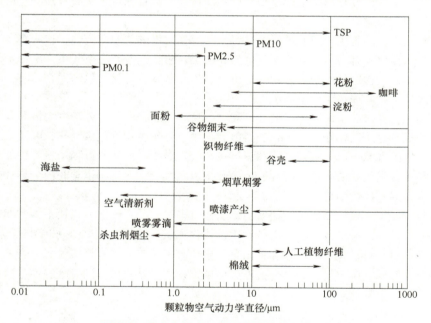

图 2-1 室内空气中一些颗粒物的粒径范围

空气中悬浮颗粒物的浓度可以用单位体积的颗粒物数量或者质量表示，常用的粒子计数浓度单位是百万个每立方英尺（millions of particles per cubic foot, mppcf）（$1ft^3 = 0.028m^3$），质量浓度单位是 mg/m^3。质量浓度和粒子计数浓度之间的关系取决于颗粒物的密度和粒径，对于矿尘来说，二者的关系大致为 $1mg/m^3 = 6mppcf$。

对健康影响较大的是附着在悬浮颗粒物表面或独立悬浮于空气中的生物污染物，如真菌、霉菌、螨虫、细菌、病毒和花粉。室内空气当中的悬浮颗粒物主要是由人体和动物皮屑（皮肤碎片）、纺织品中的纤维物质、有机颗粒和螨虫等组成的混合物，这些悬浮颗粒物能够引起 1% 的人患支气管哮喘和过敏性鼻炎。花粉是传播最广泛的过敏原，会引起季节性的花粉热。花粉的主要来源是室外植物，通风系统当中的空气净化器能够有效地降低进入室内的花粉浓度。室内空气当中的真菌孢子也主要来源于室外，尽管它们在室内的浓度可能比室外还要高。细微颗粒物（PM2.5 和小于 PM2.5 的颗粒）会滞留在肺部并进入肺部的微小气隙中，对人体健康造成长期严重的危害。病毒感染性疾病会在人群之间通过交叉吸入空气中的颗粒物进行传播，如流感、风疹（麻疹）和痘（水痘）等疾病都是通过室内空气中带有这些病毒的悬浮颗粒物进行传播的。有些细菌感染性疾病，如军团病，则是由室内建筑结构或建筑设备中的致病源引起的非传染性疾病。特别是安装了以水作为冷媒的空调系统（如冷却塔或者加湿器）的建筑，常常成为军团病暴发的主要场所。嗜肺军团菌能够引起多种感染，包括肺部感染（引起肺炎）和肠道感染（引起呕吐和腹泻），平均潜伏期为 5~6 天。暴露在这种细菌下引起的感染率在 1%~7%，感染者的病死率为 15%。

2.1.2 化学污染物

研究表明，在室内环境中可能存在的化学污染物超过 8000 种，目前对其中大部分物质的潜在健康影响还没有比较准确科学的研究数据。我国《室内空气质量标准》（GB/T 18883—2002）规定了室内化学污染物的指标（表 2-1）。其中，在建筑物内普遍存在并常常被用于衡量室内空气品质的化学污染物包括二氧化碳、甲醛、挥发性有机物（Volatile Organic Compounds，VOCs）、氨、臭氧等。

表 2-1　室内空气参数标准值

序　号	参　数	单　位	标　准　值
1	温度	℃	（夏）22~28
			（冬）16~24
2	相对湿度	%	（夏）40~80
			（冬）30~60
3	空气流速	m/s	（夏）0.3
			（冬）0.2
4	新风量	$m^3/(h \cdot 人)$	30
5	二氧化硫 SO_2	mg/m^3	0.50
6	二氧化氮 NO_2	mg/m^3	0.24
7	一氧化碳 CO	mg/m^3	10
8	二氧化碳 CO_2	%	0.10
9	氨 NH_3	mg/m^3	0.20
10	臭氧 O_3	mg/m^3	0.16
11	甲醛 HCHO	mg/m^3	0.10
12	苯 C_6H_6	mg/m^3	0.11
13	甲苯 C_7H_8	mg/m^3	0.20
14	二甲苯 C_8H_{10}	mg/m^3	0.20
15	苯并 ［a］芘 B(a)P	ng/m^3	1.0
16	可吸入颗粒 PM10	mg/m^3	0.15

（续）

序　号	参　数	单　位	标　准　值
17	总挥发性有机物 TVOC	mg/m³	0.60
18	细菌总数	cfu/m³	2500
19	氡（Rn）	Bq/m³	400

1. 二氧化碳

人体呼吸及燃烧设备都会产生二氧化碳（CO_2），其中呼吸过程 CO_2 的产生率 G 与新陈代谢率 M 的关系可以表示为

$$G = 4 \times 10^{-5} MA \tag{2-1}$$

式中　G——CO_2 产生率（L/s）；

　　　M——新陈代谢率（W/m²）；

　　　A——人体表面积（m²）。

人员在静坐时新陈代谢率约为 70W/m²，按照人体表面积 1.8m² 计算，通过呼吸作用产生大约为 0.005L/s（1.8L/h）CO_2，呼出的气体中 CO_2 的体积分数大约为 4.4%。在一般的办公和商业建筑中，人是主要的 CO_2 产生源，室内单位时间 CO_2 的释放量与建筑物内人员的活动强度和人员密度相关。人员活动越剧烈，新陈代谢速率越快，单位时间释放的 CO_2 量越多，维持房间 CO_2 浓度低于标准值所需要的新鲜空气量就越大。室内 CO_2 浓度高会使人容易感到疲倦、不舒适甚至头疼。《室内空气质量标准》规定，CO_2 日平均体积分数不应超过 0.1%（1000ppm）。国外的研究表明：人员在室内停留 8h 的最大 CO_2 体积分数为 0.5%。表 2-2 列出了在不同活动强度下满足人员呼吸所需要的新风量，它表明成年男子的新陈代谢率，以及为了满足人员呼吸并将 CO_2 体积分数维持在 0.5% 所需要的新风量。表 2-2 中的数值是在假设室内 CO_2 与空气充分混合的前提下得出的，如果在实际操作中无法实现该目标，则需要提供比表 2-2 中所列数值更高的新风量。与其他污染物（如香烟烟雾）相比，CO_2 不容易被吸附或者吸收，因此常常被用作衡量室内空气新鲜程度、通风效果和新风量控制的指标。

表 2-2　满足人员呼吸所需要的新风量

人员活动（成年男子）	新陈代谢率 $M/(W/m^2)$	当室外空气 CO_2 体积分数为 0.04% 时，维持室内 CO_2 体积分数在给定值所需的新风量/（L/s）	
		0.5% CO_2	0.25% CO_2
静坐	100	0.8	1.8
轻微劳动	160~320	1.3~2.6	2.8~5.6
中等劳动	320~480	2.6~3.9	5.6~8.4
重劳动	480~650	3.9~5.3	8.4~11.4
高强度劳动	650~800	5.3~6.4	11.4~14.0

注：表中数据基于 CO_2 的产生率为 $7.2 \times 10^{-5} M$（L/s）。

2. 甲醛

甲醛是现代普遍使用的一种化学物质，它作为一种防腐剂广泛应用于化妆品、护肤品和食品包装袋中（最高含量为 1%），也可用于制造尿素甲醛和酚醛树脂。由于具有良好的保温性能和易塑性，尿素甲醛泡沫材料被用作建筑保温、墙体空隙填充等用途。甲醛树脂广泛应用于建筑材料和家具中，其中廉价的尿素甲醛树脂可以作为黏合剂用于生产胶合板、碎木板、硬纸板和塑

料板，或者作为结合剂用于生产玻璃纤维保温材料。这些产品被广泛用作建筑材料和家具制造材料。墙纸、地毯和纺织品的生产过程也常常用到甲醛聚合体。此外，纸制品、化妆品、护肤品、胶水、室内除臭剂等日用品中也往往含有一定量的甲醛，燃烧器具和香烟的燃烧产物中也会释放出甲醛。尿素甲醛泡沫会散发甲醛，散发过程为初始释放率高，随后低含量持续释放。初始阶段高释放率是由于尿素甲醛泡沫中存在游离态甲醛，之后随着尿素甲醛聚合体的降解，甲醛会以一种低强度但是持续时间很长的形式散发。

常温下甲醛是一种无色、有强烈刺激性气味的气体，可以通过呼吸、饮食或者皮肤进入人体。甲醛具有遗传毒性，一旦进入体内，就会很快与含有氢元素的氨基酸、蛋白质、脱氧核糖核酸 DNA 等组织反应，生成稳定和非稳定的物质，从而对人体组织造成伤害。根据在含有甲醛的空气中的暴露模式、持续时间以及空气中甲醛浓度不同，人体会有不同的症状或者反应。研究表明，甲醛可以使老鼠致癌，也有数据表明甲醛可能对人类有致癌危险。

室内空气中甲醛的含量取决于散发表面的面积、房间体积、换气次数和其他参数，如温度、湿度及甲醛散发源存在的时间。国外学者研究表明，在室内空气中甲醛含量不影响其散发率、室内不存在甲醛汇、甲醛质量达到平衡的情况下，空气中甲醛含量 c 与上述参数的关系可表示为

$$c = \frac{AE}{\rho NV} \tag{2-2}$$

式中　c——空气中甲醛所占的质量比（$\times 10^{-6}$）；

A——甲醛散发表面积（m^2）；

E——来自散发表面的甲醛净散发率 [$mg/(m^2 \cdot h)$]；

ρ——室内空气密度（kg/m^3）；

N——换气次数（h^{-1}）；

V——房间体积（m^3）。

3. 挥发性有机化合物

油漆、含水涂料、黏合剂、壁纸、人造板、地毯、化妆品、洗涤剂、油墨、复印机、打字机等都是室内挥发性有机化合物（VOCs）的来源。VOCs 是指在常压下沸点在 $50 \sim 260℃$ 的有机化合物，按其化学结构可以分为芳香烃（苯、甲苯、二甲苯）、酮类、醛类、胺类、卤代类、不饱和烃类等。甲醛也是一种 VOCs，但因为测试甲醛的方法与其他大部分 VOCs 不同，有时将其单独列出。在室内空气检测时，VOCs 通常用总挥发性有机化合物（TVOC）来表示，TVOC 是单个 VOCs 含量的总和，目前在室内已发现的 TVOC 多达几千种。

室内空气中 VOCs 对人体健康的影响包括刺激眼睛和呼吸道，导致皮肤过敏，使人产生头痛、咽痛与乏力。TVOC 浓度小于 $0.2mg/m^3$ 时，对人体不产生影响，空气中 TVOC 浓度与人体反应的关系见表 2-3。事实上，由于各化合物之间的协同作用比较复杂，因此要完全了解 VOCs 对人体健康的影响是非常困难的。各国学者在不同国家、地域和不同时间地点所测的 VOCs 的组分也不完全相同，所以目前对绝大部分 VOCs 健康影响的研究远远不及对甲醛的清楚。另外，即使室内空气中单个 VOCs 含量都远低于各自的限制浓度，但由于多种 VOCs 的混合存在及其相互作用，危害强度可能增大，整体暴露后对人体健康的危害仍然相当严重。

表 2-3　TVOC 浓度与人体反应的关系

TVOC 浓度/（mg/m^3）	健 康 效 应	分 类
<0.2	无刺激、无不适	舒适
0.2~3.0	与其他因素联合作用时，可能出现刺激和不适	多因协同作用

（续）

TVOC 浓度/（mg/m³）	健 康 效 应	分　类
3.0~5.0	出现气味和不适感觉	不适
5.0~8.0	出现生理学效应	不适
8.0~25.0	出现明显的眼、鼻、喉黏膜刺激，与其他因素联合作用时，可能出现头痛	不适
>25	除头痛外，可能出现其他的神经毒性作用	中毒

4. 氡

氡（Rn）是一种存在于自然界的放射性气体，它是微量的镭衰变之后的产物。镭存在于地球上部地壳和建筑材料中。氡本身也产生一系列短期放射性衰变子体，其中包括^{222}Rn和^{220}Rn，它们都会产生阿尔法粒子。部分氡原子会散发到空气中，由于从氡原子中发射出的阿尔法粒子对人体组织的穿透力较弱，所以它一般对人体无害。但是，当氡及其子体被吸入后，发射出的阿尔法粒子将损害肺的内膜并导致肺癌。氡作为一种惰性气体，本身并不会造成健康危害，大部分的健康危害都是由具有放射性的氡的子体所引起的。氡的子体（带电离子）会黏附在空气中的尘粒上，如果吸入这些灰尘，氡的子体就会在肺部沉淀。

大气中氡的浓度单位为皮居里每升（pCi/L）或者贝可勒尔每立方米（Bq/m³），两种单位的关系是1pCi/L=37Bq/m³。氡子体的浓度用工作水平（Working Level，WL）来表示，WL对应于氡子体的潜在阿尔法射线能量为100pCi/L，即1WL=100pCi/L。暴露对健康影响的评价是用月工作水平（Working Level Month，WLM）来表示的，WLM的定义是在浓度为1WL的环境中暴露170h（一个工作月）的暴露量。在浓度为1WL的生存环境中，持续暴露一年（8760h）的暴露量相当于51.5WLM。

建筑物中氡的浓度水平取决于场地的地质年龄和建筑构件中所使用的材料来源。实际建筑中的氡浓度可能受许多因素的影响，如土壤和建筑材料的辐射能力，散发至空气中的游离氡的比例，土壤表面氡子体的沉降速度以及通风量等。《室内空气质量标准》（GB/T 18883—2002）建议，当^{222}Rn的年平均值超过400Bq/m³，需要采取行动对室内环境进行干预。

5. 臭氧

臭氧（O_3）被认为是室内空气中最需要进行控制的有毒污染物之一，室内办公设备（如复印机和激光打印机）会产生臭氧，一定浓度范围内的臭氧会导致动物和人体产生明显的生理和病理变化。对动物和志愿者在受控实验室条件下的研究表明：在臭氧含量为$(0.1~0.4) \times 10^{-6}$（200~800μg/m³）的环境中1~2h，会引起肺功能的明显变化。《室内空气质量标准》规定的臭氧浓度小时平均值为160μg/m³。

2.1.3　各种气味和水蒸气

气味（Odour）是室内人员居住、炊事、盥洗活动和垃圾等引起的，它往往不直接对人体健康产生影响，但会使人产生不舒适的感觉。每个人都会散发独特的体味，这是由汗液和皮肤分泌物以及消化系统排出物引起的。人体嗅觉能够感知到非常低浓度的气味，不过嗅觉的敏感度会因人而异。当长期暴露于某种气味时，人体对该种气味的敏感度也会下降。室内的各种气味都可以通过向室内送入室外新风稀释到人员可接受的浓度。

吸烟会在室内产生令人不快的气味，特别是对于那些不吸烟的人。香烟烟雾中的一些成分（如丙烯醛）会刺激眼睛和鼻子，其他产物如焦油、尼古丁和一氧化碳对吸烟者会有健康影响，有许多研究表明，直接或者间接吸烟都会导致肺癌发病率升高。通入室外新风可以降低室内空气中的香烟烟雾浓度，在通风系统的设计阶段就需要考虑是否允许吸烟，并按照考虑的吸烟人数确定通风量。

室内空气中的水蒸气含量会对室内人员的舒适度和健康产生影响。低湿环境对导致鼻腔缺少甚至没有黏液，而鼻腔中湿润的黏液层能够捕获吸入空气中的粒子（包括尘粒携带的细菌和病毒），阻止它们进入肺部，因此空气湿度过低会增加呼吸道感染的风险。另外，湿度较低容易使衣物或室内织物因为导电性能下降而引起静电电击。高湿度会抑制皮肤表面汗液的蒸发，从而使人感到不舒适。对于通风不好的房间，湿度的不断增加会引起闷热和产生不良气味，甚至因为真菌的增长而产生霉味，引起过敏和疾病，包括哮喘、鼻炎和结膜炎等。如果冬季室内湿度高，在冷表面（如窗户和外墙）会出现结露现象。当室内有人员或设备散湿时，室内空气的水蒸气含量会高于室外空气，此时通风可以降低室内空气的湿度。

2.1.4　工业建筑中的主要污染物

工业建筑中的主要污染物是伴随生产工艺过程产生的，不同的生产工程有着不同的污染物，污染物的种类和发生量必须通过对工艺过程详细了解后获得。现代工业的工艺过程很多，这里列举几种工业生产过程中的污染物种类。

1. 铸造车间

铸造车间是机械工厂中污染严重的车间，一般包含砂处理、砂准备和砂再生、熔化、造型、浇注、落砂、泥芯、清理等工艺过程，主要污染物有砂粉尘、CO、SO_2、金属烟雾、烟气、水蒸气等污染物，除此之外还有大量的余热和辐射热。

2. 表面处理车间

金属表面处理车间包含酸洗、电镀、钝化、氧化、皂化、铝合金制品光化、铝合金的阳极氧化、阳极氧化后的处理、磷化、浸亮等工艺过程，常常需要在各种溶液的槽中进行。这些工艺过程产生的主要污染物有氟化氢、硫酸、硝酸、氰化氢、氮氧化物、氯化氢、氢氧化钠、汽油等蒸气。

3. 焊接车间

焊接车间中的剪切、冲压、焊接、清理、油漆等工序都有污染物产生。等离子切割和氩弧焊会产生氧化氮、臭氧、一氧化碳、二氧化碳、三氯乙烯和钨、铝、氟的化合物，焊接烟尘中含有锰、铬、硅、氟等化合物及氧化氮、臭氧气体。

4. 油漆车间

油漆车间有刷漆和喷漆两类生产方式。刷漆时油漆中的溶剂（如松节油、苯等）在空气中挥发；喷漆的漆雾散发到空气中，人吸入后会得职业病。此外，油漆前大件产品的钢丝除锈还会产生大量灰尘。

5. 热处理车间

热处理是将金属加热到一定温度，然后在各种介质中冷却，以提高金属的力学性能。热处理车间有燃烧燃料的加热炉、电热炉、电热盐浴炉、电热油槽、淬火油槽、水槽等设备，这些设备会产生大量的对流热和辐射热，散发的主要污染物有油烟、水蒸气、不完全燃烧的 CO、有害蒸气（氧化铅、铅、氨、氮氧化物、硝酸盐、氰化物等）。

6. 机械加工车间

机械加工是一种用加工机械对工件的外形尺寸或性能进行改变的过程。例如，在用乳化液冷却切削机床的刀具及用苏打液、切削硫化油等冷却液来冷却磨床的磨削加工时，会有大量水蒸气、乳化液气溶胶产生；采用干磨的磨床和砂轮机等会产生大量的金属粉尘。

7. 纺织厂

纺织厂的清棉、梳棉、纺纱、织布等车间都会产生含有棉绒、灰尘、细菌等的棉尘，其中有7%～16%的棉尘是可吸入颗粒物，过多地吸入棉尘会导致棉尘肺这种职业病。

8. 水泥工业

水泥从原料开采、破碎、粉磨、烘干、煅烧到成品出厂，都会产生大量粉尘。

综上所述，工业建筑中的主要污染物为粉尘及各种有害气体。工艺过程中产生的粉尘及有害气体直接排放到室外会对大气环境造成污染，因此除尘及有害气体净化是工业建筑通风过程中要解决的重要问题。

2.2　通风系统的分类和组成

2.2.1　通风系统的分类

采用通风方式改善室内环境，简单地说，就是在局部地点或整个房间内或车间内把不符合卫生标准的污浊空气排至室外，把新鲜空气或经过净化的空气送入室内。因此，建筑通风包括将室内的污浊空气排出和向室内补充新鲜空气两方面内容，前者称为排风，后者称为进风。为了实现送风或者排风，而采用的一系列设备装置的总体称为通风系统。可以采用不同的分类方法对通风系统进行分类。

1. 机械通风和自然通风

按工作动力不同，通风系统分为机械通风和自然通风。

（1）机械通风　机械通风是依靠风机造成的压力使空气流动。由于可以选择不同的风机来满足所需风量和风压，因此机械通风可设计成较大的系统。机械通风的风量、风压不受气象条件的影响，通风效果稳定，工作可靠，通风调节也比较灵活，但是系统的初投资和运行费用高，安装和管理比较麻烦。

（2）自然通风　自然通风是依靠室外风力造成的风压和室内外空气温度差造成的热压使空气流动的。自然通风不需要专设的动力设备，不消耗电能，是一种最经济的通风方式，而且在一定条件下，还能造成较大的通风量，因此对于某些热车间是一种优先选用的通风方式。但是风压和热压的大小受气象条件的影响，而且对空气又不能进行处理，因此它的应用受到一定的限制。

2. 局部通风和全面通风

按通风系统的作用范围不同分为局部通风和全面通风。

（1）局部通风　局部通风分为局部送风和局部排风两大类，它们都是利用局部气流使局部工作地点不受有害物的污染，形成良好的空气环境。局部通风系统作用范围小，所需风量少，并且可以获得较好的通风效果，是一种最直接、最有效、最经济的通风方式。

在有害物产生地点直接把它们捕集起来，排至室外，这种通风方式称为局部排风。这种方式是防止工业有害物在室内扩散的最有效的方法，系统需要的风量小、效果好，设计时应优先考虑。

当室内存在突然散发有毒气体或有爆炸危险性气体时，应设置事故排风系统。

局部送风是指将新鲜空气或经过处理的空气送到室内的局部地区，改善局部区域的空气环境。局部送风常在工业厂房中集中产生强烈辐射热或有毒气体的地方设置。

（2）**全面通风**　全面通风是对整个房间进行通风换气，用新鲜空气将整个房间的有害物浓度冲淡到卫生标准允许浓度以下。根据气流方向，全面通风分为全面排风和全面送风。如果由于生产条件的限制不能采用局部排风，或者在采用局部送风后室内的有害物浓度仍然超过卫生标准，则可以采用全面通风。全面通风所需要的风量大大超过局部排风，风管的断面面积和设备也比较大，使得系统的初投资和运行费都较高。

采用全面通风系统时，要注意室内合理的气流组织，也就是正确地选择送、回风口形式和数量，合理地布置进风口和排风口的位置，使送入室内的新鲜空气以最短的路程流到工作区，使污浊空气以最短的路程排出室外，要避免有害物向工作区弥漫和二次扩散。

2.2.2　通风系统的组成

在实际工程中，通风可以有多种应用形式，如：全面机械送风+全面机械排风，全面机械排风+自然补风，全面机械送风+局部排风（机械的或自然的），全面机械送风+全面机械排风+局部排风等，其中全面机械送风和局部机械排风是应用最为广泛的通风方式。下面介绍几种常见的通风系统的组成。

1. 全面机械送风系统

典型的全面机械送风系统一般由室外空气入口、空气处理设备（空气过滤器、空气加热器）、风机、风管、送风口、阀门等组成，如图 2-2 所示。

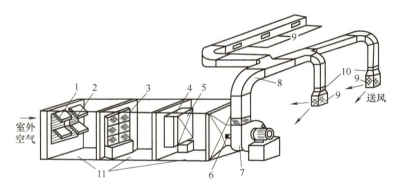

图 2-2　全面机械送风系统示意图
1—室外空气入口　2—电动密闭阀　3—空气过滤器　4—旁通阀　5—空气加热器
6—调节阀　7—风机　8—风管　9—送风口　10—阀门　11—空气处理室

空气处理设备一般具有空气过滤和空气加热（在供暖地区）功能，有的空气处理设备根据需要配备有去湿和加湿功能。

室外空气入口是室外新鲜空气引入的地方，称为进风口，又称新风口。新风口设有百叶窗，以遮挡雨、雪、昆虫等。机械送风系统进风口的设置应当遵循以下原则：

1）为了使送入室内的空气免受外界环境的不良影响而保持清洁，应尽量避免汽车尾气中的污染物进入室内，不在交通繁忙道路的一侧取新风，而应当把进风口布置在室外空气较清洁的地点。

2）为了防止排风（特别是散发有害物质的排风）对进风的污染，进、排风口的相对位置应遵循避免短路的原则；进风口宜低于排风口 3m 以上，当进排风口在同一高度时，宜在不同方向设置，且水平距离一般不宜小于 10m。用于改善室内舒适度的通风系统可根据排风中污染物的特征、浓度，通过计算适当减少排风口与新风口距离。

3）为了防止送风系统把进风口附近的灰尘、碎屑等扬起并吸入，进风口下缘距室外地坪不宜小于 2m，当布置在绿化地带时，不宜小于 1m。

机械送风系统送风口的布置对于室内气流分布和通风效果有重要的影响（详见 2.4.3 节通风房间气流组织）。

风机为空气流动提供动力，风机压力需要克服从空气入口到房间送风口的阻力及房间内的压力值。风管及阀门用于空气的输送与分配，风管断面可以是圆形或矩形（含正方形），通常用钢板制造，有标准的规格尺寸，表 2-4 所示为矩形风管的标准规格。

表 2-4　矩形风管的标准规格

外边长 长×宽/（mm×mm）	外边长 长×宽/（mm×mm）	外边长 长×宽/（mm×mm）	外边长 长×宽/（mm×mm）
120×120	320×320	630×500	1250×400
160×120	400×200	630×630	1250×500
160×160	400×250	800×320	1250×630
200×120	400×320	800×400	1250×800
200×160	400×400	800×500	1250×1000
200×200	500×200	800×630	1600×500
250×120	500×250	800×800	1600×630
250×160	500×320	1000×320	1600×800
250×200	500×400	1000×400	1600×1000
250×250	500×500	1000×500	1600×1250
320×160	630×250	1000×630	2000×800
320×200	630×320	1000×800	2000×1000
320×250	630×400	1000×1000	2000×1250

2. 局部机械排风系统

局部机械排风系统一般由局部排风罩或吸风口、风管、空气处理设备、风机和排烟烟囱或排风口等组成，如图 2-3 所示。

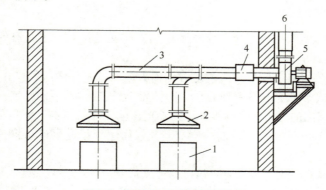

图 2-3　局部机械排风系统组成

1—污染源　2—局部排风罩　3—风管　4—空气处理设备　5—风机　6—排风口

其中风机的作用是为空气流动提供动力，风机压力需要克服从局部排风罩或吸风口到排烟烟囱出口或排风出口的阻力。排风口是排风的室外出口，它应能防止雨、雪等进入系统，并使出口动压降低，以减少出口阻力。屋顶上方的排风口或排烟烟囱一般用避风风帽，墙或窗上的排风口可以用百叶窗。附近有进风口时，排风口的位置应高于进风口，且应避免进、排风短路。风管（风道）是空气的输送通道，当排风是潮湿空气时宜用玻璃钢或聚氯乙烯板制作，一般的排风系统可用钢板制作。阀门用于调节风量，或用于关闭系统。在采暖地区为防止风机停止时倒风，或洁净车间防止风机停止时含尘空气进入房间，常在风机出口管上装电动密闭阀，与风机联动。

3. 除尘系统

通风除尘系统就是在有害物产生的局部地点设置有害物捕集装置，在有害物发生时及时捕集并排走，控制有害物不向室内扩散。对于防毒、排尘、排烟等是最有效的一种除尘系统。这种系统属于局部排风系统，广泛用于冶金工业中的转炉、耐火材料、焦化等工艺的除尘，机械工业中的铸造、混砂、表面处理、喷漆等工艺的通风除尘，建材工业中的水泥、石棉、玻璃加工以及工业窑炉等设备的除尘等。

通风除尘系统的组成如图 2-4 所示。

通风除尘系统一般由以下几个部分组成：

（1）局部排风罩　局部排风罩是除尘系统中的重要设备。它安装在有害物源附近，通过风机在罩口造成的负压形成吸入速度场，在有害物没有扩散到室内之前将其捕集起来，再通

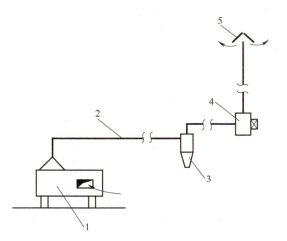

图 2-4　通风除尘系统的组成
1—局部排风罩　2—风道　3—净化设备
4—风机　5—风帽

过风道排走，保护室内环境。局部排风罩的性能对局部排风系统的技术经济指标有直接的影响。性能良好的局部排风罩只需要较小的风量就可以获得良好的工作效果。由于生产设备结构和操作过程的不同，排风罩的形式是多种多样的，如密闭罩、外部吸气罩、槽边排风罩等。

密闭罩将有害物源密闭在罩内，把有害物限制在一个很小的空间内，只需要较小的排风量就能防止有害物的扩散，操作人员可以通过工作孔观察罩内的工作情况。密闭罩排气效果好，所需风量小，是设计除尘系统时优先选择的排风罩。

当不便将有害物置于罩内时，可选择外部吸气罩设在有害物源附近，由风机在罩口外造成的吸入速度场，将一定范围内的有害物吸入罩内。这种罩子的罩口尺寸与有害物源的平面尺寸有关，为了增强吸气效果，可以在罩口加边或加挡板。

电镀槽、清洗槽等上方有工件进出，无法在其上方设置排风罩，因此必须在槽边设排风罩。根据工业槽的宽度可以采用单侧槽边排风罩或双侧槽边排风罩。排风罩的排风量与槽的平面尺寸和槽面控制风速有关。

局部排风罩的形式多种多样，除了上面介绍的三种局部排风罩以外，还有其他多种类型。工厂中的工艺过程、设备千差万别，不可能有一种万能的排风罩适合所有情况，因此必须根据具体情况选择或设计排风罩。

（2）风道　风道的作用是在通风系统中输送空气，通过风道使通风系统的设备和部件连接成一个整体。风道通常用薄钢板制作，有时也采用聚氯乙烯塑料板、混凝土、砖和其他材料制作。除尘系统的风道同一般的局部排风系统的风道相比风速较高，通常采用圆形风道，且管径较

小，但是为了防止风道堵塞，风道直径应满足有关的最小尺寸要求。另外，为了防止粉尘在风道内沉积，除尘系统风道尽可能垂直或倾斜敷设，必须水平敷设时，应该设置清扫口。

（3）空气净化设备　为了防止大气污染，当除尘系统排气中所含的有害物含量超过排放标准时，必须用除尘器或有害气体净化设备进行处理，达到排放标准后才能排入大气。

除尘器是除尘系统的重要设备，通过除尘器可以将排风中的粉尘捕集，使排风中粉尘的浓度降低到排放标准允许值以下，保护大气环境。

除尘机理主要有：重力、离心力、惯性碰撞、接触阻留、扩散、静电力、凝聚和筛选作用。

根据主要除尘机理的不同，常用的除尘器有以下几种：

重力除尘器，如重力沉降室。其主要依靠重力使气流中的尘粒自然尘降，将尘粒从气流中分离出来。

惯性除尘器，如惯性除尘器。其主要机理是含尘气流在运动过程中遇到物体的阻挡时，气流要改变方向进行绕流，细小的尘粒会沿气体流线一起流动。而质量较大或速度较大的尘粒由于惯性来不及跟随气流一起绕过物体，因而脱离流线向物体靠近，并碰撞在物体上而沉积下来。

离心力除尘器，如旋风除尘器。其主要依靠含尘气流做圆周运动时的惯性离心力的作用，使粉尘和空气产生相对运动，将尘粒从气流中分离出来。

静电除尘器，如电除尘器。悬浮在气流中的尘粒都带有一定的电荷，静电除尘主要依靠静电力使尘粒从气流中分离出来。在自然状态下，尘粒的带电量很小，要得到较好的除尘效果，应设置专门的高压电场，使所有的尘粒都充分带有电荷。

过滤除尘器，如袋式除尘器。其主要依靠尘粒的尺寸大于过滤材料网孔的尺寸使尘粒被阻留下来，从而除掉尘粒。

洗涤除尘器，如旋风水膜除尘器。其依靠的除尘机理是当某一尺寸的尘粒沿着气流流线刚好运动到液滴表面附近时，因与物体发生接触而被阻留。在旋风水膜除尘器中，尘粒在离心力的作用下被甩向除尘器的壁面，尘粒遇壁面上的水膜后被润湿而随水膜排走。

为了保证除尘系统的正常运行和防止再次污染环境，应对除尘器收集的粉尘妥善处理，减少二次扬尘，保护环境和回收利用，化害为利，变废为宝，提高经济效益。根据生产工艺的条件、粉尘性质、回收利用的价值，以及处理粉尘量等因素，可以采用就地回收、集中处理和集中废弃等方式。

（4）风机　风机是除尘系统中流动的动力，它给空气提供动力以克服阻力，并以一定的速度流动，保证系统的正常工作。

为了防止风机的磨损和腐蚀，通常将风机放在净化设备的后面。风机的位置应根据除尘系统工作需要而定，可设在车间内地面上，或在风机平台上，也可以设在室外地面上，如果设置在室外，要考虑防雨雪措施。

为了保证安全和维修工作的需要，风机与其他设备和建筑结构的距离应满足有关要求。为了防止风机运行时的振动以及噪声，风机应采取减振措施，并可设在风机小室中。

2.3　通风方式

2.3.1　自然通风方式

自然通风是借助自然压力使空气产生流动。自然通风有以下几种方式：

（1）有组织的自然通风　自然通风时，空气是通过建筑围护结构的门、窗进出房间的，可以根据设计计算获得需要的空气量，也可以改变孔洞开启面积的大小来调节风量。利用风压进行全面通风换气是一般的民用建筑普遍采用的一种通风方式。在我国炎热地区的一些高温车间就是利用穿堂风为主来进行通风降温的。

（2）**管道式自然通风**　管道式自然通风依靠热压通过管道来输送空气。集中采暖地区的民用和公共建筑可以采用这种方式作为寒冷季节的自然排风措施。当用于进风和热风采暖时，可以对空气进行加热处理。由于热压值一般较小，因此这种自然通风方式的作用范围（主风道的水平距离）不能太大。

（3）**渗透通风**　在风压和热压的作用下，室内外空气通过围护结构的缝隙进入或流出房间的过程叫作渗透通风。这种通风方式不能组织室内的气流方向，因此只是作为一种辅助性的通风措施。

2.3.2　机械通风方式

机械通风作用力的大小可以根据需要确定，不受自然条件的限制；可以通过风道把空气送到室内的指定地点，也可以从任意地点按要求的吸风速度排除被污染的空气；可以比较有效地组织室内的气流方向，并且可以根据需要对进风或排风进行处理。机械通风有以下几种方式：

（1）**局部机械通风**　局部机械通风是对房间内局部地进行通风换气，改变局部地点的空气环境。

图 2-5 所示为一局部机械排风系统，其由风机提供动力，在局部排风罩附近造成一定范围的吸入速度场，使含尘气流被吸入罩内，排出室外。污染物定点发生的情况在工业厂房中有很多，如电镀槽、喷砂、粉状物料装袋、喷漆工艺、化学分析的工作台等。在民用建筑中，厨房的炉灶、学校中的化学实验台等也是定点产生污染物。因此，局部机械排风系统应用得非常广泛。

图 2-6 所示为一局部机械送风系统，经过净化和降温处理的空气以一定的角度和速度送到工人作业地点，改善了工人作业地点的工作环境。当有若干个岗位需要局部送风时，可以合为一个系统。我国的规范规定，当车间中的作业地点的温度达不到卫

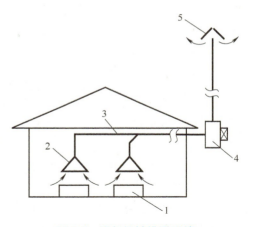

图 2-5　局部机械排风系统
1—有害物散发源　2—局部排风罩
3—风道　4—风机　5—风帽

生要求或辐射照度 $\geq 350W/m^2$ 时，应设置局部送风。局部送风实现对局部地区降温，而且增加空气流速，增强人体对流散热和蒸发散热，以改善局部地区的热环境。

（2）**全面机械通风**　图 2-7 所示为一全面机械排风系统。室内污染空气经室内排风口、风道，再由风机加压排至室外。室内排风口是收集室内空气的地方，为了提高全面通风的效果，室内排风口宜设在污染物浓度较大的地方；污染物密度比空气小时，排风口宜设在上方，而密度大时，宜设在下方；在房间不大时，也可以只设一个排风口。

图 2-8 所示为全面机械送风系统示意图。风机提供空气流动的动力，克服从空气入口到房间送风口之间的空气流动阻力以及房间内的压力值；风道用于空气的输送与分配。通风系统中的空气处理设备具有对空气进行过滤和加热的功能，通常将各种处理设备集中放置在一个称为进风室的专用房间里。进风口的位置直接影响着室内的气流分布，也影响着通风效率。

新风口的位置应设在空气比较干净的地方；当附近有排风口时，新风口应在主导风向的上风侧，并应低于排风口。

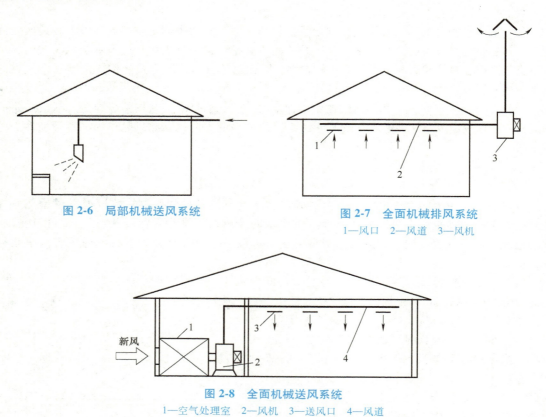

图 2-6 局部机械送风系统

图 2-7 全面机械排风系统
1—风口 2—风道 3—风机

图 2-8 全面机械送风系统
1—空气处理室 2—风机 3—送风口 4—风道

2.3.3 事故通风

在工厂生产过程中，当生产设备发生事故或故障时，可能会突然散发大量的有害气体或产生有爆炸危险的气体。为了防止事故的进一步扩大，必须设置事故排风，以备急需时使用。

事故排风的排风量应根据工艺所提供的资料通过计算来确定。事故排风的吸风口应设在有害气体或爆炸性气体散发可能性最大的地点，同时应该考虑有害物的性质。当所散发的气体比空气的密度大时，吸风口应设在地面以上 0.3~1.0m 处；当所散发的气体密度比空气小时，吸风口应设在上部地带；对于可燃性气体和蒸气，吸风口应尽量紧贴顶棚布置。

事故通风也可以采取在墙上或窗口上装置轴流式通风机进行排风，但应采取措施防止事故排风工作时补风直接由附近窗口流入，形成气流短路，而失去全面换气的作用。因此，设置事故排风口位置时要考虑全面通风换气的气流组织原则。

当排除的有害气体具有爆炸危险时，事故通风系统的风机应选用防爆风机。风机供电应可靠，其开启开关应在室内外分别设置于便于操作的地点。设置事故排风系统的排风口时，应考虑周围环境，注意尽量减少对人体健康的影响，远离火源等。

事故通风只是在紧急的事故情况下应用，因此可以不经过净化处理直接向室外排放，而且也不必设机械补风系统，可以由门、窗自然补入空气。应注意留有空气自然补入的通道。

2.4　全面通风设计与计算

2.4.1　房间通风量的确定

计算稀释通风量的基本原理是保持通风房间的风量和污染物的质量在设计状态下达到稳定，此时进入房间的污染物总质量与总排出量相等，进入房间的总能量与总排出能量和车间蓄能或散能平衡。风量平衡是质量守恒，因为进排风空气温度不同，因而采用空气的质量流量表示；当温差相差不大时，可以采用体积风量表示。对于热平衡，理论上应该按照进、排风的焓值进行核算，当空气中水蒸气未发生相变时，可以采用显热量代替焓进行计算。

对体积为 V_f 的房间进行稀释通风时，污染物源每秒钟散发的污染物量为 x，通风系统启动前室内空气中污染物浓度为 y，如果采用全面通风稀释室内空气中的污染物，则在任何一个微小的时间间隔 $d\tau$ 内，室内得到的污染物量（即污染物源散发的污染物量和送风空气带入的污染物量）与从室内排出的污染物量（排出空气带走的污染物量）之差应等于整个房间内增加（或减少）的污染物量，即

$$L_j y_0 d\tau + x d\tau - L_p y d\tau = V_f dy \tag{2-3}$$

式中　L_j——全面通风进风量（m^3/s）；

y_0——送风空气中污染物浓度（g/m^3）；

x——污染物散发量（g/s）；

L_p——全面通风排风量（m^3/s）；

y——在某一时刻室内空气中污染物浓度（g/m^3）；

V_f——房间体积（m^3）；

$d\tau$——某一段无限小的时间间隔（s）；

dy——在 $d\tau$ 时间内房间内浓度的增量（g/m^3）。

式（2-3）称为全面通风的基本微分方程式，它反映了任意时刻室内空气中污染物浓度 y 与全面通风量 L 之间的关系。为便于分析室内空气中污染物浓度与通风量之间的关系，假设污染物在室内均匀散发（室内空气中污染物浓度分布是均匀的）、送风气流和室内空气的混合在瞬间完成、送风和排风气流的温度相差不大时，有

$$L_j = L_p = L \tag{2-4}$$

式中　L——全面通风量（m^3/s）。

因而，式（2-3）简化为

$$L y_0 d\tau + x d\tau - L y d\tau = V_f dy \tag{2-5}$$

对式（2-3）进行变换，有

$$\frac{d\tau}{V_f} = \frac{dy}{L y_0 + x - L y} \tag{2-6}$$

$$\frac{d\tau}{V_f} = -\frac{1}{L} \cdot \frac{d(L y_0 + x - L y)}{L y_0 + x - L y} \tag{2-7}$$

如果在时间 τ 内，室内空气中污染物浓度从 y_1 变到 y_2，那么

$$\int_0^\tau \frac{d\tau}{V_f} = -\frac{1}{L} \int_{y_1}^{y_2} \frac{d(L y_0 + x - L y)}{L y_0 + x - L y} \tag{2-8}$$

$$\frac{\tau L}{V_f} = \ln \frac{Ly_1 - x - Ly_0}{Ly_2 - x - Ly_0} \tag{2-9}$$

即

$$\frac{Ly_1 - x - Ly_0}{Ly_2 - x - Ly_0} = \exp\left(\frac{\tau L}{V_f}\right) \tag{2-10}$$

当 $\frac{\tau L}{V_f} < 1$ 时，级数 $\exp\left(\frac{\tau L}{V_f}\right)$ 收敛，式（2-10）可以用级数展开的近似方法求解。如近似地取级数的前两项，则得

$$\frac{Ly_1 - x - Ly_0}{Ly_2 - x - Ly_0} = 1 + \frac{\tau L}{V_f} \tag{2-11}$$

$$L = \frac{x}{y_2 - y_0} - \frac{V_f}{\tau} \cdot \frac{y_2 - y_1}{y_2 - y_0} \tag{2-12}$$

利用式（2-12）求出的全面通风是在给出某个规定时间 τ、车间环境空气中限定的污染物的浓度值 y_2 时的计算结果，式（2-12）称为不稳定状态下的全面通风计算公式。

对式（2-12）进行变换，可求得当全面通风量 L 一定时，任意时刻室内的污染物浓度 y_2。

$$y_2 = y_1 \exp\left(-\frac{\tau L}{V_f}\right) + \left(\frac{x}{L} + y_0\right)\left[1 - \exp\left(-\frac{\tau L}{V_f}\right)\right] \tag{2-13}$$

若室内空气中初始的污染物浓度 $y_1 = 0$，上式可写成

$$y_2 = \left(\frac{x}{L} + y_0\right)\left[1 - \exp\left(-\frac{\tau L}{V_f}\right)\right] \tag{2-14}$$

当通风时间 $\tau \to \infty$ 时，$\exp\left(-\frac{\tau L}{V_f}\right) \to 0$，室内污染物浓度 y_2 趋于稳态，其值为

$$y_2 = y_0 + \frac{x}{L} \tag{2-15}$$

室内污染物浓度趋于稳定的时间并不需要 $\tau \to \infty$。当 $\frac{\tau L}{V_f} \geqslant 3$ 时，$\exp(-3) = 0.0497 \ll 1$，可以近似认为 y_2 已趋于稳定。由式（2-13）或式（2-14）可以画出室内污染物浓度 y_2 随通风时间 τ 变化的曲线，如图 2-9 所示。图中的曲线 1：$y_1 > \left(y_0 + \frac{x}{L}\right)$，曲线 2：$0 < y_1 < \left(y_0 + \frac{x}{L}\right)$，曲线 3：$y_1 = 0$。

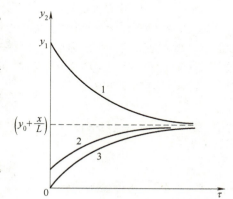

图 2-9　室内污染物浓度随通风时间变化的曲线

从上述分析可以看出，室内污染物的浓度按指数规律增加或减小，其增减速度取决于 $\frac{L}{V_f}$。根据式（2-15），室内污染物浓度 y_2 处于稳定状态时所需的全面通风量按下式计算

$$L = \frac{x}{y_2 - y_0} \tag{2-16}$$

上述方程成立的条件是：室内污染物和流场的分布都是均匀的，并且混合过程在瞬间完成。在实际通风过程中，即使室内污染物的平均浓度符合卫生标准要求，靠近污染源的空气中污染

物浓度也难免会高于平均值，为了保证在污染源附近工作的人员健康，实际设计的通风系统风量需要大于式（2-16）的计算风量，因此需要引入安全系数 K，即

$$L = \frac{Kx}{y_2 - y_0} \tag{2-17}$$

安全系数 K 为考虑多方面因素的通风量倍数。如污染物的毒性、污染源的分布及其散发的不均匀性、室内气流组织及通风的有效性等。对于一般通风房间，可查询有关暖通空调设计手册选用 K 值。

【例 2-1】　某地下室设有全面通风系统。地下室的体积 $V_f = 220\mathrm{m}^3$，通风系统通风量 $L = 0.05\mathrm{m}^3/\mathrm{s}$，有 160 人进入室内，人员进入后立即开启通风机送入室外空气，试求该地下室的 CO_2 浓度达到 $5.9\mathrm{g/m}^3$（即 $y_2 = 5.9\mathrm{g/m}^3$）所需要的时间。

【解】　由资料查得每人每小时呼出的 CO_2 约为 40g，CO_2 的产生量 $x = 40\mathrm{g/h} \times 160 = 6400\mathrm{g/h} = 1.8\mathrm{g/s}$。

进入室内的空气中，CO_2 的体积分数为 0.05%（即 $y_0 = 0.98\mathrm{g/m}^3$），风机起动前地下室内空气中 CO_2 浓度与室外相同，即 $y_1 = 0.98\mathrm{g/m}^3$。

由式（2-9）得

$$
\begin{aligned}
\tau &= \frac{V_f}{L} \ln\left(\frac{Ly_1 - x - Ly_0}{Ly_2 - x - Ly_0}\right) \\
&= \frac{220}{0.05} \ln\left(\frac{0.05 \times 0.98 - 1.8 - 0.05 \times 0.98}{0.05 \times 5.9 - 1.8 - 0.05 \times 0.98}\right) \mathrm{s} \\
&= 646.60\mathrm{s} \\
&= 10.78\mathrm{min}
\end{aligned}
$$

如果通风的主要目的是稀释室内产生的水蒸气，则根据质量守恒定律同样可以计算出稀释余湿所需要的通风量

$$G = \frac{W}{d_p - d_0} \tag{2-18}$$

式中　W——余湿量（g/s）；

　　　d_p——排出空气的含湿量 [g/kg（干空气）]；

　　　d_0——进入空气的含湿量 [g/kg（干空气）]。

如果通风的主要目的是消除室内产生的热量，则根据能量守恒定律可以计算出消除余热所需要的通风量

$$G = \frac{Q}{c(t_p - t_0)} \tag{2-19}$$

式中　Q——室内余热量（kJ/s）；

　　　c——空气的质量热容，其值为 $1.01\mathrm{kJ/(kg \cdot \text{℃})}$；

　　　t_p——排空气的温度（℃）；

　　　t_0——进入空气的温度（℃）。

当送、排风温度不相同时，送、排风的体积流量是变化的，在计算通风量时应当采用质量流量。

在实际工程应用中，通风房间中可能同时散发多种有害物，或者同时散发污染物与余热、余

湿，因此在确定通风量时需要综合考虑不同的需求。根据卫生标准的规定，当数种有机溶剂（苯及其同系物或醇类或醋酸类）的蒸气或数种刺激性气体（三氧化二硫及三氧化硫或氟化氢及其盐类等）同时在室内放散时，由于对人体的作用是叠加的，全面通风量应按各种气体分别稀释至容许浓度所需空气量的总和计算。同时放散不同种类的污染物时，通风量应分别计算稀释各污染物所需的风量，然后取最大值。当通风需要同时消除污染物、余热和余湿时，应分别计算所需通风量后取最大值。

【例 2-2】 某车间同时散发几种有机溶剂的蒸气，它们的散发量分别为：苯 3kg/h，醋酸乙酯 1.5kg/h，乙醇 0.5kg/h。已知该车间消除余热所需的全面通风量为 50m³/s。求该车间所需的全面通风量。

【解】 由附录 2 查得三种溶剂蒸气的最高容许浓度为：

苯 40mg/m³；醋酸乙酯 300mg/m³；乙醇未做规定，不计风量。

进风为清洁空气，上述三种溶剂蒸气的浓度为零。取安全系数 $K=6$。计算将三种溶剂的蒸气稀释到容许浓度所需的通风量。

苯：$L_1 = \dfrac{6 \times 3 \times 10^6}{3600 \times (40-0)} \text{m}^3/\text{s} = 125\text{m}^3/\text{s}$

醋酸乙酯：$L_2 = \dfrac{6 \times 1.5 \times 10^6}{3600 \times (300-0)} \text{m}^3/\text{s} = 8.33\text{m}^3/\text{s}$

乙醇：$L_3 = 0$

因为几种溶剂同时散发对人体有危害作用相同的蒸气，所需风量为各自风量之和，即

$$L = L_1 + L_2 + L_3 = (125 + 8.33 + 0)\text{m}^3/\text{s} = 133.33\text{m}^3/\text{s}$$

该风量已能满足消除余热的需要，故该车间所需的全面通风量为 133.33m²/s。

当无法准确得到散入室内的污染物量或余热、余湿量时，全面通风量可按换气次数进行估算。所谓换气次数是指通风量 $L(\text{m}^3/\text{h})$ 与通风房间体积 V 的比值。各种类型房间换气次数的经验数值可以从相关的暖通空调设计手册中查得，表 2-5 列出了不同房间换气次数的经验值。

表 2-5   不同房间换气次数的经验值

房 间 名 称	换气次数/(次/h)	房 间 名 称	换气次数/(次/h)
住宅居室	1.0	食堂贮粮间	0.5
住宅浴室	1.0~3.0	托幼所	5.0
住宅厨房	3.0	托幼浴室	1.5
食堂厨房	1.1	学校礼堂	1.5
学生宿舍	2.5	教室	1.0~1.5

此时通风量的计算公式为

$$L = nV \tag{2-20}$$

式中 n——房间的换气次数（次/h）；

V——房间的容积（m³）。

2.4.2   通风房间空气质量平衡和热平衡

无论是采用自然通风还是机械通风的房间，要使得房间的热湿环境或者空气质量达到设计要求，都需要考虑空气质量平衡和热平衡。空气质量平衡理论是质量守恒原理在通风过程中的

应用。单位时间内进入室内的空气量应和同时间内排出的空气量保持相等，即通风房间的空气量要保持平衡。要使通风房间温度保持不变，必须使室内的总得热量等于总失热量，即热平衡。

1. 空气质量平衡

在通风房间，无论采用哪种通风方式，单位时间内进入房间的空气质量应和同时间内排出的空气质量相同，即通风房间的空气质量保持平衡，这就是所说的空气质量平衡。空气质量平衡式为

$$G_{zj}+G_{jj}=G_{zp}+G_{jp} \tag{2-21}$$

式中　G_{zj}——自然进风量（kg/s）；

　　　G_{jj}——机械进风量（kg/s）；

　　　G_{zp}——自然排风量（kg/s）；

　　　G_{jp}——机械排风量（kg/s）。

如果房间没有设置有组织的自然通风系统或设备，当机械进风大于排风量时，室内压力升高至大于室外大气压力，房间处于正压状态。此时，室内空气会通过门、窗缝隙自然向外渗透，这部分渗透出去的空气称为无组织自然排风，其结果是室内空气压力在进、排风量总量相等的条件下达到稳定。同样，当房间处于负压时，室外空气会无组织地自然向室内渗透。工程设计中就是利用这一原理，让清洁度要求高的房间保持正压，产生有害物的房间保持负压。采用机械排风的区域，当自然补风满足不了要求时，应采用机械补风。例如，厨房相对于其他区域应保持负压，补风量应与排风量匹配，且宜为排风量的 80%～90%。

2. 热平衡

要使通风房间温度保持不变，必须使室内总得热量等于总失热量，保持室内热量平衡即热平衡。表达式为

$$\sum Q_{h}+cL_{p}\rho_{n}t_{n}=\sum Q_{f}+cL_{jj}\rho_{jj}t_{jj}+cL_{zj}\rho_{w}t_{w}+cL_{hx}\rho_{n}(t_{s}-t_{n}) \tag{2-22}$$

式中　$\sum Q_{h}$——围护结构、材料吸热总失热量（kW）；

　　　$\sum Q_{f}$——生产设备、产品及采暖散热设备的总放热量（kW）；

　　　L_{p}——局部和全面排风量（m^{3}/s）；

　　　L_{jj}——机械进风量（m^{3}/s）；

　　　L_{zj}——自然通风量（m^{3}/s）；

　　　L_{hx}——循环风风量（m^{3}/s）；

　　　ρ_{n}——室内空气密度（kg/m^{3}）；

　　　ρ_{w}——室外空气密度（kg/m^{3}）；

　　　ρ_{jj}——机械进风密度（kg/m^{3}）；

　　　t_{n}——室内空气温度（℃）；

　　　t_{w}——室外空气温度（℃）；

　　　t_{jj}——机械进风温度（℃）；

　　　t_{s}——再循环空气温度（℃）；

　　　c——空气的质量热容，$c=1.01kJ/(kg \cdot ℃)$。

与保持热平衡的道理相似，为使房间空气的湿度和有害物浓度稳定，达到设计要求，必须保持湿平衡和污染物量的平衡。

从式（2-22）可以看出，在满足房间空气质量要求的前提下，通过改善建筑物围护结构的保

温性能、降低通风量可以起到节省通风能耗的效果。在设计房间的通风系统时，不论采取哪种通风方式，都要同时满足风量和热量的平衡，否则会导致系统在实际运行时，室内状态参数偏离设计值，达不到预期的效果。例如在严寒和寒冷地区宜对机械补风采取加热措施。

【例2-3】　图2-10所示的车间内，生产设备总散热量 $Q_1 = 410 \text{kW}$，围护结构失热量 $Q_2 = 460 \text{kW}$，上部天窗排风量 $L_{zp} = 3.88 \text{m}^3/\text{s}$，车间工作区的排风量 $L_{jp} = 4.35 \text{m}^3/\text{s}$，自然进风量 $L_{zj} = 2.34 \text{m}^3/\text{s}$，车间工作区温度 $t_n = 20℃$，室外空气温度 $t_w = -12℃$，车间内的温度梯度为 $0.3℃/\text{m}$，天窗中心高10m，试计算：机械进风量 G_{jj}、进风温度 t_{jj} 和进风所需的加热量 Q_3。

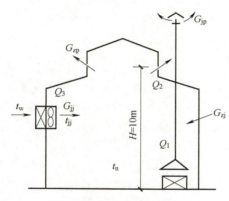

图2-10　车间通风示意图

【解】　（1）列空气平衡方程式

$$G_{zj} + G_{jj} = G_{zp} + G_{jp}$$
$$L_{zj}\rho_{zj} + G_{jj} = L_{zp}\rho_{zp} + L_{jp}\rho_{jp}$$

（2）确定天窗排风温度

$$t_p = t_n + 0.3(H-2) = [20 + 0.3 \times (10-2)]℃ = 22.4℃$$

（3）确定相应温度的空气密度

$$\rho_{zj} = \rho_{-12} = 1.35 \text{kg/m}^3；\rho_{zp} = \rho_{20} = 1.2 \text{kg/m}^3；\rho_{jp} = \rho_{22.4} \approx 1.21 \text{kg/m}^3$$

（4）计算机械进风量

$$G_{jj} = L_{zp}\rho_{zp} + L_{jp}\rho_p - L_{zj}\rho_{-12}$$
$$= (3.88 \times 1.2 + 4.35 \times 1.21 - 2.34 \times 1.35) \text{kg/s}$$
$$= 6.76 \text{kg/s}$$

（5）列出热平衡方程式

$$Q_1 + G_{jj}ct_{jj} + G_{zj}ct_w = Q_2 + G_{zp}ct_p + G_{jp}ct_n$$
$$Q_1 + G_{jj}ct_{jj} + L_{zj}\rho_{-12}ct_w = Q_2 + L_{zp}\rho_{22.4}ct_p + L_{jp}\rho_{20}ct_n$$

将已知数值代入上式，得

$$410 + 6.76 \times 1.01 \times t_{jj} + 2.34 \times 1.35 \times 1.01 \times (-12)$$
$$= 460 + 3.88 \times 1.2 \times 1.01 \times 22.4 + 4.35 \times 1.21 \times 1.01 \times 20$$

解上式得到机械进风温度 $t_{jj} = 43.8℃$

（6）计算加热机械进风所必需的热量

$$Q_3 = G_{jj}c(t_{jj} - t_w) = 6.76 \times 1.01 \times (43.8 + 12) \text{kW} = 380.98 \text{kW}$$

2.4.3　通风房间气流组织

气流组织又称为气流分布，是指一定的送风口形式和送风参数所形成的室内气流速度、温度、湿度和污染物浓度分布，送风参数包括风量、风速的大小和方向以及风温、湿度、污染物浓度等。要保证房间内工作区具有适宜的温湿度和良好的空气品质，不仅需要合理的通风系统形式和空气处理方案，还必须要有合理的气流组织。常见的气流组织方式有混合通风、置换通风、单向流通风等。

1. 混合通风

混合通风是利用稀释原理的建筑通风方式，即向一定的建筑空间送入某种被控物理量含量低的空气，这部分空气与室内该物理量含量高的空气充分混合，混合后的含量应该满足人员卫生需要和工艺过程的要求。混合通风追求的是均匀的室内环境，是通过将空气以一股或多股的形式从工作区外以射流的形式送入房间，射入的空气在流动过程中会卷吸一定量的房间空气并与之混合。随着送风气流的扩散，送风口附近的风速和温差会很快衰减。如果不考虑风口附近区域，可以认为室内污染物浓度基本相同。

混合通风是目前建筑中应用最为广泛的通风方式。经过处理的空气以较大的速度送入房间，带动室内空气与之充分混合，使得整个空间温度趋于均匀一致，同时将室内的污染物"稀释"。混合通风一般使回流区在人的工作区附近，这种气流组织方式能够保证工作区的风速合适，温度比较均匀，但经过混合到达工作区的空气远不如送风口附近的空气新鲜。

混合通风的送回风口布置形式灵活多样，常见的形式包括上送上回、上送下回、下送下回、侧送上下回等，如图 2-11 所示。

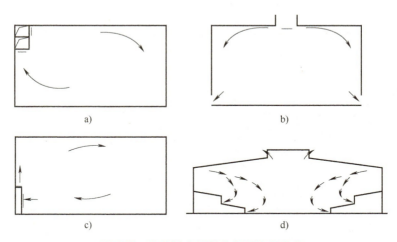

图 2-11　常见混合通风的气流组织形式
a) 上送上回　b) 上送下回　c) 下送下回　d) 侧送上、下回（体育馆）

混合通风的设计方法比较成熟，通常是采用稀释通风量计算方法确定通风量，然后依据不同风口或末端的射流特性公式通过计算确定房间的风口布置及各风口尺寸。为了消除整个房间的余热、余湿，稀释污染物浓度，确定混合通风量时需要考虑对整个空间的热湿和污染物含量达到设计标准，所以通常采用大风量、高风速送风，送风速度随着风量和负荷的增加而增加。但从人员舒适性角度考虑，有时希望室内的温差尽量小、风速尽量低。大多数时候通风只要保证人员工作区域或有要求的空间内区域的热湿环境和空气质量即可，置换通风从某种程度上能够解决这些问题或矛盾。

2. 置换通风

置换通风是一种机械通风气流组织的形式，是将空气以低风速、低紊流度、小温差的状态直接送入室内人员活动区下部，在送风及室内热源形成的上升气流共同作用下，将热浊空气顶升到房间上部排出。送入室内的空气先在地面附近均匀分布，随后流向热源（人或设备），形成的热气流以烟羽的形式向上流动，并在室内的上部空间形成滞留层，从滞留层将室内的余热和污染物排出。图 2-12 所示为置换通风示意图，图 2-13 所示为置换通风原理图。

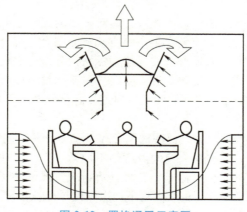

图 2-12   置换通风示意图

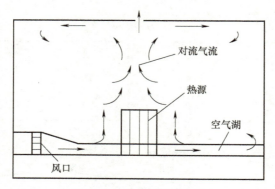

图 2-13   置换通风原理图

置换通风的竖向气流以浮力为驱动力，室内污染物在热浮力的作用下向上流动。在上升的过程中，热烟羽卷吸周围空气，流量不断增大。在这种通风方式下，由于污染气体靠热浮力作用向上排出，所以当污染源不是热源时，污染气体不能有效排出。另外，污染气体的密度较大时也会滞留在下部空间，采用置换通风难以保证污染气体的有效排出。因此，当污染源为热源，且污染气体密度较小时，适合采用置换通风。

置换通风在稳定状态时，室内空气在流态上分上下两个不同区域，即上部紊流混合区和下部单向流动区。下部区域内没有循环气流，气流方向朝上，上部区域内有循环气流。两个区域分层界面的高度取决于送风量、热源特性及其在室内分布情况。设计时，应将分层界面的高度控制在人员活动区以上，以保证人员活动区的空气质量和热舒适性。

由于室内空气需要垂直分层，因此采用置换通风时，室内房间净高宜大于 2.7m，吊顶高度不宜过低。夏季由于冷风直接送入工作区域，置换通风的送风温度一般较高，不宜低于 18.0℃，因此其所负担的冷负荷不宜太大，单位面积冷负荷不宜大于 120W/m²。否则，需要加大送风量，增加送风口面积，这对风口的布置不利。垂直温差是一个重要的局部热舒适控制性指标，对置换通风系统设计更加重要。

另外，在设计中要避免置换通风与其他气流组织形式应用于同一个区域，因为其他气流组织形式会影响置换气流的流型，无法实现置换通风。置换通风与辐射冷吊顶、冷梁等空调系统联合应用时，其上部区域的冷表面可能使污染物空气从上部区域再度进入下部区域，设计时应当避免这种情况的出现。

置换通风与混合通风从通风的目标、动力、机理、效果等多方面相比，都有本质的区别。混合通风与热羽流置换通风的比较见表 2-6。

表 2-6　混合通风与热羽流置换通风的比较

	混合通风	热羽流置换通风		混合通风	热羽流置换通风
目标	全室温湿度均匀	工作区舒适性	措施 4	风口掺混性好	风口扩散性好
动力	流体动力控制	浮力控制	流态	回流区为紊流区	送风区为层流区
机理	气流强烈掺混	气流扩散浮力提升	分布	上下均匀	温度/浓度分层
措施 1	大温差高风速	小温差低风速	效果 1	消除全室负荷	消除工作区负荷
措施 2	上送下回	下侧送上回	效果 2	空气品质接近于回风	空气品质接近于送风
措施 3	风口紊流系数大	送风紊流系数小			

3. 单向流通风

单向流通风是工艺用洁净空间常采用的气流组织形式，其特点是送风风速和风量较大，借助送风的动量对室内污染物进行置换，常采用上送下回或侧送侧回的形式，前者为垂直单向流，后者为水平单向流。单向流通风的送风口一般采用结合高效过滤器的孔板送风口（图 2-14）。

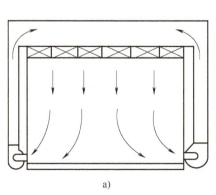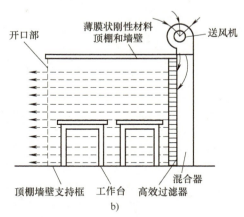

图 2-14　单向流洁净室示意图

a）垂直单向流　b）水平单向流

2.5　局部排风系统与排风罩设计计算

2.5.1　局部排风系统的组成

局部机械排风系统一般由局部排风罩或吸风口、风管、除尘或净化设备、风机和排烟烟囱等组成。

2.5.2　局部排风罩的类型

局部排风罩是捕集有害物的装置，它的性能对局部排风系统的技术、经济效果有着直接影响。排风罩的形式和形状要根据污染源的特点及其散发污染物质的规律来设计。排风罩的安装不应当影响生产操作过程，同时尽量靠近有害物源，以保证以最小的风量有效而迅速地排除工作地点产生的有害物。另外，排风气流的方向应当从工作人员一侧流向有害物，避免浓度高的有害物气流流经工作人员。局部排风罩按照作用原理有以下几种类型：

1. 密闭式排风罩

密闭式排风罩是将工艺设备连同其散发的有害污染物密闭起来，使之与室内空气彻底隔离开，通过排风在罩内形成负压，防止有害物逸出，如图 2-15 所示。密闭罩的特点是不受室内气流的干扰，同其他类型的排风罩相比所需排风量最小，排风效果最好。但是检修和人员操作不便，需要在排风罩上设监视孔才能看到里面的工作过程。

图 2-15　密闭式排风罩

2. 柜式排风罩（通风柜）

柜式排风罩实际上是密闭罩的特殊形式，即在密闭罩的一侧设有开敞面，以方便工艺操作和观察工作过程，如图 2-16 所示。开敞面和排风口的位置要根据工艺操作需要、污染物的密度及温度来布置。

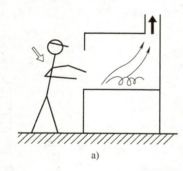
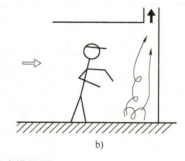

a)　　　　　　　　　　　　　b)

图 2-16　柜式排风罩

3. 外部吸气式排风罩

外部吸气式排风罩是在生产设备不能封闭时，在有害物产生地点上部或近旁设置的排风罩，如图 2-17 所示。采用外部吸气式排风罩需要借助于风机在排风罩吸入口处造成负压作用，将有害物吸入排风系统，因此与上面两种排风罩相比，所需的风量较大。

4. 接受式排风罩

如果生产设备或机械本身能将污染物以一定方向排出或散发时，可以采用接受式排风罩，如图 2-18 所示。此时排风罩只起接收污染气流的作用，因此

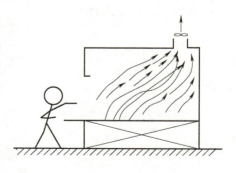

图 2-17　外部吸气式排风罩

设计时应将排风罩置于污染气流运动的前方，比如车间内高温热源的气流排风罩应位于车间的顶部或上部，对于砂轮磨削过程中抛甩出的粉尘，应将排风罩口迎向粉尘被甩出的方向。

图 2-18　接受式排风罩

接受式排风罩与外部吸气式排风罩外形完全相同，但其作用原理不同。接受式排风罩只起接受作用，罩口外的气流运动是生产过程本身造成的，排风量取决于接受的污染空气量的大小。接受罩的断面尺寸不应小于罩口处污染气流的尺寸。

5. 吹吸式排风罩

当工艺操作过程不允许将污染源封闭起来，或污染源直径较大，单靠吸气气流控制有害物所需风速过大时，采用吹吸式排风罩是一种非常有效的方法。吹吸式排风罩是将吹气气流和吸气气流结合起来，以吹风口喷出的射流作为动力将污染源散发出的有害气体吹向设在另一侧的吸风口排出，以保证工作区的卫生条件，如图 2-19 所示。

为了保护大气环境，局部排风罩收集到的污染空气如果达不到排放标准的要求，需要先进行净化。

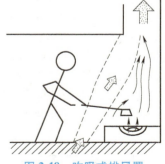

图 2-19　吹吸式排风罩

2.5.3　局部排风罩的设计计算

1. 密闭罩排风量的计算

（1）按空气平衡原理计算　密闭罩的排风量一般由两部分组成：一是由运送物料带入罩内的诱导空气量（如物料输送）或工艺设备供给的空气量；另一部分是为了消除罩内正压并保持一定负压所需经孔口或不严密缝隙吸入的空气量，即

$$q = Q_1 + Q_2 \tag{2-23}$$

式中　q——密闭罩的排风量（m^3/s）；

　　　Q_1——物料下落带入罩内的空气量（m^3/s）；

　　　Q_2——由孔口或不严密缝隙处吸入的空气量（m^3/s）。

（2）按截面风速计算　此方法用于大容积密闭罩。一般吸气口设在密闭室的上口部，计算式为

$$q = 3600Av \tag{2-24}$$

式中　q——密闭罩的排风量（m^3/h）；

A——密闭罩截面面积（m^2）；

v——垂直于密闭罩截面的平均风速（m/s），一般取 0.25~0.5m/s。

（3）**按换气次数计算** 换气次数的多少视有害物质的浓度、罩内工作情况而定，一般有能见度要求时换气次数应增多，否则减少。其计算式如下

$$q = 60nV \tag{2-25}$$

式中 q——密闭罩的排风量（m^3/h）；

n——换气次数（次/min），当大于 $20m^3$ 时，取 7；

V——密闭罩容积（m^3）。

2. 柜式排风罩排风量的计算

通风柜的工作原理与密闭罩相同，其排风量可按下式计算

$$q = Q_1 + vF\beta \tag{2-26}$$

式中 q——排风量（m^3/s）；

Q_1——柜内污染气体发生量（m^3/s）；

v——工作孔上控制风速（m/s）；

F——工作孔或缝隙面积（m^2）；

β——安全因数，取 1.1~1.2。

当罩内发热量大，采用自然排风时，其最小排风量按中和面高度不低于排风柜上工作孔上缘来确定。排风罩排风效果与工作口截面上风速的均匀性有关，若速度分布不均匀，污染气流会从吸入速度较低的部位逸入室内。设计要求柜口风速不小于平均风速的80%。当通风柜设置于采暖或对温、湿度控制有要求的房间内时，为节约采暖和空调能耗，可采用送风式通风柜。从工作孔上部送入取自室外的补给风，送风量为排风量的70%~75%。

化学试验用的通风柜，工作孔上的控制风速可按表 2-7 确定。对于工业生产工艺过程，需根据工艺过程的要求确定控制风速。

表 2-7　通风柜的控制风速　　　　　　　　　　　　　　（单位：m/s）

污染物性质	控制风速
无毒污染物	0.25~0.375
有毒或有危险的污染物	0.40~0.50
剧毒或少量放射性污染物	0.50~0.60

罩内发热量大，采用自然排风时，其最小排风量是按中和面高度不低于通风柜工作孔上缘确定的。通风柜的中和面是指通风柜某侧壁高度上壁内外压差为零的位置。

通风柜上工作孔的速度分布对其控制效果有较大影响，如速度分布不均匀，污染气流会从吸入速度低的部位逸入室内。图 2-20 所示是上排风冷过程通风柜气流运动情况。工作孔上部的吸入速度为平均流速的150%，而下部仅为平均流速的60%，污染气体会从下部逸出。为了改善这种状况，应把排风口设在通风柜的下部（图 2-21）。

对于产热量较大的工艺过程，柜内的热气流要向上浮升，如果仍像冷过程一样，在下部吸气，污染气体就会从上部逸出（图 2-22）。因此，热过程的通风柜必须在上部排风。对于发热量不稳定的过程，可以上下均设排风口（图 2-23），随柜内发热量的变化，调节上、下排风量的比例，使工作孔处气体的速度分布比较均匀。

图 2-20　上排风冷过程通风柜气流运动情况

图 2-21　下排风冷过程通风柜气流运动情况

图 2-22　下部吸气的热过程的通风柜气流运动情况

图 2-23　上下同时吸气的通风柜气流运动情况

3. 外部吸气罩排风量的计算

（1）侧吸式吸气罩的排风量　由于工艺条件的限制，生产设备不能密闭时，可以采用侧吸式吸气罩，将排风罩设在污染物源附近，依靠罩口的抽吸作用，在污染物发散地点造成一定的气流运动，把污染物吸入罩内。实际罩口具有一定的面积，为了解析吸气的气流运动规律，可以假想罩口为一个吸气点，即点汇吸气口，然后推广到实际罩口的吸气气流流动规律。图 2-24 所示是设在工作台上的侧吸式吸气罩，可以把它看成一个假想的大排风罩的一半，图 2-25 所示为自由空间点汇吸气口，图 2-26 所示为受限空间点汇吸气口。

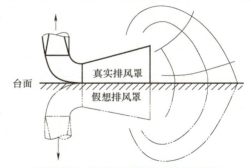

图 2-24　工作台上的侧吸式吸气罩

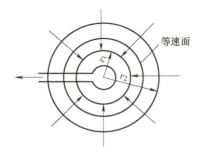

图 2-25　自由空间点汇吸气口

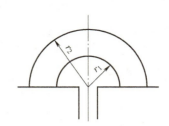

图 2-26　受限空间点汇吸气口

如图 2-27 所示，侧吸式吸气罩在有害物发生地点（控制点）造成一定的气流运动，将有害物吸入罩内，加以捕集。控制点上必需的气流速度为控制风速。

不同长宽比的矩形、条缝形吸气罩口，在有边、无边、自由或受限的情况下的吸气罩口平均风速 v_0 与罩外某点处风速 v_x 的数学表达式为

$$v_0 = \varphi(x, F, v_x) \tag{2-27}$$

即吸气罩口平均风速 v_0 是控制点至罩口距离 x、罩口面积 F 及控制点控制风速 v_x 的函数。

v_x 值与工艺过程和室内气流运动情况有关，一般通过实测求得。如果缺乏现场实测的数据，设计时可参考表 2-8 和表 2-9 确定。

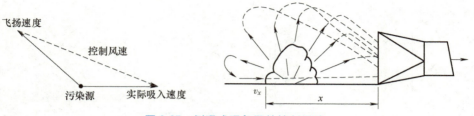

图 2-27　侧吸式吸气罩的控制风速

表 2-8　控制风速

有害物散发情况	最小控制风速 /(m/s)	举　例
以轻微速度散发到相当平静的空气环境	0.25~0.5	槽内液体的散发，气体或烟从敞口容器外逸
以较低的初速度散发到较平静的空气环境	0.5~1.0	喷漆室内喷漆、断续地往容器中倾倒有尘屑的干物料、焊接、低速带输送
以相当高的速度散发出来，或是散发到空气运动迅速的区域	1.0~2.5	小喷漆室内高压喷漆、快速装袋或装桶、往带式输送机上给料、破碎机破碎
以高速散发出来，或是散发到空气运动很迅速的区域	2.5~10	磨床加工、重破碎机破碎、喷砂、清理滚筒、热落砂机落砂

表 2-9　控制风速上、下限

范　围　下　限	范　围　上　限
室内空气流动小或有利于捕捉	室内有扰动气流
有害物毒性低	有害物毒性高
间歇生产产量低	连续生产产量高
大罩子大风量	小罩子局部控制

采用控制风速法计算排风罩排风量，首先要确定防止距离罩口 x 处有害物散发源扩散所需要的控制风速 v_x 的大小，再根据不同形式侧吸罩罩内平均风速与控制点控制风速的关系，利用式（2-28）计算排风量，求得排风罩捕集粉尘所需要的罩口平均风速 v_0，然后计算排风量。排风量的计算式为

$$q_V = v_0 F \qquad (2-28)$$

式中　q_V——吸气口的排风量（m^3/h）；

$\quad\quad F$——吸气口的面积（m^2）。

（2）上吸式吸气罩排风量　排风罩如果设在设备上方，由于设备的限制，气流只能从侧面流入罩内，仍属于侧吸罩（图 2-28）。上吸式吸气罩罩口流线和水平放置的侧吸罩是不同的。为了避免横向气流的影响，要求 H 尽可能小

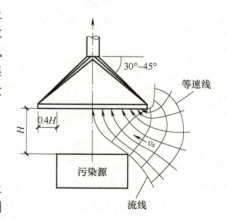

图 2-28　上吸式吸气罩

于或等于 $0.3a$（a 为罩口长边尺寸）。

其排风量按下式计算

$$q_v = kPHv_x \tag{2-29}$$

式中　P——排风罩口敞开面的周长（m）;

　　　H——罩口至污染源的距离（m）;

　　　v_x——边缘控制点的控制风速（m/s）;

　　　k——考虑沿高度流速不均匀的安全因数，通常取 1.4。

【例 2-4】　为排除浸漆槽散发的有机溶剂蒸气，在槽上方设吸气罩，已知槽面尺寸为 0.6m×1.0m，罩口至槽面距离为 0.4m，罩的一个长边设置固定挡板。计算吸气罩的排风量。

【解】　根据表 2-8 和表 2-9，取 $v_x = 0.6$m/s，确定罩口尺寸

长边 $A = a + 2 \times 0.4H = (1 + 0.8 \times 0.4)$m $= 1.32$m

短边 $B = b + 2 \times 0.4H = (0.6 + 0.8 \times 0.4)$m $= 0.92$m

罩口固定一边挡板，故罩口周长为

$$P = (1.32 + 0.92 \times 2)\text{m} = 3.16\text{m}$$

由式（2-29），罩口排风量为

$$q_v = kPHv_x = (1.4 \times 3.16 \times 0.4 \times 0.6)\text{m}^3/\text{s} = 1.06\text{m}^3/\text{s}$$

4. 接受式排风罩排风量的计算

有些车间在作业过程中散发大量的热量，通过对流传给室内空气，空气受热后上升。有些生产工艺本身散发大量的热气流。接受式排气罩将这两部分热气流全部捕集排走。其排风量取决于接受热气流的大小。

（1）**热射流及其计算**　图 2-29 所示为热源上部的接受式排风罩，当热物体和周围空间有较大温差时，通过对流散热把热量传给周围空气，空气受热上升形成热射流。在距离热源表面 $(1 \sim 2)B$（B 为热源直径）处（通常在 $1.5B$ 以下）射流发生收缩，在收缩断面上流速最大，随后上升气流逐渐缓慢扩大。

在 $H/B = 0.9 \sim 7.4$ 的范围内，在不同高度上热射流流量为

$$Q_{v0} = 0.04Q^{\frac{1}{3}}Z^{\frac{2}{3}} \tag{2-30}$$

式中　Q_{v0}——热射流流量（m³/s）;

　　　Q——对流散热量（kJ/s）;

　　　Z——热源与计算断面的距离（m）。

$$Z = H + 1.26B \tag{2-31}$$

式中　H——热源至计算断面的距离（m）;

　　　B——热源上水平投射的直径或边长尺寸（m）。

在某一高度上热射流的断面直径为

$$D_z = 0.36H + B \tag{2-32}$$

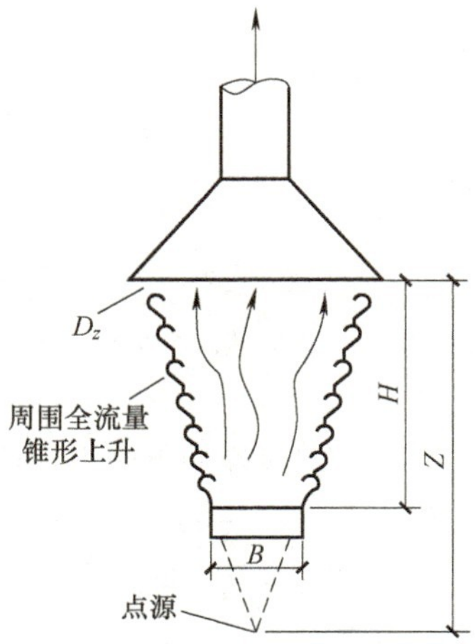

图 2-29　热源上部的接受式排风罩

通常近似认为热射流收缩断面至热源的距离 $H_0 = 1.5\sqrt{A_p}$（A_p 为热源的水平投影面积）。当热源的水平投影为圆形时，$H_0 = 1.5\left[\dfrac{\pi}{4}B^2\right]^{\frac{1}{2}} = 1.33B$。因此，收缩断面上的流量为

$$q_0 = 0.04Q^{\frac{1}{3}}\left[(1.33+1.26)B\right]^{\frac{3}{2}} = 0.167Q^{\frac{1}{3}}B^{\frac{3}{2}} \tag{2-33}$$

对流散热量 Q 为

$$Q = \alpha F \Delta t \tag{2-34}$$

式中　F——热源的对流散热面积（m^2）；

　　　　Δt——热源表面与周围空气的温差（℃）；

　　　　α——表面传热系数 $[W/(m^2 \cdot K)]$。即

$$\alpha = A\Delta t^{1/3} \tag{2-35}$$

式中　A——系数，水平散热面 $A = 1.7$，垂直散热面 $A = 1.13$。

（2）接受罩排风量的计算　理论上，接受罩的排风量只要等于罩口断面上热射流的流量，接受罩的断面尺寸只要等于其所在断面上热射流的尺寸，就能将此污染气流全部排走。实际上由于横向气流的影响，热射流可能发生偏斜并溢出罩外，且接受罩的安装高度 H 越大，横向气流的影响越严重。因此，在应用中采用的接受罩罩口尺寸和排风量都必须适当加大。

接受罩尺寸可按下式确定

$$D = d + 0.5H \tag{2-36}$$
$$A = a + 0.5H \tag{2-37}$$
$$B = b + 0.5H \tag{2-38}$$

式中　D——罩口直径（m）；

　　A、B——罩口的长、宽（m）；

　　　　d——热源水平投影直径（m）；

　　a、b——热源水平投影的长和宽（m）。

根据安装高度 H 不同，热源上部的接受罩分为低悬罩和高悬罩。

高悬罩

$$H > 1.5\sqrt{A_p}$$

低悬罩

$$H \leqslant 1.5\sqrt{A_p}$$

高悬罩罩口尺寸

$$D = D_z + 0.8H \tag{2-39}$$

式中　D_z——某一高度上热射流的断面直径（m），按式（2-32）确定。

接受罩的排风量可按下式计算

$$L = L_z + v'F' \tag{2-40}$$

式中　L_z——罩口断面上热射流流量（m^3/s）；

　　　　F'——罩口的扩大面积，即罩口面积减去热射流的断面面积（m^2）；

　　　　v'——罩口扩大面积上空气的吸入速度，$v' = 0.5 \sim 0.75 m/s$。

【例2-5】　某金属熔化炉，炉内金属温度为 500℃，周围空气温度为 20℃，散热面为水平面，直径 $B = 0.7m$，在热设备上方 0.5m 处设接受罩，计算其排风量。

【解】　$1.5\sqrt{A_p} = 1.5 \times \left[\dfrac{\pi}{4} \times (0.7)^2\right]^{1/2} m = 0.93m$

由于 $1.5\sqrt{A_p} > H$，该接受罩为低悬罩。

热源的对流散热量为

$$Q = \alpha \Delta t F = 1.7 \Delta t^{4/3} F = 1.7 \times (500-20)^{4/3} \times \frac{\pi}{4} \times (0.7)^2 \text{J/s} = 2459 \text{J/s} = 2.46 \text{kJ/s}$$

热射流收缩断面上的流量为

$$L_0 = 0.167 Q^{\frac{1}{3}} B^{\frac{3}{2}} = 0.167 \times (2.46)^{\frac{1}{3}} \times (0.7)^{\frac{3}{2}} \text{m}^3/\text{s} = 0.132 \text{m}^3/\text{s}$$

罩口断面直径为

$$D_1 = B + 200 = (700+200) \text{mm} = 900 \text{mm}$$

取 $v' = 0.5 \text{m/s}$，排风罩排风量为

$$L = L_0 + v'F' = \left[0.132 + \frac{\pi}{4} \times (0.9^2 - 0.7^2) \times 0.5 \right] \text{m}^3/\text{s} = 0.25 \text{m}^3/\text{s}$$

5. 吹吸式排风罩排风量的计算

吹吸式排风罩设计计算的目的是确定吹风量、吸风量、吹风口高度、吹出气流速度以及吸风口的设计和吸入气流速度。目前常用的方法有：美国联邦工业卫生协会（ACGIH）推荐方法、巴杜林计算法和流量比法。

巴杜林提出速度控制法，认为只要保持吸风口前吹气射流末端的平均速度在一定的数值范围内（0.75～1.0m/s），就能对槽内散发的有害物进行有效控制。

1）对于一定温度的工业槽，吸风口前必需的射流平均速度 v_1' 按下列经验数值确定：

$t = 70 \sim 90℃$，$v_1' = B(\text{m/s})$；　　　　　　$t = 60℃$，$v_1' = 0.85B(\text{m/s})$；

$t = 40℃$，$v_1' = 0.75B(\text{m/s})$；　　　　　　$t = 20℃$，$v_1' = 0.5B(\text{m/s})$。

式中　B——吹风口与吸风口间的距离（m）。

2）为了防止吸出气流溢出排风口外，排风口的排风量应大于排风口前射流的流量，一般为射流末端流量的 1.1～1.25 倍。

3）吹风口高度 h 一般为（0.01～0.015）B，为了防止吸风口发生堵塞，h 应大于 7mm。吹风出口流速不宜超过 10m/s，以免液面波动。

4）要求排风口的气流速度 $v_1 \leqslant (2 \sim 3)v_1'$，$v_1$ 过大，排风口高度 H 过小，污染物容易逸入室内。但是 H 也不能过大，以免影响操作。

【例 2-6】　某工业槽宽 $H = 2\text{m}$，长 $l = 2\text{m}$，槽内溶液温度 $t = 40℃$，试设计此槽的吹吸式通风装置。

【解】　（1）确定吸风口前射流末端的平均风速

$$v_1' = 0.75H = (0.75 \times 2) \text{m/s} = 1.5 \text{m/s}$$

（2）吹风口高度

$$b = 0.015H = (0.015 \times 2) \text{m} = 0.03 \text{m} = 30 \text{mm}$$

（3）射流为平面射流　根据平面射流的计算公式确定吹风口出口流速 v_0。因为 v_1' 是指射流末端有效部分的平均风速，现近似认为射流末端的轴心风速为

$$v_m = 2v_1' = 2 \times 1.5 \text{m/s} = 3 \text{m/s}$$

按照平面射流计算公式

$$\frac{v_m}{v_0} = \frac{1.2}{\sqrt{\dfrac{aH}{b_0}} + 0.41}$$

吹风口出口流速

$$v_0 = v_m \times \frac{\sqrt{\dfrac{aH}{b_0}+0.41}}{1.2} = 3 \times \frac{\sqrt{\dfrac{0.2 \times 2}{0.03}+0.41}}{1.2}\text{m/s} = 9.26\text{m/s}$$

（4）吹风口的吹风量

$$L_0 = b_0 l v_0 = 0.03 \times 2 \times 9.26\text{m}^3/\text{s} = 0.56\text{m}^3/\text{s}$$

（5）计算吸风口前的射流流量

根据流体力学

$$\frac{L_1'}{L_0} = 1.2\sqrt{\frac{aH}{b_0}+0.41}$$

$$L_1' = \left(0.56 \times 1.2\sqrt{\frac{0.2 \times 2}{0.03}+0.41}\right)\text{m}^3/\text{s} = 2.49\text{m}^3/\text{s}$$

（6）吸风口的排风量

$$L_1 = 1.1 L_1' = 1.1 \times 2.49\text{m}^3/\text{s} = 2.74\text{m}^3/\text{s}$$

（7）吸风口气流速度

$$v_1 = 3v_1' = 3 \times 1.5\text{m/s} = 4.5\text{m/s}$$

（8）确定吸风口高度

$$b_1 = \frac{L_1}{l v_1} = \frac{2.74}{2 \times 4.5}\text{m} = 0.304\text{m} = 304\text{mm}$$

取 $b_1 = 300\text{mm}$

2.6 自然通风设计与计算

建筑通风按照空气流动的动力不同，可以分为自然通风和机械通风。自然通风是一种比较经济的通风方式，它不消耗动力，可以获得较大的通风换气量。而机械通风通常是由风机提供气流运动所需要的动力，因此通风效果更加易于控制，但需要以消耗一定的能量为代价。

2.6.1 自然通风的作用原理

自然通风是在风压和热压共同作用下形成的，不需要消耗机械动力，余热量较大的热车间常用自然通风进行全面换气，降低室内空气的温度。但自然通风量的大小与室外气象条件密切相关，通风量和通风效果难以人为加以控制。

自然通风是借助于自然压力"风压"或"热压"促使空气流动的。如果建筑物外墙的窗孔两侧存在压力差，就会有空气流过该窗口。

当建筑物外墙上的开口两侧存在压差为 Δp 时，气流通过开口的阻力就等于 Δp，阻力与空气流速之间的关系如下

$$\Delta p = \zeta \frac{\rho v^2}{2} \tag{2-41}$$

式中　Δp——窗孔两侧的压力差（Pa）；

　　　v——空气流过窗孔时的流速（m/s）；

　　　ρ——通过窗孔空气的密度（kg/m³）；

　　　ζ——窗孔的局部阻力系数，与窗户的构造有关。

已知压差，利用上式可以计算出空气通过窗孔的流速为

$$v = \sqrt{\frac{2\Delta p}{\zeta \rho}} = \mu \sqrt{\frac{2\Delta p}{\rho}} \qquad (2\text{-}42)$$

式中　μ——窗孔的流量系数，$\mu = \dfrac{1}{\sqrt{\zeta}}$，一般小于 1。

通过窗孔的空气量为

$$q_m = L\rho = vF\rho = \mu F \sqrt{2\Delta p \rho} \qquad (2\text{-}43)$$

式中　q_m——通过窗孔的空气的质量流量（kg/s）；

　　　L——通过窗孔的空气的体积流量（m³/s）；

　　　F——窗孔的面积（m²）。

从式（2-43）可以看出，已知通风口两侧压差和面积，就可以求出通过该通风口的风量。当通风口两侧的压力差是由风压或热压引起时，通风为自然通风。

1. 热压作用下的自然通风

热压是由于室内外空气的温度不同而形成的重力压差。当建筑物内有大量余热产生而需要通风降温时，热压可以作为通风的主要动力，此时通风量的大小取决于室内外温差和进、排风口特性。热压是由于室内外空气温度不同而存在密度差引起的，因此浮力产生的压力是热压通风的主要动力。随温度变化的空气密度差会引起建筑物内外的压力差梯度，当室内温度高于室外空气温度时，位于建筑物下部开口处的室外空气压力大于室内空气压力，室外的冷空气通过开口进入室内；而建筑物上部开口处的气流则是从室内流向室外。当室内温度低于室外空气温度时，内外压差作用下的空气流动方向则相反。

某一建筑（图 2-30），在一侧外墙上下分别开 a、b 两个窗，高差为 h；假设室内外空气温度和密度分布均匀，分别为 t_i、t_o 和 ρ_i、ρ_o；窗 a 内外的空气静压分别为 p_{ai} 和 p_{ao}，窗 b 内外的空气静压分别为 p_{bi} 和 p_{bo}。

首先关闭上部窗孔 b，开启下部窗孔 a，如果窗孔 a 两侧存在压差，则会产生空气的流动。空气流动的结果会使得窗孔 a 两侧的压差逐渐减小，直到 a 窗内外压强相等，即

$$p_{ai} = p_{ao}$$

此时，空气流动停止，根据流体静力学原理，窗 b 内外的空气静压强 p_{bi} 和 p_{bo} 分别为

$$p_{bi} = p_{ai} - \rho_i gh \qquad (2\text{-}44)$$

$$p_{bo} = p_{ao} - \rho_o gh \qquad (2\text{-}45)$$

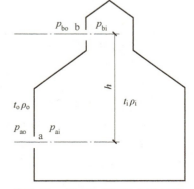

图 2-30　热压作用下的自然通风

窗 b 内外的压差为

$$\Delta p_b = p_{bi} - p_{bo} = p_{ai} - p_{ao} + (\rho_o - \rho_i)gh = \Delta p_a + (\rho_o - \rho_i)gh \qquad (2\text{-}46)$$

若 $t_i > t_o$，则室内、外空气密度之间有 $\rho_i < \rho_o$，窗 b 内侧压强大于外侧。开启窗 b 后，空气会从内向外流出。随着空气向外流动，室内静压逐渐降低，使得 $p_{ai} < p_{ao}$，室外空气会通过窗 a 进入。当通过窗 a 进入室内的空气量与通过窗 b 排出的空气量相等时，这一过程达到稳定，形成了稳定的自然通风。

式（2-46）还可以写为

$$\Delta p_b + (-\Delta p_a) = \Delta p_b + |\Delta p_a| = (\rho_o - \rho_i)gh \qquad (2\text{-}47)$$

式（2-47）中，$(\rho_o-\rho_i)gh$ 通常被称为热压。如果室内外空气没有温差，就不会形成热压作用下的自然通风。当外墙上只有一个窗孔时，相当于图中窗 a 和窗 b 连在一起，此时窗户的上部排风，下部进风。若 $t_i<t_o$，则空气流动的方向相反，即 b 为进风窗，a 为排风窗。

建筑通风中将室内某一点的压力与室外同标高未受建筑或其他物体扰动的空气压力的差值称为这一点的余压 p_x。如果仅有热压作用，室外空气静止时，窗孔内外的压差就是窗孔的余压。余压为正的窗户为排风窗，余压为负的窗户为进风窗。如果以窗 a 的中心平面作为基准面，由式（2-46）可计算出任何一个窗户的余压，即

$$p_x=p_{xa}+(\rho_o-\rho_i)gh_{x-a} \tag{2-48}$$

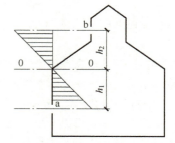

当 $t_i>t_o$ 时，余压从进风窗 a 的负值逐渐增大到排风窗的正值，沿着房间高度呈线性分布，如图 2-31 所示。其中，把余压 p_{x0} 等于零的 0-0 平面称为中和面。

如果窗户位于中和面上，则其两侧压力相等，没有空气进出。将中和面作为基准面，则窗孔 a 和 b 的余压 p_{xa} 和 p_{xb} 分别为

图 2-31 余压沿房间高度的分布

$$p_{xa}=p_{x0}-(\rho_o-\rho_i)gh_1=-(\rho_o-\rho_i)gh_1 \tag{2-49}$$
$$p_{xb}=p_{x0}+(\rho_o-\rho_i)gh_2=(\rho_o-\rho_i)gh_2 \tag{2-50}$$

式中 h_1、h_2——窗孔 a 和 b 到中和面的距离（m）。

可见，任何一个窗孔的余压与它到中和面的距离成正比。当 $t_i>t_o$ 时，中和面以上窗孔余压为正，中和面以下窗孔余压为负。将余压值代入式（2-43），得到通过窗孔 a 进入室内的空气量和通过窗孔 b 排出的空气量分别为

$$q_a=L_a\rho_o=v_aF_a\rho_o=\mu_aF_a\sqrt{2(\rho_o-\rho_i)gh_1\rho_o} \tag{2-51}$$
$$q_b=L_b\rho_i=v_bF_b\rho_i=\mu_bF_b\sqrt{2(\rho_o-\rho_i)gh_2\rho_i} \tag{2-52}$$

当满足房间卫生要求所需要的通风量一定时，用式（2-51）和式（2-52）可以求得相应的进、排风窗孔的面积。

2. 风压作用下的自然通风

风压是由于室外气流（风力）造成室内外空气交换的一种作用力。室外气流与建筑物相遇时，将发生绕流，经过一段距离后，气流才恢复平行流动。建筑物周围的风压分布如图 2-32 所示。由于建筑物的阻挡，建筑物四周室外气流的压力分布将发生变化。迎风面气流受阻，动压降低，静压升高；侧面和背面由于产生局部涡流，静压降低，与远处未受干扰的气流相比，这种静压的升高或降低统称为风压。因此，由于风压的作用，室外空气通过建筑物迎风面上的门、窗孔进入室内，室内空气则通过背风面及侧面上的门、窗孔排出，产生风压作用下的自然通风（图 2-33）。

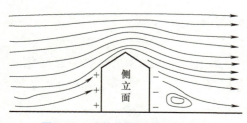

图 2-32 建筑物周围的风压分布

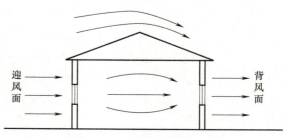

图 2-33 建筑物迎风面和背风面

　　风压是自然通风最重要的驱动力，尤其是对于住宅等室内散热量相对较小的建筑，风压作用下的自然通风是大多数地区夏季建筑降温的主要方式。由于地面风的流动非常复杂，不仅受到地球旋转、地理位置、地形条件、水陆分布等全球和区域尺度的因素影响，而且受到考察地点建筑物周围局部气候或微气候条件如城镇规划特点、防风林、水体、周围其他建筑物体量及分布等因素的影响，因此在建筑设计过程中利用风压作用下的自然通风需要考虑诸多变化的因素，尽量利用这些因素设计自然通风的气流通道。

　　室外气流遇到建筑物时发生绕流，会在建筑的迎风面形成一个空气滞留区，导致此处的静压力高于大气压力，处于正压状态；在建筑物的顶部和后侧会产生涡漩，其中屋顶上部的涡流区称为回流空腔，建筑物背风面的涡流区称为回旋气流区。回流空腔和回旋气流区的静压力都低于大气压力，为负压区，可将其统称为空气动力阴影区。显然，如果在位于正压区的建筑外立面上开口，气流会从室外流向室内，此开口为进风口。如果在处于负压区的建筑外立面上开口，气流方向则相反，从室内流向室外，此开口则为排风口。

　　建筑物周围的风压分布和大小取决于建筑本身的几何形状、室外气流速度及流动方向。当风向一定时，建筑外围护结构上各点的风压为

$$p_f = K \frac{v_o^2}{2} \rho_o \tag{2-53}$$

式中　　p_f——风压（Pa）；

　　　　K——空气动力系数；

　　　　v_o——室外空气的流速（m/s）；

　　　　ρ_o——室外空气的密度（kg/m³）。

　　不同形状的建筑在不同风向下，空气动力系数 K 的分布不同。K 值一般通过风洞模型试验或计算流体动力学（CFD）模拟得到。K 值为正，说明该点的风压为正，此处的窗户为进风窗；K 值为负，说明该点的风压为负，此处的窗户为排风窗。

　　图 2-34 所示为风压作用下的自然通风，当室外风速为 v_w，没有热压作用时，迎风面窗孔 a 的风压为 p_{fa}，背风面窗孔 b 的风压为 p_{fb}，$p_{fa} > p_{fb}$。若开启窗孔 a，关闭窗孔 b，室内外空气流动的结果是

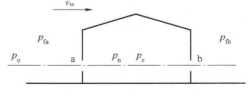

图 2-34　风压作用下的自然通风

室内空气压力 p_n 与室外压力 p_{fa} 相等。此时再开启窗孔 b，则室内空气通过窗孔 b 向室外流动，从而使室内空气压力降低，室外空气再次通过窗孔 a 进入，直到通过两个窗孔流入和流出的空气量相等，这一过程达到平衡。

3. 热压和风压同时作用下的自然通风

　　在大多数情况下，建筑物是在热压与风压的同时作用下进行通风换气的。当热压和风压同时作用时，在建筑物迎风面外墙下部的开口，其热压和风压的作用方向是一致的，因此从建筑物外墙下部开口的进风量比热压单独作用时的进风量大；而在建筑物迎风面外墙上部开口，热压和风压的作用却是相反的，因此从建筑物外墙上部开口的排风量比热压单独作用时的排风量小；如果建筑物外墙上部开口所受的风压大于热压，就不可能从上部开口排风，否则将会进风，形成了"灌风"的现象。

　　图 2-35 所示为风压和热压共同作用下的自然通风。此时外

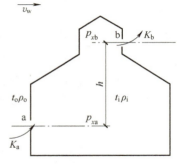

图 2-35　风压和热压共同作用下的自然通风

围护结构上窗孔 a 和窗孔 b 的内外空气压力值分别是

$$\Delta p_{\mathrm{a}} = p_{x\mathrm{a}} - K_{\mathrm{a}} \frac{v_{\mathrm{o}}^2}{2} \rho_{\mathrm{o}} \tag{2-54}$$

$$\Delta p_{\mathrm{b}} = p_{x\mathrm{b}} - K_{\mathrm{b}} \frac{v_{\mathrm{o}}^2}{2} \rho_{\mathrm{o}} = p_{x\mathrm{a}} + (\rho_{\mathrm{o}} - \rho_{\mathrm{i}}) gh - K_{\mathrm{b}} \frac{v_{\mathrm{o}}^2}{2} \rho_{\mathrm{o}} \tag{2-55}$$

式中　K_{a}、K_{b}——窗孔 a 和 b 的空气动力系数。

2.6.2　自然通风的计算

建筑物自然通风的计算包括两类问题。一类是设计计算，即根据已经确定的工艺条件和要求的工作区温度计算必需的全面通风量，确定进、排风窗孔的位置和窗孔面积。另一类是校核计算，即在工艺、土建、窗孔位置和面积确定的条件下，计算能达到的最大自然通风量，校核工作区温度是否满足卫生标准的要求。

房间内部的温度分布和气流分布对自然通风有较大的影响。热车间内部的温度和气流分布是比较复杂的，影响热车间自然通风的主要因素有厂房形式、工艺设备布置、设备散热量等。现在采用的自然通风计算方法是在一系列的简化条件下进行的，这些简化条件是：认为通风过程是稳定的，影响自然通风的因素不随时间而变化；整个房间的空气温度就等于房间的平均空气温度；同一水平面上各点的静压均保持相等，静压沿高度方向的变化符合流体静力学法则；房间内空气流动时，不受任何障碍的阻挡；不考虑局部气流的影响，热射流、通风气流到达排风窗孔之前已经消散；孔口通风量按孔口内外的平均压力差计算。

1）计算车间的全面通风量

$$q_m = \frac{Q}{c(t_{\mathrm{p}} - t_{\mathrm{w}})} \tag{2-56}$$

式中　Q——车间的总余热量（kJ/s）；

　　　t_{p}——车间上部排风温度（℃）；

　　　t_{w}——室外空气温度（℃）；

　　　c——空气的定压质量热容，取 1.01kJ/(kg·℃)。

在进行通风量计算时，需要确定车间上部的排风温度，可以采用"有效热量系数法"来确定。使车间工作区温度升高的热量只是车间工艺设备总散热量中的一部分，这部分热量称为有效热量。有效热量占车间设备总散热量的比值叫作有效热量系数。

车间上部排风温度可按下式计算

$$t_{\mathrm{p}} = t_{\mathrm{w}} + \frac{t_{\mathrm{n}} - t_{\mathrm{w}}}{m} \tag{2-57}$$

式中　m——有效热量系数，可从有关的技术资料中查得。

2）确定各窗孔的位置，分配各窗孔的进、排风量。

3）确定各窗孔的内外压差和窗孔面积。

建筑物外墙上窗孔两侧的压力差可以认为完全消耗在空气流过窗孔的阻力上，即

$$\Delta p = \zeta \frac{v^2}{2} \rho \tag{2-58}$$

式中　Δp——窗孔两侧的压力差（Pa）；

　　　v——空气流过窗孔时的速度（m/s）；

　　　ρ——空气的密度（kg/m³）；

ζ——窗孔的局部阻力系数,其值与窗孔的构造有关。

上式可改写为

$$v = \sqrt{\frac{2\Delta p}{\zeta\rho}}$$ (2-59)

则通过窗孔的空气量为

$$L = Fv = F\sqrt{\frac{2\Delta p}{\zeta\rho}}$$ (2-60)

为了应用方便,令 $\mu = \dfrac{1}{\sqrt{\zeta}}$,代入式(2-60)得

$$L = \mu F\sqrt{\frac{2\Delta p}{\rho}}$$ (2-61)

或

$$q_m = L\rho = \mu F\sqrt{2\Delta p\rho}$$ (2-62)

式中 q_m——通过窗孔的质量流量(kg/s);

L——通过窗孔的体积流量(m³/s);

F——窗孔的面积(m²);

μ——窗孔流量系数,其值与窗孔的构造有关。

由式(2-47)和式(2-62)得热压作用下进、排风窗孔面积

$$F_a = \frac{q_{m,a}}{\mu_a\sqrt{2\,|\,\Delta p_a\,|\,\rho_w}} = \frac{q_{m,a}}{\mu_a\sqrt{2h_1g(\rho_w - \rho_{np})\rho_w}}$$ (2-63)

$$F_b = \frac{q_{m,b}}{\mu_b\sqrt{2\,|\,\Delta p_b\,|\,\rho_p}} = \frac{q_{m,b}}{\mu_b\sqrt{2h_2g(\rho_w - \rho_{np})\rho_p}}$$ (2-64)

式中 F_a、F_b——窗孔 a、b 的面积(m²);

$q_{m,a}$、$q_{m,b}$——窗孔 a、b 的通风量(kg/s);

μ_a、μ_b——窗孔 a、b 的流量系数;

h_1、h_2——中和面至窗孔 a、b 中心距离(m);

ρ_w——室外空气密度(kg/m³);

ρ_p——车间上部排风温度下的空气密度(kg/m³);

ρ_{np}——车间内平均温度下的空气密度(kg/m³)。

$$t_{np} = \frac{t_n + t_p}{2}$$ (2-65)

式中 t_n、t_p——车间内工作区温度和上部排风温度(℃)。

在计算各窗孔的内外压差时,可以先假定某一窗孔的余压或假定中和面的位置,然后计算其余各窗孔的余压。最初假设的余压值或中和面的位置不同,则最后计算出的各窗孔面积分配是不同的。中和面位置的变化是随进、排风窗孔的面积之比变化而变化的。排风窗孔的面积增加,进风窗孔的面积减小,则中和面向上移,即 h_1 增大,h_2 减小;反之亦然。这在实际当中具有重要意义:如果中和面位置降低,天窗面积减小,会降低工程造价;但是如果中和面位置过低,即使是下部窗孔的面积足够大,由于自然进风速度的降低,会对夏季降温不利,所以应综合考虑,合理确定中和面的位置。

【例 2-7】 已知某单跨热车间,如图 2-36 所示。车间总余热量 $Q = 210$kJ/s,$m = 0.4$,进、排

风窗均采用单层上悬窗（$\alpha=45°$），$F_1=F_3=20\text{m}^2$。$\mu_1=\mu_3=0.52$，$\mu_2=0.56$，窗孔中心高差$H=10\text{m}$。夏季室外通风计算温度$t_\text{w}=26℃$（$\rho_\text{w}=1.181\text{kg/m}^3$），要求室内作业地带温度$t_\text{n}\leqslant t_\text{w}+5℃$，无局部排风，试确定必需的排风天窗面积$F_2$。

【解】（1）确定上部排风温度和室内平均温度

设作业地带温度$t_\text{n}=t_\text{w}+5℃=(26+5)℃=31℃$

上部排风温度$t_\text{p}=t_\text{w}+\dfrac{t_\text{n}-t_\text{w}}{m}=[26+(31-26)/0.4]℃=38.5℃$

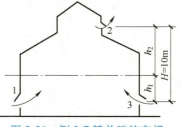

密度　$\rho_\text{p}=1.133\text{kg/m}^3$

室内平均温度　$t_\text{np}=(t_\text{n}+t_\text{p})/2=34.8℃$

密度　$\rho_\text{np}=1.147\text{kg/m}^3$

（2）热平衡所需的全面换气量

$$q_m=\frac{Q}{c(t_\text{p}-t_\text{w})}=\frac{210}{1.01\times(38.5-26)}\text{kg/s}=16.63\text{kg/s}$$

图2-36　例2-7某单跨热车间

（3）根据式（2-63），由进风面积F_1、F_3确定进风窗孔中心至中和面的高度

$$F_1=F_3=\frac{q_m}{\mu_1\sqrt{2gh_1(\rho_\text{w}-\rho_\text{np})\rho_\text{w}}}$$

$$20=\frac{16.63}{0.52\times\sqrt{2\times9.8h_1(1.181-1.147)\times1.181}}$$

$$h_1=3.25\text{m}$$

因此，中和面至排风窗孔中心的高度为$h_2=h-h_1=(10-3.25)\text{m}=6.75\text{m}$

（4）根据式（2-64）确定必需的排风天窗面积

$$F_2=\frac{q_m}{\mu_2\sqrt{2gh_2(\rho_\text{w}-\rho_\text{np})\rho_\text{p}}}$$

$$F_2=\frac{16.63}{0.56\times\sqrt{2\times9.8\times6.75\times(1.181-1.147)\times1.133}}\text{m}^2=13.15\text{m}^2$$

2.6.3　避风天窗和风帽

建筑物的天窗如果位于建筑物的背风面外墙上，其热压和风压的作用方向是一致的，可以加强天窗的排风效果；但是如果天窗位于建筑物的迎风面外墙上，热压和风压的作用却是相反的，当天窗所受的风压大于热压时，就不可能从天窗排风，相反地将会进风；因此需要采取措施保证天窗的正常排风。

在实际工程中，经常要求将天窗做成避风天窗。通过合理的设计，在任何风向下，使天窗附近都处于负压区，这种天窗称为避风天窗，避风天窗的类型有很多。

图2-37所示为矩形避风天窗。矩形避风天窗一般集中在厂房屋顶中部，采光面积大，窗扇可开启调节角度，在天窗外面附近的屋面上加装挡风板，当空气流经挡风板时，在天窗和挡风板间形成负压，保证天窗不产生倒灌。为了防止气流由厂房纵向吹来影响天窗排风，挡风板两端应封闭，并且每隔一定距离用横隔板隔开，这

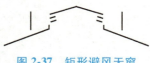

图2-37　矩形避风天窗

样使天窗无论在任何风向的情况下都能排风。避风天窗由于制作天窗的材料增加，因此造价相应提高。

下沉式天窗是将部分屋面下移在屋架下弦上，利用屋架本身的高度形成凹陷在屋面中间的天窗，如图 2-38 所示。当空气沿着屋面做绕流运动时，在天窗处造成负压。下沉式天窗省去了天窗架和挡风板，降低了厂房高度，建筑结构的造价相应减少了，而且空气动力性能好、阻力小、通风效果好。但应注意解决清灰和排水问题。

图 2-39 所示为避风风帽示意图。避风风帽是安装在自然通风系统排风管的末端或作为全面通风的一种自然通风装置，通常安装在建筑物的屋顶上，利用风压的作用加强排风能力。避风风帽结构中起主要作用的是挡风板，它类似于避风天窗的挡风板，能使排风口在任何风向下都处于负压状态，使空气顺利排出。

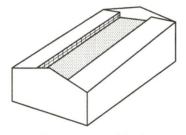
图 2-38　下沉式天窗

图 2-39　避风风帽示意图

2.6.4　自然通风的组织

工业厂房的建筑形式、总平面布置和车间的工艺布置对自然通风有较大的影响，如果处理不当，不但造成经济上的浪费，而且影响车间内的工作条件。因此，在进行自然通风的组织设计时，应对建筑形式、总图、工艺设计与自然通风的配合等问题进行综合考虑。

关于建筑形式的选择应遵循如下规定：

1）热车间应尽量采用单层厂房，天窗和侧窗空气流动阻力小，通风效果好。

2）以自然通风为主的热车间尽量采用单跨厂房，以增大进风面积。

3）在多跨厂房中，由于它的围护结构减少，往往造成下面进风面积不够，或者由外墙窗孔进入车间的新鲜空气不能送到距外墙较远的工作地点，因此进风只能利用冷跨间的天窗，所以对于多跨车间，应将冷、热跨间隔布置，如图 2-40 所示。

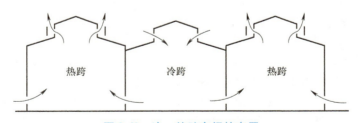
图 2-40　冷、热跨车间的布置

4）尽量采用穿堂风。当迎风面和背风面的外墙上孔口面积占外墙面积的 25% 以上，并且车间内部阻挡较少时，可以形成较大的风量。

5）为了提高自然通风的降温效果，应尽量降低进风侧窗离地面的高度。

6）为了增大排风口气流流通面积，在不需要调节天窗开启程度的热车间，宜采用不带窗扇的避风天窗，但要有防雨措施。

7）多层结构的厂房，在工艺允许的情况下，应将热设备置于最上层，避免热空气影响上层各室。

1. 总图设计要求

1）为了利用风压作用下的自然通风、厂房的主要进风面一般应与夏季主导风向成 60°~90° 角，不宜小于 45°。

2）为了减少太阳热辐射对车间环境的影响，厂房纵轴应尽量布置成东西向，避免大面积的窗和墙受到西晒。

3）为了保证有足够的进风面积，不宜将过多的附属建筑布置在厂房四周。

4）为了保证较低矮的建筑物能正常地进风和排风，各建筑之间应保持适当的距离。

2. 生产设备布置要求

1）当车间采用以热压为主的自然通风时，在有天窗的条件下，热源应尽量布置在天窗下面，以使高温空气顺利排出。

2）余热量大的车间，热源应尽量布置在厂房外面夏季主导风向的下风侧，避免对厂房内的环境造成影响，同时布置在厂房内的热源也应采取隔热措施。

3）为了使车间内的人员能直接接受室外的新鲜空气，工作区应尽量布置在靠外窗的一侧。

2.6.5　自然通风设计的基本原则

自然通风在大部分情况下是一种经济有效的通风方式，但同时也是一种难以进行有效控制的通风方式，因为它受到气象条件、建筑平面规划、建筑结构形式、室内工艺设备布置、窗户形式与开窗面积、其他机械通风设备等许多因素的影响。然而，如果在建筑总体规划、建筑形式设计、工艺布局以及通风设备的选择和布置方面遵循以下这些基本的原则，则能够更好地利用风压和热压作用的基本原理，使自然通风更有效地满足建筑内人员和生产工艺对通风的要求。

1）在设计自然通风的建筑时，应考虑建筑周围微环境条件。某些地区室外通风计算温度较高，因为室温的限制，热压作用就会有所减小。为此，在确定该地区大空间高温建筑的朝向时，应考虑利用夏季最多风向来增加自然通风的风压作用或对建筑形成穿堂风，因此要求建筑的迎风面与最多风向成 60°~90° 角。同时，因春秋季往往时间较长，应充分利用春秋季自然通风。

2）建筑群平面布置应重视有利自然通风因素，错列式、斜列式平面布置形式相比行列式、周边式平面布置形式等更有利于自然通风，因此在建筑群布置时可优先考虑。

3）为了提高自然通风的效果，自然通风应采用阻力系数小、流量系数较大、噪声低、易于操作和维修的进、排风口或窗扇，如在工程设计中常采用的性能较好的门、洞、平开窗、上悬窗、中悬窗及隔板或垂直转动窗、板等。供自然通风用的进、排风口或窗扇，一般随季节的变换要进行调节。对于不便于人员开关或需要经常调节的进、排风口或窗扇，应考虑设置机械开关装置，否则自然通风效果将不能达到设计要求。总之，设计或选用的机械开关装置，应便于维护管理并能防止锈蚀、失灵，且有足够的构件强度。严寒寒冷地区的进、排风口还应考虑保温措施，不使用期间应可有效关闭并具有良好的保温性能。

4）夏季由于室内外形成的热压小，为保证足够的进风量，消除余热、提高通风效率，应当使室外新鲜空气直接进入人员活动区，因此自然通风用的进风口下缘距室内地面的高度不宜大于 1.2m。自然通风进风口应远离污染源，如烟囱、排风口、排风罩等 3m 以上；冬季为防止冷空气吹向人员活动区，自然通风用的进风口下缘不宜低于 4m，当其下缘距室内地面的高度小于 4m 时，宜采取防止冷风吹向人员活动区的措施。

5）采用自然通风的生活、工作房间的通风开口有效面积不应小于该房间地板面积的 5%；

厨房的通风开口有效面积不应小于该房间地板面积的 10%，并不得小于 0.60m²。

6）自然通风设计时，宜对建筑进行自然通风潜力分析，依据气候条件确定自然通风策略并优化建筑设计。在确定自然通风方案之前，必须收集目标地区的气象参数，进行气候潜力分析。自然通风潜力指仅依靠自然通风就可满足室内空气品质及热舒适要求的潜力。现有的自然通风潜力分析方法主要有经验分析法、多标准评估法、气候适应性评估法及有效压差分析法等。然后，根据潜力可定出相应的气候策略，即风压、热压的选择及相应的措施。因为 28℃ 以上的空气难以降温至舒适范围，室外风速 3.0m/s 会引起纸张飞扬，所以对于室内无大功率热源的建筑，"风压通风" 的利用条件宜采取气温 20~28℃，风速 0.1~3.0m/s，湿度 40%~90%。由于 12℃ 以下室外气流难以直接利用，"热压通风" 的条件宜设定为气温 12~20℃，风速 0~3.0m/s，湿度不设限。

根据我国气候区域特点，中纬度的温暖气候区、温和气候区、寒冷地区更适合采用中庭、通风塔等热压通风设计，而热湿气候区、干热地区更适合采用穿堂风等风压通风设计。

7）建筑物自然通风的效果往往是风压和热压两种方式综合作用的结果，因此在进行自然通风量的计算时应同时考虑风压及热压的作用，但若建筑层数较少，高度较低，考虑建筑周围风速通常较小且不稳定，可不考虑风压作用。如果要同时考虑热压及风压作用的自然通风量，宜按计算流体动力学（CFD）数值模拟方法确定。

8）热压作用的通风量宜按下列方法确定：对于室内发热量较均匀、空间形式较简单的单层大空间建筑，可采用简化计算方法确定通风量。简化计算方法是假设空气在流动过程中是稳定的；整个房间的空气温度等于房间的平均温度；房间内空气流动的路途上没有任何障碍物；只考虑进风口进入的空气量。简化计算的公式为

$$G = 3600 \frac{Q}{c(t_p - t_{wf})} \tag{2-66}$$

式中　G——热压作用的通风量（kg/h）；

　　　Q——室内的全部余热（kW）；

　　　c——空气比热容 [1.01kJ/(kg·K)]；

　　　t_p——排风温度（℃）；

　　　t_{wf}——夏季通风室外计算温度（℃）。

对于住宅和办公建筑，考虑多个房间之间或多个楼层之间的通风时，可采用多区域网络法计算通风量。多区域网络法是从宏观角度对建筑通风进行分析，把整个建筑物作为系统，其中每个房间作为一个区（或网络节点），认为各个区内空气具有恒定的温度、压力和污染物浓度，利用质量、能量守恒等方程计算风压和热压作用下通风量，常用的计算软件有 COMIS、CONTAM、BREEZE、NatVent、PASSPORT Plus 及 AIOLOS 等。

对于建筑体形复杂或室内发热量明显不均的建筑，可按计算流体动力学（CFD）数值模拟方法确定。相对于网络法，CFD 模拟是从微观角度，针对某一区域或房间，利用质量、能量及动量守恒等基本方程对流场模型求解，分析空气流动状况，常用软件有 FLUENT、AirPak、PHOE-NICS 及 STAR-CD 等。

9）风压作用的通风量宜按下列原则确定：分别计算过渡季及夏季的自然通风量，并按其最小值确定；室外风向按计算季节中的当地室外最多风向确定；当采用计算流体动力学（CFD）数值模拟时，应考虑当地地形条件及其梯度风、遮挡物的影响；仅当建筑迎风面与计算季节的最多风向成 45°~90° 角时，该面上的外窗或有效开口利用面积可作为进风口进行计算；室外风速按基准高度室外最多风向的平均风速确定。所谓基准高度是指气象学中观测地面风向和风速的标准

高度，该高度既要反映本地区较大范围内的气象特点，避免局部地形和环境的影响，又要考虑观测的可操作性，一般取距地面 10m。

10）为了强化自然通风，可采用捕风装置、屋顶无动力风帽装置、太阳能诱导等被动式通风技术。

捕风装置是一种自然风捕集装置，是利用对自然风的阻挡在捕风装置迎风面形成正压、背风面形成负压，与室内的压力形成一定的压力梯度，将新鲜空气引入室内，并将室内的浑浊空气抽吸出来，从而加强自然通风换气的能力。为保持捕风系统的通风效果，捕风装置内部用隔板将其分为两个或四个垂直风道，每个风道随外界风向改变轮流充当送风口或排风口。捕风装置可以适用于大部分的气候条件，即使在风速比较小的情况下也可以成功地将大部分经过捕风装置的自然风导入室内。捕风装置一般安装在建筑物的顶部，其通风口位于建筑上部 2~20m 的位置，图 2-41 所示为四个风道捕风装置的一般结构形式和通风原理。

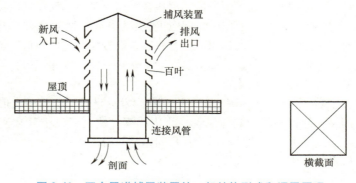

图 2-41　四个风道捕风装置的一般结构形式和通风原理

屋顶无动力风帽（图 2-42）是通过自身叶轮的旋转，将任何平行方向的空气流动加速并转变为由下而上垂直的空气流动，从而将下方建筑物内的污浊气体吸上来并排出，以提高室内通风换气效果的一种装置。该装置不需要电力驱动，可长期运转且噪声较低。

图 2-42　屋顶无动力风帽的应用

太阳能诱导通风是依靠太阳辐射给建筑结构的一部分加热，从而产生大的温差，比传统的由内外温差引起流动的浮升力驱动的策略获得更大的风量，从而能够更有效地实现自然通风。典型的太阳能诱导方式包括：太阳能烟囱、特朗伯（Trombe）墙、太阳能屋顶等。如图 2-43 所示为太阳能烟囱示意图。采用太阳能烟囱能够引导室内气流流动，如图 2-44 所示。

如图 2-45 所示，特朗伯墙（Trombe 墙）是一种依靠墙体独特的构造设计，无机械动力、无传统能源消耗，仅仅依靠被动式收集太阳能诱导室内空气流动的墙体。冬季白天有太阳时，在集热墙与外层玻璃之间出现温室效应，薄片间层的空气被加热，可以通过打开特朗伯墙上、下两个通风口，形成循环对流来对室内空气加热。

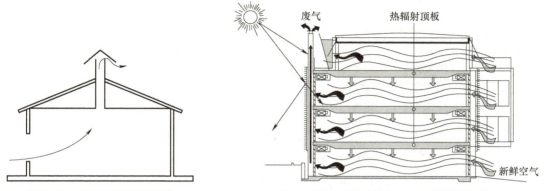

图 2-43 太阳能烟囱示意图　　　　　　图 2-44 太阳能烟囱引导室内气流流动

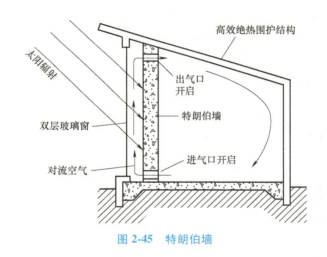

图 2-45 特朗伯墙

思考题与习题

1. 简述建筑中的主要污染物及危害。

2. 通风系统有哪些类型？简述通风系统的组成。

3. 试分析和比较不同通风系统的特点和适用场合。

4. 通风设计时，为什么要考虑空气平衡和热平衡？

5. 热平衡计算中，在计算稀释有害气体所用的全面通风耗热量时，为什么采用冬季供暖室外计算温度；而在计算消除余热、余湿所需的全面通风耗热量时，则采用冬季室外计算温度？

6. 当房间内有多种有害物时，如何确定全面通风量？

7. 某车间的体积为 $1200m^3$，突然发生事故，散发某种有害气体进入车间，散发量为 $420mg/s$，事故发生后 $10min$ 被发现，立即开动事故通风机，事故排风量 $3.8m^3/s$。试确定风机启动后多长时间有害物浓度才能降到 $100mg/m^3$ 以下。

8. 已知某车间通风系统的机械进风量 $1.7kg/s$，局部排风量 $1.4kg/s$，机械进风温度 $22℃$，车间得热量

20kW，围护结构失热量25kW，室外温度-3℃，开始时室内温度20℃，部分空气经墙上的窗孔自然流入或流出，试确定在车间达到空气平衡、热平衡状态时，窗孔是进风还是排风？风量多大？

9. 什么是风压？什么是热压？形成自然通风的必要条件是什么？

10. 什么是穿堂风？其形成的必要条件是什么？

11. 简述热压和风压作用下自然通风的基本原理。

12. 简述局部通风的基本形式和特点。

13. 简述局部排风罩的工作原理和类型。

14. 如何计算接受式排风罩的排风量？

15. 根据吹吸式排风罩的工作原理，分析影响吹吸式排风罩工作的主要因素是什么？

16. 有一金属熔化炉（坩埚炉）平面尺寸为600mm×600mm，炉内温度600℃。在炉口上部400mm处设接受罩，周围横向风速0.3m/s。确定排风罩罩口尺寸及排风量。

17. 有一浸漆槽槽面尺寸为600mm×600mm，槽内污染物发散速度为0.25m/s，室内横向风速为0.3m/s，在槽上部350mm处设外部吸气罩。确定排风罩罩口尺寸及排风量。

参 考 文 献

［1］　王汉青. 通风工程 ［M］. 2版. 北京：机械工业出版社，2018.

［2］　孙一坚. 工业通风 ［M］. 4版. 北京：中国建筑工业出版社，2010.

［3］　刘锦梁，苏永森. 工业厂房通风技术 ［M］. 天津：天津科学技术出版社，1985.

［4］　金招芬，朱颖心. 建筑环境学 ［M］. 北京：中国建筑工业出版社，2001.

［5］　中华人民共和国住房和城乡建设部. 工业建筑供暖通风与空气调节设计规范：GB 50019—2015 ［S］. 北京：中国计划出版社，2015.

［6］　中华人民共和国住房和城乡建设部. 民用建筑供暖通风与空气调节设计规范：GB 50736—2012 ［S］. 北京：中国建筑工业出版社，2012.

［7］　陆亚俊，马最良，邹平华. 暖通空调 ［M］. 3版. 北京：中国建筑工业出版社，2015.

［8］　孙一坚. 简明通风设计手册 ［M］. 北京：中国建筑工业出版社，1997.

［9］　陆耀庆. 实用供热空调设计手册 ［M］. 2版. 北京：中国建筑工业出版社，2008.

第 3 章
悬浮颗粒物与有害气体的净化

在水泥、耐火材料、有色金属冶炼、铸造等工业生产过程中，会散发大量颗粒物，含尘空气必须经过净化处理，达到排放标准后才允许排入大气。有些颗粒物是生产的原料或成品，在除尘的过程中，可以同时回收这些有用物料。净化工业生产过程中排出的含尘气体称为工业除尘，净化进风空气称为空气过滤。同样，在工业生产过程中也会散发大量的废气，排入大气的废气必须进行净化处理，达到国家大气污染物排放标准要求后才允许排放。在可能的条件下，还应考虑回收利用。

按污染物的存在状态，可将空气污染物分为悬浮颗粒物和气态污染物两大类。空气中的悬浮颗粒物包括无机颗粒物和有机颗粒物、空气微生物及生物等；气态污染物指的是以分子状态存在的污染物，包括无机化合物、有机化合物和放射性物质等。

3.1 空气净化处理原理

3.1.1 除尘式净化处理原理

粉尘是指由自然力或机械力产生的，能够悬浮于空气中的固态微小颗粒。机械式空气净化处理是用多孔型过滤材料把粉尘过滤收集下来。在通风除尘技术中。一般将 $1 \sim 200 \mu m$ 乃至更大颗粒的固体悬浮物均视为粉尘。当含有粉尘的空气通过滤料时，粉尘就会与细孔四周的物质相碰撞，或者扩散到四周壁上被孔壁吸附而从空气中分离出来，使空气净化。除尘机理主要有以下几种：

1. 拦截作用

对于颗粒在亚微米范围内的微粒，可以认为没有惯性，微粒随着气流流线运动。当某一尺寸的微粒刚好运动到纤维表面附近，假使从流线到纤维表面的距离等于或小于微粒半径，微粒就被纤维表面拦截而沉积下来，这种作用称为拦截作用，其示意图如图 3-1 所示。微粒因粒径大于纤维网眼而被拦截阻留下来的筛滤作用也是一种拦截作用，其示意图如图 3-2 所示。

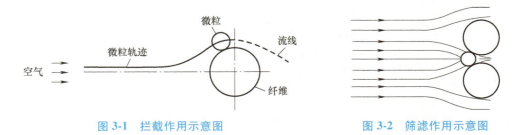

图 3-1　拦截作用示意图　　　　图 3-2　筛滤作用示意图

2. 惯性作用

如图3-3所示，由于纤维错综排列，气流在纤维层内穿过时，其流线必然要多次转弯。当微粒质量较大或速度（可以看成等于气流速度）较大时，微粒将受惯性力作用，不能随气流转弯绕过纤维，而仍保持其原有的运动方向，碰撞在纤维上沉积下来（图3-3）。惯性作用随尘粒质量和过滤风速的增大而增大。

3. 扩散效应

由于气体分子的热运动，将碰撞空气中的微粒而产生微粒布朗运动，微粒越小，布朗运动就越显著。例如，常温下$0.1\mu m$的微粒每秒钟的扩散距离达$17\mu m$，比纤维间的距离大几倍至几十倍。这就使得微粒有更大的可能与纤维接触，并附着在纤维上；而大于$0.3\mu m$的尘粒，其布朗运动减弱，一般不足以靠布朗运动使其离开流线碰撞到纤维上。图3-4所示为扩散效应示意图。

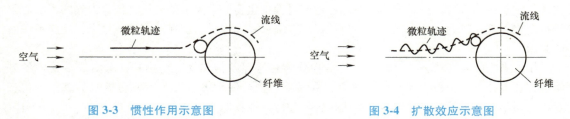

图3-3　惯性作用示意图　　　　　图3-4　扩散效应示意图

4. 重力作用

图3-5所示为重力作用示意图。当流体流过纤维层时，在重力作用下，气流中的微粒产生脱离流线的位移而沉积在纤维表面上，这种作用只有在微粒较大（直径$>5\mu m$）时才存在，若微粒较小，则当它还没有沉降到纤维上时，就已经被气流携带通过过滤器。

5. 离心力作用

含尘气流做圆周运动时，由于惯性离心力的作用，尘粒和气流会产生相对运动，使尘粒从气流中分离。

6. 静电作用

由于气流摩擦，使纤维和微粒等含尘气流通过纤维滤料时有可能带上电荷，从而增加了纤维吸附微粒的能力，但是，因这种电荷既不能长时间存在，所形成的电场强度又很弱，所以产生的吸附力很小，所以一般可以忽略。图3-6所示为静电作用示意图。

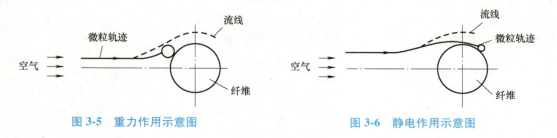

图3-5　重力作用示意图　　　　　图3-6　静电作用示意图

7. 凝聚作用

通过超声波、蒸汽凝结、加湿等凝聚作用，可以使微小粒子凝聚增大，再用一般的防尘方法去除。

3.1.2　除气式净化处理原理

如果排入大气中的气体不能达到国家排放标准，就需要对有害气体进行净化，降低排放气体中的有害物浓度，使排入大气中的气体达到国家大气污染物排放标准后才能排入大气。有害气体的净化方法主要有燃烧法、冷凝法、吸收法和吸附法。

1. 燃烧法

燃烧法是通过燃烧进行的氧化反应将有害气体中的烃类成分转化为二氧化碳和水，有害气体中的其他成分，如卤素或含硫的有机物等，也转化为允许向大气排放的物质，或者转化为可回收的物质。

燃烧法有热力燃烧和催化燃烧两种类型。

（1）热力燃烧　热力燃烧是在明火下的火焰燃烧，热力燃烧的反应温度为 600~800℃，工程设计时通常取 760℃，滞留时间为 0.50s，在实际工程中采用锅炉燃烧室或加热炉进行热力燃烧。热力燃烧原理是将排风气体预热至 600~800℃ 进行氧化反应，在高温下滞留一定时间生成火焰。热力燃烧的特点是气体预热能耗较多，燃烧不完全时会产生恶臭。热力燃烧可用于净化各种可燃气体。利用锅炉进行热力燃烧时，处理的气体量应小于燃烧炉所需的鼓风量，被处理气体中的含氧量应与空气相近，如果含氧量低于 18%，则需要补给空气；被处理气体中不宜含有腐蚀性气体或颗粒物。

（2）催化燃烧　催化燃烧是在催化作用下，使碳氢化合物在稍低的温度下氧化分解。催化燃烧原理是将排风气体预热至 200~400℃ 进行催化氧化反应，与催化剂接触，没有明火。利用催化剂加快或减慢反应速度的化学反应称为催化反应；凡能加速化学反应速度，而本身的化学性质在化学反应前后保持不变的物质称为催化剂；利用催化剂加快燃烧速度的燃烧过程称为催化燃烧。催化燃烧法在通风工程中的应用主要是利用催化剂在低温下实现对有机物的完全氧化。催化燃烧的特点是气体预热能耗较少，催化剂价格比较高。催化燃烧不适用于能使催化剂中毒的气体。

催化燃烧流程如图 3-7 所示。含有机物的废气经处理去除粉尘或其他催化剂毒物后，送入余热回收换热器，回收废气中的余热；然后进入预热器预热到起燃温度（250~300℃），再进入催化反应器进行氧化反应，即完全燃烧。净化后的废气（400~550℃）经余热回收器放出部分余热后排放。

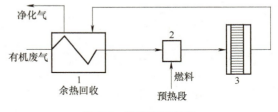

图 3-7　催化燃烧流程
1—换热器　2—燃烧室　3—催化反应器

2. 冷凝法

冷凝法是液体受热蒸发产生的有害蒸气通过冷凝使其从废气中分离。这种方法净化效率低，仅适用于浓度高、冷凝温度高的有害蒸气。

3. 吸收法

吸收法是用适当的液体与气体接触，利用气体在液体中溶解能力的不同，除去其中一种或几种组分。吸收法广泛应用于有害气体的净化，如硫氧化物、氮氢化物、硫化氢、氯化氢等无机气体。吸收法在净化的同时能进行除尘，适用于处理气体量大的场合。与其他净化方法相比，吸收法费用较低。采用吸收法处理气体时，净化效率难以达到 100%，另外要注意对排水进行处理。

采用吸收法处理气体时，可分为物理吸收和化学吸收两种类型。物理吸收一般没有明显的化学反应,是物理溶解过程,例如用水吸收氨。物理吸收是可逆的,解吸时不改变被吸收气体的性质。化学吸收有明显的化学反应,例如用碱吸收二氧化硫。化学吸收效率要高于物理吸收效率。要使有害气体浓度达到排放标准要求,物理吸收一般达不到要求,还需采用化学吸收,化学吸收的机理较为复杂。

4. 吸附法

吸附法是利用多孔性固体吸附剂对废气中各组分的吸附能力不同,选择性地吸附一种或几种组分,从而达到分离净化目的。吸附法适用范围很广,可以分离回收绝大多数有机气体和大多数无机气体,尤其在净化有机溶剂蒸气时具有较高的效率。吸附法也是气态污染物净化的常用方法。

(1)物理吸附法 物理吸附法通常采用多孔性、表面积大的活性炭、硅胶、氧化铝和分子筛等作为有害气体吸附剂,其中活性炭是通风空调系统中常用的一种吸附剂。活性炭是许多具有吸附性能的碳基物质的总称,它的原料包括几乎所有的含碳物质,如煤、木材、骨头、果核、坚硬的果壳等,将这些含碳物质在低于878K的温度下进行碳化,然后用活化剂进行活化处理。常用的活化剂为水蒸气或热空气,也可以用氯化锌、氯化镁、氯化钙、磷酸作活化剂。活性炭经过活化处理,其内部具有许多细小的空隙,因此增加了与空气接触的表面面积和活性炭的吸附能力。

(2)化学吸附法 化学吸附通过吸附质和吸附剂之间的化学键力而进行吸附。通过对活性炭材料进行化学处理,均匀地掺入特定的试剂,以增强它们对特定污染物的清除能力。对于沸点低于0℃的气体甲醛、乙烯,如果按物理吸附方法吸附到活性炭上时较易逃逸,而采用溴浸渍活性炭则可以除去乙烯和丙烯;采用硫化钠溴浸渍活性炭则可以除去甲醛。显然化学吸附具有很强的选择性。浸渍活性炭化学吸附可以除去的污染物主要有烯烃、胺、酸雾、碱雾、硫醇、HF、HCHO、Hg、NH_3、H_2S、Cl_2、CO、SO_2 和 HCl 等。

3.2 吸收过程的理论基础

3.2.1 浓度的表示方法

常用的浓度表示方法有摩尔分数和比摩尔分数。

1. 摩尔分数
摩尔分数是指气相或液相中某一组分的物质的量与该混合气体或溶液的总物质的量之比。

液相

$$x_A = \frac{n_A}{n_A + n_B} \tag{3-1}$$

$$x_B = \frac{n_B}{n_A + n_B} \tag{3-2}$$

气相

$$y_A = \frac{n_A}{n_A + n_B} \tag{3-3}$$

$$y_B = \frac{n_B}{n_A + n_B} \tag{3-4}$$

式中　x_A、x_B——液相中组分 A、B 的摩尔分数;

　　　y_A、y_B——气相中组分 A、B 的摩尔分数;

n_A、n_B——组分 A、B 物质的量（kmol）。

2. 比摩尔分数

在吸收过程中，被吸收气体称为吸收质。气相中不参与吸收的气体称为惰性气体，吸收用的液体称为吸收剂。由于惰性气体量和吸收剂量在吸收过程中基本上是不变的，所以以它们为基准表示浓度。

液相

$$X_A = \frac{n_A}{n_B} = \frac{液相中某一组分的物质的量}{吸收剂的物质的量} \tag{3-5}$$

$$X_A = \frac{x_A}{1-x_A} \tag{3-6}$$

气相

$$Y_A = \frac{n_A}{n_B} = \frac{气相中某一组分的物质的量}{惰性气体的物质的量} \tag{3-7}$$

$$Y_A = \frac{y_A}{1-y_A} \tag{3-8}$$

式中　X_A——液相中组分 A 的比摩尔分数；

　　　Y_A——气相中组分 A 的比摩尔分数。

3.2.2　吸收的气液平衡关系

1. 吸收的气液平衡关系

在一定的温度、压力下，吸收剂和混合气体接触时，由于分子扩散，气相中的吸收质要向液体吸收剂转移，被吸收剂所吸收。同时，溶液中已被吸收的吸收质也会通过分子扩散，向气相转移，进行解吸。开始时，吸收是主要的，随着吸收剂中吸收质浓度的增高，吸收质从气相向液相的吸收速度越来越慢，而液相向气相的解吸速度越来越快。经过足够长时间的接触，吸收速度与解吸速度相等，气相和液相中的组分不再变化，此时气液两相达到相际动平衡，简称相平衡或平衡。

水吸收氨时的气液平衡关系如图 3-8 所示，在气相吸收质分压力相同的情况下，吸收剂温度越高，液相平衡浓度（溶解度）越低。气相中吸收质分压力和与液体中吸收质浓度相对应的平衡分压力的相对大小决定气体能否被液体吸收。如果气相中吸收质分压力高于该液体对应的平衡分压力，气体就能被液体吸收。例如 $t = 20℃$ 时用水吸收氨，水中氨的含量为 $10.4gNH_3/100gH_2O$ 时，其对应的平衡分压力为 10kPa。因此，只有当气体中氨的分压力大于 10kPa 时，氨才能被水吸收。

在平衡状态下，吸收剂中的吸收质浓度达到最大，称为平衡浓度，也称为吸收质在溶液中的溶解度。某一种气体的溶解度与吸收质和吸收剂的性质、吸收剂温度，以及气相中吸收质分压力有关。

溶液中吸收了某种气体后，会在溶液表面形成一定的分压力，该分压力的大小与溶液中吸收质浓度（简称液相浓度）有关。该分压力的大小表示吸收质返回气相的能力，也可以说是反抗吸收的能力。当气相中吸收质分压力等于液面上的吸收质分压力时，气液达到平衡，把这时气相中吸收质的分压力称为该液相浓度（即溶解度）下的平衡分压力。在一定的温度、压力下，气液两相处于平衡状态时，液相吸收质浓度与气相的平衡分压力之间存在着一定的函数关系，即每一个液相浓度都有一个气相平衡分压力与之对应。

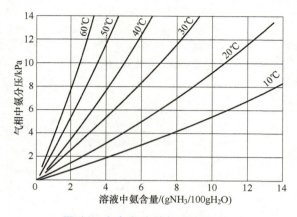

图 3-8 氨气与水的气液平衡关系

2. 亨利定律

对于稀溶液，在气体总压力不高的情况（低于 5atm）（1atm = 101.325kPa）下，气液之间的平衡关系为

$$P^* = Ex \tag{3-9}$$

式中　P^*——气相吸收质的平衡分压力（kPa 或 atm）；

x——液相中吸收质的浓度，用摩尔分数表示；

E——亨利常数（kPa 或 atm）。

式（3-9）称为亨利定律。在通风排气中有害气体浓度较低，因此适用亨利定律。

亨利常数的大小反映了该气体吸收的难易程度。E 值越大，对应的气相平衡分压力越高，气体越难以被吸收，例如 CO、O_2 等；E 值越小，气体越容易被吸收，例如 SO_2、H_2S 等。

液相中吸收质浓度用 C 表示，亨利定律可以表示为

$$P^* = \frac{C}{H} \tag{3-10}$$

式中　C——平衡状态下液相中吸收质浓度，即气体溶解度（kmol/m³）；

H——溶解度系数 [kmol/(m³·atm) 或 kmol/(m³·kPa)]，H 值随温度的升高而下降。

气液两相吸收质浓度用摩尔分数和比摩尔分数表示，根据亨利定律和道尔顿气体分压力定律，可以得到

$$y^* = mx \tag{3-11}$$

式中　y^*——平衡状态下气相中吸收质的摩尔分数；

m——相平衡系数。

$$m = \frac{E}{P_z} \tag{3-12}$$

式中　P_z——混合气体总压力（kPa 或 atm）。

在通风工程中 P_z 近似等于当地大气压力。对于稀溶液，m 近似为常数。

令

$$x = \frac{X}{1+X} \tag{3-13}$$

$$y = \frac{Y}{1+Y} \tag{3-14}$$

将式（3-13）和式（3-14）代入式（3-11），得

$$Y^* = \frac{mX}{1+(1-m)X}$$

(3-15)

式中　Y^*——与液相浓度相对应的气相中吸收质平衡浓度（kmol 吸收质/kmol 惰性气体）；

　　　X——液相中吸收质浓度（kmol 吸收质/kmol 吸收剂）。

对于稀溶液，液相中吸收质浓度 X 很低，式（3-15）可以简化为

$$Y^* = mX$$

(3-16)

将式（3-16）绘图，得到气液平衡关系，如图 3-9 所示。图 3-9 中的这条曲线称为平衡线。

已知气相中吸收质浓度 Y_A，可以利用平衡线查出对应的液相中吸收质平衡浓度 X_A^*；已知液相中吸收质浓度 X_A，可以由平衡线查出对应的气相吸收质平衡浓度 Y_A^*。m 值越小，说明该组分的溶解度越大，越容易吸收，吸收平衡线较为平坦。m 值随温度的升高而增大。

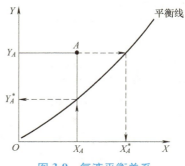

图 3-9　气液平衡关系

运用气液平衡关系，有助于解决以下问题：

1）在设计时，用气液平衡关系判断吸收的难易程度。选定吸收剂以后，液相中吸收质起始浓度 X 是已知的，从平衡线可以查得与 X 相对应的气相平衡浓度 Y^*，如果气相中吸收质浓度（即被吸收气体的起始浓度）$Y > Y^*$，说明吸收可以进行，$\Delta Y = (Y - Y^*)$ 越大，吸收越容易进行。ΔY 称为吸收推动力，如果吸收推动力 ΔY 小，吸收难以进行，就必须重新选定吸收剂。

2）在运行时，用气液平衡关系判断吸收进行到什么程度。在吸收过程中，随着液相中吸收质浓度的增加，气相平衡浓度 Y^* 也会不断增加，如果 Y^* 已接近气相中吸收质浓度 Y，说明吸收推动力 ΔY 已经很小，吸收难以继续进行，必须更换吸收剂，降低 Y^*，吸收才能继续进行。

3.2.3　吸收过程的机理

吸收过程是吸收质从气相转移到液相的质量传递过程。由于吸收质从气相转移到液相是通过扩散进行的，因此传质过程也称为扩散过程。传质的基本方式有两种：分子扩散和对流传质。分子扩散是由于分子热运动使物质由浓度高处向浓度低处转移。分子扩散与传热中的导热相似。物质通过紊流流体的转移称为对流传质，对流传质和对流传热相似。

研究吸收过程的机理是为了掌握吸收过程的规律，并运用这些规律去强化和改进吸收操作。但是，由于问题的复杂性，目前尚缺乏统一的理论足以完善地反映相间传质的内在规律。下面介绍一种应用较为广泛的传质机理模型——双膜理论。如流体力学所述，流体流过固体壁面时，存在着一层边界层，边界层流动为层流。双膜理论就是以此为基础提出的。双膜理论适用于一般的吸收操作和具有固定界面的吸收设备（如填料塔等）。

1. 双膜理论

双膜理论是将复杂的吸收过程被简化为吸收质以分子扩散方式通过气液两膜层的过程，其示意图如图 3-10 所示。通过两膜层时的分子扩散阻力就是吸收过程的基本阻力，吸收质必须要有一定的浓度差才能克服这个阻力进行传质。

气液两相接触时，它们的分界面称作相界面。在相界面两侧分别存在一层很薄的气膜和液膜，膜层中的流体均处于滞流（层流）状态，膜层的厚度是随气液两相流速的增加而减小的。吸收质以分子扩散的方式通过这两个膜层，从气相扩散到液相。

两膜以外的气液两相叫作气相主体和液相主体。主体中的流体都处于紊流状态，由于对流传质的吸收质浓度是均匀分布的，因此传质阻力很小，可以略而不计。吸收过程的阻力主要是吸收质通过气膜和液膜时的分子扩散阻力。对于不同的吸收过程，气膜和液膜的阻力是不同的。

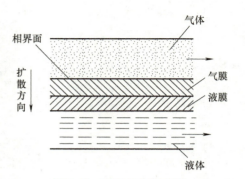

图 3-10 双膜理论示意图

不论气液两相主体中吸收质浓度是否达到平衡，在相界面上气液两相总是处于平衡状态，吸收质通过相界面时的传质阻力可以略而不计，这种情况叫作界面平衡。界面平衡并不意味着气液两相主体已达到平衡。

双膜理论的吸收过程如图 3-11 所示。Y_A、X_A分别表示气相和液相主体的浓度，Y_i^*、X_i^*分别表示相界面上气相和液相的浓度。因为在相界面上气液两相处于平衡状态，故Y_i^*、X_i^*都是平衡浓度，即$Y_i^* = mX_i^*$。当气相主体浓度$Y_A > Y_i^*$时，以$Y_A - Y_i^*$为吸收推动力克服气膜阻力，从a到b，在相界面上气液两相达到平衡，然后以$X_i^* - X_A$为吸收推动力克服液膜阻力，从b'到c，最后扩散到液相主体，完成了整个吸收过程。

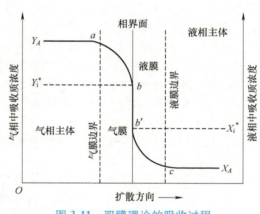

图 3-11 双膜理论的吸收过程

根据流体力学原理，流速越大，膜层厚度越薄。因此，增大流速可以减小扩散阻力、增大吸收速率。在流速不太高时，双膜理论与实际基本符合。但是当流体的流速较高时，气、液两相的相界面处在不断更新的过程中，即已形成的界面不断破灭，新的界面不断产生。界面更新对改善吸收过程有着重要意义，但双膜理论没有考虑这种情况。因此，双膜理论在实际应用时有一定的局限性。

2. 吸收速率方程式

在吸收设备中，气液的接触时间是有限的。在单位时间内吸收剂所吸收的气体量称为吸收速率。

单位时间从气相主体转移到界面的吸收质量为

$$G_A = k_g' F(P_A - P_i^*) \tag{3-17}$$

式中　G_A——单位时间通过气膜转移到界面的吸收质量（kmol/s）；

　　　F——气液相的接触面积（m^2）；

　　　P_A——气相主体中吸收质的分压力（kPa）；

　　　P_i^*——相界面上吸收质的分压力（kPa）；

　　　k_g'——以（$P_A - P_i^*$）为吸收推动力的气膜吸收系数［kmol/（m^2·kPa·s）］。

式（3-17）中的吸收推动力以比摩尔分数表示时，可写为

$$G_A = k_g F(Y_A - Y_i^*) \tag{3-18}$$

式中　Y_A——气相主体中吸收质的浓度（kmol 吸收质/kmol 惰性气体）；

　　　Y_i^*——相界面上的气相平衡浓度（kmol 吸收质/kmol 惰性气体）；

k_g——以 ΔY 为吸收推动力的气膜吸收系数 $[kmol/(m^2 \cdot s)]$。

单位时间通过液膜的吸收质量为

$$G'_A = k_i F(X_i^* - X_A) \tag{3-19}$$

式中　k_i——以 ΔX 为吸收推动力的液膜吸收系数 $[kmol/(m^2 \cdot s)]$；

X_A——液相主体中吸收质的浓度（kmol 吸收质/kmol 吸收剂）；

X_i^*——相界面上液相的平衡浓度（kmol 吸收质/kmol 吸收剂）。

在稳定的吸收过程中，通过气膜和液膜的吸收质量应相等，即

$$G_A = G'_A \tag{3-20a}$$

相界面上的 X_i^* 或 Y_i^* 是难以确定的，为了便于计算，提出总吸收系数的概念。

由式（3-20a）

$$G_A = k_g F(Y_A - Y_i^*) = k_i F(X_i^* - X_A) \tag{3-20b}$$

根据双膜理论，$Y_i^* = mX_i^*$，所以

$$X_i^* = \frac{Y_i^*}{m} \tag{3-21}$$

由于 $Y_A^* = mX_A$，则

$$X_A = \frac{Y_A^*}{m} \tag{3-22}$$

式中　Y_A^*——与液相主体浓度 X_A 相对应的气相平衡浓度（kmol 吸收质/kmol 惰性气体）。

将式（3-21）和式（3-22）代入式（3-20b），经整理得

$$Y_A - Y_A^* = \frac{G_A}{F}\left(\frac{1}{k_g} + \frac{m}{k_i}\right) \tag{3-23}$$

$$\frac{G_A}{F} = \frac{1}{\dfrac{1}{k_g} + \dfrac{m}{k_i}}(Y_A - Y_A^*) \tag{3-24}$$

令

$$\frac{1}{\dfrac{1}{k_g} + \dfrac{m}{k_i}} = K_g \tag{3-25}$$

$$G_A = K_g(Y_A - Y_A^*)F \tag{3-26}$$

式中　K_g——以 $(Y_A - Y_A^*)$ 为吸收推动力的气相总吸收系数 $[kmol/(m^2 \cdot s)]$。

同理，可以推导出以下公式

$$K_i = \frac{1}{\dfrac{1}{mk_g} + \dfrac{1}{k_i}} \tag{3-27}$$

$$G_A = K_i(X_A^* - X_A)F \tag{3-28}$$

式中　X_A^*——与气相主体浓度 Y_A 相对应的液相平衡浓度（kmol 吸收质/kmol 吸收剂）；

K_i——以 $(X_A^* - X_A)$ 为吸收推动力的液相总吸收系数 $[kmol/(m^2 \cdot s)]$。

式（3-26）和式（3-28）称为吸收速率方程式。吸收系数的倒数称为吸收阻力，即

$$\frac{1}{K_g} = \frac{1}{k_g} + \frac{m}{k_i} \tag{3-29}$$

$$\frac{1}{K_i} = \frac{1}{mk_g} + \frac{1}{k_i} \qquad (3\text{-}30)$$

式中的 $\frac{1}{K_g}\left(\text{或} \frac{1}{K_i}\right)$ 称为总吸收阻力，$\frac{1}{k_g}$ 称为气膜吸收阻力，$\frac{1}{k_i}$ 称为液膜吸收阻力。由上式可以看出，气体的相平衡系数 m 较小时，$\frac{m}{k_i}$ 很小，可以略而不计，则 $K_g \approx k_g$，这时吸收过程的阻力主要是气膜阻力。m 较大时，$\frac{1}{mk_g}$ 很小，可以略而不计，则 $K_i \approx k_i$，说明吸收过程的阻力主要是液膜阻力。

在实际应用中，可以根据吸收过程的阻力主要在哪一方面进行设备选型、设计和改进。可以通过以下措施强化吸收过程：增加气液的接触面积；增加气液的运动速度、减小气膜和液膜的厚度、降低吸收阻力；采用相平衡系数小的吸收剂；增大供液量、降低液相主体浓度、增大吸收推动力等。

3.3 除尘设备

3.3.1 袋式除尘器

1. 袋式除尘器的除尘机理

袋式除尘器是利用含尘气流通过过滤材料将粉尘分离捕集的装置。在通风除尘系统中应用最多的是以纤维织物为滤料的袋式除尘器，如图 3-12 所示。也有以砂、砾、焦炭等颗粒物为滤料的颗粒层除尘器，主要用于高温烟气除尘。袋式除尘器是一种干法高效除尘器，它利用纤维织物的过滤作用进行除尘。滤袋通常做成圆筒形（直径为 110~500mm），有时也做成扁方形，滤袋长度可以做到 8.0m。

袋式除尘主要是靠滤料的作用。其过滤除尘分为两个阶段：首先是含尘气体通过清灰滤料，此时过滤除尘作用主要靠纤维，这是过滤除尘的初级阶段；其次是含尘气体进入滤料，经过一段时间后，滤料表面积尘不断增加，形成了初尘层，此时除尘主要靠除尘层，该阶段为过滤除尘的第二阶段。

含尘气体进入滤袋之内，在滤袋内表面将尘粉分离、捕集，净化后的空气透过滤袋从排气筒排出。滤料本身的网孔较大，一般为 20~50μm，表面起绒滤料约为 5~10μm。新滤袋的除尘效率是不高的，对 1μm 的尘粒只有 40% 左右。待含尘气体经过滤料时，随着颗粒物被阻留在滤料表面形成颗粒物层（称为初层），滤层的过滤效率得到提高。袋式除尘器的过滤作用主要是依靠这个初层及以后逐渐堆积起来的颗粒物层进行的。这时的滤料只是起着形成初层和支持它的骨架作用。因此，即使网孔较大的滤布，只要设计合理，对 1.0μm 左右的

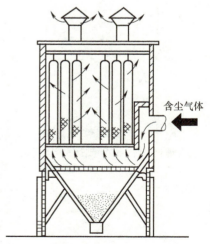

含尘气体

图 3-12 袋式除尘器结构

尘粒也能得到较高的除尘效率。随着颗粒物在滤袋上的积聚，滤袋两侧的压差增大，颗粒物内部的空隙变小，空气通过滤料孔眼时的流速增高。这样会把黏附在缝隙间的尘粒带走，使除尘效率

下降。另外，阻力过大会使滤袋透气性下降，造成通风系统风量下降。因此，袋式除尘器运行一段时间后，要及时进行清灰，清灰时不能破坏初层。

袋式除尘器的除尘效率与滤料种类、滤料状态、含尘气体的含尘浓度、清灰方式、过滤风速、粉尘性质、含尘气体特性等因素有关。不同种类、不同结构的滤料直接影响着过滤效率；不同结构的滤料，其透气率和容尘量不同，透气率低、容尘量大对提高除尘效率有利。不同状态的滤料，其除尘效率不同，洁净滤料（新料或清灰彻底的滤料）除尘效率最低；随着初尘层的形成和积尘量的增加，除尘效率也不断增加。

含尘浓度高初尘层形成很快，使除尘效率急剧增加，但阻力也增加很快，这需要及时清灰，使清灰时间间隔缩短，这对提高袋式除尘效率反而不利。所以袋式除尘器处理的含尘气体的含尘浓度要适当，含尘浓度过高时要经过预处理。

过滤风速的高低也直接影响初尘层形成的快慢，若过滤风速高，则初尘层形成迅速，导致清灰频繁，而使除尘效率下降。

过滤风速 v_F 是指过滤气体通过滤料表面的速度，单位是 m/min，即

$$v_F = \frac{L}{60F} \tag{3-31}$$

式中 L——除尘器处理风量（m^3/h）；
F——过滤面积（m^2）。

过滤风速是影响袋式除尘器性能的重要因素。选用较高的过滤风速可以减小过滤面积，但会使阻力上升快、清灰频繁，影响到滤袋的使用寿命。每一个过滤系统根据它的清灰方式、滤料、颗粒物性质、处理气体温度等因素都有一个最佳的过滤风速，一般处理高浓度颗粒物的过滤风速要比处理低浓度颗粒物的低，大除尘器的过滤风速要比小除尘器的低（因大除尘器气流分布不均匀）。目前设计中通常采用的过滤风速为 0.60~1.20m/min。

气布比 K_{LF} 是指单位时间通过的气体量与滤料面积之比，单位是 $m^3/(min \cdot m^2)$ 即

$$K_{LF} = \frac{L}{60F} \tag{3-32}$$

式中 L——除尘器处理风量（m^3/h）；
F——滤料面积（m^2）。

为了避免高速气流对滤料表面的直接冲击，可以把滤料设置成折叠形，用较大的气布比来降低滤料表面的气流速度，但是会使除尘空间的含尘气流速度大，易造成收尘二次返混，因此需要综合考虑，确定合适的气布比。

2. 袋式除尘器的阻力

袋式除尘器的阻力按下式计算

$$\Delta p = \Delta p_g + \Delta p_0 + \Delta p_c \tag{3-33}$$

式中 Δp——袋式除尘器阻力（Pa）；
Δp_g——袋式除尘器结构阻力（Pa）；
Δp_0——袋式除尘器滤料阻力（Pa）；
Δp_c——袋式除尘器滤料颗粒物层阻力（Pa）。

（1）袋式除尘器结构阻力 袋式除尘器结构阻力是指设备进、出口及内部流道内挡板等造成的流动阻力，通常为 200~500Pa。

（2）袋式除尘器滤料阻力

$$\Delta p_0 = \xi_0 \mu v_F / 60 \tag{3-34}$$

式中　μ——气体黏度（Pa·s）。

　　ξ_0——滤料的阻力系数（m^{-1}），可以根据滤料性能试验测试给出。

（3）滤料上颗粒物层阻力

$$\Delta p_c = \frac{a_m \delta_c \rho_c \mu v_F}{60} = \frac{a_m \left(\dfrac{G_c}{F} \right) \mu v_F}{60} \tag{3-35}$$

式中　δ_c——滤料表面颗粒物层厚度（m）；

　　G_c——滤料表面堆积的颗粒物量（kg）；

　　a_m——颗粒物层的平均比阻力（m/kg），可以根据滤料性能试验测试给出。

（4）滤料表面堆积的颗粒物量

$$G_c = \frac{v_F F \tau y_F}{60} \tag{3-36}$$

式中　τ——滤料连续工作时间（s）；

　　y_F——除尘器进口处空气含尘浓度（kg/m^3）。

袋式除尘器局部除尘空间的含尘浓度会高于除尘器的进口浓度，有的甚至达到数十倍，原因在于除尘空间存在收尘二次返混的循环作用。只有设计合理的除尘器的除尘空间的含尘浓度与进口浓度比较接近。

把式（3-36）代入式（3-35），得到

$$\Delta p_c = a_m \mu y_F \tau \frac{v_F}{60} \tag{3-37}$$

从式（3-37）可以看出，影响颗粒物层的阻力主要取决于过滤风速、气体的含尘浓度和连续运行的时间。当处理含尘浓度低的气体时，清灰间隔（即滤袋连续的过滤时间）可以适当加长；进口含尘浓度低、清灰间隔长、清灰效果好的除尘器，可以选用较高的过滤风速；相反，则应选用较低的过滤风速。不同的清灰方法可以选用不同的过滤风速。

袋式除尘器运行时，可以在滤料表面保留一定的颗粒物初层，这时的阻力称为残留阻力。袋式除尘器中滤袋阻力（压力损失）呈周期性变化，清灰后滤料随过滤时间的增加，颗粒物积聚，阻力也相应增大，当阻力达到允许值时再次清灰。除尘器按控制阻力值过滤，超过控制（压差自动控制）阻力时，需要进行清灰。

袋式除尘器的阻力一般为1000~2000Pa。超过2000Pa时，通常需要换袋。正常运行时，由于表面形成颗粒物初层，所形成的初阻力比较稳定。随着使用时间的增加，由于颗粒物进入滤料深层，残留阻力会逐步加大，造成初阻力显著上升，甚至因阻力增大影响到系统工作风量时，就需要更换滤袋。

3. 滤料

采用棉、毛等天然纤维织成的滤料具有透气率高、阻力小、容尘量大、易于清灰等优点，但是其使用温度在100℃以下（一般为75~85℃）。在冶金、能源、化工等行业，为满足温度的要求，多采用无机纤维滤料和合成纤维滤料。目前使用的无机纤维滤料多为玻璃纤维滤料，它耐高温，使用温度可以达到200~250℃，还具有延伸率小、抗拉强度大、价格低廉的特点，但也存在纤维较脆、耐折性较差、不能处理HF含尘烟气的问题。

按照材质，将纤维分成有机纤维和无机纤维两大类（表3-1）。常用纤维的耐温性能及其主要的理化特性见表3-2。

表 3-1　纤维的分类

分　类		名　称
有机纤维	天然纤维	植物纤维（棉、亚麻等韧皮植物） 动物纤维（羊毛、蚕丝） 再生纤维（再生纤维素聚合纤维、如轮胎帘子线）
	化学纤维	半合成纤维（醋酸纤维素） 合成纤维（聚酯、聚丙烯，聚酰胺、聚烯烃等）
无机纤维		玻璃纤维 碳纤维 金属纤维 陶瓷纤维

表 3-2　常用纤维的耐温性能及其主要的理化特性

名　称		使用温度/℃			力学性能			化学稳定性					水介稳定性	阻燃性
学名	商品名	干球	湿球	瞬间限值	抗拉	抗磨	抗折	无机酸	有机酸	碱	氧化剂	有机溶剂		
聚丙烯纤维	丙纶、PP	85	—	100	优	良	良	优~良	优	优~良	良	良	优	劣
聚酯纤维	涤纶、PET	130	90	150	良	良	良	良	优~良	良~一般	良	良	劣	一般
芳香族聚酰胺纤维	芳纶、PA Conex、Nomex	204	190	240	优	优	优	一般	优~良	良~一般	良~一般	良	一般	良
聚酰胺-亚酰胺纤维	可迈尔、Kermel	200	180	240	优	优	优	一般	良	良~一般	一般	良	一般	良
聚苯硫醚纤维	PPS	190	—	220	良	良	良	优	优	优~良	劣	优	优	优
聚亚酰胺纤维	P-84	260	—	280	良	良	良	优	优	优~良	良	优	优	优
聚四氟乙烯纤维	PTFE	260	—	280	一般	一般	一般	优	优	优	优	优	优	优
无碱玻璃纤维	玻纤	200~260		290	优	优	劣	一般	一般	劣	优	良	优	优
中碱玻璃纤维	玻纤	200~260		270	优	优	劣	优	良	良	优	良	优	优
不锈钢纤维	Bekinox	450	400	510	优	优	优	优	优	良	良	优	优	优

3.3.2　重力沉降室

图 3-13 所示为重力沉降室结构示意图。含尘气流进入重力沉降室后，流速迅速下降，在层流或接近层流的状态下运动，其中的尘粒在重力作用下缓慢向灰斗沉降。重力沉降室是通过重力使尘粒从气流中分离的。

1. 尘粒的沉降速度

尘粒在静止空气中自由沉降时，其末端沉降速度按下式计算

$$v_s = \sqrt{\frac{4(\rho_c - \rho)g d_c}{3C_R \rho}} \qquad (3\text{-}38)$$

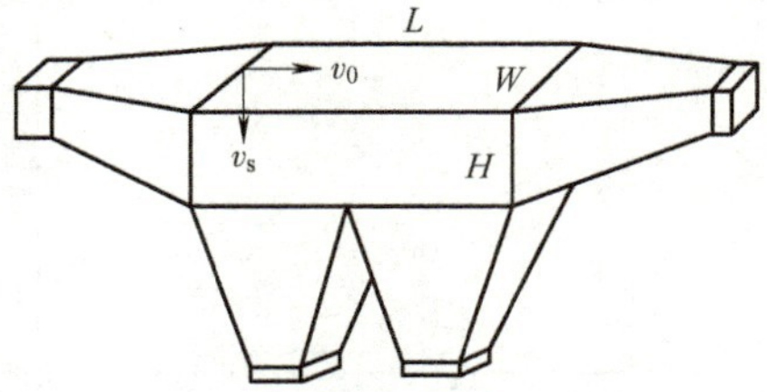

图 3-13　重力沉降室结构示意图

式中　ρ_c——尘粒密度（kg/m^3）；

ρ——空气密度（kg/m^3）；

g——重力加速度（m/s^2）；

d_c——尘粒直径（m）；

C_R——空气阻力系数。

C_R 值与尘粒相对气流运动的雷诺数 Re_c 有关，Re_c 为

$$Re_c = \frac{d_c v_s}{\mu}\rho \qquad (3\text{-}39a)$$

$Re_c \leqslant 1$ 时

$$C_R = \frac{24}{Re_c} \qquad (3\text{-}39b)$$

$1 < Re_c < 1 \times 10^3$ 时

$$C_R = \frac{18.5}{Re_c^{0.6}} \qquad (3\text{-}39c)$$

$Re_c > 1 \times 10^3$ 时

$$C_R \approx 0.44 \qquad (3\text{-}39d)$$

在通风除尘中通常认为处于 $Re_c \leqslant 1$ 的范围内，把 $C_R = \dfrac{24}{Re_c}$ 代入式（3-38），则得

$$v_s = \frac{g(\rho_c - \rho)d_c^2}{18\mu} \qquad (3\text{-}40a)$$

式中　μ——空气的动力黏度（$Pa \cdot s$）。

由于 $\rho_c \gg \rho$，式（3-40a）可简化为

$$v_s = \frac{g\rho_c d_c^2}{18\mu} \qquad (3\text{-}40b)$$

如果已知尘粒的沉降速度，可用下式求得对应的尘粒直径

$$d_c = \sqrt{\frac{18\mu v_s}{g(\rho_c - \rho)}} \qquad (3\text{-}41)$$

如果尘粒是处于流速为 v_s 的上升气流中，尘粒将会处于悬浮状态，这时的气流速度称为悬浮速度。沉降速度是指尘粒下落时所能达到的最大速度，悬浮速度是指要使尘粒处于悬浮状态，上升气流的最小上升速度。悬浮速度和沉降速度的数值相等，但意义不同。

当尘粒粒径较小，特别是小于 $1.0\mu m$ 时，其大小已接近空气中气体分子的平均自由行程（约 $0.10\mu m$），这时尘粒与周围空气层发生"滑动"现象，气流对尘粒运动作用的实际阻力变小，尘粒实际的沉降速度要比计算值大。因此，对 $d \leqslant 5.0\mu m$ 的尘粒，计算沉降速度时要进行修正。

$$v_s = k_c \frac{g\rho_c d_c^2}{18\mu} \qquad (3\text{-}42)$$

式中　k_c——库宁汉（Cunninghum）滑动修正系数。

当空气温度 $t = 20℃$，压力 $P = 1atm$ 时

$$k_c = 1 + \frac{0.172}{d_c} \qquad (3\text{-}43)$$

式中　d_c——尘粒直径（μm）。

2. 重力沉降室的计算

气流在沉降室内停留时间为

$$t_1 = \frac{l}{v} \tag{3-44}$$

式中　l——沉降室长度（m）；

　　　v——沉降室内气流运动速度（m/s）。

沉降速度为 v_s 的尘粒从除尘器顶部降落到底部所需时间为

$$t_2 = \frac{H}{v_s} \tag{3-45}$$

式中　H——重力沉降室高度（m）。

要把沉降速度为 v_s 的尘粒在沉降室内全部除掉，必须满足 $t_1 \geq t_2$，即

$$\left(\frac{l}{v}\right) \geq \left(\frac{H}{v_s}\right) \tag{3-46}$$

将式（3-46）代入式（3-41），得到重力沉降室能 100% 捕集的最小粒径，即

$$d_{min} = \sqrt{\frac{18\mu H v}{g\rho_c l}} \tag{3-47}$$

式中　d_{min}——重力沉降室能 100% 捕集的最小捕集粒径（m）。

沉降室内的气流速度 v_0 要根据尘粒的密度和粒径确定，一般为 $0.3 \sim 2$ m/s。

3. 重力沉降室设计

首先根据式（3-40a）算出捕集尘粒的沉降速度 v_s，假设沉降室内的气流速度和沉降室高度（或宽度），然后再求得沉降室的长度和宽度（或高度）。

沉降室长度

$$l \geq \frac{H}{v_s} v \tag{3-48}$$

沉降室宽度

$$W = \frac{L}{H v_0} \tag{3-49}$$

式中　L——沉降室处理的空气量（m³/s）。

3.3.3　惯性除尘器

如图 3-14 所示，在沉降室中设置各种形式的挡板，使气流方向发生急剧转变，利用尘粒的惯性或使其和挡板发生碰撞而捕集，这种除尘器称为惯性除尘器。惯性除尘器的结构形式分为碰撞式和回转式两类，气流在撞击或方向转变前速度越高，方向转变的曲率半径越小，则除尘效率越高。惯性除尘器主要用于捕集 $20 \sim 30$ μm 以上的粗大尘粒，常用作多级除尘中的第一级除尘。

惯性除尘器结构形式多种多样，图 3-15 所示为回转式惯性除尘器。图 3-16 所示为百叶窗式分离器，这也是一种惯性除尘器。含尘气流进入锥形的百叶窗式分离器后，大部分气体从栅条之间的缝隙流出。气流绕过栅条时突然改变方向，尘粒由于自身的惯性继续保持直线运动，随部分气流一起进入下部灰斗，在重力和惯性力作用下，尘粒在灰斗中分离。

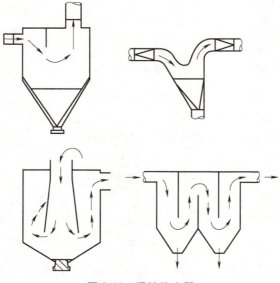

图 3-14 惯性除尘器

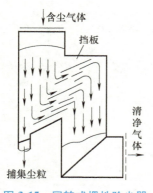

图 3-15 回转式惯性除尘器

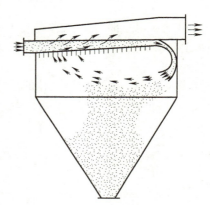

图 3-16 百叶窗式分离器

3.3.4 旋风除尘器

旋风除尘器是利用气流旋转过程中作用在尘粒上的惯性离心力，使尘粒从气流中分离的设备，主要用于含尘气体中较粗颗粒物的去除，也可用于气力输送中的物料分离。旋风除尘器的特点是结构简单、体积小、维护方便。

1. 旋风除尘器的工作原理

如图 3-17 所示，普通旋风除尘器由简体、锥体、进口、排出管组成。含尘气流由切线进口进入除尘器，沿外壁由上向下做螺旋形旋转运动，这股向下旋转的气流称为外涡旋。外涡旋到达锥体底部后转而向上，沿轴心向上旋转，最后经排出管排出。这股向上旋转的气流称为内涡旋，向下的外涡旋和向上的内涡旋的旋转方向是相同的。气流做旋转运动时，尘粒在惯性离心力的推动下向外壁移动。到达外壁的尘粒在气流和重力的共同作用下沿壁面落入灰斗。旋风除尘器内气流运动示意图如图 3-18 所示，当气流从除尘器顶部向下高速旋转时，顶部的压力下降，一部分气流会带着细小的尘粒沿外壁旋转向上，到达顶部后，再沿排出管外壁旋转向下，从排出管排出。这股旋转气流称为上涡旋。如果除尘器进口和顶盖之间保持一定距离，没有进口气流干扰，上涡旋表现比较明显。

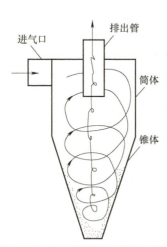

图 3-17　普通旋风除尘器示意图

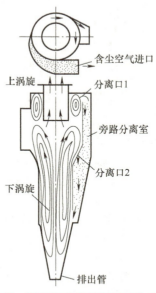

图 3-18　旋风除尘器内气流运动示意图

在旋风除尘器内，实际的气流运动除切向和轴向运动外还有径向运动。切向速度是决定气流速度大小的主要速度分量，也是决定气流中质点离心力大小的主要因素。

位于正压管段侧的旋风除尘器某一断面上的切向速度分布和压力分布如图 3-19 所示。从图 3-19 看出，外涡旋的切向速度 v_t 是随半径 r 的减小而增大的，在内、外涡旋交界面上，切向速度 v_t 达到最大。可以近似认为，内外涡旋交界面的半径 $r_0 \approx (0.6 \sim 0.65) r_P$（$r_P$ 为排出管半径）。内涡旋的切向速度随 r 的减小而减小。

外涡旋的轴向速度向下，内涡旋的轴向速度向上。在内涡旋，随气流逐渐上升，轴向速度不断增大，在排出管底部达到最大值。旋风除尘器内轴向各断面上的速度分布差别较小，轴向压力的变化也较小。从图 3-19 可以看出，切向速度在径向有很大变化，径向的压力变化很大（主要是静压），外侧高中心低。这是由于气流在旋风除尘器内做圆周运动时，要有一个向心力与离心力相平衡，所以外侧的压力要比内侧高。在外壁附近静压最高，轴心处静压

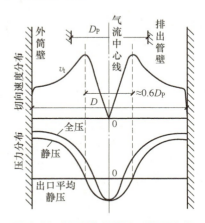

图 3-19　旋风除尘器某一断面上的切向速度和压力分布

最低。旋风除尘器在正压下运行时，除尘器轴心处也保持负压，这种负压一直延伸到灰斗，因此，除尘器下部应严密，否则会有空气渗入，把已分离的颗粒物重新卷入内涡旋。

旋风除尘器内某一断面上的切向速度分布规律可用下式计算

外涡旋

$$v_t^{\frac{1}{n}} r = c \tag{3-50}$$

内涡旋

$$\frac{v_t}{r} = c' \tag{3-51}$$

式中　v_t——切向速度；

　　　r——距轴心的距离；

c'、c、n——常数，通过实测确定。

一般 $n = 0.5 \sim 0.8$，如果近似地取 $n = 0.5$，则式（3-50）可用改写为

$$v_t^2 r = c \tag{3-52}$$

旋风除尘器内的气流除了做切向运动外，还要做径向运动。气流的切向分速度 v_t 和径向分速度 w 对尘粒分离的作用相反。切向分速度产生惯性离心力，使尘粒有向外的径向运动，径向分速度造成尘粒做向心的径向运动，使尘粒进入内涡旋。

交界面上气流的径向速度如图 3-20 所示，在内、外涡旋交界面上气流的平均径向速度为

$$w_0 = \frac{L}{2\pi r_0 H} \tag{3-53}$$

式中　L——旋风除尘器处理风量（m^3/s）；

　　　H——假想圆柱面（交界面）高度（m）；

　　　r_0——交界面的半径（m）。

为了提高除尘效率，可以把许多小直径旋风管（称为旋风子）并联使用，这种除尘器称为多管除尘器，其示意图如图 3-21 所示。

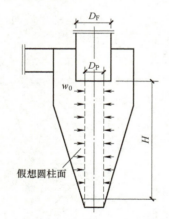

图 3-20　交界面上气流的径向速度

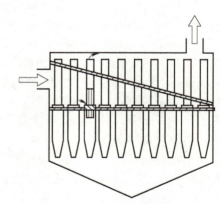

图 3-21　多管除尘器示意图

2. 影响旋风除尘器性能的因素

（1）进口速度 u　进口速度 u 对除尘效率和除尘器阻力具有重大影响。除尘效率和除尘器阻力是随 u 的增大而增高的。由于阻力是与进口速度的二次方成比例，因此 u 值不宜过大，一般控制在 $12 \sim 25 m/s$。

常用的旋风除尘器的进口形式有直入式、蜗壳式和轴流式三种，如图 3-22 所示。如果除尘器处理风量大，需要大的进口，采用蜗壳式进口可以避免进口气流与排出管发生直接碰撞。轴流式进口主要用于多管旋风除尘器的旋风子。

（2）筒体直径 D_0 和排出管直径 D_p　筒体直径越小，尘粒受到的惯性离心力越大，除尘效率越高。目前常用的旋风除尘器直径一般不超过 800mm，风量较大时可用几台除尘器并联运

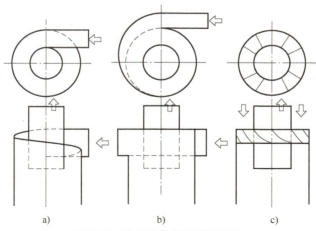

图 3-22　旋风除尘器的进口形式

a）直入式　b）蜗壳式　c）轴流式

行。一般认为，内、外涡旋交界面的直径 $D_0 \approx 0.6D_P$，内涡旋的范围是随 D_P 的减小而减小的，减小内涡旋有利于提高除尘效率。但是 D_P 不能过小，以免阻力过大。一般取 $D_P = (0.5 \sim 0.6)D$。

（3）**旋风除尘器的筒体和锥体高度**　由于在外涡旋内有气流的向心运动，外涡旋在下降时不一定能达到除尘器底部，因此筒体和锥体的总高度过大，不能明显提高除尘效率，反而使阻力增加。实践证明，筒体和锥体的总高度以不大于筒体直径的 5 倍为宜。

（4）**除尘器下部的严密性**　除尘器由外壁向中心静压是逐渐下降的，即使旋风除尘器在正压下运行，锥体底部也会处于负压状态。如果除尘器下部不严密，渗入外部空气，会把正在落入灰斗的颗粒物重新带走，使除尘效率显著下降。

旋风除尘器下部出现漏风时，效率会显著下降。因此，应保持在不漏风的情况下进行正常排灰。对于收尘量不大的除尘器，可在下部设固定灰斗，定期排除。当收尘量较大，要求连续排灰时，可设双翻板式锁气器（图 3-23）和回转式锁气器（图 3-24）。

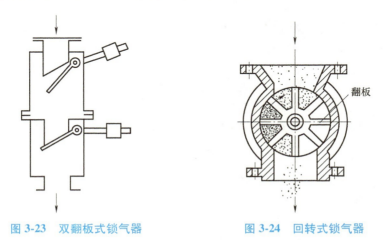

图 3-23　双翻板式锁气器　　　　**图 3-24　回转式锁气器**

3. 旋风除尘器的计算

（1）**除尘器分级效率的分割粒径**　旋风除尘器中处于外涡旋的尘粒，在径向会受到惯性离心力和向心运动尘粒对其的作用力。

惯性离心力
$$F_1 = \frac{\frac{\pi}{6} d_c^3 \rho_c v_t^2}{r}$$
(3-54)

式中　v_t——尘粒的切向速度，可以近似认为等于该点气流的切向速度（m/s）；

　　　r——旋转半径（m）。

向心运动的气流对尘粒的作用力可用下式表示
$$P = 3\pi\mu w d_c$$
(3-55)

式中　w——气流与尘粒在径向的相对运动速度（m/s）。

作用在尘粒上的合力为

$$F = F_1 - P = \frac{\frac{\pi}{6} d_c^3 \rho_c v_t^2}{r} - 3\pi\mu w d_c$$
(3-56)

存在临界粒径 d_k，使作用在尘粒上的合力为零，这时，惯性离心力的向外推移作用与径向气流造成的向内飘移作用相等。对于 $d_c > d_k$ 的尘粒，因 $F_1 > P$，尘粒会在惯性离心力推动下移向外壁。对于 $d_c < d_k$ 的尘粒，因 $F_1 < P$，尘粒会在向心气流推动下进入内涡旋。在内、外涡旋交界面上切向速度最大，尘粒在该处所受到的惯性离心力最大。对于粒径为 d_k 的尘粒，因 $F_1 = P$，尘粒在交界面不停地旋转。由于气流紊流等因素的影响，处于这种状态的尘粒有 50% 的可能被捕集，有 50% 的可能进入内涡旋，这种尘粒的分离效率为 50%。因此 $d_k = d_{c50}$。在内外涡旋交界面上，当 $F_1 = P$ 时，有

$$\frac{\frac{\pi}{6} d_{c50}^3 \rho_c v_{0t}^2}{r_0} = 3\pi\mu w_0 d_{c50}$$

旋风除尘器的分割粒径为

$$d_{c50} = \left(\frac{18\mu w_0 r_0}{\rho_0 v_{0t}^2} \right)^{\frac{1}{2}}$$
(3-57)

式中　r_0——交界面的半径（m）；

　　　w_0——交界面上的气流径向速度（m/s）；

　　　v_{0t}——交界面上的气流切向速度（m/s）。

实际上，理论计算结果和实际情况不完全相同，这是由于颗粒物在旋风除尘器内的分离过程复杂，例如有些已分离的尘粒，在下落过程中也会重新被气流带走。外涡旋气流在锥体底部旋转向上时，会带走部分已分离的尘粒，这种现象称为返混。

（2）旋风除尘器的阻力　旋风除尘器阻力可以表示为
$$\Delta P = \zeta \frac{u^2}{2} \rho$$
(3-58)

式中　ζ——局部阻力系数，通过实测求得；

　　　u——进口速度（m/s）；

　　　ρ——气体的密度（kg/m³）。

3.3.5　湿式除尘器

湿式除尘器是通过含尘气体与液滴、液膜的接触使尘粒从气流中分离的，它是利用惯性力、扩散力、凝聚力和重力等作用力捕集尘粒的。

1. 湿式除尘器的机理

1）通过惯性碰撞和截留，尘粒与液滴或液膜发生接触。当含尘气流在运动过程中与液滴相遇，气流开始改变方向，绕过液滴流动。而惯性较大的尘粒则要继续保持其原来直线运动的趋势。液滴直径越小，液滴容易随气流一起运动，减小了气液的相对运动速度。液滴过大或过小都会使除尘效率下降。气流的速度也不宜过高，以免阻力增加。

2）微细尘粒通过扩散与液滴接触。粒径在 $0.1\mu m$ 左右时，扩散是尘粒运动的主要因素。扩散引起的尘粒转移与气体分子的扩散是相同的。扩散转移量与尘液接触面积、扩散系数、颗粒物浓度成正比，与液体表面的液膜厚度成反比。粒径越大，扩散系数越小。扩散除尘效率随液滴直径、气体黏度、气液相对运动速度的减小而增加。

3）加湿的尘粒相互凝并。凝并作用不是一种直接的除尘机理，但通过凝并作用，可以使微细尘粒凝并成大颗粒，易于被捕集。

4）饱和状态的高温烟气在湿式除尘器内凝结时，要以尘粒为凝结核，可以促进尘粒的凝并。高温烟气中的水蒸气冷却凝结时，形成一层液膜包围在尘粒表面，增强了颗粒物的凝聚性，对疏水性颗粒物能改善其可湿性。

粒径大于 $5\mu m$ 的粉尘主要利用第一个机理，粒径在 $1\mu m$ 以下的尘粒主要利用后三个机理。

2. 几种常用的湿式除尘器

（1）水浴式除尘器 水浴式除尘器结构如图 3-25所示。含尘气体进入后，在喷头处以高速喷出，冲击水面，激起大量水花和雾滴，粗大的尘粒随气流冲入水中而被捕集，细小的尘粒随气流折转 180° 向上时，通过与水花和雾滴接触而被除下，净化后的气体经挡水板脱水后排出。

（2）冲激式除尘器 冲激式除尘器结构如图 3-26所示，含尘气体进入除尘器后转弯向下，冲击水面，粗大的尘粒被水捕集直接沉降在泥浆斗内，未被捕集的微细尘粒随着气流高速通过 S 形通道（由上下两叶片间形成的缝隙），激起大量水花和水雾，使粉尘与水充分接触，气体得到进一步净化。净化后的气体经挡水板排出。

图 3-25 水浴式除尘器结构
1—含尘气体进口 2—净化气体出口 3—喷头

（3）旋风水膜除尘器 旋风水膜除尘器有立式和卧式两种形式，常见的是立式旋风水膜除尘器。立式旋风水膜除尘器结构如图 3-27 所示，含尘气流沿切线方向进入除尘器，水在上部由喷嘴沿切线方向喷出，由于进口气流的旋转作用，在除尘器内表面形成一层液膜。粉尘在离心力作用下被甩到筒壁，与液膜接触而被捕集。它可以有效防止粉尘在器壁上的反弹、冲刷等引起的二次扬尘，从而提高除尘效率。这种湿式除尘器由于加入了离心力的作用，能达到较高的除尘效率，除尘效率通常可达 90%~95%。水膜除尘器用于窑炉烟气净化时，为防止烟气中的 SO_2 腐蚀本体，降低使用寿命，常用厚 200~250mm 的花岗岩制作（也称为麻石水膜除尘器）。它具有结构简单、造价低、除尘效率高，能同时进行有害气体净化等优点，适于处理非纤维性和非水硬性的各种粉尘，尤其适用于净化高温、易燃易爆气体，尘毒俱全的窑炉烟气。它的缺点是有用物料不能干法回收，泥浆处理比较困难。

（4）文丘里除尘器 文丘里除尘器或称文氏管除尘器是一种除尘效率很高的湿式除尘器，对于小于 $1\mu m$ 的颗粒物仍有很高的除尘效率。文丘里除尘器一般由入口风管、喷嘴、喉管、渐扩管、渐缩管以及连接管等部件组成，如图 3-28 所示。上端设有排气管，用于排出经处理后的净化气体，下端设有排尘管道并与沉淀池相连接，用于排出泥浆。

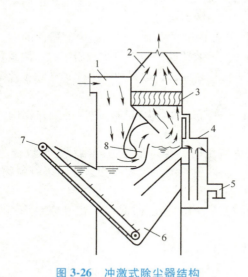

图 3-26　冲激式除尘器结构

1—含尘气体进口　2—净化气体出口　3—挡水板　4—油滤箱
5—溢流口　6—泥浆斗　7—刮板运输机　8—S 形通道

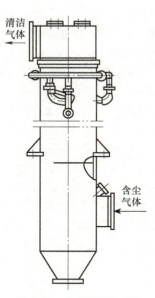

图 3-27　立式旋风水膜
除尘器结构

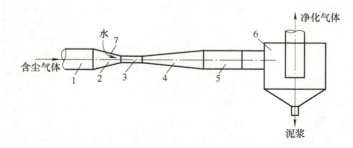

图 3-28　文丘里除尘器示意图

1—入口风管　2—渐缩管　3—喉管　4—渐扩管　5—连接管　6—脱水器　7—喷嘴

文丘里除尘器适用于高温、高湿和有爆炸危险的气体。它的缺点是阻力高。目前文丘里除尘器主要用于冶金、化工等行业高温烟气净化，如吹氧炼钢转炉烟气。烟气温度最高可达 1700℃，含尘浓度为 $25 \sim 60 g/m^3$，粒径大部分在 $1.0 \mu m$ 以下。

在文丘里除尘器中，水雾的形成主要依靠喉管中的高速气流将水滴粉碎成细小的水雾。喷雾的方式有中心轴向喷水、周边径向内喷等。喷水量或水气比（通常用 L/m^3 为单位）是决定除尘器性能的重要参数之一。一般来说，水气比增加，除尘效率增加，阻力也增加，通常为 $0.30 \sim 1.5 L/m^3$。

高效文丘里除尘器的流速为 $60 \sim 120 m/s$，对小于 $1.0 \mu m$ 的颗粒物除尘效率可以达到 99% ～ 99.9%，阻力为 5000～10000Pa。当喉管流速为 $40 \sim 60 m/s$ 时，除尘效率为 90%～95%，阻力为 600～5000Pa。

3.3.6　电除尘器

1. 电除尘器的工作原理和主要特点

（1）**电除尘器的工作原理**　电除尘器是用电能直接作用于含尘气体，从而使气体得到净化，这种方法称为电除尘法。电除尘器的工作原理是使含尘气体中的粉尘微粒荷电，在电场力的作用下驱使带电尘粒沉降在收尘极板的表面上，如图 3-29 所示。电晕极又称阴极或放电电极，由不同形状截面的金属导线制成，接至高压直流电源的负极。沉降电极又称阳极板，由不同形状的金属板制成并接地。图 3-30 显示了电除尘器中离子、电子和气体分子的相互作用和运动规律。

电除尘器的工作原理包括电晕放电、气体电离、粒子荷电、粒子的沉积、清灰等过程。

1）电晕放电。通以高压直流电，使电极系统的电压超过临界电压值（也称门限电压值）时就产生电晕放电现象，即电子发射到电晕极表面临近的气体层内。电除尘器内必须设置高压电场，放电极接高压直流电源的负极，集尘极接地为正极。集尘极可以采用平板，也可以采用圆管。空气电离后，由于连锁反应，在极间运动的离子数大大增加，表现为极间电流（这个电流称为电晕电流）急剧增加，空气成了导体。放电极周围的空气全部电离后，放电极周围可以看见一圈淡蓝色的光环，这个光环称为电晕，这个放电导线被称为电晕极。

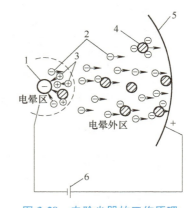

图 3-29　电除尘器的工作原理
1—导线（电晕极）　2—电子　3—正离子
4—尘粒　5—圈筒壁或极板（收尘极）
6—高压直流电源

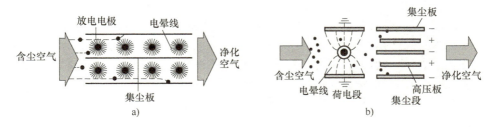

图 3-30　电除尘器除尘原理
a）单区电除尘器　b）双区电除尘器

开始产生电晕放电的电压称为起晕电压，电晕线越细，起晕电压越低。电除尘器达到火花击穿的电压称为击穿电压。击穿电压除与放电极的形式有关外，还取决于正负极的距离和放电极的极性。

在电晕极上分别施加正电压和负电压时的电除尘器的电晕电流-电晕电压曲线如图 3-31 所示。由于负离子的运动速度要比正离子大，在同样的电压下，负电晕能产生较高的电晕电流，而且它的击穿电压也高得多。因此，在工业气体净化用的电除尘器中，通常采用稳定性强、可以得到较高操作电压和电流的负电晕极。用于通风空调进气净化的电除尘器一般采用正电晕极，其优点是产生的臭氧和氮氧化物较少。

2）气体电离。在电场作用下，空气中自由离子要向两极移动，电压越高，离子的运动速度越快。由于离子的运动极间形成电流时，空气中的自由离子少，电流较小。电压升高到一定数值后，放电极附近的离子获得了较高的能量和速度，当它们撞击空气中的中性原子时，中性原子会分解成正、负离子，这种现象称为气体电离。气体中的自由电子从电场中获得能量，并与气体分子发生碰撞，致使气体分子中的电子脱出，结果就产生了更多的自由电子和正离子。吸附了电子的电负性气体生成负离子。在电晕外区的气体中有电子和负离子。

在离电晕极较远的地方，电场强度小，离子的运动速度也较小，那里的空气还没有被电离。如果进一步提高电压，空气电离（电晕）的范围逐渐扩大，最后极间空气全部电离，这种现象称为电场击穿。电场击穿时，发生火花放电，电路短路，电除尘器停止工作。电除尘器的电晕电流与电压的关系如图 3-32 所示。为了保证电除尘器的正常运行，电晕的范围不宜过大，一般是局限于电晕极附近。

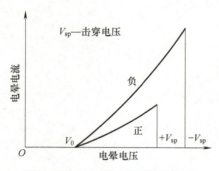

图 3-31 正、负电晕极下的电晕
电流-电晕电压曲线

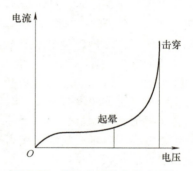

图 3-32 电除尘器的电晕电流与
电压的关系

3）粒子荷电。气体中的尘粒与负离子相碰撞和离子扩散使尘粒荷电。在电晕极与收尘极之间施加直流高电压，使电晕极附近的气体电离（即电晕放电，简称电晕），生成大量的自由电子和正离子。电晕放电一般只发生在非均匀电场中曲率半径较小的电晕极表面附近约 2~3mm 的小区域内，即所谓电晕区内。在电晕区内，正离子立即被电晕极（工业上应用的电除尘器采用负电晕极）吸引过去而失去电荷。自由电子则因受电场力的驱使向收尘极（正极）移动，并充满两极间的绝大部分空间（电晕外区）。含尘气体通过电场空间时，向两极运动的自由电子和正离子通过碰撞和扩散而附在尘粒上，使尘粒荷电。影响颗粒物荷电的主要因素是尘粒直径、相对介电常数和电场强度。

4）粒子的沉积。在电场力的作用下带负电荷的尘粒趋向并沉积在收尘极上。荷电粉尘在电场力作用下，向极性相反的电极运动。由于电晕外区的范围比电晕区大得多，所以进入极间的大多数尘粒带负电，朝着收尘极的方向运动而沉积在其上，只有少数尘粒会带正电而沉积在电晕极上。

当静电力等于空气阻力时，作用在颗粒物上的外力之和等于零，颗粒物在横向做等速运动。这时颗粒物的运动速度称为驱进速度。除尘器的工作电压越高，电晕极至集尘极的距离越小，电场强度越大，颗粒物的驱进速度也越大。因此，在不发生击穿的前提下，应尽量采用较高的工作电压。影响电除尘器工作的另一个因素是气体的动力黏度 μ，μ 值随温度的增加而增加，因此烟气温度增加时，颗粒物的驱进速度和除尘效率都会下降。

除尘效率方程式为

$$\eta = 1 - \int_0^\infty \exp\left[-\frac{A}{L}w(d_c)\right]f(d_c)\,d(d_c) \tag{3-59}$$

式中　L——除尘器处理风量（m^3/s）；

　　　　A——集尘极总的集尘面积（m^2）；

$w(d_c)$——不同粒径颗粒物的驱进速度；

$f(d_c)$——除尘器进口处颗粒物的粒径分布函数。

从式（3-59）可以看出，在除尘效率一定的情况下，除尘器尺寸和颗粒物驱进速度成反比，和处理风量成正比；在除尘器尺寸一定的情况下，除尘效率和气流速度成反比。

式（3-59）在推导过程中忽略了气流分布不均匀、颗粒物性质、振打清灰时的二次扬尘等因素的影响，因此理论效率值要比实际值高。

有效驱进速度是根据某一除尘器实际测定的除尘效率和它的集尘极总面积、气体流量计算得出的，利用式（3-59）倒算出的驱进速度。在有效驱进速度中包含了颗粒物粒径、气流速度、气体温度、颗粒物比电阻、颗粒物层厚度、电极形式、振打清灰时的二次扬尘等因素。因此，有效驱进速度要通过大量的经验积累，它的数值与理论驱进速度相差较大。

5）清灰。带负电荷的尘粒与沉降电极接触后失去电荷，黏附于收尘极板表面，然后借助于振打装置使电极振动，尘粒离开电极落到电除尘器下面的集灰斗中。收尘极表面上的粉尘沉积到一定厚度后，用机械振打或其他清灰方式将其除去，使之落入灰斗中。电晕极也会附着少量粉尘，隔一定时间也要进行清灰。

清灰方式可分为干式和湿式两种。干式清灰方式是通过振打或者利用刷子清扫使电极上的积尘落入灰斗中。这种方式粉尘后处理简单，便于综合利用，因而最为常用。但这种清灰方式易使沉积于收尘极上的粉尘再次扬起而进入气流中，造成二次扬尘，使除尘效率降低。湿式清灰方式是采用溢流或均匀喷雾等方式使收尘极表面经常保持一层水膜，当粉尘到达水膜时，顺着水流走，从而达到清灰的目的。湿法清灰完全避免了二次扬尘，除尘效率高，同时没有振打设备。工作也比较稳定，但是产生大量泥浆，如不加适当处理，将会造成二次污染。

（2）电除尘器的主要特点

1）净化除尘效率较高。除尘效率可以根据条件和要求设计，其效率可以达到95%～99%。根据具体条件，通过小型试验正确选择设备容量，确定最佳参数，供电正常、操作良好时都能达到设计效率。一般可保证除尘器出口的烟尘浓度为$50～100mg/m^3$。

2）处理烟量大、阻力低。例如某电除尘器，单台容量为每小时处理含尘气体量为$220×10^4m^3$，阻力为$49.05～196.2kPa$。

3）电除尘器对烟尘颗粒范围适应性好。能收集$100\mu m$以下的不同颗粒的粉尘，特别是能收集$0.01～5\mu m$的超细尘粒。

4）除尘器对净化粉尘的比电阻值有一定的要求。

2. 常规电除尘器的基本结构

电除尘器主要由两大部分组成。一是产生高压直流电的供电机组和低压控制装置；二是电除尘器本体。

（1）供电装置　电除尘器只有得到良好供电的情况下，才能获得高效率。随着供电电压的升高，电晕电流和电晕功率皆急剧增大，有效驱进速度和除尘效率也迅速提高。因此，为了充分发挥电除尘器的作用，供电装置应能提供足够的高电压并具有足够的功率。

为了提高电除尘器的效率，必须使供电电压尽可能高。但电压升高到一定值后，将产生火花放电，在一瞬间极间电压下降，火花的扰动使极板上产生二次扬尘。大量现场运行经验表明，每一台电除尘器或每一个电场都有一最佳火花率（每分钟产生的火花次数称为火花率）。一般说来，电除尘器在最佳火花率下运行时，平均电压最高，除尘效率也最高。因此，借助测量平均电压的仪表，就能方便地将电除尘器调整到最佳运行工况。

电除尘器的供电通常是用 220V 或 380V 的工频交流电经变压器升压和经整流器整流后得到的。在常规电除尘器中电压为 50~70kV，而在超高压电除尘器中则可达 200kV，甚至更高。

国内通常采用可控硅自动控制高压硅整流机组，由高压硅整流器和可控硅自动控制系统组成。它可以将交流电变换成高压直流电，并进行火花频率控制。电除尘器还配备有多功能的低压控制装置，如温度监测和恒温加热控制，振打周期控制，灰位指示，高低灰位报警和自动卸灰控制，检修门、孔和柜的安全联锁控制等。这些都是保证电除尘器长期安全可靠运行所不可少的。

（2）电除尘器本体 电除尘器本体的主要部件有：联箱、电晕极、收尘极、振打清灰装置和储灰系统、壳体和梯子平台等。

1）联箱。联箱分进气联箱和排气联箱。进气联箱是风道与电场之间的过渡段。为了使电场内气流分布均匀，在进气联箱中装有两层以上的分布板。排气联箱是已净化后的气体由电场到排气管道的过渡段，以防止因净化后气体流速的急剧变化对电场内的气流分布造成大的影响。

2）电晕极。电晕极是产生电晕放电的电极，应有良好的放电性能（起晕电压低、击穿电压高、放电强度强、电晕电流大）、较高的机械强度和耐蚀性。电晕极的形状对它的放电和机械强度都有较大的影响。电晕极有多种形式，如图 3-33 所示。

最简单的一种是圆形电晕极。它的放电强度与其直径成反比，直径越小，起晕电压越低，放电强度越高。但导线太细时，其机械强度较低，在经常性的清灰振打中容易损坏，因此在工业电除尘中通常采用直径为 2~3mm 的镍铬线作为电晕极。

星形电晕极是利用极线全长的四个尖角放电的，放电效果比圆形电晕极好。星形电晕极容易粘灰，适用于含尘浓度低的气体。一般用普通碳素钢冷轧制成。

芒刺形电晕极的结构形式有多种，目前常用的有单面芒刺、双面芒刺及 RS 型等。

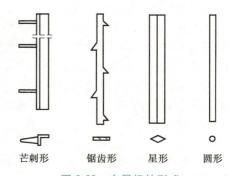

芒刺形   锯齿形   星形   圆形

图 3-33 电晕极的形式

芒刺形和锯齿形电晕极特点是用尖端放电代替沿极线全长上的放电。因而放电强度高，在正常情况下它比星形电晕极产生的电晕电流高 1 倍左右，而起晕电压却比其他形式都低。此外，由于芒刺或锯齿尖端产生的电子和离子流特别集中，在尖端伸出方向，增强了电风（由于电子和离子流对气体分子的作用，气体向电极方向运动称为电风或离子风），这对减弱和防止含尘浓度大时出现的电晕闭塞现象是有利的。因此，芒刺形和锯齿形电晕极适用于含尘浓度大的场合，在多电场中用在第一电场和第二电场。

电晕极之间的间距通常为 200mm 左右。

3）收尘极。收尘极又称集尘极。板式电除尘器的收尘极由若干排极板与电晕极相间排列，共同组成电场。收尘极是使粉尘沉积的重要部件。收尘极的结构形式很多，常见的几种形式有平板形、Z 形、C 形、波浪形、曲折形等，如图 3-34 所示。

收尘极极板的两侧通常设有沟槽或挡板，避免主气流直接冲刷板上的粉尘层，减少粉尘的二次飞扬。沟槽或挡板尺寸通常取 40mm 左右，每块极板宽度 230~500mm，极板厚 1.2~2.0mm，极板间距为 250~300mm。极板间距小，电场强度高，对提高除尘效率有利，但是安装和检修困难。管式电除尘器的极板常用圆筒形。

4）振打清灰装置和储灰系统。沉积在电晕极和收尘极上的粉尘必须通过振打及时清除。电

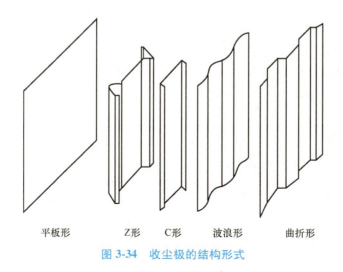

平板形　　　Z形　　　C形　　　波浪形　　　曲折形

图 3-34　收尘极的结构形式

晕极上积灰过多会影响放电，收尘极上积灰过多会影响尘粒的驱进速度，对于高比电阻粉尘还会引起反电晕。为此，通常采用振打清灰装置及时进行清灰。振打的方式有锤击振打、电磁振打等多种形式，目前锤击振打用得较多。

干式电除尘器的清灰方式有多种，如机械振打、压缩空气振打、电磁振打及电容振打等。目前，应用最广、效果较好的清灰方式是锤击振打。振打频率和振打强度必须在运动中进行调整。振打频率高、强度大，积聚在极板上的粉尘层薄，振打后粉尘会以粉末状落下，容易产生二次飞扬。振打频率低、强度弱，极板上积聚的粉尘层较厚，大块粉尘会因自重高速下落，也会造成二次飞扬。振打强度还与粉尘的电阻率有关，高电阻率粉尘比低电阻率粉尘附着力大，应采用较高的振打强度。电晕极多采用电磁振打清灰方式。

储灰系统是把从电极上落下来的粉尘收集起来，经排灰装置送到其他输送装置中去。主要由集灰斗、排灰阀、灰斗加热装置、料位显示装置、高低灰位报警等检测装置组成。

5）壳体、管路和梯子平台等。除尘器的外壳必须保证严密，减少漏风。国外一般漏风率控制在 2%～3%，漏风将使进入电除尘器的风量增加和风机负荷增大，由此造成电场内风速过高，使除尘器效率降低，而且在处理高温烟气时，冷空气漏入会使局部地点的烟气温度降到露点温度以下，导致除尘器内构件粘灰和腐蚀。

3. 常见的电除尘器

（1）按电极清灰方式

1）干式电除尘器。干式电除尘器是在干燥状态下捕集含在气流中的粉尘，沉积在收尘极上的粉尘借助机械振打清灰的称为干式电除尘器。这种除尘器振打时容易使粉尘产生二次飞扬。大、中型电除尘器多采用干式。

2）湿式电除尘器。湿式电除尘收尘极捕集的粉尘，采用水喷淋和水膜，使沉积在收尘极上的粉尘和水一起流到除尘器的下部而排出，采用这种清灰方法的称为湿式电除尘器。这种除尘器虽然能解决干式电除尘器的粉尘二次飞扬问题，但是极板清灰排出的水会造成二次污染。

（2）按气体在电除尘器内流动方式

1）立式电除尘器。气体在电除尘器内沿垂直方向流动的电除尘器称为立式电除尘器。这种电除尘器适用于气体流量小，除尘效率要求不很高和安装场地较狭窄的场合。

2）卧式电除尘器。气体在电除尘器内沿水平方向流动的电除尘器称为卧式电除尘器。

（3）**按收尘极的形式**

1）管式电除尘器。管式电除尘器如图 3-35 所示。收尘极由一根或一组呈圆形、六角形或方形的管子组成。管子直径一般为 150~300mm，长度 2~5m。电晕极安装在管子中心，含尘气体自上而下（或自下而上）从管内流过，将粉尘分离。管式除尘器主要用于处理风量小的场合，通常用湿式清灰。

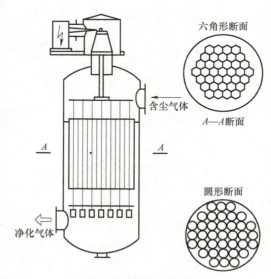

六角形断面

A—A 断面

含尘气体

圆形断面

净化气体

图 3-35　管式电除尘器

2）板式除尘器。板式除尘器如图 3-36 所示。这种除尘器的收尘极由若干块平行钢板组成。为了减少粉尘的二次飞扬和增强极板的刚度，极板一般要轧制成各种不同断面形状。平行钢板之间均匀布置电晕极，极板间距离一般为 200~400mm。通道数由几个到上百个，高度为 2~15m。电除尘器常为板式除尘器，大多数情况下用干式清灰。

4. 影响电除尘器性能的主要因素

影响电除尘器性能的因素很多，如结构形式、气流分布、工作电压、粉尘的电阻率和气体含尘浓度等。

（1）**粉尘的电阻率**　工业气体中的粉尘电阻率往往差别很大，低者（如炭黑粉尘）大约为 $10^3\Omega\cdot cm$，高者（如 105℃下的石灰石粉尘）可达 $10^{14}\Omega\cdot cm$。

如果粉尘电阻率过低，即粉尘层的导电性能良好，荷负电的粉尘接触到收尘极后很快就放出所带的负电荷，失去吸力，从而有可能重返气流而被气流带出除尘器，使除尘效率降低。反之，如果粉尘电阻率过高，即粉尘层导电性能太差，荷负电的粉尘到达收尘极后，负电荷不能很快释放而逐渐积存于

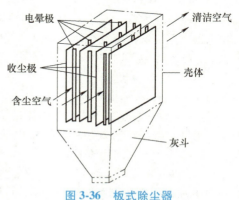

电晕极

清洁空气

收尘极

壳体

含尘空气

灰斗

图 3-36　板式除尘器

粉尘层上，由于粉尘仍保持其负极性，它排斥随后向收尘极运动的粉尘黏附在其上，使除尘效率下降；随着极板上沉积的粉尘不断加厚，粉尘层和极板之间便形成一个很大的电压降。如果粉尘层中有裂缝，空气存在于裂缝中，粉尘层与收尘极之间就会形成一个高压电场（粉尘层表面为

负极，收尘极为正极），使粉尘层内的气体电离，产生反向放电。由于它的极性与原电晕极相反，故称反电晕。反电晕时正离子向原电晕极方向运动，在运动过程中，与带负电荷的粉尘相遇，从而使粉尘所带的负电荷部分被正离子中和。由于粉尘电荷减少，因而削弱了粉尘在收尘极上的沉积。如果发生反电晕，除尘效率就会显著降低。

常用电除尘器所处理的粉尘电阻率最适宜范围为 $10^4 \sim 5 \times 10^{10} \Omega \cdot cm$。在工业中经常遇到高于 $5 \times 10^{10} \Omega \cdot cm$ 的高电阻率粉尘。为了扩大电除尘器的应用范围，防止反电晕的发生，就必须解决高电阻率粉尘的收尘问题。

（2）**气体含尘浓度**　在电除尘器的电场空间中，不仅有许多气体离子，而且还有许多极性与之相同的荷电尘粒。荷电尘粒的运动速度比气体离子的运动速度低得多。因此，含尘气体通过电除尘器时，单位时间转移的电荷量要比通过清洁空气时少，即电晕电流小。含尘浓度越高，电场内与电晕极极性相同的尘粒就越多。如果含尘浓度很高，电晕电场就会受到抑制，使电晕电流显著减少，甚至几乎完全消失，以致尘粒不能正常荷电，这种现象称为电晕闭塞。目前，对造成电晕闭塞的含尘浓度极限值尚无准确数据，一般认为气体含尘浓度在 $40g/m^3$ 以下不会造成电晕闭塞。

3.4　吸收设备

根据吸收机理，气液两相的界面状态对吸收过程有着决定性的影响。由于用吸收法净化处理的通风排气大都是低浓度、大风量，因而大都选用气相为连续相、紊流程度高、相界面大的吸收设备。用于气体净化的吸收设备种类很多，下面介绍几种常用的设备。

3.4.1　喷淋塔

在喷淋塔内，气体从下部进入，吸收剂从上向下分几层喷淋。喷淋塔上部设有液滴分离器。喷淋的液滴应大小适中，液滴直径过小，容易被气流带走，液滴直径过大，气液的接触面积小、接触时间短，影响吸收速率。喷淋塔的结构如图 3-37 所示。

气体在吸收塔横断面上的平均流速称为空塔速度，喷淋塔的空塔速度一般为 0.60 ~ 1.2m/s，阻力为 20 ~ 200Pa，液气比为 0.70 ~ 2.7L/m³。喷淋塔的优点是阻力小，结构简单，塔内无运动部件。它的缺点是吸收效率不高，仅适用于有害气体浓度低，处理气体量不大同时需要除尘的情况。近年来，发展大流量高速喷淋塔，以提高其吸收效率。

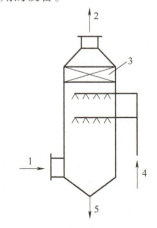

图 3-37　喷淋塔的结构
1—有害气体入口　2—净化气体出口　3—液滴
分离器　4—吸收剂入口　5—吸收剂出口

3.4.2　填料塔

在喷淋塔内填充适当的填料就成了填料塔，其示意图如图 3-38 所示。

放置填料后，可以增大气液接触面积。吸收剂自塔顶向下喷淋，沿填料表面下降，润湿填料，气体沿填料的间隙上升，在填料表面气液接触，进行吸收。填料塔结构简单，阻力中等，不适用于有害气体与粉尘共存的场合，以免堵塞。填料塔直径不宜超过 800mm，直径过大，液体在径向分布不均匀，影响吸收效率。

几种常见的填料如图 3-39 所示。填料的一般要求是比表面积大（单位填料层提供的填料的表面积）、空隙率大、对气体流动阻力小、耐腐蚀及机械强度高。填料有很多种形式，一般分为两大类：一类是个体填料，如鲍尔环、拉西环、鞍形（矩鞍形、弧鞍形）环等；另一类是规整填料，如栅板、θ 网环、波纹填料等。规整填料与个体填料相比，目前工业中应用较多，其中以波纹填料应用最为广泛。它由许多与水平方向成 45°（或 60°）倾角的波纹薄板组成，上下两层波纹板相互垂直放置，相邻两板波纹倾斜方向相反，由此组成蜂窝状通道。波纹板表面又有不同花纹、细缝或小孔，以利于表面润湿和液体均匀分布。波纹填料可用金属丝网、金属薄板、塑料或玻璃钢等制造。由于气流通道规则、气液分布均匀，故允许气速高、压降低、效率高。

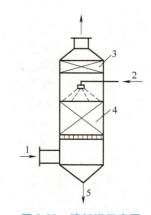

图 3-38   填料塔示意图
1—有害气体入口   2—吸收剂入口   3—液滴
分离器   4—填料   5—吸收剂出口

 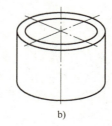 

a)   b)   c)

图 3-39   几种常见的填料
a）鲍尔环   b）拉西环   c）弧鞍形环

填料层高度较大时，液体在流过 3~4 倍塔直径的填料层后，有逐渐向塔壁流动的趋势，这种现象称为弥散现象。弥散使塔中部不能湿润，恶化传质。因此，当填料层较高时，每隔塔径 2~3 倍的高度要另外安装液体再分布装置，将液体引入塔中心或再分布。为避免操作时出现干填料状况，一般要求液体的喷淋密度在 $10m^3/(m^2 \cdot h)$ 以上，并力求喷淋均匀。填料塔的空塔速度一般为 0.50~1.5m/s，流速过高会使气体大量带液，影响整个塔的正常操作。每米填料层的阻力约为 150~600Pa。

3.4.3 湍球塔

湍球塔是填料塔的特殊情况，其使塔内的填料处于运动状态中，以强化吸收过程。图 3-40 所示是湍球塔的结构示意。

湍球塔的特点是风速高、处理能力大、体积小、吸收效率高。它的缺点是随小球的运动有一定程度的返混，段数多时阻力较高；另外，塑料小球不能承受高温，使用寿命短，需经常更换。

塔内设有筛板，筛板上放置一定数量的轻质小球。气流通过筛板时，小球在其中湍动旋转，相互碰撞运动，吸收剂自上向下喷淋，润湿小球表面，产生吸收作用。由于气、液、固三相接触，小球表面的液膜不断更新，增大了吸收推动力，吸收效率高。小球应耐磨、耐腐、耐温，通常用聚乙烯和聚丙烯制作，当塔的直径大于 200mm 时，可以选用直径为 25mm、430mm、438mm 的小球。湍球塔的空塔速度一般为 2~6m/s，小球之间不断碰撞，球面上的结晶体能够不断被清

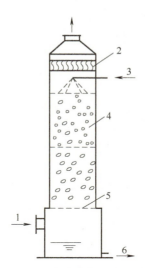

图 3-40　湍球塔的结构示意

1—有害气体入口　2—液滴分离器　3—吸收剂入口　4—轻质小球　5—筛板　6—吸收剂出口

除，塔内的结晶作用不会造成堵塞，在一般情况下，每段塔的阻力约为 400~1200Pa，在同样的工况条件下，湍球塔的阻力要比填料塔小。

湍球塔的特点是气流速度大，处理能力大，体积小，吸收效率高。但是，随小球的运动，有一定程度的返混，段数多时阻力较高，塑料小球不能耐高温，使用寿命短，更换频繁。

3.4.4　板式塔

板式塔的塔内设有几层筛板，气体从下而上经筛孔进入筛板上的液层，通过气体的鼓泡进行吸收，板式塔的结构如图 3-41 所示。它的优点是构造简单，吸收效率高，处理风量大，可使设备小型化。在板式塔中，液相是连续相、气相是分散相，适用于以液膜阻力为主的吸收过程。板式塔不适用于负荷变动大的场合，操作时难以掌握。

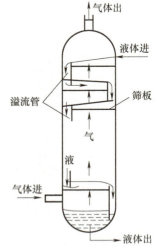

图 3-41　板式塔的结构示意

在板式塔内，气液在筛板上交叉流动，为了使筛板上的液层厚度保持均匀，提高吸收效率，筛板上设有溢流堰，筛板上液层厚度一般为 30mm 左右。在泡沫层中气流和气泡激烈地搅动着液体，使气液充分接触，此层是传质的主要区域。操作时，随气流速度的提高，泡沫层和雾沫层逐渐变厚，鼓泡层逐渐消失，而且由气流带到上层筛板的雾滴增多。把雾滴带到上层筛板的现象称为"雾沫夹带"。气流速度增大到一定程度后，雾沫夹带相当严重，使液体从下层筛板倒流到上层筛板，这种现象称为"液泛"。因此，板式塔的气流速度不能过高，但是流速也不能过小，以免大量液体从筛孔泄漏，影响吸收效率。板式塔的空塔速度一般为 1.0~3.5m/s，筛板开孔率为 10%~18%，每层筛板阻力约为 200~1000Pa。筛孔直径一般为 3.0~8.0mm（若筛孔直径过小不便加工）。近年来发展大孔径筛板，筛孔直径为 10~25mm，可以在筛孔上方设置舌形板，舌叶与板面成一定角度，向塔板的溢流口侧张开。这种改进的板式塔开孔率较大，可采用较大的空塔速度，处理能力比板式塔大，气体由舌板斜向喷出时，与板上液流方向一致，使液流受到推动，避免了液体的逆向混合及液面落差问题，板上滞留液量也较小，故操作灵敏，阻力小。

3.4.5 喷射吸收器

喷射吸收器的结构如图3-42所示。喷射吸收的优点是气体不需要风机输送，气体压降小，适于有腐蚀性气体的处理，缺点是动力消耗大，需要大量液体吸收剂，液气比 $10 \sim 100 L/m^3$，不适于大气量处理。

喷射吸收器的工作原理是吸收剂从顶部压力喷嘴高速喷出，形成射流，产生的吸力将气体吸入后流经吸收管。液体被喷成细小雾滴和气体充分混合，完成吸收过程，然后气液进行分离，净化气体经除沫后排出。

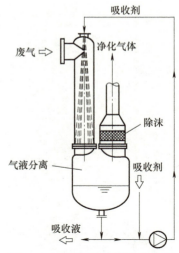

图 3-42 喷射吸收器的结构示意

3.4.6 文丘里吸收器

文丘里吸收器结构如图3-43所示，气液两相在高速紊流中充分接触，吸收过程得到强化。文丘里吸收器的特点是体积小、处理风量大、阻力大。

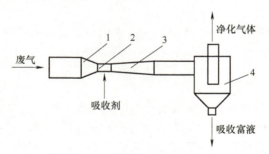

图 3-43 文丘里吸收器结构示意

1—渐缩管 2—喉管 3—渐扩管 4—旋风分离器

3.5 吸收装置设计

3.5.1 吸收过程的操作线方程式和液气比

图3-44所示是逆流操作的吸收塔的示意图，气液之间稳定连续地逆流接触。在整个吸收过程中吸收剂量和惰性气体量基本上保持不变。

根据物料平衡，气相中减少的吸收质量等于液相中增加的吸收质量。在 dZ 这段高度内，吸收质的传递量为

$$dG = V_d dY = L_x dX \qquad (3-60)$$

式中　V_d——单位时间通过吸收塔的惰性气体量（kmol/s）；

　　　L_x——单位时间通过吸收塔的吸收剂量（kmol/s）；

dY、dX——在 dZ 高度内气相、液相中吸收质浓度的变化量（kmol 吸收质/kmol 惰性气体、kmol 吸收质/kmol 吸收剂）。

因为操作是稳定连续的，L_x、V_d 都是定值。塔内任意断面与塔底的物料平衡方程式为

$$V_d(Y_1-Y)=L_x(X_1-X) \tag{3-61}$$

式中　Y_1、X_1——塔底的气相和液相浓度；

　　　Y、X——塔内任一断面上的气相和液相浓度。

上式可改写为

$$Y=Y_1+\left(\frac{L_x}{V_d}\right)(X-X_1) \tag{3-62}$$

式（3-62）是通过（X_1、Y_1）点的直线方程，其斜率为 $\dfrac{L_x}{V_d}$。

对全塔进行平衡计算，则得

$$V_d(Y_1-Y_2)=L_x(X_1-X_2) \tag{3-63}$$

式中　Y_2、X_2——塔顶部的气相和液相浓度。

式（3-63）是通过（X_1、Y_1）和（X_2、Y_2）点的直线方程，这条直线称为操作线，式（3-63）称为操作线方程式。操作线和平衡线如图 3-45 所示。

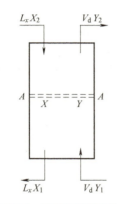

图 3-44　逆流操作的吸收塔

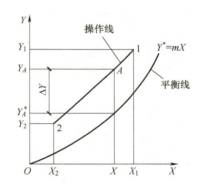

图 3-45　操作线和平衡线

操作线上任意一点反映了吸收塔内任一断面上气、液两相吸收质浓度的变化关系。操作线的斜率 $\dfrac{L_x}{V_d}$ 称为液气比，它表示每处理 1kmol 惰性气体所用的吸收剂量（kmol）。

$$\frac{L_x}{V_d}=\frac{Y_1-Y_2}{X_1-X_2} \tag{3-64}$$

如果在同一张图上绘出平衡线和操作线，那么通过平衡线可以找出与 A—A 断面上液相浓度相对应的气相平衡浓度 Y_A^*。A—A 断面上的气相浓度 Y_A 与气相平衡浓度 Y_A^* 之差（$\Delta Y=Y_A-Y_A^*$）就是 A—A 断面的吸收推动力。从图 3-45 可以看出，操作线和平衡线之间的垂直距离就是塔内各断面的吸收推动力，不同断面上的吸收推动力 ΔY 是不同的。

式（3-64）中，惰性气体量 V_d、气相进口浓度 Y_1 是由工艺过程定的。处理低浓度有害气体时，可近似认为惰性气体量等于吸收塔的处理风量。气相出口浓度 Y_2 是由排放标准规定的。液相进口浓度 X_2 取决于吸收剂，吸收剂选定后，X_2 也是已知的。只有吸收剂用量 L_x 及液相出口浓度 X_1 是未知的。增大 L_x、减小 X_1，吸收推动 $\Delta Y=Y_1-Y_1^*$ 也相应增大，可以提高吸收效率。

吸收塔的最小液气比如图 3-46 所示。从图 3-46 可以看出，随吸收剂用量 L_x 的减少，操作线

斜率也相应减小，逐渐向平衡线靠近。当 L_x 减小到某一值时，在塔的底部操作线与平衡线在 B^* 点相交。这说明在该处气液两相达到平衡，液相出口浓度等于气相进口浓度 Y_1 所对应的液相平衡浓度 X_1^*（即 $Y_1 = mX_1^*$ 或 $Y_1^* = mX_1$），该处的吸收推动力 $\Delta Y_1 = Y_1 - Y_1^* = 0$，这是一种极限状态，在这种情况下塔的底部不再进行传质。把操作线与平衡线相交时的供液量称为最小供液量，这时的液气比称为最小液气比，用 $\left(\dfrac{L_x}{V_d}\right)_{min}$ 表示。

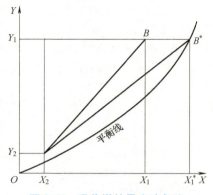

图 3-46　吸收塔的最小液气比

如图 3-46 所示，此时吸收塔的液相出口浓度为

$$X_1 = X_1^* = \frac{Y_1}{m}$$

因此

$$\left(\frac{L_x}{V_d}\right)_{min} = \frac{Y_1 - Y_2}{X_1^* - X_2} = \frac{Y_1 - Y_2}{\dfrac{Y_1}{m} - X_2} \tag{3-65}$$

式中　X_1^*——与 Y_1 相对应的液相平衡浓度（kmol 吸收质/kmol 吸收剂）。

吸收塔的最小供液量可由上式求得。为了提高吸收效率，实际供液量应大于最小供液量。但是也不能过大，供液量过大会增加循环水泵的动力消耗和废水处理量。设计时必须全面分析，确定最佳的液气比，通常按下式计算

$$\frac{L_x}{V_d} = (1.2 \sim 2.0)\left(\frac{L_x}{V_d}\right)_{min} \tag{3-66}$$

由图 3-45 可以看出，在吸收塔的不同断面上吸收推动力 ΔY 不是一个常数，可以按照传热学中求换热设备平均温差的方法求出吸收塔的平均吸收推动力 ΔY_P。

$$\frac{\Delta Y_1}{\Delta Y_2} < 2 \text{ 时}　\Delta Y_P = \frac{\Delta Y_1 + \Delta Y_2}{2} \tag{3-67}$$

$$\frac{\Delta Y_1}{\Delta Y_2} > 2 \text{ 时}　\Delta Y_P = \frac{\Delta Y_1 - \Delta Y_2}{\ln\left(\dfrac{\Delta Y_1}{\Delta Y_2}\right)} \tag{3-68}$$

式中　ΔY_1——塔底部的吸收推动力（kmol 吸收质/kmol 惰性气体）；

　　　ΔY_2——塔顶部的吸收推动力（kmol 吸收质/kmol 惰性气体）。

单位时间内吸收塔的传质量为

$$G_A = FK_g\Delta Y_P \tag{3-69}$$

式中　G_A——单位时间内吸收塔的传质量（kmol/s）；

　　　F——气液相的接触面积（m^2）；

　　　K_g——以 ΔY_P 为吸收推动力的气相总吸收系数 [kmol/($m^2 \cdot s$)]；

　　　ΔY_P——吸收塔的平均吸收推动力（kmol 吸收质/kmol 惰性气体）。

3.5.2　吸收系数和填料塔阻力

影响吸收装置吸收系数的因素十分复杂，如吸收质和吸收剂的性质、设备的结构、气液两相的运动状况等。因此 K_g（或 K_i）很难用理论方法求得。目前一般通过中间试验或生产设备实例

求得，或者根据由试验数据整理出的准则方程式进行计算。

填料塔阻力可根据图 3-47 及表 3-3 计算。

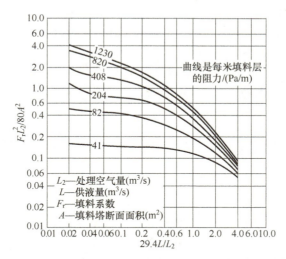

图 3-47 填料塔阻力通用关联图

表 3-3 填料系数 F_r（乱堆）

填料形式	材　　料	填料尺寸/mm			
		25	38	51	76 或 89
矩鞍形	陶瓷	92	52	40	22
弧鞍形	陶瓷	110	65	45	
拉西环	陶瓷	155	95	65	37
鲍尔环	金属	48	33	20	16
鲍尔环	塑料	52	40	24	10

3.5.3 吸收剂的选择

通风排气中所含有害气体的浓度一般都比较低，回收利用价值小。因此，用于通风排气系统的吸收设备与工艺流程应尽量简单，维护管理方便。在可能的条件下，应尽量采用工厂的废液（如废酸、废碱液）作为吸收剂。

吸收剂的选择对吸收操作的效果和成本有很大影响，要选用对吸收质溶解度大，非挥发性、价廉、来源广的液体作吸收剂。一般情况下碱性气体用酸性吸收剂，酸性气体用碱性吸收剂。根据吸收剂的工作原理，有水吸收法、碱液吸收法和采用其他吸收剂的吸收方法。

1. 水吸收法

对于水溶性气体用水作吸收剂是最经济的，如 HCl、NH_3 等。当气相中吸收质浓度较低时，吸收效率较低。当废液中含酸浓度超过排放标准时，应对废液进行中和处理后排放。吸收效率无法满足要求时，可采用化学吸收法。有害气体在液相中发生化学反应时，降低了液相中吸收质浓度，使其对应的平衡分压力也大大下降，增大了吸收推动力，提高了吸收效率。

2. 碱液吸收法

对于酸性气体，为提高吸收效率，常用低浓度碱液进行吸收。以石灰石为脱硫剂时，净化效率为85%左右，石灰的反应性比石灰石好，可达90%。用石灰作吸收剂时液相传质阻力很小，而采用 $CaCO_3$ 时，气、液相传质阻力较大。因此，采用气、液接触时间较短的吸收塔时，用石灰较石灰石好。结垢和堵塞是影响吸收塔操作的最大问题。吸收塔应具有较大的供液量和较高的气液相对速度。用碳酸钠溶液吸收硫酸雾时，碳酸钠溶液的浓度一般为10%，可循环使用。当pH值达到8~9时，需更新碱液。用氢氧化钠溶液吸收氯时，当碱液浓度为80~100g/L时，吸收效率可达99%。

3.6 吸附原理及装置

3.6.1 吸附原理

吸附过程是由于气相分子和吸附剂表面分子之间的吸引力使气相分子吸附在吸附剂表面的。让通风排气与某种固体物质相接触，利用该固体物质对气体的吸附能力除去其中某些有害成分的过程称为吸附。吸附法广泛应用于低浓度有害气体的净化，特别是各种有机溶剂蒸气。吸附法的净化效率能达到100%。一定量的吸附剂所吸附的气体量是有一定限度的，吸附达到饱和时，要更换吸附剂。饱和的吸附剂经再生（解吸）后可重复使用。用于吸附的固体物质称为吸附剂，被吸附的气体称为吸附质。

吸附和吸收的区别是，吸收时吸收质均匀分散在液相中，吸附时吸附质只吸附在吸附剂表面。因此，用作吸附剂的物质都是松散的多孔状结构，具有巨大的表面积。单位质量吸附剂所具有的表面积称为比表面积（m^2/kg 或 m^2/g），比表面积越大，吸附的气体量越多。例如工业上应用较多的活性炭，其比表面积为 $700~1500m^2/g$。

吸附过程分为物理吸附和化学吸附两种。物理吸附单纯依靠分子间的吸引力（称为范德华力）把吸附质吸附在吸附剂表面。物理吸附是可逆的，降低气相中吸附质分压力，提高被吸附气体温度，吸附质会迅速解吸，而不改变其化学成分。吸附过程是一个放热过程，吸附热约是同类气体凝结热的2~3倍。吸附热是反映吸附过程的一个特性值，吸附热越大，吸附剂和吸附质之间的亲和力越强。处理低浓度气体时可不考虑吸附热的影响，处理高浓度气体时要注意吸附热造成吸附剂温度上升，使吸附的气体量减少。

化学吸附的作用力是吸附剂与吸附质之间的化学反应力，它远远超过物理吸附的范德华力。化学吸附具有很高的选择性，一种吸附剂只对特定的物质有吸附作用。化学吸附比较稳定，必须在高温下才能解吸。化学吸附是不可逆的。如果现有的吸附剂不能满足要求，可用适当的物质对吸附剂进行浸渍处理（即吸附剂预先吸附某种物质），使浸渍物与吸附质在吸附剂表面发生化学反应。

工业上常用的吸附剂有活性炭、硅胶、活性氧化铝、分子筛等。硅胶等吸附剂称为亲水性吸附剂，用于吸附水蒸气和气体干燥。活性炭是应用较广泛的一种吸附剂，特别是经浸渍处理后，应用更加广泛。

3.6.2 吸附装置

1. 固定床吸附装置

处理通风排气用的吸附装置大多采用固定的吸附层（固定床），如图3-48所示。吸附层穿透后要更换吸附剂，在有害气体浓度较低的情况下，可以不考虑吸附剂再生，在保证安全的条件下把吸附剂和吸附质一起丢掉。工艺要求连续工作的，必须设两台吸附器，1 台工作，1 台再生备用。

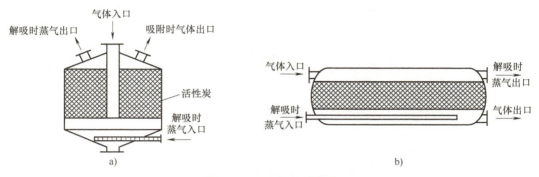

图 3-48　固定床吸附装置

a）立式　b）卧式

2. 蜂轮式吸附装置

蜂轮式吸附装置是一种新型的有害气体净化装置，具有体积小、质量轻、操作简便等优点，适用于低浓度、大风量的气体净化。图 3-49 是蜂轮式吸附装置示意图。蜂轮用活性炭素纤维加工成 0.2mm 厚的纸，再压制成蜂窝状卷绕而成。蜂轮的端面分隔为吸附区和解吸区，使用时，废气通过吸附区，有害气体被吸附。然后把 100～140℃ 的热空气通过解吸区，使有害气体解吸，活性炭素纤维再生。随蜂轮缓慢转动，吸附区和解吸区不断更新，可连续工作。浓缩的有害气体用燃烧、吸收等方法进一步处理。图 3-50 所示是浓缩燃烧工艺流程，工艺参数为：废气中 HC 浓度不大于 1000mg/m³；废气中油烟、粉尘含量不大于 0.5mg/m³；吸附温度不大于 50℃；蜂轮空塔速度 2m/s 左右；蜂轮转速 1～6r/h；再生热风温度 100～140℃；浓缩倍数 10～30 倍。

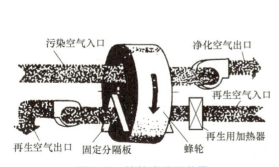

图 3-49　蜂轮式吸附装置

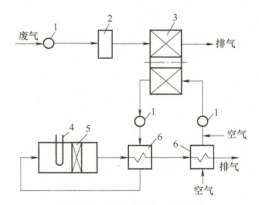

图 3-50　浓缩燃烧工艺流程

1—风机　2—过滤器　3—蜂轮　4—预热器

5—催化层　6—换热器

3. 流化床吸附器

图 3-51 所示为流化床吸附器基本流程。由于被净化气体的气流速度较大，吸附剂在多层流化床吸附器中悬浮，呈流态化状态。流化床吸附器的优点是吸附剂与气体接触好，适合于治理连

续排放且气量较大的污染源。缺点是由于流速高，会使吸附剂和容器磨损严重，并且排出的气体中常含有吸附剂粉末，须在其后加除尘设备将其分离。

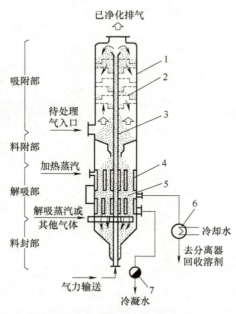

图 3-51　流化床吸附器基本流程

1—壳体　2—网板　3—气力输送管　4—预热器　5—解析部　6—冷凝器　7—疏水器

3.7　有害气体的高空排放

当有害气体不能被完全净化时，在允许的情况下，可以将含有污染物的废气高空排放。有污染的废气通过在大气中的扩散进行稀释，使降落到地面的有害气体浓度（包括累积量）不超过环境空气质量标准。

影响有害气体在大气中扩散的因素主要有排气立管高度、烟气抬升高度、大气温度分布、大气风速，烟气温度、周围建筑物高度及布置等。产生烟气抬升的原因：一是烟囱出口烟气具有一定的初始动量；二是由于烟温高于周围气温而产生一定的浮力。

图 3-52 所示为烟气在大气中的扩散示意图。污染物在大气中的扩散过程假设为两个阶段，在第一阶段只作纵向扩散，在第二阶段再作横向扩散，烟气离开排气立管后，在浮力和惯性力的作用下，先上升一定的高度 h，然后再从 A 点向下风侧扩散。在一般情况下，应优先采用国家标准中推荐的公式计算或按有关国家标准规范要求确定高度，对于特殊的气象条件及特殊的地形应根据实际情况确定。

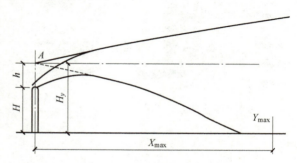

图 3-52　烟气在大气中的扩散示意图

在排气立管出口处不应设伞形风帽，它会妨碍气体上升扩散。当烟气温度与周围气温较小时，为提高烟气抬升高度，应适当提高出口流速，一般以 20m/s 左右为宜。在排气立管附近有高大建筑物时，为避免有害气体卷入周围建筑物造成的涡流区内，排气立管至少应高出周围最高建筑物 0.50~2.0m。有多个同类污染排放源时，因为烟气扩散方程式叠加也是成立的，所以只要把各个污染排放源产生的浓度分布简单叠加即可。当设计的几个排气立管相距较近时，可采用集合（多管）排气立管，以便增大抬升高度。为了利于排气抬升，排气立管出口流速不得低于该高度处平均风速的 1.5 倍，或者取排气立管出口流速设计值的上限，可取 20~30m/s。

对于平原地区、中性状态和连续排放的单一点源，有害气体排放量与地面最大浓度的关系，可用简化的萨顿扩散式表示

$$y_{max} = \frac{235M}{\overline{U}_d H_y^2} \cdot \frac{C_z}{C_y} \tag{3-70}$$

式中　y_{max}——有害气体降落到地面时的最大浓度（mg/m³）；

　　　M——有害气体排放量（g/s）；

　　　$\overline{U}_d$——排气立管出口处大气平均风速（m/s）；

　　　H_y——烟气上升的有效高度（m）；

　　C_z、C_y——大气状态参数，详见表 3-4。

表 3-4　大气状态参数

污染源距地面高度/m	强烈不稳定 $n=0.2$		弱不稳定或中性状态 $n=0.25$		中等逆温 $n=0.2$		强烈逆温 $n=0.2$	
	C_y	C_z	C_y	C_z	C_y	C_z	C_y	C_z
0	0.37	0.21	0.21	0.12	0.21	0.074	0.080	0.047
10	0.37	0.21	0.21	0.12	0.21	0.074	0.080	0.047
25	0.21		0.12		0.074		0.074	
30	0.20		0.11		0.070		0.044	
45	0.18		0.10		0.062		0.040	
60	0.17		0.095		0.057		0.037	
75	0.16		0.086		0.053		0.034	
90	0.14		0.077		0.045		0.030	
105	0.12		0.060		0.037		0.024	

地面最大浓度点距排气立管距离为

$$x_{max} = \left(\frac{H_y}{C_z}\right)^{\frac{2}{2-n}} \tag{3-71}$$

思考题与习题

1. 简述除尘式净化处理原理和除气式净化处理原理。
2. 简述除尘器的除尘机理和除尘器的类型。
3. 分析重力沉降室、旋风除尘器及电除尘器的工作原理的共同点和不同点。
4. 摩尔比的物理意义是什么？为什么在吸收操作计算中常用摩尔比？
5. 画出吸收过程的操作线和平衡线，简述吸收过程的特点。

6. 简述什么是吸收推动力？吸收推动力有几种表示方法？如何计算吸收塔的吸收推动力？

7. 简述双膜理论的基本点，根据双膜理论分析提高吸收率及吸收速率的方法。

8. 什么是吸附层的静活性和动活性？

9. 吸收法和吸附法各有什么特点？它们各适用于什么场合？

10. 袋式除尘器阻力由哪几部分组成？过滤风速与阻力的关系是什么？

11. 影响旋风除尘器性能的主要因素是什么？

12. 简述湿式除尘器的机理。湿式除尘器有哪些类型？各有什么特点？

13. 常见的电除尘器有哪些？影响电除尘器效果的因素有哪些？

14. 沉降速度和悬浮速度的物理意义有何不同？各有什么用处？

15. 在湿式除尘器中，影响惯性碰撞除尘效率的主要因素是什么？

16. 简述袋式除尘器的过滤风速和阻力的主要影响因素。

17. 分析影响电除尘器除尘效率的主要因素。

18. 简述理论驱进速度和有效驱进速度的物理意义。

参 考 文 献

[1] 孙一坚. 工业通风 [M]. 3 版. 北京：中国建筑工业出版社，1994.

[2] 王汉青. 通风工程 [M]. 2 版. 北京：机械工业出版社，2018.

[3] 陆亚俊，马最良，邹平华. 暖通空调 [M]. 2 版. 北京：中国建筑工业出版社，2007.

[4] 孙一坚，简明通风设计手册 [M]. 北京：中国建筑工业出版社，1997.

[5] 中国劳动保护科学技术学会工业防尘专业委员会. 工业防尘手册 [M]. 北京：劳动人事出版社，1989.

[6] 刘后启，林宏. 电收尘器 [M]. 北京：中国建筑工业出版社，1987.

[7] 蔡杰. 空气过滤 ABC [M]. 北京：中国建筑工业出版社，2002.

[8] 朱天乐. 室内空气污染控制 [M]. 北京：化学工业出版社，2003.

第4章

通风空调系统管道设计计算

工业除尘通风系统和建筑通风系统都需要通风系统管道，将气体送入室内，或者将符合排放标准的气体排至室外。以工业除尘通风系统的工作过程为例，首先用吸尘罩将尘源散发的含尘气体捕集，然后借助风机通过通风管道输送含尘气体，接着在除尘设备中将粉尘分离，最后将净化的气体排至大气，将在除尘设备中分离下来的粉尘输送出去。本章介绍通风系统管道的计算，计算的目的是根据系统需要输送的气体流量，确定通风系统管道的尺寸。

4.1 管道内气体流动阻力和压力分布

气体在管道内流动时，由于流体本身的黏性、管壁表面的摩擦以及某些扰动惯性，会遇到流动阻力。流动阻力分为摩擦阻力和局部阻力两种。由气体本身的黏滞性及其与管壁间摩擦而产生的阻力称为摩擦阻力或沿程阻力。气体流经过管道中的某一部件时（例如阀门、弯头等），气流方向、大小将发生变化，以及因黏性产生的涡流而造成的阻力称为局部阻力。克服流动阻力造成的能量损耗称为阻力损失。

4.1.1 摩擦阻力计算

气体沿管壁流动会产生摩擦阻力。根据流体力学理论，气体在任何截面形状不变的管道内流动时，摩擦阻力按下式计算

$$\Delta p_{\mathrm{m}} = \lambda \, \frac{1}{4R_{\mathrm{s}}} \cdot \frac{v^2 \rho}{2} l \qquad (4\text{-}1)$$

式中　λ——摩擦阻力系数；

　　　　v——管内气流的平均速度（m/s）；

　　　　ρ——空气密度（kg/m³）；

　　　　l——风管长度（m）；

　　　　R_{s}——风管的水力半径（m），$R_{\mathrm{s}} = \dfrac{F}{S}$；

　　　　F——风管截面面积（m²）；

　　　　S——风管截面周长（m）。

1. 圆形风管摩擦阻力计算

对于圆形截面风管，$R_{\mathrm{s}} = \dfrac{D}{4}$，所以其阻力计算式为

$$\Delta p_{\mathrm{m}} = \lambda \, \frac{1}{D} \cdot \frac{v^2 \rho}{2} l \qquad (4\text{-}2)$$

式中　D——圆形风管直径（m）。

单位长度的摩擦阻力，称为比摩阻。对于圆形风管，其比摩阻为

$$R_m = \frac{\Delta p_m}{l} = \frac{\lambda}{D} \cdot \frac{v^2 \rho}{2} \qquad (4-3)$$

摩擦阻力系数 λ 与管内流动状态和风管管壁的粗糙度有关，一般采用柯氏公式来计算

$$\frac{1}{\sqrt{\lambda}} = -2\lg\left(\frac{K}{3.71D} + \frac{2.51}{Re\sqrt{\lambda}}\right) \qquad (4-4)$$

式中　　K——风管内壁粗糙度（mm）；

　　　　D——风管直径（mm）；

　　　　Re——雷诺数。

上面的计算公式很复杂，为了避免烦琐的计算，方便工程计算使用，可根据式（4-3）和式（4-4）制成计算表格或线算图，供计算管道阻力时使用。当已知流量、管径、流速、阻力四个参数中的任意两个参数，运用线算图或计算表就可以求得另外两个参数。

2. 矩形风管摩擦阻力计算

《全国通用通风管道计算表》和线算图是按圆形风管计算公式得出的，因此在计算矩形风管的摩擦阻力时，需要把矩形风管断面尺寸折算成与之相当的圆形风管直径，即当量直径，再由当量直径求得矩形风管的单位长度摩擦阻力。

当量直径是指与矩形风管有相同单位长度摩擦阻力的圆形风管直径，分为流速当量直径和流量当量直径。如果某一圆形风管中的空气流速与矩形风管中的空气流速相等，同时两者的单位长度摩擦阻力也相等，则该圆形风管的直径就称为此矩形风管的流速当量直径，以 D_v 表示。根据流速当量直径的定义，圆形风管和矩形风管的水力半径必须相等。

圆形风管的水力半径

$$R_s' = \frac{D}{4} \qquad (4-5)$$

矩形风管的水力半径

$$R_s'' = \frac{ab}{2(a+b)} \qquad (4-6)$$

令 $R_s' = R_s''$，则

$$D = \frac{2ab}{a+b} = D_v \qquad (4-7)$$

式中　　D_v——边长 $a \times b$ 的矩形风管的流速当量直径。

圆形管和矩形管内的流速相同时，因为矩形风管内的比摩阻等于直径为 D_v 的圆形风管的比摩阻，所以可以根据矩形风管的流速当量直径 D_v 和实际流速 v，由附录4查得对应的圆形风管的比摩阻 R_m，即矩形风管的比摩阻。

如果某一圆形风管中的空气流量与矩形风管中的空气流量相等，并且单位长度摩擦阻力也相等，则该圆形风管的直径就称为此矩形风管的流量当量直径，以 D_L 表示。流量当量直径可近似按下式计算

$$D_L = \frac{1.3(ab)^{0.625}}{(a+b)^{0.25}} \qquad (4-8)$$

以流量当量直径 D_L 和对应的矩形风管的流量 L，由附录4查得单位长度摩擦阻力 R_m，即矩形风管的单位长度的摩擦阻力。

不管是采用流速当量直径还是流量当量直径，应注意其对应关系。采用流速当量直径时，必

须用矩形风管中的空气流速去查阻力；采用流量当量直径时，必须用矩形风管中的空气流量去查阻力。用两种方法求得的矩形风管单位长度摩擦阻力是相等的。

4.1.2　局部阻力计算

通风管道中除了有直管段外，还有各种管件，以改变气体在管道中的流速大小，或改变气体的流动方向，例如各种变径管、变形管、风管进出口、阀门、弯头、三通、四通、风管的侧面送风口和排风口等。流体经过这些管件时，管道内局部地区的均匀流动遭到破坏，引起流速的大小、方向或分布的变化，或者气流的合流与分流，使得气流中出现涡流区，由此而产生局部阻力。

由于管径种类多，体形各异，其边壁的变化比较复杂，紊流流动也比较复杂，因此多数管件的局部阻力计算还不能从理论上解决，必须借助于由试验得来的经验公式或系数进行计算。局部阻力一般按下式确定

$$Z = \zeta \frac{v^2 \rho}{2} \tag{4-9}$$

式中　ζ——局部阻力系数。

局部阻力系数一般用试验方法确定，试验时先测出管件前后的全压值，其差值即局部压力损失，即局部阻力 Z 值，再除以与流速 v 相对应的动能 $\frac{v^2 \rho}{2}$，得到局部阻力系数 ζ 值。局部阻力系数 ζ 也可根据已有的经验公式确定。

局部阻力在通风管道系统流动阻力中占有较大的比例，为了减少气体在管道中的流动阻力，需要在管道系统设计时对局部阻力给予重视，采取减小局部阻力的措施。

1. 渐扩管和渐缩管

当气体流经断面面积变化的管件（如渐扩管和渐缩管），或断面形状变化的管件（如异形管）时，由于管道断面的突然变化使气流产生冲击，周围出现涡流区，造成局部阻力。

扩散角大的渐扩管局部阻力系数也较大，因此应尽量避免风管断面的突然变化，用渐扩或渐缩代替突然扩大或突然缩小的管件，其角度在 8°~10°，不要大于 45°（图 4-1）。

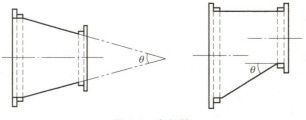

图 4-1　变径管

2. 三通

三通内流速不同的两股气流汇合时的碰撞，以及气流速度改变时形成的涡流是造成局部阻力的原因。两股气流在汇合过程中的能量损失一般是不相同的，它们的局部阻力应分别计算。

影响三通局部阻力的主要因素有：三通断面的形状、分支管中心夹角、支管与总管的截面面积比和支管与总管的流量比，以及三通的使用情况（用作分流还是合流）。

三通如图 4-2 所示。为了减小三通局部阻力，三通分支管中心夹角一般不超过 30°。只有在受到现场条件限制或者为了阻力平衡需要时，才采用较大的夹角。应尽量使支管和干管内的流速保持相等。

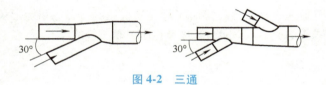

图 4-2　三通

3. 弯管

布置管道时，应尽量采取直线，减少弯管，或者用弧管代替直角弯管。弯管的阻力系数在一定范围内随曲率半径的增大而减小。圆形风管弯管的曲率半径一般应大于 1~2 倍管径，如图 4-3 所示。矩形风管弯管断面的长宽比（a/b）越大，阻力越小。对于断面大的弯管，可在弯管内布置一组导流叶片，以减小旋涡区，降低弯管的阻力系数。

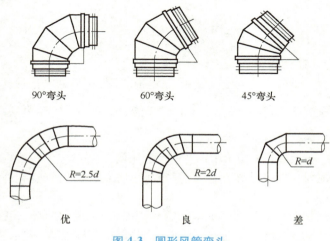

图 4-3　圆形风管弯头

4. 管道进出口

气流进入风管时，由于产生气流与管道内壁分离和涡流现象造成局部阻力。气流从风管出口排出时，它在排出前所具有的能量全部损失。当出口处无阻挡时，此能量损失在数值上等于出口动压，即 $\zeta=1$；当出口处有阻挡时（如风帽、网格、百叶），能量损失将大于出口动压，也就是局部阻力系数会大于 1。因此，只有与局部阻力系数大于 1 的部分相应的阻力才是出口的局部阻力（即阻挡造成），等于 1 的部分是出口动压损失。为了降低出口动压损失，有时把出口制作成扩散角较小的渐扩管，如图 4-4 所示。

图 4-4　降低出口动压损失的渐扩管

5. 管道和风机的连接

管道与风机的连接应当保证气流在进出风机时均匀分布，避免发生流向和流速的突然变化，避免在接管处产生局部涡流（图 4-5）。

为了使风机正常运行，减少不必要的阻力，最好使连接风机的风管管径与风机的进、出口尺寸大致相同。如果在风机的吸入口安装多叶形或插板式阀门时，比较好的做法是将其设置在离风机进口至少 5 倍于风管直径的地方，避免由于吸入口处气流的涡流影响风机效率。在风机的出口处避免安装阀门，连接风机出口的风管最好用一段直管。如果受到安装位置的限制，需要在风机出口处直接安装弯管时，弯管的转向应与风机叶轮的旋转方向一致。

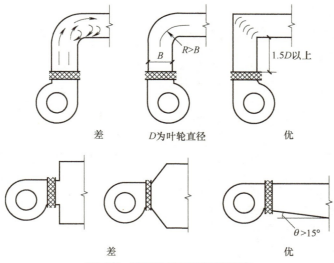

差　　　　　　　　　　D为叶轮直径　　　　　　　　　　优

差　　　　　　　　　　　　　　　　　　　　　　　优

图 4-5　风机进出口的管道连接

4.1.3　风管内的压力分布

根据能量守恒定律，可以列出气体在管道内流动时不同两断面间的能量方程（伯努利方程）。空气在风管中流动时，由于风管阻力和流速变化，空气的压力是不断变化的，可用下式表示

$$p_{j1}+\frac{v_1^2\rho}{2}+H_1\rho g=p_{j2}+\frac{v_2^2\rho}{2}+H_2\rho g+\Delta p_{1\text{-}2} \tag{4-10}$$

式中　p_{j1}、p_{j2}——断面 1、2 处的静压（Pa）；

　　　$\dfrac{v_1^2\rho}{2}$、$\dfrac{v_2^2\rho}{2}$——断面 1、2 处的动压（Pa）；

　　　H_1、H_2——管道中心线断面 1、2 处的高度（m）；

　　　g——重力加速度（m/s^2）；

　　　$\Delta p_{1\text{-}2}$——断面 1、2 间摩擦阻力和局部阻力之和（Pa）。

由于空气密度小，由高程 H_1、H_2 的不同所引起的管内、管外的位置压力变化很小，因此上式两边的第三项可以忽略，式（4-10）可以简化为

$$p_{j1}+\frac{v_1^2\rho}{2}=p_{j2}+\frac{v_2^2\rho}{2}+\Delta p_{1\text{-}2} \tag{4-11}$$

即断面 1 的全压等于断面 2 的全压加上管段 1-2 之间的阻力损失。可以用式（4-11）对通风管道系统的压力分布进行分析。

下面对如图 4-6 所示的通风系统风管内的压力分布进行分析。

根据流体流动能量方程，求出风管上各点（断面）的全压值、静压值和动压值。根据计算结果，把风管上各点的全压标在图上，连接各个全压点可得到全压分布曲线。以各点的全压减去该点的动压，即为各点的静压，连接各点的静压，可得到静压分布曲线。

1. 确定吸入管段中点 1、点 2、点 3、点 4、点 5 的压力值

点 1：

空气入口外和点 1 断面的能量方程式

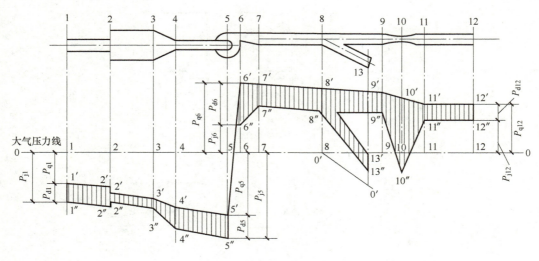

图 4-6   风管内的压力分布

$$p_{q0} = p_{q1} + p_{Z1}$$

由于 $p_{q0} =$ 大气压力 $= 0$，所以

$$p_{q1} = -p_{Z1}$$

$$p_{d1-2} = \frac{v_{1-2}^2 \rho}{2}$$

$$p_{j1} = p_{q1} - p_{d1-2} = -\left(\frac{v_{1-2}^2 \rho}{2} + p_{Z1}\right) \qquad (4\text{-}12)$$

式中 p_{Z1}——管道入口处的局部阻力；

   p_{d1-2}——管段 1-2 的动压；

   p_{j1}——静压降。

   点 2：

$$p_{q2} = p_{q1} - (R_{m1-2} l_{1-2} + p_{Z2})$$

$$p_{j2} = p_{q2} - p_{d1-2} = p_{j1} + p_{d1-2} - (R_{m1-2} l_{1-2} + p_{Z2}) - p_{d1-2}$$

$$= p_{j1} - (R_{m1-2} l_{1-2} + p_{Z2})$$

$$p_{j1} - p_{j2} = R_{m1-2} l_{1-2} + p_{Z2} \qquad (4\text{-}13)$$

式中 R_{m1-2}——管段 1-2 的比摩阻；

   p_{Z2}——突然扩大的局部阻力。

   点 3：

$$p_{q3} = p_{q2} - R_{m2-3} l_{2-3}$$

   点 4：

$$p_{q4} = p_{q3} - p_{Z3-4}$$

式中 p_{Z3-4}——渐缩管的局部阻力。

   点 5（风机进口）：

$$p_{q5} = p_{q4} - (R_{m4-5} l_{4-5} + p_{Z5})$$

式中 p_{Z5}——风机进口处弯头的局部阻力。

2. 确定压出管段中点 12、点 11、点 10、点 9、点 8、点 7、点 6 的压力值

点 12（风管出口）：

$$p_{q12} = \frac{v_{12}^2 \rho}{2} + p'_{Z12} = \frac{v_{12}^2 \rho}{2} + \zeta'_{12} \frac{v_{12}^2 \rho}{2}$$

$$= (1 + \zeta'_{12}) \frac{v_{12}^2 \rho}{2} = \zeta_{12} \frac{v_{12}^2 \rho}{2} = p_{Z12}$$

式中　v_{12}——风管出口处空气流速；

p'_{Z12}——风管出口处局部阻力；

ζ'_{12}——风管出口处局部阻力系数；

ζ_{12}——包括动压损失在内的出口局部阻力系数，$\zeta_{12} = (1 + \zeta'_{12})$。

点 11：

$$p_{q11} = p_{q12} + R_{m11-12} l_{11-12}$$

点 10：

$$p_{q10} = p_{q11} + p_{Z10-11}$$

式中　p_{Z10-11}——渐扩管的局部阻力。

点 9：

$$p_{q9} = p_{q10} + p_{Z9-10}$$

式中　p_{Z9-10}——渐缩管的局部阻力。

点 8：

$$p_{q8} = p_{q9} + p_{Z8-9}$$

式中　p_{Z8-9}——三通直管的阻力。

点 7：

$$p_{q7} = p_{q8} + R_{m7-8} l_{7-8}$$

点 6（风机出口）：

$$p_{q6} = p_{q7} + p_{Z6-7}$$

式中　p_{Z6-7}——风机出口渐扩管的局部阻力。

3. 绘制管道内压力分布图

如图 4-6 所示，连接各个全压点可得到全压分布曲线。以各点的全压减去该点的动压，即各点的静压。连接各点的静压，可得到静压分布曲线。自点 8 开始，有 8-9 及 8-13 两个支管。为了表示支管 8-13 的压力分布。过 0′点引平行于支管 8-13 轴线的 0′-0′线作为基准线。因为点 8 是两支管的起点，所以两个支管的压力线在该点汇合，即压力的大小相等。

4. 风管内的压力分布分析

从图 4-6 可以看出：

1）风机的风压 p_f 等于风机进、出口的全压差，即

$$p_f = p_{q6} - p_{q5}$$

2）风机的风压 p_f 等于风管的阻力及出口动压损失之和，即等于风管总阻力，即

$$p_f = \sum_1^{11} (R_m l + Z) + R_{m11-12} l_{11-12} + p'_{Z12} + \frac{v_{12}^2 \rho}{2}$$

$$= \sum_1^{12} (R_m l + Z) \tag{4-14}$$

3）风机吸入段的全压和静压均为负值，在风机入口处负压最大；风机压出段的全压和静压一般情况下均是正值，在风机出口正压最大。因此，如果风管连接处不严密，在管道正压段会

有气体逸出，负压段会有气体流入管道。

4）压出段上点 10 的静压出现负值是由于断面 10 截面面积变小，使流速增加，当动压大于全压时，该处的静压出现负值。如果在断面 10 开孔，将会吸入空气而不是压出空气。

5）通风系统运行时，各并联支管的阻力相等。

4.2 通风管道的设计

4.2.1 通风管道设计的内容及原则

风道的设计内容分为设计计算和校核计算两类。

1. 设计计算

通风工程中，在已知系统和设备布置、通风量的情况下，设计计算的目的就是经济、合理地选择风管材料，确定各段风管的断面尺寸和阻力，在保证系统达到要求的风量分配的前提下，选择合适的风机型号和电动机功率。

2. 校核计算

通风工程中，当已知系统和风管断面尺寸，或者通风量发生变化时，校核风机是否能满足工艺要求，以及采用该风机时，其动力消耗是否合理。

风道设计时必须遵循的原则是：风道系统要简洁、灵活、可靠；要便于安装、调节、控制与维修；风道断面尺寸要标准化；风道的断面形状要与建筑结构相配合。

4.2.2 风道设计计算方法和步骤

风管设计计算方法有假定流速法、压损平均法和静压复得法三种，其中常用的方法是假定流速法。

1. 通风空调系统管道设计流速

如果通风空调系统管道内气体的设计流速比较小，可以减小管道尺寸，节省管材，但是管道内空气的流动阻力增大，风机的运行能耗增加。反之，如果管道内气体的设计流速比较大，会增大管道尺寸，需要的管材量增大，但是管道内空气的流动阻力减小，风机的运行能耗降低。因此，应根据技术经济比较，确定合理的设计流速，这个流速也称为经济流速。

一般工业建筑的机械通风系统风管内风速见表 4-1，除尘系统管道内最低风速见表 4-2，通风、空调系统风管内的风速及通过部分部件时的迎面风速见表 4-3，暖通空调部件的典型设计风速见表 4-4，通风空调风管和出风口的最大允许风速见表 4-5，高速送风系统中风管的最大允许风速见表 4-6，推荐的送风机静压值见表 4-7。

表 4-1　一般工业建筑的机械通风系统风管内风速　　　　（单位：m/s）

风 管 类 别	钢板及非金属风管	砖及混凝土风管
干管	6~14	4~12
支管	2~8	2~6

表 4-2　除尘系统管道内最低风速　　　　（单位：m/s）

粉 尘 种 类	垂 直 管	水 平 管
粉状黏土和砂	11	13
耐火泥	14	17

（续）

粉尘种类	垂 直 管	水 平 管
黏土	13	16
重矿粉尘	14	16
轻矿粉尘	12	14
煤灰	10	12
钢、铁屑	19	23
灰土和沙尘	16	18
干微尘	8	10
染料粉尘	14~16	16~18
砂子、铸模土	17	20
土细粉	11	13
湿土（含水 2% 以下）	15	18
钢、铁尘末	13	15
水泥粉土	8~12	18~22
石棉粉土	8~12	16~18
锯屑、刨屑	12	14
大块干木屑	12	15
大块湿木屑	18	20
氧化锌、铝烟尘	7~10	12~14
谷物尘	10	12
麻、短纤维尘	18	12
土细粉	11	13

表 4-3　通风、空调系统风管内的风速及通过部分部件时的迎面风速　（单位：m/s）

部　位	推 荐 风 速			最 大 风 速		
	居住建筑	公共建筑	工业建筑	居住建筑	公共建筑	工业建筑
风机吸入口	3.5	4.0	5.0	4.5	5.0	7.0
风机出口	5.0~8.0	6.5~10.0	8.0~12.0	8.5	7.5~11.0	8.5~14.0
主风管	3.5~4.5	5.0~6.5	6.0~9.0	4.0~6.0	5.5~8.0	6.5~11.0
支风管	3.0	3.0~4.5	4.0~5.0	3.5~5.0	4.0~6.5	5.0~9.0
从支管上接出的风管	2.5	3.0~3.5	4.0	3.0~4.0	4.0~6.0	5.0~8.0
新风入口	3.5	4.0	4.5	4.0	4.5	5.0
空气过滤器	1.2	1.5	1.75	1.5	1.75	2.0
换热盘管	2.0	2.25	2.5	2.25	2.5	3.0
喷水室		2.5	2.3		3.0	3.0

表 4-4　暖通空调部件的典型设计风速　　　　　（单位：m/s）

部 件 名 称	迎面风速	部 件 名 称	迎面风速
进风百叶窗		3. 电子空气过滤器	
风量大于 10000m³/h	2.0~6.0	电离式	0.8~1.8
风量小于 10000m³/h	2.0		
排风百叶窗		加热盘管（空气加热器）	
风量大于 8000m³/h	2.5~8.0	1. 蒸汽和热水盘管	2.5~5.0
风量小于 8000m³/h	2.5		（最小 1.0，最大 8.0）
空气过滤器		2. 电加热器	
1. 板式过滤器		裸线式	参见生产厂家资料
黏性滤料	1.0~4.0	肋片管式	参见生产厂家资料
干式带扩展表面，平板型（粗效）	同风管风速	冷却减湿盘管	2.0~3.0
褶叠式（中效）	≤3.8	空气喷淋室	
高效过滤器（HEPA）	1.3	喷水型	参见生产厂家资料
2. 可更换滤料的过滤器		填料型	参见生产厂家资料
卷绕型黏性滤料	2.5	高速喷水型	6.0~9.0
卷绕型干式滤料	1.0		

表 4-5　通风空调风管和出风口的最大允许风速

室内允许噪声级/dB	干管/(m/s)	支管/(m/s)	风口/(m/s)
25~35	3.0~4.0	≤2.0	≤0.8
35~50	4.0~7.0	2.0~3.0	0.8~1.5
50~65	6.0~7.0	3.0~5.0	1.5~2.5
65~85	8.0~12.0	5.0~8.0	2.5~3.5

注：1. 百叶风口叶片间的气流速度增加 10%，噪声的声功率级将增加 2dB，若流速增加一倍，噪声的声功率级约增加 16dB。

　　2. 对于出口处无障碍敞开风口，表中的出风口速度可以提高 1.5~2.0 倍。

表 4-6　高速送风系统中风管的最大允许风速

风量范围/(m³/h)	最大允许风速/(m³/h)	风量范围/(m³/h)	最大允许风速/(m³/h)
100000~68000	30	22500~17000	20.5
68000~42500	25	17000~10000	17.5
42500~22500	22.5	10000~5050	15

表 4-7　推荐的送风机静压值

类　　型		风机静压值/Pa
送、排风系统	小型系统	100~250
	一般系统	300~400

（续）

类　型		风机静压值/Pa
空调系统	小型（空调面积 300m² 以内）	400~500
	中型（空调面积 2000m² 以内）	600~700
	大型（空调面积大于 2000m² 以内）	650~1100
	高速系统（中型）	1000~1500
	高速系统（大型）	1500~2500

2. 假定流速法的设计计算步骤

1）确定通风除尘系统方案，绘制管路系统轴测示意图。

2）对系统图分段进行编号，注明各段管道的长度、风量、管件部位等。

3）假定各管段的风速。

风管内空气流速对通风管道系统的经济性影响很大。风管内气流速度高，则风管截面面积小，需要的风管材料少，材料费用少；但是流速高，会使管路阻力增加，动力消耗增大，运行费用增加。反之，风管内气流速度低，会使尘粒在风管内沉积，造成风管堵塞，同时会使风管管径增大，管道材料增加等。因此，应确定合适的流速，以使管路系统造价、运行费用等综合起来最经济。一般根据经验，按表 4-1~表 4-3 假定各段风管内的风速。

4）根据假定风管内的流速和已知的管段风量，确定各管段的管径，计算管道阻力（摩擦阻力和局部阻力）。确定风管管径时，应尽量符合标准化的通风管道尺寸规格。

5）对通风管道系统中的各并联支管的阻力进行平衡计算。通风管道系统中各并联支管阻力的差值应不超过 15%，除尘系统中并联管道阻力的差值应不超过 10%。

如果各并联支管的阻力差值不满足要求，则需调整支管管径。调整后的管径为

$$D' = D\left(\frac{\Delta p}{\Delta p'}\right)^{0.225} \tag{4-15}$$

式中　D'——调整后的管径（mm）；

　　　D——原设计的管径（mm）；

　　　Δp——原设计的支管阻力（Pa）；

　　　$\Delta p'$——要求达到的支管阻力（Pa）。

如果调节管径仍达不到支路平衡的要求，可以通过调节风管上设置的阀门等调节管道内的气流阻力。

6）计算通风系统管道总阻力。系统总阻力作为通风机选择的依据。

考虑到风管、设备的漏风及阻力计算的不精确，选择风机时的风量和风压为

$$p_f = K_p \Delta p \tag{4-16}$$

$$q_{V,f} = K_L q_V \tag{4-17}$$

式中　p_f——风机的风压（Pa）；

　　　$q_{V,f}$——风机的风量（m³/h）；

　　　K_p——风压附加系数，一般的送、排风系统取 1.1~1.15，除尘系统取 1.15~1.20；

　　　K_L——风量附加系数，一般的送、排风系统取 1.1，除尘系统取 1.1~1.15；

　　　Δp——系统的总阻力（Pa）；

　　　q_V——系统的总风量（m³/h）。

【例4-1】 某通风除尘系统输送含有轻矿物粉尘的空气,输送的气体温度为常温。通风除尘系统如图4-7所示,风管用钢板制作,除尘器阻力 $\Delta p_{\mathrm{c}}=1100\mathrm{Pa}$。对该系统进行计算,确定系统的风管断面尺寸和阻力,并选择风机。

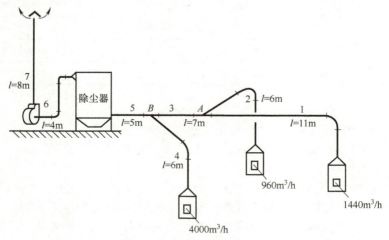

图4-7　例题4-1通风除尘系统

【解】 (1) 对管段进行编号,标出管段长度和风量,选定最不利环路。

最不利环路为:1—3—5—除尘器—6—风机—7。

(2) 确定最不利环路上各管段的断面尺寸和单位长度摩擦阻力。

查表4-2,输送含有轻矿物粉尘的空气时,垂直风管最小风速为12m/s、水平风管最小风速为14m/s。考虑到安全系数,管段6及7的计算风量为6400m³/h×1.105=7072m³/h。

管段1:根据 $q_{V,1}=1440\mathrm{m}^3/\mathrm{h}(0.40\mathrm{m/s})$、$v_1=14\mathrm{m/s}$,由附录4查出管径 $D_1=200\mathrm{mm}$,单位长度摩擦阻力 $R_{\mathrm{m}1}=12.5\mathrm{Pa/m}$。

同理,可查得管段3、5、6、7的管径及比摩阻,见表4-8。

表4-8　风管水力计算表

管段编号	流量 $q_V/(\mathrm{m}^3/\mathrm{h})$	长度 l/m	管径 D/mm	流速 $v/(\mathrm{m/s})$	动压 $p_{\mathrm{d}}/\mathrm{Pa}$	局部阻力系数 $\Sigma\zeta$	局部阻力 $\Delta p_z/\mathrm{Pa}$	单位长度摩擦阻力 $R_{\mathrm{m}}/(\mathrm{Pa/m})$	摩擦阻力 $R_{\mathrm{m}}l/\mathrm{Pa}$	管段阻力 $R_{\mathrm{m}}l+Z/\mathrm{Pa}$	备注
分支环路											
1	1440	11	200	14	117.6	1.24	145.8	12.5	137.5	283.3	
3	2400	7	250	14	117.6	0.15	17.64	9.2	64.4	82.04	
5	6400	5	400	14	117.6	0.61	71.7	5.8	29	100.1	
6	7072	4	420	12	86.4	0.47	40.6	4.5	18	58.6	
7	7072	8	420	12	86.4	0.60	51.8	4.5	36	87.8	
支管											
2	960	6	140	14	117.6	1.69	198.7	18	108	306.7	与1平衡
4	4000	6	280	16	153.6	2.01	308.7	14	84	392.7	与1+3平衡
除尘器										1100	

（3）查附录 5，确定各管段的局部阻力系数。

1）管段 1：

设备密闭罩 $\zeta=1.0$，90°弯头（$R/D=1.5$）1 个 $\zeta=0.17$，直流三通（1→3）（图 4-8）

根据 $F_1+F_2\approx F_3$　$\alpha=30°$

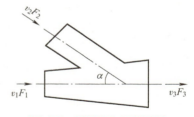

$$\frac{F_2}{F_3}=\left(\frac{140}{250}\right)^2=0.31$$

$$\frac{q_{V,2}}{q_{V,3}}=\frac{960}{2400}=0.40$$

图 4-8　例题 4-1 直流三通

查得 $\zeta_{13}=0.07$

$$\sum\zeta=1.0+0.17+0.07=1.24$$

2）管段 2：

设备密闭罩 $\zeta=1.0$，90°弯头（$R/D=1.5$）一个 $\zeta=0.17$，直流三通（2→3）（图 4-8）

$$\zeta_{23}=0.52$$

$$\sum\zeta=1.0+0.17+0.52=1.69$$

3）管段 3：

直流三通（3→5）（图 4-9）

根据 $F_3+F_4\approx F_5$　$\alpha=30°$

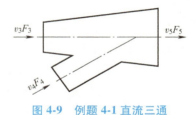

$$\frac{F_4}{F_5}=\left(\frac{280}{400}\right)^2=0.49$$

$$\frac{q_{V,4}}{q_{V,5}}=\frac{4000}{6400}=0.63$$

查得 $\zeta_{35}=0.15$

图 4-9　例题 4-1 直流三通

4）管段 4：

设备密闭罩 $\zeta=1.0$，90°弯头（$R/D=1.5$）一个 $\zeta=0.17$，直流三通（4→5）（图 4-9）

查得 $\zeta_{45}=0.84$

$$\sum\zeta=1.0+0.17+0.84=2.01$$

5）管段 5：

除尘器进口变径管（渐扩管），除尘器进口尺寸为 $300mm\times800mm$，变径管长度为 $500mm$。

$$\tan\alpha=\frac{1}{2}\frac{(800-380)}{500}=0.42$$

$$\alpha=22.7°\quad\zeta=0.60$$

6）管段 6：

除尘器出口变径管（渐缩管）：除尘器出口尺寸为 $300mm\times800mm$，变径管长度 $l=400mm$

$$\tan\alpha=\frac{1}{2}\frac{(800-420)}{400}=0.475$$

$$\alpha=25.4°\quad\zeta=0.10$$

90°弯头（$R/D=1.5$）2 个 $\zeta=2\times0.17=0.34$

风机进口渐扩管：初选风机，风机进口直径 $D_1=500mm$，变径管长度 $l=300mm$

$$\frac{F_0}{F_6}=\left(\frac{500}{420}\right)^2=1.41$$

$$\tan\alpha = \frac{1}{2}\frac{(500-420)}{300} = 0.13$$

$$\alpha = 7.6° \qquad \zeta = 0.03$$

$$\sum\zeta = 0.1+0.34+0.03 = 0.47$$

7）管段7：

风机出口渐扩管：风机出口尺寸 410mm×315mm $\quad D_7 = 420$mm

$$\frac{F_7}{F_\text{出}} = \frac{0.138}{0.129} = 1.07 \qquad \zeta \approx 0$$

带扩散管的伞形风帽 （$h/D_0 = 0.5$） $\zeta \approx 0.6$

$$\sum\zeta = 0.6$$

（4）计算各管段的沿程摩擦阻力和局部阻力。计算结果见表4-8。

（5）对并联管路进行阻力平衡。

1）节点 A：

$$\Delta p_1 = 283.3\text{Pa} \qquad \Delta p_2 = 306.7\text{Pa}$$

$$\frac{\Delta p_1 - \Delta p_2}{\Delta p_1} = \frac{(283.3-306.7)\text{Pa}}{283.3\text{Pa}} = -8.3\% > -10\%$$

符合平衡要求。

2）节点 B：

$$\Delta p_1 + \Delta p_3 = (283.3+82.04)\text{Pa} = 365.34\text{Pa}$$

$$\Delta p_4 = 392.7\text{Pa}$$

$$\frac{\Delta p_4 - (\Delta p_1 + \Delta p_3)}{\Delta p_4} = \frac{(392.7-365.34)\text{Pa}}{392.7\text{Pa}} = 6.97\% < 10\%$$

符合平衡要求。

（6）计算系统的总阻力

$$\Delta p = \sum (R_\text{m}l+Z) = (283.3+82.04+100.1+58.6+87.8+1100)\text{Pa} = 1712\text{Pa}$$

（7）选择风机

风机风量 $q_{V,\text{f}} = 1.15q_V = (1.15×7072)\text{m}^3/\text{h} = 8133\text{m}^3/\text{h}$

风机风压 $p_\text{f} = 1.15\Delta p = 1.15×1712\text{Pa} = 1969\text{Pa}$

选用 C4-68NO.6.3 风机：风量 8251m³/h，扬程 2018Pa，风机转速 $n = 1600$r/min，带传动，配用 Y132S$_2$-Z 型电动机，电动机功率 $N = 7.5$kW。

4.3　均匀送风管道设计计算

由风道侧壁的若干个孔口或管嘴送出等量的空气，这种风道称为均匀送风管道。均匀送风管道通常有两种形式，一种是风道断面变化，各侧孔的面积相等；另一种是风道断面不变，而改变各侧孔面积的大小。均匀送风方式可使送风房间得到均匀的空气分布，均匀送风管道在实际中应用广泛。

4.3.1　均匀送风管道的设计原理

1. 均匀送风管道的设计原理

空气在风管内流动时，其静压垂直作用于管壁。当空气流经侧孔时，由于孔口内外的静压差，空气将从孔口出流，其出流速度为

$$v_i = \sqrt{\frac{2p_i}{\rho}} \qquad (4-18)$$

空气在风管内的流速为

$$v_d = \sqrt{\frac{2p_d}{\rho}} \qquad (4-19)$$

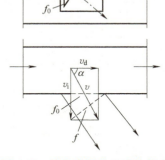

式中　p_i——风管内空气的静压（Pa）；
　　　p_d——风管内空气的动压（Pa）。

如图 4-10 所示，空气从孔口流出的实际流速和出流方向不仅取决于静压产生的流速和方向，还受管内流速的影响，实际流速为合成流速。在管内流速的影响下，孔口出流方向要发生偏斜。

图 4-10　均匀送风孔口出流状态

（1）孔口出流方向　孔口出流与风管轴线间的夹角 α（出流角）为

$$\tan\alpha = \frac{v_i}{v_d} = \sqrt{\frac{p_i}{p_d}}$$

（2）孔口实际流速

$$v = \frac{v_i}{\sin\alpha} \qquad (4-20)$$

（3）孔口流出风量

$$L_0 = 3600\mu f v \qquad (4-21)$$

式中　μ——孔口的流量系数；
　　　f——孔口在气流垂直方向上的投影面积（m^2）。
　　　由图 4-10 可知

$$f = f_0 \sin\alpha = f_0 \frac{v_i}{v}$$

式中　f_0——孔口面积（m^2）。
　　　孔口流出风量可写为

$$\begin{aligned}
L_0 &= 3600\mu f_0 v \sin\alpha \\
&= 3600\mu f_0 v_i \\
&= 3600\mu f_0 \sqrt{\frac{2p_i}{\rho}}
\end{aligned} \qquad (4-22)$$

（4）孔口平均流速　空气在孔口面积 f_0 上的平均流速 v_0 为

$$v_0 = \frac{L_0}{3600f_0} = \mu v_i \qquad (4-23)$$

根据均匀送风管道的设计原理，为了实现均匀送风，首先要保证各侧孔出流量相等，其次要保证孔口出流方向尽量与风道壁面垂直。对于孔口面积相同的均匀送风管道，满足这两个要求

的条件是各侧孔的静压差相等，各孔口的流量系数相等和尽量增大 α 角。

2. 均匀送风的局部阻力

当空气从侧孔送出时，产生两部分局部阻力，即直通部分的局部阻力和侧孔出流时的局部阻力。直通部分的局部阻力系数可由表 4-9 查出，表中数据由试验求得，表中 ζ 值对应侧孔前的管内动压。从侧孔或条缝出流时，孔口的流量系数可近似取 $\mu=0.6\sim0.65$。

表 4-9　空气流过侧孔直通部分的局部阻力系数

L_0/L	0	0.1	0.2	0.3	0.4	0.5	0.6	0.7	0.8	0.9	1
ζ	0.15	0.05	0.02	0.01	0.03	0.07	0.12	0.17	0.23	0.29	0.35

3. 实现均匀送风的措施

1）在孔口上设置阻体。送风管断面积 F 和孔口面积 f_0 不变时，管内静压会不断增大，可根据静压变化在孔口上设置不同的阻体，使不同的孔口具有不同的阻力（即改变流量系数），如图 4-11a 和图 4-11b 所示。

2）采用锥形风管。孔口面积 f_0 和 μ 值不变时，可采用锥形风管改变送风管断面积，使管内静压基本保持不变，如图 4-11c 所示。

3）改变孔口面积。送风管断面积 F 及孔口 μ 值不变时，可根据管内静压变化，改变孔口面积 f_0，如图 4-11d 和图 4-11e 所示。

4）增大送风管断面积 F，减小孔口面积 f_0。对于如图 4-11f 所示的条缝形风口，试验表明，当 $\dfrac{f_0}{F}<0.4$ 时，始端和末端出口流速的相对误差在 10% 以内，可近似认为是均匀分布的。

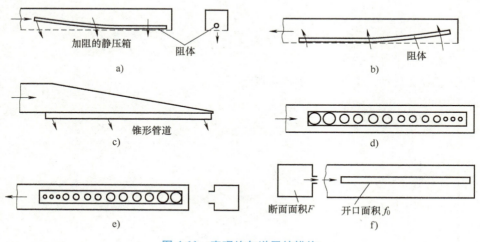

图 4-11　实现均匀送风的措施

4.3.2　均匀送风管道的计算步骤

在进行均匀送风管道计算时，先确定侧孔个数、侧孔间距及每个孔口出流量。均匀送风管道的计算任务是：确定侧孔面积、送风管道断面尺寸以及管道阻力。

均匀送风管道的计算步骤如下。

1. 计算静压速度及侧孔面积

均匀送风管道如图 4-12 所示。送风量为 L，采用等面积的侧孔送风，孔间距离 l 相等，根据房间对送风速度的要求，先拟定孔口平均速度 v_0，计算静压速度 v_j 及侧孔面积。

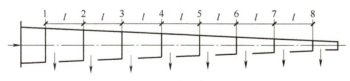

图 4-12　均匀送风管道

侧孔静压速度

$$v_j = \frac{v_0}{\mu} \tag{4-24}$$

侧孔面积

$$f_0 = \frac{L_0}{3600v_0} \tag{4-25}$$

侧孔静压

$$p_j = \frac{v_j^2 \rho}{2} \tag{4-26}$$

2. 确定第一孔口前第 1 断面的断面尺寸

按照 $\dfrac{v_j}{v_d} \geqslant 1.73$ 的原则设定 v_{d1}，求出第一孔口前管道断面 1 的尺寸或直径。

断面 1 动压

$$p_{d1} = \frac{v_{d1}^2 \rho}{2}$$

断面 1 直径

$$D_1 = \sqrt{\frac{L_1}{3600v_{d1} \times \dfrac{\pi}{4}}}$$

断面 1 全压

$$p_{q1} = p_j + p_{d1} \tag{4-27}$$

3. 确定第 2 断面处的全压

计算管段 1-2 的阻力 $(R_m l + p_Z)_{1-2}$，求得第 2 断面处的全压

$$p_{q2} = p_{q1} - (R_m l + p_Z)_{1-2} = p_j + p_{d1} - (R_m l + p_Z)_{1-2}$$

管段 1-2 的摩擦阻力

$$\Delta p_{m1} = R_{m1} l_1$$

管段 1-2 的局部阻力

空气流过侧孔直通部分的局部阻力系数 ζ 由表 4-9 查得。

局部阻力

$$p_{Z1} = \zeta \frac{v_{d2}^2 \rho}{2}$$

管道 1-2 的阻力

$$\Delta p_1 = R_{m1} l_1 + p_{Z1}$$

断面 2 全压

$$p_{q2} = p_{q1} - (R_{m1} l_1 + p_{Z1}) \tag{4-28}$$

4. 确定第 2 断面的断面尺寸

根据 p_{q2} 求出 p_{d2}，计算出第 2 断面处管道直径或断面尺寸。管段中各断面的静压相等，均为 p_j，则断面 2 的动压为

$$p_{d2} = p_{q2} - p_j$$

断面 2 流速

$$v_{d2} = \sqrt{\frac{2 p_{d2}}{\rho}}$$

断面 2 直径

$$D_2 = \sqrt{\frac{L_2}{3600 v_{d2} \times \frac{\pi}{4}}}$$

5. 确定第 3 断面的断面尺寸

计算管段 2-3 的阻力 $(R_m l + p_Z)_{2-3}$ 后，可求出断面 3 直径 D_3。

6. 确定其他断面的断面尺寸

依此类推，计算出其他断面处管道直径或断面尺寸。断面 1 处的全压即为管道的总阻力。

【例 4-2】 如图 4-13 所示的薄钢板圆锥形侧孔均匀送风管道，总送风量为 7200m³/h，开设 6 个等面积的侧孔，孔间距为 1.5m，试确定侧孔面积、各断面直径及风道总阻力损失。

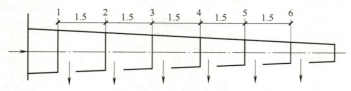

图 4-13 例题 4-2 均匀送风管道

【解】 （1）计算静压速度 v_j 和侧孔面积

设侧孔平均流速 $v_0 = 4.5$m/s，孔口流量系数 $\mu = 0.6$，则侧孔静压流速为

$$v_j = \frac{v_0}{\mu} = \frac{4.5}{0.6} \text{m/s} = 7.5 \text{m/s}$$

侧孔面积为

$$f_0 = \frac{L}{3600 v_0} = \frac{7200}{6 \times 3600 \times 4.5} \text{m}^2 = 0.074 \text{m}^2$$

取侧孔的尺寸为 250mm×300mm。

（2）计算断面 1 处流速和断面尺寸

由 $\alpha \geqslant 60°$，即 $\frac{v_j}{v_d} \geqslant 1.73$ 的原则确定断面 1 处流速为

$$v_{d1} = \frac{v_j}{1.73} = \frac{7.5}{1.73} \text{m/s} = 4.34 \text{m/s}$$

取 $v_d=4\mathrm{m/s}$，断面 1 动压为

$$p_{d1}=\frac{\rho v_d^2}{2}=\frac{1.2\times4^2}{2}\mathrm{Pa}=9.6\mathrm{Pa}$$

断面 1 直径为

$$D_1=\sqrt{\frac{7200\times4}{3600\times4\times3.14}}\mathrm{m}=0.8\mathrm{m}$$

（3）计算管道 1-2 的阻力损失

由风量 $L=6000\mathrm{m^3/h}$，近似以 $D_1=800\mathrm{mm}$ 作为平均直径，查附录 4 得：$R_{m1}=0.14\mathrm{Pa/m}$。
沿程损失为

$$\Delta p_{m1}=R_{m1}l_1=0.14\times1.5\mathrm{Pa}=0.21\mathrm{Pa}$$

空气流过侧孔直通部分的局部阻力系数为

$$\zeta=0.35\left(\frac{L_0}{L}\right)^2=0.35\times\left(\frac{1200}{7200}\right)^2=0.01$$

局部损失为

$$\Delta p_{Z1}=\zeta p_{d1}=0.01\times9.6\mathrm{Pa}=0.096\mathrm{Pa}$$

管段 1-2 总损失为

$$\Delta p_{1-2}=\Delta p_{m1}+\Delta p_{Z1}=(0.21+0.096)\mathrm{Pa}=0.306\mathrm{Pa}$$

（4）计算断面 2 处流速和断面尺寸

根据两侧孔间的动压降等于两侧孔间的阻力可得

$$p_{d2}=p_{d1}-\Delta p_{1-2}=(9.6-0.306)\mathrm{Pa}=9.294\mathrm{Pa}$$

断面 2 流速为

$$v_{d2}=\sqrt{\frac{2p_d}{\rho}}=\sqrt{\frac{2\times9.294}{1.2}}\mathrm{m/s}=3.94\mathrm{m/s}$$

断面 2 直径为

$$D_2=\sqrt{\frac{6000\times4}{3600\times3.94\times3.14}}\mathrm{m}=0.73\mathrm{m}$$

（5）计算管段 2-3 的阻力　由风量 $L=4800\mathrm{m^3/h}$，$D_2=730\mathrm{mm}$ 查附录得 $R_{m2}=0.14\mathrm{Pa/m}$。
沿程损失为

$$\Delta p_{m2}=R_{m2}l_2=0.14\times1.5\mathrm{Pa}=0.21\mathrm{Pa}$$

空气流过侧孔直通部分的局部阻力系数为

$$\zeta=0.35\left(\frac{L_0}{L}\right)^2=0.35\times\left(\frac{1200}{6000}\right)^2=0.014$$

局部损失为

$$\Delta p_{Z2}=\zeta p_{d2}=0.014\times9.294\mathrm{Pa}=0.13\mathrm{Pa}$$

管段 2-3 总损失为

$$\Delta p_{2-3}=\Delta p_{m2}+\Delta p_{Z2}=(0.21+0.13)\mathrm{Pa}=0.34\mathrm{Pa}$$

（6）按上述步骤计算其余各断面尺寸，计算结果见表 4-10。

（7）计算风道总阻力因风道末端的全压为零，因此风道总阻力应为断面 1 处具有的全压，即

$$\Delta p=p_{q1}=p_{d1}+p_{j1}=(33.75+9.6)\mathrm{Pa}=43.35\mathrm{Pa}$$

表 4-10　均匀送风风道计算表

断面编号	截面风量 $L/(\mathrm{m^3/h})$	静压 p_j/Pa	动压 p_d/Pa	流速 $v_d/(\mathrm{m/s})$	管径 D/mm	管段编号	管段风量 $L/(\mathrm{m^3/h})$	管段长度 l/m	比摩阻 $R_m/(\mathrm{Pa/m})$	$\dfrac{L_0}{L}$	局部阻力系数 ζ	沿程损失 $\Delta p_m/\mathrm{Pa}$	局部损失 $\Delta p_z/\mathrm{Pa}$	管段总损失 $\Delta p/\mathrm{Pa}$
1	7200	33.75	9.6	4	800	1-2	6000	1.5	0.14	0.167	0.01	0.21	0.096	0.306
2	6000	33.75	9.294	3.94	734	2-3	4800	1.5	0.14	0.2	0.014	0.21	0.13	0.34
3	4800	33.75	8.954	3.86	663	3-4	3600	1.5	0.15	0.25	0.022	0.225	0.197	0.422
4	3600	33.75	8.532	3.77	580	4-5	2400	1.5	0.14	0.333	0.039	0.21	0.333	0.543
5	2400	33.75	7.989	3.65	482	5-6	1200	1.5	0.1	0.5	0.088	0.15	0.703	0.853
6	1200	33.75	7.136	3.45	350									

4.4　风管的布置和敷设

　　风管是通风空调系统的主要组成部分，风管的任务是传输一定的空气量以满足空调房间的送风量、回风量或排风量的要求。在设计时需要考虑通风空调系统的要求，还要考虑风管的保温材料、风管所占的建筑空间和风管制作所需的材料等，通过各方面的综合考虑，使风管系统的设计经济适用。

4.4.1　风管系统的类型

1. 低速系统和高速系统

　　根据风管内空气流速的大小，风管系统可以分为低速系统和高速系统。流速的划分按风量的大小、风管的部位和技术经济状况等方面来确定。如果以风量和主风道来划分，一般认为当流速≥15m/s 或静压≥400Pa 时，称为高速系统。目前大部分建筑空调主送风管的风速都在 10m/s 以下，因此是低速系统。

　　近年来，高层民用建筑迅速发展。高层民用建筑造价高，应该尽可能地在有限的空间内，减少空调通风管的体积，降低空调工程的投资，同时为人们提供更多的使用空间。因此，通常将主风管内的风速控制在 12m/s 以上，目前空调系统常用消声器的最大使用风量在 8～10m/s，当风速过大时，消声器的消声量明显下降。因此，高速系统一般采用场所较多的是一些对噪声要求较低的房间。

2. 矩形风管和圆形风管

　　根据风管断面的几何形状，风管可以分为圆形风管和矩形风管。圆形风管的强度大，耗材少，但是占用空间大，不易布置，常用于民用与公用建筑的暗装，或用于工业厂房、地下人防的明装管道。矩形风管容易布置，便于与建筑空间配合，可作为结构风道，弯头及三通等部件的尺寸较圆形风管的部件小，且容易加工，因此使用较为普遍。

　　对于公共、民用建筑，为了利用建筑空间，降低建筑高度，使建筑空间易协调，通常采用方形或矩形风管。

3. 金属风管和非金属风管

　　根据风管所用的材料，风管可以分为金属风管和非金属风管。金属风管有镀锌薄钢板（白铁皮）、薄钢板和不锈钢板等。非金属风管有玻璃钢、塑料、木板、混凝土和砌砖等。选用风管材料应优先选用非燃烧材料制作，保温材料也应优先选用非燃烧材料。

风管材料的选择应根据使用要求和就地取材的原则进行。金属风管是常用材料，适用于各种空调系统。砖混凝土风道适用于地沟风道或利用建筑或构筑物的空间合成风道，用于通风量大的场合。塑料风管、玻璃钢风管适用于有腐蚀性的风道或空调系统。

土建式风道有混凝土现浇制成和砖砌体制成两种。土建式风道结构简单，随土建施工同时进行，与风管的连接方式也比较灵活。但是土建风道当风道截面较小时无法制作。土建式风道施工质量的好坏将影响风道的漏风量和空气流动摩擦阻力的大小。土建式风道使用较多的是通风竖井，它适用于空调新风的进风道，消防排烟及加压送风的竖风道和采用其他风道加工有困难的场所。

钢板制风道是目前通风空调系统中使用最广泛的风道。制作风道的钢板通常有镀锌钢板和普通钢板两种。镀锌钢板摩擦阻力小，使用寿命较长，风道制作快速方便。由于加工设备的限制，镀锌钢板的厚度不能太厚。

4. 软风管

软风管施工简单，安装灵活方便，但是风道空气流动阻力大。软风管主要有铝箔型软管、铝制波纹型半软管和玻璃纤维软管。铝箔型软管的柔软性和伸缩性都较好，它质量轻，连接方便，但强度较低，其截面形状通常为圆形。铝制波纹型半软管的截面通常为圆形或椭圆形，其强度高，但柔性和伸缩性相对较差。玻璃纤维软管的强度和柔韧性都较高，耐蚀性和伸缩性能也较好，可以做成圆形、椭圆形或矩形，对室内装修设计和与主风道或设备的连接都较为有利。

4.4.2　风管断面形状和风管材料

1. 风管的断面形状

风管断面形状通常为圆形和矩形。在相同断面积时，圆形风管的阻力小、用材省、强度较大；圆形风管直径较小时比较容易制造，保温方便。但是圆形风管管件的放样、制作较矩形风管困难，布置时不易与建筑、结构配合，明装时不易布置得美观。当风管中流速较高，风管直径较小时，可采用圆形风管，例如除尘系统和高速空调系统都用圆形风管。当风管断面尺寸大时，为了充分利用建筑空间，通常采用矩形风管，例如民用建筑空调系统都采用矩形风管。矩形风管的宽高比较大时，管道表面积要增加，因此设计风管时，除特殊情况外，宽高比尽可能接近1，适宜的宽高比在3.0以下，这样可以节省制造和安装费。

为了最大限度地利用板材，实现风管制作、安装机械化、工厂化，我国建筑行业制定了通风管道统一规格。在通风管道统一规格中，圆管的直径是指外径，矩形断面尺寸是其外边长，即尺寸都包括了相应的材料厚度。为了满足阻力平衡的需要，除尘风管和气密性风管的管径规格较多。管道的断面尺寸（直径和边长）采用 R_{20} 系列，即管道断面尺寸是以公比数 $\sqrt[20]{10} \approx 1.12$ 的倍数来编制的。

2. 风管材料的选择

制作风管的材料有钢板、硬聚氯乙烯塑料板、胶合板、纤维板、矿渣石膏板、砖及混凝土等。需要经常移动的风管，则大多用柔性材料制成各种软管，如塑料软管、橡胶管及金属软管等。风管材料应根据使用要求和就地取材的原则选用。

钢板是最常用的材料，易于工业化加工制作、安装方便、能承受较高温度，有普通钢板和镀锌钢板两种。镀锌钢板具有一定的防腐性能，适用于空气湿度较高或室内潮湿的通风、空调系统和有净化要求的空调系统。除尘系统因管壁磨损大，通常用厚度为 3.0~5.0mm 的钢板。一般通风系统采用厚度为 0.50~1.5mm 的钢板。

硬聚氯乙烯塑料板适用于有腐蚀作用的通风、空调系统。它表面光滑，制作方便，这种材料不耐高温，也不耐寒，只适用于-10~60℃，在辐射热作用下容易脆裂。

以砖、混凝土等材料制作的风管主要用于需要与建筑、结构配合的场合。这种风管节省钢材，结合装饰，经久耐用，但阻力较大。在体育馆、影剧院等公共建筑和纺织厂的空调工程中，常利用建筑空间组合成通风管道。这种管道的断面较大，可以降低流速，减小阻力，还可以在风管内壁衬贴吸声材料，降低噪声。

复合型轻质保温风管有较好的保温和阻燃性能，如酚醛泡沫塑料保温风管。铝箔面硬质酚醛泡沫夹芯板被广泛应用于通风空调管道，与传统的金属管加保温层的做法相比，其自重轻，便于安装制作，所需安装空间较小。

以玻璃纤维、氯氧镁水泥为表面加强层的玻镁风管板材，其表面不发霉，不繁殖细菌、真菌，无粉尘及纤维脱落，不产生空气污染。板材的复合结构具有良好的隔声和保温性能，并具有减振和吸声的功能，具有防火等级高、不生锈、耐腐蚀、强度高、不老化、使用寿命长、风阻低的特点。

4.4.3　风管的布置敷设和保温

1. 风管的布置

1）风管的布置必须考虑到建筑、结构各方面的实际需要和敷设的可能性，必须注意与结构、给排水、电等专业的配合和协调。

2）风管应注意布置整齐、美观和便于检修、测试。应与其他管道统一考虑，要防止冷热管道间的不利影响。应考虑各种管道的拆装方便。

3）风管的断面形状要与建筑空间适应。在不影响生产工艺操作的情况下，充分利用建筑空间组合成风道。风道的断面形状要和建筑结构相配合，使其达到巧妙、完美与统一。

4）风管系统要简洁与可靠。风管的布置应力求平直，主风管走向要短，减少分支管，少占空间、简洁与隐蔽。避免复杂的局部构件，弯头、三通等构件应设置得当，以减少阻力和噪声。

5）风管上应该设置必要的调节和测量装置或预留安装测量装置的接口。调节和测量装置应设在便于操作和观察的地点。

6）为了最大限度地利用板材，实现风管设计、制作、施工标准化、机械化，风管的断面尺寸要国标化。

7）风管尺寸的确定要综合考虑建筑空间，初始投资和运行费及噪声等因素。如果风管断面小，则消耗管材少，初始投资省，但是阻力大，运行费用高，而且噪声也可能高。如果风管断面尺寸大，则运行费用低，但是初始投资大，占用空间也大。

8）新风口应选择在较洁净的地点，尽量远离排风口，并应放在排风口的上风侧，而且进风口应低于排风口。为了避免吸入室外的灰尘，进风口底部距室外地坪不应低于2m。为了使夏季吸入室外空气温度低一些，应尽量布置在背阴处，宜设在北面，避免设在屋顶和西面。为了防止雨水倒灌，应设固定的百叶窗，并在百叶窗上加金属网，以免昆虫或鸟类飞入。

2. 风管的敷设

1）风管及部件穿墙、过楼板或屋面时，应设预留空洞。风管和空气处理室内不得敷设电线、电缆以及输送有毒、易燃、易爆气体或液体的管道。风管与配件可拆卸的接口和调节机构不得装设在墙或楼板内。

2）风管及部件安装前，应清除内外杂物及污物，并保持清洁；安装完毕后，应按系统压力等级进行严密性检验。

3）现场风口接口的配置，不得缩小其有效截面。

4）在砖墙或混凝土上预埋支架时，洞口内外应一致，水泥砂浆捣固应密实，表面应平整，预埋应牢固。

5）风管安装时应及时进行支、吊架的固定和调整，位置应正确、受力应均匀。支、吊架不得设置在风口、阀门、检查门及自控机构处；吊杆不宜直接固定在法兰上。

6）安装在支架上的圆风管应设托座。

7）明装风管水平安装和垂直安装时，水平度的偏差、垂直度的偏差和总偏差不应大于规范要求。暗装风管位置应正确、无明显偏差。

8）钢板风管与砖、混凝土风道的插接应顺气流方向，风管插入端与风管表面应平齐，并应进行密封处理。柔性短管的安装应松紧适度，不得扭曲。可伸缩性金属和非金属软风管的长度不宜超过 2m，并且不得有死弯或塌凹。

9）保温风管的支、吊架宜设在保温层外部，并不得损坏保温层。

3. 风管的保温

当风管在输送空气过程中冷、热量损耗大，为了保持送风空气温度不变，或者为了防止风管穿越房间时，对室内空气参数产生影响及低温风管表面结露，就需要对风管进行保温。经济保温层厚度要根据计算确定。

通常保温结构有三层：

（1）保温层　该层是保温结构的主要组成部分，所用绝热材料及绝热层厚度应符合设计要求。

（2）防潮层　该层所用的防潮材料主要有沥青及沥青油毡、玻璃丝布、聚乙烯薄膜等，用来防止水蒸气或雨水渗入保温材料，以保证保温材料良好的保温效果和较长的使用寿命。

（3）保护层　一般采用石棉石膏、石棉水泥、金属薄板及玻璃丝布等材料，主要作用是保护保温层或防潮层避免机械损伤。

常用的保温材料主要有：岩棉、离心玻璃棉、阻燃聚乙烯泡沫塑料、硬质聚氨酯泡沫塑料、橡塑海绵等。各种材料部分参数的比较见表 4-11。

表 4-11　各种材料部分参数的比较

种类	密度 /(kg/m³)	导热系数 /[W/(m·K)]	吸水率 /(g/200cm²)	透湿系数 /[g/(m²·s·Pa)]	防火性能
岩棉	100	0.038	83.3	1.3×10^{-5}	不燃烧
离心玻璃棉	48	0.031~0.038	25（随质量增加而增加）	4.0×10^{-5}	不燃烧
阻燃聚乙烯泡沫塑料	22	0.031	0.050	4.0×10^{-11}	离火自熄
硬质聚氨酯泡沫塑料	33	0.018	0.80	2.2×10^{-7}	可燃，加阻燃剂后离火 2s 内自熄
橡塑海绵	87	0.038	0.40	—	阻燃性 FV-0 级

4. 进风口和排风口的位置

（1）进风口　应设在室外空气较清洁的地点。进风口处室外空气中有害物质浓度不应大于室内作业地点最高允许浓度的 30%。进风口应尽量设在排风口的上风侧，并且应低于排风口。进风口的底部距室外地坪不宜低于 2.0m，当布置在绿化地带时不宜低于 1.0m。应避免进风、排风短路。降温用的进风口宜设在建筑物的背阴处。

新风进风口与排风口，并尽量保持不小于 10m 的间距；应避免进风、排风短路；为减少夏季新风负荷，新风口尽量设置在北向外墙上。新风进风口处应设有关闭严密的阀门（寒冷和严寒地区宜设保温阀），其作用是，当系统停止运行时，在夏季防止热湿空气侵入，以免造成金属表面和室内墙面结露；在冬季防止冷空气侵入，以免室温降低，以及加热盘管冻结。当采用手动风阀时，阀门位置的布置应考虑操纵方便。

（2）排风口　在一般情况下，通风用排气立管出口至少应高出屋面 0.50m。通风排气中的有害物质必须经大气扩散稀释时，排风口应位于建筑物气流负压区。要求在大气中扩散稀释的通风排气，其排风口上不应设风帽，为防止雨水进入风管。

排放大气污染物时，排气筒高度除需遵守《大气污染物综合排放标准》（GB 16297）中排放速率标准值外，还应高出周围 200m 半径范围内的建筑 5.0m 以上，不能达到该要求的排气筒，应按其高度对应的表列排放速率标准值 50% 严格执行。

排放两个相同污染物（不论其是否由同一生产工艺过程产生）的排气筒，若其距离小于其几何高度之和，应合并视为一根等效排气筒。若有三根以上的近距排气筒，且排放同一种污染物时，应按照前两根的等效排气筒与第三根合并，视为一根等效排气筒，再与第四根排气筒合并为等效排气筒。

新污染源的排气筒一般不应低于 15m。若某新污染源的排气筒必须低于 15m，其排放速率标准值必须小于按外推法计算结果的 50%。

4.5　气力输送系统的管道计算

气力输送是利用气流输送物料的一种输送方式，同时能有效防尘，例如车间内部和外部的粉（粒）状物料输送，如水泥、粮食、煤粉、型砂、烟丝等已广泛采用气力输送。

4.5.1　气力输送系统的形式

气力输送系统按其装置的形式和工作特点可分为吸送式、压送式、混合式和循环式。根据系统工作压力的不同，吸送式气力输送系统（简称吸送式系统）可分为低压（即低真空，真空度小于 9.8kPa）吸送式系统和高真空（真空度 40~60kPa）吸送式系统两种；压送式气力输送系统（简称压送式系统）可分为低压压送式系统和高压压送式系统两种。

1. 吸送式系统

低压吸送式系统风机启动后，系统内形成负压，物料和空气一起被吸入受料器，沿输料管送至分离器（设在卸料目的地），分离器分离下来的物料存入料仓，含尘空气则经除尘器净化后再通过风机排入大气。整个系统在负压下工作，所以也称负压气力输送系统，如图 4-14 所示。

吸送式气力输送系统的特点是适用于数处进料向一处输送，或输送位于低处的物料；进料方便，受料器构造简单；风机或真空泵的润滑油不会污损物料；对整个系统以及分离器下部卸料器的气密性有较高的要求。低压吸送式系统结构简单、使用维修方便。由于输送能量小，它的输送距离和输料量有一定限制。

2. 压送式系统

压送式系统分为以风机为动力的低压压送式系统和以压缩空气为动力的高压压送式系统。低压压送式系统如图 4-15 所示。压送式系统适宜用作将集中的物料向几处分配的物料分配系统，如卷烟厂卷烟机用的烟丝风送系统等。

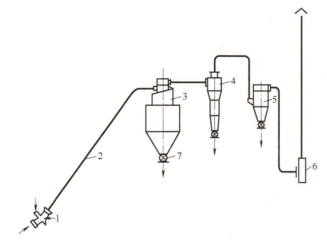

图 4-14　低压吸送式气力输送系统

1—受料器　2—输料管　3—分离器　4、5—除尘器　6—风机　7—卸料器

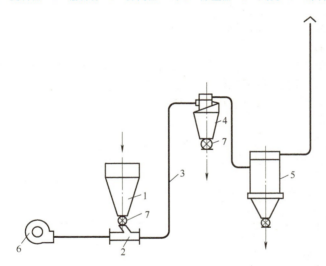

图 4-15　低压压送式系统

1—料斗　2—受料器　3—输料管　4—分离器　5—除尘器　6—风机　7—卸料器

4.5.2　气力输送系统管道阻力计算

在气力输送系统中，气流带动粉（粒）状物料一起流动，因此为气固两相流。两相流的流动阻力要比单相气流大，为简化计算，可以近似把两相流的流动阻力看作单相气流的阻力与物料颗粒运动引起的附加阻力之和。气力输送系统的管道阻力包括受料器阻力、空气和物料的加速阻力、物料的悬浮阻力、物料的提升阻力、分离器阻力、输料管的摩擦阻力和弯管等部件的局部阻力。

1. 受料器的阻力

$$\Delta p_1 = (C + \mu_1)\frac{v^2 \rho}{2} \tag{4-29}$$

式中　μ_1——料气比（kg/kg）；

v——输送风速（m/s）；

ρ——空气的密度（kg/m³）；

C——与受料器构造有关的系数，通过试验求得，可采用水平型受料器，取 $C=1.1\sim1.2$；
　　各种吸嘴取 $C=3.0\sim5.0$。

料气比 μ_1 也称为混合比，是单位时间内通过输料管的物料量与空气量的比值，所以也称料气流浓度，表示为

$$\mu_1 = \frac{G_1}{G} = \frac{G_1}{q_v\rho} \tag{4-30}$$

式中　μ_1——料气比 $\left[\dfrac{\text{kg（物料）}}{\text{kg（空气）}}\right]$；

　　　G_1——输料量（kg/s 或 kg/h）；

　　　G——空气量（kg/s 或 kg/h）；

　　　q_V——空气量（m³/s 或 m³/h）。

料气比大，所需输送风量小，管道、设备小，动力消耗少，在相同的输送风量下输料量大。设计气力输送系统时，在保证正常运行的前提下，应尽量达到较高的料气比。但是，提高料气比要受到管道堵塞和气源压力等条件的限制。因此，料气比的大小关系到系统工作的经济性、可靠性和输料量的大小。通常低压吸道式系统 $\mu_1=1\sim4$，低压压送式系统 $\mu_1=1\sim10$。

气力输送系统管路内的空气流速称为输送风速，输送风速的大小对系统的正常运行和能量消耗有很大影响，通常根据经验确定物料的悬浮速度及输送速度见表 4-12。输送的物料粒径、密度、含湿量、黏性较大时，或系统的规模大、管路复杂时，应采用较大的输送风速。

表 4-12　物料的悬浮速度及输送速度

物料名称	平均粒径/mm	密度/(kg/m³)	容积密度/(kg/m³)	悬浮速度/(m/s)	输送风速/(m/s)
稻谷	3.58	1020	550	7.5	16~25
小麦	4~4.5	1270~1490	600~810	9.8~11.0	18~30
大麦	3.5~4.2	1230~1300	600~700	9.0~10.5	15~25
大豆		1180~1220	560~760	10	18~30
花生	21×12	1020	620~640	12~14	16
茶叶		800~1200			13~15
煤粉		1400~1600			15~22
煤屑	0.01~0.03				20~30
煤灰		2000~2500			20~25
砂		2600	1410	6.8	25~35
水泥		3200	1100	0.223	10~25
潮模旧砂（含水量3%~5%）		2500~2800			22~28
干模旧砂、干新砂					17~25
陶土、黏土		2300~2700			16~23
锯末、刨花		750			12~19
钢丸	1~3	7800			30~40

2. 空气和物料的加速阻力

加速阻力是指空气和物料由受料器进入输料管后，从初速为零分别加速到最大速度 v 和物料速度 v_1 所消耗的能量，按下式计算

$$\Delta p_2 = (1 + \mu_1 \beta) \frac{v^2}{2} \rho \qquad (4\text{-}31)$$

式中　Δp_2——加速阻力（Pa）；

　　　β——系数。

$$\beta = \left(\frac{v_1}{v}\right)^2 \qquad (4\text{-}32)$$

式中　v_1——物料速度（m/s）；

　　　v——空气流速（m/s）。

物料速度 v_1 按下式计算：

$$\frac{v_1}{v} = 0.9 - \frac{7.5}{v} \qquad (4\text{-}33)$$

3. 物料的悬浮阻力

为了使输料管内的物料处于悬浮状态所消耗的能量称为悬浮阻力。悬浮阻力只存在于水平管和倾斜管。

水平管的悬浮阻力为

$$\Delta p_3' = \mu_1 \rho g l \frac{v_f}{v_1} \qquad (4\text{-}34)$$

与水平面夹角 α 的倾斜管的悬浮阻力为

$$\Delta p_3'' = \mu_1 \rho g l \frac{v_f}{v_1} \cos\alpha \qquad (4\text{-}35)$$

式中　v_f——悬浮速度（m/s）。

气流的悬浮速度在数值上等于物料的沉降速度。

4. 物料的提升阻力

在垂直管和倾斜管内，把物料提升一定高度所消耗的能量称为提升阻力。

$$\Delta p_4 = \frac{G_1 g h}{q_V} = \frac{G_1 g h}{\dfrac{G}{\rho}} = \mu_1 \rho g h \qquad (4\text{-}36)$$

式中　Δp_4——物料的提升阻力（Pa）；

　　　h——物料提升的垂直高度（m）。

若物料从高处落下，则 Δp_4 为负值。

5. 分离器阻力

$$\Delta p_7 = (1 + K\mu_1) \zeta \frac{v^2 \rho}{2} \qquad (4\text{-}37)$$

式中　Δp_7——分离器阻力（Pa）；

　　　v——入口风速（m/s）；

　　　ζ——分离器的局部阻力系数；

　　　K——局部阻力附加系数，其与分离器入口风速有关，如图 4-16 所示。

6. 输料管的摩擦阻力

摩擦阻力包括气流的阻力和物料引起的附加阻力两部分，其计算式如下

$$\Delta p_5 = \Delta p_m + \Delta p_{ml} = (1 + K_l \mu_l) R_m l \qquad (4\text{-}38)$$

式中　Δp_5——输料管的摩擦阻力（Pa）；

　　　K_l——摩擦阻力附加系数，其与物料性质有关，见表 4-13；

　　　R_m——输送空气时单位长度摩擦阻力（Pa/m）；

　　　l——输料管长度（m）。

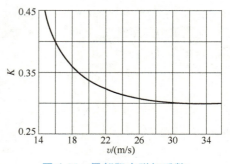

图 4-16　局部阻力附加系数

表 4-13　摩擦阻力附加系数

物料种类	输送风速/(m/s)	料气比 μ_l	K_l
细粒状物料	25~35	3~5	0.5~1.0
粒状物料			
（低压吸送）	16~25	3~8	0.5~0.7
（高真空吸送）	20~30	15~25	0.3-0.5
粉状物料	16~32	1~4	0.5~1.5
纤维状物料	15~18	0.1~0.6	1.0~2.0

7. 弯管等部件的局部阻力

弯管阻力

$$\Delta p_6 = (1 + K_0 \mu_l) \zeta \frac{v^2 \rho}{2} \qquad (4\text{-}39)$$

式中　Δp_6——弯管阻力（Pa）；

　　　ζ——弯管的局部阻力系数；

　　　K_0——弯管局部阻力附加系数，其与弯管布置形式有关，见表 4-14。

变径管等其他部件的阻力可按式（4-37）计算，式中 ζ 为各部件的局部阻力系数；K 值由图 4-16 查得。

表 4-14　弯管局部阻力附加系数

弯管布置形式	K_0
垂直（向下）弯向水平（90°）	1.0
垂直（向上）弯向水平（90°）	1.6
水平弯向水平（90°）	1.5
水平弯向垂直（向上，90°）	2.2

思考题与习题

1. 简述通风空调管道的类型和特点。
2. 如何确定通风空调管道的局部阻力？

3. 通风空调系统管道设计流速是如何确定的?

4. 进行通风空调系统风机选择时,需要哪些参数?

5. 简述进行通风空调风道系统设计时,如何兼顾系统的经济性和节能性。

6. 简述通风空调系统风道设计的计算方法和步骤。

7. 如何绘制管道内压力分布图,分析管道内压力分布的用途是什么?

8. 在进行通风空调管道设计时,如果各分支管路的阻力不满足平衡要求,可以采用哪些方法进行调整?

9. 根据均匀送风管道的设计原理,简述采用什么方法可以实现均匀送风。

10. 简述通风空调管道布置和敷设的原则。

11. 某矿渣混凝土板通风管道,宽 1.2m,高 0.6m,管内风速为 8m/s,空气温度为 18℃,计算其单位长度摩擦阻力。

12. 某矩形风管的断面尺寸为 400mm×200mm,管长 9m,风量为 0.88m³/s,在 $t=20℃$ 的工况下运行,如果采用薄钢板或混凝土($K=3.0mm$)制风管,试分别用流速当量直径和流量当量直径计算其摩擦阻力。

13. 有一矩形断面的均匀送风管,总长度 15m,总送风量 9500m³/h。均匀送风管上设有 8 个侧孔,侧孔间的间距为 1.5m。确定该均匀送风管的断面尺寸、阻力及侧孔的尺寸。

参 考 文 献

[1] 孙一坚. 简明通风设计手册 [M]. 北京:中国建筑工业出版社,1997.

[2] 孙一坚. 工业通风 [M]. 4 版. 北京:中国建筑工业出版社,2010.

[3] 王汉青. 通风工程 [M]. 2 版. 北京:机械工业出版社,2018.

[4] 冯永芳. 实用通风空调风道计算法 [M]. 北京:中国建筑工业出版社,1995.

[5] 苏永森. 刘锦良. 工业厂房通风技术 [M]. 天津:天津科学技术出版社,1985.

[6] 赵荣义. 简明空调设计手册 [M]. 北京:中国建筑工业出版社,1998.

[7] 茅清希. 工业通风 [M]. 上海:同济大学出版社,1998.

第 5 章
湿空气的状态参数和焓湿图

空调技术是社会经济和技术发展的产物。自从人类学会了构筑房舍，用其来遮风避雨，防止烈日的曝晒，就创造了不同于自然条件的室内环境。为了度过严寒的冬季，利用火炉取暖，为了排除室内的污浊空气，打开窗户进行通风。

人们大规模利用机器进行生产之后，逐渐认识到生产车间室内空气环境对提高产品质量的重要性。在纺织行业，空气的温、湿度对成品率和产品质量的影响不可忽视。同时，机械工业和冶金工业的发展为空调的发展准备了必要的技术条件。随着经济的发展，人们的生活水平提高，对公共及居住建筑的舒适要求也不断提高，进一步增强了对空调技术的社会需求。

科学技术的不断进步使各门学科内容逐渐丰富和完善。在此基础上，独立的现代空调技术学科随着工业生产和人们对环境要求的需要而形成，它以热力学、传热学和流体力学为主要理论基础，综合了建筑、机械、电工和电子等工程学科的成果，专门研究和解决各类工作、生活、生产和科学试验所要求的内部空间环境问题。

空气调节（简称空调）是同时控制内部空间空气的温度、湿度、洁净度、气流分布和运动等的系统或方法。空气调节的任务是：采用技术手段，创造并保持一定要求的空气环境。《供暖通风与空气调节术语标准》（GB/T 50155—2015）将空气调节定义为：使服务空间内的空气温度、湿度、洁净度、气流速度和空气压力梯度等参数达到给定要求的技术。

空气调节的应用十分广泛。在公共与民用建筑中，图书馆、展览馆和大会堂等设有空气调节；随着人们物质文化生活水平的提高，在饭店、商场和住宅等建筑物中空气调节的普及率日益提高。在工业生产中，纺纱车间空气的温度、湿度太高或太低，会影响产品的质量和生产效率，也会影响工人的身体健康；光学仪器的生产和机械工业的精密加工间、计量等，只有在车间内的空气环境温度、湿度波动很小时，才能保证产品的质量和精度；集成电路及显像管的制造与生产车间，不仅要求一定的空气温度、湿度，而且对空气的含尘浓度和尘粒大小也有严格的要求。在现代农业生产中，大型温室、禽畜养殖、粮食贮存等需要对内部空间环境进行调节；药品、食品工业以及生物实验室、医院手术室等，不仅要求一定的空气温度、湿度，而且要求控制空气的含尘浓度及细菌数量。另外，在宇航、地下与水下设施中，也必须安装空气调节装置。

空气调节具有广阔的发展前景，空气调节将由主要解决空气环境的温、湿环境的调节和控制，发展到内部空间环境质量的全面调节和控制。

5.1 湿空气的组成和状态参数

5.1.1 湿空气的组成

空气调节是采用技术手段把某种特定空间内部的空气环境控制在一定状态下，以满足人体舒适或生产工艺的要求。在空气调节工程中，研究和控制的对象是空气，因此首先应该了解空气的性质、掌握空气调节参数的表示方法和确定原则。

空调工程中对所处理的空气和特定空间内部的空气都称为湿空气，我们把湿空气看作由干空气和水蒸气所组成的混合物。干空气的主要成分是氮、氧和二氧化碳，由于某些因素产生的有害气体使干空气的组成比例有所变化，但是这种改变对干空气的热工特性的影响很小，因此总体上可以将干空气作为一个整体来看待。水蒸气在湿空气中的数量少，经常随着气象条件等因素的变化而变化，不是固定不变的。湿空气中水蒸气含量的多少影响人体的热舒适感觉，除此之外，水蒸气含量的变化也对一些工业生产的产品质量产生影响。因此，湿空气中水蒸气的含量虽然少，但是它的变化所产生的结果是我们非常关心的问题。

自然界中的空气含有氮、氧、二氧化碳、水蒸气和稀有气体等多种成分，是一种混合气体。表 5-1 列出了干空气的组成。空气中除了干空气之外，还包含有水蒸气。通常将干空气和水蒸气的混合气体称为湿空气（简称空气）。湿空气中的水蒸气含量很少，它来源于海洋、江河、湖泊表面的水分蒸发，各种生物（人、动植物等）的生理过程以及工艺生产过程。在空气中，水蒸气的绝对值是不稳定的，它常常随着季节、气候、湿源等各种条件的变化而改变。空气中水蒸气含量虽然不多，但它是天气变化中的一个重要因素。随着大气温、湿度变化，它可以变为水滴、冰晶，冰雹和降雨。此外，水蒸气含量的变化还会引起湿空气干、湿程度的改变，影响人体感觉、产品质量、工艺过程和设备维护等。空气中干空气的组成比例虽然基本不变，但在局部范围内，由于人类生活和生产活动或某些自然现象，都可能因某种气体的混入而影响空气组成比例的改变。如大气中的二氧化碳含量（按容积）一般约占 0.03%，而在人口稠密的城市或工业城市，二氧化碳的含量会显著增加，有时可达到 0.05%，当空气中的二氧化碳达到一定程度时，就会危害人体的健康。

湿空气中水蒸气的含量很少，它与干空气的质量比在千分之几到千分之二十几的范围内，并且常随季节、气候等各种条件而变化。空气中水蒸气含量的变化又会使湿空气的物理性质随之发生变化，对人类活动和工业生产和产品质量带来很大的影响。

表 5-1　干空气的组成

气 体 名 称	质量百分比（%）	体积百分比（%）
氮气	75.55	78.13
氧气	23.1	20.90
二氧化碳	0.05	0.03
稀有气体	1.30	0.94

5.1.2　湿空气的状态参数

在热力学中，把常温常压下的干空气视为理想气体，同时湿空气中的水蒸气一般处于过热状态，加上水蒸气的数量少，分压力很低，比体积很大，也可近似地看作理想气体。所以由干空气和水蒸气组成的湿空气也具有理想气体特性，可以用理想气体状态方程来表示湿空气的主要状态参数的相互关系

$$p_g V = m_g R_g T \quad 或 \quad p_g v_g = R_g T \tag{5-1}$$

$$p_q V = m_q R_q T \quad 或 \quad p_q v_q = R_q T \tag{5-2}$$

$$v_g = \frac{1}{\rho_g} = \frac{V}{m_g}$$

$$v_q = \frac{1}{\rho_q} = \frac{V}{m_q}$$

式中　p_g、p_q——干空气及水蒸气的分压力（Pa）；

　　　　V——湿空气的总体积（m^3）；

　　　　m_g、m_q——干空气及水蒸气的质量（kg）；

　　　　T——湿空气的热力学温度（K）；

　　　　R_g、R_q——干空气及水蒸气的气体常数［J/(kg·K)］；

　　　　v_g、v_q——干空气及水蒸气的比体积（m^3/kg）；

　　　　ρ_g、ρ_q——干空气及水蒸气的密度（kg/m^3）。

由试验测得 1kmol 气体分子的体积为 22.4145m^3，可以计算得到摩尔气体常数 R_0

$$R_0 = \frac{101325 \times 22.4145}{273.15} \text{J/(kmol·K)} = 8314.66 \text{J/(kmol·K)}$$

得到，干空气和水蒸气的气体常数分别为

$$R_g = \frac{8314.66}{28.7} \text{J/(kg·K)} = 290 \text{J/(kg·K)}$$

$$R_q = \frac{8314.66}{18.02} \text{J/(kg·K)} = 461 \text{J/(kg·K)}$$

空气的物理性质用称为状态参数的指标来衡量。例如，空气的冷热程度用温度来衡量，空气的潮湿程度用相对湿度来衡量。空气的状态参数有许多，与空气调节最密切的状态参数有以下几个。

1. 压力

（1）大气压力 p_a　地球表面单位面积上所受到的大气的压力称为大气压力。大气压力不是一个定值，随着海拔、季节和气候条件而变化。通常把 0℃下北纬 45°海平面上作用的大气压力作为一个标准大气压（atm），其值为

$$1\text{atm} = 101325\text{Pa} = 1.01325\text{bar}$$

（2）水蒸气分压力 p_q　湿空气中水蒸气单独占有湿空气容积，并具有与湿空气相同温度时所产生的压力，称为湿空气中水蒸气的分压力。

水蒸气分压力的大小反应空气中水蒸气含量的多少。空气中的水蒸气含量越多，水蒸气分压力就越大。

（3）饱和水蒸气分压力 $p_{q,b}$　在一定温度下，湿空气中水蒸气含量达到最大限度时称湿空气处于饱和状态，此时相应的水蒸气分压力称为饱和水蒸气分压力。

湿空气的饱和水蒸气分压力是温度的单值函数。湿空气是由干空气和水蒸气组成的，因此根据道尔顿分压定律，湿空气的压力应等于干空气分压力与水蒸气分压力之和，即

$$p_a = p_g + p_q \tag{5-3}$$

2. 密度

湿空气中的干空气和水蒸气均匀混合并占有相同的体积，因此湿空气的密度等于干空气的密度和水蒸气的密度之和，用符号表示 ρ，单位 kg/m^3。湿空气的密度可按下式计算

$$\rho = \rho_g + \rho_q = \frac{p_g}{R_g T} + \frac{p_q}{R_q T} = 0.003484 \frac{p_a}{T} - 0.00134 \frac{p_q}{T} \tag{5-4}$$

当有必要精确计算湿空气的密度时，也可以按下式进行计算

$$\rho_s = \frac{p_a(1+d)}{461(273.15+t)(0.622+d)}$$ (5-5)

式中　d——湿空气的含湿量，[kg/kg（干空气）]。

对于干空气，其密度的计算公式为

$$\rho_0 = \frac{0.003484p_a}{273.15+t}$$ (5-6)

在标准大气压下，p_a 值为 101325Pa，将其代入（5-6），得到标准大气压下干空气密度的计算公式为

$$\rho_0 = \frac{353}{T}$$ (5-7)

式中　T——空气的热力学温度（K）。

3. 温度

温度是反应空气冷热程度的状态参数，是分子热运动的宏观表现。温度值的高低用温标表示。常用的温标有绝对温标（T）和摄氏温标（t），二者的关系为

$$t = T - 273$$ (5-8)

4. 湿量

（1）含湿量 d　含湿量的定义为每千克干空气中所含有的水蒸气量，单位用 kg/kg（干空气）或 g/kg（干空气）表示，即

$$d = \frac{m_q}{m_g}$$ (5-9)

式中　d——湿空气的含湿量 [kg/kg（干空气）]；

　　　m_q——湿空气中水蒸气的质量（kg）；

　　　m_g——湿空气中干空气的质量（kg）。

根据式（5-1）、式（5-2）和式（5-9）可以整理为

$$d = 0.622\frac{p_q}{p_g}$$ (5-10)

$$d = 0.622\frac{p_q}{p_a-p_q}$$ (5-11)

由式（5-11）可以得出，含湿量的大小随空气中水蒸气含量的多少而改变，它可以确切地表明空气中水蒸气含量的多少，含湿量和水蒸气分压力是相互关联的参数，可以用含湿量表示空气被加湿的程度。

含湿量 d 的单位用 g/kg（干空气）表示时，公式可以写为

$$d = 622\frac{p_q}{p_a-p_q}$$ (5-12)

含湿量的大小随空气中水蒸气含量的多少而改变，它可以确切地表明空气中水蒸气含量的多少。

（2）相对湿度 φ　湿空气中的水蒸气分压力和相同温度下湿空气的饱和水蒸气分压力之比称为空气的相对湿度，即

$$\varphi = \frac{p_q}{p_{q,b}}\times100\%$$ (5-13)

相对湿度反映了湿空气中的水蒸气分压力与同温度下饱和水蒸气分压力的接近程度，反映

了空气的潮湿程度。相对湿度 $\varphi = 0$ 时，是干空气，$\varphi = 100\%$ 时，为饱和湿空气。

5. 比焓

每千克干空气的比焓和 d 千克水蒸气的比焓的总和，称为（$1+d$）千克湿空气的比焓，其单位为 kJ/kg（干空气），用符号 h 表示。

在空调工程中，湿空气状态变化过程可以近似看作定压过程，因此湿空气变化时初状态和终状态的焓差反映了状态变化过程中热量的变化，即

$$q\Delta h = \Delta Q \tag{5-14}$$

湿空气的比焓是以 1kg 干空气为计算基础。1kg 干空气的比焓和 $d$kg 水蒸气的比焓之和，为（$1+d$）kg 湿空气的比焓。取 0℃ 的干空气和 0℃ 的水比焓值为零，则湿空气的比焓（kJ/kg）为

$$h = h_g + dh_q \tag{5-15a}$$

干空气的比焓 h_g（kJ/kg）为 $\qquad h_g = c_{p,g}t \tag{5-15b}$

水蒸气的比焓 h_q（kJ/kg）为 $\qquad h_q = c_{p,q}t + 2500 \tag{5-15c}$

式中 $\quad c_{p,g}$——干空气的比定压热容，在常温下 $c_{p,g} = 1.005$kJ/（kg·K），近似取 1kJ/（kg·K），或 1.01kJ/（kg·K）；

$\quad c_{p,q}$——水蒸气的比定压热容，在常温下 $c_{p,q} = 1.84$kJ/（kg·K）；

$\quad 2500$——0℃ 时的水的汽化热（kJ/kg）。

则湿空气的比焓为

$$h = 1.01t + d(2500 + 1.84t) \tag{5-16}$$
$$h = (1.01 + 1.84d)t + 2500d \tag{5-17}$$

式（5-17）中，$(1.01 + 1.84d)t$ 是与温度有关的热量，称为"显热"；$2500d$ 仅与含湿量有关，与温度无关，称为"潜热"。$2500d$ 是 0℃ 时 $d$kg 水的汽化热。从式（5-17）可知，湿空气的比焓值随温度和含湿量的变化而变化，当温度和含湿量升高时，比焓值增加；反之，比焓值降低。而当温度升高、含湿量减少时，由于 2500 比 1.84 和 1.01 大很多，因此比焓值不一定会增加。

6. 露点温度

某一状态的空气在含湿量不变的情况下，冷却到饱和状态（$\varphi = 100\%$）时所具有的温度称为该状态空气的露点温度，用符号 t_1 表示。

当湿空气被冷却时，只要湿空气温度大于或等于其露点温度，就不会出现结露现象。因此，湿空气的露点温度是判断是否结露的判据。如果将某表面的温度降低到周围空气的露点温度以下，则该空气将从未饱和变为饱和，进而达到过饱和状态，于是空气中的一部分水汽立即在冷表面上凝结成水珠，这就是结露现象。判断是否结露，主要看表面温度是低于还是高于空气的露点温度。在空调技术中，有时要利用结露的规律。例如，利用露点温度来判断保温材料是否选择得合适，检验冬季围护结构的内表面是否结露，夏季送风管道和制冷设备保温材料外表面是否结露；对空气进行热湿处理时利用低于空气露点温度的水去喷淋热湿空气，或者让热湿空气流过其表面温度低于露点温度的空气冷却器，从而对空气进行冷却减湿处理。

用焓湿图确定空气露点温度的方法如图 5-1 所示，由 A 沿等 d 线向下与 $\varphi = 100\%$ 线交点的温度即露点温度。另外，可以通过查湿空气的特性参数确定其露点温度，即将

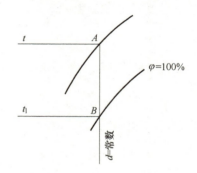

图 5-1 用焓湿图确定空气露点温度

湿空气的水蒸气分压力视为饱和空气的水蒸气分压力，饱和空气的水蒸气分压力所对应的空气温度就是该状态下湿空气的露点温度。

空气的露点温度可用下述公式来近似计算

$$t_1 = A\varphi + Bt \tag{5-18}$$

式中　φ——空气的相对湿度（%）；

　　　t——空气的温度（干球温度）（℃）；

　A、B——计算系数，见表 5-2。

表 5-2　露点温度计算系数值

$\varphi(\%)$	$A/℃$	$B/(℃/℃)$
30	−14.501922	0.842345
40	−11.195327	0.876491
50	−8.539849	0.904096
60	−6.345999	0.927906
70	−4.461370	0.948767
80	−2.809702	0.967488
90	−1.329306	0.984380
100	0.000000	1.000000

7. 湿球温度

干球温度计和湿球温度计如图 5-2 所示。在温度计的感温包上裹有纱布，纱布的下端浸在盛有水的容器中，在毛细现象的作用下，纱布处于湿润状态，这只温度计称为湿球温度计，所测量的温度称为空气的湿球温度，湿球温度用符号 t_s 表示。常见的没有包纱布的温度计称为干球温度计，所测量的温度称为空气的干球温度，也就是空气的实际温度。

湿球温度是指某一状态的空气同湿球温度表的湿润温包接触，发生绝热热湿交换，使其达到饱和状态时的温度。湿球温度计的读数反映了湿球纱布中水的温度。对于一定状态的空气，干、湿球温度的差值就反映了空气相对湿度的大小。

湿球温度是指某一状态的空气同湿球温度计的湿润温包接触，发生绝热热湿交换，使其达到饱和状态时的温度。其含义是用温包上裹着湿纱布的温度计在流速大于 2.5m/s 且不受直接辐射的空气中，所测得的纱布表面水的温度，以此作为空气接近饱和程度的一种度量。

当空气的 $\varphi < 100\%$ 时，湿纱布中的水分存在着蒸发现象。如果水温高于空气的温度，水蒸发的热量首先取自水分本身，因此纱布的温度下降。不管原来水温多高，经过一段时间后，水温最终降至空气温度以下，这时空气要向水面传热，该传热量随着空气与水之间温差的加大而增多。当水温降至某一温度值时，空气向水面的传热量（显热）刚好补充水分蒸发所需的汽化热，此时水温不再下降，达到稳定的状态。在这一稳定状态下，湿球温度计的读数就是湿球温度。如果水温低于空气的温度，空气向水面的温差传热一方面供给水分蒸发所需的汽化热，另一方面供水温的升高。随着水温的升高，传热量减少，最终达到温差传热（显热）与蒸发所需汽化热的平衡，水温稳定并等于空气的湿球温度。

图 5-2　干球温度计和湿球温度计

在相对湿度不变的情况下，湿球温度计纱布上的水分蒸发可以认为是稳定的，从而蒸发所需的热量也是一定的。当空气的相对湿度较小时，纱布上的水分蒸发快，所需的热量多湿球水温下降得多，因而干、湿球温差大。反之，干、湿球温差小。当 $\varphi = 100\%$ 时，纱布上的水分就不再蒸发，干、湿球温度计读数就相等。周围空气的饱和差越大，湿球温度计上发生的蒸发越强，而其湿度也就越低。由此可见，在一定的空气状态下，干、湿球温差值反映了该状态空气的相对湿度的大小。

假设忽略湿球与周围物体表面辐射换热的影响，并保持湿球表面周围的空气不滞留，热湿交换充分，则湿球周围空气向湿球表面的温差传热量为

$$dq_1 = \alpha(t - t'_s)\,df \tag{5-19}$$

式中　α——空气与湿球表面的传热系数 $[\mathrm{W}/(\mathrm{m}^2 \cdot {}^\circ\mathrm{C})]$；

　　　　t——空气的干球温度（℃）；

　　　　t'_s——湿球表面水的温度（℃）；

　　　　df——湿球表面的面积（m^2）。

$$dw = \frac{p_{a0}}{p_a}\beta(p'_{q,b} - p_q)\,df \tag{5-20}$$

式中　dw——与温差传热同时进行的水的蒸发量（kg/s）；

　　　　β——湿交换系数 $[\mathrm{kg}/(\mathrm{m}^2 \cdot \mathrm{s} \cdot \mathrm{Pa})]$；

　　　　$p'_{q,b}$——周围空气的水蒸气分压力（Pa）；

　　　　p_q——湿球表面水温下的饱和水蒸气分压力（Pa）；

　　　　p_a——当地实际大气压（Pa）；

　　　　p_{a0}——标准大气压（Pa）。

水分蒸发所需的汽化热量

$$dq_2 = r\,dw \tag{5-21}$$

式中　r——汽化热（kJ/kg）。

当湿球与周围空气间的热湿交换达到稳定状态时，则湿球温度计的读数不再发生变化，此时空气传给湿球的热量等于湿球水分蒸发所需的热量，即

$$dq_1 = dq_2$$

$$\alpha(t - t'_s)\,df = \frac{p_{a0}}{p_a}r\beta(p'_{q,b} - p_q)\,df \tag{5-22}$$

上式中的 t'_s 为湿空气的湿球温度 t_s，湿球表面的 $p'_{q,b}$ 为对应于 t_s 下的饱和空气层的水蒸气分压力，记为 $p^*_{q,b}$。整理式（5-22）得

$$p_q = p^*_{q,b} - A(t - t_s)p_a \tag{5-23}$$

式中，$A = \alpha/(\gamma\beta101325)$。

由于 α、β 均与空气流过湿球表面的风速有关，因此 A 值应由试验确定或采用经验公式计算

$$A = \left(65 + \frac{6.75}{v}\right) \times 10^{-5} \tag{5-24}$$

式中　v——空气流速（m/s），一般取 $v \geq 2.5\mathrm{m/s}$。

从式（5-23）看出，可以用干、湿球温度差 $(t - t_s)$ 来计算出湿空气中水蒸气的分压力 p_q。干、湿球温度差值越大，水蒸气分压力越小，当 $(t - t_s) = 0$ 时，$p_q = p^*_{q,b}$，空气达到饱和。

由干球温度 t，查有关图表可以得空气的饱和水蒸气分压力 $p_{q,b}$，再由式 $\varphi = \dfrac{p_q}{p_{q,b}}$ 计算出空气的

相对湿度。

干湿球温度计读数差的大小反映了湿空气相对湿度的状况。从式（5-23）可知，只要知道了空气的 t、t_s 和 p_q（或 d）三个参数中任意两个，就可以求得第三个参数，然后再利用其他公式，求出其余参数。因此，湿球温度 t_s 可以看成是确定空气状态的独立参数。只有当 t_s = 0℃时，湿球温度成为非独立参数。湿球温度容易测量，可以利用湿球温度来衡量使用喷水室、空气蒸发冷却器、冷却塔、蒸发式冷凝器等设备的冷却和散热效果，并判断它们的使用范围。

水与空气的热湿交换与湿球周围的空气流速有很大的关系。即使在相同的空气条件下，空气流速不同，所测得的湿球温度也会不同。空气流速越小，空气与水的热湿交换不充分，测得的湿球温度误差越大；空气流速越大，空气与水的热湿交换越充分，测得的湿球温度越准确。试验证明，当空气流速大于 2.5m/s 时，空气流速对水与空气的热湿交换影响不大，湿球温度趋于稳定。因此，为了使干、湿球温度计能准确地反映湿空气的相对湿度，应使流经湿球的空气流速大于 2.5m/s。在实际测量中，要求湿球周围的空气流速保持在 2.5~4.0m/s。

可以用式（5-23）计算得到湿球温度。由于空气的湿球温度 t_s 能够间接反映空气湿度的状态参数，可用下式近似计算

$$t_s = C\varphi + Dt \tag{5-25}$$

式中　φ——空气的相对湿度（%）；

　　　t——空气的温度（干球温度）（℃）；

　C、D——计算系数，见表 5-3。

表 5-3　湿球温度计算系数值

$\varphi(\%)$	$C/℃$	$D/(℃/℃)$
30	−5.082366	0.750256
40	−4.740581	0.811202
50	−4.131947	0.858568
60	−3.342766	0.896106
70	−2.536432	0.928161
80	−1.666897	0.955048
90	−0.824302	0.978813
100	0.000000	1.000000

5.1.3　空调基数和空调精度

不同使用目的的空调房间的空气状态参数控制指标是不同的，一般情况下，主要是控制空气的温度和相对湿度，通常用空调基数和空调精度两组指标来规定。

1. 空调基数

空调基数是指根据生产工艺或人体的舒适性要求，在空调区域内所需保持的空气基准温度与基准相对湿度。

2. 空调精度

空调精度是指根据生产工艺或人体的舒适性要求，在空调区域内空气的温度和相对湿度所允许的波动范围。

例如：$t_n = 20 \pm 1℃$ 和 $\varphi_n = 50 \pm 10\%$，其中 20℃ 和 50% 是空调基数，±1℃ 和 ±10% 是空调精度。

根据空调系统所服务的对象不同，可分为舒适性空调和工艺性空调。用于民用建筑的舒适性空调，主要是从满足人体热舒适要求的方面来确定室内空气的温度、湿度要求，对精度无严格的要求。工艺性空调的室内空气参数的要求主要是根据生产工艺对温度、湿度的特殊要求来确定空调基数和空调精度，兼顾人体的卫生要求。

根据我国的情况，《民用建筑供暖通风与空气调节设计规范》（GB 50736—2012）对舒适性空调的室内参数做了规定，见表 5-4。Ⅰ级热舒适度较高，Ⅱ级热舒适度一般。

表 5-4　人员长期逗留区域空调室内计算参数

类　　别	热舒适度等级	温度/℃	相对湿度（%）	风速/(m/s)
供热工况	Ⅰ级	22~24	≥30	≤0.2
	Ⅱ级	18~22	—	≤0.2
供冷工况	Ⅰ级	24~26	40~60	≤0.25
	Ⅱ级	26~28	≤70	≤0.3

对于具体的民用建筑，我国有关部门均制定了具体的室内参数设计指标。

工业建筑中室内空气参数是由生产工艺过程的特殊要求决定的，在可能的情况下，应尽量兼顾人体的热舒适性要求。由于生产工艺过程的不断改进，生产的产品质量日益提高，相应地室内空气参数的控制要求也有所提高或有所降低，因此室内空气参数需要与工艺人员慎重研究后确定。

各种建筑空调室内参数的确定可从有关的空气调节设计手册中查取，或查阅《民用建筑供暖通风与空气调节设计规范》（GB 50736—2012）。

5.2　湿空气的焓湿图

湿空气的状态参数可以用含湿量计算式［式（5-12）］，比焓计算式［式（5-16）］进行计算，当大气压力 p_a 为定值时，公式中包含有 t、h、d、φ、p_q、$p_{q,b}$ 六个参数，其中 t、h、d、φ 四个参数为独立参数。湿空气的焓湿图是指在一定的大气压下，将湿空气的主要状态参数之间的关系用线图表示出来，图上的每一点代表了湿空气的某一种状态；图上的一条线表示湿空气状态的变化过程。

湿空气的状态参数可以用公式计算确定，也可以查湿空气物理性质表确定，而采用焓湿图能直观地确定湿空气的状态参数、进行空调设计和分析空调运行工况。

5.2.1　焓湿图的坐标

湿空气的焓湿图如图 5-3 所示。焓湿图的纵坐标为比焓 h，横坐标为含湿量 d。取 $t=0$ 和 $d=0$ 的干空气状态点为坐标原点，纵坐标和横坐标的夹角为 135°。焓湿图是对应于某一大气压力 p_a 下绘制的，也称为 h-d 图。对应于不同的大气压力 p_a，可绘制出不同的焓湿图。

湿空气在饱和状态下，温度、压力等状态参数存在一一对应的函数关系。在空气调节过程中，空气的状态变化可以认为是在一定的大气压力下进行的。为了避免焓湿图上线条挤在起，保持图线清晰，将焓湿图纵坐标和横坐标之间的夹角设置成 135°，这样可以使图面展开。

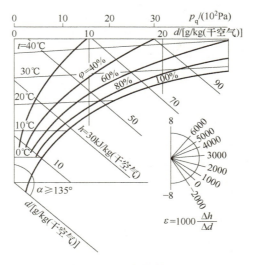

图 5-3　湿空气的焓湿图

5.2.2　焓湿图的绘制

1. 等温线

由 $h=1.01t+d(2500+1.84t)$ 可知，当温度为常数时，h 和 d 呈线性关系，因此只需要给定两个点的值，就可以确定一等温线，也就是该直线上的状态点具有相同的温度。给定不同的温度就可得到一系列等温线。

如图 5-4 所示，$1.01t_1$ 为等温线在纵坐标上的截距，$(2500+1.84t_1)$ 为等温线的斜率。由于 t 值不同，等温线的斜率也就不同。由于 $1.84t_1$ 远小于 2500，因此等温线可以看成是近似平行线。

2. 等相对湿度线

根据 $d=0.622\dfrac{\varphi p_{q,b}}{p_a-\varphi p_{q,b}}$ 可以绘制出等相对湿度线。

在一定的大气压力 p_a，湿空气在饱和状态下，即 $\varphi=100\%$ 时，温度 t 和饱和压力 $p_{q,b}$ 存在一一对应关系，对于某个已知温度 t，可以确定该温度 t 饱和状态下的含湿量 d，温度 t 和含湿量 d 相交就可以确定一系列饱和状态点，从而得到 $\varphi=100\%$ 时等相对湿度线。同样，分别令 φ 为 90%、80%、70% 等，可以得到一系列温度 t 和含湿量 d 相交点，从而确定一系列等相对湿度线。等相对湿度线是一组发散形曲线。

以 $\varphi=100\%$ 线为界，该曲线上方为湿空气区（又称未饱和区），水蒸气处在过热状态，曲线下方为过饱和区，由于过饱和区的状态是不稳定的，常有凝结现象，所以此区又称为"结雾区"。

3. 水蒸气分压力线

公式 $d=0.622\dfrac{p_q}{p_a-p_{q,b}}$，经变换后可得

$$p_q=\frac{p_a d}{0.622+d} \tag{5-26}$$

当大气压力 p_a 一定时，水蒸气分压力 p_q 是含湿量 d 的单值函数，因此可在焓湿图 d 轴的上方绘制一条水平线，标上与 d 对应的水蒸气分压力值。

4. 热湿比线

被处理的空气吸收热量和湿量后，由状态 A 变为状态 B，在湿空气的处理过程中，湿空气的

热、湿变化是同时、均匀发生的，那么，在 $h\text{-}d$ 图上连接状态点 A 到状态点 B 的直线就代表了湿空气的状态变化过程（图 5-5）。为了说明湿空气状态变化前后的方向和特征，常用湿空气的比焓变化与含湿量变化的比值来表示，称为热湿比 $\varepsilon(\text{kJ/kg})$

$$\varepsilon = \frac{h_B - h_A}{d_B - d_A} = \frac{\Delta h}{\Delta d} \tag{5-27}$$

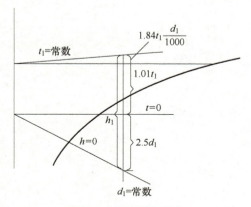

图 5-4　等温线的确定

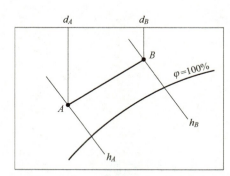

图 5-5　在 $h\text{-}d$ 图上焓湿图状态变化

某状态的湿空气，已知其热量 Q 变化（或正或负）和湿量 W 变化（或正或负），则其热湿比 $\varepsilon(\text{kJ/kg})$ 应为

$$\varepsilon = \frac{\Delta h}{\Delta d} = \frac{\pm Q}{\pm W} \tag{5-28}$$

式中　Q——湿空气的热量（kJ/s）；

　　　W——湿量（kg/s）。

热湿比的正负代表湿空气状态变化的方向。

热湿比 ε 值反映了空气从状态 A 变化为状态 B 的过程线斜率，即该过程线与水平线的倾斜角度，故又称角系数。在 $h\text{-}d$ 图上，任何一条直线所代表的空气状态变化过程都有相应的角系数值。对于湿空气的各种变化过程，不论其初状态如何，只要它们的热湿比（角系数）值相同，则其过程线就会相互平行。

在焓湿图的右下角绘出不同 ε 值的等值线。如果已知状态 A 的湿空气的 ε 值，则可以过 A 点作平行于 ε 等值线的直线，这一直线就代表了状态 A 的湿空气在一定的热湿作用下的变化方向线。通过状态点 A 作热湿比 ε 线的平行线，就可得到 A 状态的变化过程线。

5. 大气压力变化对 $h\text{-}d$ 图的影响

根据公式 $d = 0.622\dfrac{\varphi p_{q,b}}{p_a - \varphi p_{q,b}}$ 可知，当 φ 为常数，p_a 增大，d 则减少，反之 d 则增大，因此绘制出的等 φ 线也不同，如图 5-6 所示。所以，对于不同的大气压力应采用与之对应的 $h\text{-}d$ 图，否则所得到的参数会有误差。一般大气压力变化不大（p_a 变化小于 10^3Pa 时），所得结果误差不

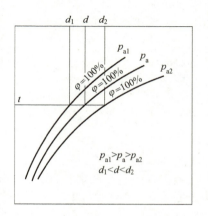

图 5-6　相对湿度随大气压力的变化

大，因此在工程中允许采用同一张 h-d 图来确定参数。

5.3　焓湿图的应用

应用湿空气的焓湿图可以确定空气的状态参数，表示湿空气状态变化过程，确定两种不同状态空气混合后的状态点。

5.3.1　确定湿空气状态参数

1. 确定湿空气状态参数

空气状态参数包括 p_a、t、h、d、φ、p_q、$p_{q,b}$ 等。在大气压力 p_a 一定的情况下，已知 t、h、d、φ 中任何两个参数可以在 h-d 图上确定湿空气状态点，从而可以查取其他参数。需要注意的是 d、p_q 不是相互独立的参数，已知 d、p_q 不能在 h-d 图上确定湿空气状态点。热湿比 ε 不是状态参数，但是可以用于确定湿空气的状态点。在已知 t、d 等参数条件下，也可以应用公式计算得出其他参数。

空气的干球温度 t 可以用仪表直接测量，空气的含湿量 d 没有仪表可以直接测量。因此，确定空气的状态参数，主要是测定所在地区的大气压力、干球温度 t 和湿球温度 t_S，然后通过计算求得含湿量 d、比焓 h、相对湿度 φ 等其余参数。

2. 湿球温度在 h-d 图上的表示

当空气流经湿球时，湿球表面的水与空气存在热湿交换。该热湿交换过程根据热湿比的定义可以得到

$$\varepsilon = \frac{h_2 - h_1}{d_2 - d_1} = 4.19 t_S$$

在 h-d 图上，从各等温线与 $\varphi=100\%$ 饱和线的交点出发，作 $\varepsilon=4.19t_S$ 的热湿比线，则可得到等湿球温度线。当 $t_S=0℃$ 时，$\varepsilon=0$，即等湿球温度线与等焓线完全重合；而当 $t_S>0℃$ 时，$\varepsilon>0$；$t_S<0℃$ 时，$\varepsilon<0$。所以，严格来说，等湿球温度线与等焓线并不重合。但在空气调节工程中，一般 $t_S \le 30℃$，$\varepsilon=4.19t_S$ 的等湿球温度线与等焓线非常接近，可以近似认为等焓线即等湿球温度线。

如图 5-7 所示，已知某湿空气状态点 A，过 A 点作 $\varepsilon=4.19t_S$ 的热湿比线，与 $\varphi=100\%$ 的交点 S 为 A 点的准确的湿球温度。由 A 沿等焓线（$h=$常数，$\varepsilon=0$）线与 $\varphi=100\%$ 线相交点为 B，B 点的温度 t_B 即为 A 点的湿球温度（近似）。同样，如果已知某湿空气的干球温度 t_A 和湿球温度 t_B，则通过 t_B 与 $\varphi=100\%$ 线交点 B，沿等焓线找到与 $t_A=$常数线的交点 A 即该湿空气的状态点。

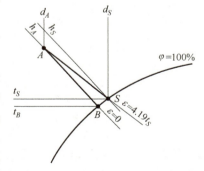

图 5-7　等湿球温度线

【例 5-1】　已知大气压力为 101325Pa，湿空气的干球温度 $t=45℃$、湿球温度 $t_S=30℃$，试用 h-d 图确定该空气的相对湿度 φ、比焓值 h 和含湿量值 d。

【解】　在 101325Pa 的焓湿图上，根据 $t_S=30℃$ 和 $\varphi=100\%$，可以确定 B 点，过 B 点作等焓线与 $t=45℃$ 的等温线交于 A 点，A 点即所求的空气状态点（图 5-8）。

查 h-d 图可以得到 $\varphi_A=34.8\%$、$h_A=100$kJ/kg（干空气）、$d_A=0.0211$kg/kg（干空气）。

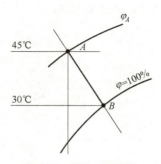

图 5-8　例 5-1 焓湿图

5.3.2　表示湿空气的状态变化过程

几种典型的湿空气处理和状态变化过程如图 5-9 所示。

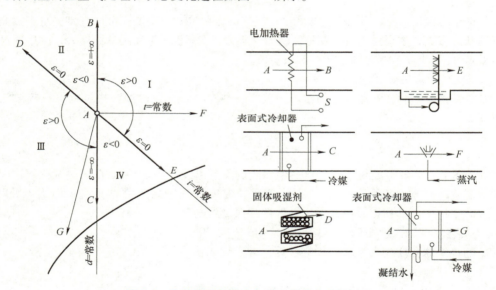

图 5-9　几种典型的湿空气处理和状态变化过程

1. 加热过程

用空气加热器或电加热器处理空气，空气获得热量，温度升高，含湿量没有变化。空气加热过程又称为干式加热过程或等湿加热过程，空气状态变化是等湿、增焓、升温过程。在 $h\text{-}d$ 图上这一过程可表示为 $A{\rightarrow}B$ 的变化过程（图 5-9），热湿比为

$$\varepsilon=\frac{\Delta h}{\Delta d}=\frac{h_B-h_A}{d_B-d_A}=\frac{h_B-h_A}{0}=\infty$$

2. 干式冷却过程

用表面温度低于空气温度，同时高于空气露点温度的空气冷却器处理空气，空气的变化过程为干式冷却过程。空气状态变化过程是降温、等湿、减焓过程。在 $h\text{-}d$ 图上这一过程表示为 $A{\rightarrow}C$ 的变化过程，热湿比为

$$\varepsilon = \frac{-\Delta h}{\Delta d} = \frac{h_C - h_A}{d_C - d_A} = \frac{h_C - h_A}{0} = -\infty$$

3. 冷却减湿过程

用表面温度低于空气露点温度的空气冷却器来处理空气，空气温度降低，空气中的水蒸气凝结为水，空气的变化过程为湿式冷却过程。空气状态变化过程是降温、减湿、减焓过程。在 h-d 图上这一过程表示为 $A{\to}G$ 的变化过程，热湿比为

$$\varepsilon = \frac{\Delta h}{\Delta d} = \frac{h_G - h_A}{d_G - d_A} > 0$$

4. 等焓减湿过程

用固体吸湿剂干燥空气，水蒸气被吸湿剂吸附，空气的含湿量降低，空气失去潜热，同时水蒸气凝结时放出的汽化热使空气的温度升高，空气的比焓值基本不变，只是略减少了水带走的液体热。空气状态的变化过程近似于等焓过程，比焓值不变、含湿量降低、温度升高，在 h-d 图上这一过程表示为 $A{\to}D$ 的变化过程，热湿比为

$$\varepsilon = \frac{\Delta h}{\Delta d} = \frac{h_D - h_A}{d_D - d_A} = \frac{0}{d_D - d_A} = 0$$

5. 等焓加湿过程

用喷水室喷循环水处理空气，水吸收空气的热量蒸发形成水蒸气进入空气，空气含湿量增加，增加了潜热量，同时失去了水吸收空气的显热量，空气的比焓值基本不变，只是略增加了水带入的液体热。空气的变化过程近似于等焓过程，比焓值不变、含湿量增高、温度下降，在 h-d 图上这一过程表示为 $A{\to}E$ 的变化过程，热湿比为

$$\varepsilon = \frac{\Delta h}{\Delta d} = \frac{h_E - h_A}{d_E - d_A} = 4.19 t_S = 0$$

6. 等温加湿过程

向空气中喷蒸汽，空气状态变化过程近似于等温加湿过程。通过计算空气状态变化的热湿比值，可以确定空气变化过程线与等温线近似。

空气中增加水蒸气后，比焓值和含湿量增加，比焓的增量（kJ/kg）为加入的水蒸气的全热量，即

$$\Delta h = \Delta d (2500 + 1.84 t_q) \tag{5-29}$$

式中　Δd——每千克干空气增加的含湿量 [kg/kg(干空气)]；

t_q——蒸汽的温度（℃）。

空气变化过程的热湿比为

$$\varepsilon = \frac{\Delta h}{\Delta d} = \frac{\Delta d (2500 + 1.84 t_q)}{\Delta d} = 2500 + 1.84 t_q$$

当蒸汽的温度为 100℃ 时，则 $\varepsilon = 2684$ 的过程线近似于等温线，因此喷蒸汽可以对湿空气进行等温加湿处理。在 h-d 图上这一过程可表示为的 $A{\to}F$ 变化过程。但从严格意义上来讲，由于干饱和蒸汽的温度总高于空气温度，所以蒸汽喷入空气之后也同时将显热带给空气，使加湿后的空气温度略有升高，从工程角度来说，误差比较小，是可以忽略的。

用热湿比线 $\varepsilon = +\infty$、$\varepsilon = -\infty$ 和 2 条 $\varepsilon = 0$ 线将 h-d 图划分为四个象限，如图 5-9 所示。h-d 图中不同象限内湿空气状态变化过程的特征见表 5-5。

表 5-5　*h-d* 图中不同象限内湿空气状态变化过程的特征

象　　限	热湿比	状态参数变化趋势			过 程 特 征
		h	d	t	
I	$\varepsilon > 0$	+	+	±	增焓增湿，喷蒸汽可近似实现等温过程
II	$\varepsilon < 0$	+	−	+	增焓，减湿，升温
III	$\varepsilon > 0$	−	−	±	减焓，减湿
IV	$\varepsilon < 0$	−	+	−	减焓，增湿，降温

5.3.3　确定两种不同状态空气混合状态参数

在实际空调系统中，为了节约能量，经常采用空调房间的一部分空气作为回风，与室外来的新风空气进行混合。利用焓湿图即可确定混合以后的空气状态参数。

如图 5-10 所示，已知状态为 A 的空气和状态为 B 的空气混合，其状态参数分别为 h_A、d_A 和 h_B、d_B，其质量分别为 q_A 和 q_B，混合后空气的质量为（$q_A + q_B$），下面分析和确定混合后空气的状态点 C 的状态参数。

在混合过程中，如果与外界没有热湿交换，则混合前后空气的热量和含湿量保持不变，根据质量和能量守恒原理有

$$q_A h_A + q_B h_B = (q_A + q_B) h_C = q_C h_C \tag{5-30}$$
$$q_A d_A + q_B d_B = (q_A + q_B) d_C = q_C d_C \tag{5-31}$$

根据式（5-30）和式（5-31），可以求出混合点的比焓

$$h_C = \frac{q_A h_A + q_B h_B}{q_A + q_B} = \frac{q_A h_A + q_B h_B}{q_C} \tag{5-32}$$

混合点的含湿量

$$d_C = \frac{q_A d_A + q_B d_B}{q_A + q_B} = \frac{q_A d_A + q_B d_A}{q_C} \tag{5-33}$$

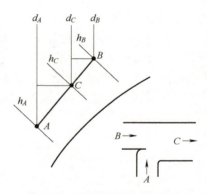

图 5-10　两种状态湿空气混合

由式（5-30），可得　$\dfrac{q_A}{q_B} = \dfrac{h_B - h_C}{h_C - h_A}$

由式（5-31），可得　$\dfrac{q_A}{q_B} = \dfrac{d_B - d_C}{d_C - d_A}$

即　$\dfrac{q_A}{q_B} = \dfrac{h_B - h_C}{h_C - h_A} = \dfrac{d_B - d_C}{d_C - d_A} \tag{5-34}$

$\dfrac{h_B - h_C}{d_B - d_C} = \dfrac{h_C - h_A}{d_C - d_A}$ 表示线段 $\overline{BC}$ 与线段 $\overline{CA}$ 的斜率相等，C 为混合点，因此 A、C、B 在同一条直线上

$$\frac{\overline{CB}}{\overline{AC}} = \frac{h_B - h_C}{h_C - h_A} = \frac{d_B - d_C}{d_C - d_A} = \frac{q_A}{q_B}$$

$$\overline{CB} = \overline{AB} - \overline{AC}, \frac{\overline{AB - AC}}{\overline{AC}} = \frac{q_A}{q_B}, \frac{\overline{AB}}{\overline{AC}} - 1 = \frac{q_A}{q_B}$$

$$\frac{\overline{AB}}{\overline{AC}} = \frac{q_A}{q_B} + 1 = \frac{q_A + q_B}{q_B} = \frac{q_C}{q_B}$$

则有
$$\overline{AC}=\frac{q_B}{q_C}\times\overline{AB}\quad\text{或者}\quad\overline{CB}=\frac{q_A}{q_C}\times\overline{AB}\qquad(5-35)$$

状态 A 空气和状态 B 空气的混合点 C 点将 $\overline{AB}$ 分为两段，两段长度之比与参与混合的两种空气的质量成反比，混合点靠近质量大的空气一侧，即

$$\frac{q_A}{q_B}=\frac{h_B-h_C}{h_C-h_A}=\frac{d_B-d_C}{d_C-d_A}\qquad(5-36)$$

在 h-d 图上确定混合点 C 后，可以查取混合后空气的状态参数。

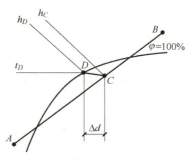

图 5-11　混合点 C 在"雾区"

如果混合点 C 处于"结雾区"，此时空气的状态是饱和空气加水雾，这是一种不稳定的状态，状态变化过程如图 5-11 所示。

由于空气中水蒸气凝结后，带走了水的液体热，使得空气的比焓值略有降低。混合点的比焓值为

$$h_C=h_D+4.19t_D\Delta d\qquad(5-37)$$

在式（5-37）中，由于 h_D、t_D、Δd 是 3 个相互关联的未知数，且 h_C 已知，可以通过试算的方法来确定 D 点的状态。

【例 5-2】　某空调系统采用新风与室内回风混合。已知大气压力为 101325Pa，回风量 $q_A=1000\text{kg/h}$，回风状态为 $t_A=20℃$、$\varphi_A=60\%$，新风量 $q_B=250\text{kg/h}$，新风状态为 $t_B=35℃$、$\varphi_B=80\%$，求混合空气的状态。

【解】　在大气压力为 101325Pa 的 h-d 图上找到状态点 A、B，画 A 点和 B 点的连线。混合点 C 在 $\overline{AB}$ 线上，根据混合规律

$$\frac{\overline{BC}}{\overline{CA}}=\frac{q_A}{q_B}=\frac{1000}{250}=\frac{4}{1}$$

将线段 $\overline{AB}$ 分为 5 等分，则 C 点位于靠近 A 的 1/5 处（图 5-12）。查 h-d 图得 $t_C=23.1℃$、$\varphi_C=70\%$、$h_C=56\text{kJ/kg}$（干空气）、$d_C=12.8\text{g/kg}$（干空气）。

混合空气状态也可以通过计算确定。从 h-d 图上查出 $h_A=42.5\text{kJ/kg}$（干空气）、$d_A=8.8/\text{kg}$（干空气），$h_B=109.44\text{kJ/kg}$（干空气）、$d_B=29.0\text{g/kg}$（干空气）。

根据热量平衡和湿量平衡关系，分别求出混合空气的比焓值和含湿量

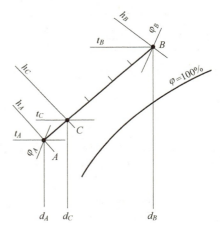

图 5-12　例 5-2 焓湿图

$$h_C=\frac{q_Ah_A+q_Bh_B}{q_A+q_B}=\frac{1000\times42.5+250\times109.44}{1000+250}\text{kJ/kg（干空气）}=56\text{kJ/kg（干空气）}$$

$$d_C=\frac{q_Ad_A+q_Bd_B}{q_A+q_B}=\frac{1000\times8.8+250\times29}{1000+250}\text{g/kg（干空气）}=12.8\text{g/kg（干空气）}$$

已知 h_C、d_C，就确定了混合点 C 和它的其他参数。用两种方法得到的结果是相同的。

思考题与习题

1. 什么是空调基数？什么是空调精度？

2. 什么是显热？什么是潜热？影响显热和潜热的因素是什么？

3. 简述湿空气的水蒸气分压力和水蒸气饱和分压力的区别。

4. 相对湿度和含湿量的物理意义有什么不同？

5. 什么是湿球温度？它的物理意义是什么？影响湿球温度的因素有哪些？

6. 什么是露点温度？它的物理意义是什么？如何在焓湿图上确定某空气状态的露点温度？

7. 简述焓湿图的组成。

8. 简述热湿比的物理意义。

9. 在 h-d 图上表示出某空气状态点的干、湿球温度及露点温度，并说明三者之间的规律。

10. 分别简述工程上如何实现等焓过程、等温过程和等湿过程的空气处理。

11. 在某空气环境中，1kg 温度为 $t(℃)$ 的水吸收空气的热全部蒸发，试问这时空气状态如何变化？在 h-d 图上如何表示？

12. 空气温度是 26℃，大气压力为 101325Pa，相对湿度 50%，空气经过处理后，温度下降到 15℃，相对湿度增加到 90%。试问空气的比焓变化了多少？

13. 某空气状态的干球温度 26℃，湿球温度 18℃，当地大气压力为 101325Pa。试求该空气其余的状态参数。

14. 某空气状态的干球温度 26℃，含湿量 0.016kg/kg（干空气），当地大气压力为 101325Pa。试求该空气湿球温度、露点温度和相对湿度。

15. 某空气干球温度 22℃，含湿量 10g/kg（干空气），如果该空气的温度增加 5℃，含湿量减少 2g/kg（干空气），该空气的比焓是否变化？

16. 已知某空调系统的新风量 200kg/h，新风干球温度 31℃，相对湿度 80%，回风量 1400kg/h，回风干球温度 22℃，相对湿度 60%，求新风、回风混合后的空气状态参数。

17. 将干球温度 24℃、相对湿度 55% 与干球温度 14℃、相对湿度 95% 的两种状态的空气进行混合，混合后的空气干球温度 20℃，总风量为 11000kg/h，两种空气量各为多少？

参 考 文 献

[1] 黄翔. 空调工程 [M]. 3 版. 北京：机械工业出版社，2017.

[2] 赵荣义，范存养，薛殿华，等. 空气调节 [M]. 4 版. 北京：中国建筑工业出版社，2009.

[3] 陈沛霖，岳孝方. 空调制冷技术手册 [M]. 2 版. 上海：同济大学出版社，1999.

[4] 清华大学暖通教研组. 空气调节基础 [M]. 北京：中国建筑工业出版社，1979.

[5] 韩宝琦，李树林，制冷空调原理及应用 [M]. 2 版. 北京：机械工业出版社，2002.

[6] 尉迟斌. 实用制冷与空调工程手册 [M]. 北京：机械工业出版社，2002.

[7] 马仁民. 空气调节 [M]. 北京：科学出版社，1980.

[8] 赵荣义. 简明空调设计手册 [M]. 北京：中国建筑工业出版社，1998.

第 6 章
空调负荷计算和风量的确定

在进行空调系统设计时，需要计算空调区域需要的冷负荷、热负荷和湿负荷。冷负荷是指为了维持室内设定的湿度，在某一时刻必须由空调系统从房间带走的热量，或者某一时刻需要向房间供应的冷量；热负荷是指为补偿房间失热在单位时间内需要向房间供应的热量；湿负荷是指湿源向室内的散湿量，即为维持室内的含湿量恒定需要从房间除去的湿量。空调负荷是确定空调房间和建筑的送风量、空气处理设备容量大小的依据。

6.1　得热量与冷负荷

空调房间的得热量是指通过围护结构进入房间的，以及房间内部散出的各种热量。它包括由于外扰和内扰两方面进入房间的热量，由于外扰进入房间的热量是：通过太阳辐射进入房间的热量，室内外空气温差经围护结构传入房间的热量；由于内扰进入房间的热量是：人体、照明、各种工艺设备和电气设备散入房间的热量。因此，空调房间的夏季得热量包括：通过围护结构传入的热量，通过透明围护结构进入的太阳辐射热量，人体散热量，照明散热量，设备、器具、管道及其他内部热源的散热量，食品或物料的散热量，渗透空气带入的热量，以及伴随各种散湿过程产生的潜热量等。

得热量与冷负荷是两个不同的概念。由于建筑围护结构及室内家具、物品等具有蓄热特性，因此房间的得热量并没有瞬时变为室内的空调冷负荷，而是只有一部分变为空调冷负荷，另一部分得热量蓄存于围护结构、室内家具、材料、物品等蓄热体中，蓄存的热量随着时间的延续不断地释放到室内，延迟变为房间的冷负荷。在瞬时得热中的潜热得热及显热得热中的对流成分直接放散到房间空气中的热量，成为瞬时冷负荷。显热得热中的辐射成分则不能立即成为瞬时冷负荷，而是透过空气传递到各围护结构内表面和家具的表面，提高这些表面的温度，当表面温度高于室内空气温度时，以对流方式将贮存的热量再散发给空气，变为房间的冷负荷。

以空气调节房间为例，房间得热量是围护结构进入房间的，以及房间内部散出的各种热量，房间冷负荷是为保持所要求的室内温度须由空气调节系统从房间带走的热量。两者在数值上不一定相等，当得热量中含有辐射成分时或者虽然得热曲线相同但所含的辐射百分比不同时，由于进入房间的辐射成分不能被空气调节系统的送风消除，只能被房间内表面及室内各种陈设所吸收、反射、放热、再吸收、再反射、再放热。在多次放热过程中，由于房间及陈设的蓄热、放热作用，得热当中的辐射成分逐渐转化为对流成分，即转化为冷负荷。显然，此时得热曲线与负荷曲线不再一致，冷负荷曲线和得热量曲线相比，将产生峰值上的衰减和时间上的延迟。

在多数情况下，冷负荷与得热量有关，但并不等于得热量。例如，空调房间太阳辐射得热量与冷负荷之间的关系如图 6-1 所示。实际冷负荷的峰值比太阳辐射得热量的峰值低，并且冷负荷峰值出现的时间延迟，图中的左侧阴影部分表示蓄存于围护结构中的热量，随着时间的变化，这部分热量会逐渐释放到室内，变为房间的冷负荷。由于保持室温不变，两部分阴影面积是相等的。

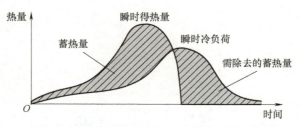

图6-1   太阳辐射得热量与冷负荷之间的关系

另一个说明房间得热量和冷负荷关系的例子是房间照明得热和实际冷负荷之间的关系，如图6-2所示。室内照明开启后，大部分的热量被蓄存起来，随着时间的延续，蓄存的热量逐渐减小。图6-2中上部曲线表示室内由于照明得热量，下部曲线表示由照明得热量产生的实际冷负荷。图中两块阴影部分分别表示蓄热量和需从结构中除去的蓄热量。从图中可以看出，当室内关灯以后，依然存在由于照明引起的冷负荷，这是蓄存在室内围护结构、物品等中的热量不断释放出来而产生的冷负荷。

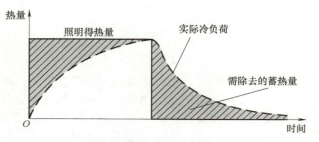

图6-2   照明得热量和实际冷负荷之间的关系

在实际工程中，空调系统为建筑内的多个空调房间送风，需要注意的是，空调系统的冷负荷并不等于建筑各个房间空调冷负荷之和。空调系统的冷负荷不仅包括各个空调房间的冷负荷，还包括送入空调房间的新风带来的冷负荷，以及其他方面引起的冷负荷。如图6-3所示为空调房间冷负荷的组成和空调系统冷负荷的组成，以及空调房间冷负荷和空调系统冷负荷之间的相互关系。

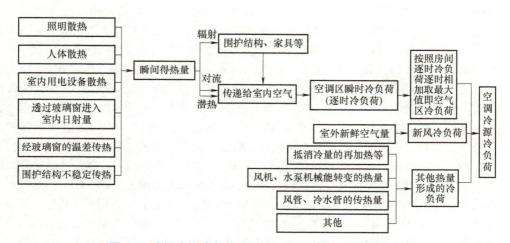

图6-3   空调房间冷负荷的组成和空调系统冷负荷的组成

6.2 室内设计计算参数

空调房间室内设计计算参数是按照人员的舒适要求和产品生产工艺要求来确定的。空调房间室内温度、湿度通常用两组指标来规定，即温度、湿度基数及其允许波动范围。

6.2.1 舒适性空调室内空气计算参数

舒适性空调主要从人体舒适感出发确定室内温、湿度设计标准，一般没有空调精度要求。对于民用建筑，空调室内计算参数的取值需要考虑人员在室内停留时间的长短和不同功能房间对室内热舒适的要求。

人员长期逗留区域空气调节室内计算参数应符合表 6-1 所示的规定。短期逗留区域指人员暂时逗留的区域，主要有商场、车站、营业厅、展厅、门厅、书店等观览场所和商业设施。对于短期逗留区域，人员停留时间较短，服装热阻不同于长期逗留区域，对热满意程度更多来源于动态环境的变化，综合考虑建筑节能的需要，可在长期逗留区域基础上降低要求。夏季空调室内计算温度宜在长期逗留区域基础上提高 2℃，冬季空调室内计算温度宜在长期逗留区域基础上降低 2℃。

表 6-1　人员长期逗留区域空气调节室内计算参数

参　　数	热舒适度等级	温度/℃	相对湿度（%）	风速（m/s）
冬季	Ⅰ级	22~24	30~60	≤0.2
	Ⅱ级	18~21	≤60	≤0.2
夏季	Ⅰ级	24~26	40~70	≤0.25
	Ⅱ级	27~28		

表 6-1 中，Ⅰ级热舒适水平较高，Ⅱ级较低；等级划分的依据为预计平均热感觉指数（Predicted Mean Vote，PMV）。PMV 是根据人体热平衡的基本方程式以及心理生理学主观热感觉的等级为出发点，考虑了人体热舒适感的诸多有关因素的全面评价指标，它表明群体对于 -3~+3 七个等级热感觉投票的平均指数。Ⅰ级对应的 PMV 范围为 $-0.5 \leq PMV \leq 0.5$，Ⅱ级对应的 PMV 为 $-1 \leq PMV < -0.5$ 和 $0.5 < PMV \leq 1$。不同热舒适度等级对应的 PMV 值见表 6-2。从建筑节能角度考虑，冬季室内环境在满足舒适的条件下，PMV 取值尽量低；夏季在满足舒适的条件下，PMV 取值尽量高。

表 6-2　不同热舒适度等级对应的 PMV 值

热舒适度等级	冬　季	夏　季
Ⅰ级	$-0.5 \leq PMV \leq 0$	$0 \leq PMV \leq 0.5$
Ⅱ级	$-1 \leq PMV < -0.5$	$0.5 < PMV \leq 1$

根据我国国家标准《室内空气质量标准》（GB/T 18883）的规定，室内空气设计计算参数可按表 6-3 所示的数值选取。

表 6-3　室内空气质量标准

序号	参数类型	参数	单位	标准值	备注
1	物理性	温度	℃	22~28	夏季空调
				16~24	冬季采暖
2		相对湿度	%	40~80	夏季空调
				30~60	冬季采暖
3		空气流速	m/s	0.3	夏季空调
				0.2	冬季采暖
4		新风量	$m^3/(h \cdot 人)$	30[①]	
5	化学性	二氧化硫（SO_2）	mg/m^3	0.5	1h 均值
6		二氧化氮（NO_2）	mg/m^3	0.24	1h 均值
7		一氧化碳（CO）	mg/m^3	10	1h 均值
8		二氧化碳（CO_2）	%	0.10	日平均值
9		氨（NH_3）	mg/m^3	0.20	1h 均值
10		臭氧（O_3）	mg/m^3	0.16	1h 均值
11		甲醛（HCHO）	mg/m^3	0.10	1h 均值
12		苯（C_6H_6）	mg/m^3	0.11	1h 均值
13		甲苯（C_7H_8）	mg/m^3	0.20	1h 均值
14		二甲苯（C_8H_{10}）	mg/m^3	0.20	1h 均值
15		苯并［a］芘 B(a)P	mg/m^3	1.0	日平均值
16		可吸入颗粒（PM10）	mg/m^3	0.15	日平均值
17		总挥发性有机物（TVOC）	mg/m^3	0.60	8h 均值
18	生物性	菌落总数	cfu/m^3	2500	依据仪器测定
19	放射性	氡（^{222}Rn）	Bq/m^3	400	年平均值（行动水平[②]）

① 新风量要求不小于标准值，除温度、相对湿度外的其他参数要求不大于标准值。

② 行动水平即达到此水平建议采取干预行动以降低室内氡浓度。

根据我国国家标准《公共建筑节能设计标准》（GB 50189—2015）的规定，对于公共建筑空调系统室内计算参数可按表 6-4 所示的数值选用。

表 6-4　公共建筑空调系统室内计算参数

参数		冬季	夏季
温度/℃	一般房间	20	25
	大堂、过厅	18	室内外温差≤10
风速 $v/(m/s)$		$0.10 \leqslant v \leqslant 0.20$	$0.15 \leqslant v \leqslant 0.30$
相对湿度（%）		30~60	40~65

6.2.2　工艺性空调室内空气计算参数

工艺性空调主要满足工艺过程对室内温、湿度基准和空调精度的特殊要求，同时兼顾人体的卫生要求。对于设置工艺性空调的民用建筑，其室内参数应根据工艺要求，并考虑必要的卫生条件确定。为了节省建设投资和运行费用，应尽可能提高夏季室内温度基数。另外，可以减小夏季室内外温差，有利于改善室内工作人员的卫生条件。活动区的风速：冬季不宜大于 0.3m/s，夏季宜采用 0.2～0.5m/s；当室内温度高于 30℃，可大于 0.5m/s。

　　工艺性空调室内空气计算需要根据生产工艺过程，与工艺人员共同研究后确定。某些生产工艺过程所需的室内空气计算参数见表 6-5。

表 6-5　某些生产工艺过程所需的室内空气计算参数

工艺过程		夏　季		冬　季		备　　注
		温度/℃	相对湿度（%）	温度/℃	相对湿度（%）	
机械加工						
一级坐标镗床		20±1	40～65	20±1	40～65	
二级坐标镗床		23±1	40～65	23±1	40～65	
高精度刻线机（机械法）		20±0.1～0.2	40～65	20±0.1～0.2	40～65	
各种计量						
标准热电偶		20±1～2	<70	20±1～2	<70	
检定一、二等标准电池		20±2	<70	20±2	<70	
检定直流高、低阻电位计		20±1	<70	20±1	<70	
检定精密电桥		20±1	<70	20±1	<70	
检定一等量块		20±0.2	50～60	20±0.2	50～60	
检定三等量块		20±1	50～60	20±0.2	50～60	
光学仪器加工						
抛光、细磨、镀膜		24±2	<65	22±2	<65	有较高的空气净化要求
光学系统装配						
精密刻划		20±0.1～0.5	<65	20±0.1～0.5	<65	
电容器件						
电容器		26～28	40～60	16～18	40～60	
精缩制板、光刻		22±1	50～60	22±1	50～60	高的空气净化要求
扩散、蒸发、纯化		23±5	60～70	23±5	60～70	
显像管涂屏		25±1	60～70	25±1	60～70	有洁净要求
阴极、热丝涂敷		24±2	50～60	22±2	50～60	
纺织						
棉	梳棉	29～31	55～60	22～25	55～60	
	细纱	30～32	55～60	24～26	55～60	
	织布	28～30	70～75	23～26	70～75	
混纺	梳棉	28～30	55～60	22～25	55～60	
	细纱	30～32	55～60	24～27	55～60	
	织布	28～30	70～75	23～26	70～75	

（续）

工艺过程		夏　季		冬　季		备　注
		温度/℃	相对湿度（%）	温度/℃	相对湿度（%）	
锦纶	卷绕	22.5±0.5	71±1	22.5±0.5	71±1	
	纺丝	30~32	50~60	30~32	50~60	
牵伸、倍捻、络筒		25±1	65±2	23±1	65±2	
牵伸、倍捻、络筒（实验室）		23±1	65±2	23±1	65±2	
涤纶	卷线	27±1	70±5	27±1	70±5	
	纺丝	<35	—	<32	—	
	牵伸	25±1.5	70±10	23±1.5	70±10	
	实验室	21±0.5	65±2	21±0.5	65±2	
腈纶	纺丝、聚合	<33	—	>18	—	
	毛条	28±1	65±5	22±1	65±5	
	实验室	20±1	65±2	20±1	65±2	
羊毛	前纺	28~30	65~75	26~28	65~75	
	精纺	30~32	65~80	26~30	65~80	
	织布	28~30	75~85	26~28	75~85	
制药						
片剂	制片	26±2	50±5	22±2	50±5	
	干燥	26~28	50±5	24~26	50±5	有一定的空气净化要求
针剂混合		28±2	<60	28±2	<60	
粉剂充装		26±1	10~25	26±1	10~25	有较高的空气净化要求
造纸						
薄型纸完成（分切）		25±1	65±5	20±1	65±5	
高级纸完成		26±2	65±5	26±2	65±5	
实验室		20±(0.5~2)	65~65±(2~3)	20±(0.5~2)	65~65±(2~3)	
印刷						
电子制版		(20~23)±1.5	55±5		55±5	冬季可取20℃
照相凹版制版		(20~23)±1	(55~60)±2.5		(55~60)±2.5	冬季可取20℃
胶版印刷		(24~27)±4	(46~48)±2		(46~48)±2	冬季可取24℃
照相凹版印刷		(24~27)±4	(46~48)±2		(46~48)±2	冬季可取24℃
凸版印刷		(24~27)±4	(40~50)±5		(40~50)±5	冬季可取24℃
胶片						
底片贮存		21~25	55~65		55~65	冬季可取21℃
胶卷生产		22~25	50~60		50~60	冬季可取22℃
卷烟						
原料加工		27	60~80	20	60~80	
烟丝贮存		26	50~70	20	50~70	

（续）

工艺过程	夏　季		冬　季		备　注
	温度/℃	相对湿度（%）	温度/℃	相对湿度（%）	
橡胶					
钢丝锭子室	25±1	<40	25±1	<40	
高压胶管钢丝编织	23±2	62.6±2.5	23±2	62.6±2.5	
实验室	20±1	<60	20±1	<60	

注：本表数据摘自《空气调节设计手册》——电子工业部第十设计研究院编，部分参考井上宇市著《空气调节手册》。

6.2.3　室内人员所需最小新风量

公共建筑主要房间每人所需最小新风量参见表6-6。设置新风系统的居住建筑和医院建筑，其设计最小新风量宜按照换气次数法确定。高密人群建筑设计最小新风量宜按照不同人员密度下的每人所需最小新风量确定。

表6-6　公共建筑主要房间每人所需最小新风量

建 筑 类 型	新风量/[m³/(h·人)]
办公室	30
客房	30
多功能厅	20
大堂	10
四季厅	10
游艺厅	30
美容室	45
理发室	20
宴会厅	20
餐厅	20
咖啡厅	10

由于居住建筑和医院建筑的建筑污染部分比例一般要高于人员污染部分，对于这两类建筑应将建筑的污染构成按建筑污染与人员污染同时考虑，并以换气次数的形式给出所需最小新风量。住宅和医院建筑最小新风量换气次数见表6-7。

表6-7　住宅和医院建筑最小新风量换气次数

建 筑 类 型		换气次数
居住建筑	人均居住面积≤10m²	0.70
	10m²<人均居住面积≤20m²	0.60
	20m²<人均居住面积≤50m²	0.50
	人均居住面积>50m²	0.45

（续）

建 筑 类 型		换 气 次 数
医院建筑	门诊室	2
	病房	2
	手术室	5

按照目前我国现有新风量指标，计算得到的高密人群建筑新风量所形成的新风负荷在空调负荷中的比例一般高达20%~40%，对于人员密度高的建筑，新风能耗有时会非常高；另外，高密人群建筑的人流量变化幅度大，并且受季节、气候和节假日等因素影响明显。因此，这类建筑应该考虑不同人员密度条件下对新风量指标的具体要求，应重视室内人员的适应性和控制一定比例的不满意率等因素对新风量指标的影响。不同人员密度下的每人所需最小新风量见表6-8。

表6-8 不同人员密度下的每人所需最小新风量   ［单位：$m^3/(h \cdot 人)$］

建 筑 对 象	人员密度 PF/（人/m^2）		
	PF≤0.4	0.4<PF≤1.0	PF>1.0
影剧院	13	10	9
音乐厅	13	10	9
商场	17	15	14
超市	17	15	14
歌厅	22	19	18
游艺厅	26	18	16
酒吧	25	17	15
多功能厅	13	10	9
宴会厅	25	18	15
餐厅	25	18	15
咖啡厅	13	10	9
体育馆	17	15	14
健身房	40	37	36
保龄球房	26	20	19
图书馆	17	11	10
教室	26	20	19
博物馆	17	15	14
展览厅	17	15	14
大会厅	13	10	9
交通工具等候室	17	15	14

6.3 室外空气计算参数

室外空气计算参数是负荷计算的重要基础数据，室外空气计算参数如果采用历年的最不利参数，例如采用历年夏季室外最高温度，会使空调系统设计过大，导致空调设备容量也比较大。为了既满足室内人员和工艺生产过程对空调的要求，又考虑系统的利用率和节能，我国使用的室外空气计算参数确定方法一般是按平均或累年不保证日（时）数确定。室外空气设计计算气象参数按《民用建筑供暖通风与空气调节设计规范》（GB 50736—2012）附录 A 查用。

为了获得逐时气象数据，中国气象局气象信息中心与清华大学建筑技术科学系合作，以全国气象台站实测气象数据为基础，建立了一整套全国主要地面气象站的全年逐时气象资料，建立了包括全国 270 个站点的建筑环境分析专用气象数据集。该数据集包括根据观测资料整理出的设计用室外气象参数，以及由实测数据生成的动态模型分析用逐时气象参数。《中国建筑热环境分析专用气象数据集》一书的附录除了给出所存 270 个台站的信息以外，还给出了 270 个台站的设计用室外气象参数的数值。

6.3.1　冬季室外空气计算参数

1. 冬季供暖室外计算温度

根据我国国家标准《民用建筑供暖通风与空气调节设计规范》（GB 50736—2012），供暖室外计算温度应采用历年平均不保证 5 天的日平均温度。供暖室外计算温度的是以日平均温度为统计基础，按照历年室外实际出现的较低的日平均温度低于室外计算温度的时间，平均每年不低于 5 天的原则确定的。

2. 冬季通风室外计算温度

冬季通风室外计算温度应采用累年最冷月平均温度。累年值是指历年气象观测要素的平均值或极值。累年逐月平均气温是指 1～12 月各个月 30 年的累年逐月平均气温。累年逐月平均气温最低的月是从 12 个累年月平均气温中选取一个最小值，其对应的月份即为累年逐月平均气温最低的月。一般情况下累年最冷月为 1 月，但在少数地区也会存在 12 月或 2 月的情况。冬季通风室外计算温度适用于机械送风系统补偿消除余热、余湿等全面排风的耗热量。选择机械送风系统的空气加热器时，室外计算参数宜采用供暖室外计算温度。

3. 冬季空调室外计算温度

冬季空气调节室外计算温度应采用历年平均不保证 1 天的日平均温度。空调房间的温湿度要求要高于供暖房间，因此不保证的时间也应小于供暖温度所对应的时间。冬季空气调节室外计算温度是以日平均温度为基础进行统计计算的。

冬季空气调节室外计算相对湿度应采用累年最冷月平均相对湿度。累年最冷月平均相对湿度是指累年逐月平均气温最低月的累年月平均相对湿度。

6.3.2　夏季室外空气计算参数

1. 夏季空调室外计算参数

夏季空气调节室外计算干球温度应采用历年平均不保证 50h 的干球温度。

夏季空气调节室外计算湿球温度应采用历年平均不保证 50h 的湿球温度。

夏季通风室外计算温度应采用历年最热月 14 时的月平均温度的平均值。我国气象台站在观测时统一采用北京时间进行记录。对于我国大部分地区来说，夏季通风室外计算温度多在 30℃以下，对自然通风设计效果影响不大。如果根据需要进行修正，可按以下的时差订正简化方法进行修正：对北京以东地区以及北京以西时差为 1h 地区，可以不考虑以北京时间 14 时所确定的夏季通风室外计算温度的时差订正；对北京以西时差为 2h 的地区，可按以北京时间 14 时所确定的夏季通风室外计算温度加上 2℃ 订正。

夏季通风室外计算相对湿度应采用历年最热月 14 时的月平均相对湿度的平均值。

夏季空气调节室外计算日平均温度应采用历年平均不保证 5 天的日平均温度。

当室内温湿度必须全年保证时，应另行确定空气调节室外计算参数。仅在部分时间（如夜间）工作的空气调节系统可不完全按照上述的规定。

我国室外空气计算参数是在不同保证率下统计计算的结果，虽然保证率比较高，完全能够满足一般民用建筑的热环境舒适度需求，但是在特殊气象条件下仍然会存在达不到室内温湿度要求的情况。因此，当建筑室内温湿度参数必须全年保持既定要求的时候，应另行确定适宜的室外计算参数。

2. 夏季空调室外逐时温度计算

按不稳定传热计算空气调节冷负荷时，夏季空调室外逐时温度计算可按下式确定

$$t_{sh} = t_{wp} + \beta \Delta t_\tau \tag{6-1}$$

式中　t_{sh}——室外计算逐时温度（℃）；

　　　t_{wp}——夏季空气调节室外计算日平均温度（℃）；

　　　β——室外温度逐时变化系数，按表 6-9 选用；

　　　Δt_τ——夏季室外计算平均日差，应按下式计算

$$\Delta t_\tau = \frac{t_{wg} - t_{wp}}{0.52} \tag{6-2}$$

式中　t_{wg}——夏季空气调节室外计算干球温度（℃）。

表 6-9　室外温度逐时变化系数

时间	1 时	2 时	3 时	4 时	5 时	6 时
β	-0.35	-0.38	-0.42	-0.45	-0.47	-0.41
时间	7 时	8 时	9 时	10 时	11 时	12 时
β	-0.28	-0.12	0.03	0.16	0.29	0.40
时间	13 时	14 时	15 时	16 时	17 时	18 时
β	0.48	0.52	0.51	0.43	0.39	0.28
时间	19 时	20 时	21 时	22 时	23 时	24 时
β	0.14	0.00	-0.10	-0.17	-0.23	-0.26

3. 其他室外空气计算参数

1）冬季室外平均风速应采用累年最冷 3 个月各月平均风速的平均值。

2）冬季室外最多风向的平均风速应采用累年最冷 3 个月最多风向（静风除外）的各月平均风速的平均值。夏季室外平均风速应采用累年最热 3 个月各月平均风速的平均值。

3）冬季最多风向及其频率应采用累年最冷 3 个月的最多风向及其平均频率。

4）夏季最多风向及其频率应采用累年最热 3 个月的最多风向及其平均频率。

5）年最多风向及其频率应采用累年最多风向及其平均频率。

6）冬季室外大气压力应采用累年最冷 3 个月各月平均大气压力的平均值。

7）夏季室外大气压力应采用累年最热 3 个月各月平均大气压力的平均值。

8）冬季日照百分率应采用累年最冷 3 个月各月平均日照百分率的平均值。

6.4　空调负荷计算

为了保证空调系统的节能设计，国家设计标准对空调负荷计算进行了强制规定：除在方案设计或初步设计阶段可使用热、冷负荷指标进行必要的估算外，施工图阶段应对空调区进行冬

季热负荷和夏季逐项逐时冷负荷计算。

6.4.1　空调负荷计算方法

在计算空调区的得热量时，只计算空调区域得到的热量，包括空调区自身的得热量和由空调区外传入的得热量，例如分层空调中的对流热转移和辐射热转移等，不应计算处于空调区域之外的得热量。对于饭店、宴会厅等用途的建筑空调，应考虑食品的散热量，因为该项散热量对于建筑的空调负荷影响大。

根据传热学理论，空调负荷计算方法分为稳态计算法和非稳态计算法。根据对传热过程方程的处理和求解方法，空调负荷计算方法可分为工程计算方法和模拟计算方法。

稳态计算法采用室内外瞬时或平均温差与围护结构传热系数、传热面积的积来求取负荷值。该方法在计算过程中不考虑建筑的蓄热性能，计算结果不随时间发生变化。稳态计算法可以用于计算蓄热性能不强的轻型、简易围护结构的负荷的近似计算，计算过程简单。当室内外温差的平均值远远大于室内外温差的波动值时，采用平均温差的稳态计算带来的误差也比较小，在工程设计中是可以接受的。我国北方的冬季，室外温度的波动幅度远小于室内外的温差，因此计算空调热负荷时，采用基于日平均温差的稳态计算法，即

$$HL = \alpha FK(t_{N_d} - t_{W_d}) \tag{6-3}$$

式中　HL——围护结构的基本耗热量形成的热负荷（W）；

α——围护结构的温差修正系数；

F——围护结构的面积（m^2）；

K——围护结构的传热系数 $[W/(m^2 \cdot ℃)]$；

t_{N_d}——冬季空调室内计算温度（℃）；

t_{W_d}——冬季空调室外计算温度（℃）。

夏季与冬季相比，室外温度波动的幅度比较大，太阳辐射热随时间发生变化，并且对空调冷负荷的影响大，因此夏季空调冷负荷采用非稳态算法进行计算。在求解非稳态传热微分方程时，为了方便工程计算，对边界条件有不同的处理方法，例如谐波反应法和冷负荷系数法。

空调负荷计算是一个复杂的动态过程，可以采用计算机模拟计算法进行计算。采用计算机模拟法可以计算室外气象条件、室内发热量等各个因素影响下的室内温度、负荷、系统能耗等参数，进行全年动态负荷计算。全年动态负荷计算是空调方案能耗、经济分析的基础，能提供更详细的空调负荷计算结果，能够指导和辅助空调系统的优化设计。美国的 DOE-2、BLAST、Energy-Plus，英国的 ESP-r，日本的 HASP 和中国的 DeST 等软件，是可用于全年建筑冷热负荷计算的计算机建筑能耗模拟软件。这些软件已经被用于建筑能耗评价、建筑系统能耗分析和建筑设备系统辅助设计。

下列情况时，宜进行全年动态负荷计算：

1）需要对空调方案进行能耗等技术经济分析时。

2）利用热回收装置回收冷热量、利用室外新风作冷源调节室内负荷、冬季利用冷却塔提供空调冷水等节能措施而需要计算节能效果时。

本章主要介绍采用冷负荷系数法进行空调冷负荷计算的方法。冷负荷系数法是在传递函数法的基础上为便于在工程中进行手算而建立的一种简化计算法。与谐波反应法不同，传递函数法计算得热量和冷负荷不考虑外扰是否呈周期性变化，也不用傅里叶级数表示，而是把边界条件按照变换离散成按时间序列分布的单位扰量，即为 z^{-1} 的多项式。该多项式的系数等于该连续函数在相应次幂的采样时刻上的函数值。冷负荷系数法利用传递函数法的基本方程和相应的房

间传递函数形成了空调冷负荷系数。对经围护结构传入热所形成的冷负荷,冷负荷系数法利用相应传递函数形成了冷负荷温度。这样,当计算某建筑物空调冷负荷时,可按照相应条件查出冷负荷系数与冷负荷温度,用一维稳定热传导公式即可计算出经建筑外扰和内扰传入热量所形成的冷负荷。

6.4.2 空调冷负荷计算

空调区的夏季冷负荷应根据各项得热量的种类和性质以及空调区的蓄热特性,分别进行计算,按非稳态传热方法进行负荷计算的各种得热项目有:

1)通过围护结构进入的非稳态传热得热量。

2)透过外窗进入的太阳辐射得热量。

3)人体散热得热量。

4)非全天使用的设备、照明灯具的散热得热量。

可按稳态传热方法进行负荷计算的各种得热项目有:

1)室温允许波动范围≥±1℃的舒适性空调区,通过非轻型外墙进入的传热量。

2)空调区与邻室的夏季温差>3℃时,通过隔墙、楼板等内围护结构进入的传热量。

3)人员密集场所、间歇供冷场所的人体散热量。

4)全天使用的照明散热量,间歇供冷空调区的照明和设备散热量等。

5)新风带来的热量。

1. 建筑外部传入室内热量形成的冷负荷

(1)通过外墙、屋面的非稳态传热形成的逐时冷负荷 在日射和室外气温综合作用下,外墙和屋顶瞬态传热引起的逐时冷负荷可按下式计算

$$CL = KF(t'_{wl} - t_{N_x}) \tag{6-4}$$

$$t'_{wl} = (t_{wl} + t_d)k_\alpha k_\rho \tag{6-5}$$

式中　CL——外墙、屋面瞬态传热引起的逐时冷负荷(W);

K——外墙和屋面的传热系数[W/(m²·℃)],根据外墙和屋面的不同构造和厚度分别在附录8、9中查取;

F——外墙和屋面的传热面积(m²);

t'_{wl}——外墙和屋面冷负荷计算温度的逐时值(℃);

t_{N_x}——夏季空气调节室内计算温度(℃);

t_{wl}——以北京地区气象条件为依据的外墙和屋面逐时冷负荷计算温度(℃),根据外墙和屋面的不同类型分别在附录10和附录11中查取。

t_d——不同类型构造外墙和屋面的地点修正值(℃),根据不同的设计地点在附录12中查取。

k_α——外表面换热系数修正值,在表6-10中查取。

k_ρ——外表面吸收系数修正值,在表6-11中查取。

考虑到城市大气污染和中浅颜色的耐久性差,建议吸收系数一律采用$\rho = 0.90$,即$k_\rho = 1.0$。但如确有把握经久保持建筑围护结构表面的中、浅色时,则可乘以表6-11中的外表面吸收系数修正值。

外墙和屋顶的逐时冷负荷计算温度值是以北京地区气象参数数据为依据计算出来的。所采用的外表面放热系数为18.6W/(m²·℃);内表面放热系数为8.7W/(m²·℃),外墙和屋面吸收系数为0.90。其他地区和条件需要进行修正。

表 6-10 外表面换热系数修正值 k_α

$\alpha_w/[W/(m^2 \cdot ℃)]$	14.2	16.3	18.6	20.9	23.3	25.6	27.9	30.2
$[kcal/(m^2 \cdot ℃)]$	(12)	(14)	(16)	(18)	(20)	(22)	(24)	(26)
k_α	1.06	1.03	1.0	0.98	0.97	0.95	0.94	0.93

表 6-11 外表面吸收系数修正值 k_ρ

颜 色	外 墙	屋 面
浅色	0.94	0.88
中色	0.97	0.94

（2）**通过外窗的非稳态传热形成的逐时冷负荷** 在室内外温差作用下，由玻璃窗瞬态传热引起的冷负荷可按下式计算，即

$$CL = C_w K_w F_w (t_{wl} + t_d - t_{Nx}) \tag{6-6}$$

式中 CL——外玻璃窗的瞬态传热引起的逐时冷负荷（W）；

K_w——外玻璃窗的传热系数 $[W/(m^2 \cdot ℃)]$，根据单层和双层玻璃窗的不同情况可分别按附录 13 和附录 14 中查。不同结构玻璃窗的传热系数，查附录 17；

C_w——玻璃窗的传热系数修正值，当窗框类型不同时，按附录 15 修正；

F_w——窗口的面积（m^2）；

t_{wl}——玻璃窗逐时冷负荷计算温度（℃），见附录 16；如计算地点不在北京市，则应按附录 18 对 t_{wl} 值加上地点修正值 t_d；

t_{Nx}——空调室内设计温度（℃）。

（3）**透过玻璃窗进入的太阳辐射得热形成的逐时冷负荷** 无外遮阳玻璃窗的日射得热引起的逐时冷负荷，按下式计算

$$CL = C_a C_s C_i F_w D_{j,max} C_{LQ} \tag{6-7}$$

式中 CL——透过玻璃窗的日射得热引起的逐时冷负荷（W）；

F_w——玻璃窗的净面积（m^2），等于窗洞面积乘以有效面积系数 C_a，查附录 22；

C_s——窗玻璃的遮阳系数，附录 20；

C_i——窗内遮阳设施的遮阳系数，查附录 21；

C_{LQ}——窗玻璃冷负荷系数，见附录 23~附录 26，冷负荷系数按南北区查不同的附录。以北纬 27°30′为界划为南、北两区，建筑地点在北纬以南的地区为南区，以北的地区为北区。

$D_{j,max}$——夏季各纬度带日射得热因素的最大值（W/m^2），查附录 19。

透过玻璃窗进入室内的日射得热分为两部分，一部分是透过玻璃窗直接进入室内的太阳辐射热，另一部分是玻璃窗吸收太阳辐射后传入室内的热量。由于窗户的类型、遮阳设施、太阳入射角及太阳辐射强度等因素的各种组合太多，人们无法建立太阳辐射得热与太阳辐射强度之间的函数关系，于是提出了日射得热因数的概念。

采用 3mm 厚的普通平板玻璃作"标准玻璃"，在玻璃内表面传热系数为 $8.7W/(m^2 \cdot ℃)$ 和玻璃外表面传热系数为 $18.6W/(m^2 \cdot ℃)$ 条件下，得出夏季（以 7 月为代表）通过这一"标准玻璃"的日射得热量 q_t 和 q_a 以及 D_j 值，即

$$D_j = q_t + q_a \tag{6-8}$$

式中 D_j——日射得热因数。

经过大量统计计算工作，得出我国 40 个城市夏季九个不同朝向的逐时日射得热因数值 D_j 及其最大值 $D_{j,\max}$，经过相似分析，得出了适用于各地区［各纬度带（每一带宽为 $\pm2°30'$ 纬度）］的 $D_{j,\max}$，由附录 19 查得。

（4）**隔墙、楼板等内围护结构散热形成的冷负荷** 当邻室与空调区的夏季温差大于 3℃ 时，宜按式（6-9）计算通过空调房间隔墙、楼板、内窗、内门等内围护结构的温差传热而产生的冷负荷

$$CL = KF(t_{ls} - t_{N_x}) \tag{6-9}$$

$$t_{ls} = t_{wp} + \Delta t_{ls} \tag{6-10}$$

式中 CL——内墙、楼板等内围护结构传热形成的瞬时冷负荷（W）；

　　　K——内围护结构的传热系数 $[W/(m^2 \cdot ℃)]$；

　　　F——内围护结构的传热面积（m^2）；

　　　t_{N_x}——空调室内设计温度（℃）；

　　　t_{ls}——相邻非空调房间的平均计算温度（℃），可用式（6-10）计算；

　　　t_{wp}——夏季空调室外计算日平均温度（℃）；

　　Δt_{ls}——邻室计算平均温度与夏季空调室外计算日平均温度的差值（℃），可按表 6-12 选取。

表 6-12 温度的差值

邻室散热量/(W/m^2)	$\Delta t_{ls}/℃$	邻室散热量/(W/m^2)	$\Delta t_{ls}/℃$
很少（如办公室、走廊）	0~2	23~116	5
<23	3		

（5）**地面传热形成的冷负荷** 《民用建筑供暖通风与空气调节设计规范》（GB 50736—2012）规定，可以忽略舒适性空调区的地面传热形成的冷负荷。

对于舒适性空气调节区，夏季通过地面传热形成的冷负荷所占的比例很小，可以忽略不计。因此，夏季可不计算通过地面传热形成的冷负荷。

对于工艺性空气调节区，当有外墙时，距离外墙 2m 范围内的地面受室外气温和太阳辐射热的影响较大，因此宜计算据外墙 2m 范围内的地面传热形成的冷负荷。

2. 建筑内部热源散热形成的冷负荷

建筑内部热源包括人体、照明和设备等，根据建筑内部热源情况，分别计算热源散热形成的冷负荷，人体、照明和设备等散热形成的冷负荷。非全天工作的照明、设备、器具以及人员等室内热源散热量，因具有时变性质，并且含辐射成分，所以散热量与它们所形成的负荷在某一时刻是不一致的。在进行工程计算时，可直接查计算表或使用计算机程序求解。

（1）**人体散热形成的冷负荷** 人体散热形成的冷负荷包括散热形成的显热冷负荷，以及散湿形成的潜热冷负荷两部分。

1）人体散热形成的显热冷负荷。人体散热形成的显热冷负荷按下式计算

$$CL_s = n\varphi q_s C_{LQ} \tag{6-11}$$

式中 CL_s——人体显热散热形成的冷负荷（W）；

　　　n——室内全部人数；

q_s——不同室温和劳动性质成年男子显热散热量（W），查表 6-13；

C_{LQ}——人体显热散热冷负荷系数，由附录 30 中查得。对于人员密集的场所（如电影院、剧院、会堂等），由于人体对围护结构和室内物品的辐射换热量相应减少，故取$C_{LQ} = 1.0$。

φ——群集系数，见表 6-14。

表 6-13　不同室温和劳动性质成年男子散热量和散湿量

体力劳动性质		类　　别	室内温度/℃										
			20	21	22	23	24	25	26	27	28	29	30
静坐	影剧院 会堂 阅览室	显热/W	84	81	78	74	71	67	63	58	53	48	43
		潜热/W	26	27	30	34	37	41	45	50	55	60	65
		全热/W	110	108	108	108	108	108	108	108	108	108	108
		湿量/(g/h)	38	40	45	45	56	61	68	75	82	90	97
极轻劳动	旅馆 体育馆 手表装配 电子元件	显热/W	90	85	79	75	70	65	60.5	57	51	45	41
		潜热/W	47	51	56	59	64	69	73.3	77	83	89	93
		全热/W	137	135	135	134	134	134	134	134	134	134	134
		湿量/(g/h)	69	76	83	89	96	109	109	115	132	132	139
轻度劳动	百货商店 化学实验室 电子计算 机房	显热/W	93	87	81	76	70	64	58	51	47	40	35
		潜热/W	90	94	80	106	112	117	123	130	135	142	147
		全热/W	183	181	181	182	182	181	181	181	182	182	182
		湿量/(g/h)	134	140	150	158	167	175	184	194	203	212	220
中等劳动	纺织车间 印刷车间 机加工车间	显热/W	117	112	104	97	88	83	74	67	61	52	45
		潜热/W	118	123	131	138	147	152	161	168	174	183	190
		全热/W	235	235	235	235	235	235	235	235	235	235	235
		湿量/(g/h)	175	184	196	207	219	227	240	250	260	273	283
重度劳动	炼钢车间 铸造车间 排练厅 室内运动场	显热/W	169	163	157	151	145	140	134	128	122	116	110
		潜热/W	238	244	250	256	262	267	273	279	285	291	297
		全热/W	407	407	407	407	407	407	407	407	407	407	407
		湿量/(g/h)	356	365	373	382	391	400	408	417	425	434	443

表 6-14　某些空调建筑物内的人员群集系数 φ

工作场所	影剧院	百货商店（售货）	旅店	体育馆	图书阅览室	工厂轻劳动	银行	工厂重劳动
群集系数 φ	0.89	0.89	0.93	0.92	0.96	0.90	1.0	1.0

群集系数是指人员的年龄构成、性别构成以及密集程度等情况的不同而考虑的散热折减系数。由于每个人的散热量不同，人体散热与性别、年龄、衣着、劳动强度及周围环境条件（温、湿度等）等多种因素有关。计算时，以 1 名成年男子散热量为计算基础，其他人员按照相比于 1 名成年男子的散热量的相对值进行修正计算，采用人员"群集系数" φ。在不同用途的建筑中，人员的年龄不同和性别不同，人员的小时散热量就不同。

2）人体散湿形成的潜热冷负荷。计算时刻人体散湿形成的潜热冷负荷（W），可按下式计算

$$Q_\tau = \varphi n_\tau q_2 \tag{6-12}$$

式中　n_τ——计算时刻空调区内的总人数；

　　　q_2——1 名成年男子小时潜热散热量（W），见表 6-13。

（2）**照明散热形成的冷负荷**　根据照明灯具的类型和安装方式不同，冷负荷计算式分别为

白炽灯：　　　　　　　　　　　　$CL = 1000PC_{LQ}$ 　　　　　　　　　　　（6-13）

荧光灯：　　　　　　　　　　　　$CL = 1000n_1 n_2 PC_{LQ}$ 　　　　　　　　（6-14）

式中　CL——照明设备散热形成的冷负荷（W）；

　　　P——照明灯具的功率（W）；

　　　n_1——镇流器消耗功率系数，当明装荧光灯的镇流器装在空调房间内时，取 $n_1 = 1.2$，暗装荧光灯的镇流器在顶棚内时，$n_1 = 1.0$；

　　　n_2——灯罩隔热系数，当荧光灯罩上部穿有小孔（下部为玻璃板），可利用自然通风散热于顶棚内时，$n_2 = 0.5 \sim 0.6$；而荧光灯罩无通风孔时，则根据顶棚内通风情况取 $n_2 = 0.6 \sim 0.8$；

　　　C_{LQ}——照明散热冷负荷系数，见附录 29。

（3）**设备散热形成的冷负荷**　根据设备的类型和安装方式不同，冷负荷计算式分别如下。

1）电动设备散热形成的冷负荷。电动设备散热形成的冷负荷按下式计算

$$CL = Q_s C_{LQ} \tag{6-15}$$

式中　CL——电动设备散热形成的冷负荷（W）；

　　　C_{LQ}——电动设备散热冷负荷系数，根据有罩和无罩设备由附录 27 和附录 28 查出，如果空调系统不连续运行，则 $C_{LQ} = 1.0$；

　　　Q_s——电动设备散热量（W）。

电动设备是指电动机及其所带动的工艺设备。电动机在带动工艺设备进行生产的过程中向室内空气散发的热量主要有两部分：一是电动机本体由于温度升高而散入室内的热量，二是电动机所带动的设备散出的热量。

当工艺设备及其电动机都放在室内时

$$Q_s = \frac{1000 n_1 n_2 n_3 P}{\eta} \tag{6-16}$$

当工艺设备在室内，而电动机不在室内时

$$Q_s = 1000 n_1 n_2 n_3 P \tag{6-17}$$

当工艺设备不在室内，而电动机在室内时

$$Q_s = 1000 n_1 n_2 n_3 \frac{1-\eta}{\eta} P \tag{6-18}$$

式中　P——电动设备的安装功率（kW）；

　　　η——电动机效率，可从产品样本查得，或见表 6-15；

　　　n_1——同时使用系数，即房间内电动机同时使用的安装功率与总安装功率之比，根据工艺过程的设备使用情况而定，一般取 $0.5 \sim 1.0$；

　　　n_2——利用系数（安装系数），电动机最大实耗功率与安装功率之比，反映安装功率的利用程度，一般取 $0.7 \sim 0.9$；

　　　n_3——电动机负荷系数，每小时的平均实耗功率与设计最大实耗功率之比，反映了平均负荷达到最大负荷的程度，一般取 $0.4 \sim 0.5$，精密机床取 $0.15 \sim 0.4$。

上述各系数的确切数据应根据设备的实际工作情况确定。

表 6-15 电动机效率

电动机类型	功率/kW	满负荷效率	电动机类型	功率/kW	满负荷效率
罩极电动机	0.04	0.35	三相电动机	1.5	0.79
	0.06	0.35		2.2	0.81
	0.09	0.35		3.0	0.82
	0.12	0.35		4.0	0.84
分相电动机	0.18	0.54		5.5	0.85
	0.25	0.56		7.5	0.86
	0.37	0.60		11.0	0.87
三相电动机	0.55	0.72		15.0	0.88
	0.75	0.75		18.5	0.89
	1.1	0.77		22.0	0.89

2）电热设备散热形成的冷负荷。电热设备散热形成的冷负荷按下式计算

$$CL = Q_s C_{LQ} \tag{6-19}$$

式中　CL——电热设备散热形成的冷负荷（W）；

　　　C_{LQ}——电热设备散热冷负荷系数，根据有罩和无罩设备由附录 27 和附录 28 查出，如果空调系统不连续运行，则 $C_{LQ} = 1.0$；

　　　Q_s——电热设备散热量（W）。

对于无保温密闭罩的电热设备，按下式计算

$$Q_s = 1000 n_1 n_2 n_3 n_4 P \tag{6-20}$$

式中　n_1——同时使用系数，即房间内电热设备同时使用的安装功率与总安装功率之比，根据设备使用情况而定；

　　　n_2——利用系数（安装系数），电热设备最大实耗功率与安装功率之比，反映安装功率的利用程度，根据设备使用情况而定；

　　　n_3——电热设备负荷系数，每小时的平均实耗功率与设计最大实耗功率之比，反映了平均负荷达到最大负荷的程度，根据设备使用情况而定；

　　　n_4——通风保温系数，是指考虑设备有无局部排风设施以及设备热表面是否保温而采取的散热量折减系数，见表 6-16。

表 6-16 通风保温系数

保 温 情 况	有局部排风时	无局部排放时
设备有保温	0.3~0.4	0.6~0.7
设备无保温	0.4~0.6	0.8~1.0

3）电子设备散热形成的冷负荷。电子设备散热形成的冷负荷按下式计算

$$CL = Q_s C_{LQ} \tag{6-21}$$

式中　CL——电子设备散热形成的冷负荷（W）；

　　　C_{LQ}——电子设备散热冷负荷系数，根据有罩和无罩设备由附录 27 和附录 28 查出，如果空调系统不连续运行，则 $C_{LQ} = 1.0$；

Q_s——电子设备散热量（W）。

$$Q_s = \frac{1000 n_1 n_2 n_3 P}{\eta} \qquad (6-22)$$

其中系数 n_3 的值根据使用情况而定，对于计算机可取 1.0，一般仪表取 0.5~0.9。

4）办公设备散热形成的冷负荷。办公设备散热形成的冷负荷按下式计算

$$CL = Q_s C_{LQ} \qquad (6-23)$$

式中 CL——办公设备散热形成的冷负荷（W）；

　　C_{LQ}——办公设备散热冷负荷系数，根据有罩和无罩设备由附录 27 和附录 28 查出，如果空调系统不连续运行，则 $C_{LQ} = 1.0$；

　　Q_s——办公设备散热量（W）。

空调区办公设备的散热量 q_s（W）可按下式计算

$$q_s = \sum_{i=1}^{p} s_i q_{a,i} \qquad (6-24)$$

式中 p——办公设备的种类数；

　　s_i——第 i 类办公设备台数；

　　$q_{a,i}$——第 i 类办公设备的单台散热量（W），见表 6-17。

表 6-17　办公设备的单台散热量

名称及类别		每台散热量/W		名称及类别		每台散热量/W		
		连续工作	省能模式			连续工作	每分钟输出 1 页	待机状态
计算机	平均值	55	20	打印机	小型台式	130	75	10
	安全值	65	25		台式	215	100	35
	高安全值	75	30		小型办公	320	160	70
显示器	小屏幕（330~380mm）	55	0		大型办公	550	275	125
	中屏幕（400~460mm）	70	0	复印件	台式	400	85	20
	大屏幕（480~510mm）	80	0		办公	1100	400	300

当办公设备的类型和数量无法确定时，可按表 6-18 给出的单位面积散热指标估算空调区的办公设备散热量。

此时空调区办公设备的散热量 q_s（W）可按下式计算

$$q_s = F q_f \qquad (6-25)$$

式中 F——空调区面积（m^2）；

　　q_f——办公设备单位面积平均散热指标（W/m^2），见表 6-18。

表 6-18　办公设备单位面积平均散热指标

办公散热强度等级	一套办公设备的平均占地面积/m^2	单位面积的平均散热指标/（W/m^2）	负 荷 系 数
低	16	5	主机、显示器、传真机：0.67 打印机：0.33
中	12	11	主机、显示器、传真机：0.75 打印机：0.50

（续）

办公散热强度等级	一套办公设备的平均占地面积/m²	单位面积的平均散热指标/（W/m²）	负 荷 系 数
中高	9	16	主机、显示器：0.75 打印机、传真机：0.50
高	8	22	主机、显示器：1.00 打印机、传真机：0.50

注：表中的"一套办公设备"指的是主机、显示器、打印机、传真机各一台，并包括配套的办公家具。

（4）**室内敞开水面蒸发形成的潜热冷负荷** 如果室内有敞开的水面，水面蒸发形成的潜热冷负荷 Q_τ（W），可按下式计算

$$Q_\tau = 0.28 r D_\tau \tag{6-26}$$

式中 r——冷凝热（kJ/kg），由表6-19查得；

D_τ——计算时刻敞开水面的蒸发散湿量（kg/h）。

表6-19 表面单位面积蒸发量

室温/℃	室内相对湿度（%）	下列水温时敞开水表面的单位面积蒸发量/[kg/（m²·h）]								
		20℃	30℃	40℃	50℃	60℃	70℃	80℃	90℃	100℃
20	40	0.24	0.59	1.27	2.33	3.52	5.39	9.75	19.93	42.17
	45	0.21	0.57	1.24	2.30	3.48	5.36	9.71	19.88	42.11
	50	0.19	0.55	1.21	2.27	3.45	5.32	9.67	19.84	42.06
	55	0.16	0.52	1.18	2.23	3.41	5.28	9.63	19.79	42.00
	60	0.14	0.50	1.16	2.20	3.38	5.25	9.59	19.74	41.95
	65	0.11	0.47	1.13	2.17	3.35	5.21	9.56	19.70	41.89
	70	0.09	0.45	1.10	2.14	3.31	5.17	9.52	19.65	41.84
22	40	0.21	0.57	1.24	2.30	3.48	5.36	9.71	19.88	42.11
	45	0.18	0.54	1.21	2.26	3.44	5.31	9.67	19.83	42.05
	50	0.16	0.51	1.18	2.22	3.40	5.27	9.62	19.78	41.98
	55	0.13	0.49	1.14	2.19	3.36	5.23	9.58	19.72	41.92
	60	0.10	0.46	1.11	2.15	3.33	5.19	9.53	19.67	41.86
	65	0.07	0.43	1.08	2.12	3.29	5.15	9.49	19.62	41.80
	70	0.04	0.40	1.05	2.08	3.25	5.11	9.44	19.57	41.74
24	40	0.18	0.54	1.21	2.26	3.44	5.31	9.67	19.83	42.04
	45	0.15	0.51	1.17	2.22	3.40	5.27	9.61	19.77	41.97
	50	0.12	0.48	1.13	2.18	3.35	5.22	9.56	19.71	41.90
	55	0.09	0.45	1.10	2.14	3.31	5.17	9.51	19.65	41.84
	60	0.06	0.42	1.06	2.10	3.27	5.13	9.46	19.59	41.77
	65	0.03	0.38	1.03	2.06	3.22	5.08	9.41	19.53	41.70
	70	-0.01	0.35	0.99	2.02	3.18	5；03	9.36	19.47	41.63

（续）

室温/℃	室内相对湿度（%）	下列水温时敞开水表面的单位面积蒸发量/[kg/(m²·h)]								
		20℃	30℃	40℃	50℃	60℃	70℃	80℃	90℃	100℃
26	40	0.15	0.51	1.17	2.22	3.40	5.31	9.67	19.83	42.04
	45	0.12	0.47	1.13	2.17	3.35	5.27	9.61	19.77	41.97
	50	0.08	0.44	1.09	2.13	3.30	5.22	9.56	19.71	41.90
	55	0.05	0.40	1.05	2.08	3.25	5.17	9.51	19.65	41.84
	60	0.01	0.37	1.01	2.04	3.20	5.13	9.46	19.59	41.77
	65	-0.03	0.33	0.97	1.99	3.15	5.08	9.41	19.53	41.70
	70	-0.06	0.30	0.93	1.95	3.10	5.03	9.36	19.47	41.63
28	40	0.12	0.47	1.13	2.17	3.35	5.21	9.56	19.70	41.90
	45	0.08	0.43	1.09	2.12	3.29	5.15	9.49	19.63	41.81
	50	0.04	0.39	1.04	2.07	3.24	5.09	9.43	19.55	41.72
	55	0	0.36	1.00	2.02	3.18	5.04	9.37	19.48	41.63
	60	-0.04	0.32	0.95	1.97	3.13	4.98	9.30	19.40	41.54
	65	-0.08	0.28	0.91	1.92	3.07	4.92	9.24	19.33	41.45
	70	-0.12	0.24	0.86	1.87	3.02	4.86	9.18	19.25	41.36
冷凝热 r/(kJ/kg)		2510	2528	2544	2559	2570	2582	2602	2626	2653

注：制表条件为：水面风速 $v = 0.3$m/s；$p_a = 101325$Pa。当工程所在地点大气压力为 b 时，表中所列数据应乘以修正系数 B/b。

3. 空调区和空调系统的计算冷负荷

空调区计算冷负荷的确定方法是：将此空调区的各分项冷负荷按各计算时刻累加，得出空调区总冷负荷逐时值的时间序列，之后找出序列中的最大值，作为该空调区的计算冷负荷。

空调区冷负荷是确定房间空调送风处理过程和空调设备容量的依据之一，也是计算各个环节冷负荷的基础。各个环节计算冷负荷中包括：空调区的计算冷负荷、空调建筑的计算冷负荷、空调系统的计算冷负荷和空调冷源的计算冷负荷。

空调系统的计算冷负荷应根据所服务的空调建筑中各分区的同时使用情况、空调系统类型及控制方式等各种情况不同，综合考虑下列各分项负荷，经过焓湿图分析和计算确定。

1）系统所服务区域的空调建筑的计算冷负荷。

2）该空调建筑的新风计算冷负荷。

3）风系统由于风机、风管产生温升以及系统漏风等引起的附加冷负荷。

4）水系统由于水泵、水管、水箱产生温升以及系统补水引起的附加冷负荷。

5）当空气处理过程产生冷、热抵消现象时，还应考虑由此引起的附加冷负荷。例如，某些空调系统因在夏季采用再热空气处理过程，导致了冷、热量的抵消，因此这部分被抵消的冷量应该得到补偿；采用顶棚回风时，部分灯光热量可能被回风带入系统而产生附加冷负荷。

空调系统的计算冷负荷应为上述5部分负荷的累加。

【例6-1】 试计算北京某旅店空调房间夏季的空调计算冷负荷。空调房间平面尺寸如图6-4所示，层高为3500mm。其他条件如下：

（1）屋顶属于Ⅱ型，传热系数 $K = 0.48$W/(m²·K)，由上至下分别为：

1）预制细石混凝土板25mm，表面喷白色水泥浆。

2）通风层≥200mm。

3）卷材防水层。

4）水泥砂浆找平层20mm。

5）保温层，沥青膨胀珍珠岩125mm。

6）隔气层。

7）现浇钢筋混凝土板70mm。

8）内粉刷。

（2）南外墙属于Ⅱ型，传热系数 $K = 0.46W/(m^2 \cdot K)$，由外至内分别为：

1）EPS外保温。

2）混凝土墙。

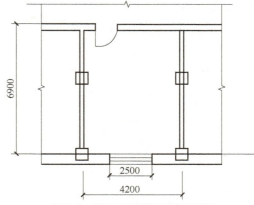

图6-4 例6-1空调房间平面图

（3）南外窗高2000mm，为双层窗结构；玻璃采用3mm厚的普通玻璃；窗框为金属，玻璃比例为80%；窗帘为白色（浅色）。

（4）邻室包括走廊，均与客房温度相同，不考虑内墙传热。

（5）房间内有4人，在房间内的总小时数为8h（8：00～16：00）。房间内人员活动属于极轻劳动。

（6）室内压力稍高于室外大气压力。

（7）室内照明采用200W明装荧光灯，开灯时间为8：00～16：00。

（8）空调设计运行时间24h。

（9）北京市纬度为北纬39°48′，经度为东经116°28′，海拔为31.2m；大气压力为夏季998.6kPa，冬季1020.4kPa；夏季空调室外计算干球温度为33.6℃；夏季空调室外计算湿球温度为26.3℃。

（10）房间夏季室内计算干球温度为26℃；室内空气相对湿度≤65%。

【解】 根据已知条件，分项计算如下：

1. 屋顶逐时冷负荷

由附录11查得北京地区屋顶的冷负荷计算温度逐时值 t_{wl}，即可按式（6-4）和式（6-5）算出屋顶逐时冷负荷，计算结果列于表6-20中。

表6-20 屋顶逐时冷负荷　　　　　　（单位：W）

时间	11：00	12：00	13：00	14：00	15：00	16：00	17：00	18：00	19：00	20：00	21：00	22：00	23：00	24：00
t_{wl}	35.6	35.6	36.0	37.0	38.4	40.1	41.9	43.7	45.4	46.7	47.5	47.8	47.7	47.2
t_d	0													
k_α	1.04[1]													
k_ρ	0.94													
t'_{wl}	34.80	34.80	35.19	36.17	37.54	39.20	40.96	42.72	44.38	45.65	46.44	46.73	46.63	46.14
t_{Nx}	26													
K	0.48													
F	$4.2 \times (6.9 - 0.06) = 28.7$													
CL	121.23	121.23	126.60	140.10	158.98	181.84	206.09	230.33	253.20	270.70	281.58	285.58	284.20	277.45

[1] $\alpha_o = 3.5 + 5.6v = (3.5 + 5.6 \times 2.2)W/(m^2 \cdot K) = 15.82W/(m^2 \cdot K)$，$v = 2.2m/s$。

2. 南外墙逐时冷负荷

由附录 10 查得 Ⅱ 型外墙逐时冷负荷计算温度 t_{wl}，将其计算结果列入表 6-21 中。
计算公式同上。

表 6-21　南外墙逐时冷负荷　　　　　（单位：W）

时间	11：00	12：00	13：00	14：00	15：00	16：00	17：00	18：00	19：00	20：00	21：00	22：00	23：00	24：00
t_{wl}	33.5	33.2	32.9	32.8	32.9	33.1	33.4	33.9	34.4	34.9	35.3	35.7	36.0	36.1
t_d	0													
k_α	1.04													
k_ρ	0.94													
t'_{wl}	32.75	32.46	32.16	32.07	32.16	32.36	32.65	33.14	33.63	34.12	34.51	34.90	35.19	35.29
t_{Nx}	26													
Δt	6.75	6.46	6.16	6.07	6.16	6.36	6.65	7.14	7.63	8.12	8.51	8.90	9.19	9.29
K	0.46													
F	$4.2 \times 3.5 - 2.5 \times 2 = 9.7$													
CL	30.12	28.81	27.50	27.06	27.50	28.37	29.68	31.86	34.04	36.22	37.97	39.71	41.02	41.46

3. 南外窗瞬时传热冷负荷

根据 $\alpha_i = 8.7 \text{W}/(\text{m}^2 \cdot \text{K})$，$\alpha_o = 15.82 \text{W}/(\text{m}^2 \cdot \text{K})$，由附录 14 查得 $K_w = 2.93 \text{W}/(\text{m}^2 \cdot \text{K})$，再由附录 15 查得玻璃窗的传热系数修正值，金属框双层窗应乘以 1.2 的修正系数。由附录 16 查出玻璃窗瞬时传热冷负荷计算温度 t_{wl}，根据式（6-6）计算，计算结果列入表 6-22 中。

表 6-22　南外窗瞬时传热冷负荷　　　　　（单位：W）

时间	11：00	12：00	13：00	14：00	15：00	16：00	17：00	18：00	19：00	20：00	21：00	22：00	23：00	24：00
t_{wl}	29.9	30.8	31.5	31.9	32.2	32.2	32.0	31.6	30.8	29.9	29.1	28.4	27.8	27.2
t_d	0													
$t_{wl} + t_d$	29.9	30.8	31.5	31.9	32.2	32.2	32.0	31.6	30.8	29.9	29.1	28.4	27.8	27.2
t_{Nx}	26													
Δt	3.9	4.8	5.5	5.9	6.2	6.2	6	5.6	4.8	3.9	3.1	2.4	1.8	1.2
$C_w K_w$	$2.93 \times 1.2 = 3.516$													
F_w	$2.5 \times 2 = 5$													
CL	68.56	84.38	96.69	103.72	109.00	109.00	105.48	98.45	84.38	68.56	54.50	42.19	31.64	21.10

4. 透过玻璃窗的日射得热引起的逐时冷负荷

由附录 22 中查得双层钢窗有效面积系数 $C_a = 0.75$，故窗的有效面积 $F_w = 5\text{m}^2 \times 0.75 =$

$3.75m^2$。由附录 20 中查得玻璃窗的遮阳系数 $C_s=0.86$，由附录 21 中查得窗内遮阳设施的遮阳系数 $C_i=0.5$，于是综合遮挡系数 $C_{cs}=C_sC_i=0.86×0.5=0.43$。再由附录 19 中查得纬度 40°时（北京市：北纬 39°48′），南向日射得热因数最大值 $D_{j,max}=302W/m^2$。因北京地区处在北纬 37°30′ 以北，属于北区，故由附录 24 查得北区有内遮阳窗玻璃冷负荷系数 C_{LQ}。用式（6-7）计算透过玻璃窗的日射得热引起的逐时冷负荷，列入表 6-23 中。

表 6-23　南外窗日射得热引起的逐时冷负荷　（单位：W）

时间	11：00	12：00	13：00	14：00	15：00	16：00	17：00	18：00	19：00	20：00	21：00	22：00	23：00	24：00
C_{LQ}	0.72	0.84	0.80	0.62	0.45	0.32	0.24	0.16	0.10	0.09	0.09	0.08	0.08	0.07
$D_{j,max}$	302													
C_{cs}	0.43													
F_w	2.5×2×0.75＝3.75													
CL	350.62	409.06	389.58	301.92	219.14	155.83	116.87	77.92	48.70	43.83	43.83	38.96	38.96	34.09

5. 人员散热形成的冷负荷

房间内人员活动属于极轻劳动。查表 6-13，当室温为 26℃时，成年男子每人散发的显热和潜热量为 60.5W 和 73.3W，由表 6-14 查取群集系数 $\varphi=0.93$。根据每间房间 4 人，在房间内的总小时数为 8h（8：00~16：00），由附录 30 查得人体显热散热冷负荷系数。按式（6-11）计算人体显热散热逐时冷负荷，按式（6-12）计算人体潜热散热引起的冷负荷，然后将其计算结果列入表 6-24 中。

表 6-24　人员散热形成的冷负荷　（单位：W）

时间	11：00	12：00	13：00	14：00	15：00	16：00	17：00	18：00	19：00	20：00	21：00	22：00	23：00	24：00
C_{LQ}	0.67	0.72	0.76	0.8	0.82	0.84	0.38	0.3	0.25	0.21	0.18	0.15	0.13	0.12
q_s	60.5													
n	4													
φ	0.93													
CL_s	150.79	162.04	171.05	180.05	184.55	189.05	85.52	67.52	56.27	47.26	40.51	33.76	29.26	27.01
q_l	73.3													
CL_l	272.68	272.68	272.68	272.68	272.68	272.68	272.68	272.68	272.68	272.68	272.68	272.68	272.68	272.68
CL_s+CL_l	423.47	434.72	443.72	452.72	457.23	461.73	358.20	340.19	328.94	319.94	313.19	306.44	301.93	299.68

6. 照明散热形成的冷负荷

由于明装荧光灯，镇流器装设在房间内，故镇流器消耗功率系数 n_1 取 1.2。灯罩隔热系数 n_2 取 1.0。根据室内照明开灯时间为 8：00~16：00，开灯时数为 8h，由附录 29 查得照明散热冷负荷系数，按式（6-14）计算，其计算结果列入表 6-25 中。

表 6-25 照明散热形成的冷负荷　　　　　　　（单位：W）

时间	11：00	12：00	13：00	14：00	15：00	16：00	17：00	18：00	19：00	20：00	21：00	22：00	23：00	24：00
C_{LQ}	0.74	0.76	0.79	0.81	0.83	0.84	0.29	0.26	0.23	0.2	0.19	0.17	0.15	0.14
n_1						1.2								
n_2						1.0								
N						200								
CL	177.60	182.40	189.60	194.40	199.20	201.60	69.60	62.40	55.20	48.00	45.60	40.80	36.00	33.60

7. 各分项逐时冷负荷汇总

由于室内压力略高于室外大气压力，因此不用考虑由室外空气渗透所引起的冷负荷。将上述各分项逐时冷负荷计算结果列入汇总表（表6-26），并逐时相加。

表 6-26 各分项逐时冷负荷汇总表　　　　　　　（单位：W）

时间	11：00	12：00	13：00	14：00	15：00	16：00	17：00	18：00	19：00	20：00	21：00	22：00	23：00	24：00
屋顶负荷	121.23	121.23	126.60	140.10	158.98	181.84	206.09	230.33	253.20	270.70	281.58	285.58	284.20	277.45
外墙负荷	30.12	28.81	27.50	27.06	27.50	28.37	29.68	31.86	34.04	36.22	37.97	39.71	41.02	41.46
窗传热负荷	68.56	84.38	96.69	103.72	109.00	109.00	105.48	98.45	84.38	68.56	54.50	42.19	31.64	21.10
窗日射负荷	350.62	409.06	389.58	301.92	219.14	155.83	116.87	77.92	48.70	43.83	43.83	38.96	38.96	34.09
人员负荷	423.47	434.72	443.72	452.72	457.23	461.73	358.20	340.19	328.94	319.94	313.19	306.44	301.93	299.68
照明负荷	177.60	182.40	189.60	194.40	199.20	201.60	69.60	62.40	55.20	48.00	45.60	40.80	36.00	33.60
总计	1171.60	1260.60	1273.69	1219.92	1171.05	1138.37	885.92	841.15	804.46	787.25	776.67	753.68	733.75	707.38

由表6-26可以看出，房间最大冷负荷值出现在13：00时，其值为1273.69W。

6.4.3 空调湿负荷计算

空调湿负荷应根据空调房间散湿源的种类进行散热量计算，根据下列各项确定：

1）人体散湿量。
2）渗透空气带入的湿量。
3）化学反应过程的散湿量。
4）各种潮湿表面、液面或液流的散湿量。
5）食品或气体物料的散湿量。
6）设备的散湿量。
7）地下建筑围护结构的散湿量。

一般的民用建筑中，空调湿负荷主要是人员散湿产生的湿负荷和敞开水表面散湿产生的湿负荷。

1. 人体散湿量

计算时刻的人体散湿量 $D_\tau(\mathrm{kg/h})$ 可按下式计算

$$D_\tau = 0.001\varphi n_\tau g \tag{6-27}$$

式中　φ——群集系数；

　　　n_τ——计算时刻空调区内的总人数；

　　　g——1 名成年男子每小时散湿量（g/h），见表 6-13。

式（6-27）中的 φ 是指集中在空气调节区内的各类人员的年龄构成、性别构成和密集程度等情况的不同而使人均小时散湿量发生变化的折减系数。例如，儿童和成年女子的散湿量约为成年男子相应散湿量的 75% 和 85%。

2. 室内敞开水槽表面散湿量

室内敞开水槽表面散湿量可按下式计算

$$ML = \beta(p_{q,b} - p_q)F\frac{p_{a0}}{p_a} \tag{6-28}$$

式中　ML——室内敞开水槽表面散湿量（kg/s）；

　　　$p_{q,b}$——相应于水槽表面温度下饱和空气的水蒸气分压力（Pa）；

　　　p_q——空气的水蒸气分压力（Pa）；

　　　p_{a0}——标准大气压力，$p_{a0} = 101325\mathrm{Pa}$；

　　　p_a——当地大气压力（Pa）；

　　　F——室内敞开水槽表面积（m²）；

　　　β——蒸发系数 [kg/(N·s)]。

β 按下式计算

$$\beta = (\alpha + 0.00363v) \times 10^{-5} \tag{6-29}$$

式中　α——不同水温下的扩散系数 [kg/(N·s)]，见表 6-27；

　　　v——水面上周围空气的流速（m/s）。

另外，敞开水表面散湿量还可根据表 6-19 查出水面的单位面积蒸发量，然后按下式计算

$$D_\tau = F_\tau g \tag{6-30}$$

式中　D_τ——计算时刻敞开水面的蒸发散湿量（kg/h）；

　　　F_τ——计算时刻的蒸发表面积（m²）；

　　　g——水面的单位面积蒸发量 [kg/(m²·h)]，见表 6-19。

表 6-27　不同水温下的扩散系数

水温/℃	<30	40	50	60	70	80	90	100
α/[kg/(N·s)]	0.0046	0.0058	0.0069	0.0077	0.0088	0.0096	0.0106	0.0125

6.4.4　空调热负荷计算

空调热负荷是指空调系统在冬季应当向建筑物供给热量。在不考虑建筑得热量的情况下，这个热量等于在寒冷季节内把室温维持在一定数值时建筑物的耗热量。如考虑建筑的得热量，则热负荷就是建筑物耗热量与得热量的差值。

对于一般民用建筑和产生热量很少的车间，在计算热负荷时，不考虑得热量而仅计算建筑物的耗热量。建筑空调系统的冬季热负荷包括建筑围护结构耗热量、冷风侵入耗热量和加热进入室内的室外空气所需要的热量。

由于确定建筑物耗热量值的某些因素，例如室外空气温度、日照时间和照射强度以及风向、风速等，都是随时间而变的，这就使经过建筑围护结构的传热过程成为复杂的不稳定传热过程，热流随时都在变化，因此要把建筑物的耗热量计算得十分准确是较为困难的。在工程计算上，常将各种不稳定因素加以简化，用稳定传热过程的公式计算建筑物的耗热量。

建筑空调区热负荷计算包括两部分：围护结构耗热量和冷风侵入耗热量。

1. 围护结构耗热量

围护结构的耗热量包括两部分，一部分是围护结构的基本耗热量，即通过围护结构即墙、顶棚、地面、门和窗，由室内传到室外的热量；另一部分是附加耗热量。

（1）围护结构的基本耗热量　当室内外存在温差时，围护结构将通过导热、对流和辐射三种传热方式将热量传至室外，在稳定传热条件下，通过围护结构的传热量为

$$Q = \alpha KF(t_n - t_w) \tag{6-31}$$

式中　Q——围护结构的传热量（W）；

$\quad\quad K$——围护结构的传热系数 $[W/(m^2 \cdot ℃)]$；

$\quad\quad F$——围护结构的传热面积（m^2）；

$\quad\quad t_w$——冬季空调室外计算温度（℃）；

$\quad\quad t_n$——冬季空调室内计算温度（℃）。

$\quad\quad \alpha$——围护结构的温差修正系数，查表6-28。当围护结构两侧的温差为冬季空调室内、室外设计计算温度的差值时，$\alpha = 1$。

表6-28　围护结构的温差修正系数 α

围护结构特征	α	围护结构特征	α
外墙、屋顶、地面以及与室外相通的楼板等	1.00	非采暖地下室上面的楼板，外墙上无窗且位于室外地坪以下时	0.40
闷顶和与室外空气相通的非采暖地下室上面的楼板等	0.90	与有外门窗的不采暖楼梯间相邻的隔墙（1~6层建筑）	0.60
与有外门窗的不采暖楼梯间相邻的隔墙（7~30层建筑）	0.50	非采暖地下室上面的楼板，外墙上有窗时	0.75
非采暖地下室上面的楼板，外墙上无窗且位于室外地坪以上时	0.60	与无外门窗的非采暖房间相邻的隔墙	0.40
与有外门窗的非采暖房间相邻的隔墙	0.70	伸缩缝墙、沉降缝墙	0.30
防震缝墙	0.70		

冬季室内计算温度是指室内离地面 1.5~2.0m 高处的空气温度，它取决于建筑物的性质和用途。对于工业企业建筑物，确定室内计算温度应考虑劳动强度的大小以及生产工艺提出的要求。对于民用建筑，确定室内计算温度应考虑房间的用途、生活习惯等因素。

在工厂不生产时间（节假日和下班后），供暖系统维持车间温度为+5℃就可以了。这时的供暖称为值班供暖，它可保证润滑油和水不致冻结。

建筑物围护结构的传热系数可用下式计算

$$K = \cfrac{1}{\cfrac{1}{\alpha_n} + \cfrac{\delta_1}{\lambda_1} + \cdots + \cfrac{\delta_n}{\lambda_n} + \cfrac{1}{\alpha_w}}$$ (6-32)

式中　　　K——围护结构的传热系数 $[W/(m^2 \cdot ℃)]$；

α_n、α_w——围护结构内表面和外表面的换热系数 $[W/(m^2 \cdot ℃)]$；

δ_1，$\cdots$，δ_n——围护结构各层材料的厚度 (m)；

λ_1，$\cdots$，λ_n——围护结构各层材料的导热系数 $[W/(m \cdot ℃)]$。

《民用建筑供暖通风与空气调节设计规范》(GB 50736—2012) 规定：如果空调区与邻室的温差大于或等于5℃，或通过隔墙和楼板等的传热量大于该房间热负荷的10%时，应计算通过隔墙或楼板等的传热量。

(2) 围护结构的附加 (修正) 耗热量　围护结构的基本耗热量，是在稳定条件下，按式 (6-31) 计算得出的。实际耗热量会受气象条件以及建筑物情况等各种因素影响而有所增减。由于这些因素影响，需要对房间围护结构基本耗热量进行修正。这些修正耗热量称为围护结构附加 (修正) 耗热量。通常按基本耗热量的百分率进行修正。附加 (修正) 耗热量有朝向修正耗热量、风力附加耗热量和高度附加耗热量等。

1) 朝向修正耗热量。朝向修正耗热量是考虑建筑物受太阳照射影响而对围护结构基本耗热量的修正。当太阳照射建筑物时，阳光直接透过玻璃窗，使室内得到热量。同时由于受阳面的围护结构较干燥，外表面和附近气温升高，围护结构向外传递热量减少。采用的修正方法是按围护结构的不同朝向，采用不同的修正率。需要修正的耗热量等于垂直的外围护结构 (门、窗、外墙及屋顶的垂直部分) 的基本耗热量乘以相应的朝向修正率。

《民用建筑供暖通风与空气调节设计规范》(GB 50736—2012) 规定：对不同的垂直外围护结构进行修正。其修正率为：

北、东北、西北朝向：$0 \sim 10\%$；

东、西朝向：-5%；

东南、西南朝向：$-10\% \sim -15\%$；

南向：$-15\% \sim -30\%$。

选用上面朝向修正率时，应考虑当地冬季日照率、建筑物使用和被遮挡等情况。对于冬季日照率小于35%的地区，东南、西南和南向修正率，宜采用$-10\% \sim 0\%$，东、西向可不修正。

2) 风力附加耗热量。风力附加耗热量是考虑室外风速变化而对围护结构基本耗热量的修正。在计算围护结构基本耗热量时，外表面换热系数 α_w 是对应风速约为4m/s的计算值。我国大部分地区冬季平均风速一般为 $2 \sim 3$m/s。因此，在一般情况下，不必考虑风力附加。只对建在不避风的高地、河边、海岸、旷野上的建筑物，以及城镇、厂区内特别突出的建筑物，才考虑垂直外围结构附加 $5\% \sim 10\%$ 的风力附加耗热量。

3) 高度附加耗热量。高度附加耗热量是考虑房屋高度对围护结构耗热量的影响而附加的耗热量。《民用建筑供暖通风与空气调节设计规范》(GB 50736—2012) 规定：民用建筑和工业辅助建筑物 (楼梯间除外) 的高度附加率，当房间高度大于4m时，每高出1m应附加2%，但总的附加率不应大于15%。应注意：高度附加率应附加于房间各围护结构基本耗热量和其他附加 (修正) 耗热量的总和上。

2. 冷风侵入耗热量

在冬季由于受风压和热压的作用，冷空气由开启的外门侵入室内。把这部分冷空气加热到室内温度所消耗的热量称为冷风侵入耗热量。冷风侵入耗热量可按下式计算

$$Q_s = 0.278V_w c_p \rho_w (t_n - t_w) \tag{6-33}$$

式中　Q_s——冷风侵入耗热量（W）；

　　　V_w——侵入的冷空气量（m³/h）；

　　　ρ_w——空气的密度（kg/m³）；

　　　c_p——空气的比定压热容 [kJ/(kg·℃)]。

　　　t_n——冬季空调室内计算温度（℃）；

　　　t_w——冬季空调室外计算温度（℃）。

　　由于流入的冷空气量 V_w 不易确定，根据经验总结，冷风侵入耗热量可采用外门基本耗热量乘以外门开启附加率的简便方法进行计算，即

$$Q_s = NQ_{jm} \tag{6-34}$$

式中　Q_s——冷风侵入耗热量（W）；

　　　Q_{jm}——外门基本耗热量（W）；

　　　N——考虑冷风侵入的外门开启附加率，见表6-29。

　　表6-29 中的外门开启附加率只适用于短时间开启的、无热风幕的外门。对于开启时间长的外门，冷风侵入量可根据通风技术原理进行计算，或根据经验公式或图表确定并按公式（6-33）计算冷风侵入耗热量。此外，对建筑物的阳台门不必考虑冷风侵入耗热量。

表6-29　外门开启附加率

建筑物性质	附　加　率	建筑物性质	附　加　率
公共建筑或生产厂房	500%	无门斗的单层外门	65%n
有门斗的两道门	80%n	有双门斗的三通门	60%n

注：表中的 n 为楼层数。

6.4.5　空调负荷的估算

　　《民用建筑供暖通风与空气调节设计规范》（GB 50736—2012）规定：除方案设计或初步设计阶段可使用冷负荷指标进行必要的估算之外，施工图设计阶段应对空气调节区进行逐项逐时的冷负荷计算。

　　在采用空调负荷概算指标时，应该结合所在地区的室外气象条件、建筑物的结构特点和使用功能以及室内计算参数的要求等因素，综合分析、合理选择。在施工图阶段应对空调区进行冬季热负荷和夏季逐项逐时冷负荷计算。

　　我国部分公共建筑的空调冷负荷和空调热负荷概算指标见表6-30 和表6-31。随着各种节能标准的贯彻执行，建筑外围护结构的热工性能正在逐步改善，围护结构的温差传热明显减少，因此进行负荷估算时应充分考虑这个因素，一般宜取下限值或中间值。

表6-30　部分公共建筑的空调冷负荷概算指标　　　　　　　　（单位：W/m²）

建筑类型	冷　负　荷	建筑类型	冷　负　荷
办公楼、学校	95~115	商店	210~240
图书馆	40~50	医院	105~130
旅馆	70~95	剧场（观众厅）	230~350
餐厅	290~350	体育馆（比赛馆）	240~280

表 6-31　部分公共建筑的空调热负荷概算指标　　　　　（单位：W/m²）

建筑类型	热负荷	建筑类型	热负荷
办公楼、学校	60~80	商店	65~90
图书馆	50~80	医院	65~80
旅馆	60~70	剧场（观众厅）	95~115
餐厅	115~140	体育馆（比赛馆）	110~160

6.4.6　空调负荷确定的其他问题

1. 空调系统夏季总冷负荷的确定

空调系统夏季总冷负荷应计入各项有关的附加负荷。应考虑各空调区在使用时间上的不同，采用小于 1 的同时使用系数。当空调系统有温度自控时，系统夏季总冷负荷按所有空调区作为一个整体空间进行逐时冷负荷计算所得的综合最大小时冷负荷确定。例如，当采用变风量集中式空气调节系统时，由于系统本身具有适应各空气调节区冷负荷变化的调节能力，此时即应采用各空气调节区逐时冷负荷的综合最大值。无温度自控时，由于空调系统本身不能适应各空气调节区冷负荷的变化，为了在保证最不利情况下达到空气调节区的温湿度要求，系统夏季总冷负荷应采用各空气调节区夏季冷负荷的累计值。

空调系统的夏季附加负荷应包括以下内容：

1）新风冷负荷应按最小新风量标准和夏季室外空调计算干、湿球温度确定。

2）空气处理过程中产生冷热抵消现象引起的冷负荷。

3）空气通过风机、风管的温升引起的冷负荷，当回风管敷设在非空调空间时，应考虑漏入风量对回风参数的影响。

4）风管漏风引起的附加冷负荷。

2. 建筑内区空调负荷的确定

进深较大的开敞式办公用房、大型商场等，内外区负荷特性相差很大，尤其是冬季或过渡季，常常当外区需送热时，内区因过热需全年送冷。内区冬季冷负荷的计算可按有无隔墙进行分类，并采取不同计算方法，同时对于间歇运行的空调系统，内区应考虑空调系统冬季预热的问题。

当内外区有隔墙分隔时，室内照明功率、人员数量、设备功率等宜与夏季取值相同。

当内外区无隔墙分隔时，室内照明功率、人员数量、设备功率等的取值应根据内区面积、送风方式等因素综合确定。

3. 高大公共建筑空调负荷的确定

高大公共建筑空调冷负荷比一般建筑空调负荷大很多，在设计时如果取 100% 的空调冷负荷计算结果会使空调系统设计不合理，能耗非常高。公共建筑高大空间一般利用合理的气流组织，仅对下部空间（空气调节区）进行空气调节，其上部较大空间则采取通风排热，该空气调节方式称为分层空气调节。分层空气调节具有较好的节能效果，节省能耗在 30% 左右，其空调负荷可按全室空调逐时冷负荷的综合最大值乘以小于 1 的经验系数进行计算。

6.5　空调系统风量的确定

在计算确定了空调区的冷负荷、热负荷和湿负荷之后，可以通过计算确定空调系统的风量，包括：空调区送风量、空调区新风量、空调区排风量、空调系统新风量和空调系统回风量等。根据进入和流出空调区风量的热平衡和湿平衡方程式，可以确定消除空调区多余热、多余湿量所需要送给空调区的风量。根据保证空调房间人员卫生要求所需要的新风量、维持空调区正压或负压所需要的风量等要求，可以确定需要送给空调区的新风量，进而确定需要从空调区排出的风量。

6.5.1　空调房间送风量的确定

1. 空调房间的热量平衡和湿量平衡

经过空调送风管道，进入空调区的风量，吸收了房间的余热和余湿，然后排出空调区，进入空调区和排出空调区空气的温度和湿度发生了变化。以空调区为对象进行空气质量和能量分析，遵循空气质量守恒定律和能量守恒定律。

图 6-5 中，房间余热量（即房间冷负荷）为 $Q(\mathrm{kW})$，房间余湿量（即房间湿负荷）为 $W(\mathrm{kg/s})$，送入风量为 $q_m(\mathrm{kg/s})$ 的空气，吸收室内余热余湿后，其状态由 $O(h_O, d_O)$ 变为室内空气状态 $N(h_N, d_N)$，然后排出室外。

根据热量平衡关系，可以表示为

$$\begin{cases} q_m h_O + Q = q_m h_N \\ q_m = \dfrac{Q}{h_N - h_O} \end{cases} \tag{6-35}$$

根据湿量平衡关系，可以表示为

$$\begin{cases} q_m d_O + W = q_m d_N \\ q_m = \dfrac{W}{d_N - d_O} \end{cases} \tag{6-36}$$

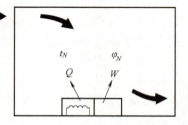

图 6-5　空调房间的热湿平衡

式中　q_m——送入房间的风量（kg/s）；

$\quad\quad Q$——热负荷（kW）；

$\quad\quad W$——湿负荷（kg/s）；

h_O、d_O——送风状态空气的比焓［kJ/kg（干空气）］和含湿量［kg/kg（干空气）］；

h_N、d_N——室内空气的比焓［kg/kg（干空气）］和含湿量［kg/kg（干空气）］。

根据式（6-35）和式（6-36）可以得到送入空调区空气变化的热湿比

$$\varepsilon = \frac{Q}{W} = \frac{h_N - h_O}{d_N - d_O} \tag{6-37}$$

将送入房间的空气状态点、房间的空气状态点和空气进入房间后的热湿比变化表示在 $h\text{-}d$ 图上，如图 6-6 所示。图中 N 为室内状态点，O 为送风状态点。反映空气变化过程的热湿比为 ε 线，O 状态的送风空气吸收了余热 Q、余湿 W，沿着热湿比 ε 线变化到 N 点。

送风量也可以根据空调区的显热冷负荷和送风温差确定

$$q_m = \frac{Q_x}{c_p(t_N - t_O)} \tag{6-38}$$

式中　Q_x——显热冷负荷（kW）；

$\quad\quad c_p$——空气的比定压热容［1.01kJ/(kg·K)］。

2. 夏季送风状态和送风量的确定

在空调系统设计时，已知室内状态点、冷负荷和湿负荷，需要确定的是送风状态点和送风量。从图 6-6 可以看到，送风状态点在通过室内状态点 N_x、热湿比线为 ε 的线段上。如果选定送风温度，则送风状态点的其他参数就可以确定，然后就可以根据式（6-35）或式（6-36）

确定送风量。

通常根据送风温差 $\Delta t_O = t_{N_x} - t_{O_x}$ 来确定送风状态 O_x 点。送风温差对室内温湿度有一定影响，是决定空调系统经济性的主要因素之一。在保证技术要求的前提下，增大送风温差，可以减少送风量，提高空调系统经济性。送风温差在 $4 \sim 8$℃，每增加 1℃，风量可减少 $10\% \sim 15\%$。如果送风温度过低，送风量过小，则会使室内空气温度和湿度分布的均匀性和稳定性受到影响。因此，对于室内温度和湿度控制严格的场所，送风温差应小些。舒适性空调和室内温、湿度要求不严格的工艺性空调，可以选用较大的送风温差。

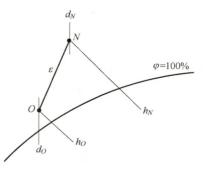

图 6-6　送风状态的变化过程

送风温差的大小与送风方式关系很大，在确定空调系统的送风温差时，需要结合送风方式进行考虑。对于混合式通风可以加大送风温差，对于置换通风方式，送风温差不受限制。对于舒适性空调或夏季以降温为主的工艺性空调，工程设计中经常采用"露点"送风，"露点"送风是空调系统能够达到的最大送风温差。空气冷却设备通常能够将空气冷却到相对湿度 $90\% \sim 95\%$ 的终状态点，该点称为"机器露点" L_x。根据《公共建筑节能设计标准》（GB 50189—2015）和《民用建筑供暖通风与空气调节设计规范》（GB 50736—2012）的规定，舒适性空调的送风温差宜按表 6-32 确定。工艺性空调的送风温差宜按表 6-33 确定。

表 6-32　舒适性空调的送风温差

送风口高度/m	送风温差/℃
≤5.0	5~10
>5.0	10~15

表 6-33　工艺性空调的送风温差

室内允许波动范围/℃	送风温差/℃
>±1.0	≤15
±1.0	6~9
±0.5	3~6
±0.1~0.2	2~3

夏季送风状态和送风量的确定步骤如下（图 6-7）：

1）在 h-d 图上确定室内状态点 N_x。

2）根据空调房间冷负荷 Q 和湿负荷 W 求出热湿比 $\dfrac{Q}{W}$，过 N_x 点画出热湿比线 ε_x。

3）选定的送风温差 Δt_{O_x}，确定送风温度 t_{O_x}。

4）送风温度 t_{O_x} 的等温线和热湿比线 ε_x 的交点 O_x 即为夏季送风状态点。

5）按式（6-35）或式（6-36）计算送风量。

6）对送风量进行校核。对于舒适性空调，通常空调房间送风换气次数应大于 5 次/h（除高大房间以外）。如果换气次数>5 次/h，则送风量满足要求。如果换气次数<5 次/h，则房间的送

风量为

$$q_m = 5V \qquad (6\text{-}39)$$

式中 V——房间体积（m^3）。

送风温度确定后，通过联立求解三个方程式，可以准确求出 q_m、h_{O_x}、d_{O_x} 三个未知数，联立方程式如下

$$\begin{cases} q_m = \dfrac{Q}{h_{N_x} - h_{O_x}} \\[2mm] q_m = \dfrac{1000W}{d_{N_x} - d_{O_x}} \\[2mm] h_{O_x} = 1.01 t_{O_x} + \dfrac{(2500 + 1.84 t_{O_x}) d_{O_x}}{1000} \end{cases} \qquad (6\text{-}40)$$

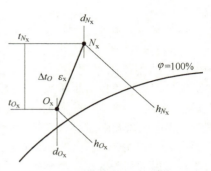

图 6-7 确定夏季送风状态的 $h\text{-}d$ 图

上式的已知参数为 Q、W、h_{N_x}、d_{N_x}、t_{N_x}，未知参数为 q_m、h_{O_x}、d_{O_x}。

【例 6-2】 某空调房间余热量 $Q = 3314W$，余湿量 $W = 0.264g/s$，要求室内全年保持空气状态为 $t_N = (22\pm1)℃$、$\varphi_N = 55\%\pm5\%$，当地大气压力为 101325Pa，求送风状态和送风量。

【解】 （1）求热湿比

$$\varepsilon = \frac{Q}{W} = \frac{3314 \times 10^3}{0.264 \times 10^3} \text{kJ/kg} = 12553 \text{kJ/kg}$$

（2）在 $h\text{-}d$ 图（图 6-8）上确定室内空气状态点 N，通过该点作热湿比线 $\varepsilon = 12553 \text{kJ/kg}$。取送风温差为 $\Delta t_0 = 8℃$，则送风温度 $t_0 = (22-8)℃ = 14℃$。

查 $h\text{-}d$ 图得：

$h_0 = 35.6 \text{kJ/kg}$（干空气），$h_N = 45.7 \text{kJ/kg}$（干空气），$d_0 = 8.5 \text{g/kg}$（干空气），$d_N = 9.3 \text{g/kg}$（干空气）。

（3）计算送风量

按消除余热计算

$$q_m = \frac{Q}{h_N - h_0} = \frac{3.314}{46 - 36} \text{kg/s} = 0.33 \text{kg/s}$$

按消除余湿计算

$$q_m = \frac{W}{d_N - d_0} = \frac{0.264 \text{g/s}}{(9.3 - 8.5) \text{g/kg}} = 0.33 \text{kg/s}$$

按消除余热和余湿所求通风量相同，说明计算无误。

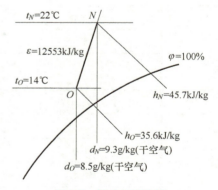

图 6-8 例 6-2 焓湿图

直接应用送风温差和余热中的显热部分来计算送风量也是可行的，即

$$Q_x = 1.01 q_m (t_N - t_0)$$

$$q_m = \frac{Q_x}{1.01(t_N - t_0)}$$

式中 Q_x——余热中的显热部分（kW）；

1.01——干空气的比定压热容 [kJ/(kg·K)]。

采用显热部分来计算送风量的结果近似等于用总余热计算的结果，误差不大。

送风温度确定后，不用查 $h\text{-}d$ 图的办法，通过解 3 个联立方程式也可以求出 q_m、h_0、d_0，而且用计算法确定送风状态和送风量的结果更准确。3 个联立方程式为

$$
\begin{cases}
q_m = \dfrac{Q}{h_N - h_o} \\[3mm]
q_m = \dfrac{W}{d_N - d_o} \\[3mm]
h_o = 1.01 t_o + \dfrac{(2500 + 1.84 t_o) d_o}{1000}
\end{cases}
$$

解上述联立方程式，可以确定 q_m、h_o、d_o，其中已知 Q、W、h_N、d_N、t_o。

3. 冬季送风状态和送风量的确定

冬季通过围护结构的温差传热一般是由室内向室外传递，室内热源是向室内散热，因此冬季室内热负荷通常为负值，室内湿负荷一般为正值。因此，冬季房间的热湿比值一般为负值。冬季空调送风温度 t_{O_d} 通常高于室温 t_{N_d}。

冬季送风状态和送风量的确定步骤如下（图 6-9）：

1）在 h-d 图上确定室内状态点 N_d。

2）根据空调房间冬季热负荷 Q_d 和湿负荷 W_d，求出冬季热湿比 Q_d/W_d，过 N_d 点画出热湿比线 ε_d。

3）确定冬季送风量。由于送热风时送风温差值可比送冷风时的送风温差值大，因此冬季送风量可以比夏季小。冬季既可以采取与夏季相同风量，也可以少于夏季风量。

4）根据式（6-35）或式（6-36），计算冬季送风状态点的含湿量或比焓。

5）送风状态点的等含湿量线（或等比焓线）与冬季热湿比线 ε_d 的交点 O_d 即冬季送风状态点。

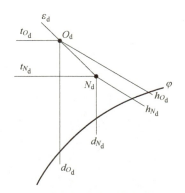

图 6-9　确定冬季送风状态的 h-d 图

空调系统全年采取固定送风量的空调系统称为定风量系统。定风量系统调节比较方便，可是不节能。如果提高冬季空调送风温度、加大送风温差，则可以减少送风量，节约能量。但是送风温度不宜过高，一般以不超过 45℃ 为宜，送风量也不宜过小，必须满足最少换气次数的要求。

【例 6-3】　例 6-2 中的空调房间冬季余热量 $Q = -1.105W$，余湿量 $W = 0.264\text{g/s}$，要求室内全年保持空气状态为 $t_N = (22\pm1)℃$、$\varphi_N = 55\%\pm5\%$，当地大气压力为 101325Pa，求冬季送风状态和送风量。

【解】　（1）求冬季热湿比

$$
\varepsilon = \frac{Q}{W} = \frac{-1.105}{0.264 \times 10^{-3}} \text{kJ/kg} = -4186 \text{kJ/kg}
$$

（2）全年送风量不变，计算送风参数

由于冬夏室内散湿量相同，所以冬季送风含湿量应与夏季相同，即

$$
d_{O_d} = d_o = 8.5\text{g/kg（干空气）}
$$

在 h-d 图上过 N 点作 $\varepsilon = -4186$ 的过程线（图 6-10），该线与 $d_{O_d} = 8.5\text{g/kg}$（干空气）的等含湿量线的交于点 O_d，点 O_d 即为冬季送风状态点。

由 h-d 图查得

$h_{O_d} = 49\text{kJ/kg（干空气）}$，$t_{O_d} = 27.1℃$

另一种解法是全年送风量不变，则送风量为已知，送风状态参数可由计算求得，即

$$h_{O_d} = h_N + \frac{Q}{q_m} = \left(45.7 + \frac{1.105}{0.33}\right) \text{kJ/kg（干空气）} = 49\text{kJ/kg（干空气）}$$

将 $h_{O_d} = 49\text{kJ/kg（干空气）}$，$d_{O_d} = d_O = 8.5\text{g/kg（干空气）}$ 代入

$$h_{O_d} = 1.01 t_{O_d} + (2500 + 1.84 t_{O_d}) \frac{d_{O_d}}{1000}$$

可得 $t_{O_d} = 27.1℃$。

若冬季希望减少送风量，则需提高送风温度。例如送风温度设为 36℃，则 $t_{O'_d} = 36℃$ 的等温线与 $\varepsilon = -4190$ 过程线交点 O'_d 即为新的送风状态点。

送风状态点 O'_d 的 $h_{O_d} = 56.1\text{kJ/kg（干空气）}$，$d_{O'_d} = 7.3\text{g/kg（干空气）}$，送风量为

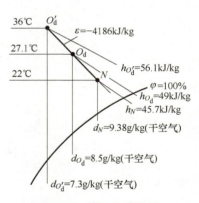

图 6-10 例 6-3 焓湿图

$$q_m = \frac{Q_d}{h_N - h_{O'_d}} = \frac{-1.105}{45.7 - 56.1} \text{kg/s} = 0.106\text{kg/s} = 383\text{kg/h}$$

6.5.2 新风量的确定和风量平衡

为了满足空调房间内人员的健康需求，需要向室内送入新风。新风量越多，空调冷负荷越大，空调能耗越高。反之，如果新风量少，会使室内卫生条件不能满足人体卫生需求。房间内的污染源有室内人员，还有装饰材料、家具等。因此，确定新风量不仅需要考虑人体的卫生需求，还需要考虑室内其他污染源带来的污染。

室内的新风量，既要稀释人员污染，也要稀释建筑材料、装饰材料等其他污染源的污染。美国采暖制冷空调工程师学会 ASHRAE 标准在 1996 年 8 月提出最小新风量 $q_{m,W,\min}(\text{m}^3/\text{h})$ 可由下式计算确定

$$q_{m,W,\min} = q_{m,W,p} n + q_{m,W,b} F \tag{6-41}$$

式中　$q_{m,W,p}$——每人每小时所需最小新风量 $[\text{m}^3/(\text{人}\cdot\text{h})]$；

　　　n——室内人员数；

　　　$q_{m,W,b}$——单位建筑面积每小时所需的最小新风量 $[\text{m}^3/(\text{人}\cdot\text{h})]$，见表 6-34；

　　　F——通风房间建筑面积（m^2）。

表 6-34　单位建筑面积每小时所需的最小新风量

场　　所	新 风 量	场　　所	新　风　量
车库、修理维护中心	$27\text{m}^3/(\text{m}^2\cdot\text{h})$	地下商场（0.3 人/m^2）	$5.4\text{m}^3/(\text{m}^2\cdot\text{h})$
卧室、起居室	$54\text{m}^3/(\text{间}\cdot\text{h})$	二楼商场（0.2 人/m^2）	$3.6\text{m}^3/(\text{m}^2\cdot\text{h})$
浴室	$65\text{m}^3/(\text{间}\cdot\text{h})$	溜冰、游泳池	$9\text{m}^3/(\text{m}^2\cdot\text{h})$
走廊等公共场所	$0.9\text{m}^3/(\text{m}^2\cdot\text{h})$	学校衣帽间	$9\text{m}^3/(\text{m}^2\cdot\text{h})$
更衣室	$9\text{m}^3/(\text{m}^2\cdot\text{h})$	学校走廊	$1.8\text{m}^3/(\text{m}^2\cdot\text{h})$

我国《公共建筑节能设计标准》（GB 50189—2015）条文说明中指出：空调系统所需的新风主要有两个用途：一是稀释室内有害物质的浓度，满足人员的卫生要求；二是补充室内排风和保持室内正压。《公共建筑节能设计标准》给出了公共建筑主要空间的设计新风量，见表 6-35。

表 6-35　公共建筑主要空间的设计新风量

建筑类型与房间名称			新风量/[m³/(h·人)]
旅馆	客房	5 星级	50
		4 星级	40
		3 星级	30
	餐厅、宴会厅、多功能厅	5 星级	30
		4 星级	25
		3 星级	20
		2 星级	15
	大堂、四季厅	4~5 星级	10
	商业、服务	4~5 星级	20
		2~3 星级	10
	美容、理发、康乐设施		30
旅店	客房	一~三级	30
		四级	20
文化娱乐	影剧院、音乐厅、录像厅		20
	游艺厅、舞厅（包括卡拉 OK 歌厅）		30
	酒吧、茶座、咖啡厅		10
	体育馆		20
	商场（店）、书店		20
	饭馆（餐厅）		20
	办公		30
学校	教室	小学	11
		初中	14
		高中	17

1. 单个房间空调系统最小新风量的确定

空调房间的新风量越小，空调系统的新风冷负荷越小，系统越节能，但是新风量不能过小，必须满足最小新风量的要求。通常应满足以下三个要求：

（1）保证室内人员对空气品质的要求　《民用建筑供暖通风与空气调节设计规范》（GB 50736—2012）规定，公共建筑主要房间每人所需最小新风量应符合表 6-36 规定。设置新风系统的居住建筑和医院建筑，所需最小新风量宜按换气次数法确定。居住建筑设计最小换气次数宜符合表 6-37 所示规定，医院建筑设计最小换气次数宜符合表 6-38 所示规定。高密人群建筑每人所需最小新风量应按人员密度确定，且应符合表 6-39 所示规定。

表 6-36　公共建筑主要房间每人所需最小新风量　　［单位：m³/(h·人)］

建筑房间类型	新风量	建筑房间类型	新风量	建筑房间类型	新风量
办公室	30	客房	30	大堂、四季厅	10

表 6-37　居住建筑设计最小换气次数

人均居住面积 F_P/m^2	每小时换气次数（次）
$F_P \leq 10$	0.70
$10 < F_P \leq 20$	0.60
$20 < F_P \leq 50$	0.50
$F_P > 50$	0.45

表 6-38　医院建筑设计最小换气次数

功能房间	每小时换气次数（次）
门诊室	2
病房	2
手术室	5

表 6-39　高密度人群建筑每人所需最小新风量　　　　［单位：$m^3/(h \cdot 人)$］

建筑类型	人员密度　$P_F/(人/m^2)$		
	$P_F \leq 0.4$	$0.4 < P_F \leq 1.0$	$P_F > 1.0$
影剧院、音乐厅、大会厅、多功能厅、会议室	14	12	11
商场、超市	19	16	15
博物馆、展览厅	19	16	15
公共交通等候室	19	16	15
歌厅	23	20	19
酒吧、咖啡厅、宴会厅、餐厅	30	25	23
游艺厅、保龄球馆	30	25	23
体育馆	19	16	15
健身房	40	38	37
教室	28	24	22
图书馆	20	17	16
幼儿园	30	25	23

（2）补充室内燃烧消耗的空气或补偿排风所需要的风量要求　当室内有燃烧设备时，系统必须向空调区补充新风，以弥补燃烧所耗的空气；当空调房间有局部排风或全面排风设备时，系统应补充与排风量相等的室外新风，使房间不产生负压。

（3）保持房间正压所需要的风量要求　为了保持空调房间的清洁度和室内环境参数，防止室外空气渗入空调房间，空调区应保持一定正压值，使室内空气压力高于外界压力，室内的空气从房间门窗缝隙等不严密处渗透出去。舒适性空调室内正压值不宜过小，也不宜过大，一般采用5Pa 的正压值。当室内正压值为 10Pa 时，保持室内正压所需的风量，每小时换气次数约为 1.0~1.5 次。规定室内正压值不应大于 50Pa，这是由于室内正压值超过 50Pa 时会使人感到不舒适，而且室内正压值过大，开门比较困难，需要的新风量大，能耗也比较大。

对于工艺性空调，空调房间与外界的压差值应按工艺要求确定。

在实际工程设计中，当按上述方法得出的新风量不足总风量的 10% 时，新风量应按总风量的 10% 进行计算，以确保卫生和安全。

综上所述，空调房间新风量的确定如图 6-11 所示。

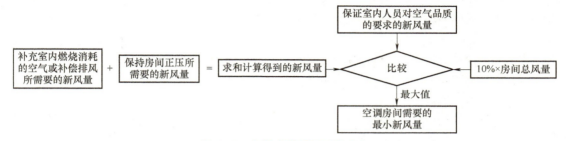

图 6-11　空调房间新风量的确定

通常按照上述三条要求确定空调调房间需要的最小新风量。如果计算得到的最小新风量不足房间总送风量的 10%，则新风量应按总送风量的 10% 计算，以确保卫生和安全。需要注意的是，对于空调精度高、温湿度波动范围很小或洁净度要求很高的空调区，送风量一般很大，如果要求最小新风量达到送风量的 10%，则新风量也很大，增加了过滤器的负担和空调能耗，因此没有必要加大新风量。

对舒适性空调和条件允许的工艺性空调，当可以采用用室外新风作冷源时，应最大限度地使用新风，以提高空调区的空气品质。

2. 多房间空调系统最小新风量的确定

当一个空调系统中包括多个房间时，由于同一个空调系统送入所有空调房间中风量的新风比都相同，所以各个空调房间实际得到的新风量不一定都能满足所需要的最小新风量要求。确定空调系统的最小新风量时，既要能保证人体健康的卫生要求，又要尽可能地减少空调系统的能耗。

根据《公共建筑节能设计标准》（GB 50189—2015），当一个空调系统负担多个空调区时，系统的新风量应按下列公式计算确定

$$Y = \frac{X}{1 + X - Z} \tag{6-42}$$

$$Y = \frac{\sum q'_{m,\text{W}}}{\sum q_m} \tag{6-43}$$

$$X = \frac{\sum q_{m,\text{W}}}{\sum q_m} \tag{6-44}$$

$$Z = \frac{q_{m,\text{W,max}}}{q_{m,\text{max}}} \tag{6-45}$$

式中　Y——修正后的系统新风量在送风量中的比例；

$\sum q'_{m,\text{W}}$——修正后的总新风量（m^3/h）；

$\sum q_m$——总送风量，即系统中所有房间送风量之和（m^3/h）；

X——未修正的系统新风量在送风量中的比例；

$\sum q_{m,\text{W}}$——系统中所有房间的新风量之和（m^3/h）；

Z——需求最大的房间的新风比；

$q_{m,\mathrm{W,max}}$——需求最大的房间的新风量（$\mathrm{m^3/h}$）；

$q_{m,\max}$——需求最大的房间的送风量（$\mathrm{m^3/h}$）。

当一个空调风系统负担多个空调房间时，由于每个房间人员数量与负荷条件不同，新风比会有差别。为了保证每个房间都能获得足够的新风量，一种做法是将各个房间新风比中的最大值作为整个空调系统的新风比，这种做法对于系统中新风比要求小的房间，会使房间的新风量大于需要的新风量，造成能源浪费。如果采用上述计算公式计算系统的新风量，会使得各房间在满足要求的新风量的前提下，系统的新风比最小，可以节约空调风系统的能耗。

每人实际使用的新风量是相关规范规定的最小新风量，如果某个房间在送风过程中新风量有多余，则多余的新风将通过回风回到系统中，再通过空调机重新送至所有房间。经过一定时间和一定量的系统风循环之后，新风量将重新趋于均匀，由此可使原来新风量不足的房间得到更多的新风。因此，如果按照以上要求来计算，在考虑上述因素的前提下，各房间人均新风量可以满足要求。

【例6-4】 某全空气空调系统为几个房间送风，见表6-40。已知空调系统中各房间的在室人员数、新风量、总风量和新风比，试确定该空调系统需要的最小新风量。

表 6-40 空调系统中各房间的人员数和风量

房间用途	在室人员数	新风量/（$\mathrm{m^3/h}$）	总风量/（$\mathrm{m^3/h}$）	新风比（%）
办公室	20	680	3400	20
办公室	4	136	1940	7
会议室	50	1700	5100	33
接待室	6	156	3120	5
合计	80	2672	13560	20

【解】 根据已经条件，可以得到

$$\sum q_m = 13560\mathrm{m^3/h}; \quad \sum q_{m,\mathrm{W}} = 2672\mathrm{m^3/h};$$

$$q_{m,\mathrm{W,max}} = 1700\mathrm{m^3/h}; \quad q_{m,\max} = 5100\mathrm{m^3/h}。$$

计算得到

$$X = \frac{\sum q_{m,\mathrm{W}}}{\sum q_m} = \frac{2672}{13560} = 19.7\%$$

$$Z = \frac{q_{m,\mathrm{W,max}}}{q_{m,\max}} = \frac{1700}{5100} = 33.3\%$$

而

$$Y = \frac{\sum q'_{m,\mathrm{W}}}{\sum q_m} = \frac{\sum q'_{m,\mathrm{W}}}{13560}$$

其中，$\sum q'_{m,\mathrm{W}}$ 未知。将 X、Y、Z 代入式（6-42）

$$Y = \frac{X}{1+X-Z}$$

$$\frac{\sum q'_{m,\mathrm{W}}}{13560} = \frac{0.197}{1+0.197-0.333}$$

计算可以得出空调系统需要的最小新风量为

$$\sum q'_{m,\mathrm{W}} = 3092\mathrm{m^3/h}$$

如果为了满足新风量需求最大的会议室，则须按该会议室的新风比设计空调风系统。其需要的总新风量变成：$13560(\mathrm{m^3/h}) \times 33\% = 4475\mathrm{m^3/h}$，比实际需要的新风量（$2672\mathrm{m^3/h}$）增加了 67%。

在实际工程中，如果按以上方法确定的空调系统的新风量不到总风量的 10% 时，新风量则应按总风量的 10% 计算（洁净室除外），同时排出一部分空调系统的回风量。对于全年允许变新风量的系统，在过渡季节，可以增大新风量，改善室内卫生条件，同时充分利用自然冷量，节约运行费用。

在全年变风量的空调系统，为了在过渡季节多用新风量，应当设置可调风量的排风系统。如果不设置排风系统，室内正压将随新风量的变化而发生波动，系统排风量和回风量不稳定，甚至达不到系统运行要求。

6.5.3　全年新风量可变空调系统的风量平衡关系

空调系统的设计新风量是指在冬夏季设计工况下，应向空调房间提供的室外新鲜空气量，是满足设计要求的最小新风量。在春秋过渡季节可以提高新风比例，甚至可以全新风运行，以便最大限度地利用自然冷源。因此，在空调风管设计时，要考虑各种情况下的风量平衡，按其风量最大时设计风管的断面尺寸，并设置必要的调节阀，使空调系统具备在不同季节，合理调节空调系统新风量的功能。

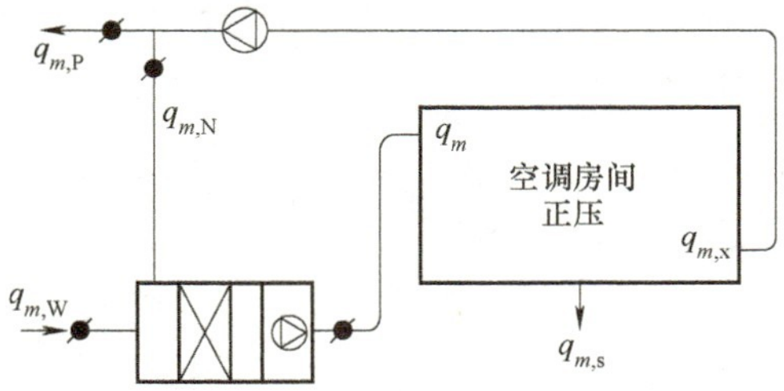

图 6-12 所示为全年新风量可变的空调系统风量平衡关系图。设房间从回风口吸走的风量为 $q_{m,\mathrm{x}}$，门窗渗透排风量为 $q_{m,\mathrm{s}}$，进入空气处理机的回风量为 $q_{m,\mathrm{N}}$，新风量为 $q_{m,\mathrm{W}}$。

图 6-12　空调系统风量平衡关系图

根据房间的风量平衡关系，送风量为

$$q_m = q_{m,\mathrm{x}} + q_{m,\mathrm{s}} \qquad (6\text{-}46)$$

根据空气处理机的风量平衡关系，送风量为

$$q_m = q_{m,\mathrm{N}} + q_{m,\mathrm{W}} \qquad (6\text{-}47)$$

当 $q_{m,\mathrm{W}} > q_{m,\mathrm{s}}$ 时，根据空调系统的风量平衡关系，排风量为

$$q_{m,\mathrm{P}} = q_{m,\mathrm{x}} - q_{m,\mathrm{N}} \qquad (6\text{-}48)$$

当过渡季加大新风量并减少回风量时，房间门窗缝隙渗透风量 $q_{m,\mathrm{s}}$ 保持不变，排风量 $q_{m,\mathrm{P}} = q_{m,\mathrm{x}} - q_{m,\mathrm{N}}$ 增大。

当全部采用室外新风时，则有

$$q_{m,\mathrm{N}} = 0 \qquad (6\text{-}49)$$

$$q_{m,\mathrm{W}} = q_m = q_{m,\mathrm{x}} + q_{m,\mathrm{s}} \qquad (6\text{-}50)$$

$$q_{m,\mathrm{P}} = q_{m,\mathrm{x}} = q_m - q_{m,\mathrm{s}} \qquad (6\text{-}51)$$

思考题与习题

1. 简述如何确定空调房间的室内设计参数。
2. 夏季空调室外计算湿球温度是如何确定的？夏季空调室外计算干球温度是如何确定的？
3. 冬季空调室外计算参数是否与夏季相同？为什么？

4. 工艺性空调和舒适性空调有什么区别？

5. 什么是得热量？什么是冷负荷？什么是除热量？

6. 简述得热量与冷负荷的区别。

7. 冷负荷计算主要包括哪些内容？简述冷负荷的计算步骤。

8. 简述如何计算空调房间的湿负荷。

9. 什么是空调区负荷？什么是系统负荷？

10. 简述空调区负荷包括的内容。

11. 简述空调系统负荷包括的内容。

12. 简述空调热负荷计算与供暖热负荷计算的相同点和不同点。

13. 如何确定夏季空调送风温差？如何确定夏季空调送风状态点？

14. 如何确定冬季空调送风状态点？冬季、夏季空调房间送风状态点和送风量的确定方法是否相同？

15. 如何确定空调室内送风量和新风量？

16. 确定房间最小新风量的依据是什么？多个房间的最小新风量如何确定？

17. 在某集中式空调系统中，如果有一个房间所需新风量比其他房间大得多，问系统新风比是否可取这个最大值？如何确定系统的新风比？

18. 已知某空调房间内余热量 87500W，无余湿量，室内空气设计干球温度 26℃，相对湿度 55%，允许送风温差为 6℃。试确定送风状态参数和送风量。

19. 试计算上海地区某空调房间围护结构的瞬时冷负荷值，计算时间为 8：00—17：00。已知条件为：屋顶 $F = 100\text{m}^2$，$K = 0.46\text{W}/(\text{m}^2 \cdot ℃)$，V 型结构，屋面吸收系数 $p = 0.9$。西外墙 $F = 10\text{m}^2$，外表面为浅色，$K = 0.46\text{W}/(\text{m}^2 \cdot ℃)$，Ⅱ 型结构。西外窗为双层玻璃钢窗，$F = 2.7\text{m}^2$，内挂浅色窗帘。室内设计温度 20℃，围护结构内表面传热系数 8W/($\text{m}^2 \cdot ℃$)。

20. 某空调房间，冷负荷 5kW，冬夏季湿负荷均为 3.5kg/h 全年不变，热负荷 5kW，室内全年保持室温干球温度 20℃ ± 1℃，相对湿度 55% ± 5%，当地大气压为 101325Pa，求夏、冬季送风状态点和送风量（设全年风量不变）。

参 考 文 献

[1] 黄翔. 空调工程 [M]. 3 版. 北京：机械工业出版社，2017.

[2] 中国气象局气象信息中心气象资料室，清华大学建筑技术科学系. 中国建筑热环境分析专用气象数据集 [M]. 北京：中国建筑工业出版社，2005.

[3] 马仁民. 空气调节 [M]. 北京：科学出版社，1982.

[4] 陆亚俊，马最良，邹平华. 暖通空调 [M]. 北京：中国建筑工业出版社，2002.

[5] 赵荣义，范存养，薛殿华，等. 空气调节 [M]. 4 版. 北京：中国建筑工业出版社，2009.

[6] 陆耀庆. 实用供热空调设计手册 [M]. 2 版. 北京：中国建筑工业出版社，2008.

[7] 薛殿华. 空气调节 [M]. 北京：清华大学出版社，1991.

[8] 电子工业部第十设计研究院. 空气调节设计手册 [M]. 北京：中国建筑工业出版社，1995.

[9] 尉迟斌. 实用制冷与空调工程手册 [M]. 北京：机械工业出版社，2003.

[10] 《民用建筑供暖通风与空气调节设计规范》编制组. 民用建筑供暖通风与空气调节设计规范宣贯辅导教材 [M]. 北京：中国建筑工业出版社，2012.

[11] 本书编委会. 公共建筑节能设计标准宣贯辅导教材 [M]. 北京：中国建筑工业出版社，2005.

[12] 马最良，姚杨. 民用建筑空调设计 [M]. 北京：化学工业出版社，2003.

[13] 赵荣义. 简明空调设计手册 [M]. 北京：中国建筑工业出版社，1998.

第 7 章
空气处理及设备

在空调工程中，不同的空气处理过程需要不同的空气处理设备，如空气加热设备、冷却设备、加湿设备、去湿设备等。本章主要介绍空气处理的主要设备。

7.1　空气热湿处理原理

在空调工程中，对空气的热湿处理包括加热、冷却、加湿、减湿等过程。按照空气与进行热湿处理的冷、热媒流体间是否直接接触，可以将空气的热湿处理分成两大类，即直接接触式和间接接触式。直接接触式是指被处理的空气与进行热湿交换的冷、热媒流体彼此接触进行热湿交换。间接接触式是指与空气进行热湿交换的冷、热媒流体不与空气接触，而是通过设备的金属表面来进行热湿交换。

7.1.1　空气与水直接接触时的热湿交换原理

1. 空气与水直接接触时的热湿交换

空气与水直接接触时，根据水温不同可能仅发生显热交换，也可能既有显热交换又有潜热交换，即同时伴有质交换（湿交换）。

显热交换是空气与水之间存在温差时，由导热、对流和辐射作用而引起的换热结果。潜热交换是空气中的水蒸气凝结（或蒸发）而放出（或吸收）汽化热的结果。总热交换是显热交换和潜热交换的代数和。

温差是热交换的推动力，水蒸气分压力差则是湿（质）交换的推动力。如图 7-1 所示，当空气与敞开水面或飞溅水滴表面接触时，由于水分子做不规则运动的结果，在贴近水表面处存在一个温度等于水表面温度的饱和空气边界层，而且边界层的水蒸气分压力取决于水表面温度。空气与水之间的热湿交换量和边界层周围空气（主体空气）与边界层内饱和空气之间的温差及水蒸气分压力差的大小有关。

如果边界层内空气温度高于主体空气温度，则由边界层向主体空气传热，反之，则由主体空气向边界层传热。如果边界层内水蒸气分压力大于主体空气的水蒸气分压力，则水蒸气分子将由边界层向主体空气迁移，反之，则水蒸气分子将由主体空气向边界层迁移。"蒸发"与"凝结"现象就是这种水蒸气分子迁移的结果。在蒸发过程中，边界层中减少的水蒸气分子又由水面跃出的水分子补充；在凝结过程中，边界层中过多的水蒸气分子将回到水面。

当空气与水在一微元面积 $dF(m^2)$ 上接触时，空气温度变化为 dt，含湿量变化为 dd，则显热交换量为

$$dQ_x = Gc_p dt = a(t - t_b)dF \tag{7-1}$$

式中　G——与水接触的空气量（kg/s）；

　　　c_p——空气的比定压热容 $[kJ/(kg \cdot ℃)]$；

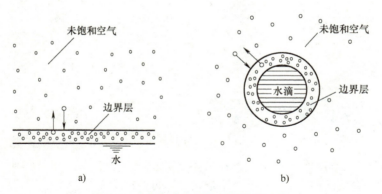

图 7-1　空气与水直接接触的热湿交换
a）敞开水面　b）飞溅水滴

a——空气与水表面间显热交换系数 $[W/(m^2 \cdot ℃)]$；

t、t_b——主体空气和边界层空气温度（℃）。

湿交换量为

$$dW = Gdd = \beta(p_q - p_{qb})dF \tag{7-2}$$

式中　β——空气与水表面间按水蒸气分压力差计算的湿交换系数 $[kg/(N \cdot s)]$；

p_q、p_{qb}——主体空气和边界层空气的水蒸气分压力（Pa）。

由于水蒸气分压力差在比较小的温度范围内可以用具有不同湿交换系数的含湿量差代替，所以湿交换量也可写成

$$dW = \sigma(d - d_b)dF \tag{7-3}$$

式中　σ——空气与水表面间按含湿量差计算的湿交换系数 $[kg/(m^2 \cdot s)]$；

d、d_b——主体空气和边界层空气的含湿量（kg/kg）。

潜热交换量可表示为

$$dQ_q = rdW = r\sigma(d - d_b)dF \tag{7-4}$$

式中　r——温度为 t_b 时水的汽化热（J/kg）。

因为总热交换量 $dQ_z = dQ_x + dQ_q$，于是

$$dQ_z = [a(t - t_b) + r\sigma(d - d_b)]dF \tag{7-5}$$

把总热交换量与显热交换量之比称为换热扩大系数 ξ，即

$$\xi = \frac{dQ_z}{dQ_x} \tag{7-6}$$

由于空气与水之间的热湿交换，所以空气与水的状态都将发生变化。从水侧看，若水温变化为 dt_w，则总热交换量 $dQ_z(W)$ 可以表示为

$$dQ_z = Wc_p dt_w \tag{7-7}$$

式中　W——与空气接触的水量（kg/s）；

c_p——水的比定压热容 $[kJ/(kg \cdot ℃)]$。

在稳定工况下，根据空气与水之间热交换量平衡关系，可以表示为

$$dQ_x + dQ_q = Wc_p dt_w \tag{7-8}$$

在实际工程中，空调设备的换热过程都不是稳定工况。由于影响空调设备热质交换的室外空气参数、工质等因素的变化比空调设备本身过程变化得更为缓慢，所以可以按照稳定工况分

析空调设备的热湿交换过程，将热交换系数和湿交换系数看成沿整个交换面是不变的，并等于其平均值，这样将式（7-1）、式（7-2）和式（7-3）沿接触面积积分，就可以求出 Q_x、Q_q 和 Q_z。

2. 空气与水直接接触时的状态变化过程

空气与水直接接触时，水表面形成的饱和空气边界层与主体空气之间通过分子扩散与紊流扩散，使边界层的饱和空气与主体空气不断混掺，从而使主体空气状态发生变化。因此，空气与水的热湿交换过程可以视为主体空气与边界层空气不断混合的过程。

假定与空气接触的水量无限大，接触时间无限长，空气最终达到具有水温的饱和状态点，空气的终状态点位于焓湿图的饱和曲线上，并且空气终温将等于水温。与空气接触的水温不同，空气的状态变化过程也不同。在上述假定条件下，空气与水直接接触时，根据处理空气的水温不同，空气能实现多种状态变化过程。空气与水直接接触时的七种典型空气状态变化过程如图 7-2 所示。

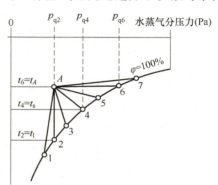

图 7-2　空气与水直接接触时的状态变化过程

空气与水直接接触时的典型空气状态变化特点见表 7-1。其中过程线 A-2 是空气增湿和减湿的分界线，过程线 A-4 是空气增焓和减焓的分界线，过程线 A-6 是空气升温和降温的分界线。

表 7-1　空气与水直接接触时的典型空气状态变化特点

过程线	水温特点	t 或 Q_x	d 或 Q_q	h 或 Q_x	过程名称
A-1	$t_w < t_1$	减	减	减	减湿冷却
A-2	$t_w = t_1$	减	不变	减	等湿冷却
A-3	$t_1 < t_w < t_s$	减	增	减	减焓加湿
A-4	$t_w = t_s$	减	增	不变	等焓加湿
A-5	$t_s < t_w < t_A$	减	增	增	增焓加湿
A-6	$t_w = t_A$	不变	增	增	等温加湿
A-7	$t_w > t_A$	增	增	增	升温加湿

注：表中 t_A、t_s、t_1 为空气的干球温度、湿球温度和露点温度，t_w 为水温。

当水温低于空气露点温度时，发生 A-1 过程。此时由于 $t_w < t_1 < t_A$ 和 $p_{q1} < p_{qA}$，所以空气被冷却干燥。水蒸气凝结时放出的热被水带走。

当水温等于空气露点温度时，发生 A-2 过程。此时由于 $t_w < t_A$ 和 $p_{q2} = p_{qA}$，空气被等湿冷却。

当水温高于空气露点温度而低于空气湿球温度时，发生 A-3 过程。此时由于 $t_w < t_A$ 和 $p_{q3} > p_{qA}$，空气被加湿冷却。

当水温等于空气湿球温度时，发生 A-4 过程。此时由于等湿球温度线与等焓线相近，可以认为空气状态沿等焓线变化。空气变化过程为等焓加湿过程，由于总热交换量近似为零，而且 $t_w < t_A$，$p_{q4} > p_{qA}$，说明空气的显热量减少、潜热量增加，二者近似相等，此时水蒸发所需热量取自空气本身。

当水温高于空气湿球温度而低于空气干球温度时，发生 A-5 过程。此时由于 $t_w < t_A$ 和 $p_{q5} > p_{qA}$，空气被冷却加湿。水蒸发所需热量部分来自空气，部分来自水。

当水温等于空气干球温度时，发生 A-6 过程。此时由于 $t_w = t_A$ 和 $p_{q6} > p_{qA}$，说明不发生显热交换，空气状态变化过程为等温加湿。水蒸发所需热量来自水本身。

当水温高于空气干球温度时，发生 A-7 过程。此时由于 $t_w > t_A$ 和 $p_{q7} > p_{qA}$，空气被加热加湿。水蒸发所需热量及加热空气的热量均来自于水本身，导致水温降低。

如果在空气处理设备中空气与水接触时间足够长，但水量是有限的，那么水温会发生变化，空气状态变化过程不是一条直线而是曲线，曲线的弯曲形状和空气与水的相对运动方向有关。

假设水的初温低于空气露点温度，且水与空气的运动方向相同（顺流）。在开始阶段，状态点 A 的空气与具有初温 t_{w1} 的水接触，一小部分空气达到饱和状态，且温度等于 t_{w1}。这一小部分空气与其余空气混合达到状态点 1，点 1 位于点 A 和 t_{w1} 的连线上，如图 7-3a 所示。在第二阶段，水温已升高至 t'_w，此时具有点 1 状态的空气与温度为 t'_w 的水接触，又有一小部分空气达到饱和。这一小部分空气与其余空气混合达到状态点 2，点 2 位于点 1 和点 t'_w 的连线上。依此类推，最后可以得到一条表示空气状态变化过程的折线。间隔划分越细，则空气变化过程线越接近一条曲线。在热湿交换充分的理想条件下，空气状态变化的终点将在饱和曲线上，温度将等于水终温。

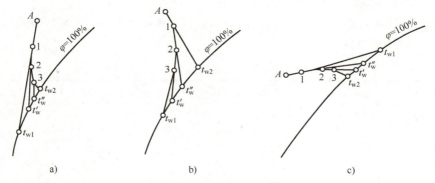

图 7-3　空气与水直接接触时的变化过程

用同样的方法，可以分析空气和水逆流时，空气状态变化过程，可以看到变化曲线向另一方向弯曲，空气状态终点在饱和曲线上，温度等于水初温，如图 7-3b 所示。

点 A 状态空气与初温 $t_{w1} > t_A$ 的水接触，空气与水逆流运动时，空气状态的变化过程曲线如图 7-3c 所示。

在实际工程中，人们关心的是空气处理的结果，而并非空气状态变化过程的轨迹，因此可以用连接空气初状态点、终状态点的直线来表示空气状态的变化过程。

7.1.2　间接接触式（表面式）热湿处理原理

间接接触式（表面式）热湿处理原理是通过空气与金属表面相接触，在金属表面进行热湿交换。由于空气侧的表面传热系数总是远低于冷、热媒流体侧的表面传热系数，一般情况下，金属固体表面的温度更接近于冷、热媒流体的温度。

当金属表面温度高于空气的温度时，空气与金属表面之间进行显热交换，以对流换热方式为主，不发生质量交换，空气的含湿量不变。当金属表面温度低于空气的温度而高于空气的露点温度时，空气与金属表面间以对流换热方式为主进行换热，空气失去热量，温度降低，空气的含湿量不变。当金属表面温度低于空气的露点温度时，空气中的部分水蒸气开始在金属表面上凝结，随着凝结液的不断增多，在金属表面处形成一层流动的水膜，在与空气相邻的水膜一侧，将形成饱和空气边界层，如图 7-4 所示。

可以近似认为边界层的温度与金属表面上的水膜温度相等。此时，空气与金属表面之间的热交换是由于空气与凝结水膜之间的温差而产生的，质交换则是由于空气与水膜相邻的饱和空气边界层中的水蒸气分压力差引起的。湿空气气流与紧靠水膜饱和空气的焓差是热、质交换的推动力。间接接触式热湿交换过程使空气的温度和含湿量降低，实现对湿空气进行降温减湿处理过程。

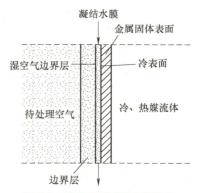

图 7-4　空气与冷媒通过表面换热器的热湿交换

7.1.3　空气热湿处理的各种途径和设备类型

1. 空气热湿处理的各种途径

在空调系统中，为了得到某个送风状态点，可能有不同的空气处理途径。如图 7-5 所示，在焓湿图上绘出了将室外空气处理到送风状态点的各种空气处理途径。

在图 7-5 中，点 W 为夏季室外状态点，点 W' 为冬季室外状态点，点 O 为需要达到的送风状态点。对空气处理各种途径的汇总情况见表 7-2，从表 7-2 中可以看出，采用不同的空气处理途径都可以得到同一种送风状态。在实际工程中，需要根据工程要求和空气处理设备的特点等因素，经过分析比较确定适合的空气处理方法。

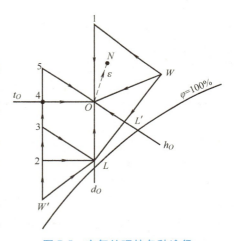

图 7-5　空气处理的各种途径

表 7-2　各种空气处理途径和处理方法

季节	空气处理途径	处 理 方 法
夏季	（1）$W{\to}L{\to}O$ （2）$W{\to}1{\to}O$ （3）$W{\to}O$	喷水室喷冷水（或用表面冷却器）冷却减湿→加热器再热 固体吸湿剂减湿→表面冷却器等湿冷却 液体吸湿剂减湿冷却
冬季	（1）$W'{\to}2{\to}L{\to}O$ （2）$W'{\to}3{\to}L{\to}O$ （3）$W'{\to}4{\to}O$ （4）$W'{\to}L{\to}O$ （5）$W'{\to}5{\to}L'$ 　　　　　${\searrow}O$ 　　　5	加热器预热→喷蒸汽加湿→加热器再热 加热器预热→喷水室绝热加湿→加热器再热 加热器预热→喷蒸汽加湿 喷水室喷热水加热加湿→加热器再热 加热器预热→部分喷水室绝热加湿→与另一部分未加湿的空气混合

2. 空气热湿处理设备的类型

根据各种热湿交换设备的特点不同可将它们分成两大类：直接接触式热湿交换设备和表面式热湿交换设备。前者包括喷水室、蒸汽加湿器、高压喷雾加湿器、湿膜加湿器、超声波加湿器以及使用液体吸湿剂的装置等；后者包括光管式和肋管式空气加热器及空气冷却器等。有的空气处理设备，如喷水式表面冷却器，则兼有这两类设备的特点。

直接接触式热湿交换设备的特点是，与空气进行热湿交换的介质直接与空气接触，通常是使被处理的空气流过热湿交换介质表面，通过含有热湿交换介质的填料层或将热湿交换介质喷洒到空气中去，形成具有各种分散度液滴的空间，使液滴与流过的空气直接接触。

表面式热湿交换设备的特点是，与空气进行热湿交换的介质不与空气接触，两者之间的热湿交换是通过分隔壁面进行的。根据热湿交换介质的温度不同，壁面的空气侧可能产生水膜（湿表面），也可能不产生水膜（干表面）。分隔壁面有平表面和带肋表面两种。

7.2 空气热湿处理设备

在空调系统中，通过使用各种设备及技术手段使空气的温度、湿度等参数发生变化，最终达到要求的状态。在实际过程中，一般并不是将空气从初始状态直接处理到送风状态。这是因为某一特定的空气状态变化过程是要靠外部作用，即空气处理设备实现的，而某一特定的空气处理设备的工作原理和它所能实现的空气处理过程是有限制的，另外在全年运行中还要考虑对空气处理设备进行调节和控制的可能性。因此实际的空调过程是在几种设备的组合下完成的。

7.2.1 喷水室

1. 喷水室的构造

喷水室能够实现多种空气处理过程，具有一定的净化空气的能力，金属耗量少和容易加工。但是，它也有对水质要求高、占地面积大、水泵耗能多等缺点。喷水室通常用于以调节湿度为主要目的的纺织厂、卷烟厂等空调工程。

喷水室的构造如图7-6所示，它由喷嘴、喷水排管、挡水板、底池、管路系统及外壳等组成。空气经过前挡水板进入喷水空间。

（1）喷水室底池连接的管道　喷水室底池和四种管道相通，它们是：

1）循环水管：底池通过滤水器与循环水管相连，使落到底池的水能重复使用。滤水器的作用是清除水中杂物，以免喷嘴堵塞。

2）溢水管：底池通过溢水器与溢水管相连，以排除水池中维持一定水位后多余的水。在溢水器的喇叭口上有水封罩可将喷水室内外空气隔绝，防止喷水室内产生异味。

3）补水管：当用循环水对空气进行绝热加湿时，底池中的水量将逐渐减少，由于泄漏等原因也可能引起水位降低。为了保持底池水面高度一定，且略低于溢水口，需设补水管并经浮球阀自动补水。

4）泄水管：为了检修、清洗和防冻等目的，在底池的底部需设泄水管，以便在需要泄水时，将池内的水全部泄至下水道。

（2）喷嘴　喷嘴是喷水室的核心配件。其作用是使喷出的水雾化，增加水与空气的接触面积。喷嘴一般由铸钢、铸铜、铸铝、不锈钢、塑料（ABS）及尼龙等材料制成。

喷嘴的性能主要体现在同样喷水压力下的喷水量和雾化效果。同一类型的喷嘴，孔径越小，喷嘴前压力越高，则雾化效果越好。孔径相同时，压力越高，喷水量越大，雾化效果越好，但喷

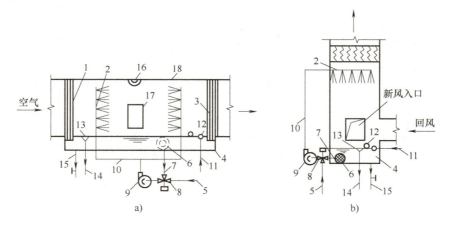

图 7-6 喷水室的构造

a）卧式喷水室 b）立式喷水室

1—前挡水板 2—喷嘴与喷水排管 3—后挡水板 4—底池 5—冷水管 6—滤水器 7—循环水管
8—三通混合阀 9—水泵 10—供水管 11—补水管 12—浮球阀 13—溢水器 14—溢水管
15—泄水管 16—防水照明灯 17—密闭检查门 18—外壳

水所消耗水泵的功率就大。理想的喷嘴应能在较低喷水压力下，保证喷水室所需要的雾化效果的喷水量，且使用过程中不易被堵塞。喷嘴在喷水室断面上的布置，应能使水滴均匀地布满整个断面，其密度一般为 $13\sim24$ 个/m^2，在横断面上通常呈梅花形排列。

（3）**挡水板** 挡水板是影响喷水室处理空气效果的重要部件，由多折的或波浪形的平行板组成。前挡水板的作用是挡住可能飞溅出来的水滴，并且可以使空气的分布均匀。在喷水室中，空气与喷嘴喷出的水滴接触，进行热湿交换，然后进入后挡水板排出，水落入池底。后挡水板的作用是使空气中夹带的水滴分离出来，以减少空气带走的水量。用各种塑料板制成的波形和蛇形挡水板，阻力较小且挡水效果较好。常用挡水板的形状如图 7-7 所示。

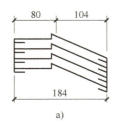 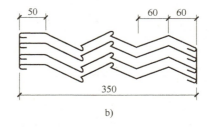

图 7-7 挡水板的断面形状

a）前挡水板 b）后挡水板

（4）**喷水排管** 喷水室内喷嘴可布置成一排、两排或三排。喷水方向可选择顺喷（与气流方向一致）或逆喷（与气流方向相反）。仅作为加湿用的喷水室，可采用一排喷嘴，顺喷或逆喷。采用两排喷嘴时为对喷，即一排顺喷，一排逆喷。采用三排喷嘴时，第一排顺喷，第二、三排逆喷。喷水排管距前挡水板和后挡水板的距离一般采用 $200\sim300$mm。喷水排管之间的距离，对于喷嘴孔径小于 5.5mm，风量在 10 万 m^3/h 以下时，可采用 600mm，对于大风量的喷水室，采用 $1000\sim1200$mm。

（5）**喷水室外壳** 喷水室一般为矩形断面，断面面积由被处理风量和推荐风速确定。金属外壳一般采用双层钢板制成，内夹离心玻璃棉、聚苯乙烯或聚氨酯保温材料层，并应有角钢或弯曲钢板加固。有防腐蚀要求时，宜采用玻璃钢外壳，内加保温层。也可采用80～100mm的钢筋混凝土现场浇制。

（6）**防水照明灯和密闭检查门** 为了观察和检修的方便，喷水室应有防水照明灯和密闭检查门。

喷水室有卧式、立式、单级、双级、低速和高速等多种类型。

图7-6b所示为立式喷水室，其特点是占地面积小，空气流动自下而上，喷水由上而下，因此空气与水的热湿交换效果更好，一般用于处理风量小或空调机房层高允许的场合。

图7-8所示为双级喷水室，其特点是能够使水重复使用，因而水的温升大、水量小，在使空气得到较大焓降的同时节省了水量。双级喷水室适用于使用自然界冷水或空气焓降要求大的地方。它的缺点是占地面积大，水系统复杂。按空气流动方向，最先接触被处理空气的喷水级为第一级，后面的为第二级。两个喷水级之间一般可以不设中间挡水板，但底池（或水槽、水箱）是分开的。温度较低的地下水先用水泵送到第二级喷淋空气，然后再用另一台水泵把第二级底池（或水槽、水箱）内已升温的回水送到第一级作为供水。每级喷水室的附属设备与单级的基本相同。这种使用同一水源的双级喷水室，实际上是两个单级喷水室在风路及水路两方面串联起来使用的，而且喷淋水与被处理空气呈逆流流动。

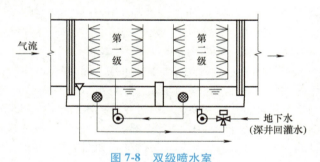

图7-8　双级喷水室

图7-9所示为高速喷水室。在其圆形断面内空气流速可高达8～10m/s，挡水板在高速气流驱动下旋转，靠离心力作用排除所夹带的水滴。

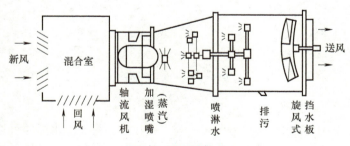

图7-9　高速喷水室

高速喷水室对于同样的被处理风量，前者的横断面面积可减少到后者的一半，从而大大节省占地空间。需要注意的是，提高风速的同时，要解决降低空气阻力和减少挡水板过水量的问题。

图 7-10 所示为带填料层的喷水室。带填料层的喷水室由分层布置的玻璃丝盒组成，玻璃丝盒上均匀地喷水，将水穿过分层布置的堆满玻璃、金属或玻璃纤维网组成的蜂窝结构填料层来获得水与空气的密切接触。在填料层的后部设有叶片型或玻璃纤维板型挡水板。另外，还配有风机、电动机、泵及附属的喷嘴。这类喷水室有些具有保温结构，也可不设保温。带填料层的喷水室不需要喷水的雾化作用，但蜂窝结构填料层表面使水具有良好的分布是必要的。带填料层的喷水室是有效的空气净化器，对空气有良好的净化作用。

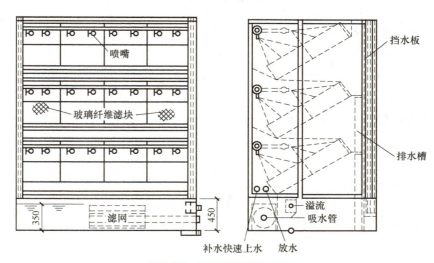

图 7-10　带填料层的喷水室

2. 喷水室的热交换效率

E 和 E' 是喷水室的两个热交换效率，它们表示的是喷水室的实际处理过程与喷水量有限但接触时间足够充分的理想过程接近的程度，并且用它们来评价喷水室的热工性能。

（1）**全热交换效率 E**　对于冷却减湿过程，空气状态变化和水温变化如图 7-11 所示。当空气与有限水量接触时，在理想条件下，空气状态将由点 1 变到点 3，水温将由点 5 的温度 t_{w1} 变到点 3。在实际条件下，空气状态只能达到点 2，水终温也只能达到点 4 的温度 t_{w2}。

喷水室的全热交换效率 E 也称为第一热交换效率或热交换效率系数，它是同时考虑空气和水的状态变化。如果把空气状态变化的过程线沿等焓线投影到饱和曲线上，并近似地将这一段饱和曲线看成直线，则全热交换效率 E 可以表示为

$$E = \frac{\overline{1'2'} + \overline{45}}{\overline{1'5}} = \frac{(t_{s1} - t_{s2}) + (t_{w2} - t_{w1})}{t_{s1} - t_{w1}}$$

$$= \frac{(t_{s1} - t_{w1}) - (t_{s2} - t_{w2})}{t_{s1} - t_{w1}}$$

即

$$E = 1 - \frac{t_{s2} - t_{w2}}{t_{s1} - t_{w1}} \tag{7-9}$$

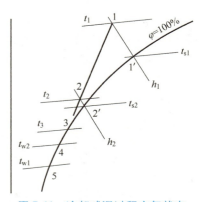

图 7-11　冷却减湿过程空气状态
与水温变化

由此可见，当 $t_{s2} = t_{w2}$ 时，即空气终状态在饱和曲线上的投影与水的终状态重合时，$E = 1$。t_{s2} 与 t_{w2} 的差值越大，说明热湿交换越不完善，因而 E 值越小。

对于绝热加湿过程（图 7-12），由于空气初、终状态的湿球温度等于水温，所以，在理想条件下，空气终状态可达到点 3，而在实际条件下只能达到点 2，故绝热加湿过程的全热交换效率 E 可表示为

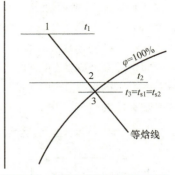

$$E = \frac{\overline{12}}{\overline{13}} = \frac{t_1 - t_2}{t_1 - t_{s1}} = 1 - \frac{t_2 - t_{s1}}{t_1 - t_{s1}} \tag{7-10}$$

（2）通用热交换效率 E'　喷水室的通用热交换效率 E' 也称为第二热交换效率或接触系数，它只考虑空气状态变化。因此，根据图 7-11 可知 E' 为

图 7-12　绝热加湿过程空气状态与水温变化

$$E' = \frac{\overline{12}}{\overline{13}} = \frac{t_1 - t_2}{t_1 - t_3} \tag{7-11}$$

同样如果把图 7-11 中 h_1 与 h_2 之间一段饱和曲线近似地看成直线，则有

$$E' = \frac{\overline{12}}{\overline{13}} = \frac{\overline{1'2'}}{\overline{1'3}} = 1 - \frac{\overline{2'3}}{\overline{1'3}}$$

由于 $\triangle 131'$ 与 $\triangle 232'$ 几何相似，因此

$$\frac{\overline{2'3}}{\overline{1'3}} = \frac{\overline{22'}}{\overline{11'}} = \frac{t_2 - t_{s2}}{t_1 - t_{s1}}$$

所以

$$E' = 1 - \frac{t_2 - t_{s2}}{t_1 - t_{s1}} \tag{7-12}$$

式（7-12）适用于喷水室的各种处理过程，包括绝热加湿过程。由于绝热加湿过程的 $t_{s2} = t_{s1}$，所以 E' 为

$$E' = 1 - \frac{t_2 - t_{s2}}{t_1 - t_{s1}} = 1 - \frac{t_2 - t_{s1}}{t_1 - t_{s1}} \tag{7-13}$$

即

$$E' = E$$

（3）喷水室热交换效率的试验公式　影响喷水室热交换效果的因素是极其复杂的，不能用纯数学方法确定热交换效率系数和接触系数，只能用试验的方法确定喷水室的热交换效率值。

由于对一定的空气处理过程而言，结构参数一定的喷水室，其两个热交换效率值只取决于 μ 及 $v\rho$，所以可将试验数据整理成 E 或 E' 与 μ 及 $v\rho$ 有关系的图表，也可以将 E 及 E' 整理成以下形式的试验公式：

$$E = A(v\rho)^m \mu^n \tag{7-14}$$

$$E' = A'(v\rho)^{m'} \mu^{n'} \tag{7-15}$$

式中，A、A'、m、m'、n、n' 均为试验的系数和指数，它们因喷水室结构参数及空气处理过程的不同而不同。

3. 影响喷水室热交换效果的主要因素

（1）空气质量流速　空气质量流速是指单位时间内通过每平方米喷水室断面的空气质量，它不因温度变化而变化。喷水室内的热、湿交换取决于与水接触的空气流动状况。空气质量流速 $v\rho\,[\mathrm{kg/(m^2 \cdot s)}]$ 的计算式为

$$v\rho = \frac{G}{3600f} \tag{7-16}$$

式中 v——空气流速（m/s）；

ρ——空气密度（kg/m³）；

G——通过喷水室的空气量（kg/h）；

f——喷水室的横断面面积（m²）。

增大 $v\rho$ 可使喷水室的热交换效率系数和接触系数变大，并且在风量一定的情况下可缩小喷水室的断面尺寸，减少占地面积。但是 $v\rho$ 过大会引起挡水板过水量及喷水室阻力的增加，因此常用的 $v\rho$ 范围是 $2.5\sim3$kg/(m²·s)。

（2）喷水系数 喷水系数是指处理每千克空气所用的水量。如果通过喷水室的风量为 G(kg/h)，总喷水量为 W(kg/h)，则喷水系数 $\mu\left[\frac{\mathrm{kg(水)}}{\mathrm{kg(空气)}}\right]$ 为

$$\mu = \frac{W}{G} \tag{7-17}$$

在一定的范围内增大喷水系数，可以提高热交换效率系数和接触系数。对不同的空气处理过程采用的喷水系数不同，应通过喷水室的热工计算确定。

（3）空气与水的初参数 对于结构一定的喷水室而言，空气与水的初参数决定了喷水室内热湿交换推动力的方向和大小。因此，改变空气与水的初参数，可以导致不同的处理过程和结果。但是对同一空气处理过程而言，空气与水的初参数的变化对两个效率的影响不大，可以忽略不计。

（4）喷水室结构特性 喷水室的结构特性主要是指喷嘴排数、喷嘴密度、排管间距、喷嘴形式、喷嘴孔径和喷水方向等，它们对喷水室的热交换效果均有影响。空气通过结构特性不同的喷水室时，即使 $v\rho$ 与 μ 值完全相同，也会得到不同的处理效果。喷水室结构特性对热质交换效果的影响见表7-3。

表7-3 喷水室结构特性对热质交换效果的影响

喷水室结构参数	影 响 状 况
喷嘴排数	单排喷嘴的热交换效果不如双排的效果，三排喷嘴的热交换效果和双排的效果基本相同。工程上多用双排喷嘴。只有当喷水系数较大，如用双排喷嘴，须用较高的水压时，才使用三排喷嘴
喷嘴密度	每 1m² 喷水室断面上布置的单排喷嘴个数称为喷嘴密度。喷嘴密度过大时，水苗互相叠加，不能充分发挥各自的作用。喷嘴密度过小时，则因水苗不能覆盖整个喷水室断面，致使部分空气旁通而过，引起热交换效果的降低。对 Y-1 型喷嘴的喷水室，一般以取喷嘴密度 $n=13\sim24$ 个/(m²·排) 为宜。当需要较大的喷水系数时，通常靠保持喷嘴密度不变，提高喷嘴前水压的办法来解决，喷嘴前的工作压力不宜大于 0.25MPa
喷水方向	在单排喷嘴的喷水室中，逆喷比顺喷热交换效果好。在双排喷嘴的喷水室中，对喷比两排均逆喷效果更好。如果采用三排喷嘴的喷水室，则采用一顺两逆的喷水方式
喷嘴形式	喷嘴的作用是使喷出的水花雾化，增加水与空气的接触面积。合理的喷嘴形式是使水从喷嘴喷出时，产生强旋流，从而提高雾滴的细度，同时防止喷嘴堵塞，使喷水室达到较为理想的热湿交换效果
排管间距	对于使用 Y-1 型喷嘴的喷水室，排管间距可采用 600mm
喷嘴孔径	喷嘴孔径小则喷出水滴细，增加了与空气的接触面积，热交换效果好。但是孔径小易堵塞，需要的喷嘴数量多，对冷却减湿过程不利。因此，应优先采用孔径较大的喷嘴

4. 喷水室的热工计算

在喷水室的热工计算中，根据已知条件和求解问题的不同，喷水室的计算类型分为设计性计算和校核性计算，见表 7-4。

表 7-4　喷水室的计算类型

计算类型	已知条件	计算内容
设计性计算	空气量 G 空气的初、终状态 t_1、$t_{s1}(h_1\cdots\cdots)$ t_2、$t_{s2}(h_2\cdots\cdots)$	喷水室结构（选定后成为已知条件） 喷水量 W（或 μ） 水的初、终温度 t_{w1}、t_{w2}
校核性计算	空气量 G 空气的初状态 t_1、$t_{s1}(h_1\cdots\cdots)$ 喷水室结构 喷水量 W（或 μ） 喷水初温 t_{w1}	空气的终状态 t_2、$t_{s2}(h_2\cdots\cdots)$ 水的终温 t_{w2}

喷水室空气处理过程需要的 E 应等于该喷水室能达到的 E，即

$$1-\frac{t_{s2}-t_{w2}}{t_{s1}-t_{w1}}=f(v\rho,\mu) \tag{7-18}$$

喷水室空气处理过程需要的 E' 应等于该喷水室能达到的 E'，即

$$1-\frac{t_2-t_{s2}}{t_1-t_{s1}}=f(v\rho,\mu) \tag{7-19}$$

空气放出（或吸收）的热量应等于该喷水室中水吸收（或放出）的热量。

$$G(h_1-h_2)=Wc_p(t_{w2}-t_{w1}) \tag{7-20}$$

可以写成

$$h_1-h_2=\mu c_p(t_{w2}-t_{w1}) \tag{7-21}$$

或

$$\Delta h=\mu c_p\Delta t_w \tag{7-22}$$

在 $t_s=0\sim20℃$ 的范围内，通过湿球温度差计算比焓值差，采用 $\Delta h=2.86\Delta t_s$ 进行计算时，误差不大，式（7-21）或式（7-22）也可以用下列公式代替：

$$2.86\Delta t_s=4.19\mu\Delta t_w \tag{7-23}$$

或

$$\Delta t_s=1.46\mu\Delta t_w \tag{7-24}$$

式（7-18）、式（7-19）和式（7-20）或式（7-24）联立求解，可以求解三个未知数。

在设计性计算中，当喷水室结构确定后，就成为已知条件。如果计算得到的喷水初温 t_{w1} 比冷冻水温度 t_{le} 高（一般 $t_{le}=5\sim7℃$），则需要使用一部分循环水。根据喷水室的热平衡关系（图 7-13）确定需要的冷冻水量 W_{le}、循环水量 W_x 和回水量 W_h。

由热平衡关系式

$$Gh_1+W_{le}c_pt_{le}=Gh_2+W_hc_pt_{w2} \tag{7-25}$$

$$W_{le}=W_h \tag{7-26}$$

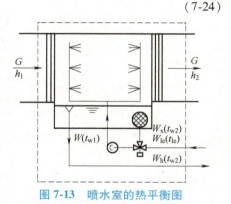

图 7-13　喷水室的热平衡图

得

$$G(h_1-h_2)=W_{le}c_p(t_{w2}-t_{le}) \tag{7-27}$$

即

$$W_{le}=\frac{G(h_1-h_2)}{c_p(t_{w2}-t_{le})} \tag{7-28}$$

又由于

$$W=W_{le}+W_x$$

所以

$$W_x=W-W_{le} \tag{7-29}$$

对于全年都使用的喷水室，可以仅对夏季进行热工计算，冬季取夏季的喷水系数。也可以按冬季的条件进行校核计算，检查冬季经过处理后空气的终参数是否满足设计要求。冬季和夏季可以采用不同的喷水系数，采用变频水泵，节省水泵运行能耗。

在喷水室的设计性计算中，只能求出一个固定的水初温，如果实际中冷源提供的冷水温度比计算得到的水初温高，则可以通过改变水量来调整水初温。喷水系数和水初温的关系按下式计算：

$$\frac{\mu}{\mu'}=\frac{t_{l1}-t_{w1}'}{t_{l1}-t_{w1}} \tag{7-30}$$

式中　t_{w1}、μ——设计性计算得到的喷水初温和喷水系数；

　　　t_{w1}'、μ'——调整后的喷水初温和喷水系数；

　　　t_{l1}——被处理空气的露点温度。

5. 喷水室的阻力计算

空气流经喷水室时的阻力 ΔH 包括前后挡水板阻力 ΔH_d、喷嘴管排阻力 ΔH_p 和水苗阻力 ΔH_w，即

$$\Delta H=\Delta H_d+\Delta H_p+\Delta H_w \tag{7-31}$$

1）挡水板阻力为

$$\Delta H_d=\sum\zeta_d\frac{\rho v_d^2}{2} \tag{7-32}$$

式中　$\sum\zeta_d$——前后挡水板局部阻力系数之和，它的具体数值取决于挡水板结构；

　　　v_d——挡水板处空气迎面风速（m/s），由于挡水板有边框，v_d 比喷水室断面风速 v 大，一般可取 $v_d=(1.1\sim1.3)v$。

2）喷嘴管排阻力为

$$\Delta H_p=0.1z\frac{\rho v^2}{2} \tag{7-33}$$

式中　z——喷嘴管排数；

　　　v——喷水室断面风速（m/s）。

3）水苗阻力为

$$\Delta H_w=1180b\mu p \tag{7-34}$$

式中　μ——喷水系数；

　　　p——喷嘴前水压［MPa（工作压力）］；

　　　b——系数，取决于空气和水的运动方向及管排数，一般可取：单排顺喷时 $b=-0.22$，单排逆喷时 $b=0.13$，双排对喷时 $b=0.075$。

对于定型喷水室，其阻力已由实测数据整理成曲线或图表，根据喷水室的工作条件也可查取。

7.2.2　空气加热器

在空调系统中，为了满足房间对温度和湿度的要求，送入空调房间的空气冬季需要加热，在其他季节，有时为了满足空调精度的要求，也需要加热。实现空气加热的主要设备有表面式空气

加热器和电加热器。空气换热器可以对空气进行加热，实现等湿加热过程。

1. 加热器结构和类型

按照构造不同，空气加热器可分为翅片管式和光管式两类。按照采用的热媒可以是高（低）压蒸汽，也可以是高（低）温水。另外还有电加热器。

图 7-14 所示为翅片管式空气加热器。常用的有钢管绕钢片式 SRZ 型和钢管绕铝片式 SRL 型等产品。

图 7-15 所示为光管式空气加热器，它是用无缝钢管焊制而成。与翅片管式空气加热器相比，虽然它的传热系数小些，但由于表面光滑无棱，易做清洁维护，且结构简单，制作方便，空气阻力小，因此，适合于纺织厂冬季对含有纤维性尘杂空气的加热，可避免尘杂堵塞加热器。

电加热器利用电阻丝通电发热来加热空气。因为它加热均匀、热量稳定、效率高、体积小、调节方便，所以在空调机组和小型空调系统中有较广泛的应用。

电加热器按其结构形式可分为裸线式和管式两种。裸线式电加热器的构造如图 7-16 所示。这种电加热器具有热惯性小，加热迅速，结构简单的优点，但安全性差。因此，必须有可靠的接地装置，并应与风机连锁。

管式（状）电加热器的构造如图 7-17 所示。它是根据所需加热功率由管状电热元件组装而成。这种电热元件是将电阻丝装在特制的金属套管中，电阻丝与管壁之间填充导热性好的结晶氧化镁作为绝缘材料。管式电加热器加热均匀，安全性好，加热量稳定，但是热惯性大。

2. 加热器的安装及管道连接

空气加热器可以安装在集中式空调系统的空气处理机内，也可安装在进入空调房间前的送风风管内，作为局部补充加热用，以调节房间的温度。在空气处理机内的空气加热器，应配置旁通风阀，以便对加热空气量和空气被加热的温度进行有效的调节和控制；这样做也有利于降低非供暖季节里空气侧的压力损失。

空气加热器可以垂直安装或水平安装，蒸汽为热媒的空气加热器水平安装时，应具有不小于 0.01 的倾斜度，以便顺利排除凝结水。

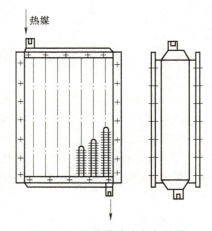

图 7-14　翅片管式空气加热器

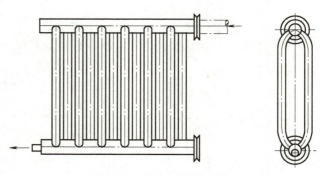

图 7-15　光管式空气加热器

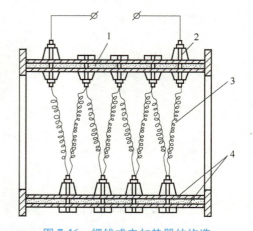

图 7-16　裸线式电加热器的构造
1—隔热层　2—瓷绝缘子　3—电阻丝　4—钢板

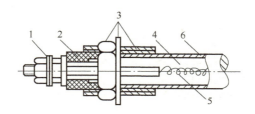

图 7-17　管式电加热器的构造
1—接线端子　2—瓷绝缘子　3—紧固装置　4—绝缘材料　5—电阻丝　6—金属套管

沿空气流动方向,当被处理空气量多时,可以多台加热器并联;当被加热空气温升大时,可采用多台加热器串联。根据实际需要,也可以采用串联、并联结合的方式。

如图 7-18 所示,加热器热媒为热水时,热水管路与加热器可以并联,也可以串联。空气加热器的供回水管路上应安装调节阀和温度计,加热器的最高点设放空气阀,最低点设泄水阀、排污阀。冬季热水温度取 65℃以下为宜,以免因管内壁积水垢而影响加热器的出力。

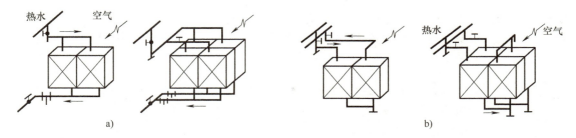

图 7-18　热水管路与空气加热器连接
a) 并联连接　b) 串联连接

如图 7-19 所示,加热器热媒为蒸汽时,蒸汽管路与加热器只能用并联,因为蒸汽加热器主要利用蒸汽的汽化热来加热空气,而热水加热器则利用热水温度降低时放出的显热。在空气加热器的入口管道上,应安装压力表和调节阀,在凝结水管路上应安装疏水器,它的前后需安装截止阀,并设旁通管路。疏水器前应安装过滤器或冲洗管,疏水器后应设检查管。加热器的供汽支管,应从蒸汽干管的上部接出,以避免干管中的沿途凝结水随蒸汽流入加热器;在供汽干管的末端应有疏水装置;空气加热器的进出口接头,应

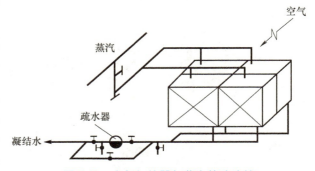

图 7-19　空气加热器与蒸汽管路连接

采用法兰接口;加热器的出口应配置集水管(沉污袋),它至疏水器的接管应从集水管中部引出。空气加热器出口与疏水器的安装高差,不应小于 300mm。数台空气加热器并联安装时,宜各台分别装置疏水器。空气加热器的热媒流向应与空气流向相平行,即让热媒的进口处于进风侧,热媒的出口处于出风侧。

7.2.3　空气冷却器

空气冷却器内的冷媒介质通过金属表面对空气进行冷却，实现等湿冷却和冷却减湿两种空气处理过程。当金属表面边界层空气温度低于主体空气温度，但高于其露点温度时，实现等湿冷却过程（干工况），如图 7-20 中的 $A{\to}B$ 所示。当边界层空气温度低于主体空气的露点温度时，实现减湿冷却过程（湿工况），如图 7-20 中的 $A{\to}C$ 所示。

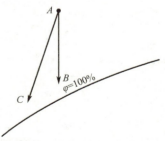

图 7-20　空气冷却器处理空气的过程

1. 空气冷却器的结构

空气冷却器又称为表面式空气冷却器，简称表冷器，其构造如图 7-21 所示。

表面式空气冷却器是一些金属管的组合体。这类设备通常由肋片管组成，根据加工方法不同分为绕片式、串片式和轧片式，如图 7-22 所示。由于空气侧的表面传热系数远小于管内冷媒的表面传热系数，为了增加表面式空气冷却器的换热效果，降低金属耗量和减小设备的尺寸，通常采用翅（肋）片管来增大空气一侧的传热面积，达到增强传热的目的。为减少翅片与管子间的接触热阻，使空气冷却器换热性能稳定，应力求管子与翅片间接触紧密，并保证长久使用后仍不会松动，翅（肋）片管的排列方式常用"叉排"，它比"顺排"有较好的传热效果。

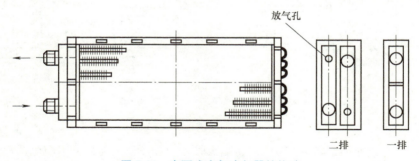

图 7-21　表面式空气冷却器的构造

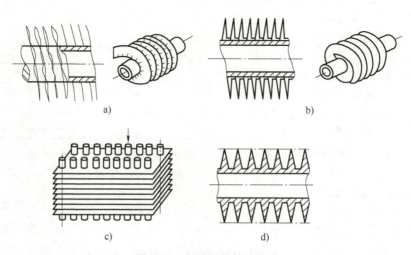

图 7-22　各种翅片管的构造

a）皱褶绕片　b）光滑绕片　c）串片　d）轧片

2. 空气冷却器的类型

（1）水冷式空气冷却器　简称水冷式表冷器。采用冷水作为冷媒时，空气冷却器（表冷器）的盘管内流过冷水，空气经过其表面，空气与冷水通过空气处理设备的金属表面进行热湿交换，使空气冷却和减湿。

表冷器对空气的冷却过程根据其表面温度高于或低于露点温度，可分为等湿冷却和减湿冷却。当表冷器表面温度高于露点温度，设备表面没有水析出时，称为干式冷却。当表面温度低于露点温度，设备表面有水析出时，称为湿式冷却。

（2）喷水式空气冷却器　简称喷水式表冷器。表冷器的优点是构造简单、占地少，水侧的阻力小。它的缺点是没有空气净化能力和不易实现露点控制。为了克服这些缺点，可以采用对表冷器喷循环水的方法，如图 7-23 所示。《民用建筑供暖通风与空气调节设计规范》（GB 50736—2012）规定：当要求利用循环水进行绝热加湿或利用喷水增加空气处理后的饱和度时，可采用带喷水装置的空气冷却器。

喷水不但能对空气进行净化，还可以对空气进行加湿。由于表冷器上喷的是循环水，经过一定的时间后，水温将达到稳定并近似等于表冷器表面的平均温度；喷水后空气的相对湿度较高，因此也容易实现露点控制。需要注意的是，表冷器喷水需要增加水泵系统，喷水后空气的阻力也相应增加。

图 7-23　喷水式空气冷却器示意图

（3）直接蒸发式空气冷却器　简称直接蒸发式表冷器。直接蒸发式表冷器管内流动的是制冷剂。由于制冷剂的温度通常低于冷水，因此在相同的条件下，这种方式的冷却减湿能力比水冷式表冷器的冷却减湿能力强。

直接蒸发式表冷器和水冷式表冷器在构造和功能上基本相同，但因为直接蒸发式表冷器是空调制冷系统中的一个部件，所以它的工作状态和性能受制冷系统的影响。它的冷量大小要与制冷机的产冷量相匹配。直接蒸发式表冷器多用制冷剂作冷媒，与水冷式表冷器相比，直接蒸发式表冷器结构紧凑，机房占地面积小，安装控制方便。直接蒸发式表冷器多用于空调机组中，它在结构上多为整体串片型。满负荷运行时蒸发温度不宜低于 0℃。在安装直接蒸发式表冷器时，应尽量使冷媒和空气的流动方式为逆交叉流型流动。

《民用建筑供暖通风与空气调节设计规范》规定：制冷剂直接膨胀式空气冷却器的蒸发温度应比空气的出口干球温度至少低 3.5℃。在常温空调系统情况下，满负荷时，蒸发温度不宜低于 0℃；低负荷时，应防止表面结霜。空气调节系统采用制冷剂直接膨胀式空气冷却器时，不得用氨作制冷剂。

3. 空气冷却器的安装及管路连接

水冷式表冷器可以垂直安装，也可以水平或倾斜安装。湿式冷却时，由于有凝结水析出，在表冷器的下部应当设置滴水盘和排水管，如图 7-24 所示。

如图 7-25 所示，空气侧的表冷器可以并联，也可以串联或串并联。当通过的空气量多时采用并联，要求空气的温降大时采用串联。

对冷冻水管路，也可以采用并联、串联或串并联。并联时，冷冻水同时进入所有的表冷器，空气与水的传热温差大，水流阻力小，但耗水量多。串联时，冷冻水依次进入各个表冷器，由于冷冻水在进入前面的表冷器中，吸收热量温度升高，因此使后面串联的表冷器的传热温差变小，传热量减少。串联时，水的流动阻力增加。为了使水与空气之间有较大温差，最好使空气与水为逆交叉流型流动，进水管在空气出口一侧。在冷冻水管路上应当根据需要设置截止阀、压力表、温度计、疏水器、排空气装置、泄水阀和排污阀等。

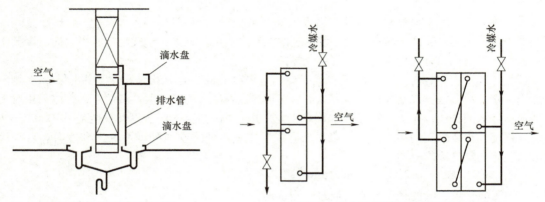

图 7-24　滴水盘和排水管　　　　　　图 7-25　空气冷却器与冷媒管路的连接

空气冷却器在空调系统中的安装位置，根据系统形式和用途确定。对于集中式全空气空调系统，空气冷却器安装在空气处理机内，对于半集中式（水-空气）空调系统，空气冷却器安装在风机盘管机组或柜式空调机组内。

4. 空气冷却器的热交换效率

（1）全热交换效率 E_g　空气冷却器（表冷器）对空气处理过程的焓湿图如图 7-26 所示。

表冷器的全热交换效率同时考虑空气和水的状态变化，其定义式为

$$E_g = \frac{t_1 - t_2}{t_1 - t_{w1}} \tag{7-35}$$

式中　t_1、t_2——处理前、后空气的干球温度（℃）；

　　　t_{w1}——冷水初温（℃）。

由于 E_g 的定义式中只考虑空气的干球温度变化，所以又把 E_g 称为表冷器的干球温度效率。E_g 与表冷器的湿工况传热系数 K_s、空气量 G 及水量 W 有关。湿工况下表冷器的传热系数 K_s [W/(m²·℃)]，按照其影响因素可以表示为

$$K_s = f(v_y、w、\xi) \tag{7-36}$$

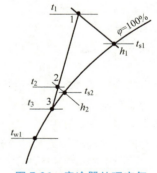

图 7-26　表冷器处理空气过程的焓湿图

式中　ξ——冷却过程中的平均析湿系数。

　　　v_y——表冷器迎面风速（m/s）；

　　　w——水流速（m/s）。

空气量 G（kg/s）为

$$G = F_y v_y \rho \tag{7-37}$$

式中　F_y——表冷器的迎风面积（m²）。

水量 W（kg/s）为

$$W = f_w w \tag{7-38}$$

式中　f_w——通水断面面积（m²）。

从式（7-36）~式（7-38）可以看出，当表冷器的结构形式一定时，如果忽略空气密度变化，E_g 值只与 v_y、w 及 ξ 有关，可以通过试验得到 E_g 与 v_y、w 及 ξ 的关系式。

（2）通用热交换效率 E'_g　表冷器的通用热交换效率定义为

$$E'_g = \frac{t_1 - t_2}{t_1 - t_3} = 1 - \frac{t_2 - t_3}{t_1 - t_3} \tag{7-39}$$

由相似三角形的关系，则

$$E'_g = 1 - \frac{t_2 - t_{s2}}{t_1 - t_{s1}}$$

也可以写为

$$E'_g = \frac{h_1 - h_2}{h_1 - h_3} = 1 - \frac{h_2 - h_3}{h_1 - h_3} \tag{7-40}$$

式中　t_{s1}、t_{s2}——处理前、后空气的湿球温度（℃）；

t_3、h_3——处理后空气的理想干球温度（℃）和比焓值（kJ/kg）。

通常将表冷器每排肋片管外表面积与迎风面积之比称为肋通系数 a，即

$$a = \frac{F}{NF_y} \tag{7-41}$$

式中　F——传热面积（m^2）；

N——肋片管排数。

根据热质交换理论推导，可以得到

$$E'_g = 1 - \exp\left[\frac{-\alpha_w a N}{v_y \rho c_p}\right] \tag{7-42}$$

式中　α_w——外表面传热系数［W/($m^2 \cdot$℃)］。

对于结构特性一定的表冷器来说，由于肋通系数 a 值一定，而空气密度可看成常数，α_w 又与 v_y 有关，所以 E'_g 是 v_y 和 N 的函数，即

$$E'_g = f(v_y、N) \tag{7-43}$$

E' 随着表冷器排数增加而变大，随 v_y 增加而变小。当 v_y 与 N 确定后，并已知 α_w 时，则用式（7-42）计算表冷器的 E'_g 值。也可以通过试验得到 E'_g。

增加排数和降低迎面风速能增加表冷器的 E'_g 值，但是排数的增加会引起空气阻力的增加。如果排数过多，那么后面几排会因为空气与冷水之间温差过小而减弱传热作用。因此，表冷器的排数一般不宜超过 8 排。此外，迎面风速过低，会增大表冷器尺寸和初投资，所以表冷器的迎面风速一般取 $v_y = 2 \sim 3\text{m/s}$。如果迎面风速过大，会增加空气阻力，也会把冷凝水带入送风系统，当 v_y 大于 2.5m/s 时，表冷器后面也应设置挡水板。

5. 影响空气冷却器热质交换效果的因素

（1）空气质量流速或迎面风速　空气质量流速或迎面风速升高，空气的表面传热系数高，热交换效果好；但是空气质量流速或迎面风速过大将使阻力加大，过低将使得空气冷却器（表冷器）的尺寸和初投资增加。一般迎面风速 v_y 在 $2 \sim 3\text{m/s}$。

（2）水的流速　水的流速 w 升高，水侧的表面传热系数高，热交换效果将有所提高；但过大的 w 将使阻力加大。

（3）空气冷却器的表面积　表面积大则换热量增加，但初投资也将增加。

（4）空气与水的温度与温差　空气与水的温差越大，其间的换热量也将增大，表面析湿特性主要取决于水温。

6. 空气冷却器的热工计算

在进行空气冷却器（表冷器）的热工计算时，根据已知条件和计算内容，分为设计性计算和校核性计算，见表7-5。

表7-5 表冷器的热工计算类型

计算类型	已知条件	计算内容
设计性计算	空气量 G 空气的初、终状态 t_1、$t_{s1}(h_1\cdots\cdots)$ t_2、$t_{s2}(h_2\cdots\cdots)$	冷却面积（表冷器型号、台数、排数） 冷水初温 t_{w1}（或冷水量 W） 终温度 t_{w2}（或冷量 Q）
校核性计算	空气量 G 空气的初状态 t_1、$t_{s1}(h_1\cdots\cdots)$ 冷却面积（表冷器型号、台数、排数） 冷水初温 t_{w1} 冷水量 W	空气终状态 t_2、$t_{s2}(h_2\cdots\cdots)$ 冷水终温 t_{w2}（或冷量 Q）

表冷器处理空气时，空气处理过程需要的 E_g 应等于该表冷器能够达到的 E_g，即

$$\frac{t_1-t_2}{t_1-t_{w1}}=f(\beta、\gamma) \tag{7-44}$$

空气处理过程需要的 E_g' 应等于该表冷器能够达到的 E_g'，即

$$1-\frac{t_2-t_{s2}}{t_1-t_{s1}}=f(v_y、N) \tag{7-45}$$

空气放出的热量应等于冷水吸收的热量，即

$$G(h_1-h_2)=Wc(t_{w2}-t_{w1}) \tag{7-46}$$

通过联立求解式（7-44）～式（7-46），得到相关计算结果。

在设计性计算中，首先根据已知的空气初参数和要求处理到的空气终参数计算 E_g'。然后根据 E_g' 确定表冷器的排数。假定迎面风速 v_y（一般 v_y 取 2.5～3m/s），确定表冷器的 F_y，据此可以确定表冷器的型号及台数，然后求出该表冷器能够达到的 E_g 值。依下式确定水初温 t_{w1}：

$$t_{w1}=t_1-\frac{t_1-t_2}{E_g} \tag{7-47}$$

如果已知条件中给定了水初温 t_{w1}，则说明空气处理过程需要的 E_g 已定，热工计算的目的是通过调整水量（改变水流速）或调整迎面风速（改变传热面积和传热系数）等，使所选择的表冷器能够达到空气处理过程需要的 E_g 值。

在校核性计算中，由于在空气终参数未求出之前，析湿系数是未知的，因此为了求解空气终参数和水终温，需要增加辅助方程，可以采用试算方法。

从表7-5可知，无论是哪种计算类型，已知参数都是六个，未知参数都是三个。需要注意的是，在进行计算时所用的方程数目应该与要求的未知数个数一致，否则可能得出不正确的解。

表冷器经长时间使用后，因外表面积灰、内表面结垢等原因，其传热系数会有所降低。为了保证在这种情况下表冷器的使用仍然安全可靠，在选择计算时应考虑一定的安全系数。在工程上通常可以采用以下两种做法：

1）在开始进行选择计算时，将求得的 E_g 乘以安全系数 k_a。对仅作为冷却用的表冷器 k_a 取

0.94；对冷热两用的表冷器 k_a 取 0.9。

2）计算过程中不考虑安全系数。在表冷器规格选定之后，将计算出来的水初温再降低一些。水初温的降低值可按水温升的 10%~20% 考虑。

7.2.4　空气加湿器

当建筑室内环境干燥或生产环境需要保持湿度要求时，需要对送入空调区的空气进行加湿处理。例如北方地区冬季干燥，高级民用建筑空调系统需要有加湿装置；纺织车间、印刷车间等空调系统也需要有加湿装置，以满足生产环境的湿度要求，保证生产质量。空气的加湿可以在空气处理机（或送风风管）内，对送入房间的空气进行集中加湿；也可在空调房间内部对空气进行局部补充加湿。

空气的加湿方法可以分为两类：一类是用外界热源产生水蒸气，然后再将水蒸气喷入空气中，空气的状态变化在 h-d 图上近似为等温过程，称为等温加湿，如图 7-27 中 $A{\rightarrow}B$；另一类是水吸收空气中的显热而蒸发加湿，空气的状态变化在 h-d 图上表现为等焓过程，称为等焓加湿，如图 7-27 中 $A{\rightarrow}C$。

如图 7-28 所示，如果将 q_m（kg/h）状态点 1 的空气加湿到状态点 2，则需要的加湿量为

$$W = q_m(d_2 - d_1) \tag{7-48}$$

如果将空气加湿到饱和状态点 3 之后还继续加入蒸汽，则多余的蒸汽将凝结成水，放出来的汽化热又将使饱和空气的温度继续提高，即空气状态将沿饱和曲线上升到状态点 4。在焓湿图上确定点 4 的方法是，先按加湿量大小在等温线的延长线上找到点 4′，过点 4′ 的等焓线与饱和曲线的交点就是状态点 4。

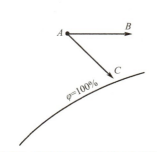

图 7-27　空气加湿器处理空气焓湿图

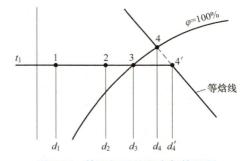

图 7-28　等温加湿处理空气焓湿图

1. 等温加湿器

直接喷蒸汽加湿是一种简便的等温加湿方法。它加湿迅速、均匀、稳定、不带水滴、设备简单、尺寸小、质量轻，使用灵活方便，既可以设于空调机组内部，又可以放置在风道之中，加湿量控制方便，目前广泛应用于许多建筑之中。

蒸汽加湿所喷射的是干蒸汽，干蒸汽必须是低压饱和蒸汽，最理想的是与空气温度相同的蒸汽。但是大多数蒸汽都是超过 100℃ 的，因此一般加湿用的蒸汽压力不超过 70kPa，否则空气的处理过程不是等温加湿过程，而是升温加湿过程。

实现喷蒸汽加湿的方法有干蒸汽加湿器、电加湿器喷低压蒸汽等。

（1）干蒸汽加湿器　干蒸汽加湿器依靠集中供应的蒸汽压力为动力，加湿量大，设备制造及维护简单，运行费用较低。

干蒸汽加湿器的构造如图 7-29 所示，它由干蒸汽喷管、分离室、干燥室和气动或电动阀门

组成。蒸汽由蒸汽进口进入套管内，它对喷管内的蒸汽起加热、保温、防止蒸汽冷凝的作用。由于套管的外表面直接与被处理的空气接触，所以部分蒸汽将凝结成水并随蒸汽一起进入分离室。由于分离室断面大，使蒸汽减速，再加上惯性作用及挡板的阻挡，冷凝水被分离出来。分离出冷凝水的蒸汽，流经调节阀孔减压后再进入干燥室。残存在蒸汽中的水滴在干燥室中再汽化，最后从小孔中喷出的是干蒸汽。

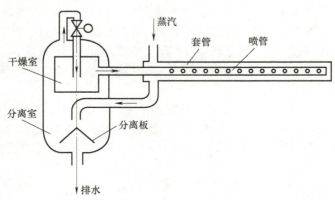

图 7-29　干蒸汽加湿器

（2）**电加湿器**　电加湿器是一种喷蒸汽的加湿器，它是利用电能使水汽化，然后用短管直接将蒸汽喷入空气中。或者将电加湿器装置直接装在风管内，使蒸汽与流过的空气直接混合。电加湿器使用灵活方便，基本上不受位置和空间尺寸的限制；但是，电加湿器的耗电量较大，一般只是在一些局部范围进行加湿的补充，或在对湿度控制要求较高的计算机房空调机组中才采用。电加湿器对水质的要求比较严格，在一些水质较硬的地区，应该采用软化水以防止电极结垢。

电加湿器有电极式加湿器（图 7-30）和电热式加湿器（图 7-31）两种形式。

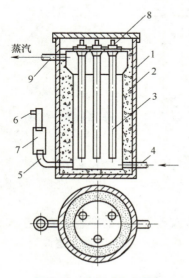

图 7-30　电极式加湿器

1—外壳　2—保温层　3—电极　4—进水口　5—溢水管
6—溢水嘴　7—橡胶管　8—接线柱　9—蒸汽出口

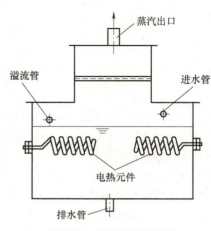

图 7-31　电热式加湿器

电极式加湿器是利用三根不锈钢棒（或铜棒）作为电极。必要时也可以使用两根电极。把电极放在不易生锈的盛水容器中，以水作为电阻，通电之后水被加热产生蒸汽。蒸汽由排出管送到需要加湿的空气中。水位越高，导热面积越大，通过的电流越强，产生的蒸汽也越多。因此，可以通过改变溢流管的高低来调节水位的高低，从而调节加湿量。为了避免蒸汽中夹带水滴，在蒸汽出口的后面可以放置电热式蒸汽过热器，通过电热管加热空气，可以使夹带的水滴蒸发，从而保证加湿用的是干蒸汽。使用电极式加湿器时，应注意外壳要有良好的接地，使用中要经常排污和定期清洗。

电热式加湿器是把U形、蛇形或螺旋状电热元件放在水槽内或水箱内，装有管状电热元件的水箱所产生的蒸汽压力经常高于大气压力，加湿器内充满压力为 0.01～0.03MPa 的低压蒸汽。需要加湿时，只要打开蒸汽管道上的调节阀即可。这样就减少了加湿器的热惰性和时间滞后，提高了湿度调节的精度。

电热式加湿器通电后水被加热，产生蒸汽。为了防止断水空烧，补水通常采用浮球阀自动控制。为了避免蒸汽中夹带水滴，在电加湿器的后面应装蒸汽过热器。为了减少加湿器的热耗和电耗，电加湿器的外壳应做好保温。使用电热式加湿器应该注意清洗、除垢与排污。

2. 等焓加湿器

（1）喷雾加湿器　如图 7-32 所示，喷雾加湿器把自来水（或软化水）经泵加压后，通过极小的喷口喷出而使其雾化。与喷淋室相比，水与空气的接触面积大，同样喷水量时的加湿空气量提高，并且加湿器的尺寸比喷水室小。

由于喷雾加湿器的加湿用水通常不是循环使用的，因此水的利用率较低，用水浪费。当采用软化水时，运行费用高，如果采用普通自来水，会存在喷嘴结垢等问题。

（2）湿膜加湿器　湿膜加湿器的工作原理如图 7-33 所示，它由填料模块、布水器组件、输水管、水泵、水箱、进水管、排水管等组成。

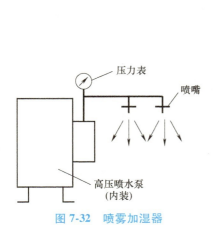

图 7-32　喷雾加湿器

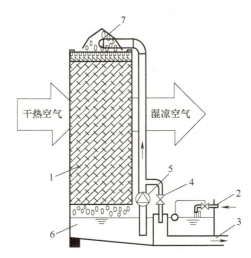

图 7-33　湿膜加湿器结构示意图
1—填料　2—进水管　3—排水管　4—排放阀
5—水泵　6—水箱　7—布水器

湿膜加湿器是利用水蒸发吸热的原理，将水淋洒在用吸水材料制成的填料上，被处理空气流经填料时，水吸收空气的显热而蒸发成水气进入空气，使空气加湿的同时，也使空气降温。水膜具有除尘、脱臭的辅助作用，能捕集空气中的灰尘、臭氧、细菌和其他杂质，并通过未蒸发掉的水分而排出。同时，填料表面不断有经过游离氯杀菌处理的自来水清洗，可实现洁净加湿。它的主要优点是加湿效率较高，可实现洁净加湿，不需要水处理，维护简单，使用周期长，节省占地面积。湿膜加湿器的填料应具有很强的吸水性、阻燃、耐腐蚀、能阻止或减少藻类在表面滋生。目前常用的填料分为有机填料、无机填料和金属填料三类。

（3）超声波加湿器　超声波加湿器的原理是利用换能器（也称为振荡片）将电能转化成机械能，产生每秒170万次的高频振荡，将水快速雾化成 $1\sim5\mu m$ 的微粒，这些微粒扩散到空气中吸收空气热量蒸发成水蒸气，从而对空气进行加湿。超声波加湿器的主要优点是产生的水滴颗粒细，运行安静可靠。它的缺点是容易在墙壁或设备表面上留下水垢，因此需要对水进行软化处理。

（4）离心式加湿器　依靠离心力作用将水雾化的加湿器称为离心式加湿器。图7-34所示为一种离心式加湿器。这种加湿器有一个圆筒形外壳。封闭电动机驱动一个圆盘和水泵管高速旋转。水泵管从贮水器中吸水并送至旋转的圆盘上面形成水膜。水由于离心力作用被甩向破碎梳，并形成细小水滴。干燥空气从圆盘下部进入，吸收雾化了的水滴从而被加湿。

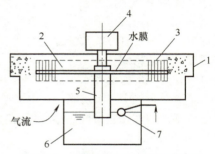

图7-34　离心式加湿器结构示意图
1—外壳　2—旋转圆盘　3—固定式破碎梳
4—密封电动机　5—水泵管
6—贮水器　7—浮球阀

7.2.5　空气除湿设备

在某些生产工艺和产品贮存要求空气干燥的场合；在地下工程（人工洞、洞库、国防工事、坑道等）的通风中；在南方某些气候比较潮湿或环境比较潮湿的地区，都需要对空气进行除湿，降低空气含湿量的处理过程称为除湿处理，也称为减湿或降湿处理。

利用喷水室和空气冷却器可以实现对空气的冷却减湿处理，此外，空调工程中常用的空气除湿设备还有冷冻除湿机、转轮除湿机等。另外，在工程中也可采用液体吸湿剂除湿系统对空气进行减湿处理。

1. 冷冻除湿机

冷冻除湿机的工作原理如图7-35所示。冷冻除湿机一般由压缩机、蒸发器（或称直接膨胀式空气冷却器）、风冷式冷凝器、膨胀阀（此处为毛细管）、空气过滤器、冷凝水盘和冷凝水箱，以及通风机（此处为离心式通风机）等组成。待除湿的潮湿空气，先经空气过滤器过滤除去尘埃，然后与直接膨胀式空气冷却器相接触，空气中的部分水蒸气被冷凝而析出，经冷凝水盘收集后流入冷凝水箱。在空气被减湿的同时，空气温度也降低，相对湿度有所提高；之后空气通过冷凝器，空气被加热，温度升高，相对湿度降低。经冷冻除湿的空气送入需要除湿的场所，吸收空气中的水分，除去的水分流入冷凝水箱。

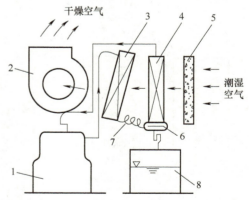

图7-35　普通冷冻除湿机的工作原理
1—压缩机　2—离心式通风机　3—风冷式冷凝器
4—蒸发器　5—空气过滤器　6—冷凝水盘
7—毛细管　8—冷凝水箱

2. 转轮除湿机

图 7-36 所示为转轮除湿机的工作原理。它的主要特点是除湿量大，湿度可调，容易控制处理后空气的湿度；对低温低湿空气除湿效果显著，是冷冻除湿法难以达到的；吸湿转轮性能稳定，使用年限长；除湿机具有良好的控制功能，运行可靠、易于操作、维护简便、设备体积小、安装简便。

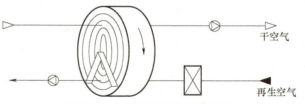

图 7-36　转轮除湿机的工作原理

转轮除湿机由吸湿转轮、传动装置、风机、过滤器、再生式加热器等组成。转轮除湿机工作时，轮子慢慢转动，需要除湿的空气（处理风）经转轮迎风面的四分之三区域被吸入，通过转轮后空气中的水分子即被吸湿材料吸收或吸附，随后经过除湿的干燥空气由风机送至待除湿的房间或空间。与此同时，另一部分空气（再生风）先经过再生式加热器加热，然后经转轮迎风面的另四分之一区域通过转轮，以便将转轮从处理风中吸出的水分排走。由于转轮一直在慢慢旋转，所以吸湿和再生得以连续进行。吸湿转轮有氯化锂转轮、硅胶转轮和分子筛转轮三种。使用最多的是氯化锂转轮和硅胶转轮。

采用转轮除湿机处理空气时，室外空气的进口与再生空气的排出口最好设在不同的方向，以避免短路。再生系统的管路，应选择耐热、耐湿的风管材料；再生后的空气排出管道要求保温，管路不宜过长，并向出口方向设有坡度，或者在管路的最低点设置凝结水排出口，同时排出口应设置存水弯，以防湿空气从排出口漏入。转轮除湿机安装的环境温度，应高于处理空气的露点温度，否则，应对处理空气的风管进行保温，以防产生凝结水损坏转轮。

转轮除湿机既可作为潮湿房间单纯除湿用，也可与其他空气处理设备（如空气冷却器等）组装在一起使用。按照使用功能的不同，可分为单纯除湿用的基本型，有温湿度要求的恒温低湿型，恒温低湿净化型和某些特殊干燥工艺用的大湿差型（采用多级组合式除湿机），以及在再生系统上增加空气-空气热回收装置的节能型等。除基本型外，其余的均要由空调工程设计人员按需要进行组配，才能满足对不同送风参数的要求。转轮除湿机可以通过控制处理风量的大小，或者控制再生温度调节除湿量。

3. 液体吸湿剂除湿系统

除湿器是溶液除湿系统的主要部件，图 7-37 所示为采用填料喷淋方式的除湿器构造示意图。为了增加空气和盐水溶液的接触表面，在实际工作中，往往是让被处理的湿空气通过喷液室或填料塔等除湿器，在溶液和空气充分接触的过程中达到除湿目的。盐水溶液吸湿后，浓度和温度将发生变化，为使溶液连续重复使用，需要对稀溶液进行再生处理。再生时稀溶液可以由热水（或蒸汽）盘管表面或电热管表面加热而浓缩，也可以由热空气加热而成浓溶液。采用有腐蚀性的溶液时，必须解决好防腐问题。最好采用耐腐蚀的管道和设备以及效果可靠的气液分离设备。

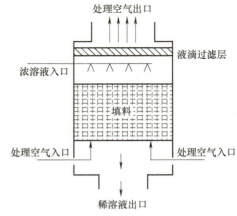

图 7-37　采用填料喷淋方式的除湿器构造示意图

在除湿器内部，吸湿溶液吸收空气中的水分后，绝大部分水蒸气的汽化热进入溶液，使溶液温度显著升高，同时溶液表面的水蒸气分压力也随之升高，导致其吸湿能力下降。

　　如果此时就将溶液浓缩再生，由于溶液浓度变化太小，会使再生器工作效率很低。为解决这个问题，可以采用内冷型除湿器，利用冷却水或冷却空气（都不与被处理空气直接接触）将除湿过程放出的热量带走以维持溶液有较高的吸湿能力，溶液在除湿器前后的浓度可以有较大变化。也可以采用分级除湿方案，即采用几个除湿器串联，在每一级内为绝热除湿过程，可以采用较大的溶液循环量，使空气的含湿量和溶液的浓度变化都不大。而在级与级之间加冷却装置，除湿后温度较高的溶液在流入下一级之前被冷却，重新恢复吸湿能力。级间溶液流量比级内溶液循环量要小得多。较小的级间流量使溶液在各级之间保持一定的浓度差，经过多级除湿后，总的浓度差变化也较大，充分利用了溶液的化学能，即在吸收同样多的湿量情况下，分级方法可使溶液的浓度差比不分级时提高数倍，更容易被再生。对再生器也可以采用分级方案，用高温的热源再生比较浓的溶液，用比较低温的热源再生比较稀的溶液。

　　图 7-38 所示为一个由四个基本单元模块（除湿器）串联组成的除湿系统，它采用了两种温度的冷却水冷却除湿过程。每个单元溶液浓度不同，浓溶液从空气出口的最后一个单元补充到系统中，吸湿后浓度降低，再与空气流向逆流地进入前一单元，最后从第一个单元导出稀溶液。横跨各单元的溶液流量远小于各单元内部溶液的循环流量，这样就可以使各单元内的溶液循环量满足单元内传热传质要求，单元间的溶液流量则满足要使各单元空气含湿量逐级降低时的溶液浓度的要求。由此溶液与空气间可基本上实现接近等温的逆流传质，从而使不可逆损失大大减小。再生器也可以由同样的单元模块组成，通过类似的过程实现接近等温的逆流传质。

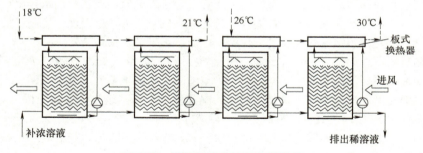

图 7-38　四级串联的空气处理单元

　　与冷却减湿方法相比较，液体吸湿剂除湿方法能把空气的除湿和降温分别处理和调节，从而使用较高温度的冷源就能把空气处理到合适的送风状态，不但提高了制冷机效率，也能避免常规空调系统和设备中大量凝水和由此产生的霉菌等，有利于提高室内空气品质。此外，液体吸湿剂除湿系统可以使用低品位热能，为低温热源的利用提供了有效途径。

7.3　其他空气处理设备

7.3.1　空气蒸发冷却器

1. 空气蒸发冷却器的空气处理过程

　　蒸发冷却是利用水蒸发吸热的物理现象。在水与未饱和空气之间的热湿交换过程中，空气将显热传递给水，空气的温度下降，另外由于水的蒸发，使空气的含湿量增加，进入空气的水蒸气还带给空气水的汽化热。当空气获得的潜热和失去的显热相等时，水温达到空气的湿球温度。只要空气不是饱和状态，利用循环水直接（或通过填料层）喷淋空气就可以使空气降温，这种处理空气的方法称为蒸发冷却。

　　蒸发冷却技术是一种环保、高效且经济的冷却方式。它具有较低的冷却设备成本，能大幅度降低用电量和用电高峰期对电能功率的要求，能减少温室气体和 CFCs 的排放量。

　　蒸发冷却有直接蒸发冷却和间接蒸发冷却。利用循环水直接喷淋未饱和湿空气形成的增湿、降温、等焓过程称为直接蒸发冷却（简称 DEC）。利用直接蒸发冷却处理后的空气（二次空气）或水，通过换热器冷却另外一股空气（一次空气），其中一次空气不与水接触，其含湿量不变，这种等湿冷却过程称为间接蒸发冷却（简称 IEC）。

　　直接蒸发冷却空气处理过程的焓湿图如图 7-39 中 A→B 所示。当空气与水直接接触时，由于水的蒸发现象，空气和水的温度都会降低，但空气的含湿量将有所增加。用作直接蒸发冷却器的设备有喷水室和淋水填料层。间接蒸发冷却空气处理过程的焓湿图如图 7-39 中的 A→C 所示。

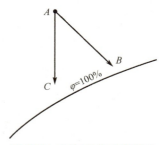

図 7-39　空气蒸发冷却器的
空气处理过程

　　间接蒸发冷却器有两个通道：一个通道通过被冷却空气（称为一次空气）；另一个通道通过二次空气及喷淋水，二次空气通过间壁把另一侧的一次空气冷却下来。如果二次空气的湿球温度低于一次空气的露点温度，就有可能对一次空气降温的同时又除湿。从理论上分析，借直接蒸发冷却过程可获得的一次空气的最低温度趋近于它的湿球温度，而借间接蒸发冷却过程可获得的一次空气的最低温度则趋近于它的露点温度。间接蒸发冷却器主要有板式、管式和热管式三种类型。

2. 空气蒸发冷却器的分类

　　空气蒸发冷却器可分为直接蒸发冷却器（Direct Evaporative Cooler，DEC）、间接蒸发冷却器（Indirect Evaporative Cooler，IEC）和复合蒸发冷却器三种形式。

　　直接蒸发冷却器通过与水的直接接触来冷却空气，空气温度降低的同时，空气的含湿量和相对湿度有所增加，实现了加湿。这种对空气的直接蒸发冷却处理，又称为空气的绝热降温加湿处理，适用于低湿度地区，如我国海拉尔—锡林浩特—呼和浩特—西宁—兰州—甘孜一线以西地区（如甘肃、新疆、内蒙古、宁夏等省区）。

　　间接蒸发冷却器是利用一股辅助气流（二次空气）先经喷淋水（循环水）直接蒸发冷却，温度降低后，再通过空气-空气换热器来冷却被处理的空气（即准备进入室内的空气，称为一次空气）。因此，被处理空气（一次空气）通过间接蒸发冷却处理实现的减焓等湿降温过程，可避免由于加湿，将多余的湿量带入室内。间接蒸发冷却器除了适用于低湿度地区外，在中等湿度地区，如我国哈尔滨—太原—宝鸡—西昌—昆明一线以西地区，也有应用的可能性。

　　复合蒸发冷却器则是将直接蒸发冷却器和间接蒸发冷却器组合起来应用的多级蒸发冷却器，例如直接-间接蒸发冷却器，由两级组成：第一级为间接蒸发冷却器，经间接蒸发冷却后的一次空气再送入直接蒸发冷却器进行等焓加湿冷却。

3. 直接蒸发冷却器

　　直接蒸发冷却器主要有两种类型：一类是将直接蒸发冷却装置与风机组合在一起，成为单元式空气蒸发冷却器，称为蒸发式冷气机；另一类是将该装置设在组合式空气处理机组内作为直接蒸发冷却段。

　　（1）蒸发式冷气机　蒸发式冷气机通常由离心（或轴流）风机、水泵、集水箱、喷水管路及喷嘴、填料层、自动水位控制器和箱体组成。其结构示意图如图7-40所示。室外热空气通过填料，在蒸发冷却的作用下，热空气被冷却。水泵将水从底部的集水箱送到顶部的布水系统，由布水系统均匀地淋在填料上，水在重力作用下，回到集水盘。被冷却的空气通过送风格栅直接送到房间或输送到风管系统，由送风系统输送到各个房间。

图7-41所示为另一种结构形式的蒸发式冷气机。它由轴流风机、水泵、喷水管路（含水过滤器）、填料层、自排式水盘和控制装置组成，具有加湿和蒸发降温的双重功能。

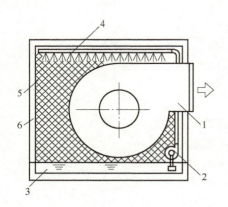

图7-40　蒸发式冷气机结构示意图
1—离心风机　2—水泵　3—集水箱
4—喷水管路　5—填料层　6—箱体

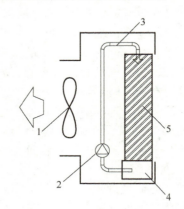

图7-41　另一种蒸发式冷气机结构示意图
1—轴流风机　2—水泵　3—喷水管路
4—自排式水盘　5—填料层

（2）组合式空气处理机组的蒸发冷却段　组合式空气处理机组的蒸发冷却段如图7-42所示。它由填料层、挡水板、水泵、集水箱、喷水管、泵吸入管、溢流管、自动补水管、快速充水管及排水管等组成。

组合式空气处理机组的蒸发冷却段与喷淋段相比，具有更高的冷却效率，由于不需消耗喷嘴前压力（约0.2MPa），所需的水压很低，用水量也少，因此，较喷淋段节能。同时，也不会因水质不好而导致喷嘴堵塞现象发生。并且体积比喷淋段小，对灰尘的净化效果比喷淋段好。组合式空气处理机组的蒸发冷却段还兼有加湿段的功能，达到对空气的加湿处理作用。

直接蒸发冷却器填料或介质的特性对蒸发冷却器的使用效果有显著影响，选择填料时需要考虑的因素有：较小的气流阻力，较大的空气-水接触面积，气流和水流分布均匀，能阻止化学或生物的分解退化，具有自我清洁空气中的尘埃的能力，经久耐用，使用周期性能保持稳定，成本低。

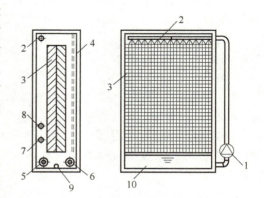

图7-42　组合式空气处理机组的蒸发冷却段
1—水泵　2—喷水管　3—填料层　4—挡水板
5—泵吸入管　6—溢流管　7—自动补水管
8—快速充水管　9—排水管　10—集水箱

4. 间接蒸发冷却器

间接蒸发冷却器的核心部件是空气-空气换热器。空气-空气换热器具有两个互不连通的空气通道，通常称被冷却的干侧空气为一次空气，而蒸发冷却发生的湿侧空气称为二次空气。让循环水和二次空气相接触产生蒸发冷却效果的是湿通道（湿侧），而让一次空气通过的是干通道（干侧）。借助两个通道的间壁，使一次空气得到冷却。间接蒸发冷却器主要有板翅式、管式和热管式。另外，还有露点式间接蒸发冷却器等。

（1）**板翅式间接蒸发冷却器**　板翅式间接蒸发冷却器的结构如图 7-43 所示。换热器所采用的材料为金属薄板（铝箔）和高分子材料（塑料等）。板翅式间接蒸发冷却器中的二次空气可以来自室外新风、房间排风或部分一次空气。一、二次空气侧均需要设置排风机。一、二次空气的比例对板翅式间接蒸发冷却器的冷却效率影响较大。

（2）**管式间接蒸发冷却器**　管式间接蒸发冷却器的结构如图 7-44 所示。常用的管式间接蒸发冷却器的管子断面形状有圆形和椭圆形（异形管）两种。所采用的材料有聚氯乙烯等高分子材料和铝箔等金属材料。管外包覆有吸水性纤维材料，使管外侧保持一定的水分，以增强蒸发冷却的效果。这层吸水性纤维套对管式间接蒸发冷却器的冷却效率影响很大。喷淋在蒸发冷却管束外表面的循环水，是通过上部多孔板淋水盘实现的。

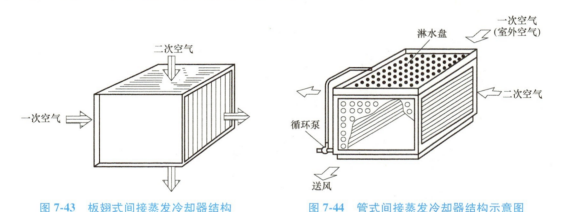

图 7-43　板翅式间接蒸发冷却器结构　　　图 7-44　管式间接蒸发冷却器结构示意图

（3）**热管式间接蒸发冷却器**　热管是依靠自身内部工作液体相变来实现传热的元件。热管具有热传递速度快，传热温降小，结构简单和易控制等特点。

典型的热管由管壳、吸液芯和端盖组成，在抽成真空的管子内充以适当的工作液作为工质，靠近管子内壁贴装吸液芯，再将其两端封死即成热管。热管既是蒸发器又是冷凝器，如图 7-45 所示。从热流吸热的一端为蒸发段，工质吸收潜热后蒸发汽化，流动至冷流体一端即冷凝段放热液化，并依靠毛细力作用流回蒸发段，自动完成循环。热管换热器就是由这些单根热管集装在一起，中间用隔板将蒸发段与冷凝段分开的装置，热管吸热器无须外部动力来促使工作液体循环。热管换热器结构示意图如图 7-46 所示。

（4）**露点式间接蒸发冷却器**　露点式间接蒸发冷却器的工作原理如图 7-47 所示。工作空气首先进入工作空气干通道得到预冷，然后经过穿孔进入工作空气湿通道，即工作空气沿板长度方向，依次通过穿孔，从干通道进入湿通道，之后工作空气通过湿通道表面的水分蒸发来冷却干侧的空气。产出空气通过板与湿通道的工作空气换热，同时也与干通道的工作空气换热。利用多个流道不同状态的气流获得，进行能量的梯级利用，获得湿球温度不断降低的工作空气，使干通道的产出空气温度逼近露点温度。

露点式间接蒸发冷却器与板翅式、管式、热管式间接蒸发冷却器的不同之处就是，干通道的空气经预冷后一部分可以通过干通道的穿孔进入湿通道，然后作为工作空气与水进行热湿交换。

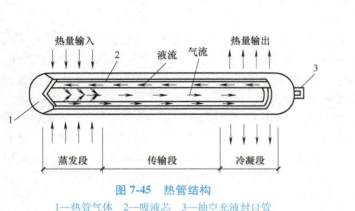

图 7-45　热管结构

1—热管气体　2—吸液芯　3—抽空充液封口管

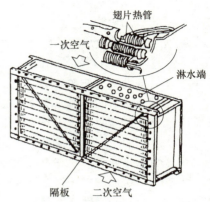

图 7-46　热管换热器结构示意图

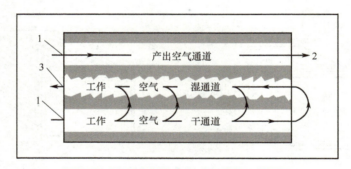

图 7-47　露点式间接蒸发冷却器的工作原理

1——次空气　2—处理后的一次空气（产出空气）　3—一、二次空气（工作空气）

5. 复合蒸发冷却器

如果单独使用直接蒸发冷却器或间接蒸发冷却器，对空气的降温效果有限，可能达不到温度降低的要求。对于湿球温度较高的高湿地区，使用直接蒸发冷却器不能获得足够低的室内温度，而且室内湿度也较高。可以将直接蒸发冷却器与间接蒸发冷却器结合，构成复合蒸发冷却器（多级蒸发冷却器），即第一级采用间接蒸发冷却器，第二级采用直接蒸发冷却器的两级蒸发冷却器。复合蒸发冷却器通常比仅使用直接蒸发冷却器所获得的空气温度低 3.5℃ 左右，湿度也比仅使用直接蒸发冷却器所获得的室内湿度低。如果采用这种方式，那么在湿球温度较高的地区也可以使用蒸发冷却空调技术。

复合蒸发冷却器常见的复合形式有：间接蒸发冷却器+直接蒸发冷却器（两级复合蒸发冷却器）；二级间接蒸发冷却器+直接蒸发冷却器（三级复合蒸发冷却器）；间接蒸发冷却器+直接蒸发冷却器+机械制冷空气冷却器（三级联合式蒸发冷却器）。

（1）间接蒸发冷却器+直接蒸发冷却器（两级复合蒸发冷却器）　这种两级复合蒸发冷却器通常有两种不同复合形式。一种是冷却塔供冷型间接蒸发冷却器与直接蒸发冷却器的结合，也称为外冷型复合蒸发冷却器，如图 7-48 所示。另一种是其他形式的间接蒸发冷却器（板翅式、管式、热管式、露点等）与直接蒸发冷却器的结合，也称为内冷型复合蒸发冷却器，如图 7-49 所示。

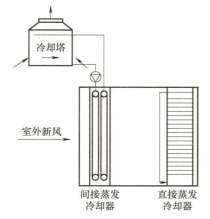

图 7-48　外冷型复合蒸发冷却器示意图

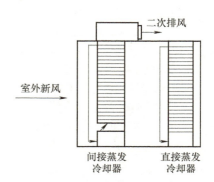

图 7-49　内冷型复合蒸发冷却器示意图

（2）二级间接蒸发冷却器+直接蒸发冷却器（三级复合蒸发冷却器）　这种三级复合蒸发冷却器通常有两种不同复合形式。一种是外冷型间接蒸发冷却器+内冷型间接蒸发冷却器+直接蒸发冷却器，如图 7-50 所示。另一种是二级内冷型间接蒸发冷却器与直接蒸发冷却器的结合，如图 7-51 所示。

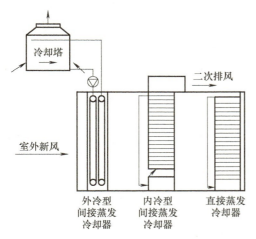

图 7-50　外冷型间接蒸发冷却器+内冷型间
接蒸发冷却器+直接蒸发冷却器
（三级复合蒸发冷却器）示意图

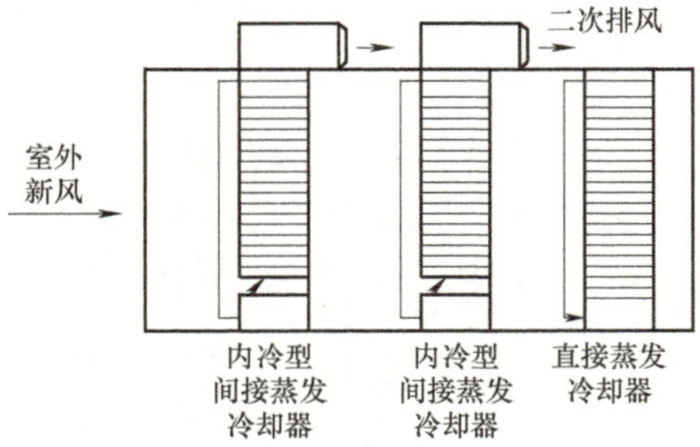

图 7-51　内冷型间接蒸发冷却器+内冷型间
接蒸发冷却器+直接蒸发冷却器
（三级复合蒸发冷却器）示意图

（3）间接蒸发冷却器+直接蒸发冷却器+机械制冷空气冷却器（三级联合式蒸发冷却器）　这种三级联合式蒸发冷却器示意图如图 7-52 所示，第三级的机械制冷空气冷却器盘管放置在直接蒸发冷却器的后部。在这种布置中，由于需要一个较低的盘管表面温度来冷凝由直接蒸发冷却器所吸入的水蒸气，所以常规的空调设备运行效率较低。若将第三级的空气冷却器盘管放置于直接蒸发冷却器之前，则提高了空调设备的运行效率。但由于盘管表面易干，因此要求盘管大一些。

6. 空气蒸发冷却器的性能评价

（1）直接蒸发冷却器的性能评价　直接蒸发冷却器是被冷却空气与湿表面直接接触，被冷却空气的状态变化是温度降低，含湿量增加，比焓值不变。理论上，被冷却空气可以达到的最低温度是其湿球温度。被冷却空气状态变化过程焓湿图如图 7-53 所示，温度由 t_{g1} 沿等焓线降到 t_{g2}，其热湿交换效率（饱和效率）为

$$\eta_{DEC} = \frac{t_{g1} - t_{g2}}{t_{g1} - t_{s1}} \qquad (7\text{-}49)$$

式中 t_{g1}——进风干球温度（℃）；

t_{g2}——出风干球温度（℃）；

t_{s1}——进风湿球温度（℃）。

直接蒸发冷却器的经济性能评价指标，即 EER_{DEC}，可表示为

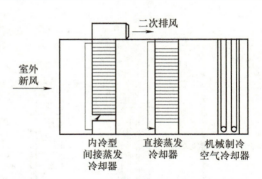

图 7-52 内冷型间接蒸发冷却器+直接蒸发冷却器+机械制冷空气冷却器（三级联合式蒸发冷却器）示意图

$$EER_{DEC} = EER \frac{\Delta t_{des}}{\Delta t_{avr}} \qquad (7\text{-}50)$$

式中 EER——按常规制冷模式计算的直接蒸发冷却器的能效比；

Δt_{avr}——供冷期平均干湿球温度差（℃）；

Δt_{des}——当地设计干湿球温度差（℃）。

（2）间接蒸发冷却器的性能评价 间接蒸发冷却器是被冷却空气（一次空气）不与水接触，而是利用二次空气通过换热器对一次空气进行冷却。二次空气与水直接接触，水分蒸发吸收二次空气的热量，使其温度降低。

一次空气的冷却和水的蒸发分别在两个通道内完成。被冷却空气（一次空气）的状态变化是温度降低，含湿量保持不变，其理论可以达到的最低温度是二次空气的湿球温度。被冷却空气状态变化的焓湿图如图 7-54 所示，温度由 t_{g1} 沿等湿线降到 t_{g2}，其热湿交换效率为

$$\eta_{IEC} = \frac{t_{g1} - t_{g2}}{t_{g1} - t'_{s1}} \qquad (7\text{-}51)$$

式中 t_{g1}——一次气流进风干球温度（℃）；

t_{g2}——一次气流出风干球温度（℃）；

t'_{s1}——二次气流进风湿球温度（℃）。

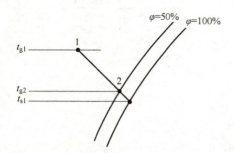

图 7-53 直接蒸发冷却空气处理过程焓湿图

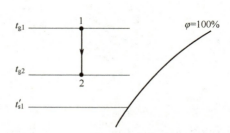

图 7-54 间接蒸发冷却空气处理过程焓湿图

7.3.2 热回收装置

在空调系统中，新风冷（热）负荷在建筑物空调总负荷中所占比例较大。《公共建筑节能设计标准》（GB 50189—2015）规定：设有集中排风的空调系统经技术经济比较合理时，宜设置空气-空气能量回收装置。《民用建筑供暖通风与空气调节设计规范》（GB 50736—2012）规定：设

有集中排风的空气调节系统宜设置空气热回收装置。

1. 空调热回收装置的类型

根据空调热回收装置的应用效果，分为全热回收型和显热回收型两类。全热回收型热回收装置不仅可回收排风中的显热，还可回收其中的潜热。显热回收型热回收装置仅回收排风中的显热。根据其构造不同可分为回转型和静止型两类。回转型热回收器又称为转轮式热回收器，静止型热回收器形式多样，板翅式热回收器是应用较广的一种。

2. 板式热回收器

板式或板翅式热回收器无运动部件，其工作原理如图 7-55 所示。热回收器由换热元件和外壳组成。外壳一般由薄钢板制成，其上有四个风管接口，可分别与新风管、送风管、回风管和排风管连接。热回收器内的换热材料经加工做成波纹皱褶状，交叉叠置形成垂直相交的两股流道。由于冬季空调排风的温度、湿度高于室外新风，排风经过转轮时，转芯吸收空气的热量及水分，使转芯材质的温度、水分升高。当转芯旋转到与新风接触时，转芯便向新风放出热量和水分，从而使新风升温和增湿。夏季与冬季相反，通过热回收器，对新风进行预冷，降低新风的温度和含湿量。

这类热回收器分为显热回收型和全热回收型。显热回收型一般用铝箔做成平板状，平板间距为 4~8mm，阻力为 200~300Pa，热回收效率为 40%~60%。全热回收型采用不燃性矿物纤维作为基材，经加工制成吸湿、透湿性能良好的纸状波形皱褶状。当温度和湿度不同的两股气流相间通过各自的流道时，通过传导进行显热交换，同时，也在水蒸气分压力差的作用下透过薄的纸状层进行湿交换。板翅式全热回收型热回收器的热湿交换效率随通过换热元件的风量增大而减小，随风量比的增大而增大。一般显热回收效率可达 75%，潜热回收效率为 60% 左右。在推荐的迎面风速下的阻力为 200~300Pa。

3. 转轮式热回收器

转轮式热回收器主要由转轮、驱动电动机、机壳和控制部分组成，其结构如图 7-56 所示。转轮式热回收器内部装填一定数量的蜂巢状芯材，圆形截面的转轮被均分成排风侧 A 和新风侧 B 两部分，分别连接排风管和新风管。转轮式热回收器工作时，轮子慢慢转动，排风和新风气流以 2.5~3.5m/s 的速度逆向流过热回收器。如果转轮材料与空气之间存在温差和水蒸气分压力差，则存在热交换和质交换。

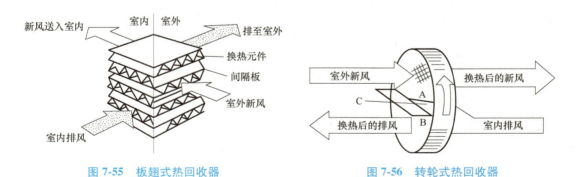

图 7-55　板翅式热回收器　　　　　　图 7-56　转轮式热回收器

为了防止排风中的臭味、烟味、汗液或细菌等进入新风气流而造成新风污染，大多数产品都在转轮上分隔出一小块扇形自净区 C，自净区的一侧连接在新风管的正压端，另一侧与排风管下游的负压端相连。在设备运行时，即可使转轮芯材在与排风直接接触后，不立即与新风相接触，而是经过一小股新风气流的吹洗之后再进入新风区。

根据所用芯材的不同，转轮式热回收器可做成显热回收型和全热回收型。转轮式全热回收型热回收器的芯材由不燃性吸湿材料或带吸湿性涂层的材料制成。当夏季温度和湿度较低的室内排风空气通过相应部分的芯材时，芯材一方面受到冷却，另一方面由于水蒸气分压力差，放出其中所含的部分水分，随后被冷却去湿后的芯材轮转到新风区，与进入的新鲜空气相接触，对高温高湿的室外新风进行降温降湿，进行预冷却和预去湿。转轮式显热回收型热回收器的芯材由铝合金之类的金属薄片层层紧密盘卷堆砌而成，芯材不具有吸湿能力，所以它与排风气流或新风气流之间只有显热交换而没有湿交换。

4. 其他形式的热回收装置

（1）**盘管环路式热回收器**　盘管环路式热回收器又称为中间热媒式换热器，它是在空气处理机组的新风侧和排风侧各设置一台换热盘管，盘管之间用环形管路加以连接，管内充以工作流体，通常是水或乙二醇水溶液作为中间热媒，利用泵使中间热媒在环路内进行强制循环。

（2）**热管式热回收器**　热管式热回收器是一种显热式空调热回收器。热管式热回收器是由单根热管集装在一起，中间用隔板将蒸发段与冷凝段分开的装置。热管式热回收器无须外部动力来促使工作流体循环。图 7-57 所示为热管式热回收器结构示意图。

热管式热回收器的蒸发段一端置于空调的排风侧，冷凝段一端置于新风侧。在冬季工况下，管内的工质在蒸发段通过管壁从排风侧的热气流中吸热而成为蒸汽，蒸汽聚集在管中央空腔中，由于蒸汽压力的不断升高，迅速地流向冷凝段。在冷凝段通过管壁把热量传递给管外侧的新风冷气流，并凝结成液体。凝结的液体借助于吸液芯的毛细管作用回到蒸发段，再从排风侧吸热蒸发。通过热管式热回收器内的工质循环就可以把排风侧的热能传递给新风侧，使新风得到预热，达到有效回收排风热量的目的。夏季工况正好相反，管内的工质在蒸发段

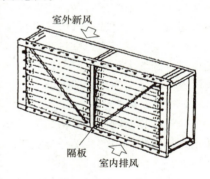

图 7-57　热管式热回收器结构示意图

通过管壁从新风侧的热气流中吸热而成为蒸汽，蒸汽聚集在管中央空腔中，由于蒸汽压力的不断升高，迅速地流向冷凝段。在冷凝段通过管壁把热量传递给管外侧的排风，并凝结成液体。凝结的液体借助于吸液芯的毛细管作用回到蒸发段，再从新风侧吸热蒸发。

5. 热回收装置的效率

热回收装置的效率是反映热回收装置性能的重要指标。热回收装置的效率分为显热换热效率、潜热换热效率及全热换热效率。

（1）**夏季热回收装置换热效率**

1）显热换热效率为

$$\eta_t = \frac{t_1 - t_2}{t_1 - t_3} \times 100\% \qquad (7\text{-}52)$$

式中　t_1——室外新风的初始温度（℃）；

t_2——新风经过热回收装置后的温度（℃）；

t_3——排风进入热回收装置之前的温度（℃）。

2) 潜热换热效率为

$$\eta_d = \frac{d_1-d_2}{d_1-d_3}\times100\%$$ (7-53)

式中　d_1——室外新风的初始含湿量（g/kg）；

d_2——新风经过热回收装置后的含湿量（g/kg）；

d_3——排风进入热回收装置之前的含湿量（g/kg）。

3) 全热换热效率为

$$\eta_h = \frac{h_1-h_2}{h_1-h_3}\times100\%$$ (7-54)

式中　h_1——室外新风的初始比焓（kJ/kg）；

h_2——新风经过热回收装置后的比焓（kJ/kg）；

h_3——排风进入热回收装置之前的比焓（kJ/kg）。

（2）冬季热回收装置换热效率

1) 显热换热效率为

$$\eta_t = \frac{t_2-t_1}{t_3-t_1}\times100\%$$ (7-55)

2) 潜热换热效率为

$$\eta_d = \frac{d_2-d_1}{d_3-d_1}\times100\%$$ (7-56)

3) 全热换热效率为

$$\eta_h = \frac{h_2-h_1}{h_3-h_1}\times100\%$$ (7-57)

7.3.3 空气净化设备

对进入空调房间的空气进行净化处理是空调工程的主要任务之一。空气净化处理的主要任务是除去空气中的悬浮微粒，在一些场所还要求杀菌、除臭和增加空气离子等。

1. 空气过滤器的性能指标

（1）过滤效率　过滤效率是指在额定的风量下，过滤器后空气含尘浓度之差与过滤器前空气含尘浓度之比的百分数，用下式表示：

$$\eta = \frac{y_1-y_2}{y_1}\times100\% = \left(1-\frac{y_2}{y_1}\right)\times100\%$$ (7-58)

式中　y_1、y_2——过滤器前后的含尘浓度。

对于洁净空调系统，不同级别的过滤器通常是串联使用的，两个过滤器串联时，其总效率可用下式表示：

$$\eta = 1-(1-\eta_1)(1-\eta_2)$$ (7-59)

同理，若有 n 个过滤器串联使用，则其总效率为

$$\eta = 1-(1-\eta_1)(1-\eta_2)\cdots(1-\eta_n)$$ (7-60)

过滤效率是衡量空气过滤器捕集尘粒能力的参数，也可以用穿透率来评价过滤器的质量，穿透率是指过滤后空气的含尘浓度与过滤前空气的含尘浓度之比的百分数，可用下式表示：

$$P = \frac{y_2}{y_1}\times100\% = 1-\eta$$ (7-61)

采用穿透率可以明确表示过滤器前后的空气含尘量，用它来评价、比较高效过滤器的性能较直观。

（2）**过滤器面速和滤速**　过滤器面速是指过滤器的断面上所通过的气流速度（m/s），可用下式表示：

$$\mu = \frac{Q}{F \times 3600} \tag{7-62}$$

式中　Q——通过过滤器的风量（m^3/h）；

　　　F——过滤器的迎风截面面积（m^2）。

面速是反映过滤器的通过能力和安装面积的性能指标。

滤速是指滤料面积上通过的气流速度，可用下式表示：

$$v = 0.278 \times \frac{Q}{f} \times 10^{-3} \tag{7-63}$$

式中　v——滤速（m/s）；

　　　f——滤料净面积（m^2）。

滤速反映滤料的通过能力（过滤性能），一般高效和超高效过滤器的滤速为 2~3cm/s，亚高效过滤器的滤速为 5~7cm/s。

（3）**过滤器阻力**　空气过滤器的阻力由两部分组成：一是滤料的阻力；二是过滤器结构的阻力。

纤维过滤的滤料阻力是由气流通过纤维层时迎面阻力造成的，该阻力的大小与在纤维层中流动的气流状态是层流或紊流有关，一般因为纤维极细，滤速很小，雷诺数很小，此时纤维层内的气流属于层流。对于一个过滤器，如果滤料已经确定，则滤料厚度、充填率、纤维断面形状和纤维直径都是一定的，滤料阻力可按下式简化计算：

$$\Delta p_1 = Av \tag{7-64}$$

式中　A——结构系数，它与纤维层的结构特性有关。

　　　v——滤料的滤速（m/s）。

对于一定的微粒，在相当的滤速范围内，滤料阻力与滤速成正比，

纤维过滤器的结构阻力是气流通过有过滤器的滤材和支撑材料构成的通路时的阻力，以面速为特征，通常比通过过滤层时的滤速要大，此时的雷诺数较大，气流特性已不是层流，阻力与速度不是直线关系，过滤器结构阻力可由下式表达：

$$\Delta p_2 = Bu^n \tag{7-65}$$

式中　B——实测的阻力系数；

　　　u——过滤器的面速（m/s）；

　　　n——系数，根据过滤器种类由试验得出。对于国产过滤器，n 一般为 1~2。

纤维过滤器的全阻力可由下式计算：

$$\Delta p = \Delta p_1 + \Delta p_2 = Av + Bu^n \tag{7-66}$$

如果以滤速来表示，全阻力可由下式表示：

$$\Delta p = Cv^m \tag{7-67}$$

式中　v——过滤器滤速（m/s）；

　　　C、m——系数。对于国产高效过滤器，C 值为 3~10，m 为 1.1~1.36。

空气过滤器的初阻力是指新制作的过滤器在额定风量状态下的空气流通阻力。空气过滤器在某一风量下运行，其流通阻力随着积尘量的增加而增大。一般当积尘量达到某一数值时，阻力增加较快，这时应更换或清洗过滤器，以确保净化空调系统的经济运行。

新过滤器阻力称为初阻力。过滤器使用一段时间后，过滤器容尘量达到足够大，过滤器需要清洗或更换，这时过滤器对应的阻力值称为终阻力。设计时，需要一个有代表性的阻力值，这一阻力值称为设计阻力。在大多数情况下，过滤器的终阻力是初阻力的 2~4 倍。

《公共建筑节能设计标准》（GB 50189—2015）规定：粗效过滤器的初阻力小于或等于 50Pa（粒径大于或等于 2.0μm，效率：50%>η≥20%），终阻力小于或等于 100Pa。中效过滤器的初阻力小于或等于 80Pa（粒径大于或等于 0.5μm，效率：70%>η≥20%），终阻力小于或等于 160Pa。全空气空调系统的过滤器，应能满足全新风运行的要求。

（4）**过滤器容尘量**　过滤器的容尘量是指过滤器的最大允许积尘量。它是过滤器在特定试验条件下容纳特定试验粉尘的质量。一般情况下，过滤器的容尘量指在一定风量作用下，因积尘而阻力达到规定值（一般为初阻力的 2 倍）时的积尘量。

2. 过滤器的分类

《空气过滤器》（GB/T 14295—2019）按效率级别把空气过滤器分为粗效、中效、高中效和亚高效四类。其中粗效过滤器分为粗效 1 型、粗效 2 型、粗效 3 型和粗效 4 型；中效过滤器分为中效 1 型、中效 2 型和中效 3 型；《高效空气过滤器》（GB/T 13554—2020）按效率级别把高效空气过滤器分为 35、40、45 三类，超高效空气过滤器分为 50、55、60、65、70、75 六类，见表 7-6。

表 7-6　空气过滤器分类

效率级别	代号	额定风量下的效率	备注
粗效 1	C1	50%>η≥20%	除粗效 1 和粗效 2 为标准试验尘计重效率外，其他均为计数效率
粗效 2	C2	η≥50%	
粗效 3	C3	粒径≥2.0μm，50%>η≥10%	
粗效 4	C4	粒径≥2.0μm，η≥50%	
中效 1	Z1	粒径≥0.5μm，40%>η≥20%	
中效 2	Z2	粒径≥0.5μm，60%>η≥40%	
中效 3	Z3	粒径≥0.5μm，70%>η≥60%	
高中效	GZ	粒径≥0.5μm，95%>η≥70%	
亚高效	YG	粒径≥0.5μm，99.9%>η≥95%	
高效 35	G	η≥99.95%	额定风量下的计数法效率
高效 40	G	η≥99.99%	
高效 45	G	η≥99.995%	
超高效 50	CG	η≥99.999%	
超高效 55	CG	η≥99.9995%	
超高效 60	CG	η≥99.9999%	
超高效 65	CG	η≥99.99995%	
超高效 70	CG	η≥99.99999%	
超高效 75	CG	η≥99.999995%	

3. 常用的空气过滤器

（1）**粗（初）效过滤器**　它主要用于过滤 5.0μm 以上的大颗粒灰尘，以保护中效、高效过滤器和空调箱内的其他配件，延长它们的使用寿命。这种过滤器的滤料大多数采用金属丝网和无纺布。金属丝网可以浸油后使用，以便提高过滤效率并防止金属表面腐蚀。滤料为无纺布时，其框架由金属或纸板制作，其结构形式有板式、折叠式、袋式和卷绕式。图 7-58 所示为粗效过滤器的结构形式。

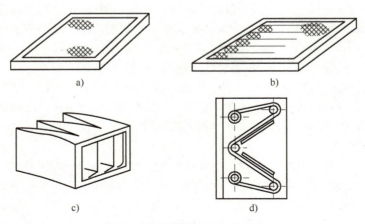

图 7-58　粗效过滤器的结构形式
a）板式　b）折叠式　c）袋式　d）卷绕式

（2）中效过滤器　中效过滤器主要用于去除 $1.0\mu m$ 以上的灰尘粒子，在净化空调系统和局部空调设备中作为中间过滤器。它的作用是减小高效过滤器的负担，延长高效过滤器和设备中其他配件的寿命。中效过滤器的滤料一般是无纺布，有一次性使用和可清洗两种。其结构形式有折叠式、袋式和楔形组合式等。由于滤料的厚度和过滤速度不同，因此效率可以在很大的范围内变动。

图 7-59 所示为中效过滤器的外形，过滤材料为玻璃纤维，可用于温度高达 $80℃$、湿度高达 80% 的场合，它的特点是风量大、阻力小、结构牢固，适用于空调系统的中级过滤。

图 7-60 所示为袋式中效过滤器的外形，滤料为进口阻燃型化学纤维，可以清洗，阻力小、容尘量大。图 7-61 所示为密褶式中高效过滤器的外形，滤料为聚丙烯纤维或玻璃纤维，由于密褶可以增大其有效过滤面积，所以其占用空间小、阻力小、容尘量大。

图 7-59　中效过滤器的外形

图 7-60　袋式中效过滤器的外形

（3）亚高效和高效过滤器　亚高效和高效过滤器通常用于对空气的洁净度要求非常高的场合，主要用于过滤微细的尘粒。它之前必须设置粗（初）效、中效过滤器。常用的滤料为超细玻璃纤维滤纸。

亚高效过滤器能较好地去除 $0.5\mu m$ 以上的灰尘粒子，结构形式有折叠式和管式，滤料为一次性使用。图 7-62 为亚高效过滤器的外形，滤料为玻璃纤维，阻力低。亚高效过滤器属于多皱褶的有隔板空气过滤器，它用玻璃纤维作为滤纸，胶版纸作为分隔板，可作为空气净化系统的中间级过滤器。

图 7-61　密褶式中高效过滤器的外形　　　　　图 7-62　亚高效过滤器的外形

高效过滤器能将 $0.3\mu m$ 以上的尘粒滤掉，滤料通常为超细玻璃纤维滤纸，边框由木质、镀锌钢板、不锈钢、铝合金型材等材料制造，有无分隔板和有分隔板两种。图 7-63 所示为有分隔板高效过滤器的外形，滤料为超细玻璃纤维，分隔板为胶版纸或铝膜，使用最高温度为 $80℃$，最高湿度为 80%，它阻力低、容尘量大、风速均匀性好。图 7-64 所示为无分隔板高效过滤器的外形，它采用铝合金外框，超细玻璃纤维作为滤纸，热熔胶作为分隔物，聚氨酯胶作为密封胶，结构紧凑、质量轻、强度好。

图 7-63　有分隔板高效过滤器的外形　　　　　图 7-64　无分隔板高效过滤器的外形

4. 空气除臭和净化装置

（1）空气除臭装置　空气除臭装置的作用是除去空气中的某些有害气体和臭气。常用的空气除臭装置是活性炭过滤器。活性炭内部有许多非常细的孔隙，空气通过活性炭时，其中的有害气体就被活性炭吸附。活性炭过滤器之前必须设置其他过滤器，以避免活性过滤层被灰尘堵塞。

活性炭过滤器可用于除去空气中的异味和 SO_2、NH_3、放射性气体等污染物，故又称为除臭过滤器，在医药和食品工业、大型公共建筑、电子工业、核工业等类型建筑，均有此需求。活性炭过滤器可分为颗粒状活性炭过滤器和纤维状活性炭过滤器两种形式。颗粒状活性炭过滤器可做成板（块）式、多筒式、V 形等。图 7-65 为 V 形颗粒状活性炭过滤器的外形。

为了确定活性炭的种类和规格，在选用活性炭过滤器时应注意有害气体种类、浓度和吸附后的允许浓度、处理风量。活性炭过滤器的阻力在使用过程中变化很大，质量不断增加，吸附能力不断下降，所以在活性炭过滤器浓度超过允许浓度后应换过滤器。在活性炭过滤器的前后都应安装效率较高的过滤器。

（2）**负离子发生器** 空气离子对人体健康有一定影响。空调房间中一般要求有少量的轻离子，特别是负离子。因为负离子可以对人体的神经系统起镇静作用，可以消除疲劳，并有抑制哮喘、降低血压的作用。但是轻离子的寿命短，在空气加热、冷却和过滤过程中，轻离子与金属表面接触后就会很快消失。因此如果不采取措施，空调房间的轻离子密度就会比室外少一半。为了改善室内的空气品质，空调房间内可以设置负离子发生器。

图 7-65 V形颗粒状活性炭过滤器的外形

最常用的产生负离子的方法是电晕放电法。它是利用针状电极与平板电极间，在高压作用下产生不均匀的电场，使流过的空气电离化。为了使发生器能正常工作，必须在电极间加以一定的电压，形成电晕放电。形成电晕放电的最低电压称为起晕电压。此时由于空气被电离而出现大量离子，在电压的作用下就会有一定的电晕电流流过。

（3）**空气净化器** 空气净化器是将纤维过滤技术、静电过滤技术、活性炭过滤技术、负离子技术、臭氧技术集成一体的空气净化设备。其工作原理是高速旋转的离心风机在机器体内产生负压，受到污染的空气被吸入机内，依次通过具有杀菌功能的粗过滤网、装填有高效空气过滤材料的过滤层和具有高效催化作用的活性炭过滤层，经过多重过滤净化后由送风口送出洁净的空气。

空气净化器可以有效地清除室内细菌和病毒，防止疾病传播。空气净化器可有效杀灭空气中自然菌的99%以上，对可吸入颗粒物的净化效率达99%以上。催化活性炭可有效地吸附、分解香烟烟雾、氨气等有害气体。目前一些空气净化器也应用了 TiO_2 纳米光催化技术。

7.3.4 消声器

1. 消声器的类型

空调工程中的主要噪声源有通风机、制冷机、水泵、机械通风冷却塔等。这些噪声源产生的噪声经风管传入室内。空调系统消声的任务是降低噪声。控制风管系统噪声的主要措施是采用消声器。当风管系统的各种自然衰减不能满足消声要求时，就必须安装消声器。

消声器是一种安装在风管上防止噪声通过风管传播的设备。它由吸声材料和按不同消声原理设计的外壳所构成。根据不同的消声原理可分为阻性型、共振型、抗性型和复合型消声器。

（1）**阻性型消声器** 阻性型消声器的消声原理主要是吸声材料的吸声作用。消声器的吸声材料应具有良好的吸声性能，并且防火、防腐、防潮、表面摩擦力小、施工方便和造价低。常用的吸声材料为玻璃棉。把吸声材料固定在风管内壁，或按照一定方式排列在管道和壳体内，就构成了阻性型消声器，如图 7-66 所示。

阻性型消声器对中、高频噪声吸声效果显著，对低频噪声消声效果较差。为了提高消声量，可以改变吸声材料的厚度、容重和结构形式。

常用的阻性型消声器有管式、片式、折板式、室式消声器，以及消声弯头和消声静压箱。

（2）**共振型消声器** 阻性型消声器利用吸声材料吸收低频噪声的能力很低。可以利用穿孔板共振吸声的原理构成共振型消声器，如图 7-67 所示。在消声器气流通道的内侧壁上开有小孔，与消声器外壳组成一个密闭空间，通过适当的开孔率及孔径，使声源波频率与消声器的固有频率相等或接近，从而产生共振，消耗声能，起到消声的作用。可以按声学原理对特定的频率产生较大的衰减。

这种消声器具有较强的频率选择性，消声效果显著的频率范围很窄，一般用以消除低频噪声。这种消声器的气流阻力小，但由于有共振腔，因而结构偏大。

（3）抗性型消声器　抗性型消声器由管道和小室相连而成，如图 7-68 所示。由于通道截面的突变，使沿通道传播的声波反射回声源方向，从而起到消声的作用。为了保证一定的消声效果，消声器的大面积与小面积之比应大于 5。

抗性型消声器结构简单，对中、低频噪声有较好的消声效果，由于不使用吸声材料，因此不受高温和腐蚀性气体的影响。但是这种消声器消声频程较窄，空气阻力大，占用空间多，一般用于小尺寸的风管上。

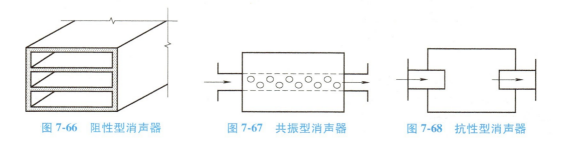

图 7-66　阻性型消声器　　　图 7-67　共振型消声器　　　图 7-68　抗性型消声器

（4）复合型消声器　为了在较宽的频程范围内获得良好的消声效果，可以把阻性型消声器对中、高频噪声消除效果显著的特点，与抗性型或共振型消声器对消除低频噪声效果显著的特点进行组合，形成一种复合型消声器。复合型消声器有阻抗复合型、阻抗共振复合型和微孔板消声器等。目前应用比较多的是阻抗复合型消声器。

消声器一般设置在通风机房和空调房间之间的管道中，宜放在机房外，如必须经过机房时，消声器的外壳及连接部分要做好隔声处理。消声器应设于风管系统中气流平稳的管段上。消声器主要用于减低空气动力噪声，对于通风机产生的振动而引起的噪声，应采用减振措施来解决。

（5）管道构件消声器　在管道构件上进行消声处理，达到消声的目的，例如消声弯头、消声静压箱等，这类消声器能够节省占地空间。

消声弯头如图 7-69 所示，其外缘采用穿孔板、吸声材料和空腔。在风机出口处或在空气分布器前设置静压箱并贴以吸声材料，既可起到稳定气流的作用又可起到消声器的作用，如图 7-70 所示。它的消声量与材料的吸声能力、箱内面积和出口侧风道的面积等因素有关。

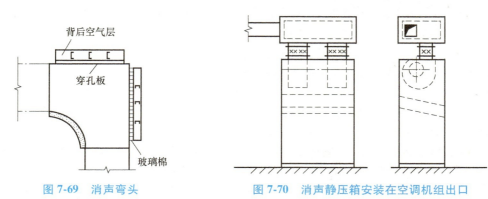

图 7-69　消声弯头　　　图 7-70　消声静压箱安装在空调机组出口

2. 声音的物理量度和室内噪声标准

（1）**声强与声压**　描述声音强弱的物理量称为声强，通常用 I 表示。某一点的声强是指在该点垂直于声传播方向的单位面积上在单位时间内通过的声能。引起人耳产生听觉的声强的最低限称为"可闻阈"，该声强约为 10^{-12}W/m^2；人耳能够忍受的最大声强约为 1W/m^2，这一极限称为"痛阈"。声波传播时，由于空气受到振动而引起疏密变化，使其在原来大气压强上叠加了一个变化的压强。这个叠加的压强称为声压，用 p 表示，单位为 μbar。对于球面声波或平面声波，某一点的声强与该点的声压的二次方成正比。对应于声强为 10^{-12}W/m^2 的可闻阈，声压约为 $2.0×10^{-5}$Pa，即 0.0002μbar。

（2）**声强级与声压级**　选定某 I_0 作为相对比较的声强标准。如果某一声波的声强为 I，则取比值 I/I_0 的常用对数来计算声波声强的级别，称为"声强级"。声强级（dB）按下式计算：

$$L_I = 10 \lg \frac{I}{I_0} \tag{7-68}$$

国际上规定选用 $I_0 = 10^{-12}$W/m^2 作为参考标准，即声强为 $I_0 = 10^{-12}$W/m^2 的声音就是 0dB。测量声强比较困难，实际上均测出声压。利用声强与声压的二次成正比的关系，可以用声压表示声音强弱的级别，声压级（dB）按下式计算：

$$L_p = 10\lg\left(\frac{p}{p_0}\right)^2 = 20\lg\frac{p}{p_0} \tag{7-69}$$

通常规定选用 0.0002μbar 作为比较标准的参考声压 p_0。

（3）**声功率和声功率级**　声源在单位时间内以声波的形式辐射出的总能量称声功率，用 W 表示，单位为 W。W_0 为声功率的参考标准，其值为 10^{-12}W。声功率级（dB）按下式计算：

$$L_W = 10\lg\frac{W}{W_0} \tag{7-70}$$

（4）**声级的叠加**　当有两个声源同时产生噪声时，其合成的声级按照对数法则进行运算。当几个不同的声压级叠加时，可用下式计算：

$$\sum L_p = 10\lg(10^{0.1L_{p1}} + 10^{0.1L_{p2}} + \cdots + 10^{0.1L_{pn}}) \tag{7-71}$$

式中　　$\sum L_p$——各个声压级叠加的总和（dB）；

L_{p1}、L_{p2}、L_{pn}——声源 1、2、…、n 的声压级（dB）。

当有 M 个相同的声压级相叠加时，则

$$\sum L_p = 10\lg(M×10^{0.1L_p}) = 10\lg M + 10\lg 10^{0.1L_p} = 10\lg M + L_p \tag{7-72}$$

从式（7-72）可知当两个相同的声压级相叠加时，仅比单个声源的声压级大 3dB，如果两个声源的声压级不同并以 D 表示两者声压级之差，即 $D = L_{p1} - L_{p2}$，则由式（7-71）可得叠加后的声压级 L_{p3}（dB）为

$$L_{p3} = L_{p1} + 10\lg(1 + 10^{-0.1D}) \tag{7-73}$$

各声级分贝值的平均值，也应按照上述分贝的求和方法进行，把 n 个声音的分贝数相加，再减去 $10\lg n$。

（5）**室内噪声标准**　房间内允许的噪声级称为室内噪声标准。室内噪声不能对人体带来有害影响，对于工艺性空调，需要满足生产要求。

人耳对声级的感受与声压和频率有关，声压级相同而频率不同的声音听起来往往是不一样的。在声学测量仪器中，在声级计上设计了 A、B、C 三种不同的计权网络，每种网络在电路中加上对不同频率有一定衰减的滤波装置。C 网络对不同频率的声音衰减较小，它代表总声压级，B 网络对低频有一定程度的衰减，而 A 网络则让低频段（500Hz 以下）有较大的衰减，因此它对

高频敏感，对低频不敏感，与人耳对噪声的感觉相一致。因此人们在噪声测量中，通常用 A 网络测得的声级来代表噪声的大小，称为 A 声级，并记作 dB（A）。

根据人耳对低频敏感程度较弱以及低频的消声处理比较困难，国际标准组织提出噪声评价曲线（即 N 或 NR 曲线），如图 7-71 所示。从图中看出，低频允许值较高。

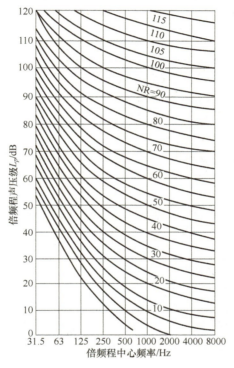

图 7-71　噪声评价曲线（NR 曲线）

空调房间的允许噪声是根据生产或工作过程对声级的要求确定的，例如电台播音室、录音室、测试、半导体器件生产车间等。室内噪声标准见表 7-7 中的噪声评价曲线 NR 号，表中列出了与声级计 A 档读数相对应的数值。

表 7-7　室内噪声标准　　　　　　　　　（单位：dB）

建筑物性质	噪声评价曲线 NR	声级计 A 档读数（L_A）
电台、电视台的播音室	20~30	25~35
剧场、音乐厅、会议室	20~30	25~35
体育馆	40~50	45~55
车间（根据不同用途）	45~70	50~75

噪声评价曲线 NR 与声级计 A 档读数 L_A 间的关系为

$$NR = L_A - 5 \tag{7-74}$$

有消声要求的通风和空气调节系统，其风管风速及送风口、回风口风速，宜按表 7-8 确定。空气调节系统的送风管、回风管不宜穿越冷冻机房和水泵房，或有噪声源的非空气调节房间。

表 7-8　按房间允许噪声标准推荐的风速

室内允许噪声级		主管风速/(m/s)	支管风速/(m/s)	送风口、回风口风速/(m/s)
NR 曲线	L_A/dB			
15	20	4.0	2.5	1.0~2.5
20	25	4.5	3.5	1.5~2.0
25	30	5.0	4.5	2.0~2.5
30	35	6.5	5.5	2.5~3.3
35	40	7.5	6.0	4.0
40	45	9.0	7.0	5.0

注：通风机出口与消声器之间的风管风速可为 8m/s 左右。

3. 空调系统的噪声源和消声量

空调系统中的主要噪声源是通风机。通风机噪声的大小与叶片形式、片数、风量、风压等因素有关。在通风空调所用的通风机中，按照通风机大小和构造不同，噪声频率为 200~800Hz，主要噪声处于低频范围内。

通风机噪声的大小通常用声功率级来表示。风机制造厂应该提供其产品的声学特性资料，当缺少这项资料时，可按下式估算：

$$L_W = 5 + 10\lg L + 20\lg H \tag{7-75}$$

式中　L——通风机的风量（m^3/h）；

H——通风机的全压（Pa）。

如果已知风机功率 $N(kW)$ 和风压 $H(Pa)$，则可用下式估算：

$$L_W = 67 + 10\lg N + 10\lg H \tag{7-76}$$

当风机转数 n 不同时，其声功率级可按下式换算：

$$(L_W)_2 = (L_W)_1 + 50\lg \frac{n_2}{n_1} \tag{7-77}$$

根据式（7-77），当风机转数增加 1 倍时，声功率级约增加 15dB。

当风机直径不同时，声功率级可按下式换算：

$$(L_W)_{D2} = (L_W)_{D1} + 20\lg \frac{D_2}{D_1} \tag{7-78}$$

根据式（7-78），风机直径增加 1 倍时，声功率级约增加 6dB。

在求出通风机的声功率级后，可按下式计算通风机各频带声功率级（L_W）：

$$(L_W) = L_W + \Delta b \tag{7-79}$$

式中　L_W——通风机的总声功率级（dB），按式（7-75）或图 7-72 确定；

Δb——通风机各频带声功率级修正值（dB），图 7-73 提供了各种类型风机的频带声功率级修正值。

上述风机声功率的计算都是指风机在额定效率范围内工作时的情况。如果风机在低效率下工作，则产生的噪声远比计算的要大。

空调系统中，由于风道内气流流速和压力的变化以及对管壁和障碍物的作用而引起的气流噪声，尤其当气流遇到障碍物（如阀门）时，产生的噪声较大。在高速风道中这种噪声不能忽视，而在低速风道内可以忽略。电动机噪声主要有电磁噪声、机械噪声和空气动力性噪声。三种噪声中以空气动力性噪声最大，机械噪声次之，电磁噪声最小。空调设备噪声包括风机、压缩机运转噪声、电动机轴承噪声和电磁噪声，其中以风机和压缩机噪声为主。另外，如果出风口风速过高也会有噪声产生，所以需要适当限制出风口的风速。

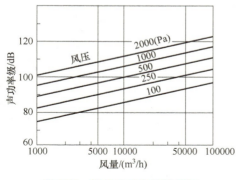

图 7-72　风机声功率级线算图

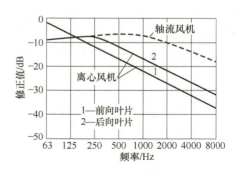

图 7-73　风机声功率级修正值

　　风管输送空气到房间的过程中噪声有各种衰减，例如噪声在直管中可被管材吸收一部分，还可能有噪声投射到管外。在风管转弯处和断面变形处以及风管开口（风口）处，还将有一部分噪声被反射，从而引起噪声的衰减。

　　空气从风口进入室内时也会有噪声衰减。风口的声功率级 L_w 与室内的声压级 L_p 之间存在以下关系：

$$L_p = L_w - \Delta L \tag{7-80}$$

　　式中，ΔL 既反映了声功率级与声压级的转换，又反映了室内噪声的衰减，其具体数值可按下式计算：

$$\Delta L = 10\lg\left(\frac{Q}{4\pi r^2} + \frac{4}{R}\right) \tag{7-81}$$

式中　Q——声源与测点（人耳）间的方向因素，主要取决于声源 A 与测点 B 之间的夹角 θ，并与频率及风口长边尺寸的乘积有关；

　　　　r——点 A、B 之间的距离（m）；

　　　　R——房间常数（m^2）。

　　在空气沿程输送的过程中存在噪声自然衰减，当自然衰减不能满足消声要求时应装置消声器。如果按照式（7-80）算出的室内声压级 L_p 不能满足室内的某一 N（NR）曲线时，则应按其频率所要求的消声量来选择消声器。

　　在实际工程中当采用低速风道时，一般可不计算气流噪声源。当管路简单且线路较短时，可不计算噪声的沿程自然衰减，相当于在系统的消声计算中考虑了安全因素。只有对于声学要求较严格的空调系统才需要进行消声设计，往往需要声学、建筑、暖通三方面的工作人员密切配合。

7.3.5　减振装置

　　空调系统中的风机、水泵、制冷机等设备运转时会产生振动，该振动传给支撑结构（基础或楼板），并以弹性波的形式，沿房屋结构传到其他房间。为了减弱振源传给支撑结构的振动，需要在振源与支撑结构之间安装弹性构件，以消除它们之间的刚性连接，如图 7-74 所示。

　　削弱由机器传给基础的振动，是用消除它们之间的刚性连接来达到的。即在振源和它的基础之间安设避振构件（如弹簧减振器或橡胶垫、软木等），可使从振源传到基础的振动得到一定程度的减弱。

通常用振动传递率 T 表示隔振效果，也称为隔振系数或隔振效率。它表示振动作用于机组的总力中有多少部分是经过隔振系统传给支撑结构的。振动传递率 T 越小，隔振效果越好。T 的数学表达式为

$$T = \frac{1}{\left(\dfrac{f}{f_0}\right)^2 - 1} \qquad (7-82)$$

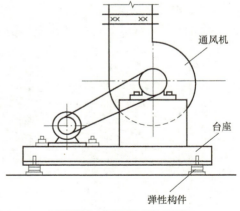

图 7-74　风机的减振安装

式中　f——振源（机组）的振动频率（Hz）；

　　　　f_0——弹性减振支座的固有频率，即自然频率（Hz）。

从式（7-82）可以看出，f/f_0 值越大，则 T 越小，即隔振越好。当 $f = f_0$ 时，T 值无穷大，即系统产生共振，机组传给基础的力有很大的增加。只有在 $f/f_0 = \sqrt{2}$ 以上时，隔振器才起到隔振作用。在设计隔振时，应根据工程性质确定其减振标准，即确定传递率 T。

按照减振机理，有压缩型减振器（图 7-75）、剪切型减振器（图 7-76）和复合型减振器（图 7-77）。

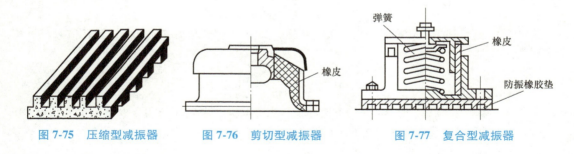

图 7-75　压缩型减振器　　图 7-76　剪切型减振器　　图 7-77　复合型减振器

按照减振器的材料不同，常见的减振器有以下几种：

1. 空气弹簧减振器

它是利用空气内能的减振器。其性能取决于绝对温度，随工作气压和胶囊形状的改变而变动，具有很高的隔振效率。刚度根据需要选用。

2. 金属螺旋弹簧减振器

它由单个或数个相同尺寸的弹簧和铸铁护罩所组成。弹簧的动静刚度基本相等，长期使用下不产生松弛，性能稳定，耐高低温，耐油耐腐蚀、寿命长，可做成压缩型的减振器，用于支撑或悬吊减振，阻尼小。

3. 预应力阻尼弹簧减振器、阻尼弹簧减振器

这类减振器具有金属弹簧减振器和橡胶减振器的双重优点，克服弹簧减振器的小阻尼的缺点。由于设置了橡胶配件，因而隔离高频噪声的效果好。

4. 橡胶减振器

橡胶减振器有压缩型和剪切型两种。压缩型是将橡胶加工成压缩性更强的各种形状。剪切型称为橡胶剪切减振器，是采用经硫化处理的耐油丁腈橡胶，作用于它的减振弹簧体，并黏结在

内外金属环上受剪切力的作用。

橡胶减振器对在轴向、横向和回转方向的振动有隔振作用。阻尼大、隔离高频噪声性能好，可根据动力特性需要，设计各种形状。可与金属件黏结，耐高低温性能差。

5. 不锈钢金属丝网减振器

这类减振器阻尼大、耐油、耐高低温、寿命长、防冲击性能好，但是加工工艺复杂。

6. 橡胶减振垫

它具有橡胶高弹性的特点，造型和压制方便，内阻大，吸收高频振动能量好，可以多层叠合使用，以降低固有频率。但是，易受温度、油质、臭氧、日光和化学溶剂的侵蚀，易老化。

空调装置隔振时，通风机、水泵和制冷机，宜固定在隔板基座上，以增加它的稳定性。隔板基座可以用钢筋混凝土板或型钢加工而成，基座的质量应根据空调装置的质量来确定。一般可在基座下直接设置橡胶垫板或弹簧减振基座。在实际工程中，有些常用的通风机、水泵和制冷机等设备，已设计有定型配套的减振板和减振器，可在有关的安装图中直接选用。

空调的防振措施是多方面的，转动设备和基础之间的隔振是首要措施，为了避免振动通过连接的水管、风管等传到建筑物中，配管或风管与振动设备的连接应采用软接头的防振措施，这一点也是十分重要的。

7.4　组合式空调机组

组合式空调机组是将各种空气热湿处理设备和风机、阀门等组合成一个整体的箱形设备。箱内的各种设备可以根据空调系统的组合顺序排列在一起，以便能实现各种空气的处理功能。

组合式空调机组由新风回风混合段、消声段、回风机段、初效过滤段、中间段、表冷器冷却段、加热段和送风机段等组成。以下介绍几种常用的组合式空调机组。

图7-78所示为具有空气冷却器和喷干蒸汽（或喷高压水雾）加湿的组合式空调机组。空调系统采用夏、冬季兼用的冷却加热段和喷蒸汽加湿段处理空气（在我国南方地区，如果冬季空气处理过程不需要加湿，则可取消加湿段）。

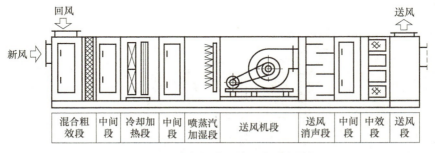

图7-78　设置冷却加热段的组合式空调机组

当空调房间对空气净化要求高时，在送风机段之后应设中效过滤段（一般的净化要求时，可以不设）。为防止消声器在运行过程中产生尘埃，将送风消声段设在中效过滤段（简称中效段）之前是合适的。如果受空调机房建筑尺寸的限制，送风消声段也可取消，改在送风风管上安装消声器或消声弯头。如果冬季采用喷高压水雾加湿空气，则将组合式空调机组中的喷蒸汽加湿段取消，在冷却加热段前设高压喷雾段。

对于北方寒冷地区，甚至温和地区，特别是按全新风运行的直流式系统，不应采用冷却加热器，应将预热器和空气冷却器分开设置，如图 7-79 所示，否则冬季空气冷却器极易被冻裂，导致系统停止运行。

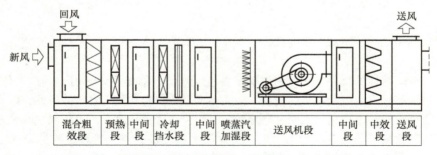

混合粗效段	预热段	中间段	冷却挡水段	中间段	喷蒸汽加湿段	送风机段	中间段	中效段	送风段

图 7-79　预热器和空气冷却器分开设置的组合式空调机组

对于北方严寒地区，应将新风先预热至 5℃ 后，再与回风相混合，然后经由粗效过滤器过滤，进入后续的处理。因此，将预热段设在新风进入之后。

图 7-80 所示为具有喷水室、预热器和再热器的组合式空调机组。

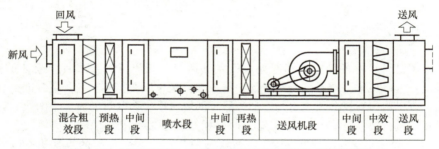

混合粗效段	预热段	中间段	喷水段	中间段	再热段	送风机段	中间段	中效段	送风段

图 7-80　具有喷水室、预热器和再热器的组合式空调机组

图 7-81 所示为具有冷却挡水段、再热段、喷蒸汽加湿段并具有能量回收段的组合式空调机组。

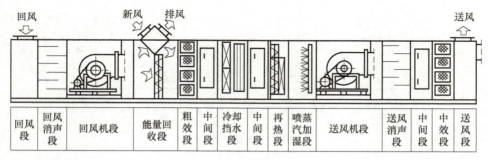

回风段	回风消声段	回风机段	能量回收段	粗效段	中间段	冷却挡水段	中间段	再热段	喷蒸汽加湿段	送风机段	送风消声段	中间段	中效段	送风段

图 7-81　具有冷却挡水段、再热段、喷蒸汽加湿段并具有能量回收段的组合式空调机组

该机组适用于机房面积充裕的场合。所组合的功能段比较全面。在回风段与回风机段之间设回风消声段；在送风机段之后设送风消声段和中效段。该机组的能量回收段，将排风与回风的分流、新风的进入与回风相混合有机地结合在一起。

图 7-82 所示为具有预热段、冷却挡水段、喷蒸汽加湿段和再热段的组合式空调机组。

对于北方严寒地区，冬季如果将新风和回风直接混合，混合空气中有可能出现结露现象，这

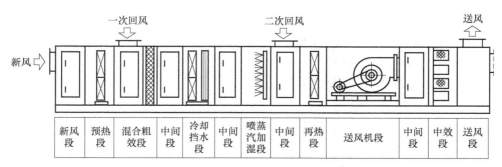

图 7-82 具有预热段、冷却挡水段、喷蒸汽加湿段和再热段的组合式空调机组

对粗效过滤器的工作极其不利。此时，应将新风用预热器预热后再与一次回风相混合。该空调机组主要适用于北方寒冷地区有恒温净化要求的工艺性空调。

以上介绍了几种常见的组合式空调机组。在实际应用中，各种空调系统的类型和要求不同，所需空调机组的设备组合方式也不同；选用时，应根据工程需要和业主的要求，由空调设计人员根据空调方案和夏季、冬季空气的处理过程，以及空调机房的条件确定，有选择地选用所需的组合式空调机组。

思考题与习题

1. 简述直接接触式热湿交换原理和间接接触式热湿交换原理，以及两者不同之处。

2. 显热交换、潜热交换、全热交换的推动力各是什么？

3. 喷水室能实现哪些空气处理过程？要求的喷水温度是多少？

4. 用喷水室处理空气，如果后挡水板性能不好，造成过水量太多，会给空调房间造成什么影响？

5. 用表面式换热器处理空气时可以实现哪些过程？空气冷却器能否加湿？

6. 采用低压蒸汽喷雾加湿处理空气和水表面自然蒸发加湿处理空气，空气的状态变化相同吗？简述理由。

7. 空调中常用的固体吸湿剂、液体吸湿剂有哪些？各有什么特点？

8. 简述液体吸湿剂吸湿的基本原理。采用液体吸湿剂处理空气的主要优点是什么？空气状态如何变化？

9. 液体吸湿法可以实现哪些空气处理过程？应具备什么条件？

10. 有哪些方法可以将某夏季室外空气状态点处理到空调房间送风状态点？不同的方法在焓湿图上如何表示？

11. 已知室外空气干球温度 21℃、含湿量 0.009kg/kg（干空气），要求送风干球温度 20℃、含湿量 0.01kg/kg（干空气）。试确定空气处理方案，并绘制空气处理的焓湿图

12. 简述喷水室的主要部件，它们的作用是什么？

13. 表面式换热器在什么情况下可以串联使用？什么情况下可以并联使用？

14. 为什么在空气冷却器的下部要安装滴水盘和排水管？

15. 空气冷却器（表冷器）可以实现哪些空气处理过程？

16. 简述加热器供热量的影响因素。如何改善使用效果？

17. 等温加湿和等焓加湿空气加湿器有哪些？各适用于什么场所？

18. 简述转轮除湿机的工作原理和特点。

19. 组合式空调机组有哪些功能段？如何进行选择？

20. 简述空气蒸发冷却器的分类。各适用于什么场所？

21. 空气蒸发冷却器性能评价指标有哪些？

22. 简述空调排风热回收装置的类型及评价方法。

23. 空气过滤器有哪些主要类型？各自有什么特点？说明它们各自适用于什么场合？

24. 表征空气过滤器性能的主要指标有哪些？

25. 影响过滤器效果的因素有哪些？

26. 在空调工程中，选择空气过滤器要注意哪些问题？

27. 通风空调管路中，哪些构件可以产生噪声的自然衰减？哪些情况下会引起噪声的再生？

28. 简述消声器的种类和适用场合。

29. 简述常见减振装置的类型和特点。

参 考 文 献

[1]　黄翔. 空调工程 [M]. 3 版. 北京：机械工业出版社，2017.

[2]　赵荣义，范存养，薛殿华，等. 空气调节 [M]. 3 版. 北京：中国建筑工业出版社，1994.

[3]　薛殿华. 空气调节 [M]. 北京：清华大学出版社，1991.

[4]　连之伟. 热质交换原理与设备 [M]. 北京：中国建筑工业出版社，2001.

[5]　清华大学暖通教研组. 空气调节基础 [M]. 北京：中国建筑工业出版社，1979.

[6]　韩宝琦，李树林. 制冷空调原理及应用 [M]. 2 版. 北京：机械工业出版社，2002.

[7]　陆耀庆. 实用供热空调设计手册 [M]. 2 版. 北京：中国建筑工业出版，2008.

[8]　尉迟斌. 实用制冷与空调工程手册 [M]. 北京：机械工业出版社，2002.

[9]　赵荣义. 简明空调设计手册 [M]. 北京：中国建筑工业出版社，1998.

[10]　俞炳丰. 中央空调新技术及其应用 [M]. 北京：化学工业出版社，2005.

第8章
空 调 系 统

8.1　空调系统的基本组成和分类

8.1.1　空调系统的基本组成

如图 8-1 所示，一个典型的空调系统通常由空气处理设备、空气的输送和分配设备、冷热源及冷热介质输送和分配设备、空调系统的控制和调节设备，以及消声和减振设备五个部分组成。

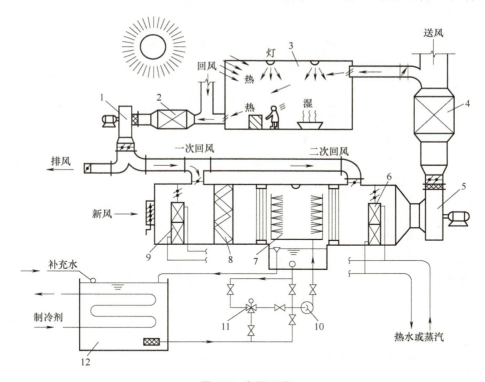

图 8-1　空调系统

1—回风机　2、4—消声器　3—空调房间　5—送风机　6、9—空气加热器
7—喷水室　8—空气过滤器　10—水泵　11—电动三通调节阀　12—冷源设备

（1）空气处理设备　空气处理设备是由空气过滤器、喷水室、空气加热器等空气热湿处理和净化设备组合在一起组成的。室内空气与室外新鲜空气被送到这里进行处理，达到要求的温度、湿度等空气状态参数要求。

（2）**空气的输送和分配设备**　空气的输送和分配设备是由送风机、送风管道、送风口、回风口、回风管道、回风机等组成的。把经过处理的空气送至空调房间，将室内的空气送至空气处理设备进行处理或排出室外。

（3）**冷热源及冷热介质输送和分配设备**　冷热源设备制备空气处理设备所需要的冷水，热源设备制备空气加热器所需要的热水或蒸汽。冷水、热水或蒸汽通过输送管道送至空气处理设备。

（4）**空调系统的控制和调节设备**　空调系统的控制和调节设备由电动三通调节阀及控制元器件等组成，对温度、湿度等空气参数进行控制。

（5）**消声和减振设备**　空调系统中的主要噪声源是通风机，通风机产生的噪声会经过通风管道传播。不同用途的建筑物，都有不同的空调房间室内允许噪声标准，因此需要采用消声器、减振器等设备对空调系统中的噪声进行控制。

8.1.2　空调系统的分类

空调系统可以按照空调的用途、空气处理设备的集中程度、负担室内空调负荷所用的介质、被处理空气的来源、空调系统运行中风量是否变化等方面进行分类，每种类型的空调系统特点和适用的场所不同。

1. 按空调的用途分类

（1）**舒适性空调**　空调系统的用途是满足人员对室内新风量、温度和湿度等环境要求。舒适性空调要求温度适宜，环境舒适，对温湿度的调节精度无严格要求，用于住房、办公室、影剧院、商场、体育馆、汽车、船舶、飞机等。

（2）**工艺性空调**　空调系统的用途是满足生产工艺过程或产品生产对室内温度、湿度等环境要求。工艺性空调对温湿度有一定的调节精度要求，另外空气的洁净度也要有较高的要求，用于电子器件生产车间、精密仪器生产车间、计算机房、生物实验室等。

（3）**工艺舒适性空调**　既考虑生产工艺或产品生产对环境的温度、湿度等参数要求，同时也考虑室内人员对环境的要求。

2. 按空气处理设备的集中程度分类

（1）**集中式空调系统**　集中式空调系统是指空气处理设备集中放置在空调机房内，空气经过处理后，经风道输送和分配到各个空调房间。

集中式空调系统可以严格地控制室内温度和相对湿度；可以采用过滤器，满足室内空气清洁度的不同要求；可以进行理想的气流分布；空调送回风管系统复杂、布置困难，设备与风管的安装工作量大；空调房间之间有风管连通，使各房间互相影响，当发生火灾时会通过风管迅速蔓延。

对于大空间公共建筑物的空调设计，如商场、影剧院，可以采用这种空调系统。

（2）**半集中式空调系统**　半集中式空调系统是指除了设有集中处理新风的空调机组外，还设有分散在各个空调房间的二次设备（又称为末端装置）对送入空调房间的空气做进一步的补充处理。

半集中式空调系统可根据各空调房间负荷情况自行调节，只需要新风机房，机房面积较小；当和新风机组联合使用时，新风管较小；各空调房间之间不会互相影响；水系统复杂，易漏水；对室内温湿度要求严格时，难以满足；气流分布受一定限制。

对于多层或高层民用建筑的空调设计，如办公楼、旅馆、饭店等，可以采用这种空调系统。

（3）**分散式空调系统**（局部空调系统）　分散式空调系统是指把空气处理所需的冷热源、空气处理和输送设备整体组装起来，组成的一个紧凑、可单独使用的空调系统。

空调房间所使用的窗式空调器、柜式空调器和分体式空调器就属于这类系统。

分散式空调系统灵活性大，各空调房间可根据需要开停；设备成套、紧凑，可以放在房间内，也可以放在空调机房内；各空调房间之间不会互相影响，发生火灾时也不会通过风管蔓延；机组分散布置，安装较麻烦；过滤性能差，室内清洁度要求较高时难以满足；气流分布受限制。

3. 按负担室内空调负荷所用的介质分类

（1）**全空气系统** 全空气系统（又称为全空气空调系统）是指室内的空调负荷全部由经过处理的空气来负担的空调系统（图8-2）。例如，集中式空调系统就属于全空气系统。

由于空气的比热容较小，需要用较多的空气才能消除室内的余热余湿，因此这种空调系统需要有较大断面的风道，占用建筑空间较多。

（2）**全水系统** 全水系统是指室内的空调负荷全部由水来负担的空调系统（图8-3）。

由于水的比热容比空气大得多，因此在相同的空调负荷情况下，所需的水量较小，可以避免全空气系统风道占用建筑空间较多的问题。但是全水系统只能消除室内的余热余湿，不能对房间进行通风换气。

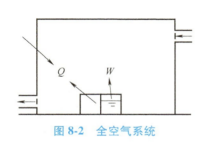

图 8-2　全空气系统

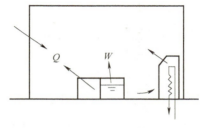

图 8-3　全水系统

（3）**空气-水系统** 空气-水系统是指室内的空调负荷由空气和水共同来负担的空调系统。例如，风机盘管加新风的半集中式空调系统就属于空气-水系统（图8-4）。

这种系统实际上是前两种空调系统的组合，既可以减少风道占用的建筑空间，又可以对房间进行通风换气。

（4）**冷剂式系统** 冷剂式系统是指由制冷剂直接作为负担室内空调负荷介质的空调系统。例如，窗式空调器、分体式空调器就属于冷剂式系统（图8-5）。

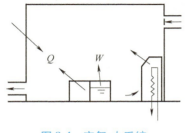

图 8-4　空气-水系统

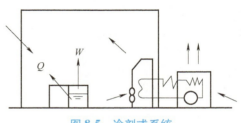

图 8-5　冷剂式系统

这种系统是把制冷系统的蒸发器直接放在室内来吸收室内的余热余湿，通常用于分散式安装的局部空调。

4. 按被处理空气的来源分类

（1）**封闭式系统**　如图8-6所示，空调系统处理的空气全部来自室内，由于不处理室外新风，因此系统节能，但是无法保证室内需要的新风量和空气品质，主要用于工艺设备内部的空调、很少有人员出入但对温度、湿度有要求的物资仓库和对室内新风量要求不高的房间等。

（2）**直流式系统**　如图8-7所示，空调系统处理的空气全部来自室外，又称为全新风系统。这种系统能耗高，适用于有特殊要求的放射性实验室、散发大量有害（毒）物的车间及无菌手术室等场合。

（3）**混合式系统**　由于封闭式系统不能保证卫生要求，直流式系统经济上不合理，因此可以采用混合式系统。混合式系统兼顾了室内对新风量的要求和空调系统的节能要求。如图8-8所示，混合式系统处理的空气一部分来自于室外，一部分来自于室内，即可以保证室内对新风的要求，也能降低系统的能耗。根据室外新风与室内回风混合的次数，常用的有一次回风系统和二次回风系统。

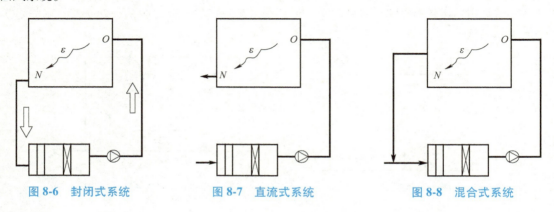

图8-6　封闭式系统　　　　图8-7　直流式系统　　　　图8-8　混合式系统

5. 按空调系统运行中风量是否变化分类

（1）**定风量系统**　空调系统送风量全年不发生改变，通过改变送风参数适应空调区的负荷变化，这种系统称为定风量系统。

（2）**变风量系统**　通过改变送风量保持一定的送风温度，适应空调区的负荷变化，这种系统称为变风量系统。

定风量系统能较好地维持室内的温湿度条件，但是空调能耗要大于变风量系统。变风量系统的运行风量在一年的多数时间中往往小于设计风量，因此，它的能耗要小于定风量系统。但是变风量系统是根据室温调节送风量的，所以往往难以同时维持良好的室内湿度。变风量系统的风量也不能无限制地减少，以防室内空气流动速度太低，从而产生不舒适感。

6. 按主风管中空气的流速分类

（1）**低速系统**　主风管风速民用建筑低于10m/s，工业建筑低于15m/s。低速系统适用于考虑节能与消声要求的空调工程，但是空调系统风管的截面面积较大。舒适性空调一般为低速系统。

（2）**高速系统**　主风管风速民用建筑高于12m/s，工业建筑高于15m/s，通常采用20~35m/s。高速系统可以减小管道断面面积，占空间少，但是系统的能耗大，噪声大。

7. 全空气系统按送入空调区的送风管道数量分类

（1）**单风道系统**　单风道系统仅有一根送风管，夏天送冷风，冬天送热风。其缺点是为多个负荷变化不一致的房间服务时，难以进行精确调节。

（2）**双风道系统**　双风道系统有两根送风管，一根热风管，一根冷风管，可以通过调节两者的风量比控制各房间的参数。其缺点是系统复杂，耗能大，投资与运行费用高，一般不宜采用。

8. 按热量传递（移动）的原理分类

（1）**对流式系统**　空调区热量传递的方式是对流，这种系统称为对流式系统。集中式空调系统、半集中式空调系统及分散式空调系统都属于对流式系统。

（2）**辐射式系统**　空调区热量传递的方式是辐射，这种系统称为辐射式系统。冷辐射板加新风系统属于辐射式系统。

《民用建筑供暖通风与空气调节设计规范》（GB 50736—2012）中规定：全空气空调系统宜采用单风管系统（也称为单风道系统）。在"条文说明"中指出：一般情况下，在全空气空调系统（包括定风量和变风量系统）中，不应采用分别送冷热风的双风管系统（也称为双风道系统），因该系统易存在冷热量互相抵消现象，不符合节能原则；同时，系统造价较高，不经济。

8.2　全空气系统

全空气系统按回风方式可分一次回风系统和二次回风系统。空调区回风与室外新风只在空气处理设备之前混合一次的系统，称为一次回风系统。空调区回风与室外新风进行两次混合的系统，称为二次回风系统，即空调区回风与室外新风在喷水室（或空气冷却器）之前进行混合一次，在喷水室（或空气冷却器）后再混合一次。

全空气系统适用于空调系统的服务面积大，各房间空调负荷的变化规律相近，各房间的使用时间也较一致的场合。会堂、影剧院、商场、体育馆，还有旅馆的餐厅、门厅、音乐厅等公共建筑场所都广泛地采用这种系统。房间面积或空间较大，人员较多或有必要集中进行温湿度控制的空气调节区，其空气调节系统宜采用全空气系统。集中式全空气定风量系统易于改变新回风比例，必要时可实现全新风送风，能够获得较大的节能效果；设备集中，维修管理方便。

8.2.1　一次回风系统

1. 系统图式

一次回风系统的图式如图 8-9 所示。下面以夏季空气处理过程为例，说明一次回风系统的空气处理过程。

室外空气 W_x 与室内回风 N_x 进行混合，混合后的空气 C_x 经过空气冷却器（或喷水室）冷却减湿处理到 L_x 状态，然后经过再热器加热，达到送风状态点 O_x。空调房间的送风 O_x 吸收室内的余热和余湿，沿着热湿比线 ε_x 变化到夏季室内空气状态点 N_x。从室内出来的空气 N_x 一部分返回空调设备，一部分排出室外。

2. 夏季空气处理过程

一次回风系统夏季空气处理过程的焓湿图如图 8-10 所示。根据一次回风式空调系统工作过程，夏季空气处理过程可以写为

$$
\begin{array}{c}
W_x \\
\qquad \searrow \!\!\!\!\!\nearrow \\
N_x
\end{array}
\xrightarrow{\text{混合}} C_x
\xrightarrow[\text{空气冷却器或喷水室}]{\text{冷却减湿}} L_x
\xrightarrow[\text{再热器}]{\text{加热}} O_x
\xrightarrow{\varepsilon_x} N_x
\longrightarrow \text{排至室外}
$$

回风

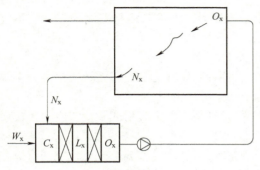

图 8-9　一次回风系统图式

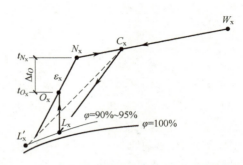

图 8-10　一次回风系统夏季空气处理过程的焓湿图

在焓湿图上,根据室内空气温度和相对湿度标出夏季室内空气状态点 N_x,根据室外空气干球温度和湿球温度标出室外空气状态点 W_x,将点 N_x 和点 W_x 连接成直线。通过点 N_x 画热湿比 ε_x 线。

对于工艺性空调来说,根据室温允许波动范围及气流组织方式,确定送风温差 Δt_0,根据室内空气温度 t_N,画出送风温度 t_0 的等温线。该线与热湿比 ε_x 线的交点,就是夏季送风状态点 O_x。空调房间的送风量 $q_m(\mathrm{kg/s})$ 为

$$q_m = \frac{\sum Q_x}{h_{N_x} - h_{O_x}} = \frac{\sum W_x}{d_{N_x} - d_{O_x}} \tag{8-1}$$

式中　$\sum Q_x$——室内的余热量(kW);

$\quad\ \ \sum W_x$——室内的余湿量(kg/s);

$\quad\ \ h_{N_x}$——室内空气的比焓[kJ/kg(干空气)];

$\quad\ \ d_{N_x}$——室内空气的含湿量[kg/kg(干空气)];

$\quad\ \ h_{O_x}$——夏季送风状态点空气的比焓[kJ/kg(干空气)];

$\quad\ \ d_{O_x}$——夏季送风状态点空气的含湿量[kg/kg(干空气)]。

自送风状态点 O_x 向下作等含湿量线,并与 $\varphi = 90\% \sim 95\%$ 的曲线交于点 L_x,该点即为机器露点。机器露点是指空气经空气冷却器(或喷水室)处理后接近饱和状态时的终状态点。对于空气冷却器,空气终状态的相对湿度一般取 $\varphi = 90\%$;对于喷水室,空气终状态的相对湿度一般取 $\varphi = 90\% \sim 95\%$。对于双级喷水室,相对湿度可接近 $\varphi = 100\%$。

由于舒适性空调,没有精度要求,为了节能可以采用最大送风温差送风,即用机器露点送风(如图 8-10 中 L'_x 点),则不需消耗再热量,因而可以降低制冷负荷。

新风量 $q_{m,W}$ 占总送风量 q_m 的百分比称为新风百分比。一次回风量 $q_{m,N} = q_m - q_{m,W}$。新风和一次回风的混合状态点 C_x 比焓 h_{C_x} 和含湿量 d_{C_x} 分别为

$$h_{C_x} = \frac{q_{m,W} h_{W_x} + (q_m - q_{m,W}) h_{N_x}}{q_m} \tag{8-2}$$

$$d_{C_x} = \frac{q_{m,W} d_{W_x} + (q_m - q_{m,W}) d_{N_x}}{q_m} \tag{8-3}$$

式中　h_{W_x}、d_{W_x}——夏季室外空气状态的比焓(kJ/kg)和含湿量[kg/kg(干空气)]。

求得 h_{C_x} 或 d_{C_x} 值中的任一个,就可在 $\overline{N_x W_x}$ 线上定出 C_x 的位置。按下式算出室内状态点 N_x 至混合状态点 C_x 的线段长度:

$$\overline{N_x C_x} = \frac{q_{m,W}}{q_m}\overline{N_x W_x}$$

将 C_x 与 L_x 连成直线，该线代表混合空气在空气冷却器或喷水室内进行冷却减湿处理的过程线。

空气冷却器或喷水室处理空气所需的冷量 $Q_0(\text{kW})$ 可按下式计算

$$Q_0 = q_m(h_{C_x} - h_{L_x}) \tag{8-4}$$

再热器的加热量 $Q_2(\text{kW})$ 为

$$Q_2 = q_m(h_{O_x} - h_{L_x}) \tag{8-5}$$

式中　h_{L_x}——夏季机器露点状态的比焓（kJ/kg）。

根据空气处理设备的热平衡关系，进入空气处理设备的热量等于从空气处理设备出来的热量，如图 8-11 所示。

进入空气处理机的热量有：

1）新风带入的热量 $q_{m,W}h_{W_x}$。

2）回风带入的热量 $q_{m,N}h_{N_x} = (q_m - q_{m,W})h_{N_x}$。

3）热媒带入热量（再热量）$Q_2 = q_m(h_{O_x} - h_{L_x})$。

由空气处理机带出的热量有：

1）送风带走的热量 $q_m h_{O_x}$。

2）冷媒带走的热量，即空气冷却器或喷水室所需冷量 $Q_0 = q_m(h_{C_x} - h_{L_x})$

根据质量守恒定律，则有

$$q_m = q_{m,W} + q_{m,N}$$

根据能量守恒定律，则有

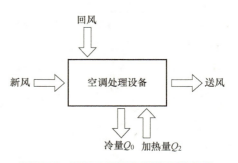

图 8-11　空气处理设备的热平衡关系

$$q_{m,W}h_{W_x} + (q_m - q_{m,W})h_{N_x} + Q_2 = q_m h_{O_x} + Q_0 \tag{8-6}$$

$$Q_0 = q_m(h_{N_x} - h_{O_x}) + q_{m,W}(h_{W_x} - h_{N_x}) + q_m(h_{O_x} - h_{L_x}) \tag{8-7}$$

由式（8-7）看出，一次回风系统"冷量"包括了以下三部分负荷：

1）室内冷负荷。送风量为 q_m、参数为 O_x 的空气到达室内后，吸收室内的余热和余湿，沿热湿比线 ε_x 变化到室内参数 N_x 后离开房间，其数值为 $q_m(h_{N_x} - h_{O_x})$。

2）新风冷负荷。新风 $q_{m,W}$ 进入系统的比焓为 h_{W_x}，排出时的比焓为 h_{N_x}，这部分冷量为 $q_{m,W}(h_{W_x} - h_{N_x})$。

3）再热负荷。为保证工艺性空调对送风温差的要求，有时需要将经空气冷却器（或喷水室）处理后的空气进行再次加热，以达到送风状态 O_x。这部分再热量也应由冷源负担，其数值为 $q_m(h_{O_x} - h_{L_x})$。

根据图 8-10，按照新风与回风的混合规律，有

$$\frac{q_{m,W}}{q_m} = \frac{\overline{C_x N_x}}{\overline{W_x N_x}} = \frac{h_{C_x} - h_{N_x}}{h_{W_x} - h_{N_x}} \tag{8-8}$$

将 $q_{m,W}(h_{W_x} - h_{N_x}) = q_m(h_{C_x} - h_{N_x})$ 代入式（8-7）中，得

$$Q_0 = q_m(h_{N_x} - h_{O_x}) + q_m(h_{C_x} - h_{N_x}) + q_m(h_{O_x} - h_{L_x})$$
$$= q_m(h_{C_x} - h_{L_x}) \tag{8-9}$$

从式（8-9）可以看出，一次回风系统中用空气冷却器（或喷水室）处理空气所需要的冷量是室内冷负荷、新风冷负荷和再热负荷三项之和。这个结论与上述根据空气处理设备热平衡分

析得到的结果是一致的。一次回风系统中用空气冷却器（或喷水室）处理空气所需的冷量即为一次回风式空调系统的总冷量。

舒适性空调没有空调精度要求，因此宜尽可能加大送风温差，以节省送风量。但是送风温度必须高于室内空气的露点温度，否则会在送风口处出现结露现象。送风温差 Δt_o 与送风高度和送风口形式有关，详见第 6 章表 6-32。

工艺性空调有空调精度要求，送风温差与空调精度有关，详细见第 6 章表 6-33。

3. 冬季空气处理过程

（1）**一次回风喷水室系统** 对于采用喷水室的系统，冬季喷淋循环水对空气进行等焓加湿（或绝热加湿）处理。在南方地区，相对于北方地区而言冬季室外空气温度和比焓值较高。

当冬季室外温度比较高时，如果按夏季规定的最小新风量来确定混合状态点 C_d，则该点的比焓将高于或等于机器露点的比焓（即 $h_{C_d} > h_{L_d}$）。此时，可以加大新风量，调节新风和回风混合比，使混合点 C_d 在 h_{L_d} 线上。冬季空气处理过程在 h-d 图上的表示，如图 8-12 所示。

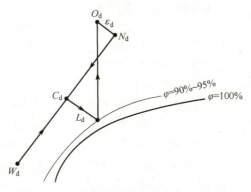

图 8-12　一次回风系统冬季空气处理过程

空气处理过程为

$$W_d \atop N_d \searrow\!\!\!\!\nearrow \underset{混合}{} C_d \xrightarrow[\text{喷循环水}]{\text{绝热加湿}} L_d \xrightarrow[\text{再热器}]{\text{加热}} O_d \xrightarrow{\varepsilon_d} N_d \longrightarrow 排至室外 \atop 回风$$

喷水室的加湿量 $W(\mathrm{kg/s})$ 为

$$W = q_m(d_{L_d} - d_{C_d}) \tag{8-10}$$

式中　d_{L_d}——冬季机器露点的含湿量 [kg/kg（干空气）]；
　　　 d_{C_d}——冬季混合状态点的含湿量 [kg/kg（干空气）]。

再热器的加热量为

$$Q_2 = q_m(h_{O_d} - h_{L_d}) \tag{8-11}$$

式中　h_{L_d}——冬季机器露点的比焓（kJ/kg）；
　　　 h_{O_d}——冬季送风状态点的比焓（kJ/kg）。

在北方寒冷地区，当采用绝热加湿处理空气时，对于要求新风量比较大的工程，或者按最小新风比而室外设计参数很低的场合，都有可能使一次混合点的比焓值 h_{C_d} 低于机器露点的比焓（即 $h_{C_d} < h_{L_d}$），这种情况下需要将新风先预热（图 8-13），或者新风与回风先混合再预热（图 8-14），使预热后的新风和室内空气的混合点 C_d 落在 L_d 的等焓线 h_{L_d} 上。

如图 8-13 所示，根据两种不同状态空气的混合规律，可以确定新风预热后的空气状态点 W'，按下式确定：

$$\frac{q_{m,W}}{q_m} = \frac{\overline{N_d C_d}}{\overline{N_d W'}} = \frac{h_{N_d} - h_{C_d}}{h_{N_d} - h_{W'}} = \frac{h_{N_d} - h_{L_d}}{h_{N_d} - h_{W'}} \tag{8-12}$$

新风经过预热后状态点 W' 的比焓为

$$h_{W'} = h_{N_d} - \frac{q_m(h_{N_d} - h_{L_d})}{q_{m,W}} \tag{8-13}$$

式中 h_{N_d}、h_{L_d}——冬季室内空气状态、机器露点状态的比焓 [kJ/kg（干空气）]。

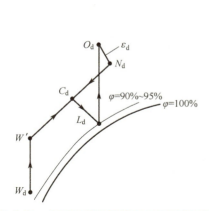

图 8-13 冬季先预热后混合空气处理过程

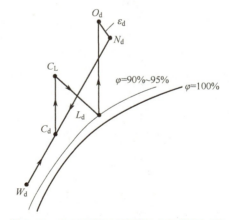

图 8-14 冬季先混合后预热空气处理过程

按式（8-13）计算得到的 $h_{W'}$，就是经预热后既满足规定新风比，又能采用绝热加湿方法对空气进行处理的比焓值。求出 $h_{W'}$ 后，自新风状态点 W_d 向上作等含湿量线，并与 $h_{W'}$ 线交于点 W'。将 W' 与 N_d 连成直线，该线与 h_{L_d} 线交于点 C_d，该点就是混合空气状态点。

式（8-13）是一次回风式空调系统冬季是否设置空气预热器的判别式。当 $h_{W'} > h_{W_d}$（或 $h_{C_d} \leqslant h_{L_d}$）时，需要设置预热器，对空气预热。

先混合后预热的一次回风系统冬季处理过程及其 $h\text{-}d$ 图如图 8-14 所示。在 $h\text{-}d$ 图上标出冬季室内空气状态点 N_d，室外空气状态点 W_d。按前面讲过的方法确定冬季送风状态点 O_d。自点 O_d 向下作等含湿量线与 $\varphi = 90\% \sim 95\%$ 曲线交于点 L_d（机器露点）。按夏季采用的新风比确定混合状态点 C_d。从点 C_d 向上作等含湿量线，由点 L_d 画等焓线，这两条线相交于点 C_L，该点就是混合空气经预热器加热后的状态点。

冬季先混合后预热的空气处理过程（图 8-14）可写成

$$\begin{array}{c} W_d \\ \\ N_d \end{array}\ \underset{混合}{\Large\rangle}\ C_d\ \xrightarrow[预热器]{加热}\ C_L\ \xrightarrow[喷循环水]{绝热加湿}\ L_d\ \xrightarrow[再热器]{加热}\ O_d\ \xrightarrow{\varepsilon_d}\ N_d\ \xrightarrow{}\ 排至室外\ \big|\ 回风$$

喷水室的加湿量（kg/s）为

$$W = q_m(d_{L_d} - d_{C_L}) \tag{8-14}$$

式中 d_{L_d}、d_{C_L}——冬季机器露点、混合状态点的含湿量 [kg/kg（干空气）]。

预热器、再热器的加热量分别为

$$Q_1 = q_m(h_{C_L} - h_{C_d}) \tag{8-15}$$

$$Q_2 = q_m(h_{O_d} - h_{L_d}) \tag{8-16}$$

式中 h_{L_d}——冬季机器露点的比焓（kJ/kg）；

$\quad\ h_{C_L}$——冬季机器露点状态的比焓（kJ/kg），即与冬季机器露点的比焓相等；

h_{C_d}、h_{O_d}——冬季混合状态点、送风状态点的比焓（kJ/kg）。

在北方严寒地区，设有预热器的一次回风系统冬季处理过程及其 $h\text{-}d$ 图如图 8-13 所示。由于室外温度很低，如果将新风与回风直接混合，其混合点有可能处于过饱和区（雾状区）内，产生结露现象，因此，应将新风先预热后再与回风混合。

冬季先预热后混合的空气处理过程可写成

$$W_d \xrightarrow[\text{预热器}]{\text{加热}} W' \begin{array}{c} \\ \searrow \\ N_d \end{array} \text{混合} \ C_d \xrightarrow[\text{喷循环水}]{\text{绝热加湿}} L_d \xrightarrow[\text{再热器}]{\text{加热}} O_d \xrightarrow{\varepsilon_d} N_d \xrightarrow{} \text{排至室外}$$

喷水室的加湿量 $W(\text{kg/s})$ 为

$$W = q_m(d_{L_d} - d_{C_d}) \tag{8-17}$$

式中 d_{L_d}、d_{C_d}——冬季机器露点、混合状态点的含湿量 $[\text{kg/kg}（干空气）]$。

预热器、再热器的加热量分别为

$$Q_1 = q_{m,W}(h_{W'} - h_{W_d}) \tag{8-18}$$
$$Q_2 = q_m(h_{O_d} - h_{L_d}) \tag{8-19}$$

式中 h_{W_d}、$h_{W'}$——冬季室外状态点、冬季新风经预热后状态点的比焓 (kJ/kg)；

h_{L_d}、h_{O_d}——冬季机器露点、送风状态点的比焓 (kJ/kg)。

将先混合后预热和先预热后混合两种冬季空气处理过程画在同一张焓湿图上，如图 8-15 所示。

由相似关系可知

$$\frac{\overline{C_d C_L}}{\overline{W_d W'}} = \frac{\overline{C_d N_d}}{\overline{W_d N_d}} = \frac{q_{m,W}}{q_m}$$

$$\frac{h_{C_L} - h_{C_d}}{h_{W'} - h_{W_d}} = \frac{h_{N_d} - h_{C_d}}{h_{N_d} - h_{W_d}} = \frac{q_{m,W}}{q_m}$$

可以得出

$$q_m(h_{C_L} - h_{C_d}) = q_{m,W}(h_{W'} - h_{W_d}) \tag{8-20}$$

式（8-20）说明，新风与回风先混合后预热的加热量，与新风先预热后与回风混合的加热量是相等的。

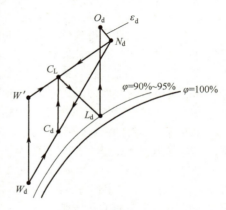

图 8-15　一次回风系统冬季空气处理过程（冬季等焓加湿）

（2）一次回风空气冷却器系统　对于夏季采用空气冷却器的系统，冬季采用喷干蒸汽对空气进行等温加湿处理。当新风与回风混合之后，存在两种可能方案，即先加热后加湿和先加湿后加热。如图 8-16 所示，先加热后加湿的空气处理过程为 $C_d \rightarrow M \rightarrow O_d$，先加湿后加热的空气处理过程为 $C_d \rightarrow L' \rightarrow O_d$。一般采取先加热后加湿比较好，因为被加湿空气温度升高后，它所能容纳的水蒸气的数量增大，遇到冷表面不容易产生凝结水，以保证加湿效果。

对于南方地区，具有喷蒸汽加湿和再热器的一次回风系统冬季处理过程及 $h\text{-}d$ 图，如图 8-16 所示。

"先加热后加湿"空气处理过程为

$$\begin{array}{c} W_d \\ \searrow \\ N_d \end{array} \text{混合} \ C_d \xrightarrow[\text{再热器}]{\text{加热}} M \xrightarrow[\text{蒸汽加湿器}]{\text{等温加湿}} O_d \xrightarrow{\varepsilon_d} N_d \xrightarrow{} \text{排至室外}$$

蒸汽加湿器的加湿量 $W(\text{kg/s})$ 为

$$W = q_m(d_{O_d} - d_{C_d}) \tag{8-21}$$

式中 d_{O_d}、d_{C_d}——冬季送风状态点、混合状态点的含湿量 $[\text{kg/kg}（干空气）]$。

再热器的加热量 $Q_2(\text{kW})$ 为

$$Q_2 = q_m(h_M - h_{C_d}) \tag{8-22}$$

式中　h_{C_d}、h_M——混合空气加热前后的初、终状态点的比焓（kJ/kg）。

对于北方寒冷（或严寒）地区，如果需要设预热器对新风进行预热，工程上通常将新风预热到 5℃，然后再与回风进行混合。混合空气经再热器加热到冬季送风温度后，再喷干蒸汽加湿到送风状态点，其空气处理过程的 h-d 图如图 8-17 所示。

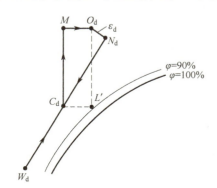

图 8-16　具有喷蒸汽加湿和再热器的
一次回风系统冬季处理过程

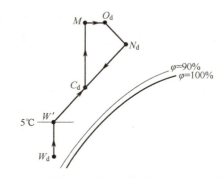

图 8-17　具有预热器、喷蒸汽加湿和再热器的
一次回风系统冬季处理过程

在冬季空气处理过程中，空气经过送风机时存在温升，空气通过送风风管和回风风管进行输送过程中存在温降，而且温降往往小于温升。温升在冬季是一个有利因素，可以作为安全储备，因此在分析冬季空气处理过程时可以不考虑风机温升。

【例 8-1】　某房间室内设计参数夏季 $t_{N_x} = 27℃$，$\varphi_{N_x} = 60\%$，冬季 $t_{N_d} = 18℃$，$\varphi_{N_d} = 50\%$。室内余热量夏季 $\sum Q_x = 12.162\text{kW}$，冬季 $\sum Q_d = -23.263\text{kW}$，冬、夏季余湿量 $\sum W$ 均为 0.751g/s，房间所需最小新风量为 864m³/h。

采用一次回风系统，夏季空调室外计算干球温度为 34℃，湿球温度为 28.3℃，冬季空调室外计算干球温度为 -4℃，相对湿度为 76%。试确定空调方案并计算设备容量。

【解】

（1）夏季

1）计算热湿比。

$$\varepsilon_x = \frac{\sum Q_x}{\sum W_x} = \frac{12.162}{0.751 \times 10^{-3}}\text{kJ/kg} = 16194\text{kJ/kg}$$

2）确定送风状态点（图 8-18）。

在焓湿图上根据 $t_{N_x} = 27℃$ 及 $\varphi_{N_x} = 60\%$ 确定点 N_x，查得 $h_{N_x} = 61.5\text{kJ/kg}$（干空气），$d_{N_x} = 13.4\text{g/kg}$（干空气）。

过点 N_x 作 ε_x 线，取送风温差 $\Delta t_0 = 6℃$。送风温度 $t_0 = (27-6)℃ = 21℃$，可确定送风状态点 O_x。

过点 O_x 作等 d_{O_x} 线与 $\varphi = 90\% \sim 95\%$ 的曲线相交得到点 L_x，得 $t_{L_x} = 18.8℃$，$h_{L_x} = 51.5\text{kJ/kg}$（干空气），$d_{L_x} = 12.8\text{g/kg}$（干空气）。

3）计算风量。送风量

$$q_m = \frac{\sum Q_x}{h_{N_x} - h_{O_x}} = \frac{12.162}{61.5 - 53.9}\text{kg/s} = 1.60\text{kg/s}(5760\text{m}^3/\text{h})$$

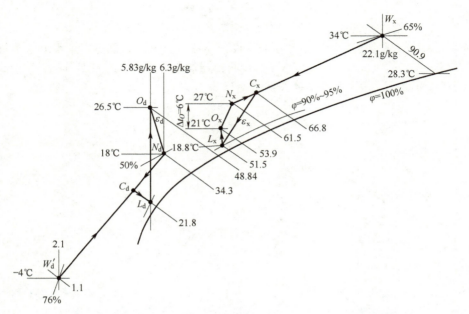

图 8-18　例 8-1 一次回风系统夏季和冬季空气处理过程焓湿图

4）确定新风、回风混合状态点。根据新风量与总风量的关系

$$\frac{\overline{N_x C_x}}{\overline{N_x W_x}} = \frac{q_{m,W}}{q_m} = \frac{864}{5760} \times 100\% = 15\%$$

在 $\overline{N_x W_x}$ 线上确定混合状态点 C_x，查焓湿图可得 $h_{C_x} = 66.8 \text{kJ/kg}$，$d_{C_x} = 15.1 \text{g/kg}$（干空气）。

5）计算系统需要的冷量。

$$Q_0 = q_m(h_{C_x} - h_{L_x}) = [1.60 \times (66.8 - 51.5)] \text{kW} = 24.48 \text{kW}$$

6）计算系统夏季需要的再热量。

$$Q_2 = q_m(h_{O_x} - h_{L_x}) = [1.60 \times (53.9 - 51.5)] \text{kW} = 3.84 \text{kW}$$

（2）冬季

1）计算热湿比。

$$\varepsilon_d = \frac{\sum Q_d}{\sum W_d} = \frac{-23.263}{0.751 \times 10^{-3}} \text{kJ/kg} = -30976 \text{kJ/kg}$$

2）确定冬季送风状态点。在焓湿图上根据 $t_d = 18℃$ 及 $\varphi_d = 50\%$ 确定点 N_d，查得 $h_{N_d} = 34.3 \text{kJ/kg}$（干空气），$d_{N_d} = 6.3 \text{g/kg}$（干空气）。冬季送风量与夏季送风量相等，即 $q_m = 1.60 \text{kg/s}$。

冬季送风状态参数计算如下：

$$h_{O_d} = h_{N_d} - \frac{\sum Q_d}{q_m} = 34.3 \text{kJ/kg（干空气）} - \frac{-23.263}{1.60} \text{kJ/kg（干空气）} = 48.84 \text{kJ/kg（干空气）}$$

$$d_{O_d} = d_{N_d} - \frac{\sum W_d}{q_m} = 6.3 \text{g/kg（干空气）} - \frac{0.751}{1.60} \text{g/kg（干空气）} = 5.83 \text{g/kg（干空气）}$$

过点 O_d 作等 d_{O_d} 线与 $\varphi = 95\%$ 的曲线相交得到点 L_d，$d_{L_d} = d_{O_d} = 5.83 \text{g/kg}$（干空气），$h_{L_d} = 21.8 \text{kJ/kg}$（干空气）。

3）判断是否需要预热。

$$h_{W'} = h_{N_d} - \frac{q_m(h_{N_d} - h_{L_d})}{q_{m,W}} = \left[34.3 - \frac{1.60 \times (34.3 - 21.8)}{0.24} \right] \text{kJ/kg(干空气)} = -49.03 \text{kJ/kg(干空气)}$$

由于 $h_{W'} = -49.03 \text{kJ/kg}$（干空气）$< h_{W_d} = 1.1 \text{kJ/kg}$（干空气），所以不需要预热。

4）确定新风与一次回风混合状态点。N_d 与 W' 连线与 h_{L_d} 线的交点即为 C_d，$t_{C_d} = 9.2℃$，$d_{C_d} = 4.97 \text{g/kg}$（干空气）

5）计算再热量。

$$Q_2 = q_m(h_{O_d} - h_{L_d}) = [1.60 \times (48.84 - 21.8)] \text{kW} = 43.26 \text{kW}$$

6）计算喷水室喷循环水时的蒸发水量。

$$W = q_m(d_{L_d} - d_{C_d}) = [1.60 \times (5.83 - 4.97) \times 10^{-3}] \text{kg/s} = 1.38 \times 10^{-3} \text{kg/s}$$

8.2.2　二次回风系统

采用一次回风系统时，夏季用再热器解决送风温差受限的问题，存在冷热抵消的能量浪费现象。可以采用在喷水室或空气冷却器后与回风再混合一次的二次回风系统来代替再热器，可以节约热量和冷量。

1. 系统图式

二次回风系统的图式如图 8-19 所示。下面以夏季空气处理过程为例，说明二次回风系统的空气处理过程。

室外空气 W_x 与室内回风 N_x 进行第一次混合，混合后的空气 C_{x1} 经过空气冷却器（或喷水室）冷却减湿处理到 L_x 状态，然后与室内回风 N_x 进行第二次混合，达到送风状态点 O_x。空调房间的送风 O_x 吸收室内的余热和余湿，沿着热湿比线 ε_x 变化到夏季室内空气状态点 N_x，从室内出来的空气 N_x 一部分返回空调设备，一部分排出室外。

2. 夏季空气处理过程

二次回风系统的夏季空气处理过程焓湿图如图 8-20 所示，图中同时画出了在相同新风比时一次回风系统的空气处理过程。

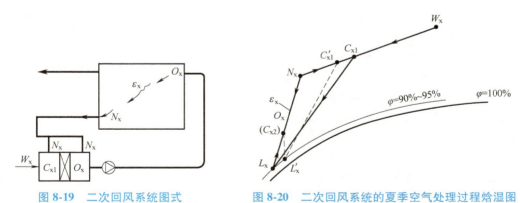

图 8-19　二次回风系统图式　　　图 8-20　二次回风系统的夏季空气处理过程焓湿图

二次回风式空调系统夏季处理空气的过程可以写成

$$W_x \searrow \atop N_x \nearrow \text{第一次混合} \longrightarrow C_{x1} \xrightarrow[\text{喷水室（空气冷却器）}]{\text{冷却减湿}} L_x \searrow \atop N_x \nearrow \text{第二次混合} \longrightarrow O_x \text{ 或 } C_{x2} \xrightarrow{\varepsilon_x} N_x \longrightarrow \text{排至室外}$$

在焓湿图上,根据室内空气设计状态参数和室外计算空气状态参数确定室内外空气状态点 N_x 和 W_x,并连成直线。通过点 N_x 画夏季热湿比线 ε_x,该线与 $\varphi=90\%\sim95\%$ 曲线相交于点 L_x,该点就是空气经喷水室(或空气冷却器)处理后的机器露点。按照规定的送风温差,在 ε_x 线上定出送风状态 O_x,该点也是第二次回风与经喷水室(或空气冷却器)处理后空气进行混合的状态点 C_{x2}(第二次混合点)。

空调房间的送风量为

$$q_m=\frac{\sum Q_x}{h_{N_x}-h_{O_x}}=\frac{\sum W_x}{d_{N_x}-d_{O_x}} \tag{8-23}$$

送入空调房间的风量 q_m 由通过喷水室(或空气冷却器)的风量 $q_{m,L}$ 和第二次回风量 $q_{m,N2}$ 所组成;而 $q_{m,L}$ 由新风量 $q_{m,W}$ 和第一次回风量 $q_{m,N1}$ 混合而成,即

$$q_m=q_{m,L}+q_{m,N2}=(q_{m,W}+q_{m,N1})+q_{m,N2}$$

通过喷水室的风量为

$$q_{m,L}=\frac{\overline{N_xO_x}}{\overline{N_xL_x}}q_m=\frac{(h_{N_x}-h_{O_x})}{(h_{N_x}-h_{L_x})}q_m$$

第二次回风量 $q_{m,N2}=q_m-q_{m,L}$,也可按下式:

$$q_{m,N2}=\frac{\overline{O_xL_x}}{\overline{N_xL_x}}q_m=\frac{(h_{O_x}-h_{L_x})}{(h_{N_x}-h_{L_x})}q_m$$

已知夏季的最小新风量 $q_{m,W}$,则第一次回风量 $q_{m,N1}=q_{m,L}-q_{m,W}$。按照两种不同状态进行混合的规律,确定第一次混合点 C_{x1} 的位置

$$h_{C_{x1}}=\frac{q_{m,W}h_{W_x}+(q_{m,L}-q_{m,W})h_{N_x}}{q_{m,L}}$$

或者

$$\overline{N_xC_{x1}}=\frac{q_{m,W}}{q_{m,L}}\overline{N_xW_x}=\frac{q_{m,W}}{q_{m,L}}(h_{W_x}-h_{N_x})$$

将 C_{x1} 与 L_x 连成直线。

喷水室(或空气冷却器)处理空气所需冷量 $Q_0(\mathrm{kW})$ 为

$$Q_0=q_{m,L}(h_{C_{x1}}-h_{L_x}) \tag{8-24}$$

式中　$q_{m,L}$——通过喷水室(或空气冷却器)的风量(kg/s);

　　　$h_{C_{x1}}$——第一次混合状态点的比焓(kJ/kg);

　　　h_{L_x}——夏季机器露点状态的比焓(kJ/kg)。

如图 8-21 所示,对于二次回风系统的空气处理装置,存在热平衡关系,即进入空气处理装置的热量与从空气处理装置流出的热量相等。

从图 8-21 可以看出:

1)进入空气处理装置的热量为:新风带入热量为 $q_{m,W}h_{W_x}$;回风带入热量为 $(q_{m,N1}+q_{m,N2})h_{N_x}$。

2)由空气处理装置带出热量为:总送风量带走的热量为 $q_mh_{O_x}=(q_{m,W}+q_{m,N1}+q_{m,N2})h_{O_x}$;喷水室或空气冷却器冷媒带走的热量,即二次回风系统耗冷量为 Q_0。

根据质量守恒定律,则有

$$q_m=q_{m,W}+q_{m,N1}+q_{m,N2} \tag{8-25}$$

根据能量守恒定律,带入热量等于带出热量,即

$$q_{m,W}h_{W_x}+(q_m-q_{m,W})h_{N_x}=q_mh_{O_x}+Q_0$$

所以

$$Q_0 = q_m(h_{N_x} - h_{O_x}) + q_{m,W}(h_{W_x} - h_{N_x}) \qquad (8\text{-}26)$$

从式（8-26）可以看出，与一次回风系统相比较，空气处理装置处理空气所需要的冷量比一次回风系统需要的冷量少，省去了再热负荷。

根据图 8-21，按照新风与第一次回风的混合规律

$$\frac{q_{m,W}}{q_{m,L}} = \frac{\overline{C_{x1}N_x}}{\overline{W_xN_x}} = \frac{h_{C_{x1}} - h_{N_x}}{h_{W_x} - h_{N_x}}$$

$$q_{m,W}(h_{W_x} - h_{N_x}) = q_{m,L}(h_{C_{x1}} - h_{N_x}) \qquad (8\text{-}27)$$

按照通过喷水室的风量 $q_{m,L}$ 与第二次回风 $q_{m,N2}$ 的混合规律

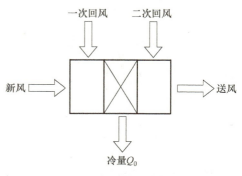

图 8-21　二次回风系统空气处理
装置的热平衡关系

$$\frac{q_{m,L}}{q_m} = \frac{\overline{O_xN_x}}{\overline{L_xN_x}} = \frac{h_{N_x} - h_{O_x}}{h_{N_x} - h_{L_x}}$$

$$q_{m,L}(h_{N_x} - h_{L_x}) = q_m(h_{N_x} - h_{O_x}) \qquad (8\text{-}28)$$

将式（8-27）和式（8-28）代入式（8-26）中

$$\begin{aligned}
Q_0 &= q_m(h_{N_x} - h_{O_x}) + q_{m,W}(h_{W_x} - h_{N_x}) \\
&= q_{m,L}(h_{N_x} - h_{L_x}) + q_{m,L}(h_{C_{x1}} - h_{N_x}) \\
&= q_{m,L}(h_{C_{x1}} - h_{L_x}) \qquad (8\text{-}29)
\end{aligned}$$

式（8-29）表明，二次回风系统中用喷水室（或空气冷却器）处理空气所需的冷量，即为空调系统的总冷量。这个结论与用 $h\text{-}d$ 图方法分析得出的式（8-24）是相同的。可见，通过焓湿图分析计算得到的冷量与通过热平衡关系求出的总冷量是一致的。

将二次回风系统与一次回风系统的夏季空气处理过程（图 8-20 中的虚线部分）进行比较，得出以下结论：

1）二次回风系统节省了再热器的加热量。

2）通过喷水室（或空气冷却器）处理的空气量是 $q_{m,L}$，处理的空气量减少，因此比一次回风系统节省了冷量，可以减小喷水室（或空气冷却器）的尺寸。

3）第一次混合点 C_{x1} 要比一次回风系统混合点 C_x 更远离回风状态，即第一次混合点的比焓要高于一次回风式混合点的比焓。

4）二次回风系统的机器露点比一次回风系统的机器露点低，说明要求喷水室（或空气冷却器）的冷水温度要低。

5）如果湿负荷较大，热湿比 ε_x 较小，二次回风式的机器露点 L_x 会更低，甚至出现 ε_x 线与 $\varphi = 100\%$ 线无交点的现象。出现这种现象时，说明不适合采用二次回风系统，仍应采用一次回风系统。

3. 冬季空气处理过程

（1）二次回风喷水室系统　对于定风量空调系统，冬季送风量与夏季相同，新风量 $q_{m,W}$、一次回风量 $q_{m,N1}$、二次回风量 $q_{m,N2}$ 的分配也与夏季相同。

在寒冷地区，当冬季按最小新风量与一次回风量混合后的比焓，仍低于机器露点的比焓，并且不出现结露情况时，应采用先混合后预热的空气处理方案，如图 8-22a 所示。

空气处理过程为

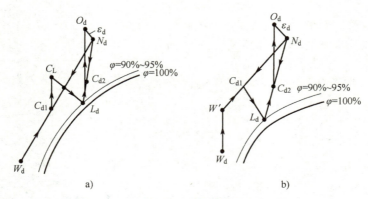

图 8-22　二次回风系统冬季空气处理过程
a）先混合后预热　b）先预热后混合

$$W_d \atop N_d \xrightarrow{第一次混合} C_{d1} \xrightarrow[预热器]{加热} C_L \xrightarrow[喷循环水]{绝热加湿} L_d \atop N_d \xrightarrow{第二次混合} C_{d2} \xrightarrow[再热器]{加热} O_d \xrightarrow{\varepsilon_d} N_d \longrightarrow 排至室外$$

在焓湿图上绘制冬季空气处理过程的步骤是：先按前面介绍的方法，确定冬季送风状态点 O_d，因为 O_d 和 C_{d2} 同处在一条垂直线上（再热器加热过程），所以 $d_{O_d} = d_{C_{d2}}$。按照两种空气的混合规律可写成

$$\frac{q_{m,N2}}{q_{m,L}} = \frac{\overline{C_{d2}L_d}}{\overline{N_dC_{d2}}} = \frac{d_{C_{d2}} - d_{L_d}}{d_{N_d} - d_{C_{d2}}} = \frac{d_{O_d} - d_{L_d}}{d_{N_d} - d_{O_d}} \tag{8-30}$$

由式（8-30）求得机器露点 L_d 的含湿量为

$$d_{L_d} = d_{O_d} - \frac{q_{m,N2}}{q_{m,L}}(d_{N_d} - d_{O_d}) \tag{8-31}$$

在图上画 d_{L_d} 线，该线与 $\varphi = 90\% \sim 95\%$ 曲线交于点 L_d，该点即为冬季机器露点。连接 N_d 与 L_d 成直线，该线与从 O_d 引出的等含湿量线相交于 C_{d2}，这点就是第二次混合状态点。按照最小新风量 $q_{m,W}$ 与一次回风量 $q_{m,N1}$，确定第一次混合状态点 C_{d1}。再从点 L_d 作等焓线，从点 C_{d1} 向上作等含湿量线，两条直线相交于 C_L 点，该点就是混合空气量 $q_{m,L}$ 经预热器加热后的终状态点，也是进入喷水室的空气初状态点。

预热器的加热量

$$Q_1 = (q_{m,W} + q_{m,N1})(h_{L_d} - h_{C_{d1}}) \tag{8-32}$$

再热器的加热量

$$Q_2 = q_m(h_{O_d} - h_{C_{d2}}) \tag{8-33}$$

在严寒地区，应采取先预热后混合的空气处理方案，如图 8-22b 所示。空气处理过程为

$$W_d \xrightarrow[预热器]{加热} W' \atop N_d \xrightarrow{第一次混合} C_{d1} \xrightarrow[喷循环水]{绝热加湿} L_d \atop N_d \xrightarrow{第二次混合} C_{d2} \xrightarrow[再热器]{加热} O_d \xrightarrow{\varepsilon_d} N_d \longrightarrow 排至室外$$

（2）**二次回风空气冷却器系统** 具有空气加热器和喷蒸汽加湿的二次回风系统冬季空气处理过程焓湿图，如图8-23所示。对二次回风系统来说，新风与第一次回风的混合风，先经过喷蒸汽加湿后，再与第二次回风相混合，最后加热到冬季送风状态点。

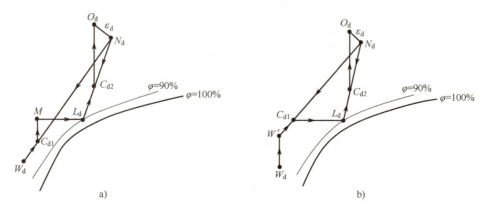

图8-23　二次回风系统中空气冷却器系统的冬季空气处理过程
a）先混合后预热　b）先预热后混合

先混合后预热的空气处理过程为

$$\begin{array}{c}W_\mathrm{d}\\N_\mathrm{d}\end{array}\!\!\!\!\searrow\!\!\!\!\overset{\text{第一次混合}}{\longrightarrow}C_\mathrm{d1}\xrightarrow[\text{预热器}]{\text{加热}}M\xrightarrow[\text{蒸汽加湿器}]{\text{等温加湿}}L_\mathrm{d}$$

$$\overset{}{\underset{N_\mathrm{d}}{\nearrow}}\!\!\xrightarrow{\text{第二次混合}}C_\mathrm{d2}\xrightarrow[\text{再热器}]{\text{加热}}O_\mathrm{d}\xrightarrow{\varepsilon_\mathrm{d}}N_\mathrm{d}\xrightarrow{}\text{排至室外}$$

$$\downarrow\text{回风}$$

先预热后混合的空气处理过程为

$$W_\mathrm{d}\xrightarrow[\text{预热器}]{\text{加热}}W'\!\!\overset{}{\underset{N_\mathrm{d}}{\searrow}}\!\!\xrightarrow{\text{第一次混合}}C_\mathrm{d1}\xrightarrow[\text{蒸汽加湿器}]{\text{等温加湿}}L_\mathrm{d}$$

$$\overset{}{\underset{N_\mathrm{d}}{\nearrow}}\!\!\xrightarrow{\text{第二次混合}}C_\mathrm{d2}\xrightarrow[\text{再热器}]{\text{加热}}O_\mathrm{d}\xrightarrow{\varepsilon_\mathrm{d}}N_\mathrm{d}\xrightarrow{}\text{排至室外}$$

$$\downarrow\text{回风}$$

根据第一次混合知

$$\frac{q_{m,W}}{q_{m,W}+q_{m,N1}}=\frac{h_{N_\mathrm{d}}-h_{c_{\mathrm{d1}}}}{h_{N_\mathrm{d}}-h_{W'}}$$

所以

$$h_{W'}=h_{N_\mathrm{d}}-\frac{(q_{m,W}+q_{m,N1})(h_{N_\mathrm{d}}-h_{c_{\mathrm{d1}}})}{q_{m,W}}$$

从第二次混合规律，可知

$$\frac{q_{m,W}+q_{m,N1}}{q_m}=\frac{h_{N_\mathrm{d}}-h_{c_{\mathrm{d2}}}}{h_{N_\mathrm{d}}-h_{L_\mathrm{d}}}$$

即

$$q_m(h_{N_\mathrm{d}}-h_{C_{\mathrm{d2}}})=(q_{m,W}+q_{m,N1})(h_{N_\mathrm{d}}-h_{L_\mathrm{d}})$$

由此可知

$$h_{W'}=h_{N_\mathrm{d}}-\frac{q_m(h_{N_\mathrm{d}}-h_{C_{\mathrm{d2}}})}{q_{m,W}} \tag{8-34}$$

式（8-34）是二次回风系统是否需要设置预热器的判别式。如果 $h_W < h_{W'}$ 说明需要预热。由式（8-34）可知，对于送风温差小和新风比大的二次回风系统可能需要预热。

需要说明的是，在冬季设计条件下，二次回风系统所需的再热量虽然低于一次回风系统的再热量，但是二次回风系统的总加热量和一次回风系统的总加热量相等。

在工程中，有时为了运行管理调节方便，在冬季工况中将二次回风系统可按一次回风系统运行。

如果冬季与夏季余湿量两者不同，也可以采取与夏季相同的风量和机器露点，但是冬季送风状态的含湿量 d_{o_d} 要按照冬季湿负荷计算。此时二次回风混合点 C_{d2} 的位置是 $\overline{N_d L_d}$ 与 d_{o_d} 线的交点，$q_{m,N2}$ 由下式计算得出：

$$\frac{q_{m,N2}}{q_m} = \frac{h_{C_{d2}} - h_{L_d}}{h_{N_d} - h_{L_d}}$$

最后再求 $q_{m,W} + q_{m,N1}$ 及 $q_{m,N1}$。

【例8-2】 某生产车间设计参数夏季和冬季均为 $t_{N_x} = t_{N_d} = t_N = 22℃ \pm 1℃$，$\varphi_{N_x} = \varphi_{N_d} = \varphi_N = 60\% \pm 10\%$。室内余热量夏季 $\sum Q_x = 10.77kW$，冬季 $\sum Q_d = -2.14kW$，冬、夏季余湿量 $\sum W$ 均为 $0.0013kg/s(4.7kg/h)$，最小新风比为 30%。

采用二次回风式空调系统，夏季空调室外计算干球温度为 $t_{w_{xg}} = 33.2℃$，湿球温度为 $t_{w_{xs}} = 26.4℃$，冬季空调室外计算干球温度为 $t_{w_d} = -12℃$，相对湿度 $\varphi_d = 45\%$，大气压力为 101325Pa。试确定空调方案并计算设备容量。

【解】

（1）夏季

1）计算热湿比。

$$\varepsilon_x = \frac{\sum Q_x}{\sum W_x} = \frac{10.77}{0.0013}kJ/kg = 8285kJ/kg$$

2）确定送风状态点（图 8-24）

在焓湿图上根据 $t_N = 22℃$ 及 $\varphi_N = 60\%$ 确定点 N，查得 $h_N = 47.2kJ/kg$（干空气），$d_N = 9.8g/kg$（干空气）。$h_{N_x} = h_{N_d} = h_N$，$d_{N_x} = d_{N_d} = d_N$。过点 N 作 ε_x 线，根据空调精度，取送风温差 $\Delta t_O = 6℃$，可确定送风状态点 O_x，得 $t_{O_x} = 16℃$，$h_{O_x} = 38.3kJ/kg$（干空气），$d_{O_x} = 8.7g/kg$（干空气）。

3）确定机器露点。在 h-d 图上延长 ε_x 线与 $\varphi = 95\%$ 曲线相交得到点 L，$t_L = 11.2℃$，$h_L = 31.1kJ/kg$（干空气）。

4）计算风量。送风量

$$q_m = \frac{\sum Q_x}{h_N - h_{O_x}} = \frac{10.77}{47.2 - 38.3}kg/s = 1.21kg/s(4356m^3/h)$$

新风量

$$q_{m,W} = q_m \times m = (1.21 \times 30\%)kg/s = 0.36kg/s$$

通过喷水室的风量

$$q_{m,L} = \frac{\sum Q_x}{h_N - h_L} = \frac{10.77}{47.2 - 31.1}kg/s = 0.67kg/s$$

二次回风量

$$q_{m,N2} = q_m - q_{m,L} = (1.21 - 0.67)kg/s = 0.54kg/s$$

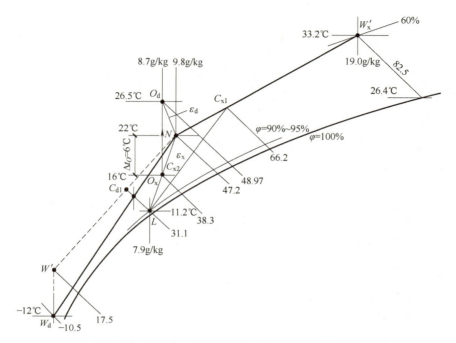

图 8-24 例 8-2 二次回风系统空气处理过程焓湿图

一次回风量

$$q_{m,N1}=q_{m,L}-q_{m,W}=(0.67-0.36)\,\mathrm{kg/s}=0.31\,\mathrm{kg/s}$$

5）确定新风与一次回风混合状态点。计算一次混合状态点的比焓

$$h_{C_{x1}}=\frac{q_{m,N1}h_N+q_{m,W}h_{W_x}}{q_{m,N1}+q_{m,W}}=\left[\frac{0.31\times47.2+0.36\times82.5}{0.31+0.36}\right]\mathrm{kJ/kg}(干空气)=66.2\mathrm{kJ/kg}(干空气)$$

在 $h\text{-}d$ 图上，$\overline{NW_x}$ 线与 $h_{C_{x1}}$ 的交点为一次混合点 C_{x1}。

6）计算系统需要的冷量。

$$Q_0=q_{m,L}(h_{C_{x1}}-h_L)=[0.67\times(66.2-31.1)]\mathrm{kW}=23.52\mathrm{kW}$$

（2）冬季

1）计算热湿比。

$$\varepsilon_d=\frac{\sum Q_d}{\sum W}=\frac{-2.14}{0.0013}\mathrm{kJ/kg}=-1646\mathrm{kJ/kg}$$

2）确定冬季送风状态点。冬季送风量与夏季送风量相等，即 $q_m=1.21\mathrm{kg/s}$。冬季送风状态参数计算如下：

$$h_{O_d}=h_N-\frac{\sum Q_d}{q_m}=\left[47.2-\frac{-2.14}{1.21}\right]\mathrm{kJ/kg}(干空气)=48.97\mathrm{kJ/kg}(干空气)$$

$$d_{O_d}=d_{O_x}=8.7\mathrm{g/kg}(干空气)$$

冬季和夏季空调处理的机器露点相同。

将求得的 h_{O_d} 和 d_{O_d} 值代入下式：

$$h_{O_d}=1.01t_{O_d}+(2500+1.84t_{O_d})d_{O_d}$$

$$48.97=1.01t_{O_d}+(2500+1.84t_{O_d})\frac{8.7}{1000}$$

得到

$$t_{O_d} = 26.5℃$$

3）判断是否需要预热。

$$h_{W'} = h_N - \frac{q_m(h_N - h_{C_{d2}})}{q_{m,W}} = 47.2 - \frac{1.21 \times (47.2 - 38.3)}{1.21 \times 30\%} kJ/kg（干空气）= 17.5kJ/kg（干空气）$$

由于 $h_{W'} = 17.5kJ/kg$（干空气）$> h_{W_d} = -10.5kJ/kg$（干空气），所以需要预热。

4）确定新风与一次回风混合状态点。过点 W_d 作等含湿量线 d_{W_d} 与 $h_{W'}$ 交于点 W'，N_d 与 W' 连线与 h_L 线的交点即为 C_{d1}，$h_{C_{d1}} = h_L = 31.1kJ/kg$（干空气）。

5）计算预热量。

$$Q_1 = q_{m,W}(h_{W'} - h_{W_d}) = \{1.21 \times 30\% \times [17.5 - (-10.5)]\} kW = 10.16kW$$

6）计算再热量。

$$Q_2 = q_m(h_{O_d} - h_{O_x}) = [1.21 \times (48.97 - 38.3)] kW = 12.91kW$$

8.2.3　直流式系统

直流式系统所处理的空气全部来自室外，系统能耗高。通常全空气空调系统（即全空气系统）不宜采用直流式系统，即全新风系统，宜采用有回风的混合式系统。《民用建筑供暖通风与空气调节设计规范》（GB 50736—2012）规定，下列情况应采用直流式（全新风）空调系统：

1）夏季空调系统的室内空气比焓大于室外空气比焓。

2）系统所服务的各空气调节区排风量大于按负荷计算出的送风量。

3）室内散发有毒有害物质，以及防火防爆等要求不允许空气循环使用。

4）卫生或工艺要求采用直流式（全新风）空调系统。

对于放射性实验室、产生有毒有爆炸危险气体的车间、医院的烧伤病房和传染病房等场所不允许采用回风，应采用直流式系统。在公共建筑中，室内游泳馆（池）、宾馆的厨房等，也必须采用直流式系统。

1. 夏季空气处理过程

直流式系统空调系统，如果夏季采用机器露点送风，空气处理过程可以写为

$$W_x \xrightarrow[\text{喷水室（空气冷却器）}]{\text{冷却减湿}} L_x \xrightarrow{\text{风机温升}} O_x \xrightarrow{\varepsilon_x} N_x \longrightarrow 排至室外$$

对于没有空调精度要求的空调系统，应尽量增大送风温差，采用机器露点送风，这样可以减少送风量，节约能耗。夏季空气处理过程焓湿图如图 8-25a 所示。

喷水室（或空气冷却器）处理空气所需冷量 Q（kW）为

$$Q_0 = q_m(h_{W_x} - h_{L_x}) \tag{8-35}$$

式中　h_{W_x}、h_{L_x}——夏季室外空气状态点、机器露点状态的比焓（kJ/kg）。

如果根据空调精度要求，送风温差要求较小，需要设置再热器，则直流式空调系统夏季处理过程焓湿图如图 8-25b 所示。

喷水室（或空气冷却器）处理空气所需冷量 Q（kW）为

$$Q_0 = q_m(h_{W_x} - h_{L_x}) \tag{8-36}$$

再热器的加热量 Q_2（kW）为

$$Q_2 = q_m(h_{O_x} - h_{L_x}) \tag{8-37}$$

式中　h_{O_x}、h_{L_x}——夏季送风状态点、机器露点状态的比焓（kJ/kg）。

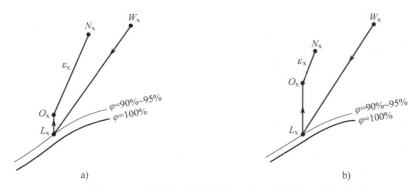

图 8-25 直流式系统夏季空气处理过程焓湿图
a）机器露点送风 b）再热后送风

2. 冬季空气处理过程

（1）**直流式喷水室系统** 对喷水室系统，冬季喷淋循环水对空气进行等焓加湿处理，冬季空气处理过程焓湿图如图 8-26 所示。

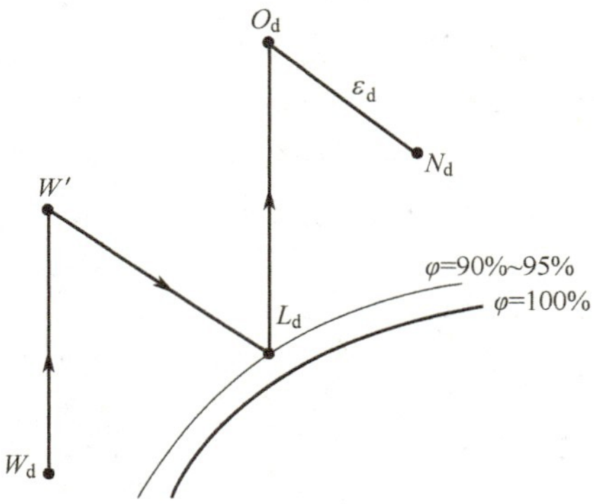

空气处理过程为

$$W_d \xrightarrow[\text{预热器}]{\text{加热}} W' \xrightarrow[\text{喷循环水}]{\text{绝热加湿}} L_d \xrightarrow[\text{再热器}]{\text{加热}} O_d \xrightarrow{\varepsilon_d} N_d \longrightarrow \text{排至室外}$$

喷水室的加湿量 $W(\text{kg/s})$ 为

$$W = q_m(d_{L_d} - d_{W'}) \tag{8-38}$$

式中 d_{L_d}、$d_{W'}$——冬季机器露点、新风预热后的空气状态点的含湿量 [kg/kg（干空气）]。

预热器的加热量为

$$Q_1 = q_m(h_{W'} - h_{W_d}) \tag{8-39}$$

式中 h_{W_d}、$h_{W'}$——冬季室外空气状态点、新风预热后的空气状态点的比焓（kJ/kg）。

再热器的加热量为

$$Q_2 = q_m(h_{O_d} - h_{L_d}) \tag{8-40}$$

式中 h_{L_d}、h_{O_d}——冬季机器露点、送风状态点的比焓（kJ/kg）。

（2）**直流式空气冷却器系统** 对空气冷却器系统，冬季用喷干蒸汽对空气进行等温加湿处理，冬季空气处理过程焓湿图如图 8-27 所示。

空气处理过程为

$$W_d \xrightarrow[\text{预热器}]{\text{加热}} W' \xrightarrow[\text{蒸汽加湿器}]{\text{等温加湿}} O_d \xrightarrow{\varepsilon_d} N_d \longrightarrow \text{排至室外}$$

蒸汽加湿器的加湿量 $W(\text{kg/s})$ 为

$$W = q_m(d_{O_d} - d_{W'}) \tag{8-41}$$

式中 d_{O_d}、$d_{W'}$——冬季送风状态点或喷蒸汽加湿后的终状态点、新风预热后的空气状态点的含湿量 [kg/kg（干空气）]。

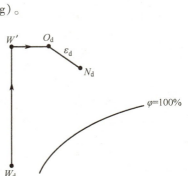

图 8-26 直流式喷水室系统冬季空气处理过程焓湿图

图 8-27 直流式空气冷却器系统冬季空气处理过程焓湿图

预热器加热量为

$$Q_1 = q_m(h_{w'} - h_{w_d}) \qquad (8-42)$$

式中　$h_{w'}$——冬季新风预热后的空气状态点的比焓（kJ/kg）；

h_{w_d}——冬季室外空气状态点的比焓（kJ/kg）。

8.2.4 全空气空调的系统划分和分区处理

1. 系统划分

全空气空调系统所服务建筑物有不同的使用要求和特点。在空调系统设计时应根据空调区温湿度、负荷特性、清洁度和噪声标准等要求，进行空调系统的划分，见表8-1。

《公共建筑节能设计标准》（GB 50189—2015）中规定：使用时间不同的空气调节区不应划分在同一个定风量全空气风系统中。温度、湿度等要求不同的空气调节区不宜划分在同一个空气调节风系统中。

《民用建筑供暖通风与空气调节设计规范》（GB 50736—2012）规定：属于下列情况之一的空调区，宜分别设置空调风系统：①使用时间不同的空调区；②温湿度基数和允许波动范围不同的空调区；③对空气的洁净度要求不同的空调区；④噪声标准要求不同，以及有消声要求和产生噪声的空调区；⑤需要同时供热和供冷的空调区。该规范也规定：空气中含有易燃易爆或有毒有害物质的空调区，应独立设置空调风系统。

表 8-1　全空气空调系统的划分

序号	项目	空调系统合并	空调系统分开
1	温湿度	1）各室邻近，且室内温湿度基数、房间热湿比、使用班次和运行时间接近时 2）空调区热湿比虽不同，但有室温调节加热器的再热系统 3）室内温湿度允许波动范围大的相邻房间	1）房间分散 2）室内温湿度基数、空调区热湿比、使用班次和运行时间差异较大时 3）室内温湿度精度差别大时
2	负荷特性	热湿负荷相差不大，经控制而不影响热舒适条件时	1）热湿负荷相差大，如进深大，可划分为内区和周边区的办公楼标准层、同一时间内须分别进行供热和供冷的房间 2）大空间建筑（如剧场，体育馆），为克服温度梯度时
3	大面积空调	1）室内温湿度精度要求不严且各区热湿扰量相差不大时 2）室内温湿度精度要求较严且各区热湿扰量相差较大时，可用按区分别设置再热系统的分区空调	1）按热湿扰量的不同，分系统分别控制 2）负荷特性相差较大的内区与周边区，以及同一时间内须分别进行加热和冷却的房间，宜分区设置空调系统
4	清洁度	1）产生同类有害物质的多个空调房间 2）个别房间产生有害物质，但可用局部排风较好地排除，而回风不致影响其他要求干净的房间时	1）个别产生有害物质的房间，不宜与其他要求干净的房间合一系统 2）有洁净室等级要求的房间，不宜和一般空调房间合一系统

（续）

序号	项目	空调系统合并	空调系统分开
5	噪声标准	1）各室噪声标准相近时 2）各室噪声标准不同，但可做局部消声处理时	各室噪声标准差异较大，难以做局部消声处理时
6	新风比	新风比相同的房间	新风比不同的房间
7	防火要求	应与建筑防火分区相对应	

2. 全空气空调系统的分区处理

虽然在系统划分时尽可能把室内参数、热湿比等相近的房间组合成一个系统，但仍不免有要求或条件不相同的房间需组成共同的系统，以减少投资和运行费用。

当空调系统为若干个室内参数相同（或相近）、热湿比各不相同的相邻房间服务时，需要考虑对空调系统的分区处理。

1）对室内状态点要求相同，但各空调房间热湿比不同，可采用同一机器露点而分室加热的方法。

如图 8-28a 所示，空调系统向甲、乙两个房间送风，这两个房间要求室内状态点 N_x 相同，夏季的热湿比不同，夏季分别为 ε_{x1} 和 ε_{x2}（$\varepsilon_{x1} > \varepsilon_{x2}$），冬季分别为 ε_{d1} 和 ε_{d2}（$\varepsilon_{d1} > \varepsilon_{d2}$）。空气处理过程焓湿图如图 8-28b 所示。

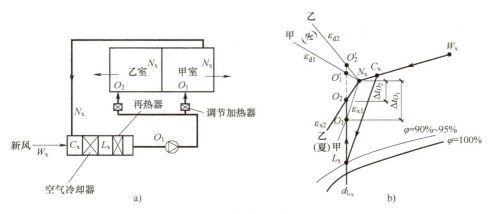

图 8-28　用分室加热方法满足两个房间送风要求
a）分室加热空调系统　b）分室加热空调系统焓湿图

除组合式空调机组设有再热器之外，在送向甲、乙室的分支风管上分别设置调节加热器。两个房间的夏季空气处理流程为

甲室：

$$\begin{matrix} W_x \\ \\ N_x \end{matrix} \Big\rangle \longrightarrow C_x \longrightarrow L_x \longrightarrow O_1 \xrightarrow{\varepsilon_{x1}} N_x$$

乙室：

$$\begin{matrix} W_x \\ \\ N_x \end{matrix} \Big\rangle \longrightarrow C_x \longrightarrow L_x \longrightarrow O_1 \longrightarrow O_2 \xrightarrow{\varepsilon_{x2}} N_x$$

甲室的送风状态点为 O_1，送风量为

$$q_{m1} = \frac{\sum Q_1}{h_{N_x} - h_{O_1}}$$ （8-43）

乙室的送风状态点为 O_2，送风量为

$$q_{m2} = \frac{\sum Q_2}{h_{N_x} - h_{O_2}}$$ （8-44）

系统的总送风量为

$$q_m = q_{m1} + q_{m2}$$ （8-45）

在夏季，甲室不用调节加热器，乙室用调节加热器，从 O_1 加热到 O_2。在冬季，甲室和乙室都有调节加热器。

这个方法的缺点是：由于用同一个机器露点，使得乙室的送风温差 Δt_O 较小，从而加大了送风量。

2）对室内温度要求相同，相对湿度允许有偏差，但各空调房间热湿比不同，可以采用相同的送风温差 Δt_O 和相同的机器露点 L_x。

如果甲室为主要房间，对两个房间用相同的 Δt_O 并根据不同的送风点 O_{x1}、O_{x2} 算出各室的风量。由于甲室为主要房间，因此用与 O_{x1} 对应的机器露点 L_{x1} 加热后送风，这时乙室相对湿度必然有偏差，如果在许可范围内即可。

如果两个房间具有相同的重要性，则可取 L_{x1}、L_{x2} 的中间值 L_x 作为机器露点（图 8-29），结果两室的相对湿度都将有较小的偏差。如果偏差在允许范围内即可。

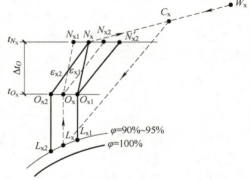

图 8-29　两个房间室内相对湿度偏差在允许范围内可用相同送风温差

两个房间的夏季空气处理流程为
甲室：

$$\begin{array}{c} W_x \\ \\ N_x \end{array} \!\!\!\! \longrightarrow C_x \longrightarrow L_x \longrightarrow O_x \xrightarrow{\ \varepsilon_{x1}\ } N_{x1}$$

乙室：

$$\begin{array}{c} W_x \\ \\ N_x \end{array} \!\!\!\! \longrightarrow C_x \longrightarrow L_x \longrightarrow O_x \xrightarrow{\ \varepsilon_{x2}\ } N_{x2}$$

夏季，甲室和乙室的送风状态点均为 O_x。
甲室的送风量为

$$q_{m1} = \frac{\sum Q_1}{h_{N_{x1}} - h_{O_x}}$$ （8-46）

乙室的送风量为

$$q_{m2} = \frac{\sum Q_2}{h_{N_{x2}} - h_{O_x}}$$ （8-47）

3）各房间室内参数要求相同，ε_x 不同，但又要求送风温差 Δt_O 相同。

在这种情况下，必然要求送风状态点温度相同，但含湿量不同。为了用一个系统得到两个不

同的送风状态,必须采用分区处理的方法。图 8-30a 所示为这种空调系统的示意图,图中有集中处理新风的设备,又有两个分区处理设备。两个房间的夏季空调过程为

甲室:

$$W_x \longrightarrow L_x$$
$$N_x \quad \longrightarrow C_{x1} \longrightarrow O_{x1} \xrightarrow{\varepsilon_{x1}} N_x$$

乙室:

$$W_x \longrightarrow L_x$$
$$N_x \quad \longrightarrow C_{x2} \longrightarrow O_{x2} \xrightarrow{\varepsilon_{x2}} N_x$$

图 8-30b 所示为这种空调过程在焓湿图上的表示。

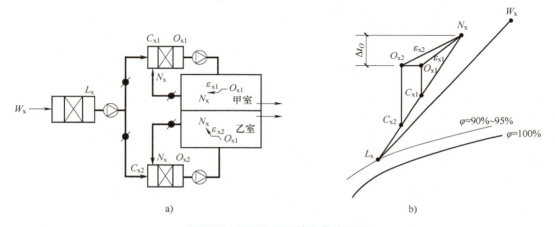

图 8-30 分区空调系统及其焓湿图
a)分区空调系统 b)分区空调处理过程焓湿图

以上对于空调系统的分区处理都是以空调系统中有甲、乙两个房间进行分析的,对于有两个以上空调房间的系统,空调系统分区处理的方法和上面分析的方法相同。

8.2.5 单风机系统和双风机系统的选择

1. 单风机系统

单风机系统是指在全空气系统中只设有送风机。

送风机负担整个空调系统的全部压力损失。送风机的作用压头克服从新风进口至空气处理机组吸入侧的全部阻力、送风风管系统的阻力和回风风管系统的阻力。为了维持房间的正压,需要使送入的风量大于从房间抽回的风量。多余的送风量就是维持房间正压的风量,它通过门、窗缝隙渗透出去。

单风机系统具有投资省、耗电少及占地小的特点,这种系统的适用条件是:①系统全年新风量不变;②当使用大量新风时,室内门窗可以排风,不会形成大于 50Pa 的过高正压;③空调系统较小,系统中的房间少;④空调房间靠近空调机房,空调系统的排风口靠近空调房间。

一次回风式单风机系统风管的压力分布如图 8-31 所示。图中,W 为新风进口,其压力为大气压;M 为送风入口;N 为回风口,其压力是室内正压值。点 P 是回风与排风的分流点,点 X

是新风与回风的混合点。新风在风机吸力作用下，由点 W 吸入，其相对压力为零，混合点 X 的压力为负值。

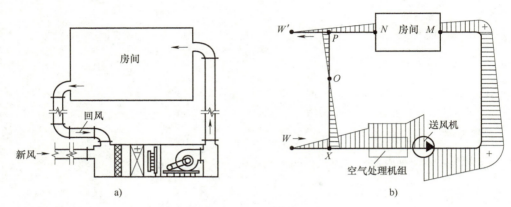

图 8-31 单风机系统风管的压力分布
a）工作原理 b）压力分布

从图中 8-31 中可以看出，在回风管路上，压力沿着管路 NX 从正压逐渐变成了负压，因此在管路上会存在相对压力为零的点 O，则 $\Delta p_{WX} = \Delta p_{OX}$。回风在管道 NX 中的流动阻力是由房间正压和风机吸力共同作用下克服的。排风管道 PW' 的流动阻力是靠点 P 到排风口 W' 的压力差克服的，点 P 与点 W' 的压力差就是排风的动力。因此，排风口应设在回风风管的正压段，否则排风口就无法排出空气。排风口应当设在靠近空调房间的地方，不要设在空气处理机附近，否则会使房间内的正压增大。

当采用单风机系统时，如果过渡季使用大量新风，室内没有足够的排风面积，全年新风量调节困难，就会使室内正压过大，人耳膜会有痛感，门也不易开启。由于单风机系统的送风机负担全部空气输送损失，因此风机风压高，噪声大，空调器内有较大负压，缝隙处易渗入空气，冷热耗量增大。当室内局部排风量大时，用单风机克服回风管的压力损失，不经济。使用于多房间的空调系统时，不易调节。

2. 双风机系统

双风机系统是指在全空气系统中设有送风机和回风机。

送风机负担由新风口至最远送风口的压力损失；回风机负担最远回风口至空气处理机组前的压力损失。一般回风机的压力仅为送风机压力的 1/4~1/3。需要注意的是，排风口应处于回风机的正压段，新风口应处于送风机的负压段。

双风机系统可以采用全年多工况调节，节省能量，可保证设计要求的室内正压和回风量，风机风压低，噪声小。使用于多房间的空调系统时，易于调节。这种系统的适用条件是：①要求保证空调系统有恒定的回风量或恒定的排风量；②不同季节的新风量变化比较大，通过排风，不能满足风量变化的要求，会导致室内正压过高；③空调房间必须维持一定的正压，而门窗严密，空气不易渗透室内又无排气装置；④仅有少量回风的空调系统。

双风机系统投资高、耗电比较多、占地大。应通过技术经济比较，确定是否设置回风机。当回风机选用不当而使风压过大时，会使新风口处形成正压，导致新风进不来。

送风机的作用压头是克服从新风进口至空气处理机组吸入侧的阻力和送风风管系统的阻力，并为房间提供正压值；回风机的作用压头是克服回风风管系统的阻力并减去一个正压值。两台风机的风压之和等于系统的总阻力。在双风机系统中，排风口应设在回风机的压出段上；新风进口应处在送风机的吸入段上。

一次回风式双风机系统风管的压力分布如图 8-32 所示。图中，W 为新风进口，其压力为大气压；M 为送风入口；N 为回风口，其压力是室内正压值。点 P 是回风与排风的分流点，点 X 是新风与回风的混合点。新风在风机吸力作用下，由点 W 吸入，其相对压力为零，混合点 X 的压力是负值。从图 8-32 中可以看出，应使排风与回风的分流点 P 至新风与回风的混合点 X 之间的管路压力分布从正压变化到负压，才能保证在正压段排风，在负压段吸入新风。

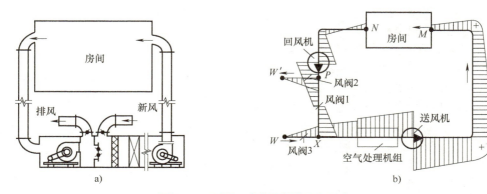

图 8-32　双风机系统风管的压力分布
a）工作原理　b）压力分布

通常可以通过调节风阀 1，使管段 PX 间的阻力 Δp_{PX} 等于新风吸入管段 WX 的阻力 Δp_{WX} 与排风管段 $W'P$ 的阻力 $\Delta p_{W'P}$ 之和，即 $\Delta p_{PX} = \Delta p_{WX} + \Delta p_{W'P}$。风阀 1 处的风压应为零，这样才能保证排风和吸入新风，否则，由于回风机选择不当，导致新风进不来。

通过上述分析可知，双风机系统的新风管不应接在回风机的吸入段上，以免造成排不出风。回风机的风量为送风机风量的 80%~90%。如果回风机和送风机风量相同，则会造成空调系统的新风进不来。当按直流式系统运行时，应关闭风阀 1，同时排风口的风阀（阀 2）和新风口的风阀（阀 3）全部打开。

8.2.6　挡水板过水问题和风机风管温升

1. 挡水板过水问题

在空调机组中喷水室前后应设挡水板。挡水板的作用是挡下通过处理设备的空气中可能携带的水滴。即使是构造良好的挡水板也不可能将悬浮在空气中的水滴完全挡下来。在挡水板后空气中携带的水滴，会吸热蒸发而增大空气的含湿量，引起空调区相对湿度增大。因此，过水量估计不足是有些空调系统夏季湿度情况不好的原因之一。要消除喷水室挡水板过水量的影响，需要降低喷水室内的机器露点温度，则耗冷量会随之增加。实际运行经验表明，当带水量为 0.7g/kg（干空气）时，机器露点温度需相应降低 1℃，这将导致耗冷量显著增大。所以在设计空调工程时应该考虑到这一点。

在实际中，可以将机器露点由 L_{x1} 降到 L_x 点，这样过水量吸热蒸发之后，空气的状态点由 L_x 变化到 O_x，为加热加湿过程。送风状态的含湿量 d_{O_x} 仍能得到保证，如图 8-33 所示。

挡水板过水量并不是任何时候都是不利的。送风适量带入水雾在纺织车间内蒸发，不但可以起到提高车间空气相对湿度和降低空气温度的作用，而且能减少送风量和节约用电。

2. 风机风管温升

通风机输送空气时，其机械能将转化为热能，引起的空气温升为

$$\Delta t_{\mathrm{f}}=\frac{0.96H\eta_3}{\eta_1\eta_2\rho} \qquad (8\text{-}48)$$

式中　H——风机全压（kPa）；

　　　ρ——空气密度（kg/m³）；

　　　η_1——风机效率；

　　　η_2——电动机效率；

　　　η_3——修正系数，当电动机在气流内时，$\eta_3=1$；当电动机在气流外时，$\eta_3=\eta_2$。

温升的大小与风机的风量和风压有关，普通空调风机温升一般按 $0.5\sim1.0$℃计。在夏季，

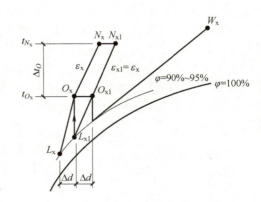

图 8-33　考虑挡水板过水的空气处理过程焓湿图

风管周围的环境温度高于风管内空气温度时，周围热量传入风管内将引起空气升温，这是风管温升。在冬季，环境温度低时，风管温升为负值。风管温升大小与风管尺寸、保温情况以及风管内外温差有关，需要时可根据传热原理计算。

当送风空气需要再热时，风机风管温升就是有利因素。当送风温差要求尽可能大时，风机风管温升是不利因素。在分析空气处理过程时，需要根据实际情况考虑风机风管温升对送风状态的影响，以保证室内环境参数。

考虑风机风管温升的空气处理过程如图 8-34 所示。图中，Δt_{s} 表示风管和送风机温升；Δt_{h} 表示回风机温升。从图 8-34 可以看出，考虑这些温升后，在夏季，空气处理设备的冷量增加了，即空调系统的冷负荷增加了。系统在冬季运行时，风管温降使系统的热负荷增加了。

既考虑风机风管温升，又考虑挡水板过水，并使室内空气状态满足设计要求的一次回风式空调系统夏季空气处理过程如图 8-35 所示。图中虚线表示的是不考虑风机风管温升及挡水板过水的空气处理过程。实线是考虑了风机风管温升及挡水板过水的空气处理过程。图中，Δt_{z} 表示再热温升，Δt_{s} 表示送风温升，Δt_{h} 表示回风温升。

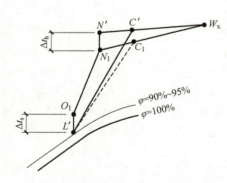

图 8-34　考虑风机风管温升的空气处理过程焓湿图

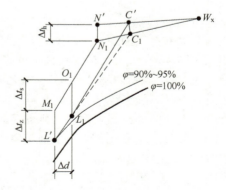

图 8-35　既考虑风机风管温升，又考虑挡水板过水的空气处理过程

8.3 风机盘管加新风空调系统

8.3.1 工作原理和风机盘管的类型

1. 风机盘管加新风空调系统的工作原理

风机盘管加新风空调系统属于半集中式空调系统，也属于空气-水系统，具有各空调区可单独调节，比全空气系统节省空间，比带冷源的分散设置的空气调节器和变风量系统造价低廉等优点。它由风机盘管机组和新风系统两部分组成。风机盘管原理如图8-36所示，风机盘管设置在空调房间内作为系统的末端装置，将流过机组盘管的室内循环空气冷却、减湿冷却或加热后送入室内。新风系统是为了保证人体健康的卫生要求，给房间补充一定的新风量。通常室外新风经过处理后，送入空调房间。

在办公楼和宾馆客房中，风机盘管加新风系统是最常用的空调方式。办公楼可分为常规办公楼和现代化智能化大楼。从办公楼的规模来说，可分为大型、中型、小型。对于中型、小型或平面形状呈长条形或房间进深较小的办公楼建筑，通常不分内区和外区，可以采用风机盘管加新风系统的空调方式。大型办公楼（建筑面积超过$10000m^2$）的周边区往往采用轻质幕墙结构，由于

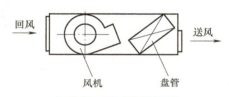

图8-36 风机盘管原理

热容量较小，室外空气温度的变化会很快地影响室内，使室内温度昼夜波动较明显。所以周边区空调负荷、负荷变化的幅度、不同朝向房间的负荷差别较大，一般冬季需要供热、夏季需要供冷。内部区由于不受室外空气和日射的直接影响，室内负荷主要是人体、照明和发热设备，全年基本上是冷负荷，且变化较小，为了满足人体需要，通风量较大。大型办公楼为了适应不同负荷特点，可以有多种空调方式的选择，其中的一种常见形式就是采用风机盘管加新风系统，各层分区机组方式，针对各区负荷特点分设系统。

风机盘管对空气进行循环处理，一般不做特殊的过滤，所以不应安装在厨房等油烟较多的空气调节区。由于风机盘管加新风系统不能严格控制室内温湿度，冷却盘管外表面产生冷凝水，会滋生微生物和病菌等。因此，对温湿度和卫生等要求较高的空气调节区限制使用。

2. 风机盘管的类型

风机盘管加新风空调系统具有半集中式空调系统和空气-水系统的特点。目前这种系统已广泛用于宾馆、办公楼、公寓等商用或民用建筑。在大型办公楼中，内区往往终年需供冷，而周边区冬季一般需要供热，因此经常在周边区采用风机盘管处理周边围护结构负荷。由于风机盘管通常设置在室内，有时可能会与建筑布局产生矛盾，所以需要建筑上的协调与配合。风机盘管常用的有四种类型：

（1）卧式暗装型（图8-37） 一般安装在客房过厅的吊顶内，通过送风管道及风口把处理后的空气送入室内，对室内特别是吊顶的装修较为有利；但是检修困难，尤其是吊顶不可拆卸时，必须预留专门的检修人孔。

根据建筑结构和室内装饰情况，风机盘管可以有不同的安装形式。

如图8-38所示，风机盘管安装在人行小通（过）道的吊顶内向房间送风，回风口设在吊顶的顶板上。此种方式大多用于高层宾（旅）馆、酒店的客房中，是客房典型的建筑布置形式。新风干管通常设在走廊的吊顶内，进入客房的支风管从吊顶内通过。新风出风口和风机盘管的

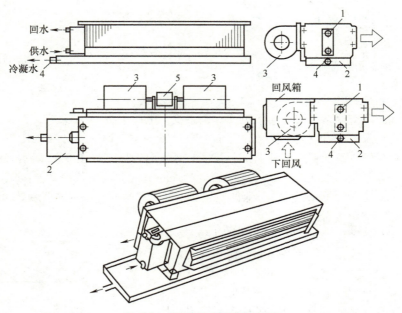

图 8-37　卧式暗装型风机盘管
1—盘管　2—凝水盘　3—风机　4—冷凝水排出管　5—电动机

出风口可以合用一个双层百叶送风口，向房间送风。

如图 8-39 所示，风机盘管安装在沿内墙布置的局部吊顶内，回风口设在局部吊顶的顶板上。

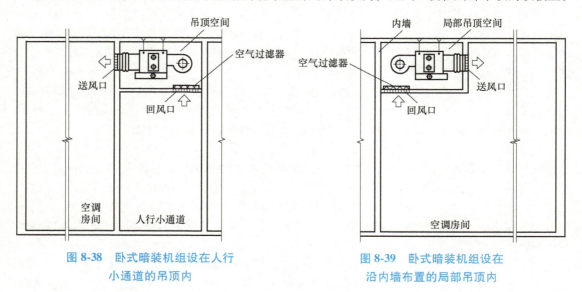

图 8-38　卧式暗装机组设在人行
小通道的吊顶内

图 8-39　卧式暗装机组设在
沿内墙布置的局部吊顶内

如图 8-40 所示，风机盘管安装在房间吊顶的中部，通过风管连接送风口和回风口。送风口和回风口都位于房间的顶部。这种方式适用于全室进行吊顶的场合。

如图 8-41 所示，卧式暗装机组安装在房间吊顶内。在风机盘管出口接送风风管，风管底部连接两个方形散流器。送风口和回风口都位于房间的顶部，也可以采用柔性风管连接送风口，送风口的安装位置更加灵活。需要注意的是，应使送风风管和送风口的总阻力小于风机盘管机组的机外余压，必要时采用高静压型风机盘管。

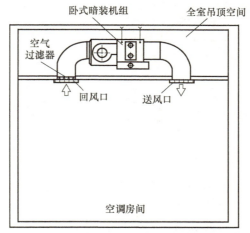

图 8-40　卧式暗装机组设在房间吊顶的中部

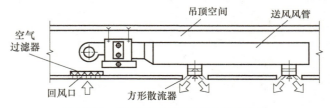

图 8-41　卧式暗装机组设在房间吊顶内

（2）**卧式明装型**（图 8-42）　它不占用地板面积和吊顶空间，但是它的水管连接较为困难，因此通常靠近管道竖井隔墙安装。如果水管在吊顶内安装，与机组连接时会存在泄水、凝结水管排水和走向问题。

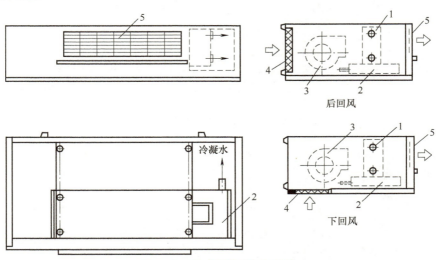

图 8-42　卧式明装型风机盘管

1—盘管　2—凝水盘　3—风机　4—空气过滤器　5—出风格栅

（3）立式明装型（图 8-43） 一般安装在窗下地面上，表面经过处理，美观大方，安装方便，检修时可直接拆下面板。其水管通常从该层楼板下穿上来，在机组内留有专门的接管空间。这种方式占用部分面积，并且与外窗帘的设计有一定矛盾。

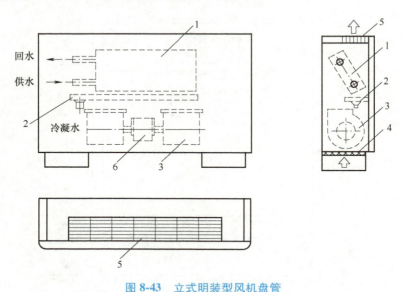

图 8-43 立式明装型风机盘管
1—盘管 2—凝水盘 3—风机 4—空气过滤器 5—出风格栅 6—电动机

（4）立式暗装型（图 8-44） 由于装修的要求，机组被装修材料遮掩，对机组外表面的美观要求较低；但是检修工作量相对大些，需要与装修设计配合。

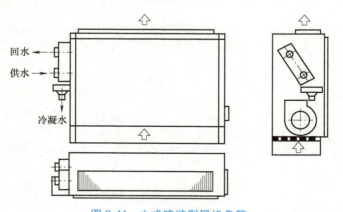

图 8-44 立式暗装型风机盘管

除了上述四种形式外，还有立柱式明装型、柜式明装型和吸顶式暗装型（图 8-45）等。

3. 风机盘管加新风空调系统的特点

风机盘管加新风空调系统的主要特点是：

（1）可进行局部区域的温度控制 各房间可通过风机盘管控制其供冷量和供热量，以满足其正常使用的需求。各房间能按照室内人员不同的温度要求使用，使用灵活。当部分房间负荷变小时，其供冷（热）量可随自动控制而减少，如果房间不使用，房间温度可以降低或者停止风机盘管的运行，有利于节省系统运行能耗。

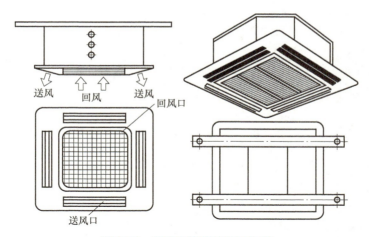

图 8-45　吸顶式暗装型风机盘管

（2）**可节省空调系统的输送能耗**　由于水的比热容远大于空气，因此，输送同样的冷、热量时，用水管输送时的能耗小于用风管输送时的能耗。因此在设计状态下，系统的输送能耗通常小于全空气空调系统的输送能耗。

（3）**节省空间，安装灵活**　由于风机盘管体积较小、结构紧凑、安装灵活，因此对一些空间有限的建筑，有较好的适用性。

（4）**检修和日常维护工作量比较大**　由于空调房间都设有风机盘管，风机盘管数量较多，因此对于风机维护、过滤器清洁、控制阀的维护检修等工作量增加。

（5）**水管进入室内，施工要求严格**　由于风机盘管安装在室内，水管进入风机盘管，因此设备安装和保温施工要求较高，否则将导致漏水或产生凝结水滴至吊顶，严重影响房间的正常使用。

（6）**室内有噪声**　通常风机盘管安装在室内或走廊，由于风机盘管内有风机，因此风机运行产生的噪声会影响室内。风机盘管选配不当，会导致房间噪声太大。因此，在设计选用风机盘管时，应按房间等级的高低考虑其安装位置。要求高的卧式安装时，可在风机盘管的出口至房间送风口之间的风管内做消声处理。立柱式风机盘管应在远离床和桌子的部位设置，其出风口上也加消声装置。要求一般的，可选用中等噪声级的卧式或立式风机盘管。

8.3.2　风机盘管加新风空调系统的新风供给方式

风机盘管加新风空调系统主要有三种新风供给方式：

1. 靠渗入室外新鲜空气补给新风

风机盘管基本上处理再循环空气。这种方案初投资和运行费经济，但室内卫生条件较差，且受无组织的渗透风影响，造成室内温度场不均匀，这种方式只适用于室内人少的场合。

2. 墙洞引入新风直接进入机组

新风口做成可调节的，冬、夏季按最小新风量运行，过渡季尽量多采用新风。这种方式虽然新风得到比较好的保证，但随着新风负荷的变化，室内参数会受到影响，因此这种系统只用于要求不高或者在旧建筑中增设空调的场合。

3. 独立新风系统

由设置在空调机房的空气处理设备把新风集中处理到一定参数，然后送入室内。新风可以接入风机盘管机组，也可以单独接入室内，这种做法如图 8-46 所示。这种方式提高了系统调节和运转的灵活性，且进入风机盘管的供水温度可适当提高，水管的结露现象可得到改善。

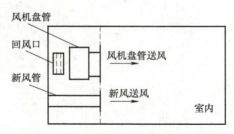

图 8-46　新风与风机盘管各自送风至室内

8.3.3　风机盘管加新风空调系统的空气处理过程

在风机盘管加新风空调系统中，新风在夏季要经过冷却减湿处理，在冬季要经过加热或加热加湿处理。

1. 夏季空气处理过程

（1）新风处理到室内状态的等焓线　图 8-47 所示为夏季新风处理到室内状态的等焓线的焓湿图。新风机组只承担新风负荷，不承担室内冷负荷。

其空气处理过程为

$$W_x \xrightarrow{\text{冷却减湿}} L_x \xrightarrow{\text{风机温升}} K_x$$
$$N_x \xrightarrow{\text{冷却减湿}} M_x$$
$$\xrightarrow{\text{混合}} O_x \xrightarrow{\varepsilon_x} N_x$$

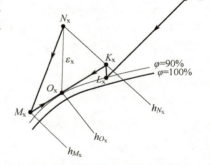

图 8-47　新风处理到室内状态的等焓线的夏季空气处理过程

夏季空气处理过程焓湿图的绘制步骤如下：

1）根据设计条件，确定室外状态点 W_x 和室内状态点 N_x。

2）确定机器露点 L_x 和考虑温升后的状态点 K_x。

3）过点 N_x 作 h_{N_x} 线，取温升为 1.5℃ 的线段 $\overline{K_x L_x}$，使 $\overline{K_x L_x}$ 与等焓线 h_{N_x} 线和 $\varphi = 90\%$ 线分别交于 K_x、L_x。

4）连接 $\overline{W_x L_x}$，$W_x \rightarrow L_x$ 是新风在新风机组内实现的冷却减湿过程。

5）确定送风状态点 O_x。过点 N_x 作 ε_x 线，该线与 $\varphi = 90\%$ 的线相交于送风状态点 O_x。

6）确定风机盘管处理后的状态点 M_x。连接 $\overline{K_x O_x}$ 并延长到点 M_x，点 M_x 为经风机盘管处理后的空气状态，风机盘管处理的风 $q_{m,F} = q_m - q_{m,W}$，由混合原理

$$\frac{q_{m,W}}{q_{m,F}} = \frac{h_{O_x} - h_{M_x}}{h_{N_x} - h_{O_x}}$$

可求出 h_{M_x}，h_{M_x} 线与 $\overline{K_x O_x}$ 的延长线相交得点 M_x。

7）连接 $\overline{N_x M_x}$，$N_x \rightarrow M_x$ 是室内回风在风机盘管内实现的冷却减湿过程。

根据夏季空气处理过程焓湿图（图 8-47），就能确定空调房间的送风量、新风机组负担的冷量和盘管负担的冷量。

空调房间的送风量（kg/s）为

$$q_m = \frac{\sum Q_x}{h_{N_x} - h_{O_x}} \qquad (8\text{-}49)$$

新风机组负担的冷量（kW）为

$$Q_{0,W} = q_{m,W}(h_{W_x} - h_{L_x}) \qquad (8\text{-}50)$$

盘管负担的冷量（kW）为

$$Q_{0,F} = q_{m,F}(h_{N_x} - h_{M_x}) \qquad (8\text{-}51)$$

（2）**新风处理到室内状态的等含湿量**　图 8-48 所示为夏季新风处理到室内状态的等含湿量线的焓湿图。新风处理到室内状态的等含湿量线时，风机盘管仅负担一部分室内冷负荷，新风机组不仅负担新风冷负荷，还负担部分室内冷负荷，其量为 $q_{m,W}(h_{N_x} - h_{L_x})$。

空气处理过程焓湿图的绘制步骤如下：

1）根据设计条件，确定室外状态点 W_x 和室内状态点 N_x。

2）确定新风处理后的终状态点 L_x。过点 N_x 作 d_{N_x} 线，该线与 $\varphi = 90\%$ 线交于点 L_x。

3）连接 $\overline{W_x L_x}$，$W_x \rightarrow L_x$ 是新风在新风机组内实现的冷却减湿过程。

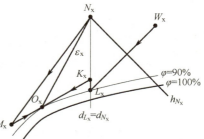

图 8-48　新风处理到室内状态的
等含湿量线的夏季空气处理过程

4）确定考虑风机温升后的状态点 K_x。沿 d_{L_x} 线向上取温升为 1.5℃ 的线段，确定温升后的状态点 K_x。

5）确定室内送风状态点 O_x。过点 N_x 作 ε_x 线，该线与 $\varphi = 90\%$ 的线交于 O_x。

6）连接 $\overline{K_x O_x}$ 并延长到点 M_x，使

$$\frac{q_{m,W}}{q_{m,F}} = \frac{h_{O_x} - h_{M_x}}{h_{K_x} - h_{O_x}}$$

7）确定风机盘管处理后的状态点 M_x 后，连接 $\overline{N_x M_x}$，$N_x \rightarrow M_x$ 是在风机盘管内实现的冷却减湿过程。

根据夏季空气处理过程焓湿图（图 8-48），就能确定空调房间的送风量、新风机组负担的冷量和盘管负担的冷量。

空调房间的送风量为

$$q_m = \frac{\sum Q_x}{h_{N_x} - h_{O_x}} \qquad (8\text{-}52)$$

风机盘管风量为

$$q_{m,F} = q_m - q_{m,W} \qquad (8\text{-}53)$$

$$\frac{q_{m,W}}{q_{m,F}} = \frac{h_{O_x} - h_{M_x}}{h_{K_x} - h_{O_x}} \qquad (8\text{-}54)$$

$$h_{M_x} = h_{O_x} - \frac{q_{m,W}}{q_{m,F}}(h_{K_x} - h_{O_x}) \qquad (8\text{-}55)$$

新风机组负担的冷量（kW）为

$$Q_{0,W} = q_{m,W}(h_{W_x} - h_{L_x}) \qquad (8\text{-}56)$$

盘管负担的冷量（kW）为

$$Q_{0,F} = q_{m,F}(h_{N_x} - h_{M_x}) \tag{8-57}$$

（3）**新风处理到低于室内空气的等含湿量线** 图 8-49 所示为夏季新风处理到室内状态低于室内空气等含湿量（$d_{L_x} < d_{N_x}$）线的焓湿图。新风处理到 $d_{L_x} < d_{N_x}$ 时，新风机组不仅负担新风冷负荷，还负担部分室内显热冷负荷和全部潜热冷负荷。风机盘管仅负担一部分室内显热冷负荷，实现等湿冷却过程，可改善室内卫生条件和防止水患。新风处理机组焓差大，水温要求在 5℃以下，要采用特制的新风机组。

空气处理过程焓湿图的绘制步骤如下：

1）根据设计条件，确定室外状态点 W_x 和室内状态点 N_x。

2）确定室内送风状态点 O_x。过点 N_x 作 ε_x 线，该线与 $\varphi = 90\%$ 线相交于送风状态点 O_x。

3）连接 $\overline{N_x O_x}$ 并延长到点 P，使

$$\frac{\overline{N_x O_x}}{\overline{O_x P}} = \frac{q_{m,W}}{q_{m,F}}$$

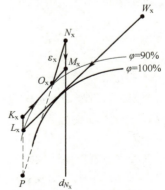

图 8-49 夏季新风处理到室内状态低于室内空气等含湿量线的焓湿图

4）确定考虑风机温升后的状态点 K_x。d_P 线与 $\varphi = 90\%$ 线相交于 L_x，从点 L_x 沿 d_{L_x} 线向上取温升为 1.5℃的线段，确定温升后的状态点 K_x。

5）确定风机盘管处理后的状态点 M_x。点 M_x 为风机盘管处理后的空气状态，连接 $\overline{K_x O_x}$，并延长与 d_{N_x} 线相交得点 M_x，连接 $\overline{N_x M_x}$。

根据夏季空气处理过程焓湿图（图 8-49），就能确定空调房间的送风量、新风机组负担的冷量和盘管负担的冷量。

空调房间的送风量为

$$q_m = \frac{\sum Q_x}{h_{N_x} - h_{O_x}} \tag{8-58}$$

风机盘管风量为

$$q_{m,F} = q_m - q_{m,W} \tag{8-59}$$

$$\frac{q_{m,W}}{q_{m,F}} = \frac{h_{M_x} - h_{O_x}}{h_{O_x} - h_{K_x}} \tag{8-60}$$

$$h_{M_x} = h_{O_x} + \frac{q_{m,W}}{q_{m,F}}(h_{O_x} - h_{K_x}) \tag{8-61}$$

$$h_{M_x} = h_{K_x} + \frac{\sum Q_x}{q_{m,F}} \cdot \frac{h_{O_x} - h_{K_x}}{h_{N_x} - h_{O_x}} \tag{8-61}$$

$$h_{K_x} = h_{O_x} - \frac{q_{m,F}}{q_{m,W}}(h_{M_x} - h_{O_x}) \tag{8-62}$$

$$d_{L_x} = d_{N_x} - \frac{\sum W_x}{q_{m,W}} \tag{8-63}$$

新风机组负担的冷量（kW）为

$$Q_{0,W} = q_{m,W}(h_{W_x} - h_{L_x}) \tag{8-64}$$

风机盘管负担的冷量（kW）为

$$Q_{0,F} = q_{m,F}(h_{N_x} - h_{M_x})\tag{8-65}$$

2. 冬季空气处理过程

冬季空气处理过程焓湿图如图 8-50 所示。

其空气处理过程为

$$W_d \xrightarrow{\text{等湿加热}} W' \xrightarrow{\text{蒸汽加湿}} E_d$$

$$\left.\begin{array}{c} \\ N_d \xrightarrow{\text{等湿加热}} M_d \end{array}\right\} \xrightarrow{\text{混合}} O_d \xrightarrow{\varepsilon_d} N_d$$

冬季空气处理过程焓湿图的绘制步骤如下：

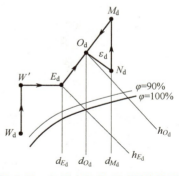

图 8-50　冬季空气处理过程焓湿图

1）根据设计条件，确定室外状态点 W_d 和室内状态点 N_d。

2）确定室内送风状态点 O_d。在冬季工况下，由于空调房间所需要的新风量和风机盘管机组处理的风量与夏季相同，因此空调房间送风量（kg/s）为

$$q_m = q_{m,W} + q_{m,F}\tag{8-66}$$

由送风量的计算公式，空调房间冬季送风状态点的比焓 h_{O_d}（kJ/kg）和含湿量 d_{O_d}（kg/kg）为

$$h_{O_d} = h_{N_d} - \frac{\sum Q_d}{q_m}\tag{8-67}$$

$$d_{O_d} = d_{N_d} - \frac{\sum W_d}{q_m}\tag{8-68}$$

由（h_{O_d}, d_{O_d}）即可在焓湿图上定出冬季的室内送风状态点 O_d。

也可以过室内状态点 N_d 作空调房间冬季的热湿比线 ε_d，ε_d 线与 h_{O_d} 线（或 d_{O_d} 线）的交点就是冬季室内送风状态点 O_d。

3）确定风机盘管处理后的空气状态点 M_d。冬季的送风温度不宜高于 40℃，一般取

$$t_{M_d} = t_{N_d} + (15 \sim 20)℃\tag{8-69}$$

式中　t_{M_d}——风机盘管处理后的空气状态点温度（℃）；

　　　t_{N_d}——室内设计状态点温度（℃）。

4）确定新风加热后的状态点 W'。冬季采用喷蒸汽加湿时，空气在焓湿图上的状态变化是等温过程。因此，新风加热后的状态点 W' 的温度应该等于状态点 E_d 的温度，由混合原理

$$\frac{q_{m,W}}{q_{m,V}} = \frac{\overline{M_d O_d}}{\overline{O_d E_d}} = \frac{h_{M_d} - h_{O_d}}{h_{O_d} - h_{E_d}}$$

计算 h_{E_d}，等焓线 h_{E_d} 与 $\overline{M_d O_d}$ 的延长线交于点 E_d，可得 t_{E_d}。

新风加热后温度为

$$t_{W'} = t_{E_d}$$

由于空气的加热是一个等含湿量过程，即

$$d_{W'} = d_{W_d}$$

则由（$t_{W'}, d_{W_d}$）即可确定新风加热后的状态点 W'。

冬季没有采用喷蒸汽加湿时，可通过作过状态点 W_d 的等含湿量线与 $\overline{M_d O_d}$ 的延长线交于点 W' 来确定新风加热后的状态点 W'。

根据冬季空气处理过程焓湿图（图 8-50），就能确定风机盘管的加热量、新风机组的加热量和加湿量。

风机盘管的加热量为

$$Q_F = q_{m,V} c_p (t_{M_d} - t_{N_d}) \tag{8-70}$$

新风机组的加热量为

$$Q_W = q_{m,W} c_p (t_{W'} - t_{W_d}) \tag{8-71}$$

新风机组的加湿量为

$$W = q_{m,W} (d_{E_d} - d_{W_d}) \tag{8-72}$$

8.3.4 新风系统、排风系统和凝结水管设计

1. 新风系统设计

新风系统按系统可分为小系统和大系统。以旅店类建筑为例，小系统一般管辖 30 ~ 50 间客房，大系统要管辖 150 ~ 250 间客房。对于大系统来说，一般是根据建筑高度、建筑面积进行分区，划分系统。

新风系统的管道垂直布置在建筑设计时留出的新风竖井中。通常在各层接出水平支管，在水平支管接出处须安装防火阀。

2. 排风系统设计

排风系统设计按其规模可分为小系统和大系统。一般是利用竖风管（或竖井）从下往上排风，风管布置在相邻客房卫生间的竖井内。小系统的竖风管延伸到屋面与屋顶风机相接，一般可带动 40 ~ 60 间卫生间的排风；大系统一般利用中间某层或顶层吊顶空间布置水平排风干管，将竖风管的排风汇集起来，通过竖井与顶层排风机房的排风风机相接，排出室外。

客房卫生间排风系统的设计风量按换气次数 8 ~ 10 次/h 计算。为防止室外空气的渗透保持房间正压，送入室内的新风量应大于排风量。

3. 凝结水管设计

如果吊顶的空间不能满足凝结水管坡度（$i \geqslant 0.01$）的要求，将会造成无坡甚至反坡。通常建议将凝结水管集中排水的接法改为直接排至卫生间地漏的接法。从每个风机盘管上引出的排水管的管径以 20mm 为宜，排水立管和总管的管径则应大一些。

在风机盘管与冷热水管接管上的手动与电动水阀下边应做集水盘。该集水盘可与风机盘管的集水盘连通，也可以要求生产厂家将原集水盘加长，以保证阀门等接头处的凝结水能沿集水盘排出。而且要做好机外保温，防止二次凝结水。要注意水阀的安装位置，以免接反。

8.4 分散式系统

8.4.1 分散式系统的类型和应用

1. 分散式系统的类型

分散式系统也称为局部空调机组，例如窗式空调器、分体式空调器、柜式空调器、屋顶式空调机和各种商用空调机等单元式空调机等。局部空调机组属于直接蒸发表冷式空调机组，是一种带有制冷机、换热器、通风机、空气过滤器等设备组成的空气处理机组。

分散式系统有多种分类方式，见表 8-2。

表 8-2　分散式系统的分类

分类	形式		单冷/热泵	特点	容量		使用场合
					中	小	
按室内装置形式	窗式（RAC）		○/○	最早使用的形式，冷凝器风机为轴流型，冷凝器突出安装在室外		○	对室内噪声限制不严的房间
	壁挂式		○/○	压缩冷凝机组设在室外，室内侧噪声低		○	用于室内噪声限制较严者，室内外机用冷剂管道连接，注意安装防泄漏
	嵌墙式		/○	两侧均为离心风机，机组不突出墙外		○	附有换热器，可供新风，适用于办公楼的外区
	柜式（PAC）		○/○	风机可带余压，能接短风管	○		当餐厅等噪声要求不严时，可用直接出风式
	吊顶式		/○	做成分体型		○	不占居室的空间，餐厅等可使用
按冷凝器冷却方式	水冷式		○/	一般要配置冷却塔、水冷柜机，一般为整体型	○		制冷 COP 值高于风冷，有条件时可应用
	风冷式		○/○	因是风冷，大多构成热泵方式，为分体型	○	○	因与热泵供暖相结合，故市场极大
按机组整体性	整体式		○/○	最早使用的形式，冷凝器风机为轴流型，冷凝器突出安装在室外；两侧均为离心风机，机组不突出墙外		○	无室内外侧机组冷剂管道相连的工作，冷剂不易渗漏
	分体式多匹配型	普通型	/○	室外一台压缩机匹配多台室内机（一拖多方式）		○	多居室使用空调时，压缩机按各室负荷累计的最大值匹配
		变制冷剂流量多联分体式空调型	/○	普通型可带动 10 多台，用变频器调节循环冷剂量	○		同上，因采用变频装置，提高了运行经济性
按系统热回收方式	三管制（冷剂）式		/○	利用压缩机高压排气管进行供热，高压液管经节流后供冷，能对建筑物同时供冷供热，故设有三管		○	建筑物同时有供冷供热要求者可使用。因是冷剂系统，只限于小规模场合应用
	冷却水闭环式热泵型（WLHP 式）		/○	属于水热源热泵的一种形式，通过水系统把机组相连在一起	○		对有一定规模的建筑，冬季有大量内区热量可回收者，有较高使用价值

（续）

分类	形 式	单冷/热泵	特 点	容量 中	容量 小	使用场合
按驱动能源	电驱动	○/○	使用和控制方便	○	○	绝大部分热泵使用
	燃气（油）驱动	/○	因可利用余热一次能利用效率高	○		国外有定型产品可选用
	电+燃气式	/○	冬季用燃气加热室外侧蒸发器，提高电热泵出力		○	寒冷地区家用热泵使用
按使用功能	冷风机组	○/○	风冷方式为主，控制要求一般	○	○	民用舒适性空调使用
	恒温恒湿机组	○/○	风冷、水冷式均可，控制要求高	○	○	精密加工工艺、程控机房、文物保存库等使用
	低温机组	○/	新风比小，低露点，处理焓差小	○		低温仓库使用（无人的场合）
	全新风机组	○/○	全新风，处理焓差大，有的与排风热回收相结合	○	○	要求全新风的场合
	净化空调机组	○/○	带有三级过滤系统，风机压头大	○	○	医院手术室等

2. 分散式系统的应用

按照分散式系统的设置情况，分散式系统可以有多种应用方式，见表8-3。

表8-3　分散式系统的应用方式

方 式	示 意 图	适 用 性
个别方式	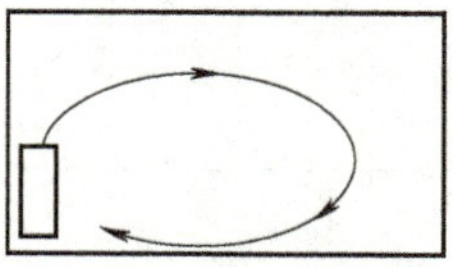	单台机组独立使用是分散式系统组常见的应用方式，一台机组服务一个房间
多台机组合用方式	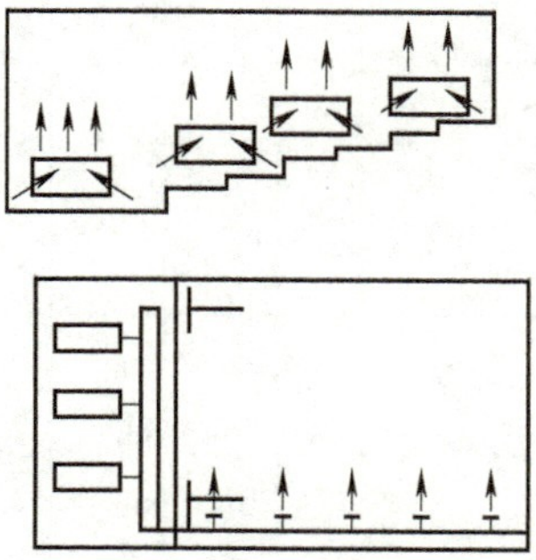	对于较大空间，如餐厅、小型电影院、会堂、教室等可采用多台独立设置的空调机组，有利于调节容量，也可以将多台机组并联安装，连接总送风管后送风，回风分送到各机组，但风机应具备一定输送余压，要注意新风供给方式及噪声控制

（续）

方 式	示 意 图	适 用 性
多台机组构成热回收方式	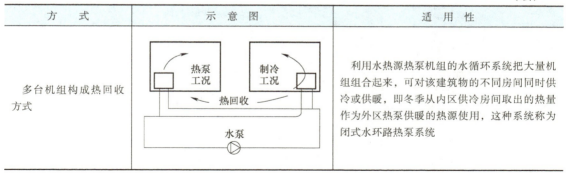	利用水热源热泵机组的水循环系统把大量机组组合起来，可对该建筑物的不同房间同时供冷或供暖，即冬季从内区供冷房间取出的热量作为外区热泵供暖的热源使用，这种系统称为闭式水环路热泵系统

8.4.2 常见的局部空调机组

1. 窗式空调器和分体式空调机组

整体式空调机组是指制冷机、换热器、通风机和空气过滤器等组合在一个整体机组内，例如窗式空调器（图 8-51）。

分体式空调机组如图 8-52 所示，是指压缩机和冷凝器及冷却冷凝器风机组成室外机组，蒸发器和送风机组成室内组，两部分各自独立安装，例如家用壁挂式空调器。

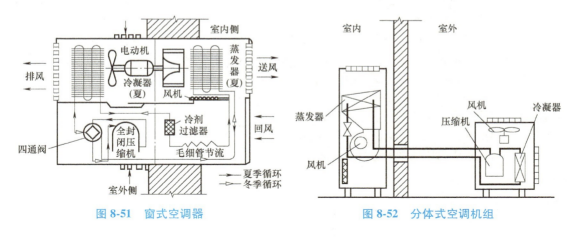

图 8-51　窗式空调器　　　　图 8-52　分体式空调机组

相对于集中空调方式而言，局部空调机组初投资低、设备结构紧凑、体积小、占机房面积小、安装也方便。但是设备噪声较大，对建筑物外观有一定影响。局部空调机组实际上是一个小型空调系统。小容量装置已成为家电产品。局部空调机组除满足民用之外，在商业和工业方面也广泛应用，按其功能需要可以生产成各种专用机组，如全新风机组、通用恒温恒湿机组和净化空调机组等。

2. 热泵

目前，许多办公建筑等采用热泵机组，使用一套制冷设备既可以在夏季制冷，又可以在冬季供热，如图 8-53 所示。

热泵是指在冬季，能够消耗少量的功由低温热源取热，向需热对象供应更多热量的设备。热泵取热的低温热源可以是室外空气、地面或地下水，以及废弃不用的其他余热，因此，利用余热是有效利用低温热能的一种节能技术手段。热泵通常为空气源热泵和水源热泵两大类。

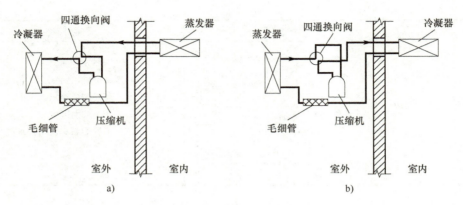

图 8-53　热泵工作原理
a）制冷方式运行　b）供热方式运行

　　空气源热泵通过对外界空气的放热进行制冷，通过吸收外界空气的热量来供热。这种热泵随着室外温度的下降，其性能系数明显下降，当室外温度下降到一定限度时，机组将无法正常使用。

　　水源热泵的载热介质为水，制冷时，向水放热而把空气冷却；供热时，从水中取得热量。如果保证一定的水温，这种装置的制冷系统和供热的性能系数都始终保持得较好。水源热泵在制冷工况时，压缩机把低压冷媒蒸汽压缩后成为高压冷媒气体进入冷凝器，在冷凝器中通过与水的热交换而使冷媒冷凝为高压液体，经毛细管的节流膨胀后进入蒸发器，从而对送风空气进行冷却。当热泵为供热工况时，通过四通换向阀的切换，使制冷工况时的冷凝器变为蒸发器，而制冷工况时的蒸发器变为冷凝器。通过蒸发器吸收水的热量，在热泵循环过程中，从冷凝器向送风空气放热。这时的热源来自流过蒸发器中的水。可以利用水源热泵机组的水循环系统把建筑物内的机组组合起来使用。它特别适用于建筑物规模较大的场合，内区面积要大于或相近于外区。当建筑物内区需要供冷，而外区需要供热时，可以从内区取出热量，通过冷却水管路提供给外区作为热泵供热的热源，在系统内部实现热量的转移，而不需外界的能量，从而增加了系统运行的经济性。但是这种将内区热量转移到外区的方式不可能经常取得平衡，因此要在系统中设置冷却塔（放冷）和辅助加热器（加热）。

3. 可变制冷剂流量空调机组系统

　　可变制冷剂流量空调机组系统属于冷剂系统，由一台室外机连接多台室内机组，如图 8-54 所示。

图 8-54　可变制冷剂流量空调机组系统

　　室内机是系统的末端装置部分，它是带一个蒸发器和循环风机的机组。为了满足各种建筑物的要求，目前室内机有立式明装、立式暗装、卧式明装、卧式暗装、吸顶式和挂式等多种形式。室外机可以配置不同规格、不同容量的多台室内机；由于采用电子膨胀阀和变频压缩机，因此可以使室内机组的负荷变动通过冷剂连续调节而达到稳定的室温。当系统处于低负荷时，通过变频控制器控制压缩机的转速，使系统内冷媒的循环流量得以改变，从而对制冷量进行自动控制以符合使用要求。对于容量小的机组，通常只设一台变速压缩机；而对于容量较大的机组，一般采用一台变速压缩机与一台定速压缩机联合工作的方式。

可变制冷剂流量空调机组系统是一种节能效果显著的系统，可用于多居室的家庭或别墅，以及中、小型办公楼。在建筑物较大时，可分层按容量选定。使用可变制冷剂流量空调机组系统时，应重视配管安装技术，严格防止泄漏。另外，应配备新风系统。这种系统与集中式空调系统相比较，节省了机房、水系统等，因此节省了占用空间；它与普通分体式空调机组相比较，作用距离加大。

8.4.3　单元式空调机

《单元式空气调节机》（GB/T 17758—2010）规定，单元式空气调节机是指向封闭空间、房间或区域直接提供处理空气的设备。它主要包括制冷系统以及空气循环和净化装置，还可以包括加热、加湿和通风装置。单元式空调机（又称为单元式空气调节机）的分类见表 8-4。

表 8-4　单元式空调机的分类

分类方法		按 功 能	按冷凝器的冷却方式	按结构	按送风方式
型式		1）单冷型，代号为 L 2）热泵型，代号为 B 3）恒温恒湿型，代号为 H	1）水冷式 2）风冷式	1）整体型 2）分体型	1）直接吹出型 2）直接吹出、接风管两用型 3）接风管型

单元式空调机主要有立柜式空调机、屋顶式空调机及各种商用空调机等。商用空调机主要包括风管送风式、壁挂式、嵌入式、吊顶式及落地式等形式。其中风管送风式空调机由室外机和室内机构成，室内机接风管后采用多个出风口，可以实现在大、中型商用空间多点送风。单元式空调机具有结构紧凑、安装灵活和节约机房面积等特点，在一些小、中型商用建筑中得到广泛应用。

《公共建筑节能设计标准》（GB 50189—2015）规定：采用名义制冷量大于 7.1kW、电机驱动的单元式空气调节机、风管送风式和屋顶式空气调节机组时，其在名义制冷工况下和规定条件下的能效比（EER）不应低于表 8-5 所示的数值。

表 8-5　单元式机组能效比规定

类　型		名义制冷量 CC/kW	能效比 EER/（W/W）					
			严寒 A、B 区	严寒 C 区	温和 地区	寒冷 地区	夏热冬 冷地区	夏热冬 暖地区
风冷	不接风管	7.1<CC≤14.0	2.70	2.70	2.70	2.75	2.80	2.85
		CC>14.0	2.65	2.65	2.65	2.70	2.75	2.75
	接风管	7.1<CC≤14.0	2.50	2.50	2.50	2.55	2.60	2.60
		CC>14.0	2.45	2.45	2.45	2.50	2.55	2.55
水冷	不接风管	7.1<CC≤14.0	3.40	3.45	3.45	3.50	3.55	3.55
		CC>14.0	3.25	3.30	3.30	3.35	3.40	3.45
	接风管	7.1<CC≤14,0	3.10	3.10	3.15	3.20	3.25	3.25
		CC>14.0	3.00	3.00	3.05	3.10	3.15	3.20

8.5 变风量系统

变风量系统（Variable Air Volume System，VAV）也称为VAV系统，是根据供冷或供热的需要，通过改变送风量，实现对空调区域的温度调节。当室内负荷低于最大值时，定风量系统靠调节再热量以提高送风温度（减小送风温差）来维持室温。这种调节方法既浪费热量，又浪费冷量。如果采用变风量系统，则送风量减少，可以降低风机的功耗和供冷量，同时也可以节省再热所消耗的冷量。与定风量系统和风机盘管加新风空调系统相比，变风量系统具有区域温度可控、室内空气品质好、部分负荷时风机可调速节能和可利用低温新风冷却节能等优点。

8.5.1 变风量系统的组成和特点

1. 变风量系统的组成

《民用建筑供暖通风与空气调节设计规范》（GB 50736—2012）规定：在经济、技术条件允许时，下列空气调节系统宜采用变风量全空气空气调节系统：同一个空气调节风系统中，各空调区的冷、热负荷变化大、低负荷运行时间长，且需要分别控制各空调区温度；建筑内区全年需要送冷风；卫生等标准要求较高的舒适性空调系统。

变风量系统通常由空气处理设备、送（回）风系统、变风量末端装置及送风口和自动控制系统等组成，如图8-55所示。

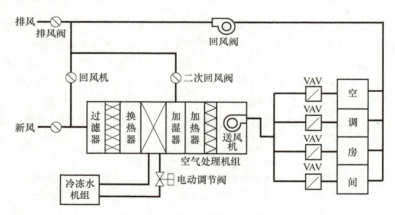

图 8-55　变风量系统的组成

（1）**空气处理设备**　空气处理设备又称为空气处理机组，主要用来处理新风或者新风与回风的混合空气。空气处理机组一般由空气过滤器、加热器、加湿器、空气冷却器和送风机等设备组成。空调处理机组的送风机、回风机应是变频风机，根据空调负荷变化需求，按照系统控制器的指令，改变风机的转速，改变风量。空调处理机组一般设置在单独的空调机房内。

（2）**送（回）风系统**　送（回）风系统是变风量系统从空调机组内的送风机到各末端装置的送风系统。送风风管内要求具有一定的静压，并在运行过程中始终保持静压稳定，以有利于变风量末端装置能稳定工作。送风管应有足够的强度和较高的气密性。主干送风管用薄钢板制作，主干风管与末端装置之间可用气密性好的柔性风管连接。

（3）**变风量末端装置（变风量箱）**　变风量末端装置是变风量系统的关键设备，通过它来调节送风量，以适应室内负荷的变化，维持室内的温度。变风量箱通常由进风短管、箱体、风量调节器、控制阀等部分组成，有的变风量箱还与送风口结合在一起。

（4）**自动控制系统** 变风量系统的控制方法有定静压控制、变静压控制、直接数字式控制等。自动控制系统的基本功能是对各房间、区域的空调系统中的温度、湿度、风量、压力以及新风量、排风量等参数进行有效控制与调节，以满足舒适和节能的要求。

2. 变风量系统的特点

（1）**分区温度控制** 定风量系统只能控制某一特定区域的温度，对于一个风系统服务于多个房间时，定风量系统不能满足每个房间的温度要求。变风量系统可以实现分区温度控制，由于每个房间变风量末端装置可随房间温度的变化自动控制送风量，因此能量利用合理。

（2）**设备容量减小，运行能耗节省** 采用一个定风量系统担负多个房间的空调时，系统的总冷（热）量是各房间最大冷（热）量之和，总送风量也应是各房间最大送风量之和。采用变风量系统时，由于各房间变风量末端装置独立控制，系统的冷、热量或风量应为各房间逐时冷、热量和风量之和的最大值，而不是各房间最大值之和。在设计工况下，变风量系统的总送风量及冷（热）量少于定风量系统的总送风量和冷（热）量，因此变风量系统的空调机组减小，冷水机组和锅炉安装容量减小，占用机房面积也减小。

在空调系统全年运行中，只有极少时间处于设计工况，绝大多数时间均是在部分负荷下运行。当各空调区负荷减少时，各末端装置的风量将自动减少，系统对总风量的需求也会下降。通过变频等控制手段，降低空调机组送风机的转速，使其能耗降低，节省系统运行能耗。

（3）**房间分隔灵活** 对于较大规模的高档写字楼来说，一般采用大开间设计，待其出租或出售后，用户通常会根据各自的使用要求对房间进行二次分隔及装修。变风量系统由于其末端装置的布置灵活，能比较方便地满足用户的要求。

（4）**维修工作量少** 在变风量系统中，没有冷水管、冷凝水管进入空调房间，避免了由于水管阀门漏水和冷水管保温未做好，以及空气冷凝水管坡度未按要求设置排水堵塞等原因使凝结水滴下损坏吊顶的现象，减少了日常的维修工作量。

变风量系统与其他常用舒适性空调系统的比较见表 8-6。

表 8-6 变风量系统与其他常用舒适性空调系统的比较

比较项目	全空气系统		空气-水系统
	变风量系统	定风量系统	风机盘管+新风系统
优点	区域温度可控制 空气过滤等级高，空气品质好 部分负荷时风机可变频调速节能运行 可变新风比，利用低温新风节能	空气过滤等级高，空气品质好 可变新风比，利用低温新风节能 初投资较小	区域温度可控制 空气循环半径小，输送能耗低 初投资小 安装空间小
缺点	初投资大 设计、施工、管理复杂	系统内各区域温度一般不可单独控制 部分负荷时风机不可变频调速节能	空气过滤等级低，空气品质差 新风量一般不变，难以利用低温新风节能 室内风机盘管有滋生细菌、霉菌与出现"水患"的可能性

（续）

比较项目	全空气系统		空气-水系统
	变风量系统	定风量系统	风机盘管+新风系统
适用范围	区域温度控制要求高 空气品质要求高 高等级办公、商业场所 大、中、小型各类空间	区域温度控制要求不高 大厅、商场、餐厅等场所 大、中型空间	室内空气品质要求不高 有区域温度控制要求 普通等级办公、商业场所 中、小型空间

8.5.2　变风量末端装置

1. 变风量末端装置的分类

变风量末端装置是变风量系统的关键设备。空调系统通过末端装置调节送风量，维持室内温度。变风量末端装置接收系统控制器指令，根据室温状态自动调节送风量。当室内负荷增大时，能自动维持房间送风量不超过设计最大送风量；当房间空调负荷减小时，能保持最小送风量，以满足最小新风量和气流组织要求；当所服务的房间不使用时，可以完全关闭末端装置的一次风风阀。

按照不同的分类方式，变风量末端装置有很多类型，见表8-7。其中常用的末端装置类型和适用范围见表8-8。

表 8-7　变风量末端装置的分类

分类方式	类型
按改变房间送风方式	单风道型、风机动力型、旁通型、诱导型、变风量风口
按再热方式	无再热型、热水再热型、电热再热型
按末端装置送风量变化	定风量型末端装置、变风量型末端装置
按补偿系统压力变化方式	压力相关型、压力无关型
按控制方式	电气模拟控制型、电子模拟控制型、直接数字式控制（DDC）
按驱动执行机构能源	气动型末端装置、电动型末端装置

表 8-8　常用变风量末端装置的类型和适用范围

常用类型		适用范围
单风道型	单冷型	一般用于负荷相对稳定的空调区域 需全年供冷的空调内区一般宜采用单冷型，对冬季加热量较小的外区一般宜采用再热型
	再热型	
并联式风机动力型	单冷型	负荷变化范围较大且需全年供冷的空调内区可以采用单冷型，对冬季加热量较大的外区一般采用再热型
	再热型	
串联式风机动力型	单冷型	适用于下列情况： 室内气流组织要求较高、要求送风量恒定 低负荷时气流组织不能满足设计要求（例如高大空间） 采用低温送风或一次风温度较低，送风散流器的扩散性能与混合性能不满足设计要求
	再热型	
双风道型		适用于采用独立送新风，一次风变风量、新风定风量送风，共用末端装置的系统

2. 单风道型变风量末端装置

单风道型变风量末端装置是变风量末端装置的基本形式，它主要由室温传感器、风速传感器、末端控制器、一次风风阀以及金属箱体等组成。箱体由 0.7~1.0mm 的镀锌薄钢板制成，内贴经特殊化学材料处理的离心玻璃棉或其他保温吸声材料。控制器一般由电源、变送器、逻辑控制电路等组成，配有和楼宇控制系统相连的接口，便于与楼宇控制系统进行数据通信或现场设置、修改装置的运行参数。电动风阀是变风量箱对送风进行调节的部件，风阀流量特性的优劣直接影响变风量末端装置的控制效果。

单风道型变风量末端装置如图 8-56 所示，通常用于不分内、外区的夏季送冷风、冬季送热风的空调系统。变风量系统运行时，变风量空调处理机组送出的一次风通过单风道型变风量末端装置内的风阀调节后，送入空调区域。

在供冷时，送风量随室温降低（冷负荷减小）而减小，直至最小风量。单风道再热型变风量末端装置的加热器有电热、热水之分，供热时末端保持最小风量。受送风温度和一次风量限制，单风道再热型变风量末端装置（图 8-57）的供热量有限，仅适用于部分内热负荷小且人员密集的房间区域过冷所需要的再热，用以调节送风温度。单冷再热型变风量末端装置也可用于冬季外围护结构热负荷很小的夏热冬暖地区的外区供热，除此之外，一般单风道型变风量末端装置宜与其他空调措施结合，分别处理冬季的冷、热负荷。

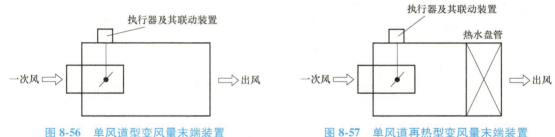

图 8-56 单风道型变风量末端装置　　　　图 8-57 单风道再热型变风量末端装置

单风道型变风量末端装置可作为定风量装置使用在需要恒定循环风量的空调系统中，也可以设置在新风系统或排风系统中，以确保系统的新风量与排风量。

3. 串联式风机动力型变风量末端装置

串联式风机动力型变风量末端装置（Fan Powered Box，FPB）如图 8-58 所示。在空调系统运行时，变风量空调处理机组送出的一次风通过末端装置内的一次风风阀调节后，再与吊顶内二次回风进行混合，通过末端风机增压送入空调区域。

在串联式风机动力型变风量末端装置内也可增设热水或电热加热器，用于外区冬季供热和区域过冷再热，供热时一次风保持最小风量。

供冷时，在串联式风机动力型变风量末端装置内，一、二次风混合可以提高出风温度，适用于低温送风。由于送风量稳定，因此即使采用普通送风口也能防止冷风下沉，以保持室内气流分布均匀性。供热时，二次回风能使空调区保持足够的送风量，降低出风温度，防止热风分层；另外也可以减少一次风的再热损失。当一次冷风调节到达最小值后，如果空调区仍有过冷现象时，必须再热。二次回风可以利用吊顶内部分照明冷负荷产生的热量（约高于室内2℃）抵消一次风部分供冷量，以减少空调区过冷所需要的再热量。

4. 并联式风机动力型变风量末端装置

并联式风机动力型变风量末端装置如图 8-59 所示。在空调系统运行时，变风量空调处理机组送出的一次风通过末端装置内的一次风风阀调节后，直接送入空调区域。

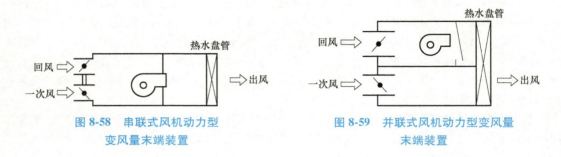

图 8-58　串联式风机动力型
变风量末端装置

图 8-59　并联式风机动力型变风量
末端装置

在大风量供冷时，末端装置风机不运行，风机出口止回阀关闭。并联式风机动力型变风量末端装置常带热水或电热加热器，用于外区冬季供热和区域过冷再热。供热时，一次风保持最小风量。

在小风量供冷或供热时，启动末端风机吸入二次回风，与一次风混合后送入空调区域。和串联式风机动力型变风量末端装置一样，二次回风加大了送风量，保证了供热和室内气流组织的需要。如果空调区出现过冷现象，二次回风可以利用吊顶内部分照明冷负荷产生的热量（约高于室内 2℃）抵消一次风部分供冷量，以减少空调区过冷需要的再热量。

并联式风机动力型变风量末端装置的风机可以连续运行，用于低温送风系统，也可以变风量运行，与一次风量反比调节，用以保持末端送风量稳定、室内气流分布均匀。

5. 变风量末端装置的风量调节方式

变风量末端装置的风量调节方式有两种类型：压力相关型和压力无关型。

（1）压力相关型　变风量末端不设风量检测装置，风阀开度仅受室温控制器调节，在一定开度下，末端送风量随主风管内静压的波动而变化，室内温度不稳定，其控制原理如图 8-60 所示。

（2）压力无关型　变风量末端增设风量检测装置，由测出室温与设定室温之差计算出需求风量，按其与检测风量之差计算出风阀开度调节量，风阀角度根据风量给定值（有上、下限）来调节。主风管内静压的波动引起的风量变化将立即被检测并反馈到末端控制器，控制器通过调节风阀开度来补偿风量的变化。因此，送风量与主风管内静压无关，室内温度比较稳定，其原理如图 8-61 所示。

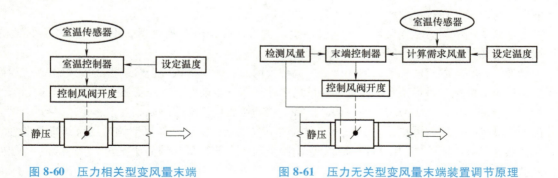

图 8-60　压力相关型变风量末端
装置调节原理

图 8-61　压力无关型变风量末端装置调节原理

8.5.3 变风量系统的主要形式

1. 变风量系统的分类和系统风量的确定

（1）变风量系统的分类　变风量系统可以有不同的分类方式，变风量系统的类型、特点和应用见表 8-9。

表 8-9　变风量系统的类型、特点和应用

分类方式	类　型	特点和应用
按所服务的区间	单区系统	当空调系统向负荷变化不同的区域送风时，可采用多区变风量系统。除了空调机组的风量可以调节外，每个空调房间的送风口都装有变风量末端装置，并由室内温控器来控制送入房间的风量，以有效控制房间温度
	多区系统	
按送风管道数目	单风道变风量系统	单风道变风量系统只用一条送风风管通过变风量末端装置和送风口向室内送风；双风道系统用一条风管送冷风，一条风管送热风，通过变风量末端装置按不同的比例混合后送入室内。双风道变风量系统不符合节能原则，不应采用
	双风道变风量系统	
按建筑内区和外区对空调的要求	内区全年供冷，外区散热器周边系统	建筑内区不受室外负荷的影响，全年要求供冷，而外区受室外负荷的影响，要求冬季供热，夏季供冷。内区采用仅供冷的变风量系统，对于外区根据具体情况可采取不同的空调方式与之相匹配 1）散热器周边系统。将热水或电热散热器设置在外区的地板上，作为冬季供暖用。也可以在顶棚上采用辐射散热板。夏季仍采用变风量系统供冷 2）风机盘管机组周边系统。在外区，夏、冬季采用单独的风机盘管系统 3）变风量再热周边系统。在变风量末端装置中加设再热器，一般采用热水盘管，也可以采用电加热盘管 4）变温度定风量再热周边系统。采用风机动力型变风量末端装置，装置内设有再热盘管。通过变风量末端装置来改变一次风与二次风的混合比例，调节送风温度，使送风量保持恒定
	内区全年供冷，外区风机盘管机组周边系统	
	内区全年供冷，外区变风量再热周边系统	
	内区全年供冷，外区变温度定风量再热周边系统	

（2）系统风量的确定　变风量系统送风量根据系统总冷负荷逐时最大值计算确定；区域送风量按区域逐时负荷最大值计算确定；房间送风量按房间逐时最大计算负荷确定。因此，各空调房间末端装置和支管尺寸按空调房间最大送风量设计；区域送风干管尺寸按区域最大送风量设计；系统总送风管尺寸按系统送风量设计。

2. 单风道变风量系统

单风道变风量系统由空调机组、送（回）风管道和变风量箱组成，如图 8-62 所示。每个区或房间的送风量由变风量末端装置控制。每个变风量末端装置可带若干个送风口，当室内负荷变化时，则由变风量末端装置根据室内温度调节送风量，以保证室内温度。这种系统只能对各房间同时供热或者同时供冷，无法在同一时间对有的房间供热、有的房间供冷，因此适用于各空调

区负荷变化幅度较小且比较稳定，同时对相对湿度无严格要求的场合。

由于室内的显热冷负荷和湿负荷的变化并不一定同步，即随着室内负荷的变化，室内的热湿比也在变化，那么，根据温度调节的结果，就不一定满足房间湿度调节的要求，调节后的室内状态的相对湿度会偏离原来室内状态的相对湿度。

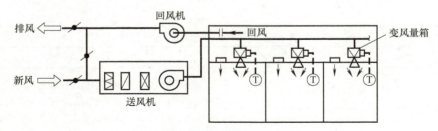

图 8-62　单风道变风量空调系统原理

当房间负荷变得很小时，会有可能使送风量过小，导致房间得不到足够量的新风，或导致室内气流分配不均匀，使室内温度不均匀，影响人体舒适感。因此变风量末端装置都有定位装置，当送风量减少到一定值时就不再减少了。通常变风量末端机组的风量可减少到 30%~50%。在最小负荷时，变风量末端装置已在最小风量下运行，有可能出现室内温度过低。为了解决这个问题，可以在变风量末端装置中增加再加热器，在最小风量时启动再加热器进行补充加热，用以保持室内温度。

单风道变风量系统的主要特点是，在部分负荷下运行，可以节省输送空气的能耗，即节省风机能耗。一个系统可同时实现对很多个负荷不同、温度要求不同的房间或区域的温度控制。当各个房间或区域的高峰负荷参差分布时，更体现出变风量系统优势，这时系统的总风量、冷却设备或加热设备负担负荷等都比较小。当某几个房间无人时，可以停止对房间的送风，不影响其他房间的送风量，因此既节省了冷量或热量，又不破坏系统的平衡。当变风量系统的实际负荷达不到设计负荷或系统留有余量时，可以增加新的空调区域或房间，且费用很低，也不会影响原系统的风量分配；另外，能适应建筑空间布局变化时对系统的改造。

这种系统的缺点是：当房间在低负荷时，送风量减少会造成新风量供应不足，影响室内的气流分布，造成温度分布不均匀；初投资比较高；控制比较复杂；它包括房间温度控制、送风量控制、新风量和排风量控制、送回风量匹配控制和送风温度控制，这些控制互相影响，有时产生控制不稳定。变风量末端装置在全负荷时会有较大噪声，因此宜取比实际需要稍大一些的变风量末端装置；或使变风量末端装置负担的区域小一些，这样可以选用较小型号的变风量末端机组，降低噪声。

对于建筑的内区，需要全年供冷时，可以采用单冷型变风量系统。设在空调房间内的变风量末端装置，根据室内温度传感器的测量值进行调节。

采用节流型变风量末端装置的空气处理焓湿图如图 8-63 所示。当空调负荷减少、室内温度下降时，室温传感器控制变风量末端装置调整出风口的风量，或者将末端装置内的阀板关小，或者调整其他风口的节流装置。

空调负荷减小时，节流型末端变风量系统空气处理变化过程如图 8-63 中的虚线所示，可写为

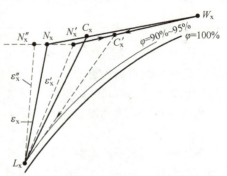

图 8-63　节流型变风量末端装置的空气处理焓湿图

$$W_x \atop N'_x \searrow \nearrow C'_x \longrightarrow L_x \xrightarrow{\varepsilon'_x} N'_x$$

一个变风量末端装置可以连接一个或多个送风口。当送风口因变风量末端装置的节流而减少送风量时，风管内的静压升高。设在风管上的静压控制器能调节降低变频送风机的转速，从而使空调机组的送风量减少，可以节能。

采用诱导型变风量末端装置的空气处理焓湿图如图 8-64 所示。经空调机组处理的空气称为一次风，送入变风量末端装置后与诱导的室内回风（称为二次风）混合。当室内负荷减少时，变风量末端装置可以相应减少一次风的送风量。

空调负荷减小时，诱导型末端变风量系统空气处理变化过程如图 8-64 中的虚线所示，可写为

$$W_x \atop N_x \searrow \nearrow C_{x1} \longrightarrow L_x \atop N_x \searrow \nearrow C_{x2} \xrightarrow{\varepsilon'_x} N'_x$$

采用旁通型变风量末端装置的空气处理焓湿图如图 8-65 所示。当空调负荷的减少时，会使部分空气直接从旁通口排入吊顶内，经回风管返回空调机组。空调负荷减小时，空气处理过程如图 8-65 中的虚线所示。系统的压力和风量不变，但不节能。

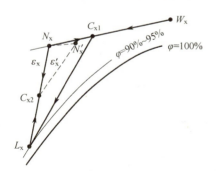

图 8-64 诱导型变风量末端装置的
空气处理焓湿图

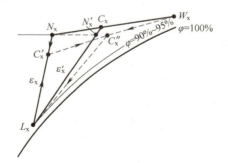

图 8-65 旁通型变风量末端装置的
空气处理焓湿图

空调负荷减小时，旁通型末端变风量系统空气处理变化过程可写为

$$L_x \atop N_x \searrow \nearrow C'_x \longrightarrow C''_x \longrightarrow L_x \xrightarrow{\varepsilon'_x} N'_x \atop W_x \nearrow$$

对于建筑的外区，由于夏季需要供冷，冬季需要供热，因此空调机组应有冷却设备、减湿设备，还应有加热器和加湿器。空调房间应设带再热盘管的变风量末端装置。

3. 风机动力型变风量系统

风机动力型变风量系统是在末端装置处加装了一台驱动风机，与原有的变风量系统末端送风成串联或并联方式连接后，可以实现适用于外区的冬季加热功能。当末端装置风机运行时，即使在变风量条件下，也可以保持送风量基本稳定。

（1）**串联式风机动力型变风量系统**　串联式风机动力型变风量系统原理和夏季空气处理过程焓湿图如图 8-66 所示。不论来自空气处理机组的送风量是否变化，由串联式风机动力型末端装置送出的风量是稳定不变的。这样可以保持室内气流分布的稳定性。在外区冬季需要供热时，外区的末端装置可以设置末端加热器补充热量，但是如果内、外区使用一个空调系统，外区会存在较大的冷热抵消。

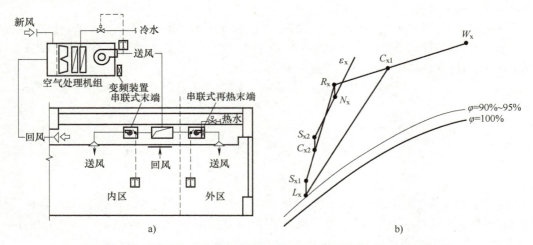

图 8-66　串联式风机动力型变风量系统原理和夏季空气处理过程焓湿图
a）串联式风机动力型变风量系统原理　b）夏季空气处理过程焓湿图

在夏季，室外空气 W_x 与吊顶内回风 R_x 在空气处理机组内混合到状态 C_{x1}，经冷却减湿处理到状态 L_x，由于风机温升，状态 L_x 的空气变化到状态 S_{x1}，之后进入末端装置。在末端装置内状态 S_{x1} 的空气与进入末端装置的吊顶处空气 R_x 进行混合，混合后的空气状态为 C_{x2}。由于末端装置风机温升，状态 C_{x2} 的空气变化到状态 S_{x2}，然后送入室内，沿着热湿比线 ε_x 变化到状态 N_x。室内空气回风时，在回风口处吸收了房间上部照明散热，状态 N_x 的空气温度升高，变为状态 R_x。

对于串联式风机动力型变风量系统，夏季内区和外区的空气处理过程可以写为

$$\begin{array}{c} W_x \\ \diagdown \\ R_x \end{array} \xrightarrow{\text{混合}} C_{x1} \xrightarrow{\text{冷却减湿}} L_x \xrightarrow{\text{风机温升}} \begin{array}{c} S_{x1} \\ \diagdown \\ R_x \end{array} \xrightarrow{\text{末端混合}} C_{x2} \xrightarrow{\text{末端风机温升}} S_{x2} \xrightarrow{\varepsilon_x} N_x \xrightarrow{\text{室内照明温升}} R_x$$

（2）**并联式风机动力型变风量系统**　并联式风机动力型变风量系统原理和夏季空气处理焓湿图如图 8-67 所示。并联式风机动力型末端装置内的风机与空气处理机组的风机是并联关系，即增加循环风的小风机，只有在变风量系统的送风量处于限制风量时才启动。末端装置可以加装加热器，以便用于加热外区冬季的送风。

在夏季，室外空气 W_x 与吊顶内回风 R_x 在空气处理机组内混合到状态 C_x，经冷却减湿处理到状态 L_x，由于风机温升，状态 L_x 的空气变化到状态 S_x，之后进入末端装置，然后送入室内，沿着热湿比线 ε_x 变化到状态 N_x。室内空气回风时，在回风口处吸收了房间上部照明散热，状态 N_x 的空气温度升高，变为状态 R_x。

对于并联式风机动力型变风量系统，夏季内区和外区的空气处理过程可以写为

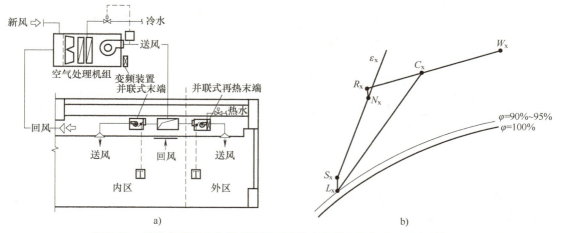

图 8-67 并联式风机动力型变风量系统原理和夏季空气处理过程焓湿图
a) 并联式风机动力型变风量系统原理 b) 夏季空气处理过程焓湿图

$$W_x \atop R_x \searrow \nearrow \xrightarrow{\text{混合}} C_x \xrightarrow{\text{冷却减湿}} L_x \xrightarrow{\text{风机温升}} S_x \xrightarrow{\varepsilon_x} N_x \xrightarrow{\text{室内照明温升}} R_x$$

4. 内外分区与系统形式

变风量系统设计的基本思路是对各类负荷分别处理，即内区、外区负荷分别处理；冷、热负荷分别处理；不同温度控制区域负荷分别处理。因此，应根据建筑使用功能和负荷情况恰当地进行空调分区。

一般空调系统是按不同用途和使用时间进行分区的，而在变风量系统的设计中，还经常按负荷特性分区，空调基本的分区是内区和外区。

外区是指直接受外围护结构日射得热、温差传热、辐射换热和空气渗透影响的区域。外区空调负荷包括外围护结构冷负荷或热负荷以及内热冷负荷。外区有时需要供热、有时需要供冷。内区是指具有相对稳定的边界温度条件的区域。内区与建筑物外围护结构有一定距离，它不受外围护结构的日射得热、温差传热和空气渗透等影响。内区全年仅有内热冷负荷，其随区域内照明、设备和人员发热量的状况而变化，通常全年需要供冷。

如果外围护结构的保温性能很好，外窗的外遮阳率很高，外围护结构的窗墙比与外窗的遮阳系数都比较小或有改善窗际热环境的措施，会没有明显的外区。工程设计时，进深 8m 以内的房间通常不进行内外分区。

依据朝向和建筑平面布置，空调的外区可以有不同的划分类型，如图 8-68 所示。内区只有照明、设备、人员等内热负荷，但屋顶层则存在围护结构冷、热负荷。不同朝向外区的围护结构，其冷、热负荷特点不同。通常东侧外区早上 8 时左右冷负荷最大，午后减小；西侧外区早上冷负荷较小，下午 4 时左右负荷最大。冬季起西北风时，热负荷仅次于北外区；南侧外区夏季冷负荷不大，春秋季（4 月、10 月）中午时冷负荷与东、西侧外区差不多；北侧外区冷负荷较小，因冬季没有日射且风很大，热负荷比其他外区大。

外区进深与内、外区空调系统设置有关。简单的确定方法是：在满足《公共建筑节能设计标准》（GB 50189—2015）对各气候分区建筑热工设计标准的前提下，如果外围护结构绝热和遮阳性能很好，或者外围护结构的负荷在其内侧即被处理，使外围护结构内表面温度比较接近室内空气温度，则外区进深可按 2~3m 确定，否则一般可按 3~5m 确定。

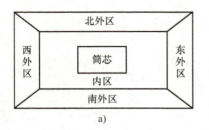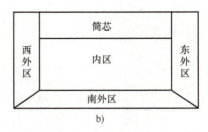

图 8-68 大型建筑的空调内、外区

a) 4 个外区+内区 b) 3 个外区+内区

由于外区进深的划分直接影响新风供给、气流组织和末端选择，因此空调内区、外区的划分应以建筑平面功能和空调负荷分析为基础，并尽可能使末端风量在各种工况下比较均衡，避免出现大幅度的风量调节。

通常各区分开设置空调系统，根据不同朝向、不同时刻进行风系统和水系统的控制调节。在选择空调系统方案时，不受室外负荷影响的内区大多采用变风量系统。外区采用的方式种类较多，如周边区单独的风机盘管系统、周边区单独系统的变风量系统或定风量系统，也有与内区为同一系统的变风量系统方式等。

如图 8-69 所示，外区设置风机盘管和单风道变风量系统，内区设置单风道变风量系统。夏季外区进深 3m，冬季外区进深 3m。该形式适用于建筑负荷变化大，空调机房小，变风量系统风量受限制的场合。

外区设冷、热兼用风机盘管（FCU），处理外围护结构冷、热负荷。风机盘管的温度传感器设于外墙侧。外区内侧距窗边 3m 处另设外区变风量末端顶送风口，处理内热负荷兼送新风。内区设变风量末端，变风量系统仅处理内热负荷，需求风量较小。冬季分别处理冷、热负荷，分别控制温度。

如图 8-70 所示，内区、外区分别设置单风道变风量系统。夏季外区进深 3m，冬季外区进深 5m。

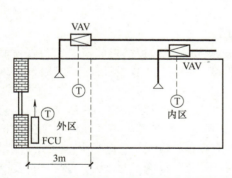

图 8-69 外区设置风机盘管+单风道变风量系统

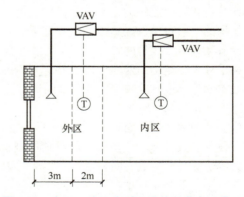

图 8-70 内区、外区分别设置单风道变风量系统

冬季外区冷负荷时系统供冷风，为热负荷时系统供热风。夏季内区、外区全部供冷。内区设变风量末端处理内热负荷。如果外区不同温度控制区域需要同时供冷和供热，一般需按朝向设置不同的系统。外区采用窗边顶送风，外围护结构冷负荷在窗边即被处理。采用内区与外区分别设置变风量系统的方式，由于外区需要按朝向和使用功能分设变风量系统，因此空调系统多，机房要求大。

如图 8-71 所示，内区设置串联式风机动力型末端装置（FPB），外区设带加热器的串联型。夏季外区进深 3m，冬季外区进深 5m。该形式适用于低温送风系统，新风易均布的大空间办公及气流组织要求较高的场合。

变风量系统全年送冷风。内区末端装置处理内热负荷兼送新风。外区末端装置处理冷、热负荷兼送新风。夏季外区一般设窗边顶送风，能就近处理外围护结构冷负荷。外区新风量夏季偏大，冬季偏小，需复核区域内新风能否满足标准。冬季外区末端的一次冷风和二次风混合后再热供暖，存在风系统内冷、热抵消。

如图 8-72 所示，外区设置带加热器的并联式风机动力型末端装置，内区设置单风道型末端装置。夏季外区进深 3m，冬季外区进深 5m。该形式适用于常温送风系统，新风易均布的大空间办公及气流组织要求不高的场合。

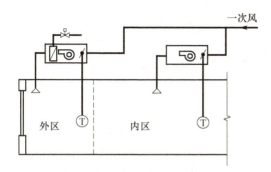

图 8-71　外区串联式 FPB+内区串联式 FPB　　　　图 8-72　外区并联式 FPB+内区单风道型末端装置

变风量系统全年送冷风。外区末端装置处理冷负荷兼送新风，冬季为热负荷时，由加热器供暖；余值为冷负荷时则增加冷风送风量。夏季外区一般设窗边顶送风，能就近处理外围护结构冷负荷。内区因无须加热且并联式 FPB 送冷风时一般不启动风机，因此可以设置单风道型末端装置，处理内热负荷并兼送新风。外区新风量夏季偏大，冬季偏小，需复核区域内新风能否满足标准。冬季外区末端的一次冷风和二次风混合后再热供暖，存在风系统内冷热抵消。并联式风机动力型末端外形尺寸比串联式风机动力型末端小，风机功率也小，且仅在供冷小风量时及供暖时运行，能耗较小。

思考题与习题

1. 空调系统的组成部分有哪些？各部分的作用是什么？
2. 简述空调系统的分类，并分别说明系统的特点及适用场合。
3. 试对封闭式系统、直流式系统和混合式系统进行比较，分别简述其特点。
4. 什么是机器露点？什么是露点送风？
5. 一次回风式空调系统设备负担冷量包括哪些项？
6. 在何种情况下，采用二次回风式空调系统比采用一次回风式空调系统节能？
7. 试在 h-d 图上画出有送风机、回风机的一次回风式空调系统的空气状态变化过程（应考虑风机和风管的温升，挡水板过水量的影响）。
8. 试在 h-d 图上表示用集中处理新风系统的风机盘管系统的冬、夏季处理过程。

9. 试对集中式空调系统和半集中式空调系统进行比较分析，分别简述其特点和适用场合。

10. 对于宾馆的客房采用什么系统比较合适？为什么？

11. 直流式系统对室内空气品质的改善有什么意义？在应用过程中应注意哪些问题？

12. 空调系统中什么场合采用双风机？采用单风机要注意什么？

13. 各空调房间的热湿比均不同，能否置于一个空调系统中？

14. 已知某恒温恒湿空调系统，室内要求干球温度为 20℃±1℃，相对湿度为 60%±5%，夏季室内冷负荷为 15263W，湿负荷为 0.007kg/h；冬季室内热负荷为 4350W，湿负荷为 0.005kg/h，局部排风系统排风量为 1500m³/h，要求采用二次回风方案，试设计空调系统的空气处理过程并计算设备容量。

15. 风机盘管加新风空调系统的新风供给方式有哪些？各有什么特点？

16. 风机盘管加新风空调系统夏季和冬季空气处理过程焓湿图，如何确定设备容量？

17. 简述变风量系统的工作原理和适用场合。

18. 简述变风量末端装置的类型，分别说明其特点。

19. 什么是空调建筑物的内区和外区？

20. 定风量系统与变风量系统的区别是什么？什么情况下适宜采用变风量系统？

参 考 文 献

[1] 黄翔. 空调工程 [M]. 3 版. 北京：机械工业出版社，2017.

[2] 韩宝琦，李树林. 制冷空调原理及应用 [M]. 2 版. 北京：机械工业出版社，2002.

[3] 尉迟斌. 实用制冷与空调工程手册 [M]. 北京：机械工业出版社，2002.

[4] 赵荣义，范存养，薛殿华，等. 空气调节 [M]. 3 版. 北京：中国建筑工业出版社，1994.

[5] 电子工业部第十设计研究院. 空气调节设计手册 [M]. 2 版. 北京：中国建筑工业出版社，1995.

[6] 陆耀庆. 实用供热空调设计手册 [M]. 北京：中国建筑工业出版社，1993.

[7] 全国勘察设计注册工程师公用设备专业管理委员会秘书处. 全国勘察设计注册公用设备工程师暖通空调专业考试复习教材 [M]. 北京：中国建筑工业出版社，2004.

[8] 沈晋明. 全国勘察设计注册公用设备工程师执业资格考试复习教程：暖通空调专业 [M]. 北京：中国建筑工业出版社，2004.

[9] 赵荣义. 简明空调设计手册 [M]. 北京：中国建筑工业出版社，1998.

[10] 潘云钢. 高层民用建筑空调设计 [M]. 北京：中国建筑工业出版社，1999.

[11] 叶大法，杨国荣. 变风量空调系统设计 [M]. 北京：中国建筑工业出版社，2007.

[12] 清华大学暖通教研组. 空气调节基础 [M]. 北京：中国建筑工业出版社，1979.

[13] 马仁民. 空气调节 [M]. 北京：科学出版社，1980.

[14] 薛殿华. 空气调节 [M]. 北京：清华大学出版社，1991.

[15] 陆亚俊. 暖通空调 [M]. 北京：中国建筑工业出版社，2002.

[16] 马最良，姚杨. 民用建筑空调设计 [M]. 2 版. 北京：化学工业出版社，2010.

第 9 章
空调区的气流组织

空调房间的气流组织是指通过空调房间送、回风口的选择和布置，使送入房间的空气在室内合理地流动和分布，从而使空调房间的温度、湿度、速度和洁净度等参数能很好地满足生产工艺和人体热舒适的要求。舒适性空调冬季室内风速不应大于 0.2m/s，夏季不应大于 0.3m/s。空调房间的气流组织是否合理，不仅直接影响房间的空调效果，而且也影响空调系统的耗能量。影响空调房间气流组织的因素很多，主要有送风口的位置和形式、回风口位置、房间的几何尺寸和送风射流参数等。其中送风口的位置、形式和送风射流参数对气流组织的影响最为重要。

9.1   送风口和回风口

空调通常是通过送风口的空气射流和室内空气混合以达到空气调节的目的。作为室内空气流动的主要原动力，送风射流对室内空气分布有着决定性的影响，送风口的出流条件对空调区的空气流动情况影响很大。送风口和回风口统称为风口，通风空调风口设计规范规定了风口的分类、基本规格和技术要求等。

9.1.1   送风口

送风口的形式及其紊流系数的大小，对射流的发展和室内气流的流型有较大的影响，因而，其类型较多，在进行室内气流组织的设计时，应当根据房间所需的空调精度、气流流型、送风口的安装位置，以及建筑装修等条件合理选用。常用的送风口有以下几种。

1. 侧送风口
侧送风口是指安装在空调房间侧墙或风道侧面上，有格栅风口、百叶风口等。其中用得最多的是活动百叶风口，主要分为单层、双层两种。单层百叶风口和双层百叶风口如图9-1所示。

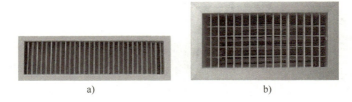

a)   b)

图 9-1   百叶风口
a) 单层百叶风口   b) 双层百叶风口

单层百叶风口的叶片角度可调，可根据房间气流组织的要求，做两个方向的出风角度调整，另外，对称调整相邻两叶片的角度，也可以对风量进行一定范围的调整。双层百叶风口是在单层百叶风口的基础上，后面再增加一组与前面叶片垂直的可调节叶片，可以做四个方向的出风角度调整，此外，对风量的调整范围也大于单层百叶风口。双层百叶风口是民用建筑空调常用的一种风口。单层百叶风口和双层百叶风口，在叶片后面增加过滤网还可作回风口使用。

2. 散流器

散流器是一种安装在顶棚上的送风口，外形有圆形、方形、矩形、圆盘形等，是民用建筑空调最常用的一种风口。常见的散流器结构形式是斜片式，设有多个可调节的散流片，送风气流呈辐射状送出，如图9-2所示。通过调节散流片的倾斜度可实现气流的平送或下送。平送气流贴附顶棚向四周扩散，适用于房间层高较低的场合。下送气流向下扩散，适用于房间层高较高的场合。

3. 条缝形风口

条缝形风口一般设置在吊顶或侧墙上，风口的长宽比大于20：1，有单条缝、双条缝和多条缝等形式，如图9-3所示。对于有固定斜叶片的条缝形风口，可使气流以水平方向向两侧送出，或朝一侧送出；对于固定直叶片的条缝形风口，可实现垂直下送流型。此外，还有叶片角度可调的条缝形风口。当建筑物层高较低、单位面积的送风量较大，且有吊顶可利用

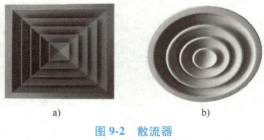

图9-2 散流器
a) 方形散流器 b) 圆盘形散流器

时，宜采用条缝形送风口平送或垂直下送。条缝形风口的气流轴心速度衰减较快，适用于空调区允许风速0.25～0.5m/s，温度波动范围在±（1～2℃）的场所。

4. 喷口

喷口的特点是风口无叶片阻挡，噪声小，紊流系数小，射程长，适用于高大空间的送风。为了提高送风口的灵活性，做成既能调节风量，又能调节出风方向的球形转动风口，如图9-4所示。

图9-3 条缝形风口　　　　　　图9-4 球形喷口

5. 旋流送风口

地板送风一般采用旋流送风口，如图9-5所示。从结构上看，主要包括出风格栅、旋流叶片和积尘箱三部分。送风气流经旋流叶片进入积尘箱，形成旋转气流由格栅送出。旋流送风口的特点是速度衰减快，适用于机房地面送风等场合。

9.1.2 回风口

1. 回风口的类型和吸风速度

回风口由于汇流速度衰减较快，作用范围较小，回风口回风速度的大小对室内气流组织的影响相对送风口而言要小，因此，回风口的类型较少，但要求能调节风量和定型生产。常用的有

图 9-5　地板旋流送风口

格栅、单层百叶、金属网格等。上述送风口中的百叶风口等也可以做回风口。

确定回风口的吸风速度（即迎面风速）时，回风口的吸风速度不宜过大。如果回风口风速过大，会对回风口附近经常停留的人员造成不舒适感觉，另外也会增加室内噪声。回风口的断面应尽可能小，以节约投资。回风口的吸风速度宜按表 9-1 选取。

表 9-1　回风口的吸风速度

回风口的位置		最大吸风速度/(m/s)
房间上部		≤4.0
房间下部	不靠近人经常停留的地点时	≤3.0
	靠近人经常停留的地点时	≤1.5

2. 回风口的吸风速度和布置

空调房间回风口的速度场分布呈半球状，其速度与作用半径的二次方成反比，吸风气流速度的衰减很快。所以在空气调节区内的气流流型主要取决于送风射流，回风口的位置对室内气流流型及温度、速度的均匀性影响不大。设计时，应避免送风口和回风口之间距离过小，形成气流短路和产生"空调死区"等现象。

回风口的安装位置和形状应根据室内气流组织的要求确定。当设置在房间下部时，为了防止吸入灰尘和杂物，风口下边到地面距离应大于 0.15m 以上。

9.2　空调区的气流分布形式

9.2.1　按照送风口和回风口的位置

根据空调区送风口和回风口的位置，室内气流分布形式如下：

1. 上送下回

上送下回是将送风口设在房间的上部（如顶棚或侧墙）、回风口设在下部（如地板或侧墙），气流从房间上部送入室内，由房间下部排出，如图 9-6 所示。图 9-6a 所示为单侧送风、单侧回风。图 9-6b 所示为双侧送风、双侧回风，当房间沿送风方向长度较大时，可以采用这种双侧送风的形式。图 9-6c 所示为顶棚散流器送风、下部双侧回风。图 9-6d 所示为顶棚孔板送风、下部单侧回风，适用于有恒温要求和洁净度要求的工艺性空调。

上送下回的气流分布形式送风气流不直接进入工作区，有较长的与室内空气混掺的距离，能够形成比较均匀的温度场和速度场。

2. 上送上回

上送上回是指将送风口和回风口均设在房间上部（如顶棚或侧墙等处），气流从上部送入空

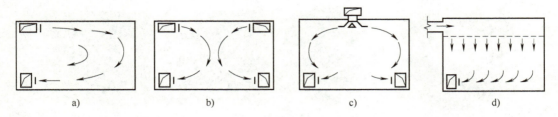

图 9-6 上送下回气流分布
a）单侧送风、单侧回风 b）双侧送风、双侧回风
c）顶棚散流器送风、下部双侧回风 d）顶棚孔板送风、下部单侧回风

调区；进入空调区后，再从上部回风口排出，如图 9-7 所示。当空调房间下部无法布置回风口时可以采用上送上回气流分布形式，例如，车站的候车大厅、百货商场等。

图 9-7a～c 所示为上侧送风形式，送风、回风风管上下重叠布置，分别为单侧送风、双侧由内向外送风和双侧由外向内送风。图 9-7d 所示为送风管与回风管不在同一侧的上送上回形式；图 9-7e 所示为利用布置在顶棚上的送回（吸）两用散流器来实现上送上回。

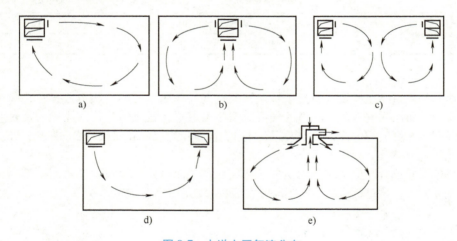

图 9-7 上送上回气流分布
a）单侧送风 b）双侧由内向外送风 c）双侧由外向内送风 d）送风管与回风管不在同一侧
e）顶棚送风与回风两用散流器

3. 下送上回

下送上回是指将送风口设置在房间下部或地板上，回风口均设在房间上部（如顶棚或侧墙等处），气流从下部送入空调区，进入空调区后再从上部回风口排出，如图 9-8 所示。其中图 9-8a 所示为地板送风，图 9-8b 所示为下侧送风。下送方式要求降低送风温差，控制工作区内的风速，但其排风温度高于工作区温度，因此具有一定的节能效果，同时有利于改善工作区的空气质量。

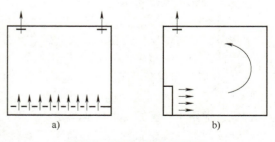

图 9-8 下送上回气流分布
a）地板送风 b）下侧送风

4. 中送风

中送风是指将送风口设在房间高度的中间位置。在某些高大空间内，如果实际工作区在下部，则不需要将整个空间都作为控制调节的对象。采用中送风方式可节省能耗，但这种气流分布会造成空间竖向温度分布不均匀，存在着温度"分层"现象，如图 9-9 所示。其中，图 9-9a 所示为中部送风、下部回风；图 9-9b 所示为中部送风、下部回风加顶部排风。

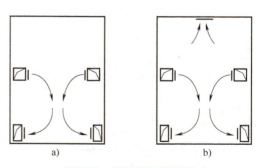

图 9-9　中送风气流分布

a）中部送风、下部回风　b）中部送风、下部回风加顶部排风

9.2.2　按照送风口的类型

1. 百叶风口侧送风

侧面送风是空调房间中最常用的一种送风方式，它是指依靠侧面风口吹出的射流实现送风的方式。对于一般层高的小面积空调房间宜采用单侧送风，其气流分布形式有单侧上送下回、单侧上送上回等。当房间的长度较长，用单侧送风的气流射程不能满足要求时，可采用双侧送风，其气流分布形式有双侧向内送风下部回风、双侧向外送风上部回风和双侧向内送风上部回风等。对于高大生产厂房，宜采用中部双侧向内送风下部回风，若厂房上部有一定的余热量，还可采用顶部排风的方式。

百叶风口侧送风形式具有布置简单、施工方便、投资节省、能满足房间对射流扩散及温度和速度衰减的要求，广泛地用于一般舒适性空调房间的送风。采用百叶风口侧送风形式时，送风管和回风管的安装位置有以下几种。

1）将送风总管设在走廊的吊顶内，利用支管端部的风口向室内送风，回风口设在回风立管的端部，立管暗装在墙内，并利用走廊吊平顶上部的空间做回风总风管，如图 9-10 所示。

2）将送风总管和回风总管都设在走廊吊顶内，而回风立管紧靠内墙或走廊墙面敷设，如图 9-11 所示。

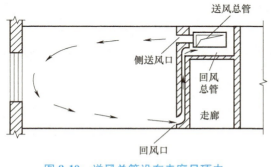

图 9-10　送风总管设在走廊吊顶内，
回风立管暗装敷设

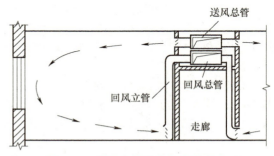

图 9-11　送风总管设在走廊吊顶内，
回风立管明装敷设

3）将送风、回风总管设在走廊吊顶内，在房间内墙的下部设格栅回风口，回风进入走廊内，并由设在吊平顶内的回风总管上开设的回风口处被吸走，如图 9-12 所示。

4）对于百叶双侧上送下回气流分布形式，其回风风管可以设在室内，也可在地坪下做总回风道，如图 9-13 所示。

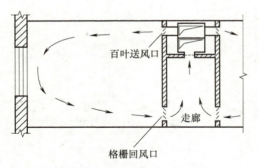

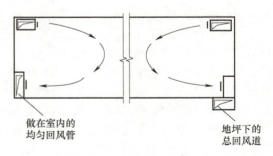

图 9-12　送风总管和回风总管在走廊吊顶内敷设　　　图 9-13　回风管道在室外地坪下敷设

2. 散流器上送风形式

散流器是一种安装在房间顶棚的送风口，可以与顶棚下表面平齐，也可以伸出顶棚下表面。依靠散流器吹出的气流实现送风的方式称为散流器送风。散流器上送风形式根据气流流型有平送风和下送风两种，图 9-14 所示为平送流型散流器结构示意图，图 9-15 所示为下送流型散流器结构示意图。

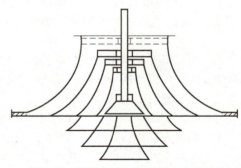

图 9-14　平送流型散流器结构示意图　　　　图 9-15　下送流型散流器结构示意图

（1）散流器平送　气流从散流器吹出后，贴附着房间屋顶以辐射状向四周扩散进入室内，使射流与室内空气很好混合后进入空调区，如图 9-16 所示。这样整个空调区处于回流区，可获得较为均匀的温度场和速度场。散流器平送气流分布形式一般用于空调房间高度较低的舒适性空调。

散流器平送时，宜按对称均布或梅花形布置。散流器中心与侧墙间的距离不宜小于 1000mm；圆形或方形散流器布置时，其相应送风范围（面积）的长宽比不宜大于 1：1.5，送风水平射程（也称为扩散半径）与垂直射程（平顶至工作区上边界的距离）的比值，宜保持在 0.5～1.5。

（2）散流器下送　气流从散流器吹出后，一直向下扩散进入室内空调区，形成稳定的下送直流气流，如图 9-17 所示。

散流器下送气流分布形式主要用于房间净空较高（如 3.5～4.0m）的净化空调工程。采用散流器下送时，散流器送出射流的扩散角为 20°～30°，一般散流器在顶棚上密集布置，需设置吊顶或技术夹层，风管暗装工作量大，投资比侧面送风高。

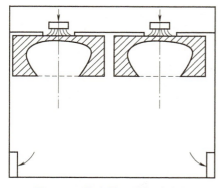

图 9-16　散流器平送气流分布

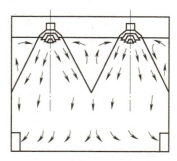

图 9-17　散流器下送气流分布

3. 孔板送风

如图 9-18 所示，孔板送风是利用顶棚上面的空间为稳压层，空气由送风管进入稳压层后，在静压作用下，通过在顶棚上开设的具有大量小孔的多孔板，均匀地进入空调房间内的送风方式，而回风口则均匀地布置在房间的下部。孔板送风适用于有恒温要求和洁净度要求的工艺性空调、洁净手术室空调等。

根据孔板在顶棚上的布置形式不同，可分为全面孔板和局部孔板两类。全面孔板送风是在空调房间的整个顶棚上（扣除布置照明灯具的面积）均匀布置的孔板；局部孔板送风是在顶棚的两侧或中间布置成带形、梅花形、棋盘形及按不同的格式交叉地排列的孔板，如图 9-19 所示。

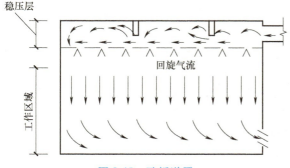

图 9-18　孔板送风

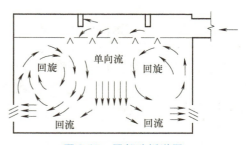

图 9-19　局部孔板送风

4. 喷口送风

喷口送风是依靠喷口吹出的高速射流进行送风，射流行至一定路程后折回，使空调区处于回流区，如图 9-20 所示。它的特点是送风速度高，射程远，射流带动室内空气进行强烈混合，使射流流量成倍增加，射流断面不断扩大，速度逐渐衰减，并在室内形成大的回旋气流，从而确保工作区获得均匀的温度场和速度场。

喷口送风主要用于大型体育馆、礼堂、影剧院及高大空间（例如工业厂房与其他公共建筑）等，喷口的倾角应设计成可任意调节的，对于冷射流其倾角一般为 0°～12°，对于热射流向下倾角以大于 15°为宜。

5. 条缝送风

如图 9-21 所示，条缝送风是通过装在送风风道（管）底面或侧面上的条缝送风口将经过处

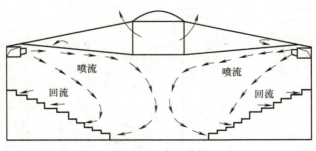

图 9-20   喷口送风

理的空气送入空调区。条缝送风口示意图如图 9-22 所示。条缝送风属于扁平自由射流，它的特点是，气流轴心速度衰减较快，适用于民用建筑的办公室、会议室等舒适性空调。条缝送风口的布置主要有两种：一种是将条缝送风口设在房间（或区域）的中央；另一种是将条缝送风口设在房间的一端。

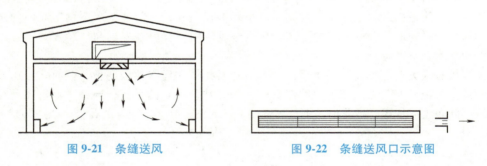

图 9-21   条缝送风   图 9-22   条缝送风口示意图

在纺织厂中，采用条缝送风口比较多，其气流流型为条缝送风口向下送风，下部集中回风。这是由于在纺织工厂中，纺织机台大部分是狭长形的，因而工作区也是狭长的，采用条缝送风，将风口布置在狭长的工作带上部，可以使工作区处在送风气流范围内，从而可以更有效地控制室内的温、湿度，适宜的气流速度可以增加操作工人的舒适感，当空调区层高为 4~6m，人员活动区风速不大于 0.5m/s 时，出口风速宜为 2~4m/s。

6. 置换通风

如图 9-23 所示，置换通风是将经过热湿处理的新鲜空气直接送入室内人员活动区，并在地板上形成一层较薄的空气湖。空气湖由较冷的新鲜空气扩散而成。室内人员及设备等内部热源产生向上的对流气流，新鲜空气随对流气流向室内上部流动形成室内空气运动的主导气流。排风口设置在房间的顶部，将热浊的污染空气排出。

置换通风是为了保持人员活动区的温度和浓度符合设计要求，允许活动区上方存在较高的温度和浓度。它的特点是能改善室内空气品质、减少空调能耗，适用于教室、会议室、剧院、超市、室内体育馆等公共建筑，以及厂房和高大空间等场合。

空调送风口送入室内的空气温度通常低于室内活动区温度。较冷的空气由于密度大而下沉到地表面。置换通风的送风速度约为 0.25m/s。送风的动量很低，对室内主导气流基本上无任何影响，送风气流扩散到整个室内地面，并形成空气湖。

置换通风室内存在着热力分层现象，分层高度以下为活动区，分层高度以上为非活动区。在置换通风条件下，应保证分层高度以下活动区的热舒适和空气品质。而对于分层高度以上的非活动区，空气温度和污染物浓度可以超过允许的温度及浓度。如图9-24所示，热源引起的热对流气流将污染物和热量带到房间上部，室内产生垂直的温度梯度和浓度梯度。排风空气温度高于室内活动区温度，排风空气的污染物浓度高于室内活动区的污染物浓度。

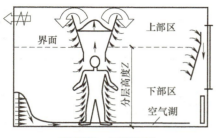

图9-23 置换通风

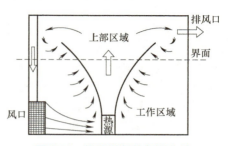

图9-24 热源引起的气流上升

在民用建筑中置换通风末端装置一般为落地安装，如图9-25a所示。当空调区地面采用夹层地板时，置换通风末端装置可设置在地面上，末端装置的作用是将出口空气向地面扩散使其形成空气湖，如图9-25b所示。在工业厂房中由于地面上有机械设备及产品零件的运输，置换通风末端装置可架空布置，如图9-25c所示。架空安装时该末端装置的作用是引导出口空气下降到地面，然后再扩散到全室并形成空气湖。

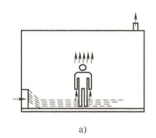 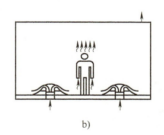 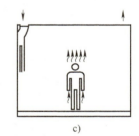

a)   b)   c)

图9-25 置换通风末端装置及排风口的布置

a）落地安装 b）地平安装 c）架空安装

7. 工位送风

如图9-26所示，工位送风是送风口位于空调区人员所处的位置，人员可以单独控制工作区域的局部空调热湿环境。它的特点是降低了周围环境的空调要求，只根据工位人员的舒适要求控制空调送风状态，为改善人员活动区空气流动状况提供良好的通风。

由于在每一种工作环境中，由于衣着、活动的程度（新陈代谢率）、人体的质量和身材大小以及个人的喜好各不相同，因此对个人舒适的认同感将会存在着较大的差别。工位送风能满足个性化的舒适要求。

工位送风的送风口可以安装在家具、隔墙或地面上，这些送风口的构造形式为

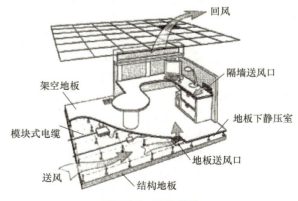

图9-26 工位送风

附近的室内人员单独控制送风状态提供了便利。工位送风末端装置及布置形状主要有桌面散流器、桌子下面的散流器（安装在桌面下方直角拐弯空间或在桌子的前侧面）、隔墙送风口、地板送风口等。

8. 地板下送风

如图 9-27 所示，地板下送风是通过架空地板下面的空间，即地板下的静压室，将空气输送到人员活动区内或人员活动区附近的地板平面上的送风口处，送入空调区的空气吸收空调区的余热、余湿，然后从空调区上部的回风口排出。如果架空地板下面的空间比较大，可以将送风管安装在地板下面的空间，空气通过送风管道，经地面送风口送风空调房间。

地板下静压室通常由 0.6m×0.6m 的钢筋混凝土预制板组合的架空地板系统安装而成，静压室高度一般为 0.3~0.46m，可将电力、语音和数据电缆设施布置在静压室内。

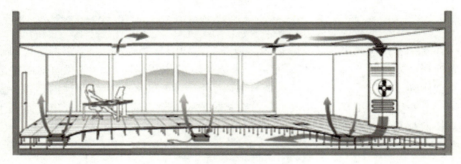

图 9-27　地板下送风

9.3　送风口和回风口的气流流动特性

由送风口送入空调房间的射流对室内气流组织影响最大，因此，要合理地组织室内空气的流动和分布，首先需要了解送风射流的流动规律。

9.3.1　送风口空气流动规律

1. 送风口等温自由射流

等温自由射流是指射流温度与房间温度相同、空气从风口射入比射流体积大得多的空间、不受限制地扩大的射流。等温自由射流的结构示意图如图 9-28 所示。

由于射流为紊流流动，射流边界与周围空气进行动量、质量交换，沿途不断地把周围空气卷入，使射流流量不断增加，断面不断增大，射流轴线和边界为直线，整个射流呈锥体状。

射流在与周围空气进行动量交换的过程中，射流断面上的速度不断地减小，从边界开始逐渐扩展到射流轴心。在起始段内，射流核心内的速度保持为射流的出口速度。当射流边界层扩展到轴心

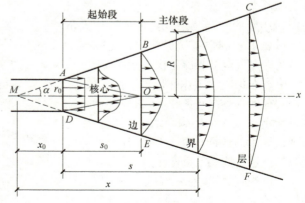

图 9-28　等温自由射流的结构示意图

时，射流进入主体段，随着射程的增加，射流轴心速度开始沿程减小，直至消失。等温自由射流的轴心速度用下式计算：

$$\frac{u_x}{u_0}=\frac{0.48}{\dfrac{ax}{d_0}+0.147}\qquad(9\text{-}1)$$

式中　x——射流断面到极点之间的距离（m）；

　　　u_x——射程 x 处的射流轴心速度（m/s）；

　　　u_0——射流出口速度（m/s）；

　　　d_0——送风口直径或当量直径（m）；

　　　a——送风口的紊流系数（表 9-2）。对于单层百叶 $a=0.16$；对于双层百叶，$a=0.12$；对于喷口 $a=0.2$。

紊流系数 a 的大小反映了送风口断面速度分布的不均匀程度，直接影响射流发展的快慢。送风口紊流系数大，说明送风口断面速度分布的不均匀程度较大，气流的横向脉动大，射流的扩散角就大，射程短。对于横断面射流，紊流系数和射流扩散角 θ 有如下关系：

$$\tan\theta=3.4a$$

从式（9-1）可以看出，在需要增大射程的场合，可以通过提高出口速度、增大送风口直径或减小紊流系数；要想增大射流扩散角使射流衰减快，可选择紊流系数较大的送风口。各类风口的紊流系数见表 9-2。

表 9-2　各类风口的紊流系数

风 口 类 型		紊流系数 a
圆射流	收缩极好的喷口	0.066
	圆管	0.076
	扩散角为 8°～12° 的扩散管	0.09
	矩形短管	0.1
	带可动导叶的喷口	0.2
	活动百叶风口	0.16
平面射流	收缩极好扁平喷口	0.108
	平壁上带锐缘的条缝	0.115
	圆边口带导叶的风管纵向缝	0.155

2. 非等温自由射流

当射流出口温度与房间温度不同时，称为非等温自由射流或温差射流。送风温度低于室内空气温度时称为冷射流，高于室内空气温度时称为热射流。

（1）轴心温度的分布规律　在非等温自由射流中，射流不仅与室内空气进行动量交换，还要与室内空气进行热量交换，从而使射流的温度分布发生变化。研究表明，非等温自由射流的温度扩散角大于速度扩散，即温度的衰减比速度衰减快。当送风温差不太大时，轴心温差的衰减可近似表示为

$$\frac{\Delta T_x}{\Delta T_0} = \frac{0.35}{\dfrac{ax}{d_0} + 0.147}$$ (9-2)

式中 ΔT_x——主体段内射程 x 处射流轴心温度与周围空气温度之差（K）；

ΔT_0——射流出口温度与周围空气温度之差（K）。

（2）射流轴心轨迹 在非等温自由射流中，由于射流密度与周围空气的密度不同，射流的轴心轨迹将要发生弯曲，弯曲程度与浮力和惯性的相对大小有关，可用阿基米德数来判断，即

$$Ar = \frac{gd_0(T_0 - T_n)}{u_0^2 T_n}$$ (9-3)

式中 T_0——射流出口温度（K）；

T_n——房间空气温度（K）；

g——重力加速度（m/s²）。

阿基米德数是浮力与惯性力的比值，反映了浮力和惯性力的相对大小。当 $Ar>0$ 时为热射流；当 $Ar<0$ 时为冷射流。当 $|Ar|<0.001$ 时，可忽略温差的影响，按等温自由射流计算。当 $|Ar|>0.001$ 时，非等温自由射流轴心的轨迹可表示为

$$\frac{y}{d_0} = \frac{x}{d_0}\tan\beta + Ar\left(\frac{x}{d_0\cos\beta}\right)^2\left(\frac{0.51ax}{d_0\cos\beta} + 0.35\right)$$ (9-4)

式中 x——射流水平距离（m）；

y——射流轴心与水平轴之间的距离（m）；

β——射流出口轴线与水平轴之间的夹角（°）（图9-29）。

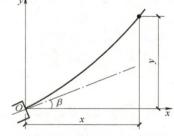

图 9-29 非等温自由射流结构示意图

3. 受限射流

在实际工程中，送入空调房间的空气通常会受到房间顶棚、四周壁面的限制，射流结构与自由射流有所不同，这种射流称为受限射流，如图9-30所示。

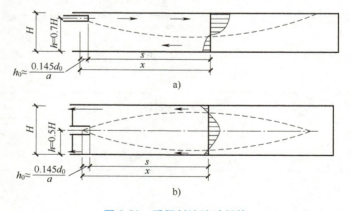

图 9-30 受限射流流动规律
a) 贴附于顶棚的射流　b) 轴对称射流

受限射流在卷吸周围空气时，需要较远处的空气来补充，形成回流。但由于周围壁面的限制，回流的范围有限，从而迫使射流外逸，射流和回流闭合形成大涡流。受限射流的沿程变化特征可以用无因次射程来说明，轴对称受限射流的无因次射程定义为

$$\overline{x} = \frac{ax}{\sqrt{0.5F_n}} \qquad (9-5)$$

式中　F_n——单股射流所负担的房间断面面积。

　　试验研究表明，射流出口后在一段距离内按自由射流规律扩展。在 $\overline{x} \approx 0.1$ 后，射流改变特性，横截面面积和流量的增加变缓，动量不再守恒，$\overline{x} \approx 0.1$ 的断面称为第一临界断面。在 $\overline{x} \approx 0.2$ 处，射流流量达到最大（而射流断面在稍后处达到最大），此后射流空气开始外逸，射流流量、面积和动量不断减小，直至消失，$\overline{x} \approx 0.2$ 的断面称为第二临界断面。受限射流各截面静压是变化的，静压随射程而增加，整个静压比周围空气稍高。与此同时，回流空气逸出后返回补充射流，其方向与射流相反，射流呈闭合状。回流流量、回流平均速度也在第二临界断面处达到最大值。

　　受限射流的几何形状与送风口的位置有关。如果房间的高度为 H，送风口距地面的高度为 h，当送风口安装在房间高度一半的地方（$h = 0.5H$）时，射流上下对称，呈橄榄形，如图 9-30a 所示。

　　当送风口安装在靠近顶棚的地方，$h \geq 0.7H$ 时，由于射流上部卷吸的空气少，因此射流的流速大、静压小，而射流下部的静压大，上下压差将射流托起，使其贴附在顶棚下流动，这种射流称为贴附射流。对于冷射流，当速度衰减到一定程度时，射流在自身重力的作用下下落。贴附长度的大小与阿基米德数有关，冷射流时，阿基米德数越大，贴附长度越短。

9.3.2　回风口空气流动规律

　　回风口空气流动规律与送风口不同，它是在风机抽力的作用下，使周围的空气向回风口汇集，其流动规律近似于如图 9-31 所示的点汇。对于一个点汇，流场中的等速面是以汇点为中心的球面。由于通过各个球面上的流量相等，则有

$$\frac{u_1}{u_2} = \frac{\dfrac{L}{4\pi r_1^2}}{\dfrac{L}{4\pi r_2^2}} = \left(\frac{r_2}{r_1}\right)^2 \qquad (9-6)$$

式中　r_1、r_2——任意两个球面到汇点的半径；

　　　　u_1、u_2——两个相应半径球面处的流速。

　　式（9-6）表明，在回风气流的作用区内，任意两点间的速度变化与它们到点汇距离的二次方成反比，随着到汇点距离的增加，回风速度以二次方衰减。因此，汇流的作用范围很小，回风口吸风速度的大小对房间气流组织的影响是很小的。

　　实际回风口面积与房间相比，并不能看成一个点，因此不能直接用点汇公式计算回风口处的速度场。图 9-32 的试验结果研究表明，对于面积为 F 的回风口，其等速面是椭球面，吸风区的速度分布规律为

$$\frac{u_0}{u_x} = 0.75 \frac{10x^2 + F}{F} \qquad (9-7)$$

式中　u_0——回风口的气流速度；

　　　　u_x——距回风口 x 处的汇流速度；

　　　　F——回风口的面积。

　　式（9-7）的适用范围是，回风口的高宽比大于 0.2 和 $\dfrac{x}{d_0} \leq 1.5d_0$，$d_0$ 是回风口的当量直径。

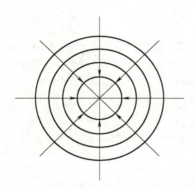

图 9-31　回风点汇速度分布

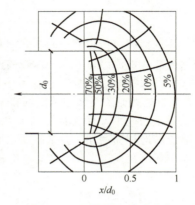

图 9-32　回风面汇速度分布

9.4　空调区气流组织设计

9.4.1　侧向送风气流组织设计

　　侧向送风口通常布置在房间侧墙或风道侧面上，空气横向送出，射流在将要到达对面墙壁的地方下落到工作区，以较低的流速流过工作区后从布置在下部的回风口排出。当房间的跨度较大时，可布置成双侧送双侧回。侧向送风通常采用贴附射流，射程较长，因而可采用较大的送风温差以节省风量和再热冷负荷。此外，侧向送风还具有管路布置简单、施工方便等优点。

　　上侧送风、下侧回风气流组织的主要特点是气流在室内形成大的回旋涡流，工作区处于回流区，只在房间的角落处有小的滞留区，由于送风气流在到达工作区之前已经与房间的空气进行了比较充分的混合，工作区具有比较均匀、稳定的温度和速度分布。

　　为保证射流在到达工作区之前能与房间的空气进行比较充分的混合，使工作区温度和速度分布比较均匀，侧向送风的射流应当具有足够的射程，通常采用贴附射流，以避免射流中途下落。侧向送风设计计算的主要任务是保证贴附射流的流型、保证射流轴心温度与房间温度的差值小于室内恒温精度的要求、使工作区气流速度满足生产工艺和人体热舒适的要求。计算内容包括确定送风速度、风口面积和个数等，具体计算步骤如下：

　　1. 确定送风口的形式、风口紊流系数 a，布置送风口的位置，确定射程

　　送风口的形式和紊流系数可从表 9-2 查取。考虑到距墙面 0.5m 的范围内是非工作区（图 9-33），射流允许在此下落。

　　侧向送风的射程用下式确定：

$$x = A - 0.5 - \Delta A \qquad (9-8)$$

式中　ΔA——送风口距墙面的距离；

　　　　A——房间长度（进深）。

　　2. 确定送风速度

　　送风速度的确定需要满足以下两个要求：

　　1）为了防止风口产生噪声，风口速度宜在 2～5m/s 的范围内。

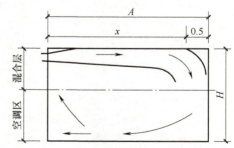

图 9-33　侧向送风气流组织设计示意图

2）工作区的回流平均速度应小于工作区的允许速度。工作区允许流速根据工艺要求和相关标准规范确定，一般情况下可取 0.25m/s。试验研究表明，受限射流的无因次回流平均速度可表示为

$$\frac{u_{h,p}}{u_0} = \frac{0.69}{\sqrt{F_n}}d_0 \tag{9-9}$$

式中　$u_{h,p}$——回流平均速度（m/s）；

　　　u_0——送风口风速（m/s）；

　　　d_0——送风口的当量直径（m）；

　　　F_n——单个送风口所负担的房间断面面积（m²），用下式计算：

$$F_n = \frac{BH}{N} \tag{9-10}$$

式中　B——房间的宽度（m）；

　　　H——房间的高度（m）；

　　　N——送风口的个数。

用工作区允许流速 0.25m/s 代替式（9-9）中的回流平均速度，风口最大的送风速度可表示为

$$u_0 = 0.36\frac{\sqrt{F_n}}{d_0} \tag{9-11}$$

如果用式（9-11）计算出的送风速度在 2~5m/s 的范围内，则满足设计要求。根据上面确定送风速度的原则，表 9-3 中给出了最大允许送风速度和建议的送风速度。

表 9-3　最大允许送风速度和建议的送风速度

射流自由度 $\sqrt{F_n}/d_0$	5	6	7	8	9	10	11	12	13	15	20	25	30
最大允许送风速度 $u_0 = 0.36\sqrt{F_n}/d_0$	1.8	2.16	2.52	2.88	3.24	3.6	3.96	4.32	4.68	5.4	7.2	9.0	10.8
建议的送风速度 u_0	2.0				3.5				5.0				

在用式（9-11）计算送风速度时，需要根据送风量确定风口直径或射流自由度 $\sqrt{F_n}/d_0$。由风量计算式

$$L = \frac{1}{4}\pi d_0^2 u_0 N = \frac{1}{4}\pi d_0^2 u_0 \frac{HB}{F_n}$$

射流自由度可表示为

$$\frac{\sqrt{F_n}}{d_0} = 0.886\sqrt{\frac{HBu_0}{L}} \tag{9-12}$$

由于式（9-12）中送风速度是未知数，所以送风速度的计算要用试算法进行，具体步骤如下：

1）根据表 9-3 选取送风速度，用式（9-12）计算射流自由度 $\sqrt{F_n}/d_0$。

2）把算出的射流自由度代入式（9-11），计算送风速度 u_0。

3）如果计算得到的送风速度在 2~5m/s 范围内，则满足要求；否则应重新假设，重复上面的步骤，直到满足设计要求为止。

3. 确定送风口个数

送风口的个数可根据贴附射流无因次射程的定义式确定，由

$$\bar{x} = \frac{ax}{\sqrt{F_n}} = \frac{ax}{\sqrt{HB/N}} \tag{9-13}$$

则送风口个数为

$$N = \frac{BH}{(ax/\bar{x})^2} \tag{9-14}$$

式（9-14）中的无因次射程值可从图 9-34 中 $\frac{\Delta t_x}{\Delta t_0} \frac{\sqrt{F_n}}{d_0}$ 与 $\bar{x} = \frac{ax}{\sqrt{F_n}}$ 的试验曲线查取。

图 9-34 中纵坐标的 Δt_x 是射程 x 处的轴心温差，一般应小于或等于空调精度。例如，若空调精度为 $\Delta t_n = \pm 0.5℃$，则应取 $\Delta t_x \leqslant 0.5℃$。对于高精度恒温空调，通常取 $\Delta t_x = (0.4 \sim 0.8) \Delta t_n$。在确定了 Δt_n 后，则可由计算出的 $\frac{\Delta t_x}{\Delta t_0} \frac{\sqrt{F_n}}{d_0}$ 值，从图 9-34 中查取相应的无因次射程值，用式（9-14）计算所需要的风口数量。

4. 确定送风口的尺寸

单个风口的面积为

$$f = \frac{L}{u_0 N} \tag{9-15}$$

根据送风口面积即可确定圆形送风口的直径或矩形送风口的长和宽。

5. 校核射流的贴附长度

射流贴附长度应当等于或大于射程，因此需要对贴附长度进行校核。若计算得出的贴附长度大于或等于射程，说明设计满足要求，否则应当重新进行设计计算。贴附长度的大小主要取决于阿基米德数。用式（9-3）计算出 Ar 后，根据 Ar 查图 9-35 计算出贴附长度。

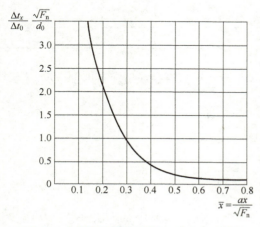

图 9-34　非等温受限射流轴心速度衰减曲线

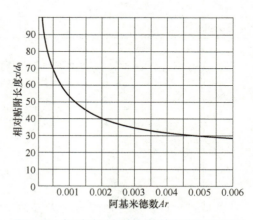

图 9-35　相对贴附长度与阿基米德数的关系

6. 空调房间所要求的最小高度

为了使工作区不受送风射流的影响，空调房间应当具有一定的射流混合层高度。因此，空调房间所要求的最小高度为

$$H = h + \Delta h + 0.07x + 0.3 \tag{9-16}$$

式中　h——工作区高度（一般取 $h=2\text{m}$）；

　　　Δh——送风口底边到顶棚的距离；

　　$0.07x$——射流向下扩展的距离（取扩散角 $\theta=4°$，则 $\tan\theta=0.07$）；

　　　0.3——安全系数。

如果房间高度不能满足计算得出的最小房间高度的要求，则应当调整设计。

【例9-1】 某空调房间的长、宽、高分别为 $A=5.5\text{m}$、$B=3.6\text{m}$、$H=3.2\text{m}$，室内显热负荷为 1.6kW，设计温度为（20 ± 1）℃，试进行侧向送风气流组织计算。

【解】 1）采用双层百叶风口，湍流系数 $a=0.16$，风口布置在房间宽度方向的侧墙上，则射程为 $x=(5.5-0.5)\text{m}=5\text{m}$

2）由《民用建筑供暖通风与空气调节设计规范》（GB 50736—2012），根据本题送风温度的精度要求，查出送风温差和换气次数的推荐值分别为 6~9℃ 和 5 次。选定送风温差为 $\Delta t_0=6℃$，则所需的送风量和换气次数分别为

$$q_m=\frac{Q_x}{\rho c\Delta t_0}=\frac{1.6\times10^3}{1.2\times1.01\times10^3\times6}\text{m}^3/\text{s}=0.22\text{m}^3/\text{s}=792\text{m}^3/\text{h}$$

$$n=\frac{q_m}{ABH}=\frac{792}{6\times3.6\times3.2}\text{次}/\text{h}\approx11\text{ 次}/\text{h}$$

换气次数为 11 次/h 大于所要求的 5 次/h，满足要求。

3）确定送风速度。按表9-3，假定送风速度为 $u_0=4\text{m/s}$，$L=q_m$ 计算射流自由度

$$\frac{\sqrt{F_n}}{d_0}=0.886\sqrt{\frac{HBu_0}{L}}=0.886\times\sqrt{\frac{3.2\times3.6\times4}{0.22}}=12.8$$

由 $\sqrt{F_n}/d_0=12.8$，查表9-3得最大允许风速为 4.6m/s，其值大于所假设的送风速度，说明假设的送风速度既能满足噪声的要求，又能满足送风速度的衰减。

4）计算送风口数量 N。取射流轴心温差为 $\Delta t_x=0.8℃$，则由

$$\frac{\Delta t_x}{\Delta t_0}\frac{\sqrt{F_n}}{d_0}=\frac{0.8}{6}\times12.8\approx1.7$$

查图9-34得无因次射程 $\bar{x}=0.23$，代入式（9-14），有

$$N=\frac{BH}{(ax/\bar{x})^2}\frac{3.6\times3.2}{\left(\dfrac{0.16\times5}{0.23}\right)^2}\approx0.95$$

取 $N=1$ 个。

5）由式（9-15）确定送风口尺寸，即

$$f=\frac{L}{u_0N}=\frac{0.22}{4\times1}\text{m}^2=0.055\text{m}^2$$

选定双层百叶风口 400mm×200mm 矩形送风口。选定双层百叶风口，考虑风口的有效面积系数为 0.72，最终选取 320mm×160mm 矩形送风口，其当量直径为 213mm。

6）校核贴附长度。由

$$Ar=\frac{gd_0\Delta t_0}{u_0^2T_n}=\frac{9.81\times0.213\times6}{4^2\times(273+20)}\approx0.00267$$

查图9-35得 $x/d_0=36.5$，因此

$$x = 36.5d_0 = (36.5 \times 0.213)\text{m} = 7.8\text{m} > 5.5\text{m}$$

满足贴附长度要求。

7）校核房间长度。设风口底边到顶棚的距离为 0.5m，由式（9-16）有

$$H = h + \Delta h + 0.07x + 0.3 = (2 + 0.5 + 0.07 \times 5 + 0.3)\text{m} = 3.15\text{m}$$

房间的实际高度 3.2m>3.15m，房间高度符合要求。

9.4.2 散流器送风气流组织设计

在建筑空调系统中，通常采用散流器平送方式。平送流型工作区，温度场和速度场都比较均匀，可用于恒温精度较高的空调场合。散流器平送出的气流贴附顶棚向四周扩散下落，与室内空气混合以后，从布置在上部的回风口排出。对于这样的布置，在许多工程中，回风总管不与回风口相连，相当于把吊顶作为一个大的回风通道。散流器平送的作用范围大，射流扩散快，射程比侧向送风短，工作区处于回流区，温度场和速度场都比较均匀，适用于房间层高较低的场合。散流器平送的气流分布如图 9-36 所示。

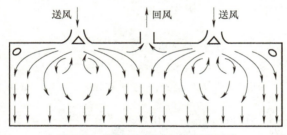

图 9-36 散流器平送风，顶棚回风

根据房间面积的大小，散流器可设置一个或多个，并布置为对称形或梅花形，如图 9-37 所示。每个圆形或方形散流器所服务的区域最好为正方形或接近正方形；如果散流器服务区的长宽比大于 1.25，宜选用矩形散流器。

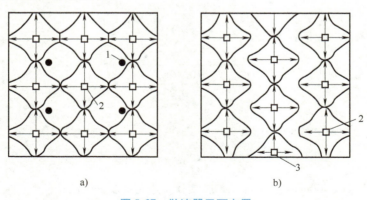

a)   b)

图 9-37 散流器平面布置

a）对称布置　b）梅花形布置

1—柱　2—方形散流器　3—三面送风散流器

散流器水平射程与垂直射程比宜保持在 0.5~1.5，送风面的长宽之比需在 0.5~1.5，散流器中心距墙一般应大于 1m。

散流器送风计算可以按照以下步骤进行:

1)根据房间建筑尺寸,布置散流器并确定其数量。

散流器布置应满足

$$0.5 < \frac{l}{h_x} < 1.5$$

垂直射程

$$h_x = H - h$$

式中　l——自散流器中心为起点的射流水平距离(即水平射程)(m);

　　　h_x——垂直射程(m);

　　　H——空调房间净高(m);

　　　h——工作区高度(m)。

2)选取送风温差,计算送风量,校核换气次数。

3)选定散流器喉部风速,根据单个散流器风量计算喉部面积。

4)确定修正系数 K 值。根据 $\frac{0.1l}{\sqrt{F_0}}$ 和 $\frac{l}{h_x}$,查图 9-38 确定修正系数 K。

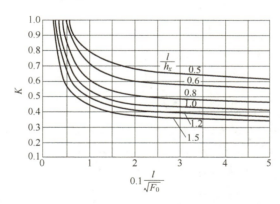

图 9-38　修正系数 K 值

5)计算轴心温差,其值应小于空调精度。

轴心温差衰减为

$$\frac{\Delta t_x}{\Delta t_0} = \frac{1.1\sqrt{F_0}}{K(l + h_x)} \tag{9-17}$$

式中　Δt_0——送风温差(℃);

　　　Δt_x——气流到达工作区上边界时的轴心温差(℃);

　　　K——考虑气流受限的修正系数。

6)校核工作区流速,该值应小于工作区允许风速。

散流器射流的速度衰减方程为

$$\frac{u_x}{u_0} = \frac{1.2K\sqrt{F_0}}{l + h_x} \tag{9-18}$$

式中　u_x——x 处的最大风速(m/s);

　　　u_0——散流器喉部风速(m/s)。

7）校核气流贴附长度。当 $Ar \geqslant 0.18$，且射程时 $l_x < l$，气流失去贴附性。Ar_x 和 l_x 的计算公式为

$$Ar_x = 0.06Ar\left(\frac{l+h_x}{\sqrt{F_0}}\right)^2 \tag{9-19}$$

$$l_x = 0.54\sqrt{\frac{F_0}{Ar}} \tag{9-20}$$

式（9-20）中的 Ar 按下式计算：

$$Ar = \frac{11.1\Delta t_0 \sqrt{F_0}}{u_0^2 T_n} \tag{9-21}$$

【例 9-2】　某空调房间的长、宽、高分别为 $A = 6\text{m}$、$B = 3.6\text{m}$、$H = 3.2\text{m}$，室内显热负荷为 1.6kW，设计温度为（20±1）℃，拟采用散流器平送，试进行气流组织计算。

【解】　1）采用圆盘形散流器，布置两个散流器。

每个散流器的送风面积 $F = 3\text{m} \times 3.6\text{m} = 10.8\text{m}^2$，两个方向的水平射程分别为 1.5m 和 1.8m。

平均射程

$$l = \frac{1.5+1.8}{2}\text{m} = 1.65\text{m}$$

取工作区的高度为 1.5m，则垂直射程为

$$h_x = H - h = (3.2-1.5)\text{m} = 1.7\text{m}$$

$$\frac{l}{h_x} = \frac{1.65}{1.7} \approx 0.97$$

由于 0.5<0.97<1.5，因此符合射程要求。

2）选取送风温差，计算送风量，校核换气次数。由《民用建筑供暖通风与空气调节设计规范》（GB 50736—2012），根据本题送风温度的精度要求，查出送风温差和换气次数的推荐值分别为 6~9℃ 和 5 次。选定送风温差为 $\Delta t_0 = 6$℃，则所需的送风量和换气次数分别为

$$q_m = \frac{Q_x}{\rho c \Delta t_0} = \frac{1.6 \times 10^3}{1.2 \times 1.01 \times 10^3 \times 6}\text{m}^3/\text{s} = 0.22\text{m}^3/\text{s} = 792\text{m}^3/\text{h}$$

$$n = \frac{q_m}{ABH} = \frac{792}{6 \times 3.6 \times 3.2}\text{次}/\text{h} \approx 11\text{ 次}/\text{h}$$

换气次数为 11 次/h 大于所要求 5 次/h，满足要求。

3）选定散流器喉部风速，根据单个散流器风量计算喉部面积。

选取散流器喉部的风速为 $u_0 = 3\text{m/s}$，计算出喉部面积为 $F_0 = 0.0367\text{m}^2$，喉部直径 $d_0 = 0.0214\text{m}$。

4）确定修正系数 K 值。由 $\dfrac{0.1l}{\sqrt{F_0}} = \dfrac{0.1 \times 1.65}{\sqrt{0.0367}} = 0.86$ 和 $\dfrac{l}{h_x} = 0.97$，查图 9-38，查得修正系数 $K = 0.58$。

5）计算轴心温差，其值应小于空调精度。轴心温差衰减为

$$\Delta t_x = \Delta t_0 \frac{1.1 \sqrt{F_0}}{K(l+h_x)} = \left[6 \times \frac{1.1 \times \sqrt{0.0367}}{0.58 \times (1.65+1.7)}\right]℃ = 0.65℃$$

轴心温度衰减为 0.65℃<1℃，故能满足空调精度要求。

6）校核工作区流速，该值应小于工作区允许风速。散流器射流的速度衰减为

$$u_x = u_0 \frac{1.2K \sqrt{F_0}}{l+h_x} = \left[3 \times \frac{1.2 \times 0.58 \times \sqrt{0.0367}}{1.65+1.7}\right]\text{m/s} = 0.12\text{m/s}$$

故能满足夏季空调工作区室内风速不应大于 0.3m/s 的要求。

7）校核气流贴附长度。

$$Ar = \frac{11.1\Delta t_0 \sqrt{F_0}}{u_0^2 T_n} = \frac{11.1 \times 6 \times \sqrt{0.0367}}{3^2 \times (273+20)} = 0.0048$$

$$Ar_x = 0.06 Ar\left(\frac{l+h_x}{\sqrt{F_0}}\right)^2 = 0.06 \times 0.0048 \times \left(\frac{1.65+1.7}{\sqrt{0.0367}}\right)^2 = 0.088 < 0.18$$

所需最小射程为

$$l_x = 0.54 \sqrt{\frac{F_0}{Ar}} = \left(0.54 \times \sqrt{\frac{0.0367}{0.0048}}\right) \text{m} = 1.49\text{m}$$

由于 $l = 1.65\text{m} > l_x = 1.49\text{m}$，所以满足射流贴附长度要求。

9.4.3　条缝送风气流组织设计

条缝送风属于平面射流，在高层建筑空调中，常用的是顶送形式。图 9-39 所示为条缝形风口顶送的几种风口布置方式。图 9-40 所示为条缝形风口平送贴附射流示意图。

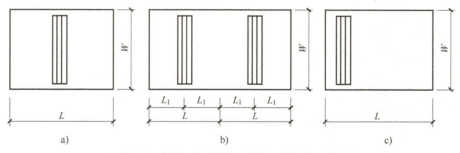

图 9-39　条缝形风口顶送的几种风口布置方式

条缝形送风的速度衰减有以下计算公式

$$\frac{u_x}{u_0} = K\sqrt{\frac{b}{x+x_0}} \qquad (9-22)$$

$$\frac{u_x}{L_{s1}} = K/\sqrt{b(x+x_0)} \qquad (9-23)$$

$$u_{pj} = 0.25 L_1 \sqrt{\frac{n}{L_1^2+H^2}} \qquad (9-24)$$

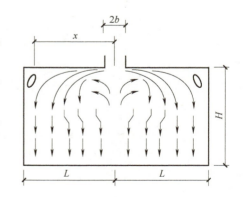

图 9-40　条缝形风口平送贴附射流示意图

式中　u_x——距条缝风口 x 处的最大风速（m/s）；

$\quad\ u_0$——条缝风口的出口风速（m/s）；

$\quad\ x$——射程（m）；

$\quad\ x_0$——从条缝风口中心到主气流外观原点的距离（$x_0 = 0$）；

$\quad\ b$——条缝风口的有效宽度（m）；

$\quad\ K$——系数（条缝风口取为 $K = 2.35$）；

L_{s1}——单位长度条缝的送风量 $[m^3/(s \cdot m)]$，且有 $u_0 = \dfrac{L_{s1}}{b}$；

u_{pj}——室内平均风速（m/s）；

H——房间高度（m）；

n——系数，$n = \dfrac{x}{L_1}$；

L_1——与射程有关的长度（m）。

如图 9-39 所示，图中 L 为房间或区域的长度（m）。对于安装在房间或区域中央的条缝风口，$L_1 = \dfrac{L}{2}$；对于安装在房间侧墙一端的条缝风口，$L_1 \approx L$；若条缝风口设在房间或区域中央，其射程 $x = 0.75L_1$；此时 $n = 0.75$。

条缝送风的设计计算归纳为：

1）确定送风口形式，根据使用场所和使用条件选用。

2）布置送风管道，确定送风口的位置和数量。注意，第一个送风口距风道入口不宜小于 2m，否则该风口可能处于涡流区或出现吸风现象。

3）计算送风口的宽度。

4）计算工作区平均风速及最大风速。若计算值超过工作区允许风速，需改变风口跨密度及送风速度，直到满足要求为止。

9.4.4　喷口送风气流组织设计

喷口送风又称为集中送风，多用于高大建筑的舒适性空调。它通常是把送风口、回风口布置在同侧，空气以较高的速度和较大的流量集中在少数几个送风口射出，射流到达一定的射程后折回，在室内形成大的涡旋，工作区处于回流区，室内气流流型如图 9-41 所示，喷口送风示意图如图 9-42 所示。

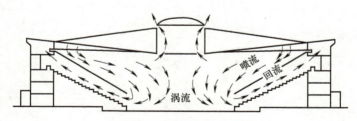

图 9-41　喷口送风气流流型

喷口送风的风速大，射程长，沿途卷吸大量的室内空气，射流流量可达到送风量的 3~5 倍。由于送风射流与室内空气掺混作用，工作区具有较均匀的温度和速度分布。

喷口送风设计的主要任务是根据所需要的射程 x、落差 y 和工作区流速 u_{xp}，确定喷口的直径、送风速度 u_0 和喷口数量 N 等。具体的设计计算步骤如下：

（1）确定射流落差 y　喷口中心标高与射流末端的轴心标高差称为射流落差，落差的大小与喷口高度有关。喷口太低，射流会直接进入工作区，喷

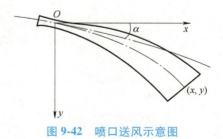

图 9-42　喷口送风示意图

口太高则会使回流的厚度增加，回流速度减小。通常希望射流末端的工作区的上界齐平，因此，喷口高度一般取 5～7m。

（2）确定射程长度　喷口送风的射程是指喷口到射流断面平均速度为 0.2m/s 处的距离，此后射流开始折回形成回流区。

（3）确定工作区的流速 u_{xp}　因为工作区位于回流区，所以工作区流速就是回流区的流速。由于回流区速度分布不像射流那样有规律，确定回流区的速度比较困难。但试验研究表明，射流末端的速度近似等于回流始端的速度，因此可近似用射流末端的平均速度代替回流平均速度。

大空间喷口送风的射流规律与自由射流规律基本相同，射流末端轴心速度可用自由射流的公式计算，见式（9-1）。

取射流末端平均速度 u_{xp} 近似等于轴心速度的一半，即

$$u_{xp} = 0.5u_x \tag{9-25}$$

（4）计算喷口送风速度 u_0　当送风量一定时，送风速度 u_0 与喷口直径 d_0 有关。为了有足够的射程，要求 u_0 和 d_0 都要足够大。考虑到减小噪声和保证射流衰减的要求，通常把喷口送风速度和喷口直径限制在 $u_0 = 4～10$m/s，$d_0 = 0.2～0.8$m 的范围，需要采用试算法，其计算步骤如下：

1）选取一个喷口直径 d_0，用非等温自由射流轴心轨迹公式计算阿基米德数 Ar

$$Ar = \frac{\dfrac{y}{d_0} - \dfrac{x}{d_0}\tan\beta}{\left(\dfrac{x}{d_0\cos\beta}\right)^2\left(\dfrac{0.51ax}{d_0\cos\beta} + 0.35\right)} \tag{9-26}$$

2）由阿基米德数 Ar 的定义式（9-3），确定喷口送风速度 u_0，即

$$u_0 = \sqrt{\frac{gd_0(T_0 - T_n)}{ArT_n}} \tag{9-27}$$

3）如果计算得到的送风速度 $u_0 \leqslant 10$m/s，把 u_0 代入自由射流轴心速度公式计算射程 x 处的轴心速度 u_x：

$$u_x = u_0\frac{0.48}{\dfrac{ax}{d_0} + 0.147} \tag{9-28}$$

4）用式（9-25）计算射流末端的平均速度 u_{xp}。如果计算得出的射流平均速度 $u_{xp} \leqslant 0.5$m/s，则认为满足设计要求；否则，应当重新选取喷口直径 d_0，按上述步骤重新计算，直到所求出的射流末端平均速度满足设计要求时为止。

5）确定喷口数量 N。每个喷口的送风量为

$$q_0 = \frac{1}{4}\pi d_0^2 u_0 \tag{9-29}$$

所需要的喷口数为

$$N = \frac{q_m}{q_0} \tag{9-30}$$

式中　q_m——房间的送风量（m³/h）。

【例 9-3】　某空调房间的长、宽、高分别为 $A = 30$m、$B = 28$m、$H = 7$m，如图 9-43 所示。室内显热负荷为 32kW，设计温度为 28℃，拟采用安装在 6m 高处的喷口对喷，试进行喷口送风计算。

【解】 1）设射流末端轴心标高与工作区上界的高度 2.7m 齐平，因此落差 $y = 6\text{m} -$ 2.7m = 3.3m。

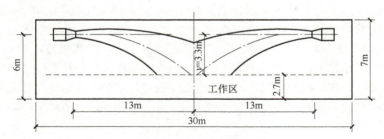

图 9-43　例题 9-3 示意图

2）设定射程长为 $x = 13\text{m}$。

3）选定送风温差为 $\Delta t_0 = 8℃$，计算送风量

$$q_m = \frac{Q_x}{\rho c \Delta t_0} = \frac{32}{1.2 \times 1.01 \times 8}\,\text{m}^3/\text{s} = 3.30\,\text{m}^3/\text{s} \approx 12000\,\text{m}^3/\text{h}$$

4）确定送风速度。取 $d_0 = 0.25\text{m}$，喷射角 $\beta = 0°$，喷口紊流系数 $a = 0.076$，则非等温自由射流的阿基米德数为

$$Ar = \frac{\dfrac{y}{d_0} - \dfrac{x}{d_0}\tan\beta}{\left(\dfrac{x}{d_0\cos\beta}\right)^2 \left(\dfrac{0.51ax}{d_0\cos\beta} + 0.35\right)} = \frac{\dfrac{3.3}{0.25} - \dfrac{13}{0.25}\tan 0°}{\left(\dfrac{13}{0.25 \times \cos 0°}\right)^2 \left(\dfrac{0.51 \times 0.076 \times 13}{0.25 \times \cos 0°} + 0.35\right)} = 0.0021$$

喷口送风速度为

$$u_0 = \sqrt{\frac{g d_0 (T_0 - T_n)}{Ar\,T_n}} = \left[\sqrt{\frac{9.81 \times 0.25 \times 8}{0.0021 \times (273 + 28)}}\right]\text{m}/\text{s} = 5.6\,\text{m}/\text{s}$$

射程 x 处的轴心速度为

$$u_x = u_0 \frac{0.48}{\dfrac{ax}{d_0} + 0.147} = \left(5.6 \times \frac{0.48}{\dfrac{0.076 \times 13}{0.25} + 0.147}\right)\text{m}/\text{s} = 0.66\,\text{m}/\text{s}$$

射流末端的平均速度为

$$u_{xp} = 0.5 u_x = (0.5 \times 0.66)\,\text{m}/\text{s} = 0.33\,\text{m}/\text{s}$$

以上计算结果表明，$u_0 = 5.6\text{m}/\text{s} < 10\text{m}/\text{s}$ 且 $u_{xp} = 0.33\text{m}/\text{s} < 0.5\text{m}/\text{s}$，均满足要求。

5）确定喷口数量 N。

$$N = \frac{q_m}{q_0} = \frac{q_m}{\dfrac{\pi}{4} u_0 d_0^2} = \frac{12000}{\dfrac{\pi}{4} \times 5.6 \times 0.25^2 \times 3600}\,\text{个} = 12.1\,\text{个}$$

所需要的喷口数为 12 个，两侧对喷，每侧墙上布置 6 个喷口。

9.4.5　下送风气流组织设计

下送风和置换通风相似，两种送风方式通常都是由布置在房间下部的风口向上或水平送出，形成热力分层，同时都具有节能和提高空气品质方面的优势，但从概念上和应用上两者又有区别。

图 9-44 所示为地板送风气流流型示意图，地板送风就是下送风。下送风送出具有一定速度的空气，在向上流动过程中，与工作区的空气迅速大量掺混进行热交换达到调节工作区温度的作用。气流进入非工作区时，通过自然对流从上部排风口排出，或部分空气通过地面回入地板下与一次空气混合经下设的风机处理后送出。由于地板送风的出风具有较高的速度，在工作区形成掺混，因此，分层现象并不明显，只出现在空间的上部。

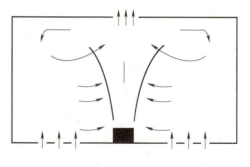

图 9-44　地板送风气流流型示意图

当采用下送风和置换式下送风方式时，由于送风直接进入工作区，为了满足人体热舒适的要求，要求减小送风温差，控制工作区内的风速；当送风量较大时，因需要的风口面积较大，风口布置较困难。但因为排风温度高于工作区温度，具有一定的节能效果，同时有利于改善工作区的空气品质。

下送风应用于现代化的办公建筑较为合适，现代的办公楼中都配备了许多通信设备，有许多的线缆及网络布线，架空地板就很好地解决了空间上的矛盾。考虑到扬尘问题，地板送风系统最好应用于较为高档的商业建筑，可以保持室内清洁卫生，且工作人员相对走动较少的场合，以避免风口频繁振动。

在下送风气流组织设计中，有四个因素对工作区的温度和风速影响较大，这四个因素按主次排列，依次为：风口到人体的距离、送风温度、送风速度和送风口形式。下送风气流组织设计一般按以上影响因素的重要性次序进行，其方法和步骤为：

1）确定风口到人体的距离 s，计算风口计算间距 l，单位面积风口个数 n_0 和房间所需风口个数 n。通常取 $s \geq 0.5\text{m}$。

2）确定送风温度 t_0，按照工作区的设计温度 t_n 计算送风温差 Δt_0，根据室内热负荷计算送风量 L。通常取 $t_0 \geq 18℃$。

3）确定送风速度 u_s，根据 u_s 和 L，计算总送风面积 F。通常取 $u_s \leq 2\text{m/s}$。

4）选择送风口形式，确定尺寸，根据 F 所需要的风口数量 n_1，反算出此时的风口间距 l_1 和风口到人体的距离 s_1。送风口形式对下送风影响较小，可采用旋流风口、普通圆形风口以及矩形或方形风口，在风速较大时，建议采用旋流风口。

5）比较 n 和 n_1，若 $n_1 \leq n$，则按 n_1 计算，否则，重复第二步到第四步，改变相应的数值，直到 $n_1 \leq n$ 为止。

6）根据已求出的 l_1 和 u_s，利用下式计算人体皮温与周围环境的温度差 Δt_{sk}：

$$\Delta t_{sk} = 8.42 - 2.07 s_1 + 0.83 u_s - 0.24 t_s \qquad (9\text{-}31)$$

若 $\Delta t_{sk} \leq 3℃$，则满足舒适性要求。否则，重复第一步到第五步，直到满足要求为止。3℃ 是根据热舒适性试验得到的满足人体热舒适的主要指标之一。

9.4.6　置换通风气流组织设计与室内空气品质设计

1. 置换通风气流组织设计

如图 9-45 所示，置换通风是经过热湿处理的空气以低速在房间下部送风，新鲜空气沿着地面扩散，形成一层空气层，在室内热源的作用下，气流以类似活塞流状态依靠自身的浮升力缓慢向上移动，到达一定高度受热源和顶板的影响，发生紊流现象，产生紊流区。气流产生热力分层现象，出现两个区域：下部单向流动区和上部混合区。空气温度场和浓度场在这两个区域有非常明显的不同特性，下部单向流动区存在明显垂直温度梯度和浓度梯度，而上部紊流混合区温度场和浓度场则比较均匀，接近排风的温度和污染物浓度。置换通风的气流因出口风速很低，依靠自身重力向地面平铺开来，新风不断"置换"污气，在工作区内一直保持分层。

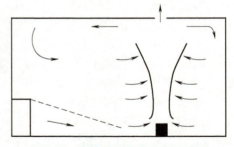

图 9-45   置换通风气流流型示意图

这里特别指出，送风速度的大小是区别置换通风和下送风的一个关键因素。事实上，混合通风，例如侧向送风、喷口送风以及散流器送风，要求出口风速要相当大，形成射流，利用其出口冲量，使送风气流与室内空气迅速掺混，整个空间温度场及浓度场基本达到一致，由此达到空气调节的目的；下送风则是混合通风出口风速减低到一定限度的产物，这个限度大致就是工作区的高度，即地板送风的分层高度。气流出口速度使其出射高度接近于工作区高度，此时，具有一定速度的出流仅与工作区空气掺混，负担工作区的负荷，而非工作区的上部负荷从顶部排走；置换通风则又是地板送风出口风速减低到一定限度的产物，可以说是地板送风的极限状态。当出口风速降到低于 0.2m/s，送风气流动能很小，只能利用空气自身重力向四周缓慢平铺，弥漫至整个房间后，平铺的气流同时向上推进，"置换"掉上部气体，整个空间分层现象明显，热源处气流依靠形成的自然浮升力向上运动。

置换通风的应用条件一般要求：室内热源及其分布在工作区的热负荷只占全室负荷的一部分；房间的高度须大于 2.4m；房间负荷不超过 120W/m²。

置换通风的送风口有多种，如图 9-46~图 9-48 所示。常用的有扁平形（适于墙面侧送）、圆柱形、半圆柱形、1/4 圆柱形、地板散流器、地面旋流形、座椅旋流形、诱导器等。

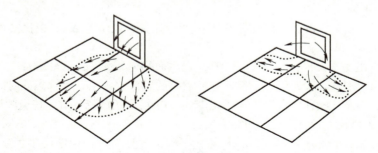

图 9-46   墙面扁平形送风口

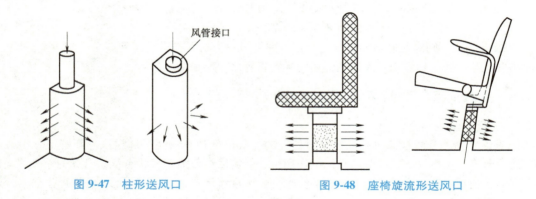

风管接口

图 9-47   柱形送风口   图 9-48   座椅旋流形送风口

　　置换通风设计与混合通风以及下送风不同，不仅包含热舒适性设计，还包括空气品质设计。为便于置换通风设计，表 9-4 给出了部分热源形式引起的上升气流流量。

表 9-4　部分热源形式引起的上升气流流量

热源形式		有效能量折算/W	离地 1.1m 处空气流量/(m³/h)	离地 1.8m 处空气流量/(m³/h)
人员	坐或站，轻度或中度劳动	100~120	80~100	180~210
办公设备	台灯	60	40	100
	计算机/传真机	300	100	200
	投影仪	300	100	200
	散热器	400	40	100
机器设备	约 1m 直径，1m 高	2000	—	600
	约 1m 直径，2m 高	4000		800
	约 2m 直径，1m 高	6000		900
	约 2m 直径，2m 高	8000		1000

　　（1）**置换通风空调系统送风量要求**

　　1）按照国家各种规范和标准对置换通风空调系统送风量要求。满足现行各种规范和标准的最小新风量 L_x 的要求，即 $L_x \geqslant 30 \mathrm{m}^3/\mathrm{h}$ 或空气中人呼入的 CO_2 浓度 $C_{exp} \leqslant 1000 \mathrm{ppm}$，$C_{exp}$ 通常取为 1000ppm。

　　2）按室内空气质量设计所需的送风量。

　　3）按室内热舒适性设计所需的送风量。

　　（2）**置换通风送风口的选择和布置**

　　1）满足人体热舒适性要求，高层建筑的送风口通常的设置高度 $h \leqslant 0.8 \mathrm{m}$，出口风速 $u_s \leqslant 0.2 \mathrm{m/s}$。

　　2）除系统送风温度接近室内温度外，通常当工作区人员为坐姿时，其所在位置的气流速度 $u_{oz} \leqslant 0.2 \mathrm{m/s}$。

　　3）置换风口的布置，应使室内人员在风口扩散的临近区以外。

　　4）置换风口应布置在室内空气较易流通处，送风口前不应有大量遮挡物。

　　5）置换风口不应布置在室内靠外墙或外窗处，应尽可能布置中央或负荷较集中的地方。

　　6）排风口应尽可能设置在室内最高处；回风口应设置在室内热力分层以上。

　　7）对于冬季有大量热负荷需要的建筑物外部区域，不宜采用置换通风系统。

　　2. 置换通风室内空气品质设计

　　（1）**室内工作区热力分层高度 h_{oz}（m）**　对于高层建筑的舒适性空调，h_{oz} 通常为人员呼吸区的高度。若在人员站姿情况下工作，取 $h_{oz} = 1.8 \mathrm{m}$；若在人员坐姿情况下工作，取 $h_{oz} = 1.3 \mathrm{m}$。

　　（2）**穿过分层高度的空气对流流量 q_{vz}（m³/h）**　穿过分层高度的空气对流流量既要满足分层高度或人员呼吸的空气品质要求，又要使系统风量最小。表 9-5 列出了人体对流流量 q_{vz}。

表 9-5　人体对流流量

人　体	对流流量/(m^3/h)	
	空气品质高	空气品质一般
坐姿	72	36
站姿	72	36

对于一般物体对流流量，计算公式为

点源

$$q_{vz} = 18Q_{ef}^{1/3}Z^{5/3} \tag{9-32}$$

线源

$$q_{vz} = 46.8Q_{ef}^{1/3}Z \tag{9-33}$$

式中　q_{vz}——对流流量（m^3/h）；

　　　Z——热源或热源延伸点与分层高度之间的距离（m）；

　　　Q_{ef}——热源对流部分的散热量（W），按下式计算：

$$Q_{ef} = kQ$$

式中　k——对流系数，对于管状物体，$k=0.7\sim0.9$；小部件，$k=0.4\sim0.6$；大设备或大部件，$k=0.3\sim0.5$；

　　　Q——室内空调显热负荷（W）。

（3）**通风空调系统总送风量** $q_s(m^3/h)$

$$q_s = \sum_{i=1}^{n} q_i \tag{9-34}$$

（4）**室内污染物排放浓度** $C_e(ppm)$　当室内污染源主要是人体时，可将人体散发至空气中的 CO_2 浓度作为室内空气品质的衡量指标。

$$C_e = C_s + \frac{L_{CO_2}}{q_s} \tag{9-35}$$

置换送风口的 CO_2 浓度 $C_s(ppm)$ 为

$$C_s = \frac{q_r C_e + q_x C_x}{q_s} = \frac{\varphi_r q_s C_e + (1-\varphi_r)q_s C_x}{q_s} = \varphi_r C_e + (1-\varphi_r)C_x \tag{9-36}$$

式中　L_{CO_2}——室内人员呼出 CO_2 气体流量（m^3/h）；坐姿时，一个人呼出的 CO_2 气体为 $0.0216m^3/h$；

　　　C_x——室外新风的 CO_2 浓度，350ppm；

　　　C_s——送风中 CO_2（污染物）浓度（ppm），全新风时，为350ppm；

　　　φ_r——空调系统回风率（%）；

　　　q_s——送风口空气流量（m^3/h），全新风时，$q_s = q_x$；

　　　q_r——空调系统循环回风量（m^3/h），$q_r = \varphi_r q_s$；

　　　q_x——通风空调系统的室外新风风量（m^3/h），$q_x = (1-\varphi_r)q_s$。

当室内呼吸区 CO_2 允许浓度 $C_{oz} = 1000ppm$，室外新风中 CO_2 浓度取为 $C_x = 350ppm$，一个人呼出的 CO_2 气体流量为 $L_{CO_2} = 0.0216m^3/h$。

这里引入一个置换通风排污效率（ε_{exp}）的概念。所谓置换通风排污效率是指送入的置换通风气流对室内 CO_2 排除的效率。

$$\varepsilon_{exp} = \frac{C_e - C_s}{C_{exp} - C_s} \tag{9-37}$$

式中　C_e——室内 CO_2 排放浓度（ppm）；

　　　C_s——室内送风中 CO_2 浓度（ppm）；

　　　C_{exp}——室内 CO_2 浓度限制值（ppm）。

一般情况下，若每人的送风量为 $30 \sim 36m^3/h$，$\varepsilon_{exp} \approx 3 \sim 4$；若每人的送风量为 $72m^3/h$，则 $\varepsilon_{exp} \approx 20$。

（5）**室内工作区污染物平均浓度 C_{az} 或人员呼吸实际浓度**　按照置换送风口的 CO_2 浓度 C_{exp}：当人员为站姿且呼吸点在人员热力分层以下时，$C_{az} = C_{exp}$；当人员为坐姿势时，$C_{az} \geq C_{exp}$。

3. 置换通风室内热舒适性设计

（1）**室内热舒适性标准**

1）室内工作区内最低设计温度（距地 $0.1m$ 脚踝处）$t_{0.1} \geq 20℃$。

2）室内工作区最大温度梯度 $\leq 2℃/m$。

3）坐姿时人体头部与脚踝（即距地 $0.1 \sim 1.1m$）处最大温差 $\Delta T = t_{1.1} - t_{0.1} \leq 2℃$；站姿时人体头部与脚踝（即距地 $0.1 \sim 1.8m$）处温差 $\Delta T = t_{1.8} - t_{0.1} \leq 3℃$。

（2）**根据现行规范计算室内空调有效冷负荷（显热部分）**

（3）**确定室内垂直温度分布规律，确定送、排风温差（$t_e - t_0$）**

1）采用"50%法则"。在送、排风温差（$t_e - t_0$）（或冷负荷）中，室内地面温升（或冷负荷）占 50%。这种温度分配规律适用于一般功能房间、送风量为 $L = 5 \sim 10m^3/(h \cdot m^2)$ 的场合；这种情况下可采用普通散流器送风。

2）采用"33%法则"。在送、排（回）风温差（$\theta_e - \theta_0$）（或冷负荷）中，室内地面温升（或冷负荷）占 33%。这种温度分配规律适用于房间较高或热源较密集的场合，此时的送风量可达 $L = 15m^3/(h \cdot m^2)$。

（4）**确定室内送风温度 t_0（℃）**

（5）**确定室内空调送风量 q_s（m^3/h）**　按下式计算

$$q_s = \frac{3600Q}{\rho c_p (t_e - t_0)} \tag{9-38}$$

式中　Q——室内空调显热冷负荷（W）；

　　　ρ——空气密度，标准工况下，$\rho = 1.2kg/m^3$；

　　　c_p——干空气比定压热容，$c_p = 1010J/(kg \cdot ℃)$；

　　　t_0——室内空气送风温度（℃）；

　　　t_e——室内空气排风温度（℃）。

（6）**室内地面处的送风 t_f（℃）**

$$t_f = k(t_e - t_0) + t_0 \tag{9-39}$$

式中　k——室内地板处送风温度系数。当采用"50%法则"时，$k = 0.5$；当采用"33%法则"时，$k = 0.33$。

9.5　空调区气流性能评价

9.5.1　舒适性评价

人的舒适感觉与众多因素有关，评价指标也可以是各种各样。

1. 有效温度差

一般采用有效温度差 θ 来评价温度和速度对舒适感觉的综合作用效果。

$$\theta = (t - t_n) - M(v - v_r) \tag{9-40}$$

式中　t——房间任一点温度；

　　　v——房间内任一点速度；

　　　t_n——给定室温；

　　　v_r——停滞区流速，取 $v_r = 0.15\text{m/s}$；

　　　M——与单位风速效应相当的温度值，取 $M = 7.66\text{℃}/(\text{m·s})$。

大多数人感觉舒适的有效温度差 θ 值是根据试验或投票确定的。若 $\theta = -1.7 \sim 1.1\text{℃}$，则多数人感觉舒适。

2. 空气分布特性指标（ADPI）

空气分布特性指标（ADPI）是满足规定风速和温度要求的测点数与总测点数之比。对于舒适性空调相对湿度在较大范围内对人体舒适性影响较小，主要是空气温度与风速对人体的综合作用影响。ADPI 指标按下式计算：

$$\text{ADPI} = \frac{-1.7 < \theta < +1.1 \text{ 的测点数}}{\text{总测点数}} \times 100\% \tag{9-41}$$

一般情况下，应使 $\text{ADPI} \geqslant 80\%$。

3. 不均匀系数

在工作区内选择 n 个测点，分别测得各点的温度和风速，其算术平均值为

$$\bar{t} = \frac{\sum t_i}{n} \tag{9-42}$$

$$\bar{u} = \frac{\sum u_i}{n} \tag{9-43}$$

均方根偏差为

$$\sigma_t = \sqrt{\frac{\sum (t_i - \bar{t})^2}{n}} \tag{9-44}$$

$$\sigma_u = \sqrt{\frac{\sum (u_i - \bar{u})^2}{n}} \tag{9-45}$$

温度不均匀系数为

$$k_t = \frac{\sigma_t}{\bar{t}} \tag{9-46}$$

速度不均匀系数为

$$k_u = \frac{\sigma_u}{\bar{u}} \tag{9-47}$$

9.5.2　能量利用与通风效果评价

1. 能量利用指标

气流组织设计的任务就是以一定形式送进房间一定数量经过处理成某种参数的空气，用以消除室内一定量的某种有害物使室内工作区空气的某些参数的值和波动范围达到设计要求。换句话说，消除室内某种有害物是以投入能力为代价的。因此，作为评价气流组织的经济指标，就

应能够反映投入能量的利用程度。引入"能量利用系数" β_t 为

$$\beta_t = \frac{t_p - t_0}{t_n - t_0} \quad\quad (9\text{-}48)$$

式中　t_0——送风温度；

　　　t_n——工作区设计温度；

　　　t_p——排风温度；

通常，送风量是根据排风温度等于工作区设计温度进行计算的。实际上，房间内的温度并不处处均匀相等，因此，排风口设置在不同部位，就会有不同的排风温度，能量利用系数也不相同。

从式（9-48）可以看出：

当 $t_p = t_n$ 时，$\beta_t = 1.0$，表明送风经热交换吸收余热量后达到室内温度，且能控制工作区的温度，而排风温度等于室内温度，能量利用好。

当 $t_p > t_n$ 时，$\beta_t > 1.0$，表明送风吸收部分余热达到室内温度，且能控制工作区的温度，而排风温度可以高于室内温度，能量利用好。

当 $t_p < t_n$ 时，$\beta_t < 1.0$，表明投入的能量没有得到完全利用，往往是由于短路而未能发挥送入风量的排热作用，能量利用差。

对于消除其他有害物的空调系统，也可采用类似上述的评价方法。

2. 通风效率

通风效率是指室内污染物排出的效果，按下式计算：

$$\eta = \frac{C_p - C_0}{\overline{C} - C_0} \quad\quad (9\text{-}49)$$

式中　C_p——排风污染物浓度（mg/m^3）；

　　　$\overline{C}$——工作区空气平均污染物浓度（mg/m^3）；

　　　C_0——送风污染物浓度（mg/m^3）。

η 值越高，说明通风效果越好；η 值越低，说明通风效果越差。

思考题与习题

1. 简述空调房间常见的送风、回风方式，及它们各适合的场合。

2. 简述空调房间常见的送风口形式及其特点。

3. 气流组织的基本形式有哪些？其主要特点有哪些？

4. 影响室内空气分布的因素有哪些？其中主要因素是什么？

5. 为什么在空调房间中，送风射流对室内空气分布影响比较大？

6. 什么是非等温受限射流？并简述之。

7. 已知某空调房间体积较大，顶棚附近有一圆形送风口，风口轴线与顶棚平行，室内温度为 26℃，送风速度为 4m/s，送风口直径为 0.4m。试分析在何种送风温度时可以形成贴附射流流型？

8. 一个空调房间的长为 6m，宽为 4m，高为 3.2m，室内温度要求为（20±0.5）℃，工作区风速不得大于 0.25m/s，夏季湿热冷负荷为 5400kJ/h，试进行侧向送风的气流组织计算。

9. 空调房间工作区高度为 2m，设侧向送风，风口下边距顶棚 0.4m，射流实际射程要求为 6m，为了满足侧向送风气流组织要求，使送风射流不致波及工作区，则该空调房间的最小高度为多少？

10. 置换通风与下送风有哪些异同？

11. 如何对空调区的气流分布性能进行评价？
12. 如何评价空调区气流组织的能量利用效率和通风效果？

参 考 文 献

[1]　付海明. 建筑环境与设备系统设计 [M]. 北京：机械工业出版社，2009.

[2]　唐中华. 暖通空调 [M]. 成都：电子科技大学出版社，2009.

[3]　李先庭，赵彬. 室内空气流动数值模拟 [M]. 北京：机械工业出版社，2009.

[4]　陆耀庆. 实用供热空调设计手册 [M]. 2 版. 北京：中国建筑工业出版社，2008.

[5]　万建武. 空气调节 [M]. 北京：科学出版社，2006.

[6]　连之伟，马仁民. 下送风空调原理与设计 [M]. 上海：上海交通大学出版社，2006.

[7]　薛殿华. 空气调节 [M]. 北京：清华大学出版社，1991.

[8]　王庆莉，龙惟定. 地板送风与置换通风的差异 [J]. 建筑热能通风空调，2004，23（5）：10-13.

第 10 章
空调水系统

空调工程中水管系统的功能是为各种空气处理设备和空调末端设备输送冷、热水。水管系统应该具有足够的输送能力，能满足空调系统对冷、热负荷的要求；具有良好的水力工况稳定性；调节灵活，能适应多种负荷工况的调节要求。

空调水系统包括冷热水系统、冷却水系统和冷凝水系统。冷热水系统是指由冷水机组（或换热器）制备出的冷水（或热水）的供水，由冷水（或热水）循环水泵，通过供水管路输送至空调末端设备，释放出冷量（或热量）后的冷水（或热水）的回水，经回水管路返回冷水机组（或换热器）。对于高层建筑，该系统通常为闭式循环环路，除循环水泵外，还设有膨胀水箱、分水器和集水器、自动排气阀、除污器和水过滤器、水量调节阀及控制仪表等。对于冷水水质要求较高的冷水机组，还应设软化水制备装置、补水水箱和补给水泵等。冷却水系统是指利用冷却塔向冷水机组的冷凝器供给循环冷却水的系统。冷凝水系统是指空调末端装置在夏季工况时用来排出冷凝水的管路系统。

10.1 空调水系统形式和附属设备

10.1.1 空调水系统形式

1. 两管制、三管制、四管制和分区两管制

按照冷、热水管路的设置方式，空调水系统可以分为两管制空调水系统、三管制空调水系统、四管制空调水系统和分区两管制空调水系统。

（1）两管制空调水系统 简称两管制系统。在两管制系统中，夏季供应的冷冻水和冬季供应的热水均在相同的管路中，如图 10-1 所示。这种系统形式简单，初投资少。但是对于要求全年空调且建筑内负荷很大的场合，例如在过渡季有些房间要求供冷，有些房间要求供热，这时这种系统不能满足要求。

（2）三管制空调水系统 简称三管制系统。在三管制系统中，有一根热水供水管、一根冷水供水管和一根共用回水管，如图 10-2 所示。这种系统能同时满足供冷、供热的要求，但是存在冷、热混合损失。投资高于两管制，管路布置较复杂。

（3）四管制空调水系统 简称四管制系统。在四管制系统中，冷水和热水有各自的供水管、回水管，冷水系统与热水系统完全分开设置，如图 10-3 所示。这种系统能同时满足供冷和供热的要求，并且没有冷、热混合损失。采用四管制空调水系统初投资较高，但运行经济，一般用于舒适性要求很高的建筑物。

（4）分区两管制空调水系统 简称分区两管制系统。两管制系统不能同时分别给有些空调区供冷和有些空调区供热，而四管制系统投资较高，为了解决这个问题，可以采用分区两管制系统。《民用建筑供暖通风与空气调节设计规范》（GB 50736—2012）给出了分区两管制空调水系

统的定义：分区两管制空调水系统是指按建筑物空调区域的负荷特性将空调水路分为冷水和冷热水合用的两种两管制系统。需全年供冷水区域的末端设备只供应冷水，其余区域末端设备根据季节转换，供应冷水或热水，如图10-4所示。

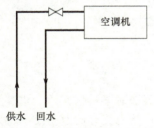

图 10-1　两管制空调水系统

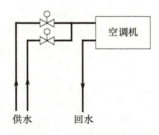

图 10-2　三管制空调水系统

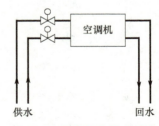

图 10-3　四管制空调水系统

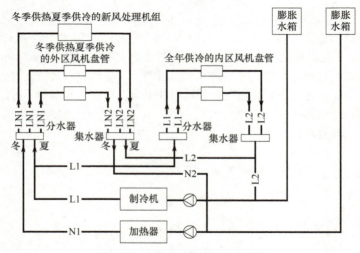

图 10-4　分区两管制空调水系统

分区两管制系统调节性能介于四管制和两管制之间。从调节范围来看，四管制系统是每台末端设备独立调节，两管制系统只能整个系统一起进行冷、热转换，而分区两管制系统则可实现不同区域的独立控制。采用分区两管制水系统，需根据建筑内负荷特点对水系统进行分区，当朝向对负荷影响较大时，可按照朝向进行分区；各朝向内的水系统仍为两管制，每个朝向的主环路均应独立提供冷水和热水供水总管、回水总管，这样可以保证不同朝向的房间各自分别进行供冷或供热。对于进深较大的空气调节区，空调内区和外区可能存在同时需要分别供冷和供热的情况，采用一般的两管制系统是无法解决的，采用分区两管制系统既可满足同时供冷供热的要求，又比四管制系统节省投资。

《公共建筑节能设计标准》（GB 50189—2015）规定：当建筑物内一些区域的空调系统需全年供冷，其他区域仅要求按季节进行供冷和供热转换时，可采用分区两管制空调水系统。

2. 开式系统和闭式系统

空调水系统可以分为开式系统和闭式系统。开式系统的管路与大气相通，如图10-5所示；闭式系统的管路与大气隔绝，如图10-6所示。

凡是有冷却塔、喷水室和敞开式水箱和水池的水管系统都是开式系统。开式系统由于与大气相通，所以循环水中含氧量高，易腐蚀设备和管道。另外，由于空气中的灰尘、细菌、可溶性气体极其容易进入循环水中，使水中微生物大量繁殖，形成污垢，造成管路堵塞。开式系统的水泵压头用于克服管网的阻力，并把水提升到要求的高度，因此水泵能耗较大。在空调工程中，冷冻水管路很少采用开式系统。对于冷却水管路开式系统，冷却塔的出水口直接与系统的管路连接；如果有冷却水池，最好紧接冷却塔。

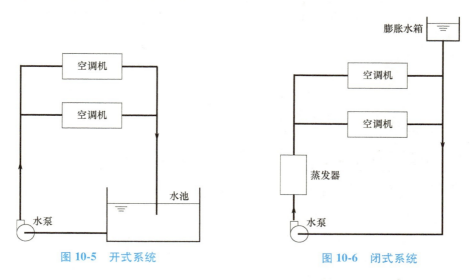

图 10-5　开式系统　　　　　　　图 10-6　闭式系统

　　闭式系统与开式系统相比较，设备和管网的腐蚀性小；不需要提升高度的静水压力，循环水泵压力低，从而水泵功率小；由于没有贮水箱、不需重力回水、回水不需另设水泵等，因而投资省、系统简单。在闭式系统中需要设置膨胀水箱，以用于补水的需要和容纳系统水温变化引起的水体积的变化。

3. 单式水泵供水系统和复式水泵供水系统

　　空调水系统有冷源、热源、负荷共用水泵的单式水泵供水系统和冷源、热源、负荷分别配置水泵的复式水泵供水系统。

　　（1）单式水泵供水系统　图 10-7 所示为单式水泵供水系统。单式水泵供水系统形式简单、投资省，但是调节流量不太自由，只能采用变化水泵运行台数或变频的方法。同时要求经过每台制冷机的流量不能太小，因此难以收到理想的节能效果，不能适应供水分区压降悬殊的场合，多用于小型建筑物的空调。在供水干管、回水干管之间应设置带旁通调节阀的旁通管路。

　　（2）复式水泵供水系统　对于有空调分区、供水半径相差较大的大型建筑物，宜采用复式水泵供水系统，如图 10-8 所示。在冷、热源侧设置一次水泵，一次水泵的扬程用来克服一次环路内冷、热源设备、管路、阀门等部件的阻力。在负荷侧设置二次水泵，形成二次环路，二次水泵的扬程用来克服负荷侧环路内末端装置或空调处理装置盘管、管路、阀门等部件的阻力。二次环路可根据空调分区划分，因此可以有多个二次环路，各二次环路相互并联。二次水泵可以实现变流量运行，节省能耗，能适应供水分区不同压降的需要，系统的总压力低，但是系统较复杂，初投资较高。

4. 异程式系统和同程式系统

　　根据水管路的布置方式，空调水系统又可以分为异程式系统和同程式系统。

　　（1）异程式系统　异程式系统如图 10-9 所示。异程式系统中各并联环路总长度不等，由于各环路之间的长度不等，可能会出现各环路之间的阻力不平衡，导致流量分配不均。可以在各并联支管上安装流量调节装置，异程式系统的管路布置如图 10-10 所示。

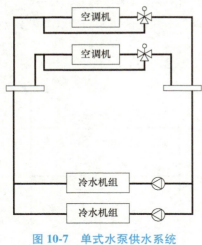

图 10-7　单式水泵供水系统

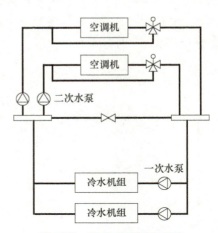

图 10-8　复式水泵供水系统

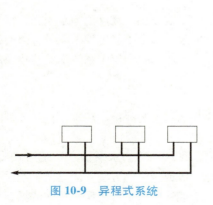

图 10-9　异程式系统

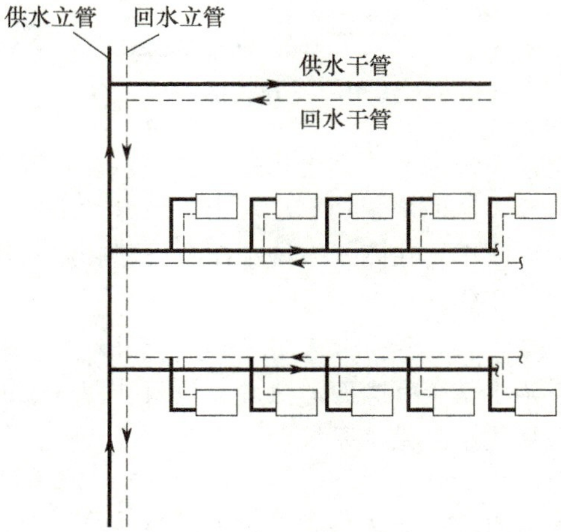

图 10-10　异程式系统的管路布置

　　在实际工程中，它比较适用于空调机组组成的环路，因为空调机组的数量比风机盘管少，在建筑物内，分布较广泛，各机组的阻力相差较大，进行同程式设计时，管路走向困难。

　　（2）同程式系统　同程式系统如图 10-11 所示。在同程式系统中，各并联环路的管路总长度基本相等，所以流量分配均衡，系统水力稳定性好。同程式系统与异程式系统相比较，增加了投资和管路占用的空间。空调系统当采用风机盘管时，用水点较多，利用调节管经的大小，进行平衡，往往是不可能的。采用平衡阀或普通阀门进行水量调节，则调节工作量很大。因此管路宜采用同程式系统。

　　图 10-12 所示为垂直同程式系统的管路布置。其中，图 10-12a 所示为供水总立管从机房引出后向上走，直到最高层的顶部，然后再往下走，分别与各层的末端设备管路相连接；图 10-12b 所示为与各层末端设备相连接的回水总立管，从底层起向上走，直到最高层顶部，然后向下走，返回冷水机组。

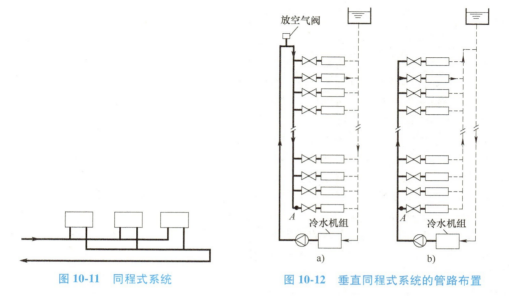

图 10-11　同程式系统

图 10-12　垂直同程式系统的管路布置

　　水平同程式系统的管路布置有两种方式：一种是供水总立管和回水总立管在同一侧（图 10-13a）；另一种是供水总立管和回水总立管分别在两侧，只需一根回程管（图 10-13b）。若水平管路较长，宜采用后一种方式。以上两种方式的供回水总立管都在竖井内敷设。

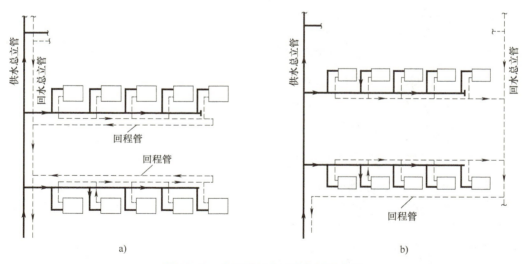

图 10-13　水平同程式系统的管路布置

5. 定流量系统和变流量系统

　　从调节性能看，空调水系统又可分为定流量系统和变流量系统。

　　（1）定流量系统　定流量系统中水流量保持不变，或夏季和冬季分别采用两个不同的定水量，当空调房间的负荷发生变化时，通过改变供回水温差来进行调节。定流量系统简单，不需要变水量定压控制。采用三通阀改变通过表冷器的水量，各用户之间不相互干扰，运行较稳定。但是定水量系统的水量是按最大负荷确定的，而最大负荷出现的时间短，即使在最大负荷时，各朝向的峰值也不会在同一时间出现，因此大多数时间供水量都大于所需要的水量。通常采用多台冷冻机和多台水泵的系统，当冷冻机停止运行时，相应的水泵也停止运行，这样可节省水泵的能耗。

定流量系统对负荷侧末端设备（风机盘管机组、新风机组等）的能量调节方法是在该设备上安装电动三通阀，并受室温调节器的控制。图10-14所示为利用电动三通阀进行机组能量调节的原理图。在夏季，当房间的负荷等于设计值时，电动三通阀的直通阀座打开，旁通阀座关闭，冷水全部流经空调末端设备。当房间的负荷减少时，室温调节器使直通阀座关闭、旁通阀座开启，冷水旁通流过末端设备，直接进入回水管网。

（2）**变流量系统**　在变流量系统中，供回水温差保持不变，用改变流量来适应空调房间负荷的变化。变水量系统的水泵能耗随负荷减少而降低，因而水泵运行能耗可大为降低，管路和水泵的初投资也可以降低。但是需采用供回水压差进行台数和流量控制，自控系统较复杂。《民用建筑供暖通风与空气调节设计规范》（GB 50736—2012）规定：冷水水温和供回水温差要求一致且各区域管路压力损失相差不大的中小型工程，宜采用变流量一级泵系统；单台水泵功率较大时，经技术和经济比较，在确保设备的适应性、控制方案和运行管理可靠的前提下，空调冷水可采用冷水机组和负荷侧均变流量的一级泵系统，且一级泵应采用调速泵。

变流量系统对风机盘管机组、新风机组等负荷侧末端设备的能量调节方法是在该设备上安装电动两通阀，并受室温控制器的控制。图10-15所示为利用电动两通阀进行机组能量调节的原理图。在夏季，当房间负荷等于设计值时，电动两通阀开启，冷水流经末端设备。当房间负荷低于设计值时，室温调节器使电动两通阀关闭，停止向末端设备供水。反之，当房间负荷高于设计值时，电动两通阀又重新开启，恢复向末端设备供水。

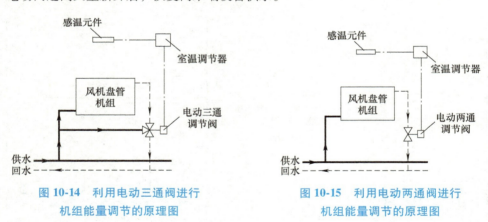

图 10-14　利用电动三通阀进行机组能量调节的原理图　　　　图 10-15　利用电动两通阀进行机组能量调节的原理图

图10-16所示为一级泵变流量系统。在负荷侧空调末端设备的回水支管上安装电动两通阀，按变流量运行。当负荷减小时，部分电动两通阀相继关闭，停止向末端设备供水。这样，通过集水器返回冷水机组的水量大幅减少，给冷水机组的正常工作带来危害。为了不让冷源侧水量减少，仍按定流量运行，必须在冷源侧的供、回水总管之间（或者分水器和集水器之间）设置旁通管路，在该管路上设置由压差控制器控制的电动两通阀。随着负荷侧电动两通阀的陆续关闭，使得供、回水总管之间（或者分水器与集水器之间）的压差超过预先的设定值。此时，压差控制器让旁通管路上的电动两通阀打开，使一部分冷水从旁通管路流过，供、回水的压差也随之逐渐降低，直至系统达到稳定。从旁通管流入的水与系统回水合并后进入循环泵，从而使送入冷水机组的水流量保持不变。当负荷增大时，原先关闭的电动两通阀重新打开，继续向末端设备供水，于是供、回水总管之间的压差恢复到设定值，旁通管路上的电动两通阀也随之关闭。当空调

负荷减小到相当的程度，通过旁通管路的水量基本达到一台循环泵的流量时，就可停止一台冷水机组和循环泵的工作，从而达到节能的目的。旁通管上电动两通阀的最大设计水流量应是一台循环泵的流量，旁通管的管径按一台冷水机组的冷水量确定。

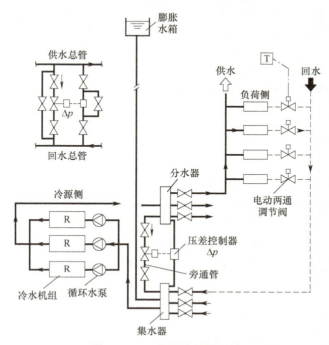

图 10-16　一级泵变流量系统

图 10-17 所示为二级泵变流量系统。在二级泵变流量系统中，用旁通管 *AB* 将冷水系统划分为冷水制备和冷水输送两个部分，形成一次环路和二次环路。

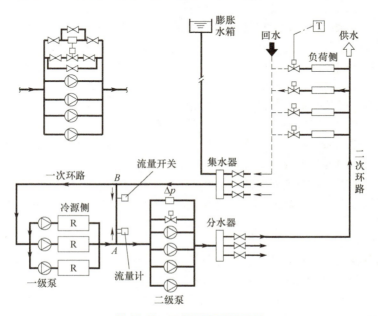

图 10-17　二级泵变流量系统

一次环路由冷水机组、一级泵，供回水管路和旁通管组成，负责冷水制备，按定流量运行。二次环路由二级泵、空调末端设备、供回水管路和旁通管组成，负责冷水输送，按变流量运行。设置旁通管的作用是使一次环路保持定流量运行。旁通管上应设流量开关和流量计，前者用来检查水流方向和控制冷水机组、一级泵的起停；后者用来检测管内的流量。旁通管将一次环路和二次环路两者连接在一起。就整个水系统而言，其水路是相通的，但两个环路的功能互相独立。一级泵与冷水机组采取"一泵对一机"的配置方式，而二级泵的配置不必与一级泵的配置相对应，它的台数可多于冷水机组数，有利于适应负荷的变化。二次环路的变流量可以采取多台并联水泵分别投入运行的方式，即台数调节；也可以采用变频调速水泵调节转速的方式。

10.1.2 空调水系统附属设备

1. 管材和水管敷设

在空调水系统中，常用的水管有焊接钢管、无缝钢管、镀锌钢管及 PVC 塑料管等。焊接钢管与无缝钢管通常用于空调冷水、热水及冷却水管路。在使用之前，管道应进行除锈及刷防锈漆的处理。焊接钢管造价便宜，但其承压能力相对较低。无缝钢管价格略贵于焊接钢管，其承压较高，可采用不同壁厚来满足水系统对工作压力的要求。镀锌钢管的特点是不易生锈，对空调冷凝水管来说是比较适合的。因为冷凝水是依靠重力流动排水，且在高层民用建筑中，由于高度限制，其排水坡度不可能做得很大（一般为 0.5%~1%），如果管道内有铁锈等杂质，容易引起堵塞，影响使用。

镀锌钢管从使用功能上来说也可以满足冷却水和冷冻水系统的压力要求，但是其造价比较高，因此在系统中大量使用，经济上不合理。空调冷凝水管也可以采用 PVC 塑料管，其内表面光滑，流动阻力小，施工安装方便。

闭式系统的热水管和冷水管均应有坡度，当多根管路在一起敷设时，各管路坡向最好相同，以便采用共同支架。在两管制空调水系统中，供水管夏季供冷水、冬季供热水，管道敷设时，干管尽量抬头走。这是因为冬季按供暖运行时，有利于使水中分离出来的空气泡（或者少量补水带入系统的空气）与水同向流动，以便在系统的最高处将空气放出。但是在多层或高层民用建筑中，空调供回水管道通常布置在吊顶内，受吊顶空间高度的限制，设置坡度有困难。因此供水管道可无坡度敷设，但管内的水流速不得小于 0.25m/s。因为只有当水流速达到 0.25m/s 时，才能把管内的空气泡携带走，同时在供水干管的末端设自动放气阀排气。

闭式系统在管路的每个最高点应设排气装置。如果设置自动排气阀，则应考虑排气阀损坏或失灵时有便于更换的关断措施，自动排气阀的排气管最好接至室外或水池。对于手动集气罐，排气管应接到水池或地漏，排气管上的阀门应便于操作。系统的最低点和表冷器、加热器等需要放水的设备应设带阀门的放水管，并接入地漏或漏斗。

当空调机组、风机盘管等的表冷器处于负压段时，其冷凝水的排水管应有水封，并且排水管应设坡度。空调机房内应设地漏，以排出喷水室的放水和表冷器的凝结水等。地面的坡度应坡向地漏，地面应做防水处理。

2. 分水器和集水器

为了有利于各空调分区的流量分配和运行调节，在空调水系统通向各个空调分区的供水管和回水管上，设置分水器和集水器。分水器和集水器实际上是一段大管径的配管，只是在其上按设计要求焊接上若干个不同管径的管接头，其构造如图 10-18 所示。分水器和集水器的筒身直径，可按各个并联接管的总流量通过筒身时的断面流速为 1.0~1.5m/s 确定。

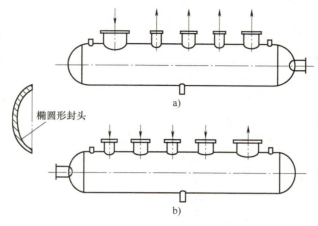

图 10-18　分水器和集水器的结构
a）分水器　b）集水器

　　分水器和集水器为受压容器，应按压力容器进行加工制作，其两端应采用椭圆形的封头。各配管的间距，应考虑阀门的手轮或扳手之间便于操作来确定。

　　图 10-19 所示为某工程的分水器和集水器与各个空调分区的供、回水管连接示意图，其空调冷源为冷水机组，热水来自换热器，夏季提供冷水，在分水器与集水器之间设置由压差控制器控制的电动两通阀。

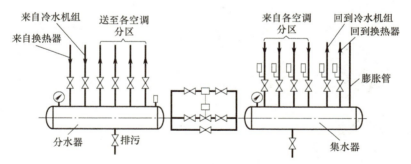

图 10-19　分水器和集水器与各个空调分区的供、回水管的连接

3. 阀门

　　阀门是水路系统中不可缺少的附件。从使用上分类，通常有电动调节阀、电动蝶阀、电磁阀、手动蝶阀、手动调节阀、手动截止阀、手动闸阀、手动流量平衡阀、止回阀等。空调系统冷热媒管道系统的阀门起启闭、调节、控制流向和压力等作用。常用闸阀、截止阀起启闭、调节作用，用止回阀控制流向，用安全阀控制安全压力，用减压阀减压，用平衡阀调整各环路阻力平衡。阀门又可分为手动阀、电动阀、气动阀等。

　　阀门应安装在便于操作、维修和检查处。在安装阀门时，要注意阀体上的介质流动方向的箭头，不得装反。

4. 过滤器或除污器

　　管道系统在施工过程中，会存在一些泥土、焊渣等杂质。对于水泵来说，叶轮与泵内腔的配合精密、缝隙很小，并且水泵叶轮高速运转，因此水中稍有杂质就有可能对泵产生严重的破坏。

在冷水机组、空调冷热盘管等设备中，由于水流通截面积较小，杂质过多会引起堵塞，造成设备传热性能下降，因此，在这些重要设备的进水口处通常设置水过滤器，也称为除污器，结构形式如图 10-20 所示。

过滤器（或除污器）应安装在用户入口总管、热源（冷源）、用热（冷）设备、水泵、调节阀等入口处，用于阻留杂物和污垢，防止堵塞管道与设备。

Y 形过滤器是利用过滤网阻留杂物和污垢。过滤网为不锈钢金属网，过滤面积为进口管面积的 2～4 倍。Y 形过滤器有螺纹连接和法兰连接两种，小口径过滤器为螺纹连接。Y 形过滤器有多种规格（DN15～DN450）。它与立式或卧式除污器相比有体积小，质量轻，可在多种方位的管路上安装，阻力小（约为上述除污器的一半）等优点。使用时应定期将过滤网卸下清洗。

除污器分立式和卧式两种。图 10-21 所示为立式除污器构造示意图。它是一个钢制圆筒形容器，水进入除污器，流速降低，大块污物沉积于底部，经出水花管将较小污物截留，除污后的水流向下面的管道。其顶部有放气阀，底部有排污用的丝堵或手孔。除污器应定期清通。

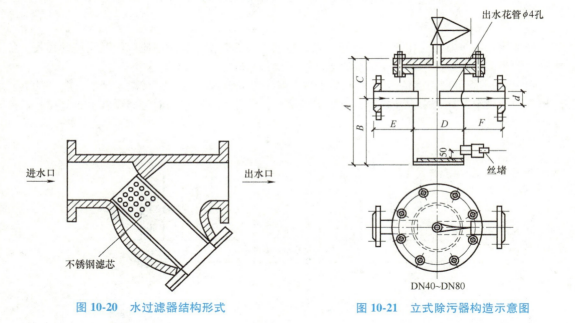

图 10-20　水过滤器结构形式　　　　　　图 10-21　立式除污器构造示意图

5. 补偿器

在水系统中（尤其是两管制系统中），管道的热胀冷缩情况是明显的。为了消除由此产生的管道应力，应采用管道补偿器。

（1）方形补偿器　方形补偿器是用管子煨制或用弯头焊制而成的一种专用补偿器。其加工简单，造价低廉，补偿量大，可根据不同情况做成各种尺寸。受空间的限制，一般只在较小的管道上使用。

（2）套筒式补偿器　套筒式补偿器补偿量大，加工制造容易，造价低，对各种管道均有较好的适应能力，推力也比较小。其主要缺点是密封难，容易出现漏水现象。

（3）波纹管补偿器　波纹管补偿器是空调水系统中采用最多的一种补偿器，如图 10-22 所示。波纹管补偿器安装方便，补偿量可根据需要来选择，运行可靠，占用空间小。其特点是推力较大，造价较高。

在管道补偿的设计中，应考虑利用管道本身的转向等方式做自然补偿，只有当自然补偿不能满足要求时，才考虑采用上述各种补偿器。在安装补偿器时，还应根据其使用条件和安装时的温度进行预拉或预压处理。

空调水管应考虑热膨胀，对于水平管道一般利用其自然弯曲部分进行补偿即可。对于垂直管道，当长度超过 40m 时，应设置补偿器。由于管道竖井内距离狭小，常用波纹管伸缩器。

6. 压力表和温度计

空调水系统中应安装压力表和温度计，并进行保温。压力表和温度计通常安装在如下位置：

1）压力表应设置在分水器、集水器、冷水机组、水泵的进出水管道上。

2）温度计应设置在分水器、集水器、冷水机组、换热器的进出水管道上，设置在空调机组和新风机组供回水支管上。

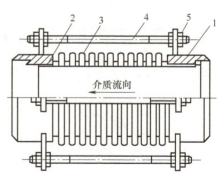

图 10-22　轴向形波纹管补偿器
1—端管　2—导流管　3—波纹管
4—限位拉杆　5—限位螺母

10.1.3　空调设备周围水管的布置

1. 表冷器配管及布置

对于表冷器，为了便于放气，冷水供水管应从盘管下部进入，从盘管上部流出，如图 10-23 所示。当表冷器并列设置时，在供、回水接管上分别装置阀门，以便调节和关闭。为了保证表冷器环路的水流循环和排除空气，管路上应设水过滤器和放气管。为了有利于表冷器冷量的调节，可以在供回水管路上装设三通阀，在旁通管路上设调节阀，以便调节旁通管的阻力，使其与表冷器环路阻力平衡。表冷器应设滴水盘、排水管；管路最低处设排水排污管和阀门。供、回水管路上装温度计。

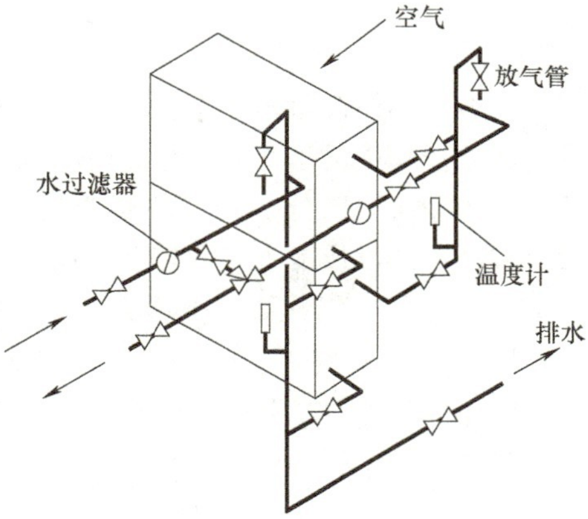

图 10-23　表冷器的配管

2. 冷却塔水管配管及布置

对于冷却塔，在冷却塔下方不另设水池时，冷却塔应自带盛水盘，盛水盘应有一定的盛水量，并设有自动控制的补给水管、溢水管和排污管。

多台冷却塔并联时，为了防止并联管路阻力不等、水量分配不均匀，以致水池发生漏流现象；各进水管上要设阀门，用于调节进水量；同时在各冷却塔的底池之间，用与进水干管相同管径的均压管连接；为了使各冷却塔的出水量均衡，出水干管宜采用比进水干管大两号的集管，如图 10-24 所示。

3. 水泵配管

水泵配管如图 10-25 所示。为了降低水泵的振动和噪声传递，在水泵的进水管和出水管上安装软接头，另外应设置进口阀和出口阀。为了有利于管道清洗和排污，水泵出水管上止回阀的下游和水泵进水管处应设排水管。水泵出水管应装压力表和温度计。

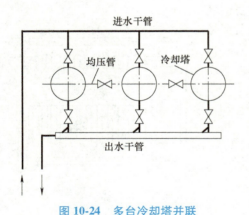

图 10-24 多台冷却塔并联

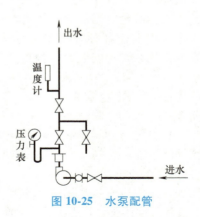

图 10-25 水泵配管

10. 2 空调水系统的分区及定压

10. 2. 1 空调水系统的分区

空调水系统的分区通常有两种方式，即按水系统承受的压力分区和按承担空调负荷的特性分区。

1. 按水系统承受的压力区分

当空调水系统静水压力超过空调设备或管部件等的承压能力时，会造成水泄漏。因此，空调水系统需要按承受的压力来区分，也称为竖向分区。

空调水系统竖向分区的目的是避免竖向静水压力过大造成系统泄漏。如果制冷空调设备、管道及附件等的承压能力在允许范围内就不必进行竖向分区。

建筑总高度（包括地下室高度）$H \leqslant 100m$ 时，即水系统静压不大于 1.0MPa 时，水系统竖向可不分区，一般标准型冷水机组蒸发器的工作压力为 1.0MPa（换热器的工作压力也是 1.0MPa），其他末端设备及附件的承压也在允许范围之内。

建筑总高度 $H > 100m$，即系统静压大于 1.0MPa 时，水系统应竖向分区。高区宜采用高压型冷水机组（其工作压力有 1.7MPa 和 2.0MPa 两种），低区采用标准型冷水机组。

空调水系统竖向分区通常有以下几种做法：

1）冷热源设备设置在地下室，但高区和低区分为两个系统，低区系统用普通型设备，高区系统用加强型设备，如图 10-26 所示。

2）冷热源设置在中间技术设备层或避难层内，如图 10-27 所示。采用这个方案，应处理好设备噪声和振动问题。

3）高低区合用冷热源设备，如图 10-28 所示。低区用冷水机组直接供冷。同时在设备层设置板式换热器，作为高区水压、低区水压的分界设备，分段承受静水压力。采用这种方案时，冷水换热温差取 0.5~1.5℃（热水换热温差取 2~3℃）。例如，夏季，将来自冷水机组的供水为 7℃、回水为 12℃ 的冷水（称为一次冷水）送到板式换热器中，热交换成供水为 8.5℃、回水为 13.5℃ 的二次冷水，供高区空调使用。高区空调末端设备的供冷量应按二次冷水的水温进行校核。

4）高低区的冷热源设备分别设置在地下室和技术设备层，如图 10-29 所示。高区的冷水机组可以是水冷机组，也可以是风冷机组。风冷机组一般设置在屋顶。

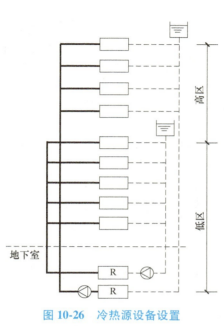

图 10-26　冷热源设备设置
在地下室的系统

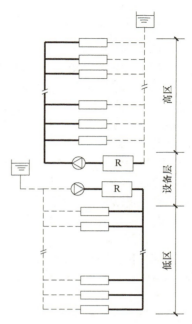

图 10-27　冷热源设备设置在技术
设备层或避难层的系统

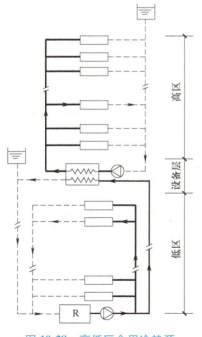

图 10-28　高低区合用冷热源
设备的系统

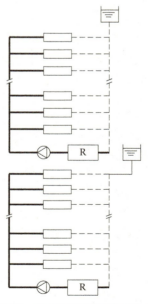

图 10-29　高低区的冷热源设备分别
设置在地下室和技术设备层的系统

在实际工程中采用哪种方法进行竖向分区，应根据具体情况通过技术经济比较确定。

2. 按承担空调负荷的特性进行分区

在大型综合建筑中，房间使用功能复杂，用途多样，例如中西餐厅、大宴会厅、酒吧、商店、休息厅、健身房、娱乐用房等。建筑中的公共服务用房所占面积的比例很大，而公共服务用房空调系统大都具有间歇使用的特点。因此，在水系统分区时，应考虑建筑物各区的使用功能和使用时间上的差异，对水系统进行分区。这样，便于各区独立管理，不用时可以最大限度地节省能源，使用方便、灵活。

空调水系统分区还应考虑建筑物各部分的朝向和内、外区空调负荷的不同。南北朝向的房间由于太阳辐射不一样，在过渡季时可能会出现南向的房间需要供冷，而北向的房间可能需要供热。另外，建筑物内区的负荷有可能需要全年供冷，而建筑外区负荷随室外气温的变化而变化，有时要供冷，有时要供热。因此，空调水系统分区时，对建筑物的不同朝向和内、外区需要给予充分的注意，根据承担空调负荷的特性进行合理分区。

如图 10-30 所示，有时大型建筑物的主楼在平面上可以划分为周边区（进深 6m 左右的区域）和核心区。周边区主要是通过围护结构传热而产生的冷、热负荷，受室外空气温度和太阳辐射的影响大，所以随时间和季节的变化也大。核心区由于远离外围护结构，所以传热负荷小，主要是人体、照明、设备等的发热及新风负荷，可能全年为冷负荷。由于周边区和核心区这种负荷特点上的差别，其冷冻水系统也应划分为不同的系统。另外，由于日射随朝向而变，所以周边区还可根据朝向划分为不同的系统。

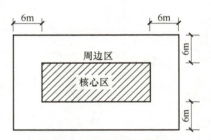

图 10-30　空调系统平面分区

10.2.2　空调水系统的定压

在闭式循环的空调水系统中，为使水系统在确定的压力水平下运行，系统中应设置定压设备。对水系统进行定压的作用：一是防止系统内的水"倒空"；二是防止系统内的水汽化。具体地说，就是必须保证系统的管道和所有设备内均充满水，且管道中任何一点的压力都应高于大气压力，否则会有空气被吸入系统中。同时，在冬季运行时在确定的压力作用下，防止管道内热水汽化。

空调水系统定压的方式通常有 3 种，即膨胀水箱定压、气压罐定压和补给水泵定压等。

1. 膨胀水箱定压

膨胀水箱作为系统的补水、膨胀及定压设备，其优点是结构简单，造价低廉，对系统的水力稳定性好，控制也非常容易。其缺点是由于水直接与大气接触，水质条件相对较差，另外，它必须放在高出系统的位置。膨胀水箱上连接有膨胀管、循环管、溢水管、信号管和排水管等，如图 10-31 所示。

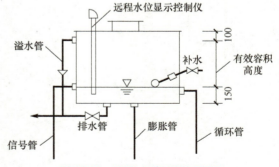

图 10-31　膨胀水箱配管示意图

空调水系统的定压点宜设在循环水泵吸入口前的回水管路上，这是因为该点是压力最低的地方，使得系统运行时各点的压力均高于静止时的压力。膨胀水箱通常设置在系统的最高处，其安装高度应比系统的最高点至少高出 0.5m(5kPa) 为宜。

膨胀水箱的容积是由系统中水容量和最大的水温变化幅度决定的，可以用下式计算确定：

$$V_p = a \Delta t V_e \tag{10-1}$$

式中 V_p——膨胀水箱有效容积（m^3），即由信号管到溢流管之间高差内的容积。

a——水的体胀系数（$1/℃$），通常取 0.0006；

Δt——最大的水温变化值（℃），一般冷水取 15℃，热水取 45℃；

V_e——系统内的水容量（m^3），即系统中管道和设备内存水量的总和。

2. 气压罐定压

气压罐不但能解决系统中水体积的膨胀问题，而且可实现对系统进行稳压、自动补水、自动排气、自动泄水和自动过压保护等功能。与高位开式膨胀水箱相比，它要消耗一定的电能。工程上用来定压的气压罐是隔膜式的，罐内空气和水完全分开，对冷水的水质有保证。

气压罐的布置比较灵活方便，不受位置高度的限制，可安装在制冷机房、热交换站和水泵房内。采用定压罐时，通常其定压点放在水泵吸入端，如图 10-32 所示。当系统压力降低时，补水泵运行提高压力，系统压力较高时停止补水。由于罐内有空气侧，本身能承受水压在一定范围内的变化，因而这一系统比膨胀水箱电信号补水方式的使用范围更大，水泵的起停间隔时间较长，对设备的运行及使用寿命较为有利。同时，由于所有设备集中管理及控制，设备管理和维护方便。

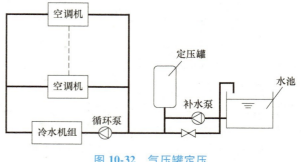

图 10-32 气压罐定压

气压罐的实际总容积

$$V \geqslant \frac{\beta V_t}{1 - \alpha} \tag{10-2}$$

式中 V——实际总容积（m^3）；

α——系数，应考虑气压罐容积和系统的最高运行工作压力等因素，宜取 0.65～0.85，必要时可取 0.5～0.9；

β——容积的附加系数，隔膜式气压罐一般取 1.05；

V_t——有效容积（m^3）。

3. 补给水泵（补水泵）定压

补水泵定压的主要设备是水泵，比较容易实现，但要消耗电能，是目前空调水系统主要的定压设备之一。补水泵的定压方式如图 10-33 所示，适用于大中型空调冷热水系统。

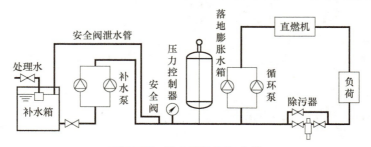

图 10-33 补水泵的定压方式

补水泵的扬程应保证将水送到系统最高点并留有 20~50 kPa 的富余压头。补水泵的流量应补充系统的渗漏水量。正常情况下补水量取系统循环水量的 1%，事故补水量为正常补水量的 4 倍。

补水泵应选择流量扬程性能曲线陡降型的水泵，使得压力调节阀开启度变化时，补水量变化比较灵敏。由于补水装置连续运行，事故补水的情况较少，为了降低水泵运行能耗，应力求正常补水时补水装置处于水泵高效工作区。

补水定压点安全阀的开启压力宜为连接点的工作压力加上 50kPa 的富余量。补水泵的起停，宜由装在定压点附近的电接点压力表或其他形式的压力控制器来控制。电接点压力表上下触点的压力应根据定压点的压力确定，通常要求补水点压力波动范围为 30~50Pa。若波动范围太小，则触点开关动作频繁，易损坏，对水泵寿命也不利。

10.3　空调水系统设计的几个问题

10.3.1　冷热水循环泵的配置

1. 冷热水循环泵的设置

《民用建筑供暖通风与空气调节设计规范》（GB 50736—2012）的规定，宜分别设置冷水循环泵和热水循环泵。对于多层或高层民用建筑，一般夏季供、回水温差为 5℃，冬季的供、回水温差为 10℃。可见，冬季供回水温差约为夏季的 2 倍，冬季工况系统所需的水流量比夏季工况的水流量大约减少一半。

如果冬夏季合用循环泵，工程上一般按照系统的供冷运行工况来选择循环泵，那么供热运行时系统和水泵工况不相吻合，水泵不在高效率区运行；空调水系统运行可能出现小温差大流量的现象，系统运行电耗增加。

循环水泵组的流量 Q_p 应大于系统的设计流量 Q_{dp}，考虑到各种不利因素，经常增加 10% 的储备量，即 $Q_p = 1.1Q_{dp}$。循环水泵组的扬程应等于水在给定流量下在闭合环路内循环一周所要克服的阻力损失 $\sum \Delta H$ 并增加 10%~20% 的储备量。即 $H_p = (1.1~1.2) \sum \Delta H$。循环泵的并联曲线应比较平坦。

高层建筑的空调冷（热）水系统主要为闭式循环系统，循环泵流量较大，扬程不会太高。一般情况下，20 层以下的建筑物，空调冷水系统的冷水泵扬程大多为 16~28mH$_2$O（157~274kPa），乘上安全系数后约为 30mH$_2$O（294kPa）。为了降低噪声，一般选用转速为 1450r/min 的水泵。

2. 循环泵台数

循环泵台数的确定应考虑备用和调节，因此一般选多台。但为了减少造价和占地面积，热水循环泵的台数不宜过多（不应超过 4 台）。对于空调水系统，循环泵的台数一般是根据冷水机组的台数来确定的，或一一对应，或水泵台数比冷水机组多一台。冷源侧一次冷水泵的台数宜与冷水机组相对应，使流经冷水机组蒸发器的水量恒定，并随冷水机组运行台数调整。负荷侧二次冷水泵的台数应按系统的分区和每个分区的流量调节方式来确定，二次冷水泵的流量调节，可通过台数调节或水泵变速调节来实现，二次冷水泵通常设在制冷机房内或设在分区负荷区域内。

10.3.2　冷水机组与水泵之间的连接

冷水机组与水泵的连接有以下两种方式：

1. 冷水机组和水泵通过管道一一对应连接

如图 10-34a 所示，这种方式机组与水泵之间的水流量一一对应，系统控制机组运行管理简捷方便，各台冷水机组相互干扰少，水量变化小，水力稳定性好。某台冷水机组不运行时，由于水泵出口止回阀的作用，水不会通过停运的冷水机组及水泵而回流到正常运行的水泵之中。在实际工程中，由于接管相对较多，因此施工复杂。

2. 冷水机组和水泵各自并联后通过母管连接

如图 10-34b 所示，这种方式是将多台冷水泵并联后通过母管与冷水机组连接，能做到机组和水泵检修时的交叉组合互为备用。

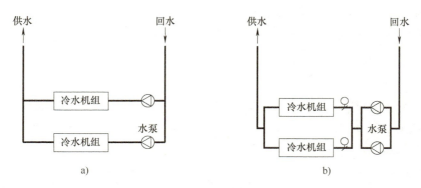

图 10-34　冷水机组与水泵的连接方式
a）——对应连接　b）先并联再通过母管连接

在这种连接方式中，由于接管相对较为方便，机房布置简洁、有序，因此目前采用较多。采用这种连接方式时，每台冷水机组入口或出口管道上宜设电动阀，电动阀宜与对应运行的冷水机组和冷水泵连锁，才能保证冷水机组与水泵的一一对应运行。这是因为当只有一台机组投入使用，另外几台停运时，如果不关闭通向冷水机组的水路阀门，水流将会均分流经各台冷水机组，无法保证蒸发器的水流量。当空调水系统设置自控设施时，应设电动阀随着冷水机组的使用或停运而开启或关闭。对应运行的冷水机组和冷水泵之间存在着连锁关系，而且冷水泵应提前起动和延迟关闭，因此，电动阀开启或关闭应与对应水泵连锁。

各冷水机组水流量在初调试中应进行调整，保证每台机组水量符合设计要求；在要求自动连锁起停的工程中，必须在每台冷水机组支路上增加电动蝶阀。

10.3.3　空调水系统的补水

空调水系统的小时泄漏量一般为系统水容量的 1%。系统水容量也可按表 10-1 估算，室外管线较长时取较大值。空调水系统的补水点宜设在循环水泵的入口处。补水泵扬程应比补水点压力高 3~5m，每小时水流量应不小于系统水容量的 4%~5%。

表 10-1　系统的单位水容量　　［单位：L/m²（建筑面积）］

项　　　目	全空气空调系统	水-空气空调系统
供冷时	0.40~0.55	0.70~1.30
供热时	1.25~2.00	1.20~1.90

空调水系统的补水点宜设置在循环泵的吸入段，当补水压力低于补水点压力时，应设置补水泵。空调水系统的补水应经软化处理并设软水箱。水处理设备的软水出水能力按系统水容量的

3%计算，当设置单柱离子交换软化水设备时，其出水能力应满足运行和再生周期的软水消耗量，一般按 2 倍考虑。软水箱储水容积一般按 8~16h 的系统泄漏量计算，即系统水容量的 8%~24%，系统大时取低限值。仅作为夏季供冷用的空调水系统，也可不设软水补水设施。

10. 4　空调冷却水系统和冷凝水系统

空调冷却水系统供应空调制冷机组冷凝器、压缩机的冷却用水。该系统由冷却塔、冷却水箱（池）、冷却水泵和冷水机组冷凝器等设备及其连接管路组成。

10. 4. 1　空调冷却水系统形式

1. 下水箱式冷却水系统

对于下水箱式冷却水系统，制冷站设在地下室，冷却塔设在单层建筑屋面上、室外地面上或室外绿化地带。当冷却水水量较大时，为便于补水，制冷机房内应设置冷却水箱。来自冷却塔的冷却供水流入制冷机房的冷却水箱（加药装置向水箱加药），冷却水泵将冷却水箱中的冷却水送入冷水机组的冷凝器，再进入冷却塔，如图 10-35 所示。这种系统的特点是冷却水泵从冷却水箱吸水后，将冷却供水压入冷凝器，水泵总是充满水，可以避免水泵吸入空气而产生水锤。

2. 上水箱式冷却水系统

对于上水箱式冷却水系统，制冷站设在地下室，冷却水箱和冷却塔都设在高层建筑主楼裙房的屋面上（或者设在主楼的屋面上）。来自冷却塔的冷却供水流入制冷机房的冷却水箱（加药装置向水箱加药），冷却水泵将冷却水箱中的冷却水送入冷水机组的冷凝器，再进入冷却塔，如图 10-36 所示。

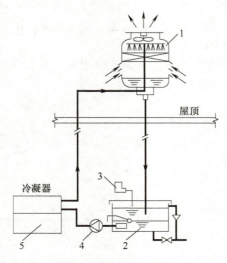

图 10-35　在室内设冷却水箱（池）
的冷却水循环流程
1—冷却塔　2—冷却水箱（池）　3—加药装置
4—冷却水泵　5—冷水机组

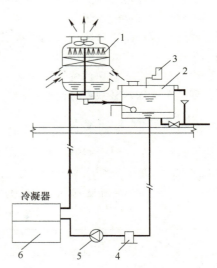

图 10-36　在屋顶上设冷却水箱的
冷却水循环流程
1—冷却塔　2—冷却水箱　3—加药装置
4—水过滤器　5—冷却水泵　6—冷水机组

　　这种系统冷却塔的供水自流入屋面冷却水箱后，靠重力作用进入冷却水泵，然后将冷却供水压入冷凝器，有效地利用了从水箱至水泵进口的位能，减小水泵扬程，同时保证冷却水泵内始终充满水。

3. 多台冷却塔并联运行时的冷却水系统

　　当多台冷却塔并联运行时，为了使各台冷却塔和冷却水泵之间管段的阻力大致达到平衡，可以采用以下方法：

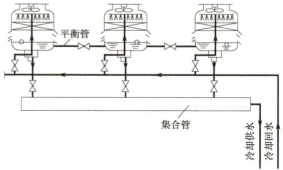

　　1）为了使冷却塔的出水量均衡、集水盘水位一致，出水干管应采取比进水干管大两号的集合管，如图 10-37 所示。

　　2）在冷却塔的进水支管和出水支管上设置电动两通阀，两组阀门联动，与冷却塔的启动和关闭进行电气连锁。

　　3）在各台冷却塔的集水盘之间采用平衡管连接，平衡管的管径与进水干管的管径相同。

图 10-37　多台冷却塔并联

10.4.2　冷却塔

1. 冷却塔的类型

　　冷却塔冷却水的过程属于热质传递过程。被冷却的水用喷嘴、布水器或配水盘分配至冷却塔内部填料处，大大增加水与空气的接触面积。空气由风机、强制气流、自然风或喷射的诱导效应循环。部分水在等压条件下吸热而汽化，从而使周围的液态水温度下降。工程上常见的冷却塔有逆流式、横流式、喷射式和蒸发式等四种类型。

　　（1）逆流式冷却塔　根据结构不同，可分为通用型、节能低噪声型和节能超低噪声型。按照集水池（盘）的深度不同有普通型和集水型。逆流式冷却塔结构如图 10-38 所示。

　　（2）横流式冷却塔　根据水量大小，设置多组风机。塔体的高度低，配水比较均匀。热交换效率不如逆流式。相对来说，噪声较低。横流式冷却塔结构如图 10-39 所示。

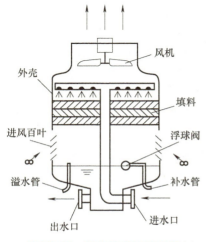

图 10-38　逆流式冷却塔结构

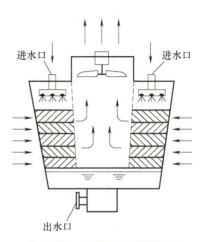

图 10-39　横流式冷却塔结构

（3）**喷射式冷却塔**　它的工作原理是利用循环泵提供的扬程，让水以较高的速度通过喷水口射出，从而引射一定量的空气进入塔内与雾化的水进行热交换，从而使水得到冷却。与其他类型冷却塔相比，噪声低，但设备尺寸偏大，造价较贵。喷射式冷却塔结构如图 10-40 所示。

（4）**蒸发式冷却塔**　蒸发式也称为闭式冷却塔。图 10-41 所示为蒸发式冷却塔结构。传热为两个过程，即空气与循环水的热湿交换过程，以及循环水蒸发过程中与冷却水通过盘管进行的间接式热交换过程。冷却水系统是全封闭系统，不与大气相接触，不易被污染。在室外气温较低时，利用制备好的冷却水作为冷水使用，直接送入空调系统中的末端设备，以减少冷水机组的运行时间。在低湿球温度地区的过渡季节里，可利用它制备的冷却水向空调系统供冷。

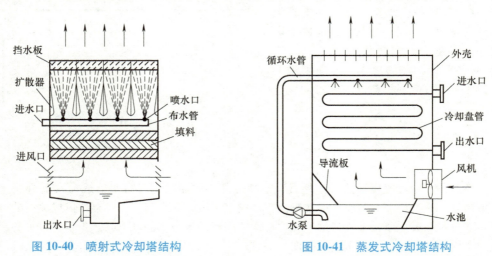

图 10-40　喷射式冷却塔结构　　　　图 10-41　蒸发式冷却塔结构

冷却塔宜采用相同的型号，其台数宜与冷水机组的台数相同，即"一塔对一机"的方式。不设置备用冷却塔。在多台冷水机组并联运行的系统里，冷却塔和冷却水泵宜与冷水机组一一对应，即"一机对一塔和一泵"。

2. 冷却塔的安装位置

1）冷却塔应设置在空气流畅、风机出口处无障碍物的地方。如果建筑的外观需要冷却塔用百叶窗围挡，则百叶窗净孔面积处的风速应小于 2m/s，以保证有足够的开口面积。

2）冷却塔应设置在噪声要求低和允许水滴飞溅的地方。当附近有住宅或其他建筑物，且有一定的噪声要求时，应考虑消声和隔声措施。

3）冷却塔设置在屋顶或楼板上时，应校核结构承压强度。

4）不应把冷却塔设置在厨房等排风口有高温空气出口的地方，并需考虑与烟囱的位置保持足够的距离。

5）冷却塔的补水量一般为冷却塔循环水量的 1%～3%。为了防止冷凝器和冷却水管路系统被腐蚀，对冷却水和补给水的水质应有一定的要求。

10.4.3　空调冷凝水系统

1. 空调冷凝水的排放

集中式空调系统制冷量大，会产生大量的冷凝水。通常将制冷设备产生的冷凝水采用专门的冷凝水管排走，对于分散式空调设备产生的冷凝水，则就近排放。

　　冷凝水排入污水系统时，应有空气隔断措施，冷凝水管不得与室内密闭雨水系统直接连接。以防臭味和雨水从空气处理机组冷凝水盘外溢。为便于定期冲洗、检修，冷凝水水平干管始端应设扫除口。凝结水总立管顶端宜做成通大气，便于排放空气，使立管内排水畅通。

2. 冷凝水管道的坡度

　　冷凝水排放一般为开式、非满流重力流系统。因此冷凝水管在敷设时应有一定的坡度。风机盘管凝结水盘的泄水支管坡度不宜小于 0.01。冷凝水水平干管不宜过长，其坡度不应小于 0.003，且不允许有积水部位。当冷凝水管道坡度设置有困难时，应减少水平干管长度或中途加设提升泵。如果受条件限制，无坡度敷设时，管内流速不得小于 0.25m/s。

　　如果由于冷凝水排水管的坡度小，或根本没有坡度，则容易导致漏水；或者由于风机盘管的集水盘安装不平，或盘内排水口堵塞，会出现盘水外溢。因此，应尽可能多地设置垂直冷凝水排水立管，这样可缩短水平排水管的长度，保证水平排水管的坡度符合设计规范要求。

3. 水封

　　当空气调节设备的凝结水盘位于机组内的正压段时，凝结水盘的出水口宜设置水封；而当位于负压段时，凝结水盘的出水口处必须设置水封。水封高度应大于凝结水盘处正压或负压值，以防凝结水回流。水封的出口应与大气相通。在正压段设置水封是为了防止漏风，在负压段设置水封是为了顺利排出冷凝水。

4. 冷凝水管管材和管径

　　冷凝水管的管材多采用聚氯乙烯塑料管或镀锌钢管，不宜采用焊接钢管。冷凝水管管径应按冷凝水的流量和管道坡度计算确定。一般情况下，1kW 冷负荷每小时产生 0.4~0.8kg 的冷凝水，根据空调冷负荷，可以对冷凝水管管径进行估算，见表 10-2。从每个风机盘管引出的排水管尺寸，应不小于 DN20。空气处理机组的冷凝水管至少应与设备的管口相同。

表 10-2　冷凝水管管径选择

冷负荷/kW	≤42	42~230	231~400	401~1100	1101~2000	2001~3500	3501~15000	>15000
公称直径/mm	25	32	40	50	80	100	125	150

思考题与习题

1. 什么是开式系统和闭式系统？各有什么特点？
2. 什么是两管制、四管制及分区两管制空调水系统？各有什么特点？
3. 什么是定流量系统和变流量系统？分别适用于什么场合？
4. 什么是一级泵变流量系统和二级泵变流量系统？分别适用于什么场合？
5. 复式水泵供（变流量）水系统的特点是什么？
6. 高层建筑空调水系统为什么要进行分区？如何进行分区？
7. 常用的空调水系统定压方式有哪几种？
8. 空调水系统的设计原则是什么？
9. 平衡阀的作用是什么？选用平衡阀时应注意什么？
10. 简述分水器和集水器的作用
11. 简述冷却塔的工作原理。
12. 冷凝水系统设计时应注意什么？

参 考 文 献

[1]　黄翔. 空调工程 [M]. 3版. 北京：机械工业出版社，2017.

[2]　潘云钢. 高层民用建筑空调设计 [M]. 北京：中国建筑工业出版社，1999.

[3]　马最良，姚杨. 民用建筑空调设计 [M]. 北京：化学工业出版社，2003.

[4]　陆亚俊，马最良，邹平华. 暖通空调 [M]. 北京：中国建筑工业出版社，2002.

[5]　尉迟斌. 实用制冷与空调工程手册 [M]. 北京：机械工业出版社，2002.

[6]　电子工业部第十设计研究院. 空气调节设计手册 [M]. 2版. 北京：中国建筑工业出版社，1995.

[7]　赵荣义. 简明空调设计手册 [M]. 北京：中国建筑工业出版社，1998.

[8]　赵荣义，范存养，薛殿华，等. 空气调节 [M]. 3版. 北京：中国建筑工业出版社，1994.

[9]　陆耀庆. 实用供热空调设计手册 [M]. 北京：中国建筑工业出版社，1993.

[10]　解国珍，姜守忠，罗勇. 制冷技术 [M]. 北京：机械工业出版社，2008.

[11]　龚光彩. 流体输配管网 [M]. 3版. 北京：机械工业出版社，2018.

第 11 章

空调系统的运行调节

在空调系统设计时，根据夏季和冬季的室内外设计计算参数计算空调区域的负荷，即根据最不利工况确定最大负荷，并确定空气处理方案、设备型号和管道大小等。在实际运行过程中，室外空气参数会因气候的变化而与设计计算参数有差异，而室内冷、热、湿负荷也会因室外气象条件的变化以及室内人员的变化、灯光和设备的使用情况而变化。室外的最不利工况只有在夏季最热月和冬季最冷月的某几天出现。空调系统如果不根据实际的负荷变化情况做出调整，而始终按最大负荷工作，则室内空气参数达不到设计要求，造成空调系统冷量和热量的不必要浪费，增加系统运行的能耗和费用。因此，空调系统应该能够根据室外气象条件和室内负荷变化情况随时进行调节，保证空调系统既能发挥最大效能，满足用户需求，又能使空调系统运行经济节能。

11.1 室外空气状态变化时的运行调节

全年室外气象参数在不同的季节会发生很大的变化。如果室外空气状态变化，那么空调处理系统的送风参数也会发生变化，导致室内空气状态发生变化；同时，会引起建筑围护结构传热量发生变化，也导致室内负荷变化。

室外空气状态在一年中的变化范围很大，当空调系统确定后可根据当地的气象变化情况，将 $h\text{-}d$ 图分成几个气象区，对应于每一个区域采用不同的空气处理方式和运行调节方法，气象区也称为空调工况区。这样，全年就按工况区对空调系统进行调节。空调工况区的划分原则是：在保证室内温湿度要求的前提下，力求系统运行经济，调节设备简单可靠；同时还应考虑室外空气参数在各个区域出现的累计小时数。如果室外空气状态参数在某一分区出现的频率很少，可以将该区合并到其他相邻区。空气的焓是衡量冷量和热量的依据，而且焓可以通过干、湿球温度计测得。在讨论空调工况分区时，可用焓作为室外空气状态变化的指标。

11.1.1 一次回风喷水室空调系统的全年运行调节

如图 11-1 所示，在设计工况下，一次回风式空调系统采用喷水室为空气处理设备时的冬、夏季处理工况及全年空调工况分区。

图中的室外气象包络线是对全年各时刻出现的干、湿球温度状态点在 $h\text{-}d$ 图上的分布进行统计得到的。室外气象包络线与相对湿度 $\varphi = 100\%$ 的饱和曲线所围的区域为室外气象区。

夏季和冬季空调房间的热湿比分别为 ε_x 和 ε_d。利用焓湿图分析空气处理过程时，空调房间一般允许室内参数有一定的波动范围，如图 11-2 所示。图中的阴影面积称为"室内空气温湿度允许波动区"，也称为"空调温、湿度精度"。空调精度根据工艺要求来确定，例如空调室内温度允许波动范围为 ± 0.5℃，相对湿度允许波动范围为 ±5%，就是指空调精度。一般舒适性空调没有空调精度的要求，而是给出温度和湿度的允许范围，例如 26～28℃，40%～60%。只要空

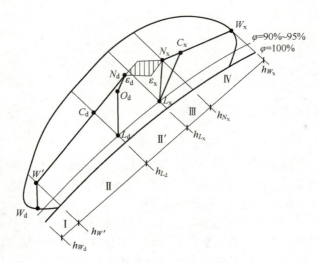

图 11-1　一次回风式空调系统全年空调工况分区

气参数落在这一阴影面积的范围内，就认为室内空气状态满足要求。允许波动区的大小，根据空调工程的精度来确定。

由于空气的比焓是衡量冷、热量的依据，且可以用干、湿球温度测得，因此用比焓作为室外空气状态变化的指标来进行空调工况的分区。一般全年可由 h_{W_d}、$h_{W'}$、h_{L_d}、h_{L_x}、h_{N_x} 及 h_{W_x} 等焓线划分为 5 个空调工况区进行运行调节。

1. 第 I 区域——一次加热器加热量调节阶段

如图 11-3 所示，这一区域处于冬季的寒冷阶段，室外空气比焓值小于 $h_{W'}$。在该区域内采用最小新风比 m 来满足室内空气状态要求。冬季室外设计参数下空气的比焓值计算如下：

$$h_{W'} = h_{N_d} - \frac{h_{N_d} - h_{L_d}}{m} \tag{11-1}$$

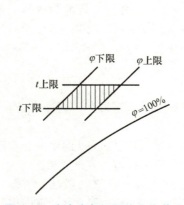

图 11-2　室内空气温湿度允许范围

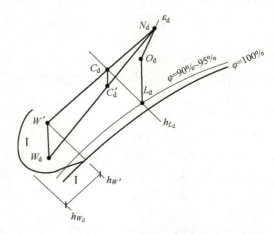

图 11-3　一次加热器加热量调节阶段焓湿图分析

当室外空气比焓值小于 $h_{W'}$ 时，采取改变预热器（一次加热器）加热量的调节方法，把新风预热到等焓线 $h_{W'}$ 上。然后，按最小新风比 m 与回风 N_d 混合，则混合点 C_d 落在机器露点的等焓

线 h_{L_d} 上，经绝热加湿到 L_d，再加热（二次加热）到冬季设计工况的送风状态点 O_d 送入室内。

根据室外空气比焓值的变化，调节一次加热器的加热量，即可保证达到所要求的机器露点；当室外空气比焓值等于 $h_{W'}$ 时，室外新风和一次回风的混合点落在等焓线 h_{L_d} 上，此时，关闭一次加热器，采用最小新风比的一次加热器加热量调节阶段结束。

当加热器热媒为热水时，一般通过调节供、回水阀以改变热媒流量来控制一次加热器的加热量，这种调节方法温度波动大，稳定性差。当加热器热媒为蒸汽时，通过控制一次加热器处的旁通联动风阀，通过调节一次加热器的风量和旁通风量的比例，这种调节方法温度波动小，稳定性好。由于露点接近饱和状态，一般通过机器露点的干球温度即可判断调节是否达到了要求。

室外空气和室内空气可以先进行混合，混合后的空气再进行一次加热，加热到混合空气的比焓等于 h_{L_d}。

2. 第Ⅱ区域——新、回风混合比调节阶段

如图 11-4 所示，这一区域室外空气比焓值为 $h_{W'}$ ~ h_{L_d}。在这个区域，如果室外状态点与室内状态点 N_d 混合点正好落在等焓线 h_{L_d} 上，则可用喷淋循环水的方法使被处理空气达到点 L_d，再经二次加热到达送风状态点 O_d，然后送入室内。但是当室外状态点与室内状态点 N_d 按照最小新风比 m 进行混合，混合点的比焓值大于 h_{L_d} 时，如果直接对混合空气进行绝热加湿处理，就会使机器露点 L_d 向上偏移，无法保证在二次加热后把空气处理到所要求的送风状态点 O_d。如果维持 L_d 不变，需要采用冷却的方法，那么就要启动制冷设备，这种方法显然不经济。如果改变新、回风比，加大新风量，减小回风量，就可以使一次混合状态点落在等焓线 h_{L_d} 上，然后用循环

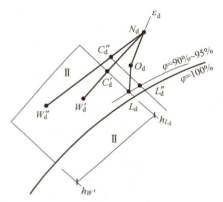

图 11-4　新、回风混合比调节阶段（第Ⅱ区域）焓湿图分析

水将被处理空气绝热加湿到点 L_d，再经二次加热达到所设计的送风状态点 O_d，然后送入室内。这种方法能充分利用新风冷量，推迟启动制冷设备的时间，节省制冷设备的运行能耗。

随着室外空气温度的升高，可以采用新风联动调节阀调节新、回风混合比。在开大新风阀的同时，关小回风阀，使混合点的焓值等于 h_{L_d}。根据机器露点的温度判断新回风混合比的调节是否合适。当室外空气比焓值恰好等于 h_{L_d} 时，全部采用室外新风，即新风阀全开，回风阀全关，新、回风混合比调节阶段结束，开始进入第Ⅱ′区域。

为了不使空调房间的正压过高，回风系统应具有把全部回风都排到室外的能力，因此应装有随回风阀门关小，同时开大排风阀门的联动装置或设置超压阀门。此外，在设计空气处理装置的新风进风口和新风风道时，应考虑新风量可能等于系统总风量的情况。

3. 第Ⅱ′区域——由冬季工况转为夏季工况，新、回风混合比调节阶段

如图 11-5 所示，这一区域室外空气比焓值在冬季、夏季送风机器露点 h_{L_d} ~ h_{L_x} 的区域，是冬季和夏季室内参数要求不同时才存在的工况区。如果室内参数在允许的范围内波动，则不必调节新回风调节阀，这时室内状态随新风状态而变化。为了推迟启动制冷设备，可以将室内控制点给定值调整到夏季的参数。在第Ⅱ′区，可以采用与第Ⅱ区同样的调节方案，即调节新、回风混合比，使混合点 C_d 处理到夏季送风机器露点的等焓线 h_{L_x} 上，然后经绝热加湿，再经过二次加热达到送风状态，送入室内。直到当室外空气状态正好落在 h_{L_x} 线上时，关闭一次回风阀门，采用 100% 的新风，第Ⅱ′区域结束，开始进入第Ⅲ区域。

4. 第Ⅲ区域——全新风、喷水温度调节阶段

如图 11-6 所示，在这一区域室外空气比焓值为 $h_{L_x} \sim h_{N_x}$。在这个区域室外空气状态进入夏季状态，h_{N_x} 总是大于 h_{L_x}，如果利用室内回风，会使混合点的比焓值比原室外空气的比焓值更高，把混合空气处理到机器露点 L_x 所需要的冷量大于室外新风处理到机器露点 L_x 需要的冷量；因此为了节约冷量，在这一阶段，关闭一次回风，采用 100% 新风。这个阶段开始使用冷水，随着室外空气比焓值的逐渐增大，喷水室的空气处理过程将从降温加湿过程变化到降温减湿过程。随着室外空气比焓值的升高，逐渐降低喷水温度，以保证将空气处理到所要求的机器露点 L_x。一般通过调节电动三通阀，改变冷水和喷水室底池回水的比例来实现。当喷水温度越低，或要求的喷水量越大时，冷源的制冷量越大。这一阶段也称为采用全新风的喷水温度调节阶段。

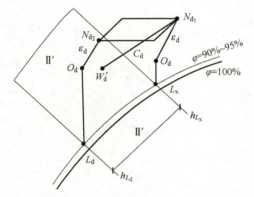

图 11-5　新、回风混合比调节阶段
（第Ⅱ′区域）焓湿图分析

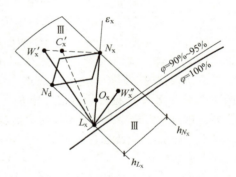

图 11-6　全新风、喷水温度调节
阶段焓湿图分析

5. 第Ⅳ区域——最小新风比、喷水温度调节阶段

如图 11-7 所示，在这一区域室外空气比焓值 $h_w > h_{N_x}$。在这个区域，室外空气状态为夏季状态，由于室外空气比焓值高于室内比焓值，如继续使用 100% 的室外新风运行，把室外空气减焓降湿处理到机器露点 L_x 所需要的冷量，比采用回风时需要的冷量大。因此在这个阶段，采用回风与新风进行混合的方式比较经济，使用的回风越多，所需的冷量就越少。为了节约冷量，这一阶段应采用最小新风比。喷水室处理空气是冷却降焓减湿过程，喷水温度可以根据对空气的处理需要进行调节。随着室外空气温度的升高，可以通过调节喷水三通阀，使喷水温度逐渐降低，以保证将空气处理到机器露点 L_x。这一阶段也称为采用最小新风比的喷水温度调节阶段。

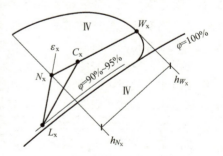

图 11-7　最小新风比、喷水温度
调节阶段焓湿图分析

表 11-1 列出了一次回风喷水室空调系统的全年控制运行调节方法。如果系统不大，所需空气量不多时，一般全年采用固定不变的新风量，则系统简单，其控制和设定更加容易，只需在系统的调试过程中，对新风阀的开度进行设定，空调系统运行中固定该阀位。此后在系统开停时，将新风阀的执行机构与风机的开停进行连锁控制。

表 11-1　一次回风喷水室空调系统的全年控制运行调节方法

气象区	室外空气参数范围	房间相对湿度控制	房间温度控制	调节内容				
				一次加热	二次加热	新风	回风	喷水过程
I	$h_W < h_{W'}$	一次加热	二次加热	$\varphi_N \uparrow$ 量↓	$t_N \uparrow$ 量↓	最小	最大	喷循环水
II	$h_{W'} < h_W < h_{L_d}$	新回风比例	二次加热	停	$t_N \uparrow$ 量↓	$\varphi_N \uparrow$ 量↑	$\varphi_N \uparrow$ 量↓	喷循环水
II′	$h_{L_d} < h_W < h_{L_x}$	新回风比例	二次加热	停	$t_N \uparrow$ 量↓	$\varphi_N \uparrow$ 量↑	$\varphi_N \uparrow$ 量↓	喷循环水
III	$h_{L_x} < h_W < h_{N_x}$	喷水温度	二次加热	停	$t_N \uparrow$ 量↓	全开	全关	$\varphi_N \uparrow$ 喷水温度↓
IV	$h_{N_x} < h_W < h_{W_x}$	喷水温度	二次加热	停	$t_N \uparrow$ 量↓	最小	最大	$\varphi_N \uparrow$ 喷水温度↓

注：1. 新风"最小"是指最小新风比时的新风量；回风"最大"是指最小新风比时的回风量。
　　2. "↑"表示升高或增加，"↓"表示降低或减少。

11.1.2　一次回风空气冷却器空调系统的全年运行调节

采用一次回风空气冷却器和干蒸汽加湿器的再热式空调系统，其蒸汽加湿过程接近于等温过程，加热和干式冷却为等含湿量过程，所以空调系统全年运行分区调节以室外新风温度和含湿量大小来划分。图 11-8 所示为一次回风空气冷却器空调系统运行调节工况分区。全年运行调节可分为六个阶段进行。

1. 第 I 区域——最小新风量、一次加热量调节阶段

如图 11-9 所示，这一区域室外空气的温度 $t_W < t_{W'}$。冬季用蒸汽加湿空气时，一般来说新风可以不用预加热，与回风混合后就可以喷蒸汽了。但是，在寒冷地区，且空调系统的新风量大，回风量较少的场合，尤其是当室内有较大的相对湿度时，新、回风混合点的温度就有可能低于送风状态空气点的露点温度 t_L。这时，从一次回风混合点 C_d' 喷蒸汽就无法把空气加湿处理到送风状态的等含湿量线上。因此，当一次回风混合点的温度小于冬季送风状态点的露点温度时，就需要设置预热器。

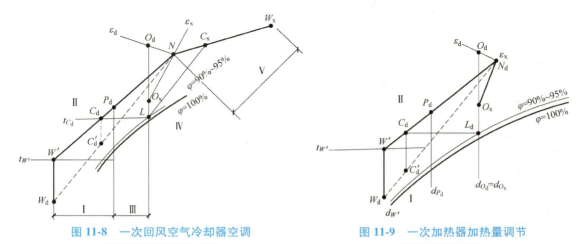

图 11-8　一次回风空气冷却器空调
系统运行调节工况分区

图 11-9　一次加热器加热量调节
阶段焓湿图分析

室外新风预热后的温度按下式计算：

$$t_{W'} = \frac{h_{W'} - 2500d_{W'}}{1.01 + 1.84d_{W'}} \tag{11-2}$$

在这一阶段，室外空气的温度 $t_W < t_{W'}$，采取最小新风量，调节预热器加热量把新风预热到 $t_{W'}$，与回风混合后喷蒸汽把空气等温加湿到送风状态的等含湿量线上，然后调节再热量，达到送风状态点 O_d 或 O_x。预热器的加热量按下式计算：

$$Q_1 = mq_m c_p(t_{W'} - t_{W_d}) \tag{11-3}$$

当室外温度等于 $t_{W'}$ 时，一次加热量调节阶段结束，开始进入第 Ⅱ 区域。

2. 第 Ⅱ 区域——采用最小新风量的加湿量调节阶段

如图 11-10 所示，这一区域室外空气的温度 $t_W > t_{W'}$，含湿量 $d_W < d_{P_d}$。在第 Ⅱ 个调节阶段，d_{P_d} 是按最小新风比与一次回风混合后，混合点正好落在送风状态的等含湿量线 d_{L_d} 上时室外空气的含湿量，这时，混合后的空气不用加湿，只需再热（或再冷）处理后即可达到送风状态点 O_d。

d_{P_d} 按下式确定：

$$d_{P_d} = d_{N_d} - \frac{(d_{N_d} - d_{O_d})}{m} \tag{11-4}$$

在这一阶段采用最小新风比 m，随着室外空气含湿量的增加，逐渐减小喷蒸汽的量。加湿器的加湿量可由下式计算：

$$W = q_m(d_{O_d} - d_{C_d}) \tag{11-5}$$

当室外空气的含湿量 $d_W = d_{P_d}$ 时，混合点正好落在送风状态点的等含湿量线上，这时的加湿量为零。第 Ⅱ 区域调节阶段结束，开始进入第 Ⅲ 区域。

3. 第 Ⅲ 区域——新、回风混合比调节阶段

如图 11-11 所示，这一区域室外空气的含湿量为 $d_{P_d} \sim d_{O_d}$。当室外空气的含湿量 $d_W > d_{P_d}$ 时，如果再按最小新风比与一次回风进行混合，混合点的含湿量就会大于送风状态的含湿量。这时如果要保证设计所需要的送风含湿量，就需将点 C'_d 用冷水冷却减湿到点 C_d，再加热到点 O_d 送风。为了推迟制冷系统的运行时间和保证设计所需要的送风含湿量，需要逐渐增大新风量，减少回风量，使混合点位于送风状态的等含湿量线上。

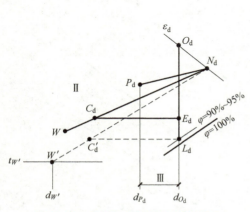

图 11-10 采用最小新风量的加湿量 调节阶段焓湿图分析

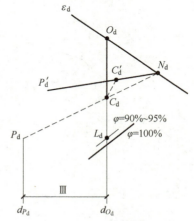

图 11-11 新、回风混合比调节阶段（第 Ⅲ 区域） 焓湿图分析

随着室外空气温度和含湿量的增加，逐渐减少一次回风量，同时逐渐增大新风量。当回风阀

门关闭，新风阀全开，此时系统为全新风系统。室外空气的含湿量 d_{w_d} 位于送风状态的等含湿量 d_{o_d} 时，该调节阶段结束，开始进入第 III′ 区域。

4. 第 III′ 区域——新、回风混合比调节阶段

如图 11-12 所示，这一区域室外空气的焓湿量为 $d_{o_d}<d_w<d_{o_x}$。当空调系统冬、夏季工况室内设定参数不同时，会存在这个区域。

当 $d_w=d_{o_d}$ 时，为了继续利用室外新风的冷量，推迟使用制冷设备的时间，节省运行费用，可以把室内参数设定值转入夏季工况，这样，室外空气含湿量为 $d_{o_d}<d_w<d_{o_x}$，仍然采用改变新风和一次回风混合比的方法调节。这样在室内空气的含湿量等于夏季工况送风状态含湿量，即 $d_w=d_{o_x}$ 时，才转入下一个调节阶段，从而可以推迟制冷机运行时间，节省制冷机的运行能耗和运行费

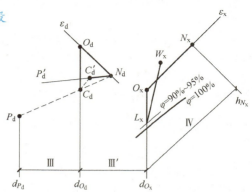

图 11-12　新、回风混合比调节阶段
（第 III′ 区域）焓湿图分析

用。在实际运行中，也可以不把设定值从 N_d 直接一次转到 N_x，可取 N_d 与 N_x 之间的任何需要值。

5. 第 IV 区域——全新风、冷水量或冷水温度调节阶段

如图 11-13 所示，这一区域室外空气状态的比焓值和含湿量值为 $h_w<h_{N_x}$，$d_w>d_{o_x}$。当室外空气的含湿量大于夏季工况送风状态的含湿量，即 $d_w>d_{o_x}$ 时，需要启动制冷设备对空气进行减焓减湿处理，室内参数的设定值转入夏季工况。在这一阶段中，如果使用回风，则会使混合空气的比焓值高于新风的比焓值，这样空气从混合状态点 C'_x 处理到机器露点所需要的冷量就要比把室外新风从点 W'_x 处理到机器露点 L_x 所需要的冷量还大。因此，在这个调节阶段，采用全新风运行。

随着室外空气比焓值的升高，逐渐增加空气冷却器的冷水量或降低冷水温度，控制机器露点 L_x，调节再热量来控制送风状态点 O_x。当室外空气的比焓值等于室内空气的比焓值，即 $h_w=h_{N_x}$ 时，该调节阶段结束，开始进入第 V 区域。

6. 第 V 区域——最小新风量、冷水量或冷水温度调节阶段

如图 11-14 所示，这一区域的室外空气比焓值大于室内空气的比焓值，即 $h_w>h_{N_x}$。在这一阶段，如果采用全新风系统，空调系统运行不经济，空调系统运行应按照设计工况，采用最小新回风混合比。这样，可以节省新风冷负荷，节省空气处理所需要的冷量。随着室外空气比焓值的升高，逐渐增加空气冷却器的冷水量或降低冷水温度，来保证所要求的机器露点 L_x，同时调节再热量来保证送风状态点 O_x。

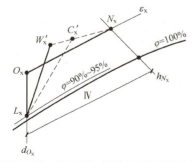

图 11-13　全新风、冷水量或冷水温度
调节阶段焓湿图分析

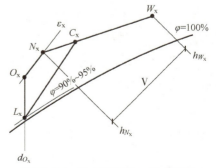

图 11-14　最小新风量、冷水量或
冷水温度调节阶段焓湿图分析

11.2 室内负荷变化时的运行调节

空调系统的设备容量是在空调设计参数下选定的，并且能满足室内最大负荷的要求。室外气象参数，室内人员，照明及工艺设备散热量、散湿量的变化都会引起室内冷负荷、热负荷和湿负荷变化，所以室内的冷热负荷也并不总是最大值。如果空调系统不做相应的调节，室内参数将发生变化，一方面达不到设计参数的要求，另一方面也浪费空调装置的冷量和热量。

11.2.1 室内热湿负荷变化时的运行调节

1. 室内热负荷变化、湿负荷基本不变时的运行调节

在夏季，随着室外气温的下降，由于得热量的减少，室内显热冷负荷相应减少，则热湿比将逐渐变小，如果空调系统送风量 q 和室内湿负荷 W 不变，且仍以原送风状态点 L 送风，则 $d_N' = d_N$。由于 d_L、W 和送风量 q 均未改变，所以尽管余热量和热湿比 ε 有变化，室内空气状态点的含湿量 d_N 却不会改变。因此，新的室内状态点必然仍在 d_N 线上。根据过点 L 作 ε' 线和 d_N 线的交点就很容易确定新的室内状态点 N'，这时 $h_{N'} = h_L + \dfrac{Q'}{q}$，由于 $Q' < Q$，所以 N' 低于点 N。如果点 N' 仍在室内温湿度允许范围内，则可以不进行调节。如果室内显热负荷减少很多，点 N' 超出了点 N 的允许波动范围，或者室内空调精度要求很高，则可以用调节再热量的方法而不改变机器露点。如图 11-15 所示，在 ε' 情况下，可以增加再热量，使送风状态点变为 O 送入室内，使室内状态点 N 保持不变或在温湿度允许范围内的点 N''。

2. 室内热负荷和湿负荷均变化时的运行调节

如果室内热负荷和湿负荷均发生变化，将使室内热湿比 ε 变化，而随着室内热负荷 Q 和湿负荷 W 减少程度的不同，ε 可能会减少，也可能会增加。当室内热湿负荷变化不大，且室内无严格精度要求时，或点 N' 仍在允许范围内，则不必进行调节。如用定露点调节再热的方法，室内状态点仍超出了允许参数范围，则必须使送风状态点由点 L 变为点 O，显然 $h_o > h_L$，$d_o > d_L$，为了处理得到这样的送风状态，不仅需要改变再热，还需要改变机器露点，如图 11-16 所示。

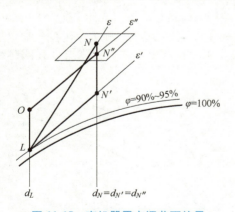

图 11-15　定机器露点调节再热量

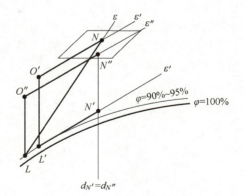

图 11-16　变机器露点调节再热量

3. 多房间空调系统的运行调节

如果一个空调系统为多个负荷不相同（热湿比也不相同）的房间服务时，则其设计工况和运行工况要根据实际需要灵活考虑。如果热湿比相差不大，可以把其中一个主要房间（室内状

态 N）的送风状态作为系统统一的送风状态，其他房间的室内参数虽然偏离了点 N，但仍在室内允许参数范围之内。

在系统运行调节过程中，当各房间负荷发生变化时，可采用定露点和改变局部房间再热量的方法进行调节，使各房间满足参数要求，如图 11-17a。如果采用该法满足不了要求，就须在系统划分上采取措施，或者在通向各房间的支风道上分别加设局部再热器，以系统同一露点不同送风温差送风，此时的送风量应按各自不同的送风温差分别确定，如图 11-17b 所示。

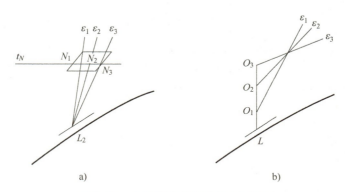

图 11-17　多房间空调系统的运行调节
a）同一状态送风　b）不同状态送风

11. 2. 2　定机器露点和变机器露点的控制方法

在空调系统进行运行调节时，对空气进行冷却减湿处理后达到机器露点，通常有以下两种控制方法。

1. 定机器露点控制

对于室内冷负荷一定或湿负荷波动不大的情况，只要控制机器露点温度就可以控制室内相对湿度。这种通过控制机器露点来控制室内相对湿度的方法称为"间接控制法"。

2. 变机器露点控制

对于室内湿负荷变化较大或室内相对湿度要求较严格的情况，可以在室内直接设置湿球温度或相对湿度敏感元件，控制相应的调节机构，直接根据室内相对湿度偏差进行调节，以补偿室内热湿负荷的变化。这种控制室内相对湿度的方法称为"直接控制法"。它与"间接控制法"相比，调节质量更好。

11. 2. 3　室内热湿负荷变化时的运行调节方法

1. 调节再热量

当室内热湿负荷变化时，使室内热湿比 ε 变化，在不改变机器露点的情况下调节再热量，可将送风状态 L 加热达到所需的送风状态点 O，如图 11-15 所示。如果用定机器露点调节再热的方法，室内状态点仍超出了允许参数范围，那么在空调系统运行调节时需要改变机器露点，并调节再热量，如图 11-16 所示。

对于单风管定风量再热空调系统，空调处理设备以同一参数（机器露点）送风，送风经设在每一个区域或房间前的再热器，再热盘管的加热量可由温控器根据各个房间或区域的设定温度或负荷变化来调节，达到所需的送风状态，实现各个房间的温度控制。

2. 调节一、二次回风混合比

对于室内允许温湿度变化较小，或有一定送风温差要求的恒温室来说，随着室内显热负荷的减少，可以充分利用室内回风的热量来代替再热量，带有二次回风的空调系统就采用这种调节方案，如图 11-18a 所示。当室内显热冷负荷减少时，则室内 ε 变为 ε'，这时可以调节一、二次回风联动阀门，即开大二次风门，关小一次风门，增加二次风量，减少一次风量，使总风量保持不变。送风状态点就从点 O 提高到 O'，送入室内，室内空气状态变化到 N'。

机器露点从 L 降到 L' 的原因是由于通过喷水室或表冷器的风量减少，降低了空气流动速度，提高了冷却效率，从而使露点稍有下降。由于二次回风不经喷水室处理，在有余湿的房间，湿度会偏高。N' 在室内温度允许范围内，就认为通过调节达到了室内环境要求。如果室内恒湿精度要求很高，则可以在调节二次回风量的同时，调节喷水室喷水温度或进表冷器的冷水温度，降低机器露点，从而保持室内状态点 N 不变，如图 11-18b 所示。

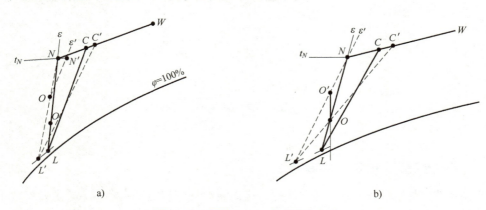

图 11-18　调节一、二次回风混合比

a）不调节冷冻水温度　b）调节冷冻水温度

二次回风阀门的调节范围较大，一般在整个夏季以及大部分过渡季节都可用它来调节室温，省去了再热量。这是一种经济合理的调节方法。

3. 调节空调箱旁通风门

在实际工程中，有一种设有旁通风门的空调箱，如图 11-19 所示。在空调箱中，室内回风与新风混合后，除部分空气经过喷水室或表冷器处理以外，另一部分空气可经旁通风门流过，然后再与处理后的空气混合送入室内，该旁通风门可以起到调节室温的作用。如图 11-20 所示，当室内冷负荷减少时，室内 ε 变为 ε'，这时可以打开旁通风门，使混合后的送风状态点提高到点 O，然后送入室内到达点 N'。采用空调箱旁通风门方式，与调节一、二次回风混合风门方式相似，可避免或减少冷热抵消，从而节省能量。

调节空调箱旁通风门的方式与一、二次回风混合方式相比，由于部分室外空气未经任何热湿处理而经旁通风门进入室内，室外空气参数变化对室内相对湿度的影响较大。对于相对湿度控制精度要求较高的地方，需要在调节旁通风门的同时调节冷冻水温度，以适当降低机器露点。

4. 调节冷水温度

空调处理机组中空气冷却器的水管路上可以安装三通调节阀或两通调节阀，用来调节冷水温度。图 11-21 所示为空气处理机组中采取三通调节阀调节冷水流量的方案。在空气冷却器冷水的出水管上装一个电动三通调节阀，用于使部分冷水旁通空气冷却器；手动调节阀用于平衡空气冷却器水路阻力。也可以采用电动两通调节阀调节冷水流量，如图 11-22 所示。

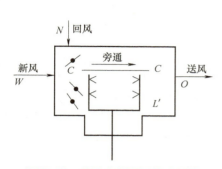

图 11-19　设有旁通风门的空调箱

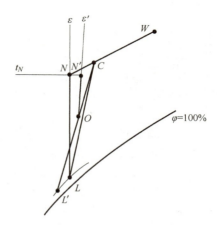

图 11-20　调节空调箱旁通风门（定机器露点）

图 11-21　三通调节阀调节冷水流量

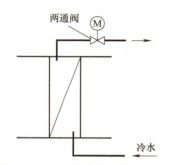

图 11-22　两通调节阀调节冷水流量

当室内热负荷、湿负荷均发生变化时，也可以采用调节水量来实现室内温、湿度的调节。例如，当室内显热冷负荷减少，室内温度下降时，自动控制系统根据室内温度的变化，控制电动三通调节阀动作，使旁通水量增加，通过空气冷却器的水量减少，经空气冷却器冷却去湿处理的空气温度升高，送风温差减少，达到满足室内空气参数要求的送风温度。由于进入空气冷却器的冷水初温不变，当通过空气冷却器的冷水流量改变时，送风状态点不仅温度变化了，而且含湿量也变化了，因此可以适应室内热负荷和湿负荷变化，满足室内温、湿度的要求。

5. 调节送风量

当室内负荷发生变化时，可保持原送风状态不变，通过调节送风量达到室内空气参数的要求。变风量空调系统可以通过在送风支管上安装变风量末端装置来改变房间的送风量。使用变风量风机时，可节省风机运行费用，且可避免再热。如果室内温、湿度精度要求严格，可以调节喷水温度或空气冷却器进水温度，降低机器露点，减少送风含湿量，以满足室内参数的要求。但在调节风量时，应避免风量过小而导致室内空气品质恶化和正压降低，影响空调效果。

11.3　风机盘管空调系统的运行调节

11.3.1　风机盘管机组的运行调节

通常风机盘管机组可采取三种局部调节手动或自动方法，即调节水量、调节风量和调节旁通风门，来适应房间空调负荷的变化。

1. 调节水量

在设计负荷时，空气经过盘管冷却，从 N 变到 L，然后送入室内。当冷负荷减少时，调节两通或三通调节阀减少进入盘管的水量，盘管中冷水平均温度升高，点 L 位置上移（图 11-23）空气经过盘管冷却过程变为 $N_1 \rightarrow L_1$。由于送风含湿量增大，房间相对湿度将增加。这种调节方法，负荷调节范围小，为 75%～100%。

2. 调节风量

一般的风机盘管机组都设有高、中、低三档风量调节，配上三速开关，用户可根据要求手动选择风量档次，改变风机转速以调节通过盘管的风量，或采用风量无级调节。随风速的降低，盘管内冷水平均温度下降，点 L 下移（图 11-24），室内相对湿度不易偏高，但要注意防止水温过低时盘管表面结露。另外，风量的减小会不利于室内气流分布。这种调节方法，负荷调节范围小，为 70%～100%。

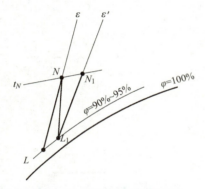

图 11-23　风机盘管水量调节

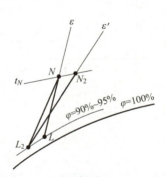

图 11-24　风机盘管风量调节

3. 调节旁通风门

这种方式的负荷调节范围大（20%～100%），初投资低，且调节质量好，可使室内达到±1℃的精度，相对湿度在 45%～50% 范围内。因为空调冷负荷减小时，旁通风门开启，使流经盘管的风量较少，冷水温度低，点 L 位置降低，再与旁通空气混合，送风含湿量变化不大，故室内相对湿度较稳定，室内气流分布也较均匀。但由于总风量不变，风机消耗功率并不降低。所以这种调节方法仅用在要求较高的场合。

11.3.2　风机盘管加新风空调系统的全年运行调节

风机盘管机组空调系统引入新风的方式有两种形式：墙洞引入新风和独立新风两种形式。对于采用独立新风的系统，新风的处理方式有三种：①新风处理到室内空气比焓值，不承担室内负荷；②新风处理到比焓值低于室内比焓值，承担部分室内负荷；③新风系统只承担围护结构传热负荷，盘管承担其他负荷。

室内空调负荷一般分为瞬变负荷和渐变负荷两部分。瞬变负荷是指由瞬时变化的室内照明、设备和人员散热以及太阳辐射热（随房间朝向，是否受邻室阴影遮挡、天空有无云的遮挡等影响）和使用情况等而发生变化，使各个房间产生大小不一的瞬变负荷。渐变负荷是指通过房间外围护结构的室内外温差传热所引起的负荷，这部分热负荷的变化对所有房间来说都是大致相同的，主要随季节发生较大变化。这种对所有房间都比较一致的、缓慢的传热负荷变化，可以靠集中调节新风的温度来适应，即由新风来负担稳定的渐变负荷，有如下热平衡式：

$$q_{V,W}\rho c_p(t_N - t_x) = T(t_W - t_N) \tag{11-6}$$

式中　$q_{V,W}$——新风量（m^3/s）；

　　　　ρ——空气密度（kg/m^3）；

　　　　c_p——空气比定压热容 $[kJ/(kg \cdot \text{℃})]$；

t_W、t_N、t_x——室外空气、室内空气和新风的温度（℃）；

　　　　T——所有外围护结构每1℃室内外温差的传热量（W/℃）。

根据传热公式：

$$T = \sum KF \tag{11-7}$$

式中　K——各围护结构的传热系数 $[W/(m^2 \cdot \text{℃})]$；

　　　　F——各围护结构的传热面积（m^2）。

对于每个房间，$q_{V,W}$ 和 T 是可以算出的一定值，故随着 t_W 的降低，必须提高 t_x。也就是可以根据室外温度的变化按式（11-6）的规律来调节新风的加热量。

1. 新风温度 t_x 与室外空气温度 t_W 的关系

在实际中，由于室内一般总是有人存在，因此瞬变显热冷负荷总是存在的，房间总是存在一个平均的最小显热冷负荷。当室外温度低于室内温度时，温差传热由里向外，如果这部分负荷相当于某一温差 m（一般取5℃）的传热量（即 mT），并且由新风来负担，也就推迟了新风升温的时间，则式（11-6）可改变为

$$q_{V,W}\rho c_p(t_N - t_x) = T(t_W - t_N) + mT$$

$$t_x = t_N - \frac{1}{\dfrac{q_{V,W}}{T}\rho c_p}(t_W - t_N + m) \tag{11-8}$$

式（11-8）反映了新风温度 t_x 与室外空气温度 t_W 的关系。对于一定的 t_N，可作线图，如图 11-25 所示。可见，对不同的 $q_{V,W}/T$ 值，可以用不同斜率的直线来反映 t_x 随 t_W 变化的关系。运行调节时，就可根据该调节规律，随 t_W 的下降（或上升），用再热器集中升高（或降低）新风的温度 t_x。

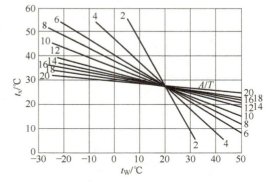

图 11-25　新风温度 t_x 与室外温度 t_W 关系
（$t_N = 25$℃，$m = 5$℃，A 即为 $q_{V,W}$）

2. $q_{V,W}/T$ 和系统分区的关系

对于同一个系统，进行集中的新风再热量调节，必须建立在每个房间都有相同 $q_{V,W}/T$ 的基础上。$q_{V,W}/T$ 是新风量与通过该房间外围护结构（内外温差为1℃）的传热量之比。对于一个建筑物的所有房间来说，$q_{V,W}/T$ 不一定都是一样的，那么不同 $q_{V,W}/T$ 的房间随室外温度的变化要求新风升温的规律也就不一样。为了解决这个问题，可以采用两种方法：一种方法是把 $q_{V,W}/T$ 不同的房间统一在它们中的最大 $q_{V,W}/T$ 上，也就是要加大 $q_{V,W}/T$ 比较小的房间的新风量 $q_{V,W}$，对于这些房间来说，加大新风量会使室内温度偏低即偏安全；另一种方法是把 $q_{V,W}/T$ 相近的房间（例如同一朝向）划为一个区，每一区采用一个分区再热器，一个系统就可以按几个分区来调节不同的新风温度，这对节省一次风量和冷量是有利的。

3. 双水管系统的运行调节

双水管系统在同一时间只能向所有的盘管供应同一温度的水（冷水或热水），随着室内负荷

的减少，盘管的全年运行调节又有两种情况。

（1）**不转换的运行调节**　对于夏季运行，不转换系统采用冷的新风和冷水。随着室外温度的降低，只集中调节再热量来逐渐提高新风温度，而全年始终供应一定温度的水（图11-26）。新风温度按照相应的$q_{V,W}/T$随室外温度的变化进行调节，以抵消围护结构的传热负荷（$L{\rightarrow}R_1$）。而随着瞬变显热冷负荷（太阳、照明、人等）变化，需要调节送风状态（$O_2{\rightarrow}O_3$）时，则可以局部调节盘管的容量（$2{\rightarrow}N$）来加以补偿。

在冬季和室外空气温度较低时，为了不使用制冷系统来获得冷水，可以利用室外冷风的自然冷却能力，给盘管提供低温水。

不转换系统的投资比较低，运行较方便，但全年都需要采用冷水，冬季会有冷热抵消现象。当冬季很冷、时间很长时，新风要负担全部冬季供暖负荷，集中加热设备的容量就要很大。

（2）**转换的运行调节**　对于夏季运行，转换系统仍采用冷的新风和冷水。随着室外空气温度的降低，集中调节新风再热量，逐渐升高新风温度，以抵消传热负荷的变化。仍然保持盘管水温不变，靠水量调节来消除瞬变负荷的影响，如图11-27所示。空气处理过程为

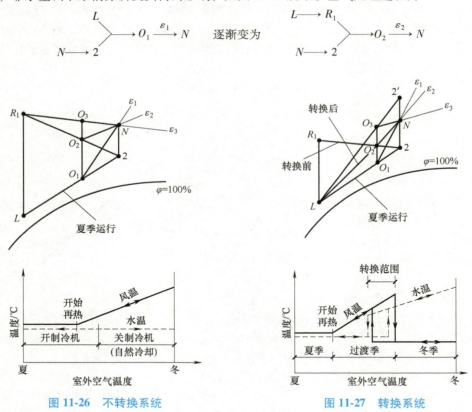

图 11-26　不转换系统　　　　　图 11-27　转换系统

当达到某一室外温度时，不再利用盘管，而只利用原来冷的新风单独就能吸收这时室内剩余的显热冷负荷，即使得新风转换为原来的最低状态L，此时空气处理过程为

$$L,\ N\ \diagdown\!\!\!\diagup\ O_2\ \xrightarrow{\varepsilon_2}\ N$$

转换之后，新风温度不变，盘管内则改为送热水。随着显热冷负荷的减少，只需调节盘管的

加热量，以保持一定室温，空气处理过程为

$$\begin{matrix} L \\ \\ 2' \end{matrix} \Big\rangle\!\!\!-\!\!\!-\!\!\!- O_3 \xrightarrow{\ \varepsilon_3\ } N$$

转换时的室外空气温度称为转换温度。只有当全部显热冷负荷已能完全由新风来承担时，方可进行转换。因此，转换时的热平衡方程式如下式：

$$q_{V,\mathrm{W}}\rho c_p(t_\mathrm{N}-t_\mathrm{x}) = T(t'_\mathrm{W}-t_\mathrm{N}) + Q_\mathrm{L} + Q_\mathrm{P} + Q_\mathrm{S} \tag{11-9}$$

即转换温度为

$$t'_\mathrm{W} = t_\mathrm{N} - \frac{Q_\mathrm{L} + Q_\mathrm{P} + Q_\mathrm{S} - q_{V,\mathrm{W}}\rho c_p(t_\mathrm{N}-t_\mathrm{x})}{T} \tag{11-10}$$

式中　t_N——转换时室内空气温度；

Q_S——由太阳辐射引起的室内显热冷负荷；

Q_L——由照明引起的室内显热冷负荷；

Q_P——由人员引起的室内显热冷负荷；

t_x——新风的最低温度，可以充分利用室外的冷风，而不利用制冷系统。

因为室外空气温度的波动，一年中有可能发生几次温度转换，为了避免在短期内出现反复转换的现象，所以常把转换点扩大成一个转换范围（大约±5℃），这样可以减少过渡季的转换次数。

在空调系统实际运行中，应通过技术经济比较来确定是采用转换系统，还是采用不转换系统。主要考虑的因素是节省运行调节费用，在冬季或较冷的季节里，尽量少使用或不使用制冷系统。例如，当室外空气温度降低，新风转换到最低温度时，这时可以不用制冷系统，只需把室外冷空气进行适当处理就可以保持室内空气状态；而如果不进行转换，冷水可能需要由制冷系统取得。相比起来，为节约运行费用，采用转换系统比较有利。但是，如果新风量较小，则要求的转换温度就很低。因而需要使用冷源的时间可能较长，这时转换就不太经济。如提高转换温度，则需要加大新风量，结果使新风系统的投资和运行费用增加。这种情况下，采用不转换系统为好。因此，如果冬季气温很低，房间的供暖负荷较大，若采用不转换系统，则冬季的全部热负荷都得靠新风的再热器负担；若采用转换系统，则可以利用现有的盘管给房间送热风，新风的再热器只需满足转换前的需要，而不增加再热器容量。这种情况比较适宜使用转换系统。

11.4　变风量空调系统的运行调节

变风量空调系统是随着室内显热负荷的变化，由末端装置改变送风量来调节室内温度的，当室内热湿负荷减少时，送风量可以随之减少。而送风参数可以保持恒定。这样不仅可以节省风机耗能，而且可以节约空调送风的冷量和热量。变风量空调系统的运行调节可以根据室内负荷变化和全年运行两方面进行调节。

11.4.1　室内负荷变化时的运行调节

1. 节流型末端装置的运行调节

节流型变风量末端装置主要是通过改变空气流通面积来改变通过末端装置的风量。节流型末端装置一般能根据负荷变化自动调节风量；能防止系统中因其余风口进行风量调节而导致的管道内静压变化，从而引起风量的重新分配；能避免风口节流时产生的噪声及对室内气流分布产生不利的噪声。

如图 11-28a 所示，在每个房间送风管上安装有节流型末端装置。每个末端装置都根据室内恒温器的指令使末端装置的节流阀动作，改变空气的流通面积从而调节该房间的送风量。当送风量减少时，则干管内的静压就会升高，通过装在干管上的静压控制器调节风机的电机转速，使系统的总送风量减少。

送风温度敏感元件通过调节器，控制冷水盘管三通调节阀，保持送风温度一定，即随着室内显热负荷的减少，送风量减少，室内状态点从 N 变为 N'（图 11-28b）。

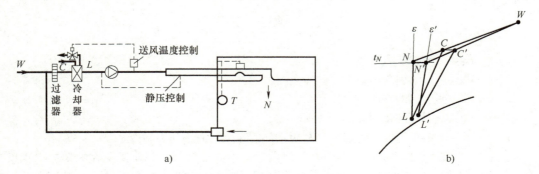

图 11-28　节流型末端装置变风量系统运行调节

a）节流型末端装置变风量系统　b）运行调节焓湿图分析

2. 旁通型末端装置的运行调节

旁通型变风量末端装置是将送风量一部分送入室内，一部分经旁通直接返回空气处理室，从而使室内的送风量发生变化。

如图 11-29a 所示，使用旁通型末端装置的变风量空调系统，在通往每个房间的送风管道上（或每个房间的送风口之前）安装旁通型变风量末端装置。该装置根据室内显热负荷的变化，由室内温控器发出指令产生动作，减少（或增加）送往空调房间的风量，系统送来的多余的风量则通过末端装置的旁通通路至房间的顶棚内，直接由回风系统返回空气处理室。在运行过程中系统总的送风量保持不变，只是送入房间内的风量发生变化。随负荷变化的调节过程如图 11-29b 所示。当冷负荷减少时，室内状态点从 N 变为 N'。

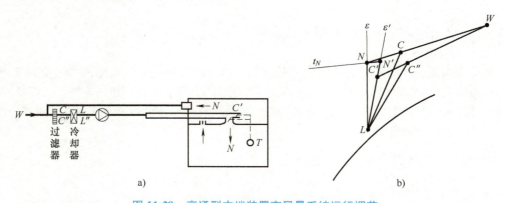

图 11-29　旁通型末端装置变风量系统运行调节

a）旁通型末端装置变风量系统　b）运行调节焓湿图分析

3. 诱导型末端装置的运行调节

如图 11-30a 所示，来自空气处理装置的一次风经末端诱导器时，诱导室内或顶棚的二次空气，并进行混合，以达到调节送风状态的目的。在通往每个空调房间的送风管道上（或每个房间的送风口之前）安装诱导型变风量末端装置。诱导型末端装置可根据空调房间内热负荷的变化，由室内温控器发生指令产生动作，调节二次空气侧的阀门，使室内或顶棚内热的二次空气与一次空气相混合，然后送入室内，调节室内温度。诱导型末端装置随负荷变化的调节过程如图 11-30b 所示，当冷负荷减少时，室内状态点从 N 变为 N'。

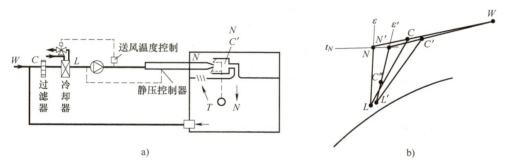

图 11-30　诱导型末端装置变风量系统运行调节
a）诱导型末端装置变风量系统　b）运行调节焓湿图分析

11.4.2　变风量空调系统的全年运行调节

1. 全年有恒定冷负荷的变风量系统运行调节

当建筑空调区全年有恒定冷负荷，例如建筑物的内部区，或只有夏季冷负荷时，可以采用没有末端再热的变风量系统。由室内恒温器调节送风量，风量随负荷的减少而减少。在过渡季可以充分利用新风来"自然冷却"。

2. 系统各房间冷负荷变化较大的变风量系统运行调节

当系统各房间冷负荷变化较大时，例如建筑物的外部区，可以采用有末端再热的变风量系统，其运行调节工况如图 11-31 所示。图中的最小送风量是考虑以下因素而确定的：当负荷很小时，为避免风量极端减少而造成换气量不足、新风量过少和温度分布不均匀等现象，以及避免当送风量过少时，室内相对湿度增加而超出室内湿度允许范围，往往保持不变的最小送风量和使用末端再热加热空气的方法，来保持一定的室温。该最小送风量一般应不小于 4 次换气次数。

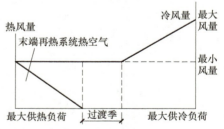

图 11-31　末端再热变风量系统全年运行工况

3. 夏季冷却和冬季加热的变风量系统运行调节

图 11-32 所示为一个用于供冷、供热季节转换的变风量系统的调节工况。夏季运行时，随着冷负荷的不断减少，逐渐减少送风量，当达到最小送风量时，风量不再减少，而利用末端再热以补偿室温的降低。随着季节的变换，系统从送冷风转换为送热风，开始仍以最小送风量供热，但需根据室外气温的变化不断改变送风温度，也即使用定风量变温度的调节方法。在供热负荷不

断增加时，再改为变风量的调节方法。

在大型建筑物中，周边区常设单独的供热系统。该供热系统一般承担围护结构的传热损失，可以用定风量变温系统、诱导系统、风机盘管系统或暖气系统，风温或水温根据室外空气温度进行调节。内部区由于灯光、人体和设备的散热量，由变风量系统全年送冷风。

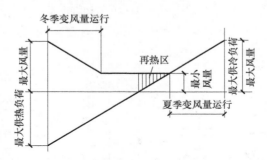

图 11-32　季节转换的变风量系统全年运行工况

思考题与习题

1. 什么是定机器露点调节？什么是变机器露点调节？各适用于什么场合？

2. 已知某空调系统的室内实际参数为：干球温度 24℃±1℃，相对湿度 55%±10%，设计条件下余热量为 3kW，余湿量为 2kg/h，送风温差为 6℃。在运行中若余热量变为 4.5kW，余湿量变为 2.5kg/h，如何进行空调系统的运行调节？

3. 在空调系统全年运行时，有没有不需要对空气进行冷、热处理和加湿、除湿处理的时期？这时应该怎样运行？

4. 室温由冬到夏允许逐渐升高的情况下，应该怎样运行空调系统比较经济？

5. 在过渡季，系统如何实现经济运行？分析过渡季空调系统节能运行的方法。

6. 在空调系统运行时，如何尽量推迟开制冷机组的时间，并保证空调房间满足舒适要求？

7. 对于带有喷水室的一次回风式空调系统，如何进行全年运行调节？

8. 风机盘管的局部调节方法有几种？各有什么特点？

9. 当室内负荷变化时，如何进行变风量系统的运行调节？

10. 变风量系统如何进行全年运行调节？

参 考 文 献

[1] 黄翔. 空调工程 [M]. 3 版. 北京：机械工业出版社，2017.

[2] 清华大学. 空气调节 [M]. 2 版. 北京：中国建筑工业出版社，1986.

[3] 赵荣义，范存养，薛殿华，等. 空气调节 [M]. 3 版. 北京：中国建筑工业出版社，1994.

[4] 沈晋明. 全国勘察设计注册公用设备工程师执业资格考试复习教程：暖通空调专业 [M]. 北京：中国建筑工业出版社，2004.

[5] 李岱森. 空气调节 [M]. 北京：中国建筑工业出版社，2000.

[6] 田忠保. 空气调节 [M]. 西安：西安交通大学出版社，1993.

[7] 陆亚俊，马最良，邹平华. 暖通空调 [M]. 北京：中国建筑工业出版社，2002.

[8] 电子工业部第十设计研究院. 空气调节设计手册 [M]. 2 版. 北京：中国建筑工业出版社，1995.

［9］　韩宝琦，李树林. 制冷空调原理及应用［M］. 2 版. 北京：机械工业出版社，2002.

［10］　方修睦. 建筑环境测试技术［M］. 北京：中国建筑工业出版社，2002.

［11］　张林华，曲云霞. 中央空调维护保养实用技术［M］. 北京：中国建筑工业出版社，2003.

［12］　王福珍. 空调系统的调试与运行［M］. 哈尔滨：哈尔滨工业大学出版社，2002.

［13］　李援瑛. 中央空调运行管理与维修［M］. 北京：中国电力出版社，2001.

［14］　李先瑞. 供热空调系统运行管理、节能、诊断技术指南［M］. 北京：中国电力出版社，2004.

［15］　陈刚. 建筑环境与能源测试技术［M］. 3 版. 北京：机械工业出版社，2020.

第 12 章
通风与空气调节系统试验与测定

通风与空气调节系统试验是深入理解和掌握通风与空气调节技术理论的重要方法。在试验过程中将专业知识和实践结合起来，对试验结果进行综合判断和论证，对试验出现的问题进行系统分析，并解决问题。

通过对通风与空气调节系统的测定可以发现系统设计、施工和设备性能等方面存在的问题，从而采取相应的措施，保证系统达到设计要求；对于已经投入使用的通风和空调系统，可以通过系统的测定与调整改进运行状况，或找出系统不能正常工作的原因加以改进。对通风与空调系统的测定与调整是检查空调系统设计是否达到预期效果的重要途径。

12.1　粉尘性质和空气含尘浓度测定试验

真密度是粉尘的物理性质之一。粉尘真密度是研究粉尘运动规律的重要参数，也是测定粉尘粒度分布的依据。测定粉尘真密度有助于研究粉尘粒子的沉降规律、设计除尘器、对提高煤矿防尘效果、评价粉尘危害程度和提高除尘器产品质量。

12.1.1　粉尘真密度测定试验

1. 测定原理
粉尘真密度是指在密实状态下单位体积粉尘所具有的质量：

$$\rho_c = \frac{m_c}{V_c} \tag{12-1}$$

式中　ρ_c——粉尘真密度（g/m^3）；

V_c——粉尘体积（m^3）；

m_c——粉尘的质量（g）。

测定原理是：先将一定量的试样用天平称重，求得它的质量，然后放入比重瓶中，用液体浸润粉尘，再放入真空干燥器中抽真空，以排除粉尘颗粒间隙中的空气，从而得到粉尘试样在密实条件下的真实体积，用式（12-1）可计算出粉尘的真密度。质量关系如图 12-1 所示。

设比重瓶的质量为 m_0，容积为 V_s，瓶内充满已知密度为 ρ_s 的液体，则总质量 m_1 为

$$m_1 = m_0 + \rho_s V_s \tag{12-2}$$

当瓶内加入质量为 m_c，体积为 V_c 的粉尘试样后，瓶中减少了 V_c 体积的液体，故其总质量 m_2 为

$$m_2 = m_0 + \rho_s(V_s - V_c) + m_c \tag{12-3}$$

则粉尘试样的真实体积 V_c 可由式（12-2）和式（12-3）联立求得

$$V_c = \frac{m_1 - m_2 + m_c}{\rho_s} \tag{12-4}$$

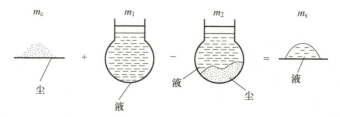

图 12-1　测定粉尘真密度的示意图

所以，粉尘的真密度 ρ_c 为

$$\rho_c = \frac{m_c}{V_c} = \frac{m_c}{m_1 - m_2 + m_c} \rho_s = \frac{m_c}{m_s} \rho_s \qquad (12\text{-}5)$$

式中　m_0——比重瓶的质量（g）；

　　　　m_s——排出液体的质量（g）；

　　　　m_c——粉尘的质量（g）；

　　　　m_1——比重瓶加液体的质量（g）；

　　　　m_2——比重瓶加液体加粉尘的质量（g）；

　　　　V_c——粉尘真实体积（m^3）；

　　　　ρ_c——粉尘真密度（g/m^3）；

　　　　ρ_s——液体密度（g/m^3）。

2. 测定装置和处理过程

（1）**仪器和设备**　粉尘真密度的测定装置如图 12-2 所示，包括：真空干燥箱、真空泵、分析天平、比重瓶、烧杯、滴管、蒸馏水、滤纸若干、滑石粉试样等。

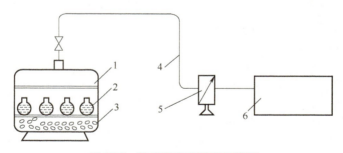

图 12-2　粉尘真密度的测定装置

1—真空干燥箱　2—比重瓶　3—干燥剂　4—真空排气管　5—压缩式真空计　6—真空泵

真空干燥箱如图 12-3 所示。

（2）**干燥处理过程**　将粉尘试样及洗净后的比重瓶放入真空干燥箱内，关上箱门。关闭真空阀，开启放气阀，接通电源。选择所需的设定温度 110~120℃，保持 20min。关闭电源后，粉尘试样和比重瓶不要取出，冷却到常温备用。

（3）**抽真空处理过程**　将有粉尘和水的比重瓶放入真空干燥箱内，关上箱门并将拉手旋紧，关闭放气阀。接通真空泵电源，并开启真空阀，开始抽气。当真空表指示值达到 98kPa 时，关闭真空阀，并关闭真空泵电源。保持真空度在 98kPa 下 15~20min，然后打开放气阀，解除箱内的真空。打开箱门取出物品，开箱时，因密封圈与玻璃门吸紧变形，解除真空后，应稍等片刻，待密封圈恢复原形后，才能开启箱门。

3. 测试步骤

1）将粉尘试样约 25g 放在真空干燥箱内，置于 115℃下烘至恒重。

2）将上述粉尘试样用分析天平称重，在记录表中记下粉尘质量 m_c（每次称重前，须将粉尘试样放在真空干燥箱中冷却到常温再称重）。

3）将比重瓶洗净、编号、烘干至恒重，用分析天平称重，记下质量 m_0。

4）将比重瓶加蒸馏水至标记（即毛细孔的液面与瓶塞顶平），擦干瓶外表面的水再称重，记下瓶和水的质量 m_1。

5）将比重瓶中的水倒去，加入粉尘 m_c（比重瓶中粉尘试样不少于 20g，且不超过比重瓶容积的 1/3）。

6）用滴管向装有粉尘试样的比重瓶中加入蒸馏水不超过比重瓶容积的 1/2，使粉尘润湿。

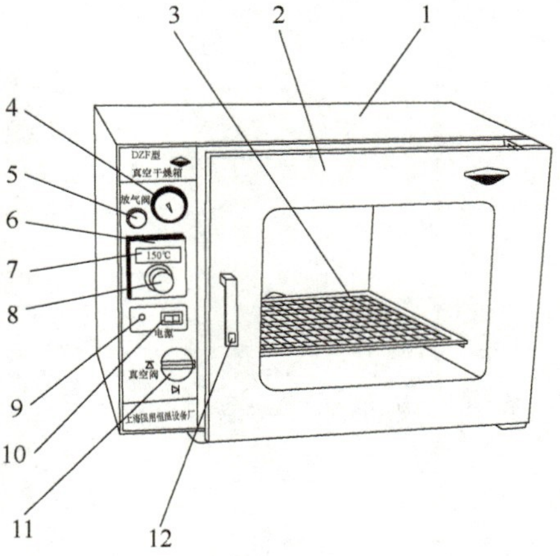

7）把装有粉尘试样的比重瓶和装有蒸馏水的烧

图12-3　真空干燥箱
1—箱体　2—箱门　3—隔板　4—真空表
5—放气阀　6—控温仪　7—加热或报警指示
8—温度调节旋钮　9—电源指示
10—电源开关　11—真空阀　12—拉手

杯一同放入真空干燥箱中，关好真空干燥箱的门，抽真空。保持真空度在 98kPa 下 15～20min，以便把粉尘颗粒间隙中的空气全部排除，使水充满所有间隙，粉尘即全部被水润湿，同时去除烧杯内蒸馏水中可能存在的气泡。

8）停止抽气，通过放气阀向真空干燥箱缓慢进气，待真空表恢复常压指示后打开真空干燥箱门，取出比重瓶和蒸馏水杯，将蒸馏水加入比重瓶至标记，擦干瓶外表面的水后称重，记下其质量 m_2。

9）至少做三个平行样品，要求三个样品测定结果的绝对误差不超过 $\pm 20 kg/m^3$。将测定数据代入真密度计算式（12-5），即可求出粉尘真密度。

12.1.2　空气含尘浓度测定试验

工业生产过程中会向周围环境散发各种有害物质，其中主要有粉尘、烟、雾、气体（含水蒸气）、热等。粉尘一般是在运输、破碎、加工等生产过程中产生的。它们的粒径大的可达 $100\mu m$，小的只有 $0.2\sim0.3\mu m$，它们能在空气中浮游一定的时间（尤其是粒径小于 $5\mu m$ 的粉尘），其数量和分布由它们的重力特性所决定。因此，粉尘易于通过呼吸进入人体造成严重危害，也会对某些有净化要求的场所造成污染。所以，了解工作和生活环境的空气含尘浓度，对改进工艺操作和通风系统粉尘治理都是极其重要的。

1. 测定原理

测定空气含尘浓度一般用滤膜增重法。在测定地点用抽气机采集一定体积的含尘空气，使它们经过滤膜采样器中的滤膜（已知质量），这样空气中的粉尘被阻留在滤膜上，根据采样前后滤膜的质量差（即集尘量）和抽气量，即可计算出单位体积空气的质量含尘浓度（mg/m^3）。

2. 测定装置及仪器

测定空气含尘浓度的装置和仪表有：采样装置、空盒气压表、分析天平、干燥器等。采样装置一般如图 12-4 所示，它由滤膜采样器、U 形管压力计、玻璃水银温度计、转子流量计、抽气泵等组成。为了便于现场条件的测定也用尘粒采样仪，它是将图 12-4 中各部分组装在一起的一台完整的测试仪。这里着重介绍滤膜采样器。

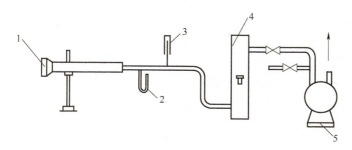

图 12-4　测定空气含尘浓度的采样装置
1—滤膜采样器　2—U 形管压力计　3—玻璃水银温度计　4—转子流量计　5—抽气泵

滤膜采样器如图 12-5 所示。滤膜材料是一种带有电荷的高分子聚合物，疏水性强。温度在 60℃以下，相对湿度为 25%~90%，滤膜的质量不受影响，不需要干燥处理。当抽气量为 15L/min 时，滤膜的阻力为 190~470Pa。滤膜有平面和锥形两种，平面滤膜直径为 40mm，容尘量小，适用于空气含尘浓度小于 200mg/m³ 的采样。锥形滤膜是用直径为 75mm 的平面滤膜折叠而成，容尘量大，适用于空气含尘浓度大于 200mg/m³ 的采样。

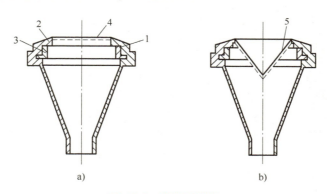

a)　　　　　　　　　　　　　　　b)

图 12-5　滤膜采样器
a）平面滤膜采样器　b）锥形滤膜采样器
1—压盖　2—滤膜固定器　3—滤膜夹　4—平面滤膜　5—锥形滤膜

3. 测试方法与步骤

在仔细观察测定地点产生粉尘的情况后，选择具有代表性的样点，一般该点应距地面 1.5m，并且是人员经常停留的地点。采样时间取决于空气中含尘浓度的大小。当含尘浓度高时，采样时间可短一些，抽气量小一些；当含尘浓度低时，采样时间可长一些，抽气量大一些。平面滤膜的集尘量应不超过 20mg，为了减少测定误差，滤膜的增重不应小于 1mg。

步骤如下：

1）将滤膜登记编号，用感量为 0.0001g 的分析天平称重。将称好的滤膜用镊子逐片装在滤膜夹上放在盒中备用。注意不得有折皱及漏缝，否则应重装。

2）在采样地点将采样装置安装好，并检查是否严密。

3）启动抽气泵，用螺旋夹迅速调节采样流量至所需数值（通常为 15~30L/min，若用尘粒采样仪可直接调节流量计的旋钮），同时进行计时。在整个采样过程中应保持采样流量的稳定。

4）记录采样流量、大气压力、流量计前压力、流量计前空气温度、采样时间等数据。

5）采样完毕，用镊子取出滤膜，将集尘面向内折叠 2~3 次，放入滤膜盒中。

6）若采样地点无水雾和油雾，滤膜可直接称重；若采样地点有水雾或发现滤膜表面出现小水珠，应将滤膜放在干燥器中干燥 30min 后再进行称重。记录采样前后滤膜的质量。

4. 数据处理

（1）采样流量的修正　一般流量计标定状况为 $p=101.3kPa$，$t=20℃$。当采样气体与标定气体状态相差较大时，必须对流量计读数进行修正，取得测定状态下的实际流量。

$$L_j = L_j' \sqrt{\frac{101.3 \times (273+t)}{(B+p) \times (273+20)}} \qquad (12-6)$$

式中　L_j——实际采样流量（L/min）；

L_j'——流量计读数（L/min）；

t——流量计前温度计读数（℃）；

B——大气压力（kPa）；

p——流量计前压力计读数（kPa）。

（2）标准状态下的抽气量　实际采样流量 L_j（L/min）乘以采样时间 τ（min）得到实际抽气量 V_t（L）：

$$V_t = L_j \tau \qquad (12-7)$$

将实际抽气量 V_t 换算成标准状态下的抽气量：

$$V_0 = V_t \frac{273}{273+t} \frac{B+p}{101.3} \qquad (12-8)$$

式中　V_t——实际抽气量（L）；

V_0——标态下的抽气量（L）。

（3）计算含尘浓度

$$y = \frac{G_2-G_1}{V_0} \times 10^3 \qquad (12-9)$$

式中　y——标准状态下空气的含尘浓度（mg/m³）；

G_2——采样后滤膜的质量（mg）；

G_1——采样前滤膜的质量（mg）；

V_0——换算成标准状态下的抽气量（L）。

两个平行样品测出的空气含尘浓度值偏差不大于 20% 的为有效测定样品，取其平均值作为该测点的空气含尘浓度。否则应重新采样测定。

12.2　通风系统的测定

12.2.1　风管内风速和风量的测定

1. 测定原理

空气在风管中流动时，会有三种压力：全压 p_q、静压 p_j、动压 p_d。管内空气与管外空气存在压力差，该压力是直接由风管管壁来承受的，称为静压 p_j，表示气流的势能。动压 p_d 表示气流的动能，是空气在风管内流动形成的，它的方向与气流方向一致，它与气流速度的关系为

$$p_d = \frac{\rho v^2}{2} \qquad (12-10)$$

已知气流的动压值，就可求得其流速，即

$$v = \sqrt{\frac{2p_\mathrm{d}}{\rho}} \tag{12-11}$$

已知风速及风管断面面积，就可求得空气流量 L：

$$L = 3600vF \tag{12-12}$$

式中　p_d——测点的动压（Pa）；

　　　ρ——空气密度（kg/m³）；

　　　L——风管内的风量（m³/h）；

　　　v——空气流速（m/s）；

　　　F——风管断面面积（m²）。

2. 测试仪表

（1）**皮托管**　皮托管包括两部分。它由双套管组成，分别通向两个端头。中间通道正对着气流方向通向测口一端，所测出的是全压。外套管侧面开口通向测口另一端，所测出的是静压。

皮托管结构如图 12-6 所示，将皮托管放入通风管道内，测头对准气流，把 A、B 两端分别连接在微压计上，A 端测出的压力值为全压值 p_q，B 端测出的压力值为静压值 p_j，把 A、B 两端都接在同一微压计上，测出的压力值就是动压值 p_d，即 $p_\mathrm{d} = p_\mathrm{q} - p_\mathrm{j}$。

（2）**倾斜式微压计**　由于 U 形管压力计和单管式压力计不能测量微小压力，因此产生了斜管式压力计。它是将单管式压力计垂直设置的玻璃管改为倾斜角度可调的斜管，所以也常称为倾斜式微压计，如图 12-7 所示。当被测压力与较大容器相通时，容器内工作液面下降，液体沿斜管上升的垂直高度（即大容器液面与玻璃管液面的垂直高差）为

$$h = h_1 + h_2 = l\sin\alpha + h_2$$

因为

$$lf = h_2 F$$

所以

$$h = l\left(\sin\alpha + \frac{f}{F}\right)$$

则被测压力为

$$p = \rho g h = \rho g l\left(\sin\alpha + \frac{f}{F}\right) \tag{12-13}$$

式中　p——压力（Pa）；

　　　l——斜管中工作液体向上移动的长度（m）；

　　　ρ——工作液体的密度（kg/m³）；

　　　α——斜管与水平面的夹角；

　　f、F——玻璃管和大容器的截面面积（m²）。

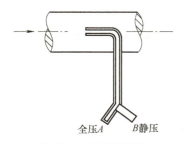

图 12-6　皮托管测压

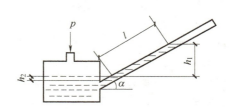

图 12-7　倾斜式微压计测压原理

由式（12-13）可知，当工作液体密度 ρ 不变时，已知其在斜管中的长度就可以得出被测压力的大小。倾斜式微压计的读数比单管式压力计的读数放大了 $\dfrac{1}{\sin\alpha}$ 倍，因此可测量微小压力的变化。常用的倾斜式微压计构造和组成如图 12-8 所示。通常斜管可固定在五个不同的倾斜角度位置上，可以得到五种不同的测量范围。工作液体一般选用表面张力较小的酒精。

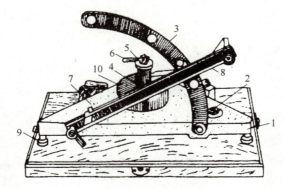

图 12-8 倾斜式微压计
1—底板 2—水准器 3—弧形支架 4—加液盖 5—零位调节旋钮 6—多向阀手柄
7—游标 8—倾斜测量管 9—脚螺钉 10—容器

令

$$K=\left(\sin\alpha+\frac{f}{F}\right)$$

式中 K——仪器常数。

K 值一般定为 0.2、0.3、0.4、0.6、0.8 五个，分别标在斜管压力计的弧形支架上。此时，式（12-13）可写为

$$p=\rho g l K \tag{12-14}$$

倾斜式微压计结构紧凑，使用方便，适宜在周围气温为 10~35℃，相对湿度不大于 80%，且被测气体对黄铜、钢材无腐蚀的场合下使用，其测量范围为 0~±2.0×10³Pa，由于斜管的放大作用提高了压力计的灵敏度和读数的精度，最小可测量到 1Pa 的微压。

使用前先将酒精（$\rho=810\mathrm{kg/m^3}$）注入压力计的容器内，调好零位。压力计应放置平稳，以水准气泡调整底板，保证压力计的水平状态。根据被测压力的大小，选择仪器常数 K，并将斜管固定在支架相应的位置上。按测量要求将被测压力接到压力计上，可测得全压、静压和动压。

根据试验，斜管的倾斜角度不宜太小，一般不小于 15° 为宜，否则读数会困难，反而增加测量的误差。应注意检查与压力计连接的橡皮管各接头处是否严密。测定完毕应将酒精倒出。

3. 测定方法

通风系统的压力及风量的测定，一般都是采用测压管（也称皮托管）和微压计。在测定通风管道内的全压和静压时，如超过微压计的量程，可以采用 U 形压力计。

在进行现场测定时，测定断面的选择很重要。为了使测定的数据比较精确，测定断面应远离扰动气流或改变气流方向的管件（如各种阀门、弯头、三通、变径管和送排风口等），应选择在气流比较平稳的直管段上。当测定断面选在管件之前（对气流流动方向而言）时，测定断面与管件的距离应大于 3 倍的管道直径。当测定断面选在管件之后时，测定断面与管件的距离应大于 6 倍的管道直径。若测定条件难以满足上述要求，测定断面与管件的距离至少应为 1.5 倍的管道直径，并且可适当增加测定断面上测点的密度，以便尽可能消除气流扰动导致风速不均匀而产生的误差。

在选择测定断面时，还要考虑操作的方便和安全等条件。

管内静压的测定，除用皮托管外，也可直接在管壁上开一小孔测得。小孔直径应小于 2cm，钻孔应与管壁垂直，且孔口内壁不应有毛刺。

在测定风压时，皮托管与微压计的连接方法应视测定断面位置是处于正压段还是负压段而定。当测点在通风机前的吸入段时，其全压及静压为负值，故其接管应与微压计的负压接口相连。当测点在通风机后的压出段时，其全压为正值，其接管应与微压计的正压接口相连，而静压值的正负视情况而定。对于动压值，则不管测点在压出段或吸入段，其值永远是正值。

皮托管与微压计的接管，可参照图 12-9，图中皮托管的全压端用"+"表示，静压端用"−"表示。

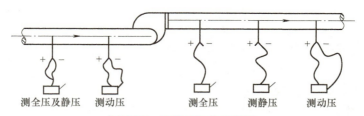

图 12-9　斜管式压力计测压

由于管壁的摩擦阻力，即使管道内气流平稳，在测定断面上各点的气流速度时也是不相等的，在管道中心处最大，靠近管壁处较小。因此，在同一断面上必须进行多点测量，然后求出平均风速。显然测点越多，风速值就越准确。

下面介绍不同形状和尺寸的风管，测点位置和数量的确定方法。

1）对于矩形管道，可将测定断面划分为若干个等面积的小矩形，测点布置在每个小矩形的中心，小矩形的每边长约为 200mm，面积不大于 0.05m²，其数目不小于 9 个，如图 12-10 所示。

2）对于圆形管道，可将测定断面划分为若干个等面积的同心圆环，一般在每个圆环上布置4 个测点，且位于相互垂直的两个直径上，如图 12-11 所示。圆环数可按表 12-1 确定。

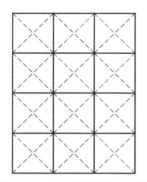

图 12-10　矩形风管测点布置

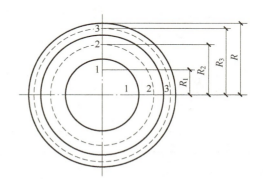

图 12-11　圆形断面测点布置

表 12-1　圆形风管划分的圆环数

风管直径/mm	≤300	300~500	500~800	850~1100	>1150
划分的圆环数 n	2	3	4	5	6

同心圆环上各测点距中心的距离按下式计算：

$$R_i = R_0 \sqrt{\frac{2i-1}{2n}}$$

式中　R_0——风管测定断面的半径（mm）；

　　　R_i——圆断面圆心到第 i 点的距离（mm）；

　　　i——从断面圆中心算起的同心环顺序号；

　　　n——测定断面上划分的圆环数。

在实际测定时，应求出各测点至管壁的距离，如图 12-12 所示，被划分为三个圆环的断面上各测点至管壁的距离为

$$l_1 = R - R_3, \quad l_2 = R - R_2$$
$$l_3 = R - R_1, \quad l_4 = R + R_1$$
$$l_5 = R + R_2, \quad l_6 = R + R_3$$

各圆环测点至管壁的距离 l_n 也可直接用表 12-2 中的距离系数求得。

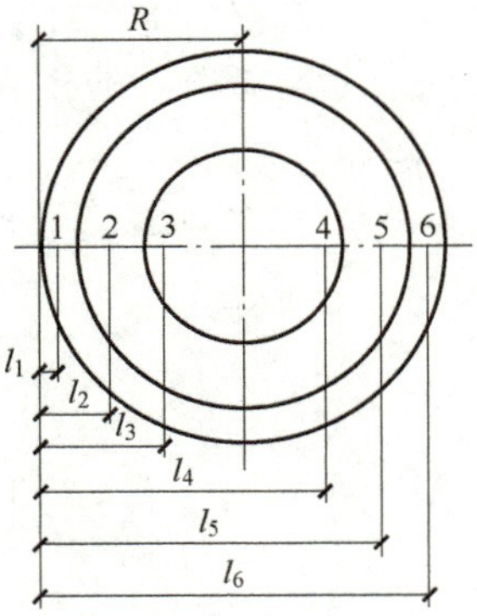

按上面的方法测得断面上各点动压后，计算其平均值。如果各测点的动压力值相差不大时，其平均值可按各测点动压值的算术平均值计算。

$$p_{\mathrm{d}} = \frac{p_{\mathrm{d}1} + p_{\mathrm{d}2} + \cdots + p_{\mathrm{d}n}}{n} \tag{12-15}$$

图 12-12　圆形断面各测点至管壁的距离

如果各测点的动压值相差较大时，其平均值可按各测点动压值的均方根计算。

$$p_{\mathrm{d}} = \left(\frac{\sqrt{p_{\mathrm{d}1}} + \sqrt{p_{\mathrm{d}2}} \cdots + \sqrt{p_{\mathrm{d}n}}}{n} \right)^2 \tag{12-16}$$

式中　　　p_{d}——动压的算术平均值（Pa）；

$p_{\mathrm{d}1}, \cdots, p_{\mathrm{d}n}$——各测点的动压值（Pa）；

　　　　　n——测点数。

在现场测定中，若测点处受涡流影响，使动压的某些读值为负值或零时，在计算中可视该点的读值为零。

表 12-2　圆风管各测点与管壁的距离系数（以半径为基数）

测点序号	环　数				
	2	3	4	5	6
1	0.13	0.09	0.07	0.05	0.04
2	0.5	0.29	0.21	0.16	0.13
3	1.5	0.59	0.39	0.29	0.24
4	1.87	1.41	0.65	0.45	0.35
5		1.71	1.35	0.68	0.5
6		1.91	1.61	1.32	0.71
7			1.79	1.55	1.29
8			1.93	1.71	1.5
9				1.84	1.65

（续）

测点序号	环　数				
	2	3	4	5	6
10				1.95	1.76
11					1.87
12					1.96

12.2.2　局部排风罩性能的测定

通风系统局部排风罩的形式很多，有密闭罩、柜式排风罩、外部吸气罩、接受式排风罩和吹吸式排风罩。本节主要介绍外部吸气罩的性能测定。

1. 测定内容

1）吸气罩阻力的测定及局部阻力系数 ζ 的计算。

2）用静压法确定吸气罩的流量，用动压法校核所测流量，并与弯管流量计的读值比较。

3）罩口四周有边与四周无边、加挡板与不加挡板的吸气罩性能的比较。

2. 测定装置和仪器

测定装置如图 12-13 所示。测定使用的仪器有皮托管、热球式风速仪、数字微压计。其中皮托管在风管风速和风量的测定中已介绍。下面介绍热球式风速仪和数字微压计。

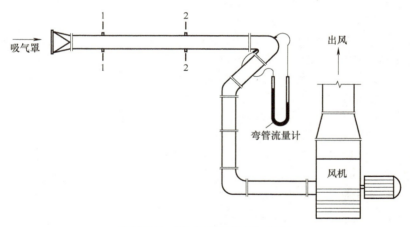

图 12-13　吸气罩测试装置示意图

（1）**热球式风速仪**　该风速仪由测头和指示仪表组成。测头内有电热线圈（或电热丝）和热电偶。当热电偶焊接在电热丝的中间时，称为热线式风速仪；当热电偶与电热线圈不接触以玻璃固定在一起时，称为热球式风速仪。两者除测头外其余部分基本相同。热球式风速仪的构成如图 12-14 所示。它具有两个独立的电路。一个是电热线圈回路，串联有直流电源 E（一般为 2~4V），可调电阻 R 和开关 K。在电源电压一定

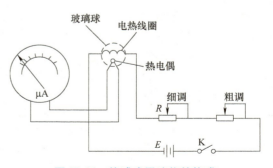

图 12-14　热球式风速仪的构成

时，调节电阻 R 即可调节电热线圈的温度。另一个是热电偶回路，串联一支微安表可指示在电热线圈的温度下与热电势相对应的热电流的大小。

　　电热线圈（镍铬丝）通过额定电流时温度升高并加热玻璃球。由于玻璃球体积很小（直径约为 0.8mm），可以认为电热线圈与玻璃球的温度是相同的。热电偶产生热电势，相对应的热电流由仪表指示出来。玻璃球的温升、热电势的大小均与气流速度有关。气流速度越大，玻璃球散热越快，温升越小，热电势也就越小。反之，气流速度越小，玻璃球散热越慢，温升越大，热电势也就越大。热球式风速仪即是根据这个关系在指示仪表盘上直接标出风速值，测定时将测头放在气流中就可直接读出气流的速度值。

　　热球式风速仪操作简便，灵敏度高，反应速度快。测速范围有 0.05~5m/s，0.05~10m/s，0.05~20m/s 等几种。正常使用条件为 $t=-10~40℃$，$\varphi<85\%$。它既能测量管道内风速，也可测量室内空间的风速。但是，它的测头连线很细，容易损坏而不易修复。

　　使用前应熟悉了解仪表的操作要求。调校仪表时，测头一定要收到套筒内，测杆垂直头部向上，以保证测头在零风速状态下。测定时应将标记红色小点一面迎向气流，因为测头在风洞中标定时即为该位置。如果风速仪指针在某一区间内摆动，可读取中间值；如果气流不稳定，可参考指示值出现的频率来加以确定。测得风速值后应对照仪表所附的校正曲线进行校正。

　　测定中，应时刻注意保护好测头，严禁用手触摸，并防止与其他物体碰撞，测定完毕应立即将测头收到套筒内。

　　仪表精确的校验应使用多普勒激光测速仪，通常可在标准风洞中进行。

　　（2）数字微压计　数字微压计是采用进口压力传感器和高精度放大器研制而成。可以用来测量工业通风和空调系统管道中的压力，也可测量锅炉炉膛、引风机进出口、鼓风机进出口及其他工艺流程中气体介质的正压、负压及差压，并可在显示屏上直接显示数值。该仪表体积小、结构简单、安装方便、精度高，通过智能微处理器采集、显示数字信号，可替代膜盒、U 形管等微压计，如图 12-15 所示。

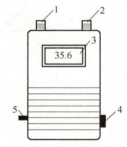

图 12-15　数字微压计
1—正压接口　2—负压接口
3—显示屏　4—零位调节旋钮
5—电源开关

　　数字微压计一般分为两类：一类为手持型，多用于通风和空调工程测量风管中的风压；另一类为智能型，带有上下限报警和 0~10mA 或 4~20mA 标准输出信号等功能，广泛用于通风、空调及动力、化工等工业部门。

　　该仪表的工作原理是通过仪表检测到的压力信号被引压管施加于压力传感器上，应变（膜片）电阻因受压而改变，这个电阻信号经过放大转换成电压信号，再经过放大、补偿后处理成数字显示、报警和远传等功能。

　　数字微压计使用方法：打开仪表的电源开关，先调节零位调节旋钮，使压力显示为零；然后用软管连接皮托管和仪表上需测定的相应压力接口，即可在显示屏上读取数值。

3. 测定原理

　　（1）吸气罩阻力的测定　如图 12-16 所示，在吸气罩口前后取 O—O、A—A、B—B 三个断面。根据流体力学原理，吸气罩的阻力应为 O—O 断面与 A—A 断面的全压之差，即

$$\Delta p_q = p_{qO} - p_{qA} \tag{12-17}$$

由于罩口前 O—O 断面处的全压等于零，则

$$\Delta p_q = 0 - p_{qA}$$

$$\Delta p_q = -(p_{jA} + p_{dA}) \tag{12-18}$$

式中　Δp_q——吸气罩的阻力（Pa）；

p_{qO}——罩口前 O—O 断面的全压（Pa）；

p_{qA}——A—A 断面的全压（Pa）；

p_{dA}——A—A 断面的动压（Pa）；

p_{jA}——A—A 断面的静压（Pa）。

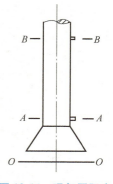

图 12-16　吸气罩阻力的测定示意图

测定中，由于 A—A 断面距离罩口很近，在 A—A 断面上测定动压时因气流很不稳定，不易测得较精确的数值。这时一般选择气流相对稳定的 B—B 断面进行测定，由于 B—B 断面与 A—A 断面的面积相等，所以

$$p_{dA} = p_{dB}$$

代入式（12-18），得

$$\Delta p_q = -(p_{jA} + p_{dB}) \tag{12-19}$$

式中　p_{dB}——B—B 断面的动压（Pa）。

（2）吸气罩局部阻力系数的确定

由于

$$|\Delta p_q| = |p_{jA} + p_{dA}| = \zeta \frac{v_A^2}{2}\rho = \zeta p_{dA}$$

式中　ζ——吸气罩局部阻力系数；

v_A——断面 A—A 的平均风速（m/s）；

ρ——空气密度（kg/m³）。

所以吸气罩局部阻力系数 ζ 为

$$\zeta = \frac{|\Delta p_q|}{p_{dA}} = \frac{|p_{jA} + p_{dA}|}{p_{dA}} \tag{12-20}$$

（3）用静压法测定吸气罩的风量

由式（12-18）可得

$$p_{dA} = \frac{1}{1+\zeta}|p_{jA}|$$

$$\frac{v_A^2}{2}\rho = \frac{1}{1+\zeta}|p_{jA}|$$

因此，风速为

$$v_A = \sqrt{\frac{2}{\rho}}\frac{1}{\sqrt{1+\zeta}}\sqrt{p_{jA}}$$

则，风量为

$$L = v_A F = \sqrt{\frac{2}{\rho}}\frac{1}{\sqrt{1+\zeta}}\sqrt{p_{jA}}\,F \tag{12-21}$$

式中　L——流经排风罩的风量（m³/h）；

F——A—A 断面的面积（m²）。

（4）用动压法测定吸气罩的风量　用前面介绍的风管内风速的测定方法，在比较稳定的 B—B 断面上测得断面上各点的动压后，即可计算出该断面上的平均风速，该方法称为动压测定风速法。

$$v = \sqrt{\frac{2}{\rho}}\left(\frac{\sqrt{p_{d1}} + \sqrt{p_{d2}} + \cdots + \sqrt{p_{dn}}}{n}\right) \tag{12-22}$$

空气密度按下式计算：

$$\rho = \frac{B}{287 \times (273.15 + t_n)} \tag{12-23}$$

式中　　　v——B—B 断面上的平均风速（m/s）；

$p_{d1}, \cdots, p_{dn}$——各测点的动压值（Pa）；

ρ——空气密度（kg/m³）；

n——测点数；

B——当地大气压力（Pa）；

t_n——管道内空气温度（℃）。

平均风速确定后，可按式（12-21）计算管道内的风量。

（5）**用弯管流量计测定吸气罩的风量**　利用弯管这一典型局部构件测量风管内风量的大小，如图 12-17 所示。根据流体力学原理，当气流通过弯管时，它只改变流动方向，不改变平均流速的大小。方向的改变使弯管的内侧、外侧出现两个漩涡区，并且具有离心惯性力，它使弯管外侧的压强增大，内侧压强减小。随着系统流量的变化，弯管内外侧压差将随之变化。

测定弯头曲率上内外侧两点的压力，即可求出通过管道的流量，计算公式为

$$L = \alpha F \sqrt{\frac{2}{\rho}(p_a - p_b)} \cdot \frac{1}{2}\sqrt{\frac{R}{D}} \tag{12-24}$$

式中　　L——经过管道的风量（m³/s）；

p_a、p_b——弯头上 a、b 两点的压力（Pa），$\Delta p = p_a - p_b$；

R——弯头曲率半径（m）；

D——弯头直径（m）；

α——流量系数（与弯头结构、制作有关，对某一确定的弯头，α 值为一常数）。

对某一确定的弯头，F、R、D、α 均为常数，可以预先给出 L-Δp 曲线，根据 Δp 值便可直接查得风管风量 L 值。

（6）**不同罩口形式的吸气罩性能比较**　根据在吸气罩罩口加挡板或四周加边可减少无效气流，提高控制点风速的原理，按照图 12-18 确定的罩口前距离，分别测定吸气罩无遮挡、四周加边、下部加挡板三种情况下各控制点的风速，根据测定结果对上述三种罩口形式的吸气罩性能做出评价。

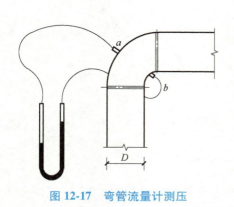

图 12-17　弯管流量计测压

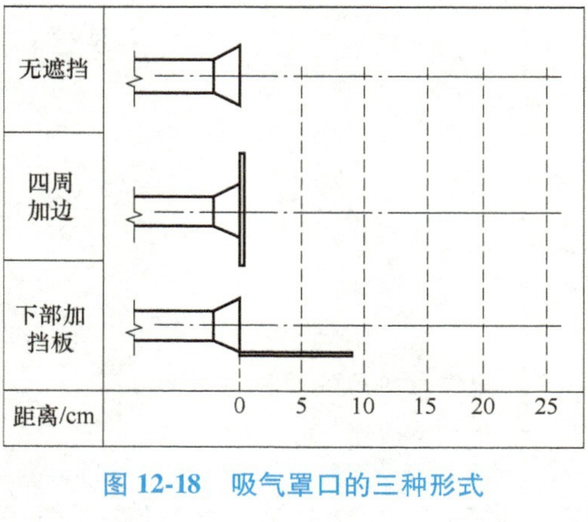

图 12-18　吸气罩口的三种形式

4. 测定方法及步骤

1）利用风机出口处的光圈阀调节风量，待风量稳定，用皮托管和数字微压计测得 A—A 断

面的全压值（即为吸气罩阻力）、静压值和动压值。调节光圈阀改变风量，几分钟后待风量稳定再测一次。

2）调节风机出口处光圈阀，使之固定在某一档位上，利用皮托管和数字微压计分别测定 A—A 断面的静压及 B—B 断面的动压值；读取弯管流量计的压差值，并在流量计校正曲线 L-Δp 上查得相应的流量值。上述步骤完成后，即完成一次测定。然后再调节光圈阀改变风量，重复上述测定，全部测定结束后整理数据进行计算，并比较几种方法的测定结果。

3）在风管的轴心延长线上，用热球式风速仪分别测定距吸气罩罩口不同距离处的控制点风速。

12.2.3　旋风除尘器性能的测定

旋风除尘器的性能指标主要包括风量、阻力、除尘效率三个方面。

1. 旋风除尘器风量的测定方法

（1）弯管流量计测定法　此法在局部排风罩性能的测定中已介绍。除了用 L-Δp 曲线查得风量值，还可用经验公式计算除尘器的风量 $L(\mathrm{m}^3/\mathrm{s})$：

$$L = 0.0617\sqrt{\Delta p} \tag{12-25}$$

式中　Δp——弯管内外两侧的压差（Pa），可直接用微压计测得；也可先用 U 形管压力计测得水柱高差 $\Delta H(\mathrm{mmH_2O})$，再用公式 $\Delta p = \Delta H \rho g[\rho$ 为水的密度（$\mathrm{kg/m}^3$）〕求得。

（2）动压法　此法在风管内风速和风量的测定与局部排风罩性能的测定中均有介绍，在此不赘述。

测得管道断面上各测点的动压后，用式（12-22）计算管道内的平均风速，再用式（12-25）计算除尘器的风量。

2. 旋风除尘器阻力的测定方法

除尘器前后的全压差即为除尘器阻力。用微压计测出测定装置（图 12-19）中 A、B 两点全压值，用下式求出除尘器阻力 Δp：

$$\Delta p = p_A - p_B \tag{12-26}$$

式中　p_A——除尘器进口处的全压（Pa），

　　　p_B——除尘器出口处的全压（Pa）。

3. 旋风除尘器除尘效率的测定方法

（1）质量法　采用质量法测定除尘器效率 η：

$$\eta = \frac{G_2}{G_1} \times 100\% \tag{12-27}$$

式中　G_1——在除尘器入口向系统内发送的粉尘质量（g）；

　　　G_2——经过除尘器工作，除掉（落入灰斗）的粉尘的质量（g）。

（2）浓度法　现场测定时，由于条件限制无法得到发尘质量，可以用浓度法测定除尘器的效率。

$$\eta = \frac{y_1 - y_2}{y_1} \times 100\% \tag{12-28}$$

式中　y_1——除尘器进口处的平均含尘浓度（$\mathrm{mg/m}^3$）；

　　　y_2——除尘器出口处的平均含尘浓度（$\mathrm{mg/m}^3$）。

为了消除除尘系统漏风对测定结果的影响，可按式（12-29）、式（12-30）计算除尘器的除

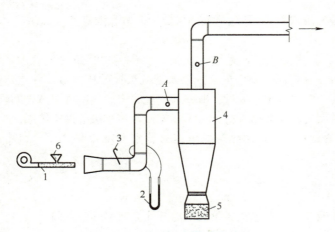

图 12-19　旋风除尘器试验装置
1—送灰器　2—U 形压差计　3—插板阀　4—除尘器
5—积灰斗　6—装灰斗　A、B—进、出口测压点

尘效率。

在吸入段（进口处流量 $L_1 >$ 出口处流量 L_2）

$$\eta = \frac{y_1 L_1 - y_2 L_2}{y_1 L_1} \times 100\% \tag{12-29}$$

在压出段（进口处流量 $L_1 <$ 出口处流量 L_2）

$$\eta = \frac{y_1 L_1 - y_1(L_1 - L_2) - y_2 L_2}{y_1 L_1} = \frac{L_2}{L_1}\left(1 - \frac{y_2}{y_1}\right) \times 100\% \tag{12-30}$$

4. 旋风除尘器内部气流的运动

旋风除尘器是利用气流旋转过程中作用在尘粒上的惯性离心力，使尘粒从气流中分离出来的。它一般由筒体、锥体、排出管三部分组成，如图 12-20 所示。含尘气流由切线进入除尘器后，沿外壁由上向下做螺旋形旋转运动，这股向下旋转的气流称为外涡旋。外涡旋到达锥体底部后，转而向上，沿轴心向上旋转，最后经排出管排出，这股向上旋转的气流称为内涡旋或强制涡旋。向下的外涡旋和向上的内涡旋旋转方向是相同的，气流做旋转运动时，尘粒在惯性离心力的推动下向外壁移动，到达外壁的尘粒在气流和重力的共同作用下，沿壁面落入灰斗。

气流从除尘器顶部向下高速旋转时，顶部的压力下降，一部分气流会带着细小的尘粒沿外壁旋转向上，到达顶部后，再沿排出管外壁旋转向下，从排出管排出。这股旋转气流称为上涡旋。如果除尘器进口和顶盖之间保持一定距离，没有进口气流干扰，上涡旋表现比较明显。

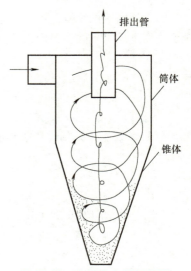

图 12-20　旋风除尘器示意图

5. 测定装置及仪器

测定装置如图 12-19 所示。测定所使用的仪器有皮托管、数字微压计、叶轮式风速仪、U 形压差计、普通天平。

　　叶轮式风速仪如图 12-21 所示。它是以气流运动压力推动叶轮转动，形成机械转动速度，再通过电流传递转化为数字显示在仪表显示屏上。

　　用叶轮式风速仪测定风速的方法：选择远离其他障碍物的地点，使风速方向与叶轮上的箭头方向保持一致（箭头方向与风速方向夹角应保持在 20°以内），按下电源开关，用功能选择键选择风速测定档；用风速单位选择键选择风速单位档，等待几秒钟后，选取读值。

6. 测定步骤及方法

　　1）测定前启动风机，调节插板阀到适当位置，5min 后工况进入稳定状态。

　　2）使用叶轮式风速仪测定除尘器入口及出口风速。

图 12-21　叶轮式风速仪
1—数字显示屏　2—电源开关　3—读值锁定按键
4—最大温度值锁定按键　5—功能选择键
6—风速单位选择键　7—叶轮　8—手柄

　　3）读出弯管流量计压差；用数字微压计测定除尘器入口、出口的全压及断面上各测点的动压。

　　4）用普通天平称一定量的粉尘，记录粉尘质量，然后将称重后的粉尘放入送灰器中。

　　5）启动送灰器，在除尘器入口处均匀地将粉尘送入除尘器中，待充分除尘后，关闭风机。

　　6）将积灰斗中的粉尘称重，并记录。

　　7）计算除尘效率。

12.3　空调系统的测定

12.3.1　空调系统送风量测量与调整

1. 测定方法

　　（1）**风口平均风速的测定**　送风口为散流器，用风速仪紧靠散流器出口平面，测定五个点，如图 12-22 所示。

　　散流器出口平面五个测点的平均风速 v_p（m/s）为

$$v_p = \frac{\sum v_i}{n} \tag{12-31}$$

　　（2）**送风口的风量 L（m³/h）计算公式**

$$L = 3600 \alpha v_p F_h \tag{12-32}$$

式中　F_h——散流器的喉部面积（m²）；

　　　　α——修正系数。

　　（3）**送风量调整方法**　根据流体力学所述，风管的阻力近似与其风量的二次方成正比，即

$$\Delta p = \xi L^2 \tag{12-33}$$

式中　Δp——风管的阻力（Pa）；

　　　　L——风管的风量（m³/h）；

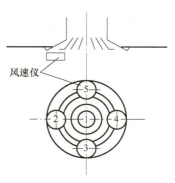

图 12-22　用风速仪测定散流器出口平均风速

ξ——风管的阻力特性系数。

由于 ξ 值与风管的局部阻力、摩擦阻力等因素有关，当风管中的风量发生变化而其他条件不变时，ξ 值基本不变。送风口 1 号、2 号（图 12-23）的分支管道阻力分别为 Δp_1、Δp_2：

$$\Delta p_1 = \xi_1 L_1^2 \ ; \quad \Delta p_2 = \xi_2 L_2^2$$

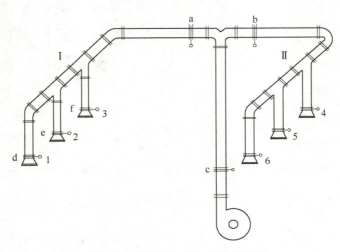

图 12-23 空调通风系统送风系统图
1~6—送风口　Ⅰ、Ⅱ—送风分支干管　a~f—调节阀

当系统运行时，$\Delta p_1 = \Delta p_2$，即

$$\xi_1 L_1^2 = \xi_2 L_2^2 \tag{12-34}$$

则

$$\frac{L_1}{L_2} = \sqrt{\frac{\xi_2}{\xi_1}} \tag{12-35}$$

当分支干管 Ⅰ 的风量发生变化时，1 号、2 号风口的送风量将变为 L_1' 和 L_2'，但只要分支干管 1 号、2 号的调节阀不改变，即 ξ_1、ξ_2 不变，就会有以下关系：

$$\frac{L_1'}{L_2'} = \sqrt{\frac{\xi_2}{\xi_1}} = \frac{L_1}{L_2} \tag{12-36}$$

因此，当分支干管 Ⅰ 的风量发生变化时，1 号送风口及 2 号送风口中的流量总是按一定比例 $\left(\sqrt{\dfrac{\xi_2}{\xi_1}} = 常数 \right)$ 进行分配，这就是空调系统风量调整的基本原理。

2. 测定仪器
测定仪器有叶轮式风速仪或热球式风速仪。

3. 风量调整的基本步骤
首先进行风量的初调，初调是在各支干管中进行，每一支干管中以初测值与规定值之比最小值的风口作为基准风口，逐个调节其他风口，使各风口风量的测定值与基准风口风量的测量之比接近对应的规定值之比。

调整步骤如下：

1）启动风机，将系统中各阀门开至最大位置。

2）初测各风口的送风量，计算出实测风量与标准风量比的百分数。

3）进行分支干管Ⅰ、Ⅱ流量的调节。用两套仪器同时测量分支干管Ⅰ的基准风口 1 号风口风量和分支干管Ⅱ的 6 号风口风量。分别调节阀门 a、b，使得

$$\frac{L_1}{L_{1g}} \approx \frac{L_6}{L_{6g}} = 1$$

式中　L_1、L_{1g}——1 号风口的实测风量和规定风量；

L_6、L_{6g}——6 号风口的实测风量和规定风量。

4）调节分支干管Ⅰ的各风口风量。假定 1 号风口为基准风口，则 2 号风口为调节风口。用两套仪器同时测量 1 号、2 号风口的风量，调节 2 号风口处阀门，使得

$$\frac{L_2}{L_{2g}} \approx \frac{L_1}{L_{1g}} = 1$$

式中　L_2、L_{2g}——2 号风口的实测风量和规定风量。

然后在 1 号、3 号风口处重复上述测量，调节 3 号风口处阀门，使得

$$\frac{L_3}{L_{3g}} \approx \frac{L_1}{L_{1g}} = 1$$

式中　L_3、L_{3g}——3 号风口的实测风量和规定风量。

5）同样的方法调节分支干管Ⅱ的各风口风量，以 6 号风口为基准风口，调节 5 号、4 号风口。

6）进行总风量调节：测量 1 号、6 号风口风量，调节总阀门 c，使 1 号、6 号风口的风量达到规定值。至此，系统风量调整完毕，各风口风量达到设计要求。

12.3.2　空调房间室内空气参数测定

空气调节的任务就是在不同的自然环境条件下，使室内空气的温度、相对湿度、空气流动速度和洁净度等参数维持在一定的范围和波动幅度内，以利于工业生产及科学研究，并为人们的工作、学习与休息等提供良好的室内环境。

1. 测定对象

以集中式空调系统或局部空调系统调节的实际建筑房间为测定对象。测定状态应稳定在允许的范围内，并要求测定工况具有重现性，以便对被测对象给予评价。室内空气参数一般要求为：夏季，$t = 24 \sim 26℃$，相对湿度 $\varphi = 40\% \sim 60\%$；冬季，$t = 18 \sim 22℃$，相对湿度 $\varphi \geqslant 35\%$，并应有一定的气流组织设计，室内具有一定的热湿设备等。因净化系统的复杂，暂不测定空气的洁净度。

2. 温度测定仪表

常用的温度测定仪表是液体膨胀式温度计，该温度计是在一根厚壁的玻璃毛细管内填充液体（如水银、酒精），由液体的热胀冷缩来测量温度。常用的水银温度计如图 12-24 所示。它主要由温包、毛细管、膨胀器、标尺等组成。根据精度不同分为标准温度计和普通温度计，标准温度计刻度分度值有 0.2℃、0.1℃、0.01℃，普通温度计刻度分度值有 2℃、1℃、0.5℃。

玻璃温度计直观，有足够的准确度，且构造简单、使用方便、价格便宜，但有易碎、热惰性大、不能遥测等缺点。

观测温度时注意人体应离开温度计，更不要对着温包呼气，读值的一刻应屏住呼吸，快速读值。需用手扶持时，一定不要扶持温度计的温包。

3. 相对湿度测定仪表

空气的相对湿度与人体的舒适、健康，某些工业产品的质量有着密切的关系。因此，准确地

测定和评价空气的相对湿度是十分重要的。常用的测量仪表有普通干湿球温度计、通风干湿球温度计、毛发湿度计、数字式温湿度计等。

（1）普通干湿球温度计　取两支相同的温度计，一支温度计保持原状，它测出的空气温度称为干球温度。另一支温度计的温包上包有脱脂纱布条，纱布的下端浸在盛有蒸馏水的容器里，因毛细作用纱布会保持湿润状态，它测出的温度称为湿球温度。将它们固定在平板上并标以刻度，附上计算表，这样就组成了普通干湿球温度计，如图 12-25 所示。相对湿度是指空气中水蒸气的实际含量接近于饱和的程度，又称为饱和度，它以百分数来表示：

$$\varphi = \frac{p_q}{p_{qb}} \times 100\% \tag{12-37}$$

式中　p_q——湿空气中水蒸气分压力（Pa）；

　　　p_{qb}——同温度下湿空气的饱和水蒸气分压力（Pa）。

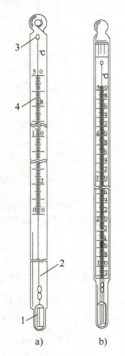

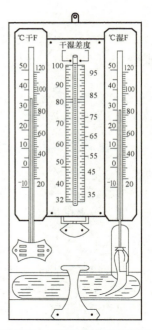

图 12-24　水银温度计

a）棒式温度计　b）内标式温度计

1—温包　2—毛细管　3—膨胀器　4—标尺

图 12-25　普通干湿球温度计

湿球温度下饱和水蒸气分压力和干球温度下水蒸气分压力之差与干湿球温度差之间的关系可由下式表达：

$$p_s - p_q = A(t - t_s) B \tag{12-38}$$

将式（12-38）代入式（12-37）得

$$\varphi = \left[\frac{p_s - A(t - t_s) B}{p_{qb}} \right] \times 100\% \tag{12-39}$$

式中　φ——相对湿度（%）；

　　　p_s——湿球温度下饱和水蒸气分压力（Pa）；

t——空气的干球温度（℃）；

t_s——空气的湿球温度（℃）；

B——大气压力（Pa）；

A——与风速有关的系数，$A = 0.00001\left(65 + \dfrac{6.75}{v}\right)$；

v——流经湿球的风速（m/s）。

系数 A 与 v 的关系如图 12-26 所示，从图 12-26 中可以看出，当 $v = 2.5 \sim 4 \text{m/s}$ 时，A 值趋于常数，湿球与周围空气的热湿交换完全；当 $v < 2.5 \text{m/s}$ 时，A 值变化显著，热湿交换不完全，普通干湿球温度计是按照 $v \leqslant 0.5 \text{m/s}$，即自然通风条件下编制的 φ 值查算表。在测得干湿球温度后，通过计算、查表或查焓湿图（$h\text{-}d$ 图），便可求得被测空气的相对湿度。

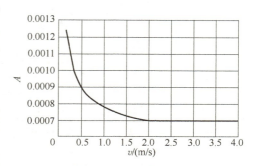

图 12-26　$A\text{-}v$ 曲线图

普通干湿球温度计结构简单，使用方便。但周围空气流速有变化时，或存在热辐射时都将对测定结果产生较大影响。因此精度较低，误差较大。

（2）**通风干湿球温度计**　如图 12-27 所示，通风干湿球温度计选用两支较精确的温度计，分度值为 $0.1 \sim 0.2$℃，其测量空气相对湿度的原理与普通干湿球温度计相同。它与普通干湿球温度计的主要差异是，在两支温度计的上部装一个以发条（或电机）为动力的小风扇，使两只温度计温包周围的空气流速稳定在 $2 \sim 4 \text{m/s}$，消除了空气流速变化的影响。同时在干湿球的四周套有镀铬的金属保护管，以防止热辐射的影响，这就大大提高了测量的精度。

湿球温度计温包上的纱布是测定湿球温度的关键，应采用干净、松软、吸水性好的脱脂纱布。使用时注意不要把纱布弄脏，并定期更换。

像使用普通温度计一样，应提前 $15 \sim 30 \text{min}$ 将通风干湿球温度计放置在测定场所。观测前 5min 用滴管将蒸馏水加到纱布条上，不要把水弄到保护套管壁上，以免通风通道堵塞。上述准备工作完毕后，即可用钥匙将风扇发条上满，$2 \sim 4 \text{min}$ 通道内风速稳定后就可以读取温度值了。测得干湿球温度后，按仪器所附相对湿度查算表查出被测空气的相对湿度，也可以用前面介绍过的公式进行计算。该温度计的 φ 值查算表是按 $v \geqslant 2.0 \text{m/s}$ 编制的。

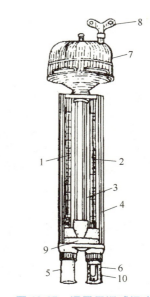

图 12-27　通风干湿球温度计

1、2—水银温度计　3—金属总管　4—护板
5、6—外护管　7—风扇外壳　8—钥匙
9—塑料箍　10—内管

（3）**毛发湿度计**　脱脂处理过的人发其长度可随周围空气湿度变化而伸长或缩短。毛发湿度计就是利用这个特性制作的。将单根脱脂人发的一端固定在金属支架上，另一端与杠杆式指针相连，当毛发因空气中相对湿度的变化而伸长或缩短时，指针沿弧形刻度尺移动，即可指示出空气相对湿度的数值，如图 12-28 所示。此种湿度计构造简单，使用方便，但是它的准确度低且

不太稳定，需要经常用通风干湿球温度计校验，另外热惰性也较大。

（4）**数字式温湿度计**　数字式温湿度计（图 12-29）由保护盖、显示屏、电容薄膜式感应器、按键等组成。数字式温湿度计可测量温度、相对湿度及露点温度；带有微型计算机处理器，具有数据保持、记忆功能。该表小巧，方便携带。使用时注意不要将探头浸泡在液体内，因为这对感应器会造成永久的损害。

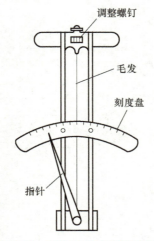

图 12-28　毛发湿度计结构示意图　　　**图 12-29　数字式温湿度计**

4. 风速测定仪表

热球式风速仪的介绍详见本章 12.2.2（12.2.2 局部排风罩性能的测定）。

5. 卡他度测定仪表

卡他度的测定仪表为卡他温度计（图 12-30）。温度、相对湿度和气流速度三个空气参数对人体散热强度（即散热的快慢）均有不同影响。散热强度是指物体表面单位表面积在单位时间内向外散发的热量，其单位为毫卡/（厘米^2·秒）[mcal/（cm^2·s）]。

散热强度是由温度、相对湿度和气流速度共同决定的。显然，仅用这三个空气参数中的任何一个来衡量气候条件的舒适性都是不全面的。因此，人们研究并提出了许多综合评价空气环境舒适性的指标，卡他度就是其中一种比较简单、有效的评价指标。

卡他度是评价空气环境的综合指数，它采用模拟的方法，度量环境对人体散热强度的影响。卡他度由卡他温度计测量，它是由英国伦纳德·希尔（Leonard Hill）于 1916 年研制的。卡他温度计分为普通型（35℃、38℃）和高温型（51.5℃、54.5℃）两种。普通酒精柱型卡他温度计是一根底部为一个较大圆柱管的酒精温度计，如图 12-30 所示。温包为圆柱形，毛细管顶端连有一个内部为空腔的瓶状泡。温度计上刻有38℃、35℃两个温度点，其平均值恰好是人体温度 36.5℃。

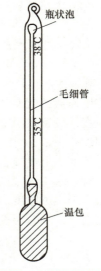

图 12-30　卡他温度计示意图

仪表表面还刻有卡他系数 F 值，即温度由 38℃降到 35℃时，单位温包表面积向外散发的热量（mcal/cm²）。因为每个卡他表的形状和大小不能完全相同，所以各卡他表的系数不一定相等，但对于一个卡他表来说，卡他系数 F 应是一个不变的常数。

卡他度实际上就是用卡他温度计温包的散热强度来模拟人体的散热强度。因此，卡他度是温包温度由 38℃ 下降到 35℃（平均温度为 36.5℃，模拟人体平均体温）时，每平方厘米的温包表面在 1s 内所散发的热量 [mcal/(cm²·s)]，计算公式如下：

$$H = \frac{F}{\tau} \tag{12-40}$$

式中　H——卡他度 [mcal/(cm²·s) 或 mJ/(cm²·s)]；

F——卡他系数（mcal/cm² 或 mJ/cm²）；

τ——酒精液面从 38℃ 降到 35℃ 所用的时间（s）。

卡他度又分为干卡他度和湿卡他度。湿卡他温度计需在温包表面包裹湿纱布；干卡他温度计则不需要包湿纱布。干卡他度只能反映对流和辐射的散热效果，而湿卡他度可反映对流、辐射和蒸发的综合散热效果。

对于不同人体状态（劳动强度），推荐的舒适卡他度值见表 12-3。

表 12-3　不同人体状态的舒适卡他度 H

人体状态	卡他度类型			
	干卡他度		湿卡他度	
	mcal/(cm²·s)	mJ/(cm²·s)	mcal/(cm²·s)	mJ/(cm²·s)
休息状态	4~6	17~25	13~18	54~75
轻微劳动	6~8	25~33	18~25	75~105
一般劳动	8~10	33~42	25~30	105~126
繁重劳动	>10	>42	>30	>126

测定干卡他度时，首先在卡他温度计表面读出该表的卡他系数 F 值。然后将卡他温度计的温包放入 60~80℃ 的热水中，使酒精液面上升到上部瓶状空腔的 1/4~1/3 位置，取出擦干温度计表面的水，挂在空调房间内的测定地点（测点应通风）。最后用秒表记录酒精液面由 38℃ 降到 35℃ 所用的时间，按式（12-40）计算干卡他度。每 15min 测定一次，共测三次，取其平均值作为工作区的卡他度，然后对比表 12-3 中舒适的卡他度 H 值，对室内空气状态的舒适度做出评价。

当空气温度大于 35℃ 时，无法进行测量，因此卡他温度计的测定有一定的局限性。该仪表的构造简单，但操作比较烦琐，使用时需要热水。另外注意，测定时要避免较强辐射的影响。

6. 测定方法

若无特殊要求，测定应根据设计要求确定工作区，在工作区内布置测点。

一般的空调房间可选择人员经常活动的范围（距地面 2m 以下）或工作面（常指距地面 0.5~1.5m 的区域）为工作区。沿房间纵断面间隔 0.5m 设点，沿房间横断面在 2m 以下视情况决定若干断面按等面积法（每一小面积为 1m²）设点。

分别用上述仪表测定室内空气温度、相对湿度、气流速度及卡他度。测量时系统必须连续稳定运行，每 0.5~1h 测定一次，每项参数测三次，取平均值作为最终测定结果。一般连续测试时间应连续一个白天或者一个昼夜。

思考题与习题

1. 通风系统构件的局部阻力系数一般由试验确定，请简述试验原理与途径。

2. 通过对旋风除尘器的测定，分析旋风除尘器进口风速、阻力对除尘效率的影响。

3. 基准风口调整法有什么特点？适用于什么样的空调系统？

4. 为什么要对空调系统进行测定和调整？对空调系统进行测定和调整的主要内容有哪些？

5. 进行空调系统调整时，为什么要从离风机最远的支管开始调整？

6. 测量风速的仪表有哪些？它们各适用于什么场合？

7. 测定风管内风量时，如何选择测定断面？测点如何布置？为什么？

8. 简述准确测量送风口的风量的方法。

9. 为什么当两支管压力一旦经三通调节阀调整好，风门位置调定不变后，不管总管内风量如何变化，两支管中的风量比总是常数？

10. 如果测试的空调系统空气处理过程不符合实际工况，试对可能造成的原因进行分析。

11. 当空调房间内空气参数不稳定时，怎样完成测定？

参 考 文 献

［1］ 王智伟，杨振耀. 建筑环境与设备工程实验及测试技术［M］. 北京：科学出版社，2004.

［2］ 孙一坚，沈恒根. 工业通风［M］. 4 版. 北京：中国建筑工业出版社，2010.

［3］ 赵荣义. 空气调节［M］. 4 版. 北京：中国建筑工业出版社，2009.

附　　　录

附录1　居住区大气中有害物质的最高容许浓度

编号	物质名称	最高容许浓度/(mg/m³) 一次	最高容许浓度/(mg/m³) 日平均	编号	物质名称	最高容许浓度/(mg/m³) 一次	最高容许浓度/(mg/m³) 日平均	编号	物质名称	最高容许浓度/(mg/m³) 一次	最高容许浓度/(mg/m³) 日平均
1	一氧化碳	3.00	1.00	14	吡啶	0.08		25	硫化氢	0.01	
2	乙醛	0.01		15	苯	2.40	0.80	26	硫酸	0.30	0.10
3	二甲苯	0.30		16	苯乙烯	0.01		27	硝基苯	0.01	
4	二氧化硫	0.50	0.15	17	苯胺	0.10	0.03	28	铅及其无机		0.0007
5	二氧化碳	0.04		18	环氧氯丙烷	0.20			化合物(换算		
6	五氧化二磷	0.15	0.05	19	氟化物	0.02	0.007		成Pb)		
7	丙烯腈		0.05		(换算成F)			29	氯	0.10	0.03
8	丙烯醛	0.10		20	氨	0.20		30	氯丁二烯	0.10	
9	丙酮	0.80		21	氧化氮	0.15		31	氯化氢	0.05	0.015
10	甲基对硫磷	0.01			(换算成NO₂)			32	铬（六价）	0.0015	
	(甲基E605)			22	砷化物		0.003	33	锰及其化合物		0.01
11	甲醇	3.00	1.00		(换算成As)				(换算成		
12	甲醛	0.05		23	敌百虫	0.10			MnO₂)		
13	汞		0.0003	24	酚	0.02		34	飘尘	0.50	0.15

注：1. 一次最高容许浓度是指任何一次测定结果的最大容许值。

　　2. 日平均最高容许浓度是指任何一日的平均浓度的最大容许值。

　　3. 本表所列各项有害物质的检验方法，应按现行的大气监测检验方法执行。

　　4. 灰尘自然沉降量可在当地清洁区实测数值的基础上增加3~5t/(km²·月)。

附录2　车间空气中有害物质的最高容许浓度

编号	物质名称	最高容许浓度/(mg/m³)	编号	物质名称	最高容许浓度/(mg/m³)	编号	物质名称	最高容许浓度/(mg/m³)
	（一）有毒物质		4	乙腈	3	8	二甲基二氯硅烷	2
1	一氧化碳①	30	5	二甲胺	10	9	二氧化硫	15
2	一甲胺	5	6	二甲苯	100	10	二氧化硒	0.1
3	乙醚	500	7	二甲基甲酰胺(皮)	10	11	二氯丙醇（皮）	5

（续）

编号	物质名称	最高容许浓度/（mg/m³）	编号	物质名称	最高容许浓度/（mg/m³）	编号	物质名称	最高容许浓度/（mg/m³）
12	二硫化碳（皮）	10	37	甲基内吸磷（甲基E059）（皮）	0.2	56	苯胺、甲苯胺、二甲苯胺（皮）	5
13	二异氰酸甲苯酯	0.2	38	甲基对硫磷（甲基E605）（皮）	0.1	57	苯乙烯	40
14	丁　烯	100	39	乐戈（乐果）（皮）	1		钒及其化合物：	
15	丁二烯	100	40	敌百虫（皮）	1	58	五氧化二钒烟	0.1
16	丁　醛	10	41	敌敌畏（皮）	0.3	59	五氧化二钒粉尘	0.5
17	三乙基氯化锡（皮）	0.01	42	吡　啶	4	60	钒铁合金	1
18	三氧化二砷及五氧化二砷	0.3		汞及其化合物：		61	苛性碱（换算成NaOH）	0.5
19	三氧化铬、铬酸盐重铬酸盐（换算成 CrO₂）	0.05	43	金属汞	0.01	62	氟化氢及氟化物（换算成 F）	1
			44	升　汞	0.1			
20	三氯氢硅	3	45	有机汞化合物（皮）	0.005	63	氨	30
21	己内酰胺	10	46	松节油	300	64	臭　氧	0.3
22	五氧化二磷	1	47	环氧氯丙烷（皮）	1	65	氧化氮（换算成NO₂）	5
23	五氯酚及其钠盐	0.3	48	环氧乙烷	5			
24	六六六	0.1	49	环己酮	50	66	氧化锌	5
25	丙体六六六	0.05	50	环己醇	50	67	氧化镉	0.1
26	丙　酮	400	51	环己烷	100	68	砷化氢	0.3
27	丙烯腈（皮）	2	52	苯（皮）	40		铅及其化合物：	
28	丙烯醛	0.3	53	苯及其同系物的一硝基化合物（硝基苯及硝基甲苯等）（皮）	5	69	铅　烟	0.03
29	丙烯醇（皮）	2				70	铅　尘	0.05
30	甲　苯	100				71	四乙基铅（皮）	0.005
31	甲　醛	3				72	硫化铅	0.5
32	光　气	0.5	54	苯及其同系物的二及三硝基化合物（二硝基苯、三硝基甲苯等）（皮）	1	73	碳及其化合物	0.001
	有机磷化合物：					74	钼(可溶性化合物)	4
33	内吸磷（E059）（皮）	0.02				75	钼(不溶性化合物)	6
34	对硫磷（E605）（皮）	0.05				76	黄　磷	0.03
35	甲拌磷（3911）（皮）	0.01	55	苯的硝基及二硝基氯化物（一硝基氯苯、二硝基氯苯等）（皮）	1	77	酚（皮）	5
36	马拉硫磷（4049）（皮）	2				78	萘烷、四氢化萘	100
						79	氰化氢及氢氰酸盐（换算成 HCN）（皮）	0.3

（续）

编号	物质名称	最高容许浓度/(mg/m³)	编号	物质名称	最高容许浓度/(mg/m³)	编号	物质名称	最高容许浓度/(mg/m³)
80	联苯-联苯醚	7	96	碘甲烷（皮）	1		（二）生产性粉尘	
81	硫化氢	10	97	溶剂汽油	350	1	含有 10%以上游离二氧化硅的粉尘（石英、石英岩等）②	2
82	硫酸及三氧化硫	2	98	滴滴涕	0.3			
83	锆及其化合物	5	99	羰基镍	0.001			
84	锰及其化合物（换算成 MnO₂）	0.2	100	钨及碳化钨	6	2	石棉粉尘及含有 10%以上石棉的粉尘	2
85	氯	1		醋酸酯：				
86	氯化氢及盐酸	15	101	醋酸甲酯	100	3	含有 10%以下游离二氧化硅的滑石粉尘	4
87	氯苯	50	102	醋酸乙酯	300			
88	氯萘及氯联苯（皮）	1	103	醋酸丙酯	300	4	含有 10%以下游离二氧化硅的水泥粉尘	6
89	氯化苦	1	104	醋酸丁酯	300			
	氯代烃：		105	醋酸戊酯	100	5	含有 10%以下游离二氧化硅的煤尘	10
90	二氯乙烷	25		醇：				
91	三氯乙烯	30	106	甲醇	50	6	铝、氧化铝、铝合金粉尘	4
92	四氯化碳（皮）	25	107	丙醇	200			
93	氯乙烯	30	108	丁醇	200	7	玻璃棉和矿渣棉粉尘	5
94	氯丁二烯（皮）	2	109	戊醇	100			
95	溴甲烷（皮）	1	110	糠醛	10	8	烟草及茶叶粉尘	3
			111	磷化氢	0.3	9	其他粉尘③	10

注：1. 表中最高容许浓度是工人工作地点空气中有害物质所不应超过的数值。工作地点是指工人为观察和管理生产过程而经常或定时停留的地点，如生产操作在车间内许多不同地点进行，则整个车间均算为工作地点。

2. 有（皮）标记者为除经呼吸道吸收外，尚易经皮肤吸收的有毒物质。

3. 工人在车间内停留的时间短暂，经采取措施仍不能达到本表规定的浓度时，可与省、市、自治区卫生主管部门协商解决。

4. 本表所列各项有毒物质的检验方法，应按现行的车间空气监测检验方法执行。

① 一氧化碳的最高容许浓度在作业时间短暂时可予放宽：作业时间 1h 以内，一氧化碳浓度可达到 50mg/m³，5h 以内可达到 100mg/m³，15~20min 可达到 200mg/m³。在上述条件下反复作业时，两次作业之间须间隔 2h 以上。

② 含有 80%以上游离二氧化硅的生产性粉尘，宜不超过 1mg/m³。

③ 其他粉尘是指游离二氧化硅含量在 10%以下，不含有毒物质的矿物性和动植物性粉尘。

附录3 镀槽边缘控制点的吸入速度 v_x

槽的用途	溶液中主要有害物	溶液温度/℃	电流密度/（A/cm²）	v_x/（m/s）
镀 铬	H_2SO_4、CrO_3	55~58	20~35	0.5
镀耐磨铬	H_2SO_4、CrO_3	68~75	35~70	0.5
镀 铬	H_2SO_4、CrO_3	40~50	10~20	0.4
电化学抛光	H_2PO_4、H_2SO_4、CrO_3	70~90	15~20	0.4
电化学腐蚀	H_2SO_4、KCN	15~25	8~10	0.4
氰化镀锌	ZnO、$NaCN$、$NaOH$	40~70	5~20	0.4
氰化镀铜	$CuCN$、$NaOH$、$NaCN$	55	2~4	0.4
镍层电化学抛光	H_2SO_4、CrO_3、$C_3H_5(OH)_3$	40~45	15~20	0.4
铝件电抛光	H_3PO_4、$C_3H_5(OH)_3$	85~90	30	0.4
电化学去油	$NaOH$、Na_2CO_3、Na_3PO_4、Na_2SiO_4	~80	3~8	0.35
阳极腐蚀	H_2SO_4	15~25	3~5	0.35
电化学抛光	H_3PO_4	18~20	1.5~2	0.35
镀 镉	$NaCN$、$NaOH$、Na_2SO_4	15~25	1.5~4	0.35
氰化镀锌	ZnO、$NaCN$、$NaOH$	15~30	2~5	0.35
镀铜锡合金	$NaCN$、$CuCN$、$NaOH$、Na_2SnO_3	65~70	2~2.5	0.35
镀 镍	$NiSO_4$、$NaCl$、$COH_6(SO_3Na)_2$	50	3~4	0.35
镀锡（碱）	Na_2SnO_3、$NaOH$、CH_3COONa、H_2O_2	65~75	1.5~2	0.35
镀锡（滚）	Na_2SnO_3、$NaOH$、CH_2COONa	70~80	1~4	0.35
镀锡（酸）	SnO_4、$NaOH$、H_2SO_4、C_6H_5OH	65~75	0.5~2	0.35
氰化电化学侵蚀	KCN	15~25	3~5	0.35
镀 金	$K_4Fe(CN)_6$、Na_2CO_3、$H(AuCl)_4$	70	4~6	0.35
铝件电抛光	Na_3PO_4	—	20~25	0.35
钢件电化学氧化	$NaOH$	80~90	5~10	0.35
退 铬	$NaOH$	室 温	5~10	0.35
酸性镀铜	$CuCO_4$、H_2SO_4	15~25	1~2	0.3
氰化镀黄铜	$CuCN$、$NaCN$、Na_2SO_3、$Zn(CN)_2$	20~30	0.3~0.5	0.3
氰化镀黄铜	$CuCN$、$NaCN$、$NaOH$、Na_2CO_3、$Zn(CN)_2$	15~25	1~1.5	0.3
镀 镍	$NiSO_4$、Na_2SO_4、$NaCl$、$MgSO_4$	15~25	0.5~1	0.3
镀锡铅合金	Pb、Sn、H_3BO_4、HBF_4	15~25	1~1.2	0.3
电解纯化	Na_2CO_3、K_2CrO_4、H_2CO_4	20	1~6	0.3
铝阳极氧化	H_2SO_4	15~25	0.8~2.5	0.3
铝件阳极绝缘氧化	$C_2H_4O_4$	20~45	1~5	0.3
退 铜	H_2SO_4、CrO_3	20	3~8	0.3
退 镍	H_2SO_4、$C_2H_5(OH)_3$	20	3~8	0.3
化学脱脂	$NaOH$、Na_2CO_3、Na_3PO_4	—	—	0.3
黑 镍	$NiSO_4$、$(NH_4)_2SO_4$、$ZnSO_4$	15~25	0.2~0.3	0.25
镀 银	KCN、$AgCl$	20	0.5~1	0.25
预镀银	KCN、K_2CO_4	15~25	1~2	0.25
镀银后黑化	Na_2S、Na_2SO_3、$(CH_2)_2CO$	15~25	0.08~0.1	0.25
镀 铍	$BeSO_4$、$(NH_4)_2Mo_7O_2$	15~25	0.005~0.02	0.25

（续）

槽的用途	溶液中主要有害物	溶液温度/℃	电流密度/（A/cm²）	v_x/(m/s)
镀　金	KCN	20	0.1~0.2	0.25
镀　钯	Pa、NH_4Cl、NH_4OH、NH_3	20	0.25~0.5	0.25
铝件铬酐阳极氧化	CrO_3	15~25	0.01~0.02	0.25
退　银	AgCl、KCN、Na_2CO_3	20~30	0.3~0.1	0.25
退　锡	NaOH	60~75	1	0.25
热水槽	水蒸气	>50	—	0.25

注：v_x 值是根据溶液的质量浓度、成分、温度和电渣密度等因素综合确定。

附录 4　通风管道单位长度摩擦阻力线算图

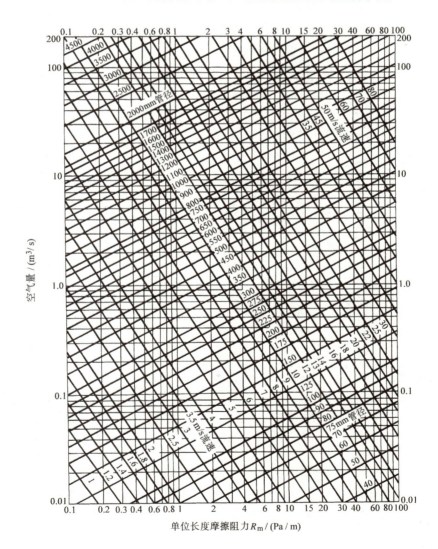

附录 5　部分常见管件的局部阻力系数

序号	名称	图　形	局部阻力系数（按图内所示的速度值 v_0 计算）											
				h/D_0										
				0.1	0.2	0.3	0.4	0.5	0.6	0.7	0.8	0.9	1.0	∞
1	伞形风帽（管边尖锐）		进风	2.63	1.83	1.53	1.39	1.31	1.19	1.15	1.08	1.07	1.06	1.06
			排风	4.00	2.30	1.60	1.30	1.15	1.10	—	1.00	—	1.00	—
2	带扩散管的伞形风帽		进风	1.32	0.77	0.60	0.48	0.41	0.30	0.29	0.28	0.25	0.25	0.25
			排风	2.60	1.30	0.80	0.70	0.60	0.60	—	0.60	—	0.60	—
3	带倒锥体的伞形风帽		进风	2.90	1.90	1.59	1.41	1.33	1.25	1.15	1.10	1.07	1.06	1.06
			排风	—	2.90	1.90	1.50	1.30	1.20	—	1.10	—	1.00	—

序号	名称	图　形		$\alpha/(°)$						
				10	20	30	40	90	120	150
4	伞形罩		圆形	0.14	0.07	0.04	0.05	0.11	0.20	0.30
			矩形	0.25	0.13	0.10	0.12	0.19	0.27	0.37

序号	名称	图　形	$\dfrac{F_1}{F_0}$	$\alpha/(°)$				
				10	15	20	25	30
5	渐扩和变径管		1.25	0.02	0.03	0.05	0.06	0.07
			1.50	0.03	0.06	0.10	0.12	0.13
			1.75	0.05	0.09	0.14	0.17	0.19
			2.00	0.06	0.13	0.20	0.23	0.26
			2.25	0.08	0.16	0.26	0.38	0.33
			3.50	0.09	0.19	0.30	0.36	0.39

（续）

序号	名称	图　形	局部阻力系数（按图内所示的速度值 v_0 计算）

6 圆形渐扩管

$\dfrac{F_1}{F_0}$	$\alpha/(°)$					
	10	15	20	25	30	45
1.25	0.01	0.02	0.03	0.04	0.05	0.06
1.50	0.02	0.03	0.05	0.08	0.11	0.13
1.75	0.03	0.05	0.07	0.11	0.15	0.20
2.00	0.04	0.06	0.10	0.15	0.21	0.27
2.25	0.05	0.08	0.13	0.19	0.27	0.34
2.50	0.06	0.10	0.15	0.23	0.32	0.40

当 $\alpha > 45°$ 时，$\zeta = \left(1 - \dfrac{F_0}{F_1}\right)^2$

7 矩形渐扩管

$\dfrac{F_1}{F_0}$	$\alpha/(°)$					
	10	15	20	25	30	45
1.25	0.02	0.03	0.05	0.06	0.07	—
1.50	0.03	0.06	0.10	0.12	0.13	—
1.75	0.05	0.09	0.14	0.17	0.19	—
2.00	0.06	0.13	0.20	0.23	0.26	—
2.25	0.08	0.16	0.26	0.30	0.33	—
2.50	0.09	0.19	0.30	0.36	0.39	—

8 突扩管

$\dfrac{F_1}{F_2}$	0	0.1	0.2	0.3	0.4	0.5	0.6	0.7	0.8	0.9	1.0
ζ_1	1.0	0.81	0.64	0.49	0.36	0.25	0.16	0.09	0.04	0.01	0

9 突缩管

ζ_2	0.5	0.47	0.42	0.38	0.34	0.30	0.25	0.20	0.15	0.09	0

10 减缩管

当 $\alpha \leqslant 45°$ 时，$\zeta = 0.10$

11 圆形和方形弯头

（续）

序号	名称	图 形	局部阻力系数（按图内所示的速度值 v_0 计算）											
12	矩形弯管							a/b						
			r/b	0.25	0.5	0.75	1.0	1.5	2.0	3.0	4.0	5.0	6.0	8.0
			0.5	1.5	1.4	1.3	1.2	1.1	1.0	1.1	1.1	1.1	1.2	1.2
			0.75	0.57	0.52	0.48	0.44	0.40	0.39	0.39	0.40	0.42	0.43	0.44
			1.0	0.27	0.25	0.23	0.21	0.19	0.18	0.18	0.19	0.20	0.27	0.21
			1.5	0.22	0.20	0.19	0.17	0.15	0.14	0.14	0.16	0.17	0.17	0.17
			2.0	0.20	0.18	0.16	0.15	0.14	0.13	0.13	0.14	0.14	0.15	0.15

序号	名称	图 形	局部阻力系数
13	矩形断面直角弯头	（小型叶片）	0.35
14	矩形断面直角弯头	（小型机翼型叶片）	0.10
15	矩形直角弯头	（一片大型叶片）	0.56

序号	名称	图 形	局部阻力系数									
16	乙形弯		l/b_0	0	0.4	0.6	0.8	1.0	1.2	1.4	1.6	1.8	2.0
			ζ	0	0.62	0.89	1.61	2.63	3.6	4.0	4.2	4.2	4.18
			l/b_0	2.4	2.8	3.2	4.0	5.0	6.0	7.0	9.0	10.0	∞
			ζ	3.8	3.3	3.2	3.1	3.0	2.8	2.7	2.5	2.4	2.3

序号	名称	图 形	局部阻力系数						
17	乙形弯		l/D_0	0	1.0	2.0	3.0	4.0	5.0	6.0
			R_0/D_0	0	1.90	3.74	5.60	7.46	9.30	11.3
			ζ	0	0.15	0.15	0.16	0.16	0.16	0.16

（续）

序号	名称	图形	局部阻力系数（按图内所示的速度值 v_0 计算）									

18　乙形弯

l/b_0	0	0.4	0.6	0.8	1.0	1.2	1.4	1.6	1.8	2.0
ζ	1.15	2.40	2.90	3.31	3.44	3.40	3.36	3.28	3.20	3.11
l/b_0	2.4	2.8	3.2	4.0	5.0	6.0	7.0	9.0	10.0	∞
ζ	3.16	3.18	3.15	3.00	2.89	2.78	2.70	2.50	2.41	2.30

19　通风机出口变径管

$\alpha/(°)$	A_0/A_1					
	1.5	2	2.5	3	3.5	4
10	0.08	0.09	0.1	0.1	0.11	0.11
15	0.1	0.11	0.12	0.13	0.11	0.15
20	0.12	0.14	0.15	0.16	0.17	0.18
25	0.15	0.18	0.21	0.23	0.25	0.26
30	0.18	0.25	0.3	0.33	0.35	0.35
35	0.21	0.31	0.38	0.41	0.43	0.44

20　合流三通

$F_1+F_2=F_3$
$\alpha=30°$

F_2/F_3	$q_{V,2}/q_{V,3}$					
	0.00	0.03	0.05	0.1	0.2	0.3
	ζ_2					
0.06	−1.13	−0.07	−0.30	1.82	10.1	23.30
0.10	−1.22	−1.00	−0.76	0.02	2.88	7.34
0.20	−1.50	−1.35	−1.22	−0.84	0.05	1.40
0.33	−2.00	−1.80	−1.70	−1.40	−0.72	−0.12
0.50	−3.00	−2.80	−2.60	−2.24	−1.44	0.91
F_2/F_3	ζ_1					
0.06	0.00	0.06	0.04	−0.10	−0.81	−2.10
0.10	0.01	0.10	0.08	0.04	−0.33	−1.05
0.20	0.06	0.10	0.13	0.16	0.06	−0.24
0.33	0.42	0.45	0.48	0.51	0.52	0.32
0.50	1.40	1.40	1.40	1.36	1.26	1.09
F_2/F_3	$q_{V,2}/q_{V,3}$					
	0.4	0.5	0.6	0.7	0.8	1.0
	ζ_2					
0.06	41.50	65.20	—	—	—	—
0.10	13.40	21.10	29.40	—	—	—
0.20	2.70	4.46	6.48	8.70	11.40	17.30
0.33	0.52	1.20	1.89	2.56	3.30	4.80
0.50	−0.36	0.14	0.84	1.18	1.53	
F_2/F_3	ζ_1					
0.06	−4.07	−6.60	—	—	—	—
0.10	−2.14	−3.60	5.40	—	—	—
0.20	−0.73	−1.40	−2.30	−3.34	−3.59	−8.64
0.33	0.07	−0.32	−0.82	−1.47	−2.19	−4.00
0.50	0.86	0.53	0.15	−0.52	−0.82	−2.07

（续）

序号	名称	图　形	局部阻力系数（按图内所示的速度值 v_0 计算）						
			$q_{V,2}/q_{V,3}$	F_2/F_3					
				0.1	0.2	0.3	0.4	0.5	0.8	1.0
				ζ_2						
21	合流三通	$v_1\,F_1 \xrightarrow{\ \ \alpha\ \ } v_3\,F_3$ $v_2\,F_2$ $F_1+F_2>F_3$ $F_1=F_3$ $\alpha=30°$	0	−1.00	−1.00	−1.00	−1.00	−1.00	−1.00	−1.00
			0.1	0.21	−0.46	−0.57	−0.60	−0.62	−0.63	−0.63
			0.2	3.10	0.37	−0.06	−0.20	−0.28	−0.30	−0.35
			0.3	7.60	1.50	0.50	0.20	0.05	−0.08	−0.10
			0.4	13.5	2.92	1.15	0.59	0.26	0.18	0.16
			0.5	21.2	4.58	1.78	0.97	0.44	0.35	0.27
			0.6	30.4	6.42	2.60	1.37	0.64	0.46	0.31
			0.7	41.3	8.50	3.40	1.77	0.76	0.50	0.40
			0.8	53.8	11.5	4.22	2.14	0.85	0.53	0.45
			0.9	58.0	14.2	5.30	2.58	0.89	0.52	0.40
			1.0	83.7	17.3	6.33	2.92	0.89	0.39	0.27
			$q_{V,2}/q_{V,3}$	ζ_1						
			0	0	0	0	0	0	0	0
			0.1	0.02	0.11	0.13	0.15	0.16	0.17	0.17
			0.2	−0.33	0.01	0.013	0.18	0.20	0.24	0.29
			0.3	−1.10	−0.25	−0.01	0.10	0.22	0.24	0.29
			0.4	−2.15	−0.75	−0.30	−0.05	0.17	0.26	0.36
			0.5	−3.60	−1.43	−0.70	−0.35	0.00	0.21	0.32
			0.6	−5.40	−2.35	−1.25	−0.70	−0.20	0.06	0.25
			0.7	−7.60	−3.40	−1.95	−1.20	−0.50	−0.15	0.10
			0.8	−10.1	−4.61	−2.74	−1.82	−0.90	−0.43	−0.15
			0.9	−13.0	−6.02	−3.70	−2.55	−1.40	−0.80	−0.45
			1.0	−16.3	−7.70	−7.45	−3.35	−1.90	−1.17	−0.75

（续）

序号	名称	图　　形	局部阻力系数（按图内所示的速度值 v_0 计算）						
22	合流三通	$v_1 F_1 \xrightarrow{\quad \alpha} \xrightarrow{\quad} v_3 F_3$ $v_2 F_2$ $F_1+F_2=F_3$ $\alpha=45°$							

F_2/F_3	\multicolumn{6}{c}{$q_{V,2}/q_{V,3}$}

F_2/F_3	0.00	0.03	0.05	0.1	0.2	0.3
	\multicolumn{6}{c}{ζ_2}
0.06	−1.12	−0.70	−0.20	1.82	10.3	23.8
0.10	−1.22	−1.00	−0.78	0.06	3.00	7.64
0.20	−1.50	−1.40	−1.25	−0.85	0.12	1.42
0.33	−2.00	−1.82	−1.69	−1.38	−0.66	−0.10
0.50	−3.00	−2.80	−2.60	−2.24	−1.50	−0.85
F_2/F_3	\multicolumn{6}{c}{ζ_1}
0.06	0.00	0.05	0.05	−0.05	−0.59	−1.65
0.10	0.06	0.10	0.12	0.11	−0.15	−0.71
0.20	0.20	0.25	0.30	0.30	0.26	0.04
0.33	0.37	0.42	0.45	0.48	0.50	0.40
0.50	1.30	1.30	1.30	1.27	1.20	1.10

F_2/F_3	\multicolumn{6}{c}{$q_{V,2}/q_{V,3}$}
F_2/F_3	0.4	0.5	0.6	0.7	0.8	1.0
	\multicolumn{6}{c}{ζ_2}
0.06	42.4	64.3	—	—	—	—
0.10	13.9	22.0	31.9	—	—	—
0.20	3.00	4.86	7.05	9.50	12.4	—
0.33	0.70	1.48	2.24	3.10	3.95	5.76
0.50	−0.30	−0.24	0.79	1.26	1.60	2.18
F_2/F_3	\multicolumn{6}{c}{ζ_1}
0.06	−3.21	−5.13	—	—	—	—
0.10	−1.55	−2.71	−3.73	—	—	—
0.20	−0.33	−0.86	−1.52	−2.40	−3.42	—
0.33	0.20	−0.12	−0.50	−1.01	−1.60	−3.10
0.50	0.90	0.61	0.22	−0.20	−0.68	−1.52

（续）

序号	名称	图 形	局部阻力系数（按图内所示的速度值 v_0 计算）						

						F_2/F_3			
			$q_{V,2}/q_{V,3}$	0.1	0.2	0.3	0.4	0.5	0.8	1.0
							ζ_2			
			0	−1.00	−1.00	−1.00	−1.00	−1.00	−1.00	−1.00
			0.1	0.24	−0.45	−0.56	−0.59	−0.61	−0.62	−0.62
			0.2	3.15	0.54	−0.02	−0.17	−0.26	−0.28	−0.29
			0.3	8.00	1.64	0.60	0.30	0.08	0.00	−0.03
23	合流三通	$v_1\,F_1 \rightarrow \alpha \rightarrow v_3\,F_3$ $v_2\,F_2$ $F_1+F_2>F_3$ $F_1=F_3$ $\alpha=45°$	0.4	14.00	3.15	1.30	0.72	0.35	0.25	0.21
			0.5	21.90	5.00	2.10	1.18	0.60	0.45	0.40
			0.6	31.60	6.90	2.97	1.65	0.85	0.60	0.53
			0.7	42.90	9.20	3.90	2.15	1.02	0.70	0.60
			0.8	55.9	12.4	4.90	2.66	1.20	0.74	0.66
			0.9	70.6	15.4	6.20	3.20	1.30	0.79	0.64
			1.0	86.9	18.9	7.40	3.71	1.42	0.81	0.59
			$q_{V,2}/q_{V,3}$				ζ_1			
			0	0	0	0	0	0	0	0
			0.1	0.05	0.12	0.14	0.16	0.17	0.17	0.17
			0.2	−0.20	0.17	0.22	0.27	0.27	0.29	0.31
			0.3	−0.76	−0.13	0.08	0.20	0.28	0.32	0.40
			0.4	−1.65	−0.50	−0.12	0.08	0.26	0.36	0.41
			0.5	−2.77	−1.00	−0.49	−0.13	0.16	0.30	0.40
			0.6	−4.30	−1.70	−0.87	−0.45	−0.04	0.20	0.33
			0.7	−6.05	−2.60	−1.40	−0.85	−0.25	0.08	0.25
			0.8	−8.10	−3.56	−2.10	−1.30	−0.55	−0.17	0.06
			0.9	−10.0	−4.75	−2.80	−1.90	−0.88	−0.40	−0.18
			1.0	−13.2	−6.10	−3.70	−2.55	−1.35	−0.77	−0.42

（续）

序号	名称	图 形	局部阻力系数（按图内所示的速度值 v_0 计算）						
				$q_{V,2}/q_{V,3}$					
			F_2/F_3	0.00	0.03	0.05	0.1	0.2	0.3
				ζ_2					
			0.06	-1.12	-0.72	-0.20	2.00	10.6	24.5
			0.10	-1.22	-1.00	-0.68	0.10	3.18	8.01
			0.20	-1.50	-1.25	-1.19	-0.83	0.20	1.52
			0.33	-2.00	-1.81	-1.69	-1.37	-0.67	0.09
			0.50	-3.00	-2.80	-2.60	-2.13	-1.38	-0.68
			F_2/F_3	ζ_1					
			0.06	0.00	0.05	0.05	-0.03	-0.32	-1.10
			0.10	0.01	0.06	0.09	0.10	-0.03	-0.38
24	合流三通	$v_1\ F_1 \xrightarrow{\quad} \overset{\alpha}{\diagdown} \xrightarrow{\quad} v_3\ F_3$ $v_2\ F_2$ $F_1+F_2=F_3$ $\alpha=60°$	0.20	0.06	0.10	0.14	0.19	0.20	0.09
			0.33	0.33	0.39	0.41	0.45	0.49	0.45
			0.50	1.25	1.25	1.25	1.23	1.17	1.01
				$q_{V,2}/q_{V,3}$					
			F_2/F_3	0.4	0.5	0.6	0.7	0.8	1.0
				ζ_2					
			0.06	43.5	68.0	—	—	—	—
			0.10	14.6	23.0	33.1	—	—	—
			0.20	3.30	5.40	7.80	10.5	13.7	—
			0.33	0.91	1.80	2.73	3.70	4.70	6.60
			0.50	-0.02	0.60	1.18	1.72	2.22	3.10
			F_2/F_3	ζ_1					
			0.06	-2.03	-3.42	—	—	—	—
			0.10	-0.96	-1.75	-2.75	—	—	—
			0.20	-0.14	-0.50	-0.95	-1.50	-2.20	—
			0.33	0.34	0.16	-0.10	-0.47	-0.85	-1.90
			0.50	0.90	0.75	0.48	0.22	-0.05	-0.78

（续）

序号	名称	图　形	局部阻力系数（按图内所示的速度值 v_0 计算）							

序号 25　名称：合流三通

图形说明：$v_1\,F_1 \longrightarrow v_3\,F_3$，$\alpha$，$v_2\,F_2$，$F_1+F_2>F_3$，$F_1=F_3$，$\alpha=60°$

$q_{V,2}/q_{V,3}$	\multicolumn{7}{c}{F_2/F_3}
	0.1	0.2	0.3	0.4	0.5	0.8	1.0
$q_{V,2}/q_{V,3}$	\multicolumn{7}{c}{ζ_2}
0	-1.00	-1.00	-1.00	-1.00	-1.00	-1.00	-1.00
0.1	0.26	-0.42	-0.54	-0.58	-0.61	-0.62	-0.62
0.2	3.35	0.55	0.03	-0.13	-0.23	-0.26	-0.26
0.3	8.20	1.85	0.75	0.40	0.10	0.00	-0.01
0.4	14.7	3.50	1.55	0.92	0.45	0.35	0.28
0.5	23.0	5.50	2.40	1.44	0.78	0.58	0.50
0.6	33.1	7.90	3.50	2.05	1.08	0.80	0.68
0.7	44.9	10.0	4.60	2.70	1.40	0.98	0.84
0.8	58.5	13.7	5.80	3.32	1.64	1.12	0.92
0.9	78.9	17.2	7.65	4.05	1.92	1.20	0.99
1.0	91.0	21.0	9.70	4.70	2.11	1.35	1.00
$q_{V,2}/q_{V,3}$	\multicolumn{7}{c}{ζ_1}
0	0	0	0	0	0	0	0
0.1	0.09	0.14	0.16	0.17	0.17	0.18	0.18
0.2	0.00	0.16	0.23	0.26	0.29	0.31	0.32
0.3	-0.40	0.06	0.22	0.30	0.32	0.41	0.42
0.4	-1.00	-0.16	0.11	0.24	0.37	0.44	0.48
0.5	-1.75	-0.50	-0.08	0.13	0.33	0.44	0.50
0.6	-2.80	-0.95	-0.35	-0.10	0.25	0.40	0.48
0.7	-4.00	-1.55	-0.70	-0.30	0.08	0.28	0.42
0.8	-5.44	-2.24	-1.17	-0.64	-0.11	0.16	0.32
0.9	-7.20	-3.08	-1.70	-1.02	-0.38	-0.08	0.18
1.0	-9.00	-4.00	-2.30	-1.50	-0.68	-0.28	0.00

序号 26　名称：直角三通

图形说明：$v_2 \longleftarrow \square \longrightarrow v_2$，$v_1$

v_2/v_1	0.6	0.8	1.0	1.2	1.4	1.6
ζ_{12}	1.18	1.32	1.50	1.72	1.98	2.28
ζ_{21}	0.6	0.8	1.0	1.6	1.9	2.5

（续）

序号	名称	图　　形	局部阻力系数（按图内所示的速度值 v_0 计算）						

| 序号 | 名称 | 图形 | $\alpha/(°)$ | \multicolumn{6}{c}{v_2/v_1} |

序号 27　分流三通（支管）

图形：$v_1 F_1 \rightarrow$ ... $\rightarrow v_3 F_3$，α，$v_2 F_2$；$F_2+F_3=F_1$；$\alpha=0\sim90°$

$\alpha/(°)$	\multicolumn{6}{c}{v_2/v_1}					
	0.1	0.2	0.3	0.4	0.5	0.6
15	0.81	0.65	0.51	0.38	0.28	0.19
30	0.84	0.69	0.56	0.44	0.34	0.26
45	0.87	0.74	0.63	0.54	0.45	0.38
60	0.90	0.82	0.79	0.66	0.59	0.53
90	1.00	1.00	1.00	1.00	1.00	1.00

$\alpha/(°)$	\multicolumn{6}{c}{v_2/v_1}					
	0.8	1.0	1.2	1.4	1.6	1.8	2.0
15	0.06	0.03	0.06	0.13	0.35	0.63	0.98
30	0.16	0.11	0.13	0.23	0.37	0.60	0.89
45	0.28	0.23	0.22	0.28	0.38	0.53	0.73
60	0.43	0.36	0.32	0.31	0.33	0.37	0.44
90	1.00	1.00	1.00	1.00	1.00	1.00	1.00

序号 28　分流三通（支管）

图形：$v_1 F_1 \rightarrow$ ... $\rightarrow v_3 F_3$，α，$v_2 F_2$；$F_2+F_3>F_1$；$F_1=F_3$

v_2/v_1	\multicolumn{4}{c}{$\alpha/(°)$}			
	15	30	45	60
0	1.0	1.0	1.0	1.0
0.1	0.92	0.94	0.97	1.0
0.2	0.65	0.70	0.75	0.84
0.4	0.38	0.46	0.60	0.76
0.6	0.20	0.31	0.50	0.65
0.8	0.09	0.25	0.51	0.80
1.0	0.07	0.27	0.58	1.00
1.2	0.12	0.36	0.74	1.23
1.4	0.24	0.70	0.98	1.54
1.6	0.46	0.80	1.30	1.98
2.0	1.10	1.52	2.16	3.00
2.6	2.75	3.23	4.10	5.15
3.0	7.20	7.40	7.80	8.10
4.0	14.1	14.2	14.8	15.0
5.0	23.2	23.5	23.8	24.0
6.0	34.2	34.5	35.0	35.0
8.0	62.0	62.7	63.0	63.0

（续）

序号	名称	图 形	局部阻力系数（按图内所示的速度值 v_0 计算）						
29	分流三通（直管）	$\alpha=0\sim90°$ No 1 $v_1\,F_1$ → → $v_3\,F_3$ ∠α $v_2\,F_2$ $F_2+F_3>F_1$ No 2 $v_1\,F_1$ → → $v_3\,F_3$ ∠α $v_2\,F_2$ $F_2+F_3=F_1$	**$\alpha/(°)$** / **No 1** / **No 2**						

局部阻力系数表（序号 29）：

$\alpha/(°)$	No 1		No 2				
	15~90	15~60	90				
v_3/v_1	F_3/F_1						
	0~1.0	0~1.0	0~0.4	0.5	0.6	0.7	>0.8
0	0.40	1.00	1.00	1.00	1.00	1.00	1.00
0.1	0.32	0.81	0.81	0.81	0.81	0.81	0.81
0.2	0.26	0.64	0.64	0.64	0.64	0.64	0.64
0.3	0.20	0.50	0.50	0.52	0.52	0.50	0.50
0.4	0.15	0.36	0.36	0.40	0.38	0.37	0.36
0.5	0.10	0.25	0.25	0.30	0.28	0.26	0.25
0.6	0.06	0.16	0.16	0.23	0.20	0.18	0.16
0.8	0.02	0.04	0.04	0.16	0.12	0.07	0.04
1.0	0.00	0.00	0.00	0.20	0.10	0.05	0.00
1.2	—	0.07	0.07	0.36	0.21	0.14	0.07
1.4	—	0.39	0.39	0.78	0.59	0.49	—
1.6	—	0.90	0.90	1.36	1.15	—	—
1.8	—	1.78	1.78	2.43	—	—	—
2.0	—	3.20	3.20	4.00	—	—	—

序号	名称	图 形	局部阻力系数		
30	矩形三通	$v_3\,F_3$ $v_2\,F_2$ $v_1\,F_1$	$\dfrac{F_2}{F_1}$	0.5	1
			分流	0.304	0.247
			合流	0.233	0.072

序号 31 圆形三通：

$v_3\,F_3$ $v_2\,F_2$ R_0 α $v_1\,F_1$ $\alpha=90°$ D_1

合流（$R_0/D_1=2$）					
$q_{V,3}/q_{V,1}$	0	0.10	0.20	0.30	0.40	0.50
ζ_1	-0.13	-0.10	-0.07	-0.03	0	0.03
$q_{V,3}/q_{V,1}$	0.60	0.70	0.80	0.90	1.0	
ζ_1	0.03	0.03	0.03	0.05	0.08	

分流（$F_3/F_1=0.5$；$q_{V,3}/q_{V,1}=0.5$）					
R_0/D_1	0.5	0.75	1.0	1.5	2.0
ζ_1	1.10	0.60	0.40	0.25	0.20

（续）

序号	名称	图　形	局部阻力系数（按图内所示的速度值 v_0 计算）

32　90° 矩形断面吸入三通

$\dfrac{q_{V,2}}{q_{V,1}}$	F_2/F_3			F_2/F_3	
	0.25	0.5	1.0	0.5	1.0
	ζ_2			ζ_3	
0.1	−0.60	−0.60	−0.60	0.20	0.20
0.2	0.00	−0.20	−0.30	0.20	0.22
0.3	0.40	0.00	−0.10	0.10	0.25
0.4	1.20	0.25	0.00	0.00	0.24
0.5	2.30	0.40	0.10	−0.10	0.20
0.6	3.60	0.70	0.20	−0.20	0.18
0.7		1.00	0.30	−0.30	0.15
0.8		1.50	0.40	−0.40	0.00

33　90° 矩形断面送出三通

$\dfrac{q_{V,2}}{q_{V,1}}$	F_2/F_1			F_2/F_1		
	0.25	0.5	1.0	0.5	1.0	0.25
	ζ_2			ζ_3		
0.1	0.70	0.61	0.65	0.68	—	—
0.2	0.50	0.50	0.55	0.56	—	—
0.3	0.60	0.40	0.40	0.45	—	—
0.4	0.80	0.40	0.35	0.40	0.05	0.03
0.5	1.25	0.50	0.35	0.30	0.15	0.05
0.6	2.00	0.60	0.38	0.29	0.20	0.12
0.7	—	0.80	0.45	0.29	0.30	0.20
0.8	—	1.05	0.58	0.30	0.40	0.29
0.9	—	1.50	0.75	0.38	0.46	0.35

34　压出四通

v_2/v_1	0.6	0.8	1.0	1.2	1.4	1.6
ζ_1	0	0	0	0	0	0
ζ_2	1.0	0.4	0.2	0.1	0.05	0

35　吸入四通

v_2/v_1	0.6	0.8	1.0	1.2	1.4	1.6
ζ_1	0.4	0.35	0.2	0.1	0	0
ζ_2	−1.8	−0.7	0	0.1	0.25	0.35

（续）

序号	名称	图　形	局部阻力系数（按图内所示的速度值 v_0 计算）								
36	侧孔送风	$v_0\,F_0$　$v_2\,F_2$　$v_1\,F_1$	v_1/v_0	0.6	0.8	1.0	1.2	1.4	1.6	1.8	2.0	2.2
			ζ_0	1.7	1.7	1.8	1.9	2.1	2.3	2.6	3.0	3.5
			v_1/v_0	0.4	0.5	0.6	0.8					
			ζ_1	0.06	0.01	-0.03	-0.06					

序号	名称	图　形						
37	侧孔吸风	$v_1\,F_1$　$v_0\,F_0$　$v_2\,F_2$	$\dfrac{F_2}{F_1}$	$q_{V,2}/q_{V,0}$				
				0.1	0.2	0.3	0.4	0.5
				ζ_0				
			0.1	0.8	1.3	1.4	1.4	1.4
			0.2	-1.4	0.9	1.3	1.4	1.4
			0.4	-9.5	0.2	0.9	1.2	1.3
			0.6	-21.2	-2.5	0.3	1.0	1.2
			$\dfrac{F_2}{F_1}$	$q_{V,2}/q_{V,0}$				
				0.1	0.2	0.3	0.4	
				ζ_1				
			0.1	0.1	-0.1	-0.8	-2.56	
			0.2	0.1	0.2	-0.01	-0.6	
			0.4	0.2	0.3	0.3	0.2	
			0.6	0.2	0.3	0.4	0.4	

序号	名称	图　形	局部阻力系数
38	侧面送风口		$\zeta = 2.04$

序号	名称	图　形						
39	孔板送风口	a　b　开孔率 $=\dfrac{\text{孔面积}}{ab}$	$v/$ (m/s)	开孔率				
				0.2	0.3	0.4	0.5	0.6
			0.5	300	120	60	36	23
			1.0	330	130	68	41	27
			1.5	350	145	74	46	30
			2.0	390	155	78	49	32
			2.5	400	165	83	52	34
			3.0	410	175	86	55	37

序号 39 右侧：

$$\Delta p = \zeta \frac{v^2 \rho}{2}$$

v 为面风速

（续）

序号	名称	图　形	局部阻力系数（按图内所示的速度值 v_0 计算）					
40	风管入口（装设圆形排风罩）		$\theta/(°)$	20	0.02			
				40	0.03			
				60	0.05			
				90	0.11			
				120	0.20			
41	风管入口（装设矩形排风罩）		$\theta/(°)$	20	0.13			
				40	0.08			
				60	0.12			
				90	0.19			
				120	0.27			
42	风管入口（装设孔板）		A_1/A_2	0.4	9.61			
				0.6	3.08			
				0.8	1.17			
				1.0	0.48			
43	带外挡板的条缝形送风口		v_1/v_0	0.6	0.8	1.0	1.2	1.5	2.0
			ζ_1	2.73	3.3	4.0	4.9	6.5	10.4
44	单面空气分布器		当网络净面积为80%时　$r=0.2D$　$R=1.2D$ $b=0.7D$　$l=1.25D$ $\zeta=1.0$　$K=1.8D$					
45	双面空气分布器		一般　$\zeta=1.0$ 防火　$\zeta=3.5$					

（续）

序号	名称	图　形	局部阻力系数（按图内所示的速度值 v_0 计算）		

序号 46　散流器（盘式）

H/d	0.2	0.4	0.6~1.0
ζ	3.4	1.4	1.05

序号 47　散流器

1.0

序号 48　矩形风道对开式阀（n 为叶片数）

$\dfrac{nb}{2(a+b)}$	$\alpha/(°)$								
	0	10	20	30	40	50	60	70	80
0.3	0.52	0.85	2.1	4.1	9.0	21	73	284	807
0.4	0.52	0.92	2.2	5.0	11	28	100	332	915
0.5	0.52	1.0	2.3	5.4	13	33	122	377	1045
0.6	0.52	1.0	2.3	6.0	14	38	148	411	1121
0.8	0.52	1.1	2.4	6.6	18	54	188	495	1299
1.0	0.52	1.2	2.7	7.3	21	65	245	547	1521
1.5	0.52	1.4	3.2	9.0	28	107	361	677	1654

序号 49　圆形风道内蝶阀

$\alpha/(°)$	10	15	20	30	40	45	50	60	70
ζ	0.52	0.95	1.54	3.80	10.8	20	35	118	751

序号 50　矩形风道内四平行叶片阀

$\alpha/(°)$	0	10	15	20	30	40	45	50	60	70	75
ζ	0.83	0.93	1.05	1.35	2.57	5.19	7.08	10.4	23.9	70.2	144

序号 51　插板阀

ζ	$h/H(h/d)$								
	0.1	0.2	0.3	0.4	0.5	0.6	0.7	0.8	0.9
圆管	97.8	35	10.0	4.6	2.06	0.98	0.44	0.17	0.06
矩形管	193	44.5	17.8	8.12	4.0	2.1	0.95	0.39	0.09

序号 52　固定直百叶风口

ζ	F_0/F_1								
	0.2	0.3	0.4	0.5	0.6	0.7	0.8	0.9	1.0
进风	33	13	6.0	3.8	2.2	1.3	0.8	0.52	0.5
出风	33	14	7.0	4.0	3.5	2.6	2.0	1.75	1.05

序号 53　固定斜百叶风口

ζ	F_0/F_1									
	0.1	0.2	0.3	0.4	0.5	0.6	0.7	0.8	0.9	1.0
进风	—	45	17	68	4.0	2.3	1.4	0.9	0.6	0.5
出风	—	58	24	13	8.0	5.3	3.7	2.7	2.0	1.5

序号 54　活动百叶风口

同上

进风 1.4；出风 3.5 （$F_0/F_1=0.8$）

附录 7　设计用室外计算参数

省份	北京	天津	河北	河北	河北	河北	山西	山西	内蒙古	内蒙古	辽宁	辽宁
站名	北京	天津	石家庄	承德	邢台	饶阳	太原	大同	呼和浩特	满洲里	沈阳	大连
供暖室外计算温度/℃	-7.5	-7.0	-6.0	-13.3	-5.4	-7.9	-9.9	-16.3	-16.8	-28.6	-16.8	-9.5
冬季通风室外计算温度/℃	-7.6	-6.5	-5.9	-12.3	-5.2	-7.4	-8.8	-15.4	-16.1	-27.7	-16.2	-8.0
夏季通风室外计算温度/℃	29.9	29.9	30.8	28.8	31.0	30.5	27.8	26.5	26.6	24.3	28.2	26.3
夏季通风室外计算相对湿度（%）	58	62	56	53	55	59	57	47	47	50	64	71
冬季空气调节室外计算温度/℃	-9.8	-9.4	-8.6	-15.8	-7.7	-10.6	-12.7	-19.1	-20.3	-31.9	-20.6	-12.9
冬季空气调节室外计算相对湿度（%）	37	73	54	64	60	52	46	52	60	76	69	55
夏季空气调节室外计算干球温度/℃	33.6	33.9	35.2	32.8	35.2	34.8	31.6	31.0	30.7	29.3	31.4	29.0
夏季空气调节室外计算湿球温度/℃	26.3	26.9	26.8	24.0	26.9	26.9	23.8	21.1	21.0	19.9	25.2	24.8
夏季空气调节室外计算日平均温度/℃	29.1	29.3	30.1	27.2	30.2	29.6	26.0	25.3	25.8	23.7	27.3	26.4
冬季室外平均风速（m/s）	2.7	2.1	1.4	1.0	1.5	1.8	1.8	2.4	1.1	3.5	2.0	5.0
冬季室外最多风向的平均风速（m/s）	4.5	5.6	1.8	3.5	2.1	2.5	2.9	3.1	3.8	3.9	1.9	5.9
夏季室外平均风速（m/s）	2.2	1.7	1.5	1.0	1.9	2.4	2.1	2.3	1.5	2.9	2.8	4.0
冬季最多风向	NNW	NNW	N	NW	NNE	NNE	NNW	NNW	NW	SW	ENE	N
冬季最多风向的频率（%）	14	15	12	8	16	10	16	27	8	22	18	26
夏季最多风向	SE	S	SSE	S	S	SSW	NW	N	E	ENE	SSW	S
夏季最多风向的频率（%）	12	11	16	8	15	14	16	15	8	9	23	28
年最多风向	SSW	SSW	SSE	WNW	S	SSW	NNW	N	NW	SW	SSW	N
年最多风向的频率（%）	10	9	12	6	13	11	10	16	7	13	13	14
冬季室外大气压力/Pa	102573	102960	102020	98270	102057	102803	93467	90153	90307	94407	102333	101727
夏季室外大气压力/Pa	99987	100287	99390	96180	99463	100053	91847	88797	88837	92913	99850	99453
冬季日照百分率（%）	57	48	52	64	42	61	51	61	48	76	42	67
设计计算用供暖期日数（日）	122	121	111	148	105	121	141	161	164	218	151	132
设计计算用供暖期初日	11/14	11/15	11/17	11/02	11/21	11/14	11/08	10/27	10/23	10/01	11/02	11/18
设计计算用供暖期终日	03/15	03/15	03/07	03/29	03/05	03/14	03/28	04/05	04/04	05/06	04/01	03/29
极端最低温度/℃	-18.3	-17.8	-19.3	-24.9	-20.2	-22.6	-23.3	-28.1	-30.5	-42.5	-32.9	-18.8
极端最高温度/℃	41.9	40.5	42.9	43.3	41.1	42.1	37.4	37.2	38.5	38.0	36.1	35.3

（续）

省　份	辽宁	吉林	吉林	黑龙江	黑龙江	黑龙江	上海	江苏	江苏	浙江	浙江	安徽
站　名	锦州	长春	吉林	哈尔滨	齐齐哈尔	佳木斯	上海	南京	徐州	杭州	温州	合肥
供暖室外计算温度/℃	-13.0	-20.9	-18.3	-24.1	-23.7	-23.8	1.2	-1.6	-3.4	0.1	3.5	-1.4
冬季通风室外计算温度/℃	-12.5	-20.1	-17.6	-24.7	-24.0	-23.0	3.5	-1.1	-2.3	0.0	4.9	-0.9
夏季通风室外计算温度/℃	28.0	26.6	26.7	26.8	26.8	26.6	30.8	30.6	30.5	32.4	31.4	31.5
夏季通风室外计算相对湿度（%）	64	64	61	61	57	60	69	65	65	62	71	65
冬季空气调节室外计算温度/℃	-15.7	-24.3	-21.3	-27.2	-27.2	-27.2	-1.2	-4.0	-5.6	-2.2	1.5	-4.0
冬季空气调节室外计算相对湿度（%）	64	77	60	75	71	63	74	79	54	82	81	78
夏季空气调节室外计算干球温度/℃	31.4	30.4	31.2	30.6	31.2	30.8	34.6	34.8	34.4	35.7	34.1	35.1
夏季空气调节室外计算湿球温度/℃	25.1	24.0	23.6	23.8	23.5	23.5	28.2	28.1	27.6	27.9	28.4	28.1
夏季空气调节室外计算日平均温度/℃	26.9	26.1	25.4	26.1	26.5	25.9	31.3	31.2	30.4	31.6	29.8	31.7
冬季室外平均风速/(m/s)	2.1	3.1	2.2	3.2	1.8	2.5	3.3	2.7	2.1	2.6	2.2	2.6
冬季室外最多风向的平均风速/(m/s)	2.5	3.9	5.0	3.5	1.9	3.9	3.0	3.2	3.6	3.8	3.0	3.5
夏季室外平均风速/(m/s)	3.0	3.5	1.9	2.8	2.8	2.9	3.4	2.4	2.2	2.7	1.9	3.2
冬季室外最多风向	NE	SW	WNW	SSW	W	SW	N	ENE	ENE	NNW	NW	NNE
冬季最多风向的频率（%）	17	23	22	17	11	23	13	13	11	23	27	12
夏季室外最多风向	S	SW	ENE	SW	SE	SW	S	SSE	SSE	SSW	ESE	S
夏季最多风向的频率（%）	25	20	17	22	16	17	14	11	9	19	21	23
年最多风向	SSW	SW	W	S	NW	SW	ESE	NE	ENE	NNW	ESE	E
年最多风向的频率（%）	12	17	13	12	10	16	9	9	11	10	13	9
冬季室外大气压力/Pa	102113	99653	100383	100413	100830	101260	102647	102790	102510	102180	102540	102360
夏季室外大气压力/Pa	99623	97680	98550	98677	98653	99407	100573	100250	99853	99980	100450	99907
冬季日照百分率（%）	62	63	56	59	72	53	38	35	43	23	21	28
设计计算用供暖期日数（日）	144	168	170	175	180	179	40	79	97	43	0	72
设计计算用供暖期初日	11/07	10/23	10/22	10/20	10/18	10/19	12/31	12/11	11/29	12/31	—	12/14
设计计算用供暖期终日	03/30	04/08	04/09	04/12	04/15	04/15	02/08	02/27	03/05	02/11	—	02/23
极端最低温度/℃	-24.8	-33.7	-32.7	-37.7	-36.7	-39.5	-7.7	-13.1	-15.8	-8.6	-3.9	-13.5
极端最高温度/℃	41.8	36.7	37.7	39.2	40.8	38.1	39.6	40.0	40.6	40.3	39.6	40.3

（续）

省份	安徽	福建	福建	江西	江西	山东	山东	河南	河南	湖北	湖北	湖南
站名	安庆	福州	厦门	南昌	景德镇	济南	潍坊	郑州	安阳	武汉	宜昌	长沙
供暖室外计算温度/℃	-0.1	6.5	8.5	0.8	1.2	-5.2	-6.7	-3.8	-4.7	0.1	1.1	0.9
冬季通风室外计算温度/℃	-0.1	8.4	10.4	0.9	1.3	-3.6	-5.7	-3.2	-4.0	0.1	1.5	3.5
夏季通风室外计算温度/℃	31.9	33.2	31.4	32.8	33.1	30.9	30.1	30.9	30.9	32.0	31.8	32.2
夏季通风室外计算相对湿度（%）	64	60	69	61	59	56	63	59	58	63	62	63
冬季空气调节室外计算温度/℃	-2.6	4.6	6.8	-1.3	-1.2	-7.7	-9.1	-5.7	-7.1	-2.4	-0.8	-0.8
冬季空气调节室外计算相对湿度（%）	79	72	77	80	82	45	53	56	59	72	69	90
夏季空气调节室外计算干球温度/℃	35.3	36.0	33.6	35.6	36.0	34.8	34.2	35.0	34.8	35.3	35.6	36.5
夏季空气调节室外计算湿球温度/℃	28.1	28.1	27.6	28.3	27.8	27.0	27.1	27.5	27.4	28.4	27.8	29.0
夏季空气调节室外计算日平均温度/℃	32.2	30.7	29.6	32.2	31.5	31.2	28.8	30.1	30.0	32.2	31.0	32.1
冬季室外平均风速/（m/s）	3.8	2.2	4.2	3.4	1.9	2.7	3.6	2.4	2.0	2.6	1.4	2.4
冬季室外最多风向的平均风速/（m/s）	4.4	3.6	4.8	4.8	2.9	3.5	5.5	4.3	4.0	3.9	2.3	3.4
夏季室外平均风速/（m/s）	3.4	3.4	2.5	2.3	1.7	2.8	3.5	2.2	2.4	2.0	1.9	2.4
冬季室外最多风向	NE	NW	E	N	NNE	ENE	NNW	NE	N	NNE	SE	NNW
冬季最多风向的频率（%）	35	10	33	30	23	18	14	16	12	20	17	25
夏季室外最多风向	SW	SE	SE	S	SW	SSW	SE	S	S	SE	SE	S
夏季最多风向的频率（%）	28	28	16	18	11	19	20	17	24	9	12	22
年最多风向	NE	SE	E	NNE	NNE	SSW	S	NE	S	NE	SE	NW
年最多风向的频率（%）	29	14	15	19	15	15	14	10	16	10	11	16
冬季室外大气压力/Pa	102357	101290	100450	101977	101863	101853	102473	101553	102080	102447	101133	101830
夏季室外大气压力/Pa	100127	99743	99667	99867	99853	99727	100210	98907	99487	99967	98830	99563
冬季日照百分率（%）	28	14	26	25	25	53	57	32	42	31	25	9
设计计算用供暖期日数（日）	47	0	0	38	38	100	118	96	102	49	38	31
设计计算用供暖期初日	12/27	—	—	12/31	12/31	11/26	11/18	11/28	11/24	12/24	12/31	12/31
设计计算用供暖期终日	02/11	—	—	02/06	02/06	03/05	03/15	03/03	03/05	02/10	02/06	01/30
极端最低温度/℃	-9.0	-1.7	1.5	-9.7	-9.6	-14.9	-17.9	-17.9	-17.3	-18.1	-9.8	-10.3
极端最高温度/℃	40.9	41.7	38.5	40.1	40.8	42.0	40.7	42.3	41.8	39.6	40.4	40.6

（续）

省份		湖南	湖南	广东	广东	广东	广西	海南	四川	四川	四川	重庆	重庆
站名		常德	株洲	广州	汕头	韶关	桂林	海口	成都	绵阳	西昌	重庆沙坪坝	酉阳
供暖室外计算温度/℃		0.7	1.3	8.2	9.6	5.1	3.3	12.9	2.8	2.6	5.0	5.1	0.2
冬季通风室外计算温度/℃		1.6	3.9	10.3	11.1	6.5	3.5	14.5	3.0	2.9	6.9	5.2	0.2
夏季通风室外计算温度/℃		31.9	32.7	31.9	31.0	32.9	31.8	32.2	28.6	29.3	26.3	32.4	29.2
夏季通风室外计算相对湿度（%）		65	60	66	71	59	62	67	70	65	57	58	62
冬季空气调节室外计算温度/℃		-1.3	-0.4	5.3	7.3	2.9	1.1	10.5	1.2	0.8	2.2	3.5	-1.8
冬季空气调节室外计算相对湿度（%）		73	89	74	77	76	78	85	84	82	63	82	72
夏季空气调节室外计算干球温度/℃		35.5	35.9	34.2	33.4	35.3	34.2	35.1	31.9	32.8	30.6	36.3	32.2
夏季空气调节室外计算湿球温度/℃		28.6	28.0	27.8	27.7	27.4	27.3	28.1	26.4	26.3	21.8	27.3	25.0
夏季空气调节室外计算日平均温度/℃		31.9	32.2	30.6	30.1	31.1	30.3	30.4	27.9	28.5	26.3	32.2	27.4
冬季室外平均风速/（m/s）		1.9	2.0	2.4	2.8	1.5	3.7	2.6	1.0	0.8	1.4	0.8	0.9
冬季室外最多风向的平均风速/（m/s）		3.2	2.9	3.4	4.1	2.8	4.4	3.2	1.9	2.5	1.7	2.0	1.7
夏季室外平均风速/（m/s）		2.2	2.6	1.5	2.7	2.3	1.8	2.6	1.4	1.3	2.2	2.1	0.9
冬季最多风向		NNE	NNW	N	ENE	NW	NNE	NE	NNE	ENE	NNW	N	N
冬季最多风向的频率（%）		22	26	35	23	13	66	28	19	9	9	8	17
夏季最多风向		S	S	SE	WSW	S	NNE	SSE	NNW	WNW	S	NW	SE
夏季最多风向的频率（%）		13	17	14	17	32	15	30	10	7	7	20	8
年最多风向		NNE	NNW	N	ENE	S	NNE	NE	NNE	ENE	N	NW	N
年最多风向的频率（%）		12	17	11	19	8	34	13	10	6	9	10	9
冬季室外大气压力/Pa		102323	101763	102073	102040	101597	100323	101773	96513	96880	84067	99360	94567
夏季室外大气压力/Pa		99877	99500	100287	100743	99843	98613	100340	94770	95057	83423	97310	93090
冬季日照百分率（%）		24	13	41	40	23	19	25	14	23	55	14	13
设计计算用供暖期日数（日）		39	30	0	0	0	0	0	0	0	0	0	48
设计计算用供暖期初日		12/31	12/31	—	—	—	—	—	—	—	—	—	12/27
设计计算用供暖期终日		02/07	01/29	—	—	—	—	—	—	—	—	—	02/12
极端最低温度/℃		-13.2	-11.5	0.0	0.3	-4.3	-3.6	4.9	-5.9	-7.3	-3.8	-1.7	-7.0
极端最高温度/℃		40.1	40.3	38.1	38.6		39.5	39.6	37.3	38.8	36.6	41.9	37.5

（续）

省　份	贵州	贵州	云南	云南	西藏	西藏	陕西	陕西	陕西	陕西	甘肃	甘肃
站　名	贵阳	遵义	昆明	丽江	拉萨	昌都	西安	延安	榆林	安康	兰州	敦煌
供暖室外计算温度/℃	-0.2	0.4	3.9	3.3	-4.9	-5.7	-3.2	-10.1	-14.9	1.0	-8.8	-12.6
冬季通风室外计算温度/℃	0.7	1.0	4.9	4.2	-5.1	-4.3	-4.0	-8.4	-14.4	0.9	-8.5	-12.2
夏季通风室外计算温度/℃	27.0	28.9	23.1	22.3	19.8	21.6	30.7	28.2	28.0	31.0	26.6	29.9
夏季通风室外计算相对湿度（%）	62	60	65	58	41	44	54	51	44	59	43	30
冬季空气调节室外计算温度/℃	-2.5	-1.6	1.1	1.4	-7.2	-7.4	-5.6	-13.3	-19.2	-0.7	-11.4	-16.3
冬季空气调节室外计算相对湿度（%）	83	80	72	51	50	38	66	56	69	66	70	62
夏季空气调节室外计算干球温度/℃	30.1	31.8	26.3	25.5	24.0	26.2	35.1	32.5	32.3	34.9	31.3	34.1
夏季空气调节室外计算湿球温度/℃	23.0	24.3	19.9	18.1	13.5	15.1	25.8	22.8	21.6	26.8	20.1	21.1
夏季空气调节室外计算日平均温度/℃	26.3	27.8	22.3	21.1	19.0	19.3	30.7	26.1	26.5	30.5	26.0	27.5
冬季室外平均风速/（m/s）	2.3	1.0	2.0	4.0	1.9	0.7	0.9	1.8	1.5	1.3	0.3	2.5
冬季最多风向的平均风速/（m/s）	2.6	2.0	3.8	5.9	2.5	2.5	1.7	2.8	2.3	3.3	2.2	4.1
夏季室外平均风速/（m/s）	2.1	1.3	1.8	4.0	2.2	1.5	1.6	1.6	2.3	1.6	1.3	1.9
冬季最多风向	NE	E	SW	WSW	E	SSW	ENE	WSW	NNW	ENE	ENE	WSW
冬季最多风向的频率（%）	29	12	14	15	24	6	6	19	20	14	5	19
夏季最多风向	S	S	SW	W	E	WNW	NE	SW	SSE	E	E	NE
夏季最多风向的频率（%）	22	11	13	17	14	13	18	19	21	10	12	13
年最多风向	NE	SE	SW	W	E	WNW	NE	SW	SSE	ENE	E	WSW
年最多风向的频率（%）	15	6	16	15	12	6	11	18	11	10	7	9
冬季室外大气压力/Pa	89657	92320	81350	76350	65277	68113	98097	91497	90330	99090	85283	89533
夏季室外大气压力/Pa	88817	91093	80733	75987	65200	67997	95707	89893	88890	96923	84150	87797
冬季日照百分率（%）	9	6	54	68	77	64	18	64	67	29	40	62
设计计算用供暖期日数（日）	40	41	0	0	136	147	99	133	151	58	130	140
设计计算用供暖期初日	12/31	12/31	—	—	11/04	10/31	11/25	11/08	10/31	12/15	11/07	11/02
设计计算用供暖期终日	02/08	02/09	—	—	03/19	03/26	03/03	03/20	03/30	02/10	03/16	03/21
极端最低温度/℃	-7.3	-7.1	-7.8	-10.3	-16.5	-20.7	-16.0	-23.0	-30.0	-9.7	-19.7	-30.5
极端最高温度/℃	35.1	37.4	30.4	32.3	29.9	33.4	41.8	38.5	38.6	41.3	39.8	41.7

（续）

省　份	甘肃	甘肃	青海	青海	宁夏	宁夏	宁夏	新疆	新疆	新疆
站　名	天水	酒泉	西宁	格尔木	银川	固原	盐池	乌鲁木齐	克拉玛依	吐鲁番
供暖室外计算温度/℃	-5.5	-14.3	-11.4	-12.6	-12.9	-12.9	-13.7	-19.5	-21.9	-12.5
冬季通风室外计算温度/℃	-4.7	-12.9	-10.0	-12.3	-11.9	-11.5	-12.0	-19.2	-22.7	-14.7
夏季通风室外计算温度/℃	27.0	26.4	21.9	21.8	27.7	23.3	27.4	27.4	30.5	36.2
夏季通风室外计算相对湿度（%）	53	37	47	28	47	52	38	32	25	25
冬季空气调节室外计算温度/℃	-8.2	-18.4	-13.5	-15.5	-17.1	-17.1	-17.7	-23.4	-26.1	-16.8
冬季空气调节室外计算相对湿度（%）	75	65	57	47	66	72	68	78	77	74
夏季空气调节室外计算干球温度/℃	30.9	30.4	26.4	27.0	31.3	27.7	31.8	33.4	36.4	40.3
夏季空气调节室外计算湿球温度/℃	21.8	19.5	16.6	13.5	22.2	19.0	20.2	18.3	19.8	24.2
夏季空气调节室外计算日平均温度/℃	25.9	24.8	20.7	21.3	26.2	22.2	26.1	28.3	32.1	35.1
冬季室外平均风速/（m/s）	1.2	2.1	0.7	2.2	1.4	2.2	1.9	1.4	1.1	0.5
冬季最多风向的平均风速/（m/s）	2.7	2.8	1.9	1.5	2.5	3.4	3.4	2.2	1.5	1.8
夏季室外平均风速/（m/s）	1.3	2.2	1.5	2.0	2.4	2.8	3.4	3.1	4.7	1.3
冬季最多风向	E	SW	SE	SW	NNE	NW	WNW	S	NNE	E
冬季最多风向的频率（%）	16	10	6	12	12	11	15	15	8	6
夏季最多风向	E	E	SE	W	S	SE	SSE	S	NW	W
夏季最多风向的频率（%）	13	10	14	17	12	17	12	13	32	8
年最多风向	E	SW	SE	W	N	ESE	W	NW	NW	E
年最多风向的频率（%）	14	10	18	15	9	11	11	11	19	7
冬季室外大气压力/Pa	89343	85700	77340	72300	89733	82767	87063	93333	98380	103597
夏季室外大气压力/Pa	87973	84553	77057	72297	88137	81910	85810	93213	95573	99597
冬季日照百分率（%）	37	69	62	72	69	66	65	28	48	49
设计计算用供暖期日数（日）	118	155	164	174	144	163	146	153	147	118
设计计算用供暖期初日	11/14	10/27	10/22	10/18	11/05	10/24	11/05	10/30	11/2	11/9
设计计算用供暖期终日	03/11	03/30	04/03	04/09	03/28	04/04	03/30	3/31	3/28	3/6
极端最低温度/℃	-17.4	-29.8	-24.9	-26.9	-27.7	-30.9	-28.5	-32.8	-34.3	-25.2
极端最高温度/℃	38.2	36.6	36.5	35.5	38.7	34.6	37.5	42.1	42.7	47.7

附录 8　外墙的构造类型

序号	构造	壁厚 δ /mm	保温厚度 /mm	导热热阻 /(m²·K/W)	传热系数/ [W/(m²·K)]	质量 /(kg/m²)	热容量 /[kJ/(m²·K)]	类型
1	外 〔图〕 内　δ 20 1. 砖墙 2. 白灰粉刷	240 370 490		0.32 0.48 0.63	2.05 1.55 1.26	464 698 914	406 612 804	Ⅲ Ⅱ Ⅰ
2	外 〔图〕 内 20 δ 20 1. 水泥砂浆 2. 砖墙 3. 白灰粉刷	240 370 490		0.34 0.50 0.65	1.97 1.50 1.22	500 734 950	436 645 834	Ⅲ Ⅱ Ⅰ
3	外 〔图〕 内 δ 25 100 20 1. 砖墙 2. 泡沫混凝土 3. 木丝板 4. 白灰粉刷	240 370 490		0.95 1.11 1.26	0.90 0.78 0.70	534 768 984	478 683 876	Ⅱ Ⅰ 0
4	外 〔图〕 内 20 δ 25 1. 水泥砂浆 2. 砖墙 3. 木丝板	240 370		0.47 0.63	1.57 1.26	478 712	432 608	Ⅲ Ⅱ

附录9 屋顶的构造类型

序号	构造	壁厚δ/mm	保温层材料	厚度l	导热热阻/(m²·K/W)	传热系数/[W/(m²·K)]	质量/(kg/m²)	热容量/[kJ/(m²·K)]	类型
1	1. 预制细石混凝土板25mm，表面喷白色水泥浆 2. 通风层≥200mm 3. 卷材防水层 4. 水泥砂浆找平层20mm 5. 保温层 6. 隔汽层 7. 找平层20mm 8. 预制钢筋混凝土板 9. 内粉刷	35	水泥膨胀珍珠岩	25	0.77	1.07	292	247	IV
				50	0.98	0.87	301	251	IV
				75	1.20	0.73	310	260	III
				100	1.41	0.64	318	264	III
				125	1.63	0.56	327	272	III
				150	1.84	0.50	336	277	III
				175	2.06	0.45	345	281	II
				200	2.27	0.41	353	289	II
			沥青膨胀珍珠岩	25	0.82	1.01	292	247	IV
				50	1.09	0.79	301	251	IV
				75	1.36	0.65	310	260	III
				100	1.63	0.56	318	264	III
				125	1.89	0.49	327	272	III
				150	2.17	0.43	336	277	III
				175	2.43	0.38	345	281	II
				200	2.70	0.35	353	289	II
			加气混凝土泡沫混凝土	25	0.67	1.20	298	256	IV
				50	0.79	1.05	313	268	IV
				75	0.90	0.93	328	281	III
				100	1.02	0.84	343	293	III
				125	1.14	0.76	358	306	III
				150	1.26	0.70	373	318	III
				175	1.38	0.64	388	331	III
				200	1.50	0.59	403	344	II
2	1. 预制细石混凝土板25mm，表面喷白色水泥浆 2. 通风层≥200mm 3. 卷材防水层 4. 水泥砂浆找平层20mm 5. 保温层 6. 隔汽层 7. 现浇钢筋混凝土板 8. 内粉刷	70	水泥膨胀珍珠岩	25	0.78	1.05	376	318	III
				50	1.00	0.86	385	323	III
				75	1.21	0.72	394	331	III
				100	1.43	0.63	402	335	II
				125	1.64	0.55	411	339	II
				150	1.86	0.49	420	348	II
				175	2.07	0.44	429	352	II
				200	2.29	0.41	437	360	I
			沥青膨胀珍珠岩	25	0.83	1.00	376	318	III
				50	1.11	0.78	385	323	III
				75	1.38	0.65	394	331	III
				100	1.64	0.55	402	335	II
				125	1.91	0.48	411	339	II
				150	2.18	0.43	420	348	II
				175	2.45	0.38	429	352	II
				200	2.72	0.35	437	360	I
			加气混凝土泡沫混凝土	25	0.69	1.16	382	323	
				50	0.81	1.02	397	335	III
				75	0.93	0.91	412	348	III
				100	1.05	0.83	427	360	III
				125	1.17	0.74	442	373	II
				150	1.29	0.69	457	385	I
				175	1.41	0.64	472	398	I
				200	1.53	0.59	487	411	

附录 10　北京地区气象条件为依据的
外墙逐时冷负荷计算温度 t_{wl}

（单位：℃）

时　间 \ 朝　向	Ⅰ型外墙				Ⅱ型外墙			
	S	W	N	E	S	W	N	E
0	34.7	36.6	32.2	37.5	36.1	38.5	33.1	38.5
1	34.9	36.9	32.3	37.6	36.2	38.9	33.2	38.4
2	35.1	37.2	32.4	37.7	36.2	39.1	33.2	38.2
3	35.2	37.4	32.5	37.7	36.1	39.2	33.2	38.0
4	35.3	37.6	32.6	37.7	35.9	39.1	33.1	37.6
5	35.3	37.8	32.6	37.6	35.6	38.9	33.0	37.3
6	35.3	37.9	32.7	37.5	35.3	38.6	32.8	36.9
7	35.3	37.9	32.6	37.4	35.0	38.2	32.6	36.4
8	35.2	37.9	32.6	37.3	34.6	37.8	32.3	36.0
9	35.1	37.8	32.5	37.1	34.2	37.3	32.1	35.5
10	34.9	37.7	32.5	36.8	33.9	36.8	31.8	35.2
11	34.8	37.5	32.4	36.6	33.5	36.3	31.6	35.0
12	34.6	37.3	32.2	36.4	33.2	35.9	31.4	35.0
13	34.4	37.1	32.1	36.2	32.9	35.5	31.3	35.2
14	34.2	36.9	32.0	36.1	32.8	35.2	31.2	35.6
15	34.0	36.6	31.9	36.1	32.9	34.9	31.2	36.1
16	33.9	36.4	31.8	36.2	33.1	34.8	31.3	36.6
17	33.8	36.2	31.8	36.3	33.4	34.8	31.4	37.1
18	33.8	36.1	31.8	36.4	33.9	34.9	31.6	37.5
19	33.9	36.0	31.8	36.6	34.4	35.3	31.8	37.9
20	34.0	35.9	31.8	36.8	34.9	35.8	32.1	38.2
21	34.1	36.0	31.9	37.0	35.3	36.5	32.4	38.4
22	34.3	36.1	32.0	37.2	35.7	37.3	32.6	38.5
23	34.5	36.3	32.1	37.3	36.0	38.0	32.9	38.6
最大值	35.3	37.9	32.7	37.7	36.2	39.2	33.2	38.6
最小值	33.8	35.9	31.8	36.1	32.8	34.8	31.2	35.0

附录 11　北京地区气象条件为依据的
屋顶逐时冷负荷计算温度 t_{wl}

（单位：℃）

时　间 \ 屋　面　类　型	Ⅰ	Ⅱ	Ⅲ	Ⅳ	Ⅴ	Ⅵ
0	43.7	47.2	47.7	46.1	41.6	38.1
1	44.3	46.4	46.0	43.7	39.0	35.5
2	44.8	45.4	44.2	41.4	36.7	33.2
3	45.0	44.3	42.4	39.3	34.6	31.4
4	45.0	43.1	40.6	37.3	32.8	29.8
5	44.9	41.8	38.8	35.5	31.2	28.4
6	44.5	40.6	37.1	33.9	29.8	27.2
7	44.0	39.3	35.5	32.4	28.7	26.5
8	43.4	38.1	34.1	31.2	28.4	26.8
9	42.7	37.0	33.1	30.7	29.2	28.6

（续）

时 间 \ 屋 面 类 型	I	II	III	IV	V	VI
10	41.9	36.1	32.7	31.0	31.4	32.0
11	41.1	35.6	33.0	32.3	34.7	36.7
12	40.2	35.6	34.0	34.5	38.9	42.2
13	39.5	36.0	35.8	37.5	43.4	47.8
14	38.9	37.0	38.1	41.0	47.9	52.9
15	38.5	38.4	40.7	44.6	51.9	57.1
16	38.3	40.1	43.5	47.9	54.9	59.8
17	38.4	41.9	46.1	50.7	56.8	60.9
18	38.8	43.7	48.3	52.7	57.2	60.2
19	39.4	45.4	49.9	53.7	56.3	57.8
20	40.2	46.7	50.8	53.6	54.0	54.0
21	41.1	47.5	50.9	52.5	51.0	49.5
22	42.0	47.8	50.3	50.7	47.7	45.1
23	42.9	47.7	49.2	48.4	44.5	41.3
最大值	45.0	47.8	50.9	53.7	57.2	60.9
最小值	38.3	35.6	32.7	30.7	28.4	26.5

附录 12 　 I ~ IV型构造的地点修正值 t_d

（单位：℃）

编号	城市	S	SW	W	NW	N	NE	E	SE	水平
1	北京	0.0	0.0	0.0	0.0	0.0	0.0	0.0	0.0	0.0
2	天津	-0.4	-0.3	-0.1	-0.1	-0.2	-0.3	-0.1	-0.3	-0.5
3	沈阳	-1.4	-1.7	-1.9	-1.9	-1.6	-2.0	-1.9	-1.7	-2.7
4	哈尔滨	-2.2	-2.8	-3.4	-3.7	-3.4	-3.8	-3.4	-2.8	-4.1
5	上海	-0.8	-0.2	0.5	1.2	1.2	1.0	0.5	-0.2	0.1
6	南京	1.0	1.5	2.1	2.7	2.7	2.5	2.1	1.5	2.0
7	武汉	0.4	1.0	1.7	2.4	2.2	2.3	1.7	1.0	1.3
8	广州	-1.9	-1.2	0.0	1.3	1.7	1.2	0.0	-1.2	-0.5
9	昆明	-8.5	-7.8	-6.7	-5.5	-5.2	-5.7	-6.7	-7.8	-7.2
10	西安	0.5	0.5	0.9	1.5	1.8	1.4	0.9	0.5	0.4
11	兰州	-4.8	-4.4	-4.0	-3.8	-3.9	-4.0	-4.0	-4.4	-4.0
12	乌鲁木齐	0.7	0.5	0.2	-0.3	-0.4	-0.4	0.2	0.5	0.1
13	重庆	0.4	1.1	2.0	2.7	2.8	2.6	2.0	1.1	1.7

附录 13 　 单层玻璃窗的传热系数 K_w

［单位：W/(m² · K)］

α_w	α_n									
	5.3	6.4	7.0	7.6	8.1	8.7	9.3	9.9	10.5	11
11.6	3.87	4.13	4.36	4.58	4.79	4.99	5.16	5.34	5.51	5.66
12.8	4.00	4.27	4.51	4.76	4.98	5.19	5.38	5.57	5.76	5.93
14.0	4.11	4.38	4.65	4.91	5.14	5.37	5.58	5.79	5.81	6.16

（续）

α_w	α_n									
	5.3	6.4	7.0	7.6	8.1	8.7	9.3	9.9	10.5	11
15.1	4.20	4.49	4.78	5.04	5.29	5.54	5.76	5.98	6.19	6.38
16.3	4.28	4.60	4.88	5.16	5.43	5.68	5.92	6.15	6.37	6.58
17.5	4.37	4.68	4.99	5.27	5.55	5.82	6.07	6.32	6.55	6.77
18.6	4.43	4.76	5.07	5.61	5.66	5.94	6.20	6.45	6.70	6.93
19.8	4.49	4.84	5.15	5.47	5.77	6.05	6.33	6.59	6.34	7.08
20.9	4.55	4.90	5.23	5.59	5.86	6.15	6.44	6.71	6.98	7.23
22.1	4.61	4.97	5.30	5.63	5.95	6.26	6.55	6.83	7.11	7.36
23.3	4.65	5.01	5.37	5.71	6.04	6.34	6.64	6.93	7.22	7.49
24.4	4.70	5.07	5.43	5.77	6.11	6.43	6.73	7.04	7.33	7.61
25.6	4.73	5.12	5.48	5.84	6.18	6.50	6.83	7.13	7.43	7.69
26.7	4.78	5.16	5.54	5.90	6.25	6.58	6.91	7.22	7.52	7.82
27.9	4.81	5.20	5.58	5.94	6.30	6.64	6.98	7.30	7.62	7.92
29.1	4.85	5.25	5.63	6.00	6.36	6.71	7.05	7.37	7.70	8.00

附录 14　双层玻璃窗的传热系数 K_w

［单位：$W/(m^2 \cdot K)$］

α_w	α_n									
	5.8	6.4	7.0	7.6	8.1	8.7	9.3	9.9	10.5	11
11.6	2.37	2.47	2.55	2.62	2.69	2.74	2.80	2.85	2.90	2.73
12.8	2.42	2.51	2.59	2.67	2.74	2.80	2.86	2.92	2.97	3.01
14.0	2.45	2.56	2.64	2.72	2.79	2.86	2.92	2.98	3.02	3.07
15.1	2.49	2.59	2.69	2.77	2.84	2.91	2.97	3.02	3.08	3.13
16.3	2.52	2.63	2.72	2.80	2.87	2.94	3.01	3.07	3.12	3.17
17.5	2.55	2.65	2.74	2.84	2.91	2.98	3.05	3.11	3.16	3.21
18.6	2.57	2.67	2.78	2.86	2.94	3.01	3.08	3.14	3.20	3.25
19.8	2.59	2.70	2.80	2.88	2.97	3.05	3.12	3.17	3.23	3.28
20.9	2.61	2.72	2.83	2.91	2.99	3.07	3.14	3.20	3.26	3.31
22.1	2.63	2.74	2.84	2.93	3.01	3.09	3.16	3.23	3.29	3.34
23.3	2.64	2.76	2.86	2.95	3.04	3.12	3.19	3.25	3.31	3.37
24.4	2.66	2.77	2.87	2.97	3.06	3.14	3.21	3.27	3.34	3.40
25.6	2.67	2.79	2.90	2.99	3.07	3.15	3.20	3.29	3.36	3.41
26.7	2.69	2.80	2.91	3.00	3.09	3.17	3.24	3.31	3.37	3.43
27.9	2.70	2.81	2.92	3.01	3.11	3.19	3.25	3.33	3.40	3.45
29.1	2.71	2.83	2.93	3.04	3.12	3.20	3.28	3.35	3.41	3.47

附录 15　玻璃窗的传热系数修正值 C_w

窗框类型	单层窗	双层窗	窗框类型	单层窗	双层窗
全部玻璃	1.00	1.00	木窗框，60%玻璃	0.80	0.85
木窗框，80%玻璃	0.90	0.95	金属窗框，80%玻璃	1.00	1.20

附录 16　玻璃窗逐时冷负荷计算温度 t_{wl}

（单位：℃）

时间/h	0	1	2	3	4	5	6	7	8	9	10	11
t_{wl}	27.2	26.7	26.2	25.8	25.5	25.3	25.4	26.0	26.9	27.9	29.0	29.9
时间/h	12	13	14	15	16	17	18	19	20	21	22	23
t_{wl}	30.8	31.5	31.9	32.2	32.2	32.0	31.6	30.8	29.9	29.1	28.4	27.8

附录 17　不同结构玻璃窗的传热系数 K_w

玻璃		间隔层厚/mm	间隔层充气体	窗玻璃的传热系数 $K_w/[W/(m^2 \cdot C)]$	窗框修正系数 a							
					塑料		铝合金		PA断热桥铝合金		木框	
普通玻璃	玻璃厚度 3mm	—	—	5.8	0.72	0.79	1.07	1.13	0.84	0.90	0.72	0.82
		12	空气	3.3	0.84	0.88	1.20	1.29	1.05	1.07	0.89	0.93
	玻璃厚度 6mm	—	—	5.7	0.72	0.79	1.07	1.13	0.84	0.90	0.72	0.82
		12	空气	3.3	0.84	0.88	1.20	1.29	1.05	1.07	0.89	0.93
Low-E 玻璃		—	—	3.5	0.82	0.86	1.16	1.24	1.02	1.03	0.86	0.90
中空玻璃		6	空气	3.0	0.86	0.93	1.23	1.46	1.06	1.11		
		12		2.6	0.90	0.95	1.30	1.59	1.10	1.19		
辐射率≤0.25 Low-E 中空玻璃（在线）		6	空气	2.8	0.87	0.94	1.24	1.49	1.06	1.13		
		9		2.2	0.95	0.97	1.36	1.73	1.14	1.27		
		12		1.9	1.03	1.04	1.45	1.91	1.19	1.38		
		6	氩气	2.4	0.92	0.96	1.32	1.63	1.11	1.22		
		9		1.8	1.01	1.02	1.49	1.98	1.21	1.42		
		12		1.7	1.02	1.05	1.53	2.06	1.24	1.47		
辐射率≤0.15 Low-E 中空玻璃（离线）		12	空气	1.8	1.01	1.02	1.49	1.98	1.21	1.42		
			氩气	1.5	1.05	1.11	1.63	2.25	1.29	1.59		
双银 Low-E 中空玻璃		12	空气	1.7	1.02	1.05	1.53	2.06	1.24	1.47		
			氩气	1.4	1.07	1.14	1.69	2.37	1.33	1.66		
窗框比（窗框面积与整窗面积之比）					30%	40%	20%	30%	25%	40%	30%	45%

附录 18　玻璃窗的地点修正值 t_d

（单位：℃）

编号	城市	t_d	编号	城市	t_d	编号	城市	t_d	编号	城市	t_d
1	北京	0	11	杭州	3	21	成都	-1	31	大连	-2
2	天津	0	12	合肥	3	22	贵阳	-3	32	汕头	1
3	石家庄	1	13	福州	2	23	昆明	-6	33	海口	1
4	太原	-2	14	南昌	3	24	拉萨	-11	34	桂林	1
5	呼和浩特	-4	15	济南	3	25	西安	2	35	重庆	3
6	沈阳	-1	16	郑州	2	26	兰州	-3	36	敦煌	-1
7	长春	-3	17	武汉	3	27	西宁	-8	37	格尔木	-9
8	哈尔滨	-3	18	长沙	3	28	银川	-3	38	和田	-1
9	上海	1	19	广州	1	29	乌鲁木齐	1	39	喀什	0
10	南京	3	20	南宁	1	30	台北	1	40	库车	0

附录 19　夏季各纬度带的日射得热因数最大值 $D_{j,max}$

（单位：W/m²）

朝向 纬度带	S	SE	E	NE	N	NW	W	SW	水平
20°	130	311	541	465	130	465	541	311	876
25°	146	332	509	421	134	421	509	332	834
30°	174	374	539	415	115	415	539	374	833
35°	251	436	575	430	122	430	575	436	844
40°	302	477	599	442	114	442	599	477	842
45°	368	508	598	432	109	432	598	508	811
拉萨	174	462	727	592	133	593	727	462	991

注：每一纬度带包括的宽度为 ±2°30′纬度。

附录 20 玻璃窗的遮阳系数 C_s

玻璃类型	C_s 值	玻璃类型	C_s 值
标准玻璃	1.00	6mm 厚吸热玻璃	0.83
5mm 厚普通玻璃	0.93	双层 3mm 厚普通玻璃	0.86
6mm 厚普通玻璃	0.89	双层 5mm 厚普通玻璃	0.78
3mm 厚吸热玻璃	0.96	双层 6mm 厚普通玻璃	0.74
5mm 厚吸热玻璃	0.88	—	—

注：1. 标准玻璃是指 3mm 的单层普通玻璃。
  2. 吸热玻璃是指上海耀华玻璃厂生产的浅蓝色吸热玻璃。
  3. 表中 C_s 对应的内、外表面传热系数为 $\alpha_n = 8.7 \text{W}/(\text{m}^2 \cdot \text{K})$ 和 $\alpha_w = 18.6 \text{W}/(\text{m}^2 \cdot \text{K})$。
  4. 这里的双层玻璃内、外层玻璃是相同的。

附录 21 窗内遮阳设施的遮阳系数 C_i

内遮阳类型	颜色	C_i
白布帘	浅色	0.50
浅蓝布帘	中间色	0.60
深黄、紫红、深绿布帘	深色	0.65
活动百叶帘	中间色	0.60

附录 22 窗的有效面积系数 C_a

系　　数	窗 的 类 别			
	单层钢窗	单层木窗	双层钢窗	双层木窗
有效面积系数 C_a	0.85	0.70	0.75	0.60

附录 23　北区（北纬 27°30′以北）无内遮阳窗玻璃冷负荷系数

时间 朝向	0	1	2	3	4	5	6	7	8	9	10	11	12	13	14	15	16	17	18	19	20	21	22	23
S	0.16	0.15	0.14	0.13	0.12	0.11	0.13	0.17	0.21	0.28	0.39	0.49	0.54	0.65	0.60	0.42	0.36	0.32	0.27	0.23	0.21	0.20	0.18	0.17
SE	0.14	0.13	0.12	0.11	0.10	0.09	0.22	0.34	0.45	0.51	0.62	0.58	0.41	0.34	0.32	0.31	0.28	0.26	0.22	0.19	0.18	0.17	0.16	0.15
E	0.12	0.11	0.10	0.09	0.09	0.08	0.29	0.41	0.49	0.60	0.56	0.37	0.29	0.29	0.28	0.26	0.24	0.22	0.19	0.17	0.16	0.15	0.14	0.13
NE	0.12	0.11	0.10	0.09	0.09	0.08	0.35	0.45	0.53	0.54	0.38	0.30	0.30	0.30	0.29	0.27	0.26	0.23	0.20	0.17	0.16	0.15	0.14	0.13
N	0.26	0.24	0.23	0.21	0.19	0.18	0.44	0.42	0.43	0.49	0.56	0.61	0.64	0.66	0.66	0.63	0.59	0.64	0.64	0.38	0.35	0.32	0.30	0.28
NW	0.17	0.15	0.14	0.13	0.12	0.12	0.13	0.15	0.17	0.18	0.20	0.21	0.22	0.22	0.28	0.39	0.50	0.56	0.59	0.31	0.22	0.21	0.19	0.18
W	0.17	0.16	0.15	0.14	0.13	0.12	0.12	0.14	0.15	0.16	0.17	0.17	0.18	0.25	0.37	0.47	0.52	0.62	0.55	0.24	0.23	0.21	0.20	0.18
SW	0.18	0.16	0.15	0.14	0.13	0.12	0.13	0.15	0.17	0.18	0.20	0.21	0.29	0.40	0.49	0.54	0.64	0.59	0.39	0.25	0.24	0.22	0.20	0.19
水平	0.20	0.18	0.17	0.16	0.15	0.14	0.16	0.22	0.31	0.39	0.47	0.53	0.57	0.69	0.68	0.55	0.49	0.41	0.33	0.28	0.26	0.25	0.23	0.21

附录 24　北区有内遮阳窗玻璃冷负荷系数

时间 朝向	0	1	2	3	4	5	6	7	8	9	10	11	12	13	14	15	16	17	18	19	20	21	22	23
S	0.07	0.07	0.06	0.06	0.06	0.05	0.11	0.18	0.26	0.40	0.58	0.72	0.84	0.80	0.62	0.45	0.32	0.24	0.16	0.10	0.09	0.09	0.08	0.08
SE	0.06	0.06	0.06	0.05	0.05	0.05	0.30	0.54	0.71	0.83	0.80	0.62	0.43	0.30	0.28	0.25	0.22	0.17	0.13	0.09	0.08	0.08	0.07	0.07
E	0.06	0.05	0.05	0.05	0.04	0.04	0.47	0.68	0.82	0.79	0.59	0.38	0.24	0.24	0.23	0.21	0.18	0.15	0.11	0.08	0.07	0.07	0.06	0.06
NE	0.06	0.05	0.05	0.05	0.04	0.04	0.54	0.79	0.79	0.60	0.38	0.29	0.29	0.29	0.27	0.25	0.21	0.16	0.12	0.08	0.07	0.07	0.06	0.06
N	0.12	0.11	0.11	0.10	0.09	0.09	0.59	0.54	0.54	0.65	0.75	0.81	0.83	0.83	0.79	0.71	0.60	0.61	0.68	0.17	0.16	0.15	0.14	0.13
NW	0.08	0.07	0.07	0.06	0.06	0.06	0.09	0.13	0.17	0.21	0.23	0.25	0.26	0.26	0.35	0.57	0.76	0.83	0.67	0.13	0.10	0.09	0.09	0.08
W	0.08	0.07	0.07	0.06	0.06	0.06	0.08	0.11	0.14	0.17	0.18	0.19	0.20	0.34	0.56	0.72	0.83	0.77	0.53	0.11	0.10	0.10	0.09	0.08
SW	0.08	0.08	0.07	0.07	0.06	0.06	0.09	0.13	0.17	0.20	0.23	0.23	0.38	0.58	0.73	0.63	0.79	0.59	0.37	0.13	0.10	0.10	0.09	0.09
水平	0.09	0.09	0.08	0.08	0.07	0.07	0.13	0.26	0.42	0.57	0.69	0.77	0.58	0.84	0.73	0.84	0.49	0.33	0.19	0.13	0.12	0.11	0.10	0.09

附录 25 南区（北纬27°30′以南）无内遮阳窗玻璃冷负荷系数

时间\朝向	0	1	2	3	4	5	6	7	8	9	10	11	12	13	14	15	16	17	18	19	20	21	22	23
S	0.21	0.19	0.18	0.17	0.16	0.14	0.17	0.25	0.33	0.42	0.48	0.54	0.59	0.70	0.70	0.57	0.52	0.44	0.35	0.30	0.28	0.26	0.24	0.22
SE	0.14	0.13	0.12	0.11	0.11	0.10	0.20	0.36	0.47	0.52	0.61	0.54	0.39	0.37	0.36	0.35	0.32	0.28	0.23	0.20	0.19	0.18	0.16	0.15
E	0.13	0.11	0.10	0.09	0.09	0.08	0.24	0.39	0.48	0.61	0.57	0.38	0.31	0.30	0.29	0.28	0.27	0.23	0.21	0.18	0.17	0.15	0.14	0.13
NE	0.12	0.12	0.11	0.10	0.09	0.09	0.26	0.41	0.49	0.59	0.54	0.36	0.32	0.32	0.31	0.29	0.27	0.24	0.20	0.18	0.17	0.16	0.14	0.13
N	0.28	0.25	0.24	0.22	0.21	0.19	0.38	0.49	0.52	0.55	0.59	0.63	0.66	0.68	0.68	0.68	0.69	0.69	0.60	0.40	0.37	0.35	0.32	0.30
NW	0.17	0.16	0.15	0.14	0.13	0.12	0.12	0.15	0.17	0.19	0.20	0.21	0.22	0.27	0.38	0.48	0.54	0.63	0.52	0.25	0.23	0.21	0.20	0.18
W	0.17	0.16	0.15	0.14	0.13	0.12	0.12	0.14	0.16	0.17	0.18	0.19	0.28	0.28	0.40	0.50	0.54	0.61	0.50	0.24	0.23	0.21	0.20	0.18
SW	0.18	0.17	0.14	0.14	0.13	0.12	0.13	0.16	0.19	0.23	0.25	0.27	0.29	0.37	0.48	0.55	0.67	0.60	0.38	0.26	0.24	0.22	0.21	0.19
水平	0.19	0.17	0.16	0.15	0.14	0.13	0.14	0.19	0.28	0.37	0.45	0.52	0.56	0.68	0.67	0.53	0.46	0.38	0.30	0.27	0.25	0.23	0.22	0.20

附录 26 南区有内遮阳窗玻璃冷负荷系数

时间\朝向	0	1	2	3	4	5	6	7	8	9	10	11	12	13	14	15	16	17	18	19	20	21	22	23
S	0.10	0.09	0.09	0.08	0.08	0.07	0.14	0.31	0.47	0.60	0.69	0.77	0.87	0.84	0.74	0.66	0.54	0.38	0.20	0.13	0.12	0.12	0.11	0.10
SE	0.07	0.06	0.06	0.05	0.05	0.05	0.27	0.55	0.74	0.83	0.75	0.52	0.40	0.39	0.36	0.33	0.27	0.20	0.13	0.09	0.09	0.08	0.08	0.07
E	0.06	0.05	0.05	0.05	0.04	0.04	0.36	0.63	0.81	0.81	0.63	0.41	0.27	0.27	0.25	0.23	0.20	0.15	0.10	0.08	0.07	0.07	0.07	0.06
NE	0.06	0.06	0.05	0.05	0.05	0.04	0.40	0.67	0.82	0.76	0.56	0.38	0.31	0.30	0.28	0.25	0.21	0.17	0.11	0.08	0.08	0.07	0.07	0.06
N	0.13	0.12	0.12	0.11	0.10	0.10	0.47	0.67	0.70	0.72	0.77	0.82	0.85	0.84	0.81	0.78	0.77	0.75	0.56	0.18	0.17	0.16	0.15	0.14
NW	0.08	0.07	0.07	0.06	0.06	0.06	0.08	0.13	0.17	0.21	0.24	0.26	0.27	0.34	0.54	0.71	0.84	0.77	0.46	0.11	0.10	0.09	0.09	0.08
W	0.08	0.07	0.07	0.06	0.06	0.06	0.07	0.12	0.16	0.19	0.21	0.22	0.23	0.37	0.60	0.75	0.84	0.73	0.42	0.10	0.10	0.09	0.09	0.08
SW	0.08	0.08	0.07	0.07	0.06	0.06	0.09	0.16	0.22	0.28	0.32	0.35	0.36	0.50	0.69	0.84	0.83	0.61	0.34	0.11	0.10	0.10	0.09	0.09
水平	0.09	0.08	0.08	0.07	0.07	0.06	0.09	0.21	0.38	0.54	0.67	0.76	0.85	0.83	0.72	0.61	0.45	0.28	0.16	0.12	0.11	0.10	0.10	0.09

附录27　有罩设备和用具显热散热冷负荷系数

连续使用小时数	开始使用后的小时数																							
	1	2	3	4	5	6	7	8	9	10	11	12	13	14	15	16	17	18	19	20	21	22	23	24
2	0.27	0.40	0.25	0.18	0.14	0.11	0.09	0.08	0.07	0.06	0.05	0.04	0.04	0.03	0.03	0.03	0.02	0.02	0.02	0.02	0.01	0.01	0.01	0.01
4	0.28	0.41	0.51	0.59	0.39	0.30	0.24	0.19	0.16	0.14	0.12	0.10	0.09	0.08	0.07	0.06	0.05	0.05	0.04	0.04	0.03	0.03	0.02	0.02
6	0.29	0.42	0.52	0.59	0.65	0.70	0.48	0.37	0.30	0.25	0.21	0.18	0.16	0.14	0.12	0.11	0.09	0.08	0.07	0.06	0.05	0.05	0.04	0.04
8	0.31	0.44	0.54	0.61	0.66	0.71	0.75	0.78	0.55	0.43	0.35	0.30	0.25	0.22	0.19	0.16	0.14	0.13	0.11	0.10	0.08	0.07	0.06	0.06
10	0.33	0.46	0.55	0.62	0.68	0.72	0.76	0.79	0.81	0.84	0.60	0.48	0.39	0.33	0.28	0.24	0.21	0.18	0.16	0.14	0.12	0.11	0.09	0.08
12	0.36	0.49	0.58	0.64	0.69	0.74	0.77	0.80	0.82	0.85	0.87	0.88	0.64	0.51	0.42	0.36	0.31	0.26	0.23	0.20	0.18	0.15	0.13	0.12
14	0.40	0.52	0.61	0.67	0.72	0.76	0.79	0.82	0.84	0.86	0.88	0.89	0.91	0.92	0.67	0.54	0.45	0.38	0.32	0.28	0.24	0.21	0.19	0.16
16	0.45	0.57	0.65	0.70	0.75	0.78	0.81	0.84	0.86	0.87	0.89	0.90	0.92	0.93	0.94	0.94	0.69	0.56	0.46	0.39	0.34	0.29	0.25	0.22
18	0.52	0.63	0.70	0.75	0.79	0.82	0.84	0.86	0.88	0.89	0.91	0.92	0.93	0.94	0.95	0.95	0.96	0.96	0.71	0.58	0.48	0.41	0.35	0.30

附录28　无罩设备和用具显热散热冷负荷系数

连续使用小时数	开始使用后的小时数																							
	1	2	3	4	5	6	7	8	9	10	11	12	13	14	15	16	17	18	19	20	21	22	23	24
2	0.56	0.64	0.15	0.11	0.08	0.07	0.06	0.05	0.04	0.04	0.03	0.03	0.02	0.02	0.02	0.02	0.01	0.01	0.01	0.01	0.01	0.01	0.01	0.01
4	0.57	0.65	0.71	0.75	0.23	0.18	0.14	0.12	0.10	0.08	0.07	0.06	0.05	0.05	0.04	0.04	0.03	0.03	0.02	0.02	0.02	0.02	0.01	0.01
6	0.57	0.65	0.71	0.76	0.79	0.82	0.29	0.22	0.18	0.15	0.13	0.11	0.10	0.08	0.07	0.06	0.06	0.05	0.04	0.04	0.03	0.03	0.03	0.02
8	0.58	0.66	0.72	0.76	0.80	0.82	0.85	0.87	0.33	0.26	0.21	0.18	0.15	0.13	0.11	0.10	0.09	0.08	0.07	0.06	0.05	0.04	0.04	0.03
10	0.60	0.68	0.73	0.77	0.81	0.83	0.85	0.87	0.89	0.90	0.36	0.29	0.24	0.20	0.17	0.15	0.13	0.11	0.10	0.08	0.07	0.07	0.06	0.05
12	0.62	0.69	0.75	0.79	0.82	0.84	0.86	0.88	0.89	0.91	0.92	0.93	0.38	0.31	0.25	0.21	0.18	0.16	0.14	0.12	0.11	0.09	0.08	0.07
14	0.64	0.71	0.76	0.80	0.83	0.85	0.87	0.89	0.90	0.92	0.93	0.93	0.94	0.95	0.40	0.32	0.27	0.23	0.19	0.17	0.15	0.13	0.11	0.10
16	0.67	0.74	0.79	0.82	0.85	0.87	0.89	0.90	0.91	0.92	0.93	0.94	0.95	0.96	0.96	0.97	0.42	0.34	0.28	0.24	0.20	0.18	0.15	0.13
18	0.71	0.78	0.82	0.85	0.87	0.99	0.90	0.92	0.93	0.94	0.94	0.95	0.96	0.96	0.97	0.97	0.97	0.98	0.43	0.35	0.29	0.24	0.21	0.18

附录 29　照明散热冷负荷系数

灯具类型	空调设备运行时数/h	开灯时数/h	开灯后小时数																								
			0	1	2	3	4	5	6	7	8	9	10	11	12	13	14	15	16	17	18	19	20	21	22	23
明装荧光灯	24	13	0.37	0.67	0.71	0.74	0.76	0.79	0.81	0.83	0.84	0.86	0.87	0.89	0.90	0.92	0.29	0.26	0.23	0.20	0.19	0.17	0.15	0.14	0.12	0.11
	24	10	0.37	0.67	0.71	0.74	0.76	0.79	0.81	0.83	0.84	0.86	0.87	0.29	0.26	0.23	0.20	0.19	0.17	0.15	0.14	0.12	0.11	0.10	0.09	0.08
	24	8	0.37	0.67	0.71	0.74	0.76	0.79	0.81	0.83	0.84	0.29	0.26	0.23	0.20	0.19	0.17	0.15	0.14	0.12	0.11	0.10	0.09	0.08	0.07	0.06
	16	13	0.60	0.87	0.90	0.91	0.91	0.93	0.93	0.94	0.94	0.95	0.95	0.96	0.96	0.97	0.29	0.26								
	16	10	0.60	0.82	0.83	0.84	0.84	0.84	0.85	0.85	0.86	0.88	0.90	0.32	0.28	0.25	0.23	0.19								
	16	8	0.51	0.79	0.82	0.84	0.85	0.87	0.88	0.89	0.90	0.29	0.26	0.23	0.20	0.19	0.17	0.15								
	12	10	0.63	0.90	0.91	0.93	0.93	0.94	0.95	0.95	0.95	0.96	0.96	0.37												
暗装荧光灯或明装白炽灯	24	10	0.34	0.55	0.61	0.65	0.68	0.71	0.74	0.77	0.79	0.81	0.83	0.39	0.35	0.31	0.28	0.25	0.23	0.20	0.18	0.16	0.15	0.14	0.12	0.11
	16	10	0.58	0.75	0.79	0.80	0.80	0.81	0.82	0.83	0.84	0.86	0.87	0.39	0.35	0.31	0.28	0.25								
暗装荧光或白炽灯	12	10	0.69	0.86	0.89	0.90	0.91	0.91	0.92	0.93	0.94	0.95	0.95	0.50												

附录 30　人体显热热散热冷负荷系数

在室内的总小时数	每个人进入室内后的小时数																							
	1	2	3	4	5	6	7	8	9	10	11	12	13	14	15	16	17	18	19	20	21	22	23	24
2	0.49	0.58	0.17	0.13	0.10	0.08	0.07	0.06	0.05	0.04	0.04	0.03	0.03	0.02	0.02	0.02	0.02	0.01	0.01	0.01	0.01	0.01	0.01	0.01
4	0.49	0.59	0.66	0.71	0.27	0.21	0.16	0.14	0.11	0.10	0.08	0.07	0.06	0.06	0.05	0.04	0.04	0.03	0.03	0.03	0.02	0.02	0.02	0.01
6	0.50	0.60	0.67	0.72	0.76	0.79	0.34	0.26	0.21	0.18	0.15	0.13	0.11	0.10	0.08	0.07	0.06	0.06	0.05	0.04	0.04	0.03	0.03	0.03
8	0.51	0.61	0.67	0.72	0.76	0.80	0.82	0.84	0.38	0.30	0.25	0.21	0.18	0.15	0.13	0.12	0.10	0.09	0.08	0.07	0.06	0.05	0.05	0.04
10	0.53	0.62	0.69	0.74	0.77	0.80	0.83	0.85	0.87	0.89	0.42	0.34	0.28	0.23	0.20	0.17	0.15	0.13	0.11	0.10	0.09	0.08	0.07	0.06
12	0.55	0.64	0.70	0.75	0.79	0.81	0.84	0.86	0.88	0.89	0.91	0.92	0.45	0.36	0.30	0.25	0.21	0.19	0.16	0.14	0.12	0.11	0.09	0.08
14	0.58	0.66	0.72	0.77	0.80	0.83	0.85	0.87	0.89	0.90	0.91	0.93	0.93	0.94	0.47	0.38	0.31	0.26	0.23	0.20	0.17	0.15	0.13	0.11
16	0.62	0.70	0.75	0.79	0.82	0.85	0.87	0.88	0.90	0.91	0.92	0.94	0.94	0.95	0.95	0.96	0.49	0.39	0.33	0.28	0.24	0.20	0.18	0.16
18	0.66	0.74	0.79	0.82	0.85	0.87	0.89	0.90	0.92	0.93	0.94	0.95	0.95	0.96	0.96	0.97	0.97	0.97	0.50	0.40	0.33	0.28	0.24	0.21